DIE RÖMER AN MOSEL UND SAAR

VERLAG PHILIPP VON ZABERN · MAINZ AM RHEIN

DIE RÖMER AN MOSEL UND SAAR

Zeugnisse der Römerzeit
in Lothringen, in Luxemburg, im Raum Trier
und im Saarland

Mit 46 Farb-
und 346 Schwarzweiß-Abbildungen

Inhaltsverzeichnis

Index

Der Index erschließt den *Katalog* nach Orts- und Sachbezügen mit Angabe der Katalog-Nummer sowie ergänzend die wichtigsten Aspekte der einführenden *Aufsätze* durch Hinweis auf die betreffende Seite (S.).

J. A. Merten

Saarschleife bei Mettlach, Kat. 4a *(s. S. 82)*

Reste der römischen Wasserleitung nach Metz, Kat. 5 *(s. S. 84)*. ▷

◁ Sarkophag unter der Quirinus-Kapelle, Trier, Kat. 325 *(s. S. 356)*.
◁◁ Mithrasdenkmal von Sarrebourg, Museum Metz.

Korrekturen

Seite 39: Abb.:
lies Kat. 282 statt 288

Seite 44 r.:
statt Röm.-Germ.KorrBl.
lies Germania 2,

Seite 64 r.:
lies Okulistenstempel

Seite 95 Kat. 15a:
lies Grab 14

Seite 103 Kat. 21:
statt n o p lies p n o

Seite 120 Kat. 49a:
tilge Hinweis auf Farbabb.

Seite 155 Kat. 92, 4. Z. v.u.:
lies Carinthia

Seite 165 Kat. 105b, Lit.:
statt 7, 1959, 141–146 lies
15, 1968, 85ff. – A. Kolling,
Ber. Denkmalpf. Saarland 7,
1959, 141–146.

Seite 166 Kat. 106:
lies Krs. Trier-Saarburg

Seite 179 Abb. zu Kat. 119c:
tilge Grabstein ... Hütte

Seite 277 Kat. 240b:
Inv.-Nr. lies 05, 653

Seite 307:
Am Ende von Kat. 266 fehlt Gi.

Seite 319 Abb.:
statt 278 lies 279

Seite 320 Abb.:
statt 279 Trier ... Zeit lies 280

Seite 339 Kat. 296, 15. Z. v.u.:
lies Föderaten

Seite 339 Kat 297, letzte Z.:
lies statt Kat. 269: Kat. 296

Die Treverer und die Augusta Treverorum

HEINZ CÜPPERS

Im ausgehenden 3. Jahrhundert v. Chr. bildet sich aus der Bevölkerung der eisenzeitlichen Hunsrück-Eifel-Kultur im Gebiet zwischen Maas, Mosel und Rhein der Stamm der Treverer. Nach dem Urteil Caesars sind sie den Kelten zuzurechnen und siedeln im 1. Jahrhundert v. Chr. zwischen den Belgen und den Germanen, von denen kleinere Randgruppen wie die Segni und Condrusi der Germani cisrhenani ihnen als clientes untergeordnet sind. Als Nachbarn der jenseits des Flusses am Mittelrhein wohnenden Ubier, im Osten der Vangionen und der Tribocer, im Süden der Mediomatricer, sind im Westen Remer und Nervier die Anrainer.

Der Moselfluß durchzieht ihr Gebiet von der mediomatrischen Grenze bei Diedenhofen bis zur Einmündung in den Rhein, während im Westen die Maas, im Osten, nach der Einrichtung der obergermanischen Provinz, die Nahe und der Hunsrückkamm eine natürliche Grenze bilden. Große Gebietsanteile des nördlichen Hunsrücks und auch der Eifel waren mit ihrer treverischen Bevölkerung den beiden germanischen Grenzprovinzen, spätestens am Ende des 1. Jahrh. n. Chr., zugeschlagen worden.

In dem Stammesgebiet der Treverer (heute in den politischen Staaten und Bundesländern Südostbelgien, Prov. Luxembourg, dem Großherzogtum Luxemburg und der Bundesrepublik Deutschland, Bundesland Rheinland-Pfalz mit den Regierungsbezirken Trier und Koblenz, dem Restkreis des Fürstentums Birkenfeld und den westlichen Teilen des Saarlandes) lassen über 200 Höhenbefestigungen auf die regionale und soziale Gliederung schließen. Der Machtstellung der Adelsfamilien (nobiles oder principes), die zugleich auch die Ritterschaft stellten, stand eine mehr oder weniger große Klientel von freien Stammesmitgliedern gegenüber, denen als archäologisch nicht faßbare dritte Gruppierung die Sklaven, die Caesar ausdrücklich erwähnt (ambactes), an die Seite zu stellen wäre. Die große Zahl der Befestigungsanlagen wird, nach Größe und Ausbauzustand sehr unterschiedlich, den gesellschaftlichen Verhältnissen und der Bedeutung einzelner Regionen entsprechen. Vorherrschend ist der Einzelhof im Siedlungsbild. Mit anderen wird er im Kriegsfall dem Herrn einer Höhenfestung als Krieger zugeordnet gewesen sein und fand auf der Burg Unterkunft und Schutz auch für seine Angehörigen.

Während der Titelberg in Südluxemburg ein Oppidum, eine dauernd besiedelte Befestigung ist, in der auch handwerkliche Aktivitäten entfaltet wurden, sind entsprechend große Wallanlagen bei Kastel und Otzenhausen nur bei Gefahr aufgesucht und für längere Zeit besetzt worden.

Von den in vorrömischer Zeit innerhalb des Stammesgebietes ausgebildeten Gauen sind durch Inschriften und Grenzsteine bezeugt: Pagus Carucum, in der Eifel bei Neidenbach, Kreis Bitburg, Pagus Vilcias (ciatis) im Gebiet der Wiltz, Luxemburg, Pagus Teucorias (Lage unsicher), Pagus Vosugonum, erschlossen aus der Weihinschrift auf einem Altar vom Titelberg. Ein nicht näher bestimmbarer pagus Ac... oder Ag... ist auf einer Inschrift im vicus Belginum überliefert. Weiter sind erwähnt Talliates (CIL XIII 7777) an der oberen Ahr, Aresaces und in dem fremd wirkenden Devas (CIL XIII 6221) wird ein pagus vermutet.

Diesen regionalen, sicherlich auch der Landschaft entsprechenden Untergliederungen, wird man auch die große Zahl von Tempeln und heiligen Bezirken zuordnen wollen, die zum Teil auf vorrömische Kultmale zurückgehen oder an keltische Gottheiten im Namengut und den Kultbildern erinnern.

Menhire und Felsdenkmale werden in römischer Zeit offenbar weiter verehrt und blieben bis in die Neuzeit erhalten.

Zahlreiche Heiligtümer sind offenbar in Anlehnung an eine Siedlungsstelle, einen landwirtschaftlichen Betrieb als »individuale« Kultstätten entstanden. Andere aber sind nach Größe, Zahl der verehrten Gottheiten und auch der Weihegaben, als überregional bedeutende Kultstätten zu betrachten.

Hier sind sowohl Quellheiligtümer aber auch als heilkräftig verehrte Wasser- und Thermalvorbrüche zu nennen, die im Laufe der Zeit mit Hospitälern und Herbergen zur Aufnahme der Heilung suchenden Pilger ausgestattet wurden.

Über 50 Tempel und Kultstätten sind allein im Treverergebiet nachweisbar, neben den zahllosen Kultbildern und Andachtsstätten, die privater Initiative ihre Errichtung verdanken.

Das Gebiet von Mosel, Saar und Sauer umfaßt die Gebirgslandschaften und Randzonen der Vogesen, der Ardennen, der Südeifel und des südlichen Hunsrücks, deren stark modellierte Landschaft mit zahlreichen Bächen und Flüßchen zur Mosel hin entwässert wird.

Den Gebirgslandschaften sind einbeschlossen oder benachbart die Fruchtlandschaften Lothringens, des Luxemburger Gutlandes, des Mosel- und Saargaues sowie der Wittlicher Senke.

Den diluvialen und alluvialen Schwemmboden der Niederungsgebiete stehen gegenüber die Kalkgebirge des Obermoselgebietes, die Buntsandsteinformationen des Eifelvorlandes und der Vogesen, die Schieferböden des südlichen und westlichen Hunsrücks.

Caius Julius Caesar, im Jahre 59 v. Chr. als Prokonsul auf fünf Jahre mit der Verwaltung der Provinzen Gallia cisalpina und Illyricum betraut und auf Antrag des Pompeius auch noch mit der Provinz Gallia transalpina beauftragt, nutzte seine Ämter zur Festigung seiner innenpolitischen Stellung. Zur Sicherung der südgallischen Gebiete leitete er die Eroberung Galliens ein, um gleichzeitig die ihm zur Verfügung stehende Streitmacht von anfangs drei auf zehn Legionen und zusätzliche Hilfskontingente der verbündeten Völkerschaften zu vermehren. Dem Hilfeersuchen der von germanischen Völkern bedrängten belgischen Völker entsprechend, wurden die Sueben unter Ariovist unterworfen, suchten die Remer den Schutz des römischen Heeres und boten Bündnerschaft an, wurden die über den Rhein drängenden Germanen, und auch die Eburonen und Aduatucer unterworfen und Usipeter und Tencterer vernichtet oder zurückgedrängt. Am Ende des sehr wechselvollen Krieges (58–50 v. Chr.) mit Expeditionen nach England-Britannien (55 und 54 v. Chr.), der Vernichtung der Eburonen und der Umsiedlung der Ubier, schließlich der Unterwerfung der Treverer, der Niederschlagung des Aufstandes unter dem Averner Vercingetorix waren die gallischen Gebiete gesichert, und die Grenze des römischen Reiches zum Rhein hin vorverlegt worden. Ein weiterer Feldzug im Jahre 51 unter Labienus war gegen die erneut aufständischen Treverer gerichtet. Eine umfassende administrative Neuordnung der gallischen und belgischen Gebiete mit dem Ziele der Eingliederung war Caesar versagt, drängte doch die innenpolitische Entwicklung auf eine Entscheidung der miteinander im Machtanspruch konkurrierenden Heerführer Pompeius, Caesar und des römischen Senates.

Mit dieser innenpolitischen Entwicklung änderte sich für die Bewohner der eroberten und dem römischen Reiche einverleibten Gebiete zunächst nichts. Die Mediomatriker und Treverer hatten in ihrem weitflächig von Mittelgebirgen bedeckten Gebiet ihr hinreichendes Auskommen an den Fluß- und Bachläufen, den Talniederungen und weitläufigeren Ebenen, auf fruchtbaren Kalkböden der Gebiete um Metz, Saarburg, den südluxemburgischen und südbelgischen Flächen an Sambre und Wiltz, dem Obermoselgebiet, im Mosel-Saar-Dreieck und den östlich gelegenen Flächen an Blies, Saar und der Kaiserslauterer Senke.

Seit der eisenzeitlichen Latènestufe A waren Treverer und Mediomatriker, bei allgemein günstigeren Klimabedingungen aus den Talauen in die Mittelgebirgsstöcke vorgedrungen und hatten weite Teile urbar gemacht und besiedelt. Mit der Kenntnis der Metallbearbeitung verstanden sie die Ausbeute geringster Vorkommen an Gold und Silber (Fluß- und Bachseifen), der Eisenverarbeitung und erlernten im Austausch mit südlichen Ländern die Bronzeherstellung, Techniken, für deren Handhabung große Wälder das erforderliche Holz zur Verhüttung und der Schmiedearbeit lieferten. Neben der Sicherung der Lebensgrundlagen durch Ackerbau, Viehzucht, Fischfang und Jagd verschafften große Salzvorkommen bei Chateau Salins/Marsal an der Seille zusätzliche Grundlagen intensiven Fernhandels und Tauschverkehrs. Nicht

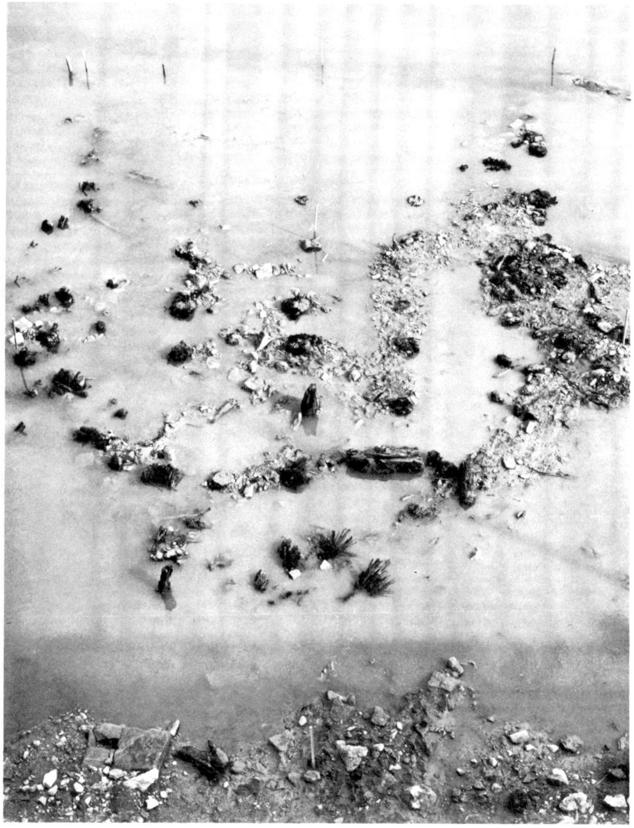

Pfahlrost der älteren Moselbrücke, Trier, Kat. 8 *(s. S. 85)*.

minder ergiebig waren die vulkanischen Lava- und Basaltbrüche der Eifel zur Fertigung von Mahlsteinen, die als Napoleonshüte seit vorgeschichtlicher Zeit nunmehr als Mühl- und Mahlsteine verhandelt worden sind. Die günstige Geländestruktur des Maas-Mosel-Rheingebietes bot der hier siedelnden Bevölkerung ausreichende Möglichkeiten, den sie bedrängenden germanischen Nachbarn in ihren Höhenburgen, den Ring- und Abschnittswall bewehrten Fluchtburgen auszuweichen. Vereinzelt wurden diese Festungen dauernd besiedelt und werden zu Stammesvororten, die als Herrensitze zugleich auch Zentren einheimischer Götterkulte bilden. Andere Befestigungen entstehen erst in caesarischer Zeit und kennzeichnen kleinere Organisations- und Gesellschaftsgruppen der civitates in der Größenordnung von Pagi (Gemeindeverbänden), Dorfschaften und Familienverbänden.

Die Adelsfamilien und Ritter, die führende Kriegerkaste war durch die caesarischen Kriege und die wiederholte Beteiligung an Aufständen zum großen Teile vernichtet, geflohen oder in römische Gefangenschaft geraten. Die Masse der ländlichen Bevölkerung hat aber wenigstens gebietsweise die Wirren der Zeit überlebt, wie sowohl die kontinuierliche Belegung verschiedener Siedlungsplätze wie auch die Belegung der Gräberfelder (z. B. Wederath Kat. 11–19) erkennen lassen.

Neben der kurzfristigen Stationierung von römischen Truppen im Treverergebiet ist offenbar auch frühzeitig die Einrichtung von Militärlagern und Posten erfolgt (Trier/Petersberg und Trier Stadtgebiet), die eine dauernde Präsenz der Römer und die Unterdrückung aufkommender Unabhängigkeitsbestrebungen zu gewährleisten hatten.

Nach den Wirren des Bürgerkrieges wurden unter Augustus die eroberten gallischen und belgischen Lande bis zum Rhein durch Agrippa neugeordnet und im Zuge der Provinzgliederung die römische Herrschaft durch den Ausbau der Verwaltung stabilisiert.

Im Zuge der administrativen Neuordnung der eroberten Gebiete Galliens und der Belgica wurden Mediomatriker und Treverer insofern von der Entwicklung begünstigt, als ihre Gebiete zur Einrichtung der Provinz Germania superior z. T. beschnitten, den späteren Grenzprovinzen der Ober- und Niedergermanischen Provinz direkt benachbart waren und zu deren Versorgung beizutragen hatten.

Die seit dem Ausbau der Verteidigungsanlagen am Rhein, der Posten, Stationen und Legionslager (in Straßburg und Mainz) zahlreich stationierten Truppenverbände hatten einen beständigen Bedarf an Versorgungsgütern, der zum großen Teil aus dem direkten Umland und den benachbarten Gebieten gedeckt wurde. Offizierskorps und die bald bei den Lagern entstehenden Zivilsiedlungen verlangten aber nach den Gütern gehobener Lebenskultur, den Produkten ihrer Herkunftsländer, die Händler und Kaufleute zu vermitteln suchten. Für den Transport dieser Güter, die in Massen und großen Stückzahlen verhandelt wurden, war frühzeitig der Ausbau der Reichs- und Fernstraßen erforderlich, die von den Alpenpässen dem Rheinlauf folgten und den Hafenstädten am Mittelmeer rhôneaufwärts der Mosel zustrebten, um von Langres

über Metz nach Trier und von hier aus durch die Eifel nach Köln, zum Niederrhein und der Moselmündung oder über den Hunsrück dem Mittelrheingebiet, der Mainmündung mit dem Legionslager Mainz zuzustreben.
Neben dem Ausbau der Straßen wurde frühzeitig auch der natürliche Verkehrsweg der Flußläufe in den Güteraustausch einbezogen und die Mosel zu einer wichtigen Handelsstraße, deren Bedeutung offenbar so hoch eingeschätzt wurde, daß um 50 n. Chr. eine Kanalverbindung zur Saone und damit die Direktverbindung zum Mittelmeer schon die Planer und militärischen Befehlshaber beschäftigte.
Natürliche Vorgabe der Verkehrserschließung bildeten vorgeschichtliche Fernwege, die schon während der gallischen Kriege Caesars schnelle Truppenbewegungen ermöglicht hatten. Sie bildeten, trotz einer nur der Eigenbedarfsdeckung dienenden Wirtschaft, das Rückgrat der Besiedlung, die mit zunehmendem Verkehr und Güteraustausch sehr bald auch Siedlungskonzentrationen förderlich war.
Diesen Grundlagen, denen römische Militärfachleute und Verwaltungsspezialisten, Finanz- und Planungsbehörden Rechnung trugen, wurden neue Impulse gegeben, als unter Agrippa eine auf die zukünftige Entwicklung geplante Neuordnung und Einbindung in den römischen Provinzialverband geplant und zielstrebig durchgesetzt wurde.
Soweit erkennbar, wurden die Stammesvororte der Mediomatriker und Treverer hierbei berücksichtigt.
Der befestigte Vorort auf dem Titelberg (Südluxemburg) besteht ohne Siedlungsunterbrechung weiter, wenngleich die mächtigen Befestigungswälle und Mauern vielleicht geschleift oder nicht mehr instandgehalten wurden. Dem verkehrsgeographisch bedeutenden Moselübergang in der Trierer Talweite, eine Furt, die seit der Bronzezeit eine Passage darstellte, wurde eine vom Wasserstand unabhängige Brückenkonstruktion gegeben, der sicherlich auch eine Treverersiedlung zugehörte. Zum Schutz oder zur Überwachung wurde auf dem Petersberg, am Ostrand der Talung, eine Siedlung, ein militärischer Posten oder eine Wache angelegt, deren Zusammensetzung uns zwar nicht bekannt ist, deren Bestand durch keramische Funde und datierte Holzreste aber auf die Zeit um 30 v. Chr. festgelegt werden kann. Ein erweiterter Brückenbau 18/17 v. Chr. wird in direkte Verbindung zur Gründung der Augusta Treverorum zu setzen sein. Lehmziegelbauten, Fachwerkhäuser sind in den ältesten Siedlungsschichten des späteren Stadtgebietes bereits auf ein System rechtwinklig zueinander verlaufender Straßen orientiert, die mit dem Decumanus Anschluß an die Brücke finden, mit dem Cardo maximus, auf der Mittelterrasse der Talweite, dem Zuge einer schon vorrömischen Wegeführung anschließen. Südlich einer Kernsiedlung, die nach Scherbenfunden und Bauresten ca. 600 zu 1000 m Fläche umfaßt, ist durch Grabenreste ein römisches Lager vermutet worden, das weder dem Straßen- und Stadtplanraster angepaßt ist noch in späterer Zeit innerhalb der besiedelten Fläche angelegt worden sein kann.
Ein Grabensystem im Stadtkerngebiet könnte gleichermaßen zu einer älteren Siedlungsumwehrung gehören, die der »Stadt« vorausgegangen ist, in der Nachfolge der »Stadtgründung«, wie auch das Lager durch die festeren Lehmziegel, Fachwerk und schließlich die tiefer gegründeten Steinbauten vollkommen abgegraben und überbaut worden ist.
Nur aus einer solchen Besiedlungsfolge lassen sich die vorrömischen Pfahlreste an der Moselfurt (um 122 v. Chr., 72–37 v. Chr.; 18/17 v. Chr.) erklären, ohne daß diese Ansiedlung als das Zentrum und der alleinige Vorort des Treverergebietes betrachtet werden muß.
Der in Kultverbänden organisierten Bevölkerung des Gebietes entsprach die administrative Neuordnung, indem Dorfschaften, Märkte, Kultzentren, soweit ihre Anlehnung an das Straßen- und Wegesystem gegeben war, als Pagi weiterlebten, d. h. als Untergruppierung der Civitates, vielleicht modernen Verbandsgemeinden vergleichbar, die noch eine gewisse Selbständigkeit behielten.
Ähnliche Entwicklungen sind auch für das Hunsrückgebiet anzunehmen, wenn bei dem vicus Belginum bei Morbach-Wederath ein vorrömisches Gräberfeld in kontinuierlicher Belegung bis in das 4. Jahrhundert n. Chr. weiterbesteht und ein ausgedehntes Straßendorf mit Tempel, Kneipen und landwirtschaftlichen Betrieben offenbar einer ehemals weiter gestreuten Besiedlung als Dorf und Straßenstation folgt.
Neben dem Straßenverkehr ist seit vorrömischer Zeit mit

einer starken Zunahme des Güteraustausches auf dem Wasserwege zu rechnen. Den wenigen mehr zufälligen Schiffsfunden, die von einfachen Nachen, Fährbooten bis hin zu größeren Frachtschiffen reichen (Schiffsfunde von Zwammerdam, Pommeroeul bei Tournai, Köln, Bonn und Mainz, an Nordsee, Schelde und dem Rheinlauf), steht eine weit größere Zahl von Relief- und Mosaikdarstellungen und einige Inschriften gegenüber. Die zumeist von Grabdenkmalen stammenden Darstellungen bezeugen die Beteiligung von Unternehmern, Schiffseignern und Händlern, die sowohl den Versand kleinerer Warengebinde wie auch größere Massenprodukte auf dem Wasserweg abwickelten. Die Darstellungen beziehen sich auf Textilhandel, Weinimport und -export, keramische Erzeugnisse.

Aus dem Vulkangebiet der Eifel sind sicher hinzuzurechnen Mahlsteine aus Basaltlava, vom Obermoselgebiet werden größere Frachten an Kalkstein nicht nur nach dem benachbarten Metz und Trier, sondern weiter nach Bonn, Köln, Xanten bis nach Forum Hadriani und Domburg vermittelt.

Hinzugerechnet werden müssen auch die Produkte aus den Salinen von Marsal/Salins, später die Massenprodukte der Sigillatawerkstätten in den Argonnen, des Gebietes von Trier–Speicher, die Trierer Weinkeramik, sowie die Grobgefäße der Töpfereien von Mayen, die zur Versorgung der Lager und Siedlungen am Rhein dienten, aber auch bis nach England verhandelt worden sind.

Für den Fernhandel nach England sind unterschiedliche Strecken in der Verbindung von See- und Flußhäfen, Land- und Flußstrecken in Betracht zu ziehen. Ausschlaggebend aber für den hier erwähnten Handel auf der Mosel ist ein leistungsfähiger Flußverkehr auf Rhône und Saône, der mit der Unterbrechung des Plateaus von Langres über den Landweg bei Nancy die schiffbare Mosel erreicht und auch Seine und Maas für den Westverkehr nutzen konnte.

Götter und Tempel

Im westlichen Treverergebiet sind entsprechend der Geländestruktur und der wirtschaftlichen Nutzung zahlreiche einheimische Gottheiten verehrt worden, die durch Inschriften, Bilddarstellungen in Stein, Bronze und Ton uns überliefert sind.

Vom Titelberg stammt ein Weihaltar, der von dem Gemeindediener (servus publicus) Sabinus dem Genius-Schutzgott der Vosugonen, einer örtlichen Gottheit, gestiftet worden war.

Veraudunus wurde zusammen mit Inciona, einer Quellgöttin, verehrt, sein Name ist mit einem Heiligtum auf dem Widdenberg bei Niederanven als namengebend zu verbinden. Als Flamen-Priester bei dem treverisch-keltischen Lenus-Mars-Heiligtum in Trier ist ein Villenbesitzer aus Mersch durch eine große Inschrift bezeugt, während ein Felsrelief mit der Darstellung eines Hirsches bei Berdorf auf Cernunnos zu beziehen ist, der auch auf einem Relief vom Titelberg als »Geldspeiender Hirschgott« neben einem Jüngling mit Füllhorn erscheint.

Viergöttersteine und Jupitergigantenreiter sind von Dalheim und Amberloup in Südbelgien zu erwähnen.

Neben einzeln gelegenen Tempeln, so bei Steinsel bei Luxemburg, ist ein Heiliger Bezirk mit einer größeren Zahl von Kultbauten für Ricciacus-Dalheim, der Station an der Fernstraße Metz–Trier, durch Grabungen und Funde nachgewiesen.

Felsdenkmäler

Wie keine andere Landschaft des Imperiums zeichnet das Gebiet der Mediomatriker und Treverer eine Denkmalgruppe aus, die als ein später Widerschein älterer Kulte und religiöser Vorstellungen aus vorrömischer Zeit gerettet und tradiert wurde und mit den Mitteln der Bildhauerkunst Ausdruck fand.

Es mag dies darin mitbegründet sein, daß die weitläufige, mitunter stark zerklüftete Mittelgebirgslandschaft mit ihren abbauwürdigen Kalk- und Sandsteinvorkommen, vulkanischen Basalten und Schiefern einerseits, seltsamen, die Phantasie anregenden Felsformationen, Quarzit- und einzeln stehenden Felskegeln andererseits entsprechenden Vorstellungen Vorschub leistete.

Neben schlichten Reliefs, die im Volksglauben des Mittelalters die Gestalt von Märchenfiguren annehmen, verbinden sich mit anderen Darstellungen und malen Erinne-

Felsbild des Sucellus und der Nantosvelta, Kat. 105 b *(s. S. 164)*.

rungen an Hexen, zerstörte Klöster und verzauberte Gestalten.

Auf dem Donon, am Ostrand des Mediomatrikergebietes, befand sich ein Felsrelief mit Tierkampf, Löwe und Stier und die Inschrift: Bellicus = Surburo. Bei Bitsch sind bei der Quelle, »pompöser Bronn« genannt, in den Felsen Diana und Silvanus (Sucellus), von Tiergruppen umgeben, dargestellt. Ein kleineres Relief stellt Amor und Danae oder eine Quellnymphe dar.

Bei Sengscheid/St. Ingbert ist ein Ehepaar im Felsen dargestellt, im Volksmund »Herr Rapp und seine Frau« genannt oder auch »Hänsel und Gretel«, die vielleicht auf Merkur und Rosmerta zu beziehen sind. Bei Wallerfangen im Saargebiet sind in Einzelbildern die Gestalten eines Mannes und einer Frau, wohl auch ein Götterpaar, dargestellt, im Volksmund die »Kapuziner« genannt. Bei Nonnenfels/Diedenhofen ist eine stehende nackte Gestalt erhalten, während bei Altlinster/Luxemburg ein Paar dargestellt ist, »die schro Fra«, die böse Frau benannt. Auf dem Ferschweiler Plateau bei Echternach-Bollendorf sind etliche Menhire erhalten, von denen einer in der Missionszeit des Willibrord vielleicht in ein Kreuz umgewandelt worden ist (Fraubillenkreuz = Sybille). Neben einer Felsinschrift »Artioni Biber« an die Wald- und Bärengöttin, ist bei der Weilerbach, am Fuße des Felsmassivs, ein einzeln stehender Felsbrocken zu einem Denkmal umgearbeitet worden. Über der Weihinschrift in vorzüglichen kapitalen Lettern: DEAE · DIANAE | Q. POSTVMIVS | POTENS · V · S (CIL XIII 4104) befindet sich eine feingegliederte Ädikula mit Diana in Begleitung von Hirsch und Jagdhund.

Ein weiteres, leider stark zerstörtes Relief, ist in einem Steinbruch bei Trier/Biewertal erhalten, das in einer Nische zwei Büsten zeigt. Wohl in Abwandlung solcher Traditionen ist bei Schwarzerden (südlicher Hunsrück) ein Mithrasrelief und die zugehörige Kapelle aus dem Felsen gearbeitet.

Vgl. J. B. Keune, Realencyclopädie der class. Altertumswissenschaft (RE) Suppl. III 482 s. v. Felsendenkmäler.

Gräber und Friedhöfe

Allgemein wird bei Treverern und Mediomatrikern seit der vorrömischen Eisenzeit die Brandbestattung geübt (mit Ausnahme von Kleinstkindern), doch hält sich vereinzelt aus uns nicht bekannten Gründen auch die Körperbestattung.

Auf dem Scheiterhaufen werden die Toten auf einem Totenbrett oder auch der Trage, die mit Nägeln zusammenmontiert ist, verbrannt, die noch erhaltenen Knochenpartikel sorgfältig aus der Asche ausgelesen und separat in Beuteln oder Urnen beigesetzt, desgleichen auch die Scheiterhaufen. Je nach sozialem Stand wird wenigstens ein Satz Gefäße als Beigabe mit Speisen in die Grabgrube gestellt (Topf für Speise, Henkelkrug oder Flasche für Getränke, Becher und Teller). Zusätzlich werden Schmuck (Perlen, Fibeln, Amulette), bei Männern Waffen und Gerätschaften bestimmter Berufstätigkeit mitgegeben und in Anlehnung an mediterrane Vorstellungen, nach denen an den Grenzen zum Totenreich Charon die Seelen über den Totenfluß mit seinem Nachen geleitet,

ein Geldstück als Bezahlung für den Fährmann dem Toten mitgegeben.
Neben der sogenannten Brandschüttung in eine vorbereitete Grabgrube, der Beisetzung des Beigabeninventars mit der ausgelesenen Asche in einem größeren Gefäß (Dolium und Amphore, großer Kochtopf), sind vereinzelt Totenschiffe und Totenbäume beobachtet worden (Berndorf i. d. Eifel), die zur Aufnahme von Leichenbrand und Beigaben dienen. Das Grab als Einzelbestattung oder im Familienverband in einem umgrenzten Bereich (Grabgarten) wird durch ein Mal, einen Stein oder schließlich eine Stele gekennzeichnet. Mitunter erfolgt die Beisetzung auch in einer Cista-Grabkiste runder oder oblonger Form, deren Abdeckung oberirdisch sichtbar war und ausnahmsweise mit einem Eisenrost gegen Beraubung gesichert ist. Als alteinheimische Tradition werden auch die Grabhügel als Erdaufschüttung beibehalten und durch einen Steinkranz zylindrischer Form, aber auch in einer rechteckigen Ummauerung aufgeschüttet und mit einem Pinienzapfen bekrönt (Newel b. Trier, Niederscheidweiler, Siesbach/Hunsrück). Bei monumentalerer Ausbildung ist dem Mauerkranz am Fuß der Aufschüttung des Hügels ein Grabaltar mit ornamentalem Schmuck (Bill/Luxemburg) eingefügt oder eine Ara mit ädikulaartigem Aufbau errichtet worden (Siesbach). Hier bekrönte den mächtigen Hügel ein Adler des Jupiter, der eine Schlange greift und auf einem Pinienzapfen sitzt. Der wirtschaftliche Wohlstand brachte es mit sich, daß schon im 1. Jahrhundert n. Chr. Stele, Cippus und Altar vergrößert werden, um sowohl Platz für eine monumentale Inschrift zu bieten wie auch für die Darstellung des oder der Toten.
Die einfache Stele mit meist giebelförmigem Abschluß wird pfeilerartig erhöht, Reliefs und Inschrift sind in mehreren Etagen über einem schlichten Sockelprofil angeordnet.
Hierbei kann die Bestattung unterirdisch im Sockel und Fundament eines solchen Aufbaues erfolgen, sie kann aber auch in der Form der herkömmlichen Erd- und Kistengräber außerhalb des eigentlichen »Grabmals« vorgenommen werden. Bei Grabaltären und Pfeilern sind jedoch auch in den Quaderaufbauten Höhlungen vorgesehen und ausgespart, die die Bestattung aufnehmen, die somit nicht mehr in der Erde erfolgt. Es wurden auch »Verschlußplatten« beobachtet, die die Möglichkeit bieten, Nachbestattungen von Angehörigen in dem gleichen Mal vorzunehmen. Als monumentale Sonderformen ausgezeichneter Personen und reicher Familien sind aus sorgfältig zugerichteten Quadern mit Zierbossen und Friesen bestehende Rundbauten in Metz, Luxemburg, Echternach und Neumagen/Trier zu betrachten, die den an der Via Appia errichteten »Mausoleen« nachgebildet sind.
Für das Treverergebiet gewinnt der Grabpfeiler eine besondere Bedeutung, war er doch wie keine andere Denkmalform geeignet, eine Vielzahl von Reliefdarstellungen auf allen Seiten aufzunehmen und beliebig nach Breite und Höhe vergrößert zu werden, ohne daß die Proportionen und damit die ästhetische Wirkung gemindert wurden. Durch auskragende Gesimse gefällig gegliedert, wechseln schmale Friese mit großflächigen Darstellungen, während ein schindelverziertes Pyramidendach mit Kapitell und Pinienzapfen den oberen Abschluß bildet. Diese Denkmalgruppe an den Ausfallstraßen der Augusta Treverorum, durch Fundamentreste und zahlreiche Reliefquader nachgewiesen, ist besonders auch an der Obermosel, im luxemburgischen Gebiet, in Arlon, nachgewiesen, und erreicht offenbar ihren Höhepunkt mit dem Grabpfeiler von Igel, der im 2. Viertel des 3. Jahrhunderts errichtet worden ist und seitdem fast unbeschädigt an seinem ursprünglichen Platze steht. An der Fernstraße nach Trier machte das Grabmal der Tuchhändlerfamilie der Secundinier weit vor den Mauern der Stadt auf die Aktivitäten und die religiösen Vorstellungen seiner Erbauer aufmerksam und galt als eine sicherlich wirkungsvolle Reklame für den in Trier betriebenen »Handel« mit Tuchen und Stoffen, die per Wagen und Schiff, auf ihre Qualität geprüft, exportiert wurden.
Nicht minder eindrucksvoll mußten sich monumentale Löwen, die einen Eber reißen oder gar der heimische Bär, auf hohem Sockel aufgestellt, ausnehmen. Der Eindruck all dieser Monumente, aus den örtlich verfügbaren Kalk-, roten und weißen Sandsteinen errichtet, war in ihrer ursprünglichen farbigen Bemalung noch um Vieles mehr gesteigert. Hierbei hatte die Bemalung nicht nur den nützlichen Effekt, den Stein vor Verwitterung zu schützen, die Details des ornamentalen und figürlichen Schmucks zu verdeutlichen und schon auf größere Entfernung auch ablesbar zu machen. Mehr noch, so darf

man aus der Farbskala entnehmen (bei vorherrschend weiß bemalten Gewändern der Figuren und weißer Grundierung der Ornamentflächen), ging es darum, den einheimischen Stein zu unterdrücken und dem Betrachter die Vorstellung marmorner Bildwerke zu vermitteln, wie sie in den klassischen Ländern des Südens in unvorstellbarer Pracht üblich waren.
Tempelartige Aufbauten auf Grabgewölben und Kammern sind ebenfalls südlichem Vorbild nachgeformt (Grutenhäuschen bei Igel, Grabtempel bei Minden an der Sauer, Trier-West/Reichertsberg und Friedhof, Grabkammern bei Nehren), die in schlichterer Form vornehmlich in Trier-St. Matthias und St. Maximin in großer Zahl entdeckt und z. T. auch konserviert worden sind.
Im 3. Jahrhundert n. Chr. finden im Rückgriff auf ältere Hausformen und die Vorstellung des Totenhauses die sogenannten Tonnendachsteine eine weite Verbreitung. Auf einen rechteckigen oder quadratischen Quader, der zugleich die Aschenkiste bildet und über dem Terrain steht, wird ein walzenförmiger Deckel, das Tonnendach, aufgelegt, das die Grabinschrift an der Vorderseite zeigt. Auf der Kiste sind oft Handwerksgeräte (so Raspel und Leisten eines Schusters, Winkellot, Meißel und Traufel eines Maurers, Worfelkorb, Saat-Schlagbrett und Dechsel eines Landwirtes) oder nur die Inschrift angebracht. Im ländlichen Bereich, so auf dem Ferschweiler Plateau, hat man die Aschenkisten gleich in eine geglättete Felsplatte eingearbeitet und giebelförmige »Decksteine« aufgesetzt, während bei Serrig/Saar eine aus dem Felsen ausgearbeitete große Kiste mit einem mächtigen Deckstein geschlossen wurde, der mit vier Giebeln und relativ steilen »Dachschrägen« ein richtiges Totenhaus vorstellt und im Volksmund das »Wichtelhäuschen« genannt wird.
Der großen Zahl erhaltener Grabmonumente steht die noch größere Zahl zerstörter Denkmäler gegenüber, die im Laufe der Zeit als Baumaterial genutzt wurden. Im Vergleich hierzu aber ist die Masse der Gräber und Bestattungen ohne sichtbare, künstlerische oder kennzeichnende Ausschmückung geblieben.

Landwirtschaft

Vorherrschende Siedlungsform ist der inmitten des zu bewirtschaftenden Landes gelegene Einzelhof. Den größeren Siedlungsplätzen, den Höhenburgen und den Vororten der Stammesgebiete (Metz, Titelberg, Otzenhausen) stehen weit gestreut kleinere Schutzanlagen gegenüber, die als Ring- und Abschnittswälle im Bereich des Mittelgebirges, besonders aber an den Fluß- und Bachtalungen, von Familienverbänden und kleineren Gebietsherren angelegt worden waren. Tempel und Heilige Bezirke waren gleichermaßen geeignet, zentrale Funktionen zu übernehmen. Handwerker- und Straßensiedlungen, Stationen und Marktflecken wurden in zunehmendem Umfange mit dem Ausbau der Fernstraßen und des Wegenetzes zu Siedlungsansammlungen, die jedwedem Handel und Güteraustausch förderlich waren und natürlich auch administrativen Aufgaben dienten, umso mehr, wenn sie durch günstige Verkehrslage ausgezeichnet, frühere Funktionen als Kultvororte oder Gebietszentren der alten Gaugliederung (pagi) übernommen oder als Neugründungen zugewiesen bekommen hatten.
Einfache Lehmfachwerk- und Pfostenbauten von rechteckigem Grundriß mit Vordach auf Holzstützen sind als Grundtyp des Landhauses zu betrachten und konnten an verschiedenen Villenplätzen als Vorgänger späterer Steinbauten nachgewiesen werden (z. B. Mayen, Horath). Im Gegensatz zu älteren Hausbauten der vorrömischen Zeit zeigen diese jedoch den Hauptzugang und die Tendenz zur »Fassadenbildung« an der Langseite, die dem-

Modell der Villa von Bollendorf, Kat. 50 *(s. S. 121)*.

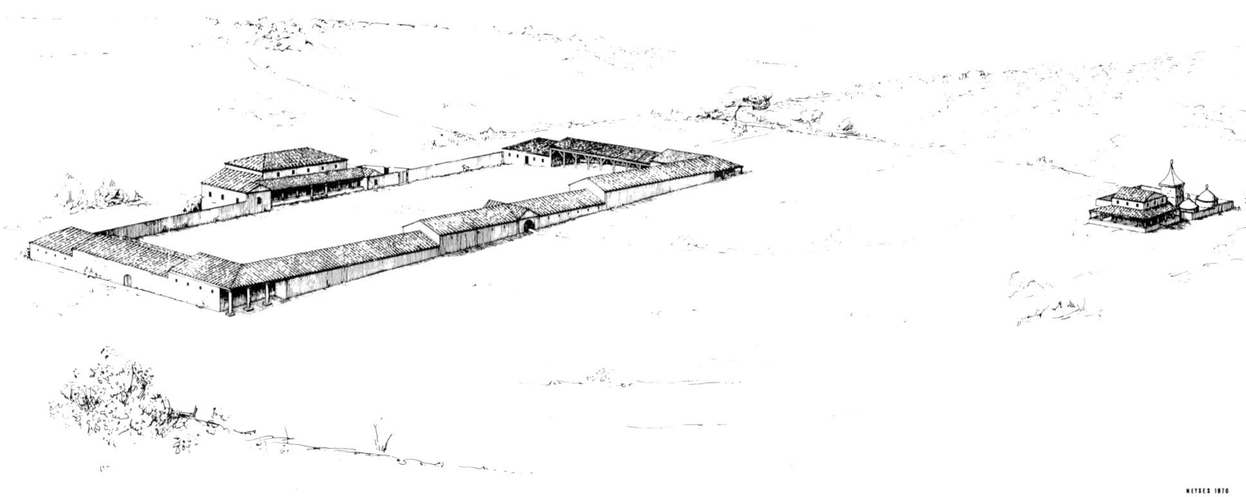

Rekonstruktion des Bauernhofes bei Newel, Kat. 51 *(s. S. 124).*

entsprechend zumeist nach Südosten der Sonne zugewandt ist.
Noch im Laufe des ersten Jahrhunderts n. Chr. wird, wohl in Anlehnung an südländische Vorbilder, die Grundrißform dadurch bereichert, daß das stützengetragene Vordach zu einer Portikushalle mit achsial angeordnetem Zugang in Form einer Treppe, einer Rampe oder eines über dem Außenterrain gelegenen Durchganges weiter entwickelt wird und den Hauptwohn- und Aufenthaltsraum erschließt. An den Seiten werden symmetrisch turmartige Eckbauten angelegt, die wenigstens über die Dachhöhe der Portikus, zumeist aber auch noch über das »Kerngebäude« mit dem Hauptwohnraum hinausragen. Voraussetzung dieser Bauentwicklung war die Übernahme der festen Steinbauweise und des Mörtels als Bindemittel, war auch die Übernahme architektonischer Zierelemente wie des Pfeilers und der Säule.
Dieser Bautyp der Villa rustica ist in vielfältigen Abwandlungen des Grundrißschemas den individuellen Bedürfnissen der Landwirte und bäuerlichen Kleinbetriebe angepaßt worden. Er hatte auch den Vorzug, daß das Schema der Fassadenbildung auf beliebige Länge aneinandergereihter Räume konstruiert werden konnte, ohne den Eindruck behäbiger Solidität und gewollter Demonstration des Wohlstandes zu schmälern.

So lassen sich bei gleichartiger Grundrißbildung Rückschlüsse auf Betriebsgrößen und spezielle Nutzungen nur aus der Lage, der Gesamtfläche und der Zahl der Räume in etwa erschließen.
Dort, wo solche Anlagen in ihrer Gesamtausdehnung ergraben worden sind, zeigt sich auch, daß ein »Gründungsbau«, die erste Ansiedlung, durch die »Vorblendung« eines zweiten, größeren Risalitbaues in den Rang einer anspruchsvolleren Villa gelangte, wie dies anschaulich die Villa rustica von Horath verdeutlicht.
Auch der Gutshof von Otrang-Fließem ist aus einer kleineren Risalitvilla dadurch zu einem großen, anspruchsvollen Baugefüge geworden, daß an den Kernbau auf drei Seiten Raumfolgen und Portiken mit Risaliten und Eckpavillons angeschlossen worden sind, die gleichzeitig die verschiedenen Ausbauphasen des Anwesens kennzeichnen.
Dieser Bauform, die für das Treverer- und das Mediomatrikergebiet als Standardtypus betrachtet werden kann, sind, soweit Besitz und Wohlstand es ermöglichten, Nebengebäude zugeordnet, in denen, den wirtschaftlichen Bedürfnissen entsprechend, Stallungen, Speicher, Schmiede- und Trockenöfen, Räucherkammern und sonstige Nutzungen untergebracht waren.
Die günstige Wirtschaftsentwicklung des ersten Jahr-

hunderts und die steigende Nachfrage führten dazu, daß frühzeitig auch die technischen Einrichtungen gehobener Lebensansprüche in die ländlichen Ansiedlungen Eingang finden. Zahlreiche Villen werden im Zuge baulicher Erweiterung mit einer Badeanlage und beheizten Wohnräumen ausgestattet, die ihrer höheren Beanspruchung wegen solide gebaut, zumeist auch am besten erhalten geblieben sind. Die Flächengliederung größerer Betriebe läßt auch erkennen, daß innerhalb des mit Mauern umgrenzten Besitztums Sonderflächen für Kleinviehhaltung, Gewürzgarten, Viehpferch und Tenne ausgespart waren.

Zu den Früchten, die für die Eigenversorgung wie auch für den Weiterverkauf produziert und angebaut wurden, gehören: Roggen, Weizen, Gerste, Hafer. Zu den älteren Kulturpflanzen sind Erbse, Sau-, Pferd- oder Dicke Bohne, Möhre, Rübe, Lauch zu rechnen. An Obst ist der Apfel in veredelter Zucht geläufig. Die verbesserten und musterhaft erprobten Anbaumethoden des Südens wurden durch Händler und Reisende frühzeitig auch unseren Landschaften vermittelt, und Birne, Pflaume, Pfirsich, Kirsche, Quitte, Walnuß, Weinrebe und Edelkastanie, Kappes, Petersilie, Rettich, Fenchel, Lattich, Spargel, Knoblauch, Senf und Gurke gelangten bei günstigem Klima und gutem Boden zum Anbau.

Der Ertragsverbesserung diente nicht nur eine gleich- und regelmäßige Bedüngung des Bodens mit Mist, sondern es wurden frühzeitg auch Felddrainierungen durchgeführt und kalkarme Böden durch Mineralzugaben verbessert, schwere Böden gelockert (z. B. Newel).

Die Reliefdarstellungen machen es wahrscheinlich, daß in den z. T. stark reliefierten Mittelgebirgen und auf den rauheren Hochflächen eine ausgedehnte Vieh- und Weidewirtschaft betrieben wurde und Ochs, Rind, Pferd, Esel gleichzeitig auch als Bespanntiere, Schaf und Ziege gehalten wurden.

In Pferch und Stall wurde das Schwein gemästet, neben dem Geflügel Gans, Ente, Huhn, Perlhuhn.

Der Speisezettel wurde bereichert, um die von der Natur gebotenen reichen Gaben aus dem Wald, das jagdbare Wild (Reh, Hirsch, Wildschwein), Beeren und Pilze, aus Bächen und Flüssen, aber auch künstlich angelegten Teichen Fische jeglicher Art, die Ausonius uns in dem Mosellied in der Fülle der Arten ausführlich beschreibt.

Die Speicher und Nebengebäude der großen Villen in der Eifel, im Obermosel- und Saargebiet und dem Luxemburger Gutland lassen den Schluß zu, daß diese vornehmlich der Getreideproduktion zugetan waren. Hierauf weisen nicht nur die im Mittelalter und in der Neuzeit überlieferten Nutzungen, sondern auch die Funde von Gerätschaften aus Eisen, mehr noch die Reliefdarstellungen der Grabmäler dieser Landschaften. Neben den Eisenteilen des Pfluges (Schareisen und Schneidmesser-culter), Sensen und Sicheln, ist für das Treverergebiet durch Plinius nat. hist. 18, 30 die »vallus« genannte Mähmaschine überliefert, die auf vier Reliefdarstellungen in Arlon, Virton-Buzenol, Koblenz und Trier auch bildlich bezeugt ist. Sie ist zugleich ein höchst bedeutendes Beispiel dafür, daß Arbeitskräftemangel hier frühzeitig zur Rationalisierung des Arbeitseinsatzes zwang und zur Erfindung dieser »Maschine« führte. Die Rentabilität einer solchen Geräteanschaffung erlaubt den Rückschluß, daß die Anbauflächen für Getreide und den Einsatz dieser Maschine sehr groß gewesen sein müssen. In den gleichen Zusammenhang sind Wagendarstellungen zu bringen, die große Körbe oder Aufbauten auf Wagenachsen aus Korbgeflecht zeigen, in denen das Erntegut, die schon aus den Ähren gesammelten Körner, dem heimatlichen Speicher und Getreidelager zugeführt wurden. Neben dem Dreschflegel wurden die Körner, wo die Mähmaschine nicht zur Verfügung stand, durch Dreschschlitten oder durch das Belaufen von Huftieren aus den Ähren geschlagen. Worfelkörbe (vannum) dienen zum Reinigen der Getreidefrucht, bevor diese in Säcken den Speichermagazinen oder den Mühlen zugeführt wurde.

Könnte man aus dem Siedlungsbild (trotz der Lückenhaftigkeit unserer Kenntnisse) den Eindruck gewinnen, daß die Siedlungsdichte einer intensiven landwirtschaftlichen Nutzung der verfügbaren und ertragreichen Flächen entsprach und auch die Größe der ländlichen Höfe und Güter eine ausreichende »Überproduktion« zur Versorgung der Dörfer, Stationen und Städte sicherstellte, so ist dies für die Zeit vom 1. bis zum 3. Jahrhundert n. Chr. sicherlich zutreffend. Im Gefolge der germanischen Invasionen in der 2. Hälfte des 3. Jahrhunderts n. Chr. werden weite Landschaften verwüstet, die ländlichen Siedlungsstellen zerstört, und ein Teil der Bewohner ist, soweit nicht getötet, offenbar in sichere Gebiete ab- und ausgewandert. Mit den Zwangsmitteln der Gesetzgebung versuchte man zwar, die noch verbliebenen Bauern an die Scholle zu fesseln, um die Versorgung der Bevölkerung sicherzustellen, doch waren die Bagaudenaufstände gegen Ende des 3. Jahrhunderts als Gegenbewegung und gewaltsamer Protest Ausdruck nicht nur vollkommener Rechtslosigkeit des Bauernstandes, sondern auch Zeichen einer hoffnungslosen wirtschaftlichen Entwicklung, die den Landwirten keine ausreichende Existenzgrundlage mehr geboten zu haben schien. Die beständige Verschlechterung bewirkte eine zunehmende Abwanderung und Flucht der Bevölkerung aus dem ländlichen Raum, so daß weite Teile des Hunsrücks und auch der Eifel schließlich siedlungsleer sind. Nur so war es möglich, daß nordwestlich von Trier eine staatliche Domäne eingerichtet werden konnte, die in der 2. Hälfte des 4. Jahrhunderts mit einer über 70 km langen Mauer eine Fläche von ca. 270 qkm zusammenfaßt und neben dem Industriebereich der Töpfereien und Ziegeleien von Speicher und Herforst offenbar vornehmlich der Pferdezucht und als Wildgehege diente.

Der rapide Zerfall wird aber noch deutlicher durch die Nachricht, daß unter Constantius (354 n. Chr.) und Julian (358) Getreide zur Versorgung der am Rhein stationierten Truppen und der Bevölkerung aus Aquitanien und auf dem See- und Flußwege aus England herangeführt werden mußte.

Neben den Bauernhöfen und Gutsbetrieben sind frühzeitig auch außerhalb der Stadtgebiete suburbane Villen und Paläste errichtet worden, die z. T. den Angehörigen alter, romanisierter Adelsfamilien und Gebietsherren gehörten oder aber Beamten zugewiesen worden waren. Hierzu rechnen die großartigen Villenanlagen von Echternach/Schwarzacht, Nennig, St. Ulrich bei Saarburg in Lothringen und Teting.

Die Ausstattung der Gebäude läßt erkennen, daß sie als Paläste ihren Eigentümern dienten, während die Bewirtschaftung und landwirtschaftliche Nutzung des zugehörigen Grundbesitzes von weniger aufwendigen, außerhalb liegenden Bauernhäusern betrieben wurde, in denen Bedienstete und Colonen wohnten. Dabei war es durchaus üblich, daß die Vorräte an Getränken (Wein in Fässern, Importweine in Amphoren), Rüben und konservierten oder eingemachten Gemüsen und Früchten, gepökeltem Fleisch in den kühlen Vorratskammern und Kellern des Herrenhauses aufbewahrt wurden und auch entsprechende geräucherte und präparierte Fleischbestände in Trockenkammern gut erreichbar zur Verfügung standen. Hinzu gerechnet werden muß ein Mindestbestand an Getreide oder gemahlenem Mehl, an Hülsen- und getrockneten Früchten, Gewürzen und Kräutern.

Solcher Bevorratung dienten sicherlich auch in St. Ullrich/Lothringen die Kellergänge, die als Kryptoportiken zugleich eine Terrassierung des Geländes bilden, über dem sich die Villa selbst in größerer Höhe wirkungsvoll entwickeln konnte. In geradezu übertriebener Weitläufigkeit ist die Villa bei Wittlich an der Lieser ausgebildet worden. Auch wenn der Wasserlauf sich seit der Spätantike verlagert und in den Bereich der Villa selbst sein Bett gegraben hat, so war zur Zeit des Aufbaues und der Nutzung die Anlage bewußt gegen den Bergfuß gerückt worden, um unter Ausnutzung der Hanglage mit dem Hauptwohngeschoß eine die Weite der Wittlicher Senke beherrschende Höhe zu gewinnen, die dem Grundherrn und Eigentümer des fruchtbaren Landes stets eine Übersicht über sein Besitztum, und wohl auch eine Kontrolle der Arbeitskräfte und der Arbeiten ermöglichte. Das Erdgeschoß, oberhalb des höchsten Lieserhochwassers, ist an der Rückseite als Keller zum Teil in den Berg hinein gebaut und öffnet sich zur Talseite in einer repräsentativen Portikusfront, die zweigeschossig bis zu den westlichen Badeanlagen und den östlichen Stallgebäuden, diese wie Risalite einbeziehend, ausgeführt ist. Beherrschend ist der Mittelbau mit breitem Kellergeschoß, in einer zweiten Ausbauphase eingewölbt, über dem sich als künstlich vergrößerte Terrasse der Wohntrakt mit einer zweiten Portikusfront und der Folge der Wohn- und Schlafräume erhebt.

Für das Moselgebiet ist von Interesse, daß die in vorzüglich dem Weinbau dienenden Flächen gelegenen Villen sich nicht von jenen Agrarvillen des Eifel- und Hunsrückraumes unterscheiden. Vielmehr sind bei gleichem Grundriß lediglich die Kelterbecken Hinweis dafür, daß hier Trauben ausgepreßt worden sind und der Most bzw. der Wein in den Fässern dann offenbar in anderen Gebäudeteilen, Erdkellern oder in zentral gelegenen Kellereien gelagert worden sind (so Keltertretbecken als Sonderlage bei Maring-Noviand, als Einbau in Villa rustica bei Papiermühle/Dhron und Kinheim), während als separater Lagerraum für größere Weinbestände die Kryptoportiken in Trier bei der Basilika, am Forum und einer Villa in der Gilbertstraße, bei der Villa Kreuznach ebenfalls das Kellergeschoß oder ein in den Felsen getrennt angelegter Keller in Betracht zu ziehen sind.

Industrie und Handwerk

Unter Anleitung römischer Militärs und Angehöriger der Verwaltung und Hinzuziehung orts- und landeskundiger Einwohner wurde die kartographische Aufnahme und die Prospektion der eroberten Gebiete eingeleitet. Hierbei ging es sicherlich ebenso darum, das vorhandene Wegenetz auf weitere Ausbaumöglichkeiten zu überprüfen wie Siedlungsstruktur und Nutzungen festzustellen, Vorkommen an Quellen, Erden, Steinen und Erzen zu erfassen. Die kulturelle und zivilisatorische Durchdringung wurde in dem Maße beschleunigt, wie friedliche und geordnete Verhältnisse und die Bereitschaft zur Kooperation und Assimilation seitens der verbündeten und unterworfenen Bevölkerungen im Laufe der Zeit zunahmen.
Die Stationierung starker Truppenverbände am Rhein sicherte die neu gewonnenen Gebiete vor fremden Einflüssen, reichte auch aus, um aufkeimenden Widerstand und Unabhängigkeitsbestrebungen schnell zu ersticken. Soweit die Funde über diesen Zeitraum Aufschluß bieten, ist im Mediomatriker- und Treverergebiet, wie auch im übrigen Gallien der Durchdringungs- und Gewöhnungsprozeß an die veränderten politischen Gegebenheiten im Zeitraum von 30–40 Jahren ohne große Opfer und Verluste zu einem vorläufigen Abschluß gekommen. Römische Händler und Kaufleute werden um 21 n. Chr. für das Trierer Land bezeugt. Sie dienten nicht nur der Versorgung der am Rhein und in Gallien garnisonierenden Truppe, sondern vermittelten auch den Einheimischen zahllose Produkte eines für die damalige Zeit riesigen Wirtschaftsgebietes und weckten frühzeitig Kräfte, die aufgeschlossen genug waren, die Vorzüge der mittelmeerischen Stadtkultur und die Möglichkeiten, an der wirtschaftlichen Entwicklung teilzuhaben, zu erkennen.
Vielfältige Möglichkeiten eröffneten sich allerorts und boten Gelegenheit, aktiv beteiligt zu werden.
Das schnelle Wachstum der Siedlungen und neugegründeten Städte, die neuen Bautechniken verlangten nach handwerklichen Fähigkeiten, denen die einheimischen Bewohner sich bereitwilligst und lernbereit eröffneten.
Baumaterial jeglicher Form wurde in großen Mengen benötigt. Zur Zubereitung des Mörtels mußten Kalke abgebaut und gebrannt werden, für Baugerüste und Dachdeckungen wurden Balken und Bretter aus den reichlich zur Verfügung stehenden Waldungen herangeführt und zugerichtet. Transportunternehmer und Fahrzeughalter führten Kalk, Sand- und Schiefersteine zum Haus- und Straßenbau heran. Für den Güterverkehr wurden an den schiffbaren Gewässern Fracht- und Lastschiffe gebaut, um die sprunghaft steigenden Materialanforderungen zu befriedigen. Schreiner, Wagenbauer, Grobschmiede hatten alle Hände voll zu tun und weckten Initiativen, örtliche Metallvorkommen abzubauen, Erze zu verhütten oder Roheisen in Barrenform heranzuführen. Steinbrüche, wo immer abbauwürdig und in der Qualität den Wünschen der Besteller entsprechend, wurden eröffnet. Bildhauer und Steinmetzen wurden zu öffentlichen und privaten Bauvorhaben hinzugezogen, lernten, Säulen, Basen und Kapitelle nach zeichnerischer Vorlage maßgerecht aus dem ungefügen Gestein herauszuarbeiten, Ornamente und Inschriften wunschgemäß zu fertigen.
Die ersten Ziegelfabriken und Brennereien wurden errichtet, um sowohl die tegulae und imbrices für die Dacheindeckungen zu liefern oder nach festgelegten Normen Bauziegel zu brennen, die für Bodenbeläge, Mauerbau und Wandisolierung oder aber für die komplizierten Heizungssysteme der Bäder und Wohnanlagen in unglaublich großen Mengen fabriziert wurden.
Ergiebige Tonlagerstätten wurden aktiviert, und Töpfereien schossen aus dem Boden, um den steigenden Bedarf der Einwohner an Geschirren zu bedienen und, soweit möglich, günstiger und preiswerter anzubieten als die aus der Ferne importierten Produkte. Die im südlichen Gebiet der Stadt Trier gelegenen Ateliers formten zunächst Teller, Schüsseln und Töpfe, Flaschen und Krüge in herkömmlicher, treverischer Art, übernehmen in Anlehnung an den Modegeschmack der Interessenten aber mehr und mehr die römischen Formen und hatten so Zugang zu einem weit größeren Markt. Auch die zunächst aus Italien und Südgallien importierte rotgefirniß-

te Sigillata oder Glanztonware konnte seit dem 2. Jahrh. durch die Gunst örtlicher Tonvorkommen in Trier nachgemacht und, dem veränderten Geschmack schnell in Form und Dekor angepaßt, günstig abgesetzt werden. Hierbei haben aus südlichen Töpfereien angewanderte Handwerker und Modelleure, den Absatzmärkten folgend, diese Techniken nach hier vermittelt und in Eigenregie oder im Vertrag mit einheimischen Firmenbesitzern ihre Tätigkeit ausgeübt und die Grundlagen dieses blühenden Wirtschaftszweiges der besonders export- und sicherlich auch gewinnträchtig war, gelegt. Solch günstige Entwicklung wurde sowohl durch Großhändler und die Leistungsfähigkeit der Töpfereibetriebe wie auch durch die günstige Verkehrslage an der Mosel wesentlich gefördert.

Kultur und Geistesleben

Das geistige Leben im ländlichen Bereich der Mediomatriker und Treverer ist zunächst geprägt von der Rezeption mediterraner Vorstellungen, die sich in der Vorstellungswelt der Götter und Wirkkräfte der Natur darin manifestiert, daß neben der bildhaften Angleichung und Umsetzung (interpretatio Romana) auch eine Vielfalt von Einflüssen sich bemerkbar macht, die die Mythen, die Vertrautheit mit Heroensagen in Wort und Bild vermittelte und über eigene Deutung auch Altüberliefertes im neuen Gewande erscheinen ließ.
Dies verdeutlicht ebenso gut der Weihestein vom Titelberg/Luxemburg (s. Kat. 103), auf dem neben dem römischen Genius der keltische Cernunnus als münzenspeiender Hirsch erscheint, der Intarabus von Ernzen/Bastogne, der einheimische Wald- und Vegetationsgott, der in Gestalt des Mars erscheint, nicht anders als der treverische Lenus (Inschrift in Mersch eines Flamen, der am Heiligtum in Trier sein Amt versah), oder Sirona, die als Quellgöttin der Hygieia nachgebildet, in den Funktionen dem Apollo verbunden und auch mit diesem gemeinsam dargestellt und verehrt wird (Hochscheid Kat. 68), die in christlicher Zeit der interpretatio Christiana unterliegen und bis heute in Pilgerorten und Kirchen weiter Verehrung genossen.
Im Verlaufe des 2. und 3. Jahrhunderts werden allerdings diese einheimischen Elemente mehr und mehr zurückgedrängt, weichen den mediterranen Kult- und Götterauffassungen, und auch orientalische Religionen und Mysterien finden Eingang in unsere Landschaft, wie die Denkmäler des Mithraskultes bezeugen. Ob allerdings z. B. die Kultstätte bei Schwarzerden Einheimisches weiterführt, indem ein Fels Kultbild und Kultstätte aufnimmt, oder aber der Mythenstoff (Felsgeburt des Mithras im Altbachtal Trier, Kat. 97) Anlaß für die Wahl dieses Ortes ist, entzieht sich unserer Kenntnis.
Andere Kulte, wie z. B. der des Esus, des Tarvos trigaranos, schwinden aber aus dem Bewußtsein und fallen der Vergessenheit anheim.
In den aus Tempeln gefundenen Devotionalien, Terrakotten, Schmuck aus Metall, ist uns nur ein kleiner Ausschnitt dessen erhalten geblieben, was einst den Göttern geopfert worden war. Organische Gaben, Früchte, Holzfiguren etc. würden vielleicht doch das Bild zugunsten eines intensiveren Fortbestehens einheimischer Vorstellungen bezeugen.
So werden im 4. Jahrhundert wiederum Elemente wirksam, die, wenn sie nicht nur wegen des allgemeinen Niederganges und minderer Techniken als »Primitivismen« frühere Techniken reproduzieren, als eine Wiederbelebung und Verstärkung des Einheimischen gedeutet werden könnten (s. Rädchendekor belgischer Gefäße des 1. Jahrhunderts und auf Sigillaten des 4. Jahrhunderts).
Zur Religiosität und Frömmigkeit, die bis zur Aufklärung ein Grundelement menschlicher Bildung darstellt, sind aus der archäologischen Hinterlassenschaft weitere Rückschlüsse zu ziehen. Die Ausstattung der Siedlungen verrät einen zunehmenden wirtschaftlichen Wohlstand, der nicht nur im Geldumlauf meßbar ist. Die Gerätschaften, der Typenreichtum der keramischen Produkte, die Verbreitung der Glasfunde und nicht zuletzt die Größe der Villen legen dies nahe. Hierzu gehören auch die Zubehörteile der Tracht, Fibeln, Gürtel, Haarschmuck, Nadeln, wie auch die Dekoration des Hausgerätes, angefangen von der Form der Messer, der Messergriffe, des Schmucks von Möbeln, Truhen, Kisten, Schlüsseln bis hin zu Korbsesseln und Siebgefäßen aus Metall. Die technische Verfeinerung ist Gradmesser, indem der einfache Riegelverschluß mit Hakenschlüssel dem komplizierteren Kastenschloß oder Zylinderschloß mit Federsperre und Bart-

Hohlschlüsseln weicht und auch größere Sicherheit bietet.

Diese Entwicklung ist vor allem aber in der Grabkunst lebendig zu erfassen. In zunehmendem Umfange werden die Grabstelen, von ehemals schmucklosen »Malen« zu Stelen und Pfeilern gebildet, die dem geistigen Habitus und den wirtschaftlichen Möglichkeiten des Auftraggebers entsprechend mit einem Symbol, einem Ornament, einer Namensinschrift oder gar der figürlichen Darstellung des Toten geschmückt werden. Von besonderem Reichtum sind die Berufsdarstellungen auf den Stelen in Metz; Steinmetz, Schloßmacher, Landwirt mit Heu- oder Mistgabel (S. 51 rechts unten), Juwelier oder Confiseriehändler (nach allgemeiner Deutung, Kat. S. 51 links unten), Weinhändler, Winzer, Böttcher (S. 54 rechts oben), Fuhrunternehmer, Töpfer und Bierverleger, Weidewirtschaft, Hirt, sind Beleg für eine Berufsspezialisierung, die seit dem Ende des 1. Jahrhunderts einsetzte und die Bedeutung einer Stadt für das weite Umland mit einem entsprechend großen Angebot der Erzeugnisse ausmachte.

Dieser mittelständischen Wirtschaft steht schon von den Funden her das Hinterland mit reiner Agrarstruktur gegenüber, das zwar reiche Grabbeigaben als Nachweis des Wohlergehens liefert, aufwendigere Grabdenkmale aber fast nur für den größeren Grundbesitz und berufliche Selbstdarstellung nur ausnahmsweise kennt (Grabdenkmal eines Tuchhändlers Kr. St. Wendel-Hirzweiler Kat. 147).

Nicht ganz so extrem stellt sich das Gefälle im Trevérergebiet dar, wo Arlon, etliche Fundplätze im Luxemburgischen (Virton), im Moseltal und dem Eifelvorland relativ dicht besetzt sind mit unternehmerisch aktiven Einwohnern, doch überwiegt landwirtschaftliche Tätigkeit (Feldbau-Ackerbau, Ernte mit Mähmaschinen von Virton-Arlon, Tuchhandel und Tuchballentransport Arlon, Luxemburg), Weinbau, Weinernte und Kellerbehandlung entlang der Ober- und Mittelmosel auf zahlreichen Grabreliefs abgehandelt werden.

Die günstige Verkehrslage mancher Güter bot ihren Besitzern zusätzlich zur »Eigenproduktion« die Gelegenheit zu unternehmerischer Tätigkeit, wie der Grabpfeiler von Igel, Fragmente bei Grevenmacher, Echternach, Mersch und Jünkerath anzeigen.

Der höhere Bildungsstand bringt es für diese »Großherren« mit sich, daß über die erzählende Darstellung der beruflichen Tätigkeit hinaus mythologische Szenen und reicher ornamentaler Schmuck die Grabmale zieren und den Auftraggeber, auch als Einheimischen vollkommen romanisiert und den Kulturströmungen des Reiches zugetan erscheinen lassen.

Diese Absicht, bei der Darstellung des Totenmahles schon spürbar, wird mit dem Bild von Mänaden, Satyrn, des Dionysos verstärkt.

Sicherlich ist die Wiedergabe der Toiletten- und Frisierszene Demonstration, daß hier die Frau die Annehmlichkeiten des Lebens mit großem Haushalt und Dienerschaft genießt.

Außerhalb dieser Gesellschaft aber sehen sich jene, die große Mausoleen errichten, Grabtempel, Rundtürme mit Friesen und Gesimsen geschmückt, die den Vorbildern z. B. der Via Appia entlehnt sind (so vereinzelt in Metz, in Trier, aber auch in Echternach und Luxemburg).

So sind auch Weihinschriften und Grabinschriften Ausdruck eines Romanisierungsprozesses, dessen Intensität ebenfalls in der Nähe der Fernstraßen, der Marktzentren und Städte größer ist als in den weiten Bereichen rein agrarischer Nutzung, unabhängig von der Qualität der bildhauerischen Ausführung.

Während in Metz mehrere Arztinschriften und medizinisches Gerät bezeugt sind, ist in Arlon ein Relief mit einem Lehrer erhalten, dem ergänzend das Schulrelief von Trier (aus Neumagen) zur Seite gestellt sein mag. Vollends höhere Ansprüche mag man den Darstellungen der Musen auf Mosaiken (Trier, Monnus-Mosaik Ostallee, Philosophen-Mosaik Johannisstraße, Musenboden Neustraße und Basilikavorplatz) unterlegen.

Die Vertrautheit mit lateinischer Schrift und Sprache war sicherlich nicht nur den berufsmäßigen Steinmetzen nach »Vorlage« möglich, sondern auch den Töpfern, die ihre Waren stempelten, die Formen mit Besitzerinschriften versahen, oder den Zieglern, die Rechnungen ausfertigten und Nachweis ihrer Lieferungen führten (s. Kat. Nr. 272 b).

Mehr noch sind es die Ritzinschriften, die auf Ton, Ziegel, Blei und auf Spielsteinen nur in zufälliger Auswahl uns überkommen sind.

Auch der Kunstgeschmack selbst, als Ausdruck des Kul-

Bronzestatuette einer alten Frau, Kat. 203 *(s. S. 247)*.

tur- und Bildungsstandes, ist meßbar. So lieferten die Funde in Schwarzenacker hervorragende Beispiele bronzener Bildwerke von vorzüglicher Qualität, die nicht nur einen Villenbesitzer oder den Stifter der Gaben in einem Tempel als »Kunstfreund« ausweisen, sondern ihn auch als Käufer mit Reichtum bedacht, in der Wahl der Figuren aber als geschmackvollen Kenner bestätigen.

Nicht minder sind die Bronzefiguren aus Belginum-Wederath, aus Dalheim (Bronze der Minerva) oder aus Trier als Meisterwerke erstklassiger Werkstätten und Künstler zu bestimmen.

Kaiserbilder (Marmorkopf Basilika, Kat. 281), Trier (Neustraße – Forum, Vespasian), Porträts (Weberbach, Kat. 228), Kopien klassischer Kunstwerke (in den Barbarathermen) sind von Gemeinden, Amtspersonen gestiftet und aufgestellt, Zeichen der Loyalität, aber auch eines hohen Kulturstandes, wenn entsprechende Qualität das Werk auszeichnet.

Diese Betrachtungen und Versuche müssen natürlich hypothetisch bleiben, fehlen uns doch alle jene Zeugnisse aus edleren Materialien, die großen Bronzebildwerke, die zerstört und eingeschmolzen, das edle Silber, das geplündert oder eingeschmolzen und zu Münzen umgeprägt worden ist.

Den mannigfachen Nachweisen zu Bildung, Kunstgeschmack und hoher Kunstfertigkeit aus der Zeit der bürgerlichen Blüte des 1. und 3. Jahrhunderts n. Chr. stehen für die Spätzeit weit weniger materielle Zeugnisse gegenüber. Dies rührt daher, daß nach dem Zusammenbruch der römischen Herrschaft die nachfolgenden Eroberer und auch die verbliebenen Einwohner über Jahrhunderte die Trümmerstätten ausbeuten konnten, die Metalle einschmolzen, die Marmor- und Kalkbildwerke zu Baumaterial und Mörtelkalk verwerteten.

Um so reicher aber fließen die literarischen Quellen, die natürlich mit der Sonderstellung der Stadt Trier als kaiserliche Residenz und Verwaltungszentrum in Beziehung stehen.

Meisterwerke der Kleinkunst sind die Produkte der Münzprägestätte Trier, die seit 268 n. Chr. hier tätig ist. Neben dem Kaiserbild der Vorderseite verkünden die Reversbilder die politischen und religiösen Programme, feiern die Siege über die Reichsfeinde an der Nordgrenze, reproduzieren aber auch die Ziele und Vorstellungen des gesamten Imperiums.

Seit dem Ende des 3. Jahrhunderts formiert sich eine christliche Gemeinde, die schon am Übergang zum 4. Jahrhundert auf den Hof Einfluß nimmt und in einer heidnischen Umwelt unter Führung bedeutender Bischöfe zur dominierenden Kraft wird. Diese Entwicklung wird durch den Kaiser Constantin selbst begünstigt, der zur Erziehung seines Sohnes Crispus Lactanz, einen gelehrten christlichen Apologeten, nach Trier beruft.

Archive der Reichsverwaltung, Bibliotheken der Universität, der Christengemeinde, privater Gelehrter und Professoren der Universität bieten auch den nach Trier, dem Hort der Orthodoxie, verbannten Kirchenmännern die Grundlagen, wissenschaftliche Studien weiterzuführen, Streit- und Kampfschriften zu verfassen.

Eine Serie von Lobreden, die uns als Sondergattung antiker Rhetorik in den sog. Panegyrikern überliefert ist, zu festlichen Anlässen und Jubiläen am kaiserlichen Hofe vorgetragen, läßt die Moselmetropole in hellem Glanz erscheinen und rechtfertigt, daß die Stadt nach Rom, Constantinopel, Alexandria als »das andere Rom« in den Rang der Weltstädte aufrückt (Chronograph vom Jahre 354). In den Auseinandersetzungen mit dem Arianismus wird die Residenz Zielort kirchlicher Delegationen, erlebt Trier den Besuch bedeutender Bischöfe. Trotz der vordergründigen, auf die Residenz beschränkten Macht- und Prachtentfaltung, die sich auch in den großen Monumenten der Stadt ausdrückt, ist der allgemeine wirtschaftliche Niedergang, die Militarisierung der Gesellschaft, die wachsende Bedrohung der Rheingrenze durch die germanischen Nachbarn nicht mehr aufzuhalten. Das Umland wird mehr und mehr durch Abwanderung und kriegerische Einfälle entvölkert.

Villen und Tempel verfallen, die Bedürfnisse der Grenzsicherung, hohe Besteuerung zehren alle Mittel auf und zwingen, die Lebensbedürfnisse auf ein Minimum zu reduzieren. Einst große Villen werden nur noch teilweise genutzt und in verkleinertem Umfange bewirtschaftet. Das brachliegende Land wird zu staatlichen Domänen zusammengefaßt oder von einzelnen »zentral gelenkten Großbetrieben« bewirtschaftet.

Ein letzter Widerschein antiker Geisteswelt ist uns in dem Skulpturenschmuck des sog. Hermenweihers von Welschbillig erhalten. In dem einzigartigen Ensemble der Geländereinfassung ist ein anspruchsvolles Bildprogramm abgehandelt, das uns Philosophen, Strategen, berühmte Dichter, Geschichtsschreiber, Personifikationen der dem Reiche zugehörenden Völker vorführt.

Nach dem Abzug der Truppen vom Rhein, der Verlegung der Residenz und der Reichsverwaltung von Trier nach Mailand und Arles ist einziger Träger und Wahrer des kulturellen Erbes die Christengemeinde unter der Führung des Trierer Bischofs.

Nach mehrfacher Zerstörung, nach Jahrzehnten ungeheurer Not und Drangsal, die uns Salvian von Marseille in bewegten Worten anschaulich schildert, wird das Trierer Land um 475 von den Franken besetzt.

Augusta Treverorum

HEINZ CÜPPERS

Die Trierer Talweite, durch Geländeform, Bodenqualität und eine Flußpassage durch den Moselfluß besonders aber durch das Klima begünstigt, hatte seit der Steinzeit Jäger und Fischer erlebt, seit der Bronzezeit dauerhafte Ansiedlungen von Bauern gekannt. Von den Ausläufern des Hunsrücks führten Bäche und Rinnsale der Mosel zu, Quellen und gut durch Brunnen erreichbare Wasservorkommen boten den Siedlern ein vorzügliches Trinkwasser.

Die Hunsrückhöhen und auch die Eifelrandberge schützen die weitläufige Talaue vor kalten Ostwinden und den regenreichen Westwinden.

Bronzezeitliche und eisenzeitliche Grabfunde und Siedlungsreste lassen auf landwirtschaftliche Nutzung schließen, doch werden Fischer und Händler frühzeitig auch die Vorzüge des Flusses, der zur Schneeschmelze allerdings abnorme Hochwasserschwellen bietet, erkannt und für Handel und Verkehr genutzt haben.

Der Römersprudel, eine kohlensäurehaltige Quelle, war schon vor 500 v. Chr. mit einer Baumfassung versehen worden, wie die dendrochronologischen Untersuchungen bezeugen. Eine kastenförmige Fassung aus gespaltenen Bohlen in Eichenholz datiert um 372 v. Chr. und eine neuerliche Fassung war 111 n. Chr. angelegt worden. Münzen und Trinkbecher aus dem Quellgrund lassen eine Nutzung der als heilkräftig erprobten Quelle erkennen, die in Form eines offenen Pavillons um 81 n. Chr. auf solide, eingerammte Pfähle gegründet worden ist. Im Spätjahr 141 war eine erneute Fassung der Quelle, die in der Zwischenzeit sich verlagert hatte, hergerichtet worden.

Gleich nach der caesarischen Eroberung war auf dem Petersberg eine Siedlung entstanden, die wahrscheinlich als römischer Posten die Bewohner der Talniederung, die Fernstraßen und den Flußübergang zu kontrollieren hatte.

Mit dem Ausbau der Fernstraßen, der administrativen Neuordnung der gallischen Gebiete durch Agrippa unter Augustus wird auch das Treverervolk, den Römern, trotz mancher Aufstandsversuche und latentem Streben nach Unabhängigkeit verbündet, in den Provinzialverband einbezogen.

Zum Vorort des ein weites Gebiet beherrschenden Volkes wird eine Neugründung bestimmt, die auch als Etappenhauptort, Handelszentrum und Straßenknotenpunkt besondere Bedeutung gewinnen sollte. Die Flußpassage wird durch eine feste Brückenkonstruktion im Jahre 18/17 v. Chr. gesichert und bildet zugleich die Querverbindung der an beiden Ufern von Metz her dem Fluß folgenden Fernstraßen, die von Trier aus über die Eifel und die Wittlicher Senke dem Niederrhein zustreben oder über den Hunsrück den Mittelrhein und das strategisch bedeutende Rhein-Main-Dreieck bei Mainz erreichen. Auf ein Raster gleichmäßig rechtwinklig sich schneidender Straßen und den so umgrenzten Flächen von Wohnquartieren und öffentlicher Nutzung vorbehaltener Areale, wird ein Stadtplan konzipiert, dessen Kanalisation und Frischwasserversorgung schon frühzeitig ausgebaut wird. Ebenso frühzeitig werden die Straßen von Pfeilerlauben und Portiken gesäumt, für deren Erstellung wohl die einzelnen Anlieger aufzukommen hatten, wodurch sich auch unterschiedliche Maße und Profile erklären lassen. Dem Oberzentrum eines weiten, fruchtbaren und dicht besiedelten Umlandes kommt auch zu, zentraler Ort der treverischen Gottheiten zu sein, die im Tempelbezirk am Altbachtal angesiedelt werden und später auch die orientalischen und fremdländischen aufnehmen sollten.

Frühzeitig ziehen die römischen Staatsgötter ein, und

auch dem Hause des Augustus ist ein Monument geweiht, das nach der Größe eines Inschriftfragmentes beachtliche Ausmaße gehabt haben dürfte (Inschrift des L. Caesar).
Die ältesten Siedlungsfunde streuen mit Lehmziegel- und Fachwerkbauten, Scherben immerhin über das Kerngebiet der späteren Stadt, daß man der Nachricht des Geographen Pomponius Mela doch insofern Glauben schenken möchte, als die «urbs opulentissima» einen stadtartigen Charakter hatte, auch wenn uns die Gründungsurkunde und der Rechtsstatus der Bewohner nicht genau bekannt sind. Der Zustrom an Siedlern war so stark, daß man am Moselufer erhebliche Erdterrassierungen und Aufschüttungen vornahm, um zusätzliche, des Flusses und der hier erwarteten wirtschaftlichen Möglichkeiten wegen nahegelegene Siedlungsflächen zu gewinnen.
Der Ausbauphase der bürgerlichen Siedlung in der 2. Hälfte des 1. Jahrhunderts n. Chr. ist das Forum zuzurechnen. Um die Jahrhundertwende werden Amphitheater und Circus angelegt, deren Kapazität 20 000 Besuchern Platz bot. Wohlstand, Prachtentfaltung und Kunstgeschmack kennzeichnen die große öffentliche Badeanlage, die Barbarathermen, die zur Zeit ihrer Erbauung im 2. Jahrhundert zu den größten des Imperiums zählten. Töpfereien und Ziegeleien siedelten sich im südlichen Vorgelände an; produzierten seit der 1. Hälfte des 1. Jahrhunderts n. Chr. einheimische belgische Ware, imitierten die römische Sigillata und übernahmen in zunehmendem Umfange die in Mode gekommenen Gefäßformen, die Krüge, Becher, Tassen, Schüsseln und Näpfe, Teller und Schalen und Öllampen und belieferten Umland und benachbarte Gebiete. Die günstige Verkehrslage förderte Handelsaktivitäten jeglicher Art, und die mittelmeerische Stadtkultur wurde in allen Bereichen des Alltags- und Privatlebens assimiliert und weiter entwickelt. Hierbei kommen lokale und nationale Eigenheiten zum Ausbruch. Dies wird besonders an den Grabmonumenten deutlich, die, nach individuellen Wünschen und wirtschaftlicher Kraft aus schlichten Formen abgeleitet, zu monumentaler Größe übersteigert werden. Der Holzplanken- und Stampflehmboden wird durch Estriche, qualitätvoll dekorierte Mosaik- und Marmorplattenböden verdrängt, die Lehmfachwerkwand in solidem Stein gebaut und mit Putz und dekorativen wie repräsentativen Malereien überzogen.
Der Weinanbau, sicherlich zunächst unter Anleitung der Römer entwickelt, erreicht im 2. Jahrh. schon solchen Umfang, daß dem Import südländischer Weine bald eine größere Menge lokaler Produkte gegenübersteht und auf Lastwagen und Frachtschiffen den Konsumenten zugeführt wird.
Mit der Einrichtung der militärischen Grenzprovinzen Ober- und Niedergermanien gegen Ende des 1. Jahrhunderts n. Chr. werden wie bei den Mediomatrikern auch den Treverern weite Gebietsteile abgetrennt, so am Rhein, im östlichen Hunsrück und Nahetal, in der Nordeifel und dem Mündungsgebiet der Mosel, ohne daß hierdurch die wirtschaftlichen Entfaltungsmöglichkeiten ernsthaft geschmälert worden wären.
Die Moselstadt wird durch die Ansiedlung höchster Verwaltungs- und Amtsstellen erheblich aufgewertet und auch in ihrer Wirtschaftskraft gestärkt. Der legatus pro praetore der belgischen Provinz, der procurator provinciae Belgicae, seit Domitian (81–96 n. Chr.) procurator provinciarum Belgicarum et duarum Germaniarum hat in Trier seinen Sitz. Ihm untersteht auch das Tabularium, von dessen Bediensteten ein «tabularius» und ein «arcarius provinciae» inschriftlich bezeugt werden.
Ferner sind erwähnt der «procurator rationis privatae per Belgicam et duas Germanias«, der »procurator patrimonii provinciarum Belgicae et duarum Germaniarum« und der »praefectus vehiculorum«. Durch die zahlreichen Bleiplomben, die im Laufe der letzten Jahre aus der Mosel bei der Römerbrücke geborgen werden konnten, ist auch eine Zollstelle der quadragesima galliarum, eines 2,5% hohen Binnenzolls auf Warengüter aus anderen Provinzen, deren Oberbeamter in Lyon seinen Sitz hatte und direkt der Finanzverwaltung in Rom unterstellt war, nachgewiesen. Die Konzentration wichtiger Ämter der Verwaltung, die wichtige Funktion als Versorgungsbasis der Grenzverteidigung, mehr aber noch die Stadt zu einer prachtvollen Stätte kulturellen Lebens, wirtschaftlicher Macht als eine römische Stadt auszugestalten, war, neben der reinen Zweckmäßigkeit bestimmend, eine neue, verkehrstüchtige und wohlproportionierte Steinbrücke zu errichten und das Siedlungsgebiet mit einem Befestigungswerk von wahrhaft eindrucksvoller Größe zu umschließen. Die Mauertrasse wurde weit außerhalb des bebauten Gebietes angelegt in weiser Vorausplanung auf

Mosaik mit Rhetoren und Musen, Kat. 244–246 *(s. S. 281).*

Bevölkerungszuwachs und inkorporierte die peripher gelegenen Großbauten wie den Circus und das Amphitheater, den Tempelbezirk am Altbachtal und den in beherrschender Lage stehenden Tempel am Herrenbrünnchen und übernahm im Süden der Stadt Flächen des industriellen Töpferei- und Ziegeleigeländes.

An den End- und Fluchtpunkten der Straßen waren Türme angelegt, die auf die gegenüberliegende Mauerstrecke Blick und Übersicht gewährten. Die Porta Nigra, das nördliche Tor der Stadt war als trutzige Zwingburg errichtet worden. Ihr entsprach an der südlichen Ausfallstraße ein nicht minder großes Tor, das im Mittelalter

Amphitheater, Trier, Kat. 249 *(s. S. 285).*

vollkommen abgetragen worden ist. Der Flußübergang war am westlichen Ufer durch eine Toranlage gesperrt, der an der Stadtseite eine zweite Sperre im Zuge der Befestigungsmauer entsprach. Bei einer Länge von 6418 m ist mit 44 Türmen zu rechnen, die die Stadtsilhouette ganz wesentlich mitbestimmten.

Die Pfeilerlauben entlang den Straßen, Brunnen und Wasserschöpfbecken und Ehrenbogen, von denen wenigstens zwei, ein Bogen am Ende der Brückenkonstruktion und Übergang in das Stadtgebiet an der Wallstraße und ein großer Ehrenbogen an der Ecke Simeonstraße–Moselstraße, gesichert sind, Statuen und Bildwerke aus Bronze und Marmor, Viergötterpfeiler und Ehreninschriften, alles in Farben gefaßt, vermittelten den Eindruck einer großen und reichen Ansiedlung.

Mit der Gründung waren im Vorfeld die Gräberfelder angelegt und seit dem Ende des 1. Jahrh. mit großen Pfeilerdenkmalen, Grabaltären, Pfeilertürmen, Tiergruppen wie Löwen und Bären, die einen Eber schlagen, in beständig wachsender Zahl ausgestattet worden. Auch am westlichen Moselufer waren vor dem Hintergrund der Moselberge Villen angelegt worden, während an den steilen Felsfronten zwischen Aachener Straße und Biewer etliche Steinbrüche in Betrieb waren, um Baumaterial aber auch Quader für die bildhauerische Verwendung, für Aschenkisten und später für die Sarkophage bereitzuhalten.

Das ausgedehnte Tempelareal des Landesgottes Lenus Mars lag erhöht am Irrbach. Eine breite Prozessionsstraße mit Sitzbänken aus Stein, Weihaltären und Skulpturen führte hinauf zu einem in mehreren Terrassen sich aufbauenden Heiligtum, das mit Freitreppen, Portikusfront, Altarhof und schließlich dem hochragenden Tempel selbst den Passanten anlockte. Südlich schloß ein Bezirk mit Kapellen und gallorömischen Vierecktempeln sowie ein Sanatorium zur Anwendung des hier als heilkräftig verehrten Wassers, an. Nördlich lag ein Theater, dessen mit Blendarkaden und Nischen geschmückte Bühnenrückwand das Ensemble in seiner monumentalen Wirkung noch steigerte.

Diese Zeit der bürgerlichen Blüte und des wirtschaftlichen Wohlergehens ist auch aus der Ausstattung der Wohnanlagen, den buntbemalten, auch figürlich verzierten Wandmalereien, den geometrischen, ornamental und figürlich verzierten Mosaikböden zu erfassen.

So stellt sich die Frage nach der Einwohnerzahl. Unter Berücksichtigung der Tatsache, daß große Flächen des innerstädtischen Bereiches von öffentlichen Großbauten eingenommen werden, andererseits ganze Wohnquartiere nur mit einer Wohnanlage, einem Wohnpalast besetzt sind, wird man an 30000 bis 40000 Bewohner denken wollen. Hierbei ist allerdings auch zu bedenken, daß die Bevölkerung im Umland, auf eine Entfernung einer halben Tagesreise die hier angebotenen Dienstleistungen, die Unterhaltungsstätten und Kultanlagen mit in Anspruch nahm, wodurch die Größe dieser Bauten mit bedingt worden war.

Die Germanengefahr und Unsicherheit der Grenzgebiete werden durch Münzversteckfunde im Landbereich wie im Stadtgebiet angekündigt. Die Zeit der Tyrannen und Soldatenkaiser ist in Trier durch die Inschrift des Piavonius Victorinus tribunus Praetorianorum auf einem Mosaikboden illustriert und nimmt die Wahl der Stadt als Residenz gewissermaßen vorweg.

Die Katastrophe des Alamanneneinfalles von 275 n. Chr. dürfte das Kerngebiet der Stadt stark betroffen haben und war Anlaß dafür, daß, im Gefolge der Reichsreform Diocletians und der Erhebung Triers zur Residenz eines Caesars, in günstiger und zentraler Lage die Palastanlagen, Thermen und die mächtige Basilika nach einem wahrhaft monumentalen Konzept errichtet werden konnten.

Beachtung verdient jedoch auch, daß wo immer angängig und sinnvoll für die Nebenanlagen, die Verwaltungsbauten, aber auch repräsentative Teile der Großanlagen unter Weiterbenutzung oder geringfügig verändernden Umbauten älterer Anlagen der dringendste Raumbedarf kurzfristig erstellt und gedeckt wurde.

In diesen Jahrzehnten äußerer und innerer Wirren hatte sich auch die Christengemeinde gebildet und gewann unter machtvollen Bischöfen so starken Einfluß, daß die scharfen Verfolgungsdelikte der Kaiser in dieser Region offenbar nur formal zur Ausführung und Anwendung gelangt sind.

Das Jahrhundert kaiserlicher Hofhaltung in Trier war von Festen und Manifestationen der staatlichen Macht, besonders auch in Hinsicht auf die benachbarten Germanen gekennzeichnet.

Maximian (276–305) zum Augustus erhoben und mit der Verwaltung der westlichen Reichshälfte betraut, warf den sozialrevolutionären Aufstand der Bagauden nieder und trat am 1. Januar 287 n. Chr. sein Consulat in Trier an. 289 wurde feierlich der Gründungstag der Stadt Rom in Trier begangen und sicherlich auch der Gründung Triers gedacht. In einem anschließenden Kriegszug wurden die Franken unter ihrem König Gennobaudus besiegt und in den entvölkerten Randgebieten Franken als Laeten – als »Militärbauern« – angesiedelt. Britannien, das unter Carausius (286–93) sich vom Imperium gelöst hatte, wurde zurückerobert, der Usurpator ermordert.

Bei der Erweiterung der Herrschaftsordnung zur Tetrarchie (mit zwei Augusti und zwei Caesares als Unterkaisern und Amtsgehilfen) wurde Trier dem Caesar Flavius Valerius Constantius Chlorus im Jahre 293 zugewiesen. Spätestens zu diesem Zeitpunkt wurde das große Konzept des Ausbaues der Residenz entwickelt und mit dem Bau der Großbauten begonnen. Zum 1. Mai 305 wurde Constantius zum Augustus ernannt. Als er 306 auf einem Feldzug in Britannien, in York plötzlich verstarb, wurde Constantinus I, sein Sohn, zum Nachfolger berufen. Der begonnene Ausbau der Residenz wurde zügig weitergeführt. Mit aller Kraft betrieb der junge Kaiser die Sicherung der Reichsgrenze, besiegte die Franken am Rhein und ließ Gefangene und Könige nach Trier führen. So werden im Amphitheater die Darbietungen um die »ludi Francici« bereichert und auch die Lobredner der Zeit wissen die machtvolle Persönlichkeit des Kaisers gebührend herauszustellen und sein Bauprogramm den Leistungen früherer Zeit an die Seite zu stellen.

Auf den engsten Kreis der kaiserlichen Familie sind vielleicht die vorzüglich erhaltenen Malereien aus dem Dom zu beziehen, die eventuell mit der Ausschmückung eines

Festsaales anläßlich einer Hochzeit am Hofe in Zusammenhang stehen dürften.
Die Umwandlung des Palastes zu einer Doppelbasilika, der Umbau der Kaiserthermen zu einem palastartigen Gebäude, endlich die Errichtung der Horrea sind die eindrucksvollen Zeugnisse der spätantiken Pracht- und Machtentfaltung, die Trier zur Nähr- und Rüstkammer des Reiches machen.
Neidvoll begleiten die zeitgenössischen Beobachter, wie hier die Folgen der Alamanneneinfälle in kürzester Zeit überwunden sind und die Stadt durch die Ansiedlung höchster Reichsbehörden noch an Bedeutung gewinnt.
Amtssitz des consularis, dem die Provinz Belgica prima mit den civitates Trier, Metz, Toul und Verdun unterstand, Sitz des praefectus praetorio Galliarum, der nordgallischen Diözese, Münzprägestätte und Sitz höchster Stellen der Finanzverwaltung, sind der praepositus thesaurorum, der procurator monetae, der procurator gynaecii, der praepositus barbaricariorum sive argentariorum und der rationalis rei privatae per Gallias bezeugt, denen noch der magister militum und ein Dux der Grenzverteidigung weitere Bedeutung verleiht. So ist auch nicht verwunderlich, daß Delegationen, Bittsteller, in allen gewichtigen Fragen nach Trier kamen und Hilfe und Unterstützung suchten. Auch in den aufkommenden Streitigkeiten um die Irrlehren eines Arius kommen Kirchendelegationen mit bedeutenden Bischöfen an die Mosel, um die kaiserliche Stellungnahme und Entscheidung zu erlangen.
Nach der Verlagerung seiner eigenen Residenz in den gefährdeten Osten, dem Ausbau von Constantinopel, führten die Söhne des Kaisers das Werk der Sicherung und Konsolidierung der Grenzprovinzen am Rhein weiter. Auch in der Residenzstadt selbst wurden, bei sicher stark reduzierten Finanzmitteln, noch umfangreiche Projekte realisiert.
Eine letzte Blüte erlebte die Stadt unter Valentinian (364–375) und Gratian (375–383), die erfolgreich die Alamannen am Oberrhein zurückgeschlagen und die Grenzverteidigung durch zahlreiche Festungsbauten gestärkt hatten.
Der Dichter Ausonius, als Erzieher des Prinzen Gratian nach Trier berufen, gibt uns in der Mosella eine lebendige Schilderung von Fluß, Landschaft und Bevölkerung zum Ende der Spätantike. Die Trierer Hochschule ist durch hervorragende Professoren und Lehrer eine weithin gerühmte Bildungsstätte, in der die heidnische Geisteswelt noch lebendig und kraftvoll neben den neuen Lehren des Christentums sich zu behaupten versucht.
Die Töpfereien im Süden der Stadt und bei Herforst produzieren unvermindert und beliefern die ganze Rheinzone und benachbarte Provinzen mit ihren Erzeugnissen. Waffenfabriken und Ateliers, in denen Importseide zusätzlich zu Goldwirkereien veredelt wurden, belieferten den Hof.
Doch mag die Entvölkerung des Umlandes, die schon mit dem Alamanneneinfall von 275 und den nachfolgenden Wirren der Bagaudenaufstände eingebrochen war, zeitweise durch die Ansiedlung von Laeten, Franken und Sarmaten kurzfristig angehalten worden sein, und zahlreiche Siedlungsstellen bezeugen eine, wenn auch stark verminderte »Wiederbelegung« der älteren Bauernhöfe, doch waren Sicherheit und gedeihliches Auskommen nicht gewährleistet und konnten die Landflucht nicht dauerhaft aufhalten.
So war es unvermeidbar, daß staatliche Domänenbetriebe und eine zentrale Gutsverwaltung versuchten, die Eigenversorgung aus dem Umland einigermaßen sicherzustellen. Ein Beispiel dieser Wirtschaftsplanung ist uns in dem sog. Langmauerbezirk im Gebiet der Südeifel erhalten und stellt sich mit dem Palast und dem Hermenweiher von Welschbillig als eine letzte, eindrucksvolle Leistung dar.
Der allgemeine Niedergang, der durch literarische Überlieferung und die Baureste für das Stadtgebiet von Trier zunächst nicht so kraß erscheint, wird aber im allgemeinen Fundgut faßbar. Neben der Verrohung der Gefäßformen, der Reduzierung der ländlichen Hofstellen nach Zahl und Ausstattung, nehmen auch die Grabinventare nach Beigabenzahl und Qualität rapide ab. Die vorgeschichtlichen Fluchtburgen des Berglandes werden wieder begangen und z.T. mit militärischen Posten besetzt.
Von dieser Entwicklung wird auch die Stadt Trier berührt.
Als um 400 n. Chr. Hof und Reichsverwaltung nach Mailand und Arles verlegt wurden und auch ein Teil der am Limes stationierten Truppen abzog, kann von einer dau-

erhaften Verteidigung nicht mehr gesprochen werden. Beim Alamanneneinfall des Jahres 406/7 zieht sich die noch in der Stadt verbliebene Bevölkerung in das Amphitheater zurück, das kurzfristig durch Einbau von zusätzlichen Torsperren zu einer Festung umgewandelt worden war. In der Folgezeit werden die Großbauten, die einer sinnvollen Nutzung und Funktion enthoben waren, zu Einzelfestungen und Refugien gewandelt, aus denen nach dem Übergang der Stadt in den fränkischen Bereich (um 475), Siedlungskerne der mittelalterlichen Stadt sich herausbildeten.
Herzstück der Siedlungskontinuität war, soweit Überlieferung und Funde erkennen lassen, der Bering der constantinischen Doppelbasilika, in den nach dem Abzug des kaiserlichen Hofes der Bischof als Vorsteher der Christengemeinde und Hüter der Reliquie eingezogen war. Über Jahrzehnte zog sich, außerhalb der Hauptströme der fränkischen Landnahme das Leben hin und ließ bei vollkommener Verarmung der Bevölkerung kaum mehr Spuren im Fundgut zurück. Um so erstaunlicher dringt die Nachricht zu uns, daß unter Bischof Cyrillus auf dem frühchristlichen Gräberfeld von St. Eucharius, südlich und außerhalb der Stadt, die translatio der ersten Bischöfe in ein neues, größeres Kirchengebäude vorgenommen wurde, von dem Grundriß und Teile der Chorabschrankung durch Grabungen und Funde nachgewiesen werden konnten.

Porträt des Kaisers Gratian, Kat. 288 *(s. S. 322).*

Lit.: G. Kentenich, Geschichte der Stadt Trier (1915). – J. Steinhausen, Archäologische Siedlungskunde des Trierer Landes (1936). – Rau, in Pauly-Wissowa Realencyclopädie der classischen Altertumswissenschaft s. v. Treveri VI A II 2301–2353. – E. M. Wightman, Roman Trier and the Treveri (1970). – H. Heinen, Grundzüge der wirtschaftlichen Entwicklung des Moselraumes zur Römerzeit. In: Trierer Zeitschr. 39, 1976, 75–118. – Führer zu vor- und frühgeschichtlichen Denkmälern, Band 32, I und II Trier; 33 Südwestliche Eifel; 34 Westlicher Hunsrück; 5 Saarland (Mainz). – G. Thill, Les époques gallo-romaine et mérovingienne. Guide illustré. Musée d Histoire et d'Art (Luxemburg 1969). – E. Wilhelm, Pierres sculptées et inscriptions de l'époque romaine Musée d'Histoire et d'Art (Luxemburg 1974). –

Das Gebiet der Mediomatriker

GERALD COLLOT

Die Mediomatriker (bei Strabon IV 193 = mediomatrikoi, Ptolemaios II 9, 7 Mediomatrikes) sind nach übereinstimmender Meinung der antiken Autoren ein keltisches Volk der Gallia Belgica. Ihr Hauptsitz und Stammesvorort war Divodurum-Metz in Lothringen. Das Stammesgebiet wurde im Osten vom Rheinlauf und dem Rheintal begrenzt, in das schon unter Caesar die Triboker, ein germanisches Volk angesiedelt worden waren (Unterelsaß, zwischen dem Gebirgsmassiv der Vogesen und dem Rheinlauf selbst). Im Süden grenzten die Leuci an, im Westen die Remer und im Norden die Treverer. Größere Ansiedlungen, durch Inschriften und Textnachrichten bezeugt, sind der vicus Bodatius, Marosallum – heute Marsal (vicani Marosallum) und der vicus Saravus = Saarbrücken. Andere Stationen, nach den Intineraren, den antiken Reisestreckenverzeichnissen und Schriftstellern sind: Caranusca = Übergang am Kieselbach, ad Duodecimum miliarium = Delme, Ibliodurum = Saint Marcel, Pons Saravi = Saarburg in Lothringen, Scarponna = Scarpone, Veraudunum = Verdun.

In dem ursprünglich größeren Stammesgebiet lag am Vogesenrand die Festung auf dem Odilienberg mit über 10 km langer Wallmauer (sog. Heidenmauer).

Im Mittelgebirgsbereich Lothringens werden über zehntausend grubenartige Geländeeintiefungen auf alte Wohngruben gedeutet, die auf den Fortbestand alter Bau- und Siedlungsgewohnheiten schließen lassen. Die »Mardellen« entsprechen ihrer Form nach runden Tagebauen, wie sie auch für Metallabbaue vereinzelt außerhalb des Mediomatrikergebietes, so in der Nordeifel, erhalten sind (Mare, Mertel von 10–30 m Durchmesser und 1 bis 5 m Tiefe).

Dieser sehr altertümlichen Siedlungsform stehen zahllose Fundstellen fester Steinbauten gegenüber, die auf römisch-mittelmeerische Einflüsse weisen. In Verbindung mit einer intensiveren landwirtschaftlichen Nutzung sind die für die Bereiche Viehzucht und Ackerwirtschaft den Nutzungen angepaßte Bauten errichtet worden, die auch einer besseren Vorratshaltung dienlich waren.

Von Beamten der civitas der Mediomatriker werden überliefert Befehlshaber der Polizei und eines Schatzmeisters: Genio C. Aureli Materni praefecti statorum quaestoris Civitatis Mediomatricorum Gathirigius Delficus cliens (CIL XIII 4291).

Ausgedehnte Weideflächen des Mittelgebirges waren der Schafzucht und Wolleproduktion günstig, die die Grundlage einer umfangreichen Textilfabrikation bildete. Die Tuchfabrikation ist offenbar eine Spezialität des Mediomatrikergebietes, Handel und Vertrieb der Erzeugnisse wird durch mehrere Inschriften von Händlern bezeugt (ein M. Matutinio Maximo negotiatori sagario civi Mediomatrico [CIL V 5929] in Mailand).

Eine Votivinschrift aus Marsal (Marosallum) bezeugt einen Tuchhändler aus Obergermanien: Maximinus Negotiator vestiarius ex Germania superiore (CIL XIII 4564). Wie für Trier ist auch für Metz eine staatliche Tuchfabrik ein gynaecium in der Notitia dignitatum (occ. XI 59 und XII 27) belegt.

In der Zeit der Eroberung Galliens durch Caesar spielen die Mediomatriker keine größere Rolle und werden nur zum Jahre 52 v. Chr. erwähnt, als sie zur Befreiung von Alesia 6000 Mann gegen die Römer stellen (Caes. BG VII 75, 3). Dies mochte dadurch begründet sein, daß das ausgedehnte bewaldete Berggebiet der Vogesen zunächst in den Feldzügen mehr abseits gelegen war.

In der Folgezeit sind sie jedoch dem römischen Reich in Treue verbunden.

Mit der administrativen Neuordnung Galliens mit der Agrippa unter der Herrschaft des Kaisers Augustus beauftragt war, ist das Gebiet der Civitas der Mediomatriker der Belgica zugeordnet, nach der diocletianischen Neuordnung gehört es zur Belgica prima in der Dioecesis Galliarum.

Militärisch nicht besonders ausgezeichnet, werden keine geschlossenen Truppenverbände der Mediomatriker überliefert, sind nur vereinzelt Soldaten in fremden Verbänden bezeugt (so ein Prätorianer auf einer Inschrift des 3. Jahrhunderts n. Chr. in Rom aus Divodurum CIL VI 32623). Im 4. Jahrhundert n. Chr. ist eine römische Truppenabteilung, der Numerus Misiacorum CIL XIII 1, 2 p. 662 in Metz stationiert.

Auf umfangreiche Metallgewinnung und Verarbeitung weisen Funde von Eisenbarren ([seit der Latenezeit) so bei Saarburg; Jahrbuch der Gesellschaft für Lothringische Geschichte und Altertumskunde 22, 1910, 489]).

Hinzu kommen Gerätschaften und Werkzeuge verschiedenster Form und Bestimmung, besonders aber für den landwirtschaftlichen Bereich, die auf Höfen und Siedlungsstellen geborgen werden konnten und auswahlweise in der Ausstellung gezeigt werden.

Diese Aktivitäten schlagen sich auch nieder in der Verehrung einheimischer Götter, die in der römischen Umwandlung und Angleichung (interpretatio romana) zum Beispiel als gallischer Vulkan mit Amboß und Schmiedezange erscheinen (Skulptur von Daspich: Espérandieu 4433).

Die ausgedehnten und vorzüglichen Kalksteinvorkommen bei Pont a Mouson/Norroy le Sec wurden seit dem 1. Jahrhundert n. Chr. als Steinbrüche genutzt; z. T. von Truppendetachements der Rheinarmeen ausgebeutet (CIL XIII 4623–25 und Römisch-Germanisches Korrbl. 1916, 38 f.).

Als Schutzgott wurde Hercules Saxanus nach den Weihinschriften hier verehrt.

Das Steinmaterial, sowohl als Baumaterial wie auch für Grabdenkmale, Kultbilder und Inschriften verwendet, muß in riesigen Mengen abgebaut worden sein und wurde an allen Plätzen entlang der Mosel (Trier bis Koblenz) wie auch des Rheinlaufes (Bonn, Köln, Xanten bis Nymwegen und Elst) bevorzugt.

Größere Ton- und Lehmvorkommen waren der Produktion von Ziegeln und Töpferwaren günstig.

Neben den Sigillatatöpfereien in Boucheporn, Chemery, Blickweiler und Mittelbrunn sind Tonwaren in zahlreichen privaten Ateliers und kleineren Werkstätten fabriziert worden, die im Formgut und den Dekorationselementen einheimische Traditionen widerspiegeln.

Eine Inschrift in Metz erwähnt einen negotiator artis cretariae (CIL XIII 4336) und bei dem Heiligtum auf dem Herapel errichteten negotiatores eine Weihinschrift (CIL XIII 4481).

Die Grabinschrift eines Töpfers ist für Metz gesichert: CASATO CARATO filio fictiliario (CIL XIII add. 11361; Espérandieu 4387).

In Verbindung mit dem Handel von Töpferwaren ist der Handel mit Bier bezeugt durch Inschrift (CIL XIII 597: . . . rvesario-cervesario).

Bedeutende Salzvorkommen an der Seille-Salia, die oberhalb von Metz in die Mosel mündet, waren der Gewinnung von Salz günstig und waren ein wichtiges Exportgut. Venantius Fortunatus (carm. VII 4, 16) weist auf die Seille hin. Große, fast industrielle Salzgewinnung ist durch die Bodenfunde bezeugt. Große Mengen von Tonröhren ziemlich grober Fertigung und aus Ton gefertigten Gestellen wurden offenbar von der Salzlake überspült. Durch Feuerung und Verdunstung setzte sich dann das Salz an den Gestellen ab und konnte in reiner Form in den Handel gebracht werden.

Die nautae Mosallici (CIL XIII 4335) betrieben den Massengüterverkehr auf Mosel und Rhein, hatten aber sicherlich auch Handelsbeziehung zum Rhone-Saonetal und besorgten den Fernhandel nach den Donauprovinzen und nach Britannien. Gleichzeitig bot das relativ dichte Netz bedeutender Fernstraßen dem Güteraustausch günstige Entwicklungsmöglichkeiten.

So verdienen Erwähnung die Fernstraßen von Langres in nördl. Richtung über Metz/Diedenhofen und entlang der Mosel nach Trier, eine weitere am westlichen Moselufer mit Abzweigungen nach Luxemburg, dem Titelberg, Arlon und Bastogne bzw. Echternach und Bitburg–Köln. Nach NO gerichtet führte eine Straße über Sarrebourg iL. nach Saarbrücken, Pachten, zur Nahe und dem Mittelrhein bei Mainz, in NW Richtung nach Verdun–Veraudunum.

Von landwirtschaftlicher Tätigkeit ist vereinzelt Gemüseanbau: holitores (Metz–Gemüsegärtner: CIL XIII 4332 unsichere Lesung) bezeugt.

Außerhalb ihrer Civitas sind Mediomatriker nachgewiesen in: Trier als Stifter eines Weihedenkmals, ein Mantelhändler in Mailand, ein faber in Burdigala-Bordeaux, ein Bürger in Sens, in Bath-Britannien eine Frau, in Meinsheim–Baden-Württemberg ein 100jähriger Mann und seine 80jährige Frau, in Mainz, Heddernheim und Baden-Baden, sowie nach einer Weihinschrift auf Bronze ein Mediomatriker wohl als Reisender am Großen St. Bernhard.

Ein Collegium medicorum weist auf eine größere Ärzteschaft (CIL XIII ADD. 11 359), während ein Arzt auf einer Inschrift von Sablon, eine Ärztin auf einer anderen Inschrift erwähnt sind (CIL XIII 4333 und 4332). Ein weiterer Arzt ist in Bordeaux als Bürger von Metz ausgewiesen.

Grabsteine mit Berufsdarstellungen und handwerklichen Tätigkeiten hat das Stadtgebiet von Metz in seltener Fülle und Vielfalt bisher geliefert.

Anders als im Treverergebiet haben sich die herkömmlichen Stelen mit Nischen und profiliertem Abschluß hier nicht bis zu monumentalen Übersteigerungen weiterentwickelt, obwohl der Anspruch der von dem Stolz auf die eigene Leistung geprägten Selbstdarstellung nicht minder stark zum Ausdruck kommt. Auch von der Größe der Denkmäler her ist das Streben nach repräsentativer Monumentalität im Ansatz vorhanden und, soweit die Denkmalreste und Fragmente erkennen lassen, auch vereinzelt zur Ausführung gelangt.

Neben den schmalen Stelen mit tief ausgehöhlter Nische und spitzdreieckigem Giebelabschluß, zeigen andere den konisch verengten Schaft mit rechteckigem Nischenfeld und Bogengiebel, auf dem die Grabinschrift angebracht ist. In Anlehnung an Pfeileraufbauten wird der Giebel von einem Pinienzapfen bekrönt.

Reicher gestaltete Grabmale zeigen Pilasterrahmen, die Nische mit Muschelbaldachin, die Seiten ebenfalls mit Reliefs verziert. Aus der großen Zahl der Denkmäler, die z.T. wie in Arlon (Belgien), Bitburg, Neumagen, Kreuznach und Alzey in die spätantiken Befestigungsmauern verbaut waren, sind hier einige gesondert zu erwähnen:

1. Schmale Stele mit Nische und Firstgiebel, auf dem Rahmen Inschrift: D M RECVLVSREBBIGI. Stehender Mann im Mantel, in der Rechten kelchförmiger Faltenbecher, in der gesenkten linken Hand einen Beutel haltend. Der Kopf ist leicht geneigt, das Haar in drei Strähnen in die Stirn gekämmt, Backen und Kinn sind von einem Bart geziert.

Relief mit Frauengestalt, Kat. 76 *(s. S. 146)*.

2. Breite, fast tonnendachförmige Stele mit Inschrift und darunter einem flach eingetieften Relief mit Werkzeugen eines Schmieds. Inschrift: DM / CARIANO · BER / LIANI FIL. ET. FEL / CI. CARIANI . FILI / BELLIANVS . BOVD / ILLI . ET . AVGVSTAE / CROBI . FIL . PATRES P . C.

In dem eingetieften Feld das ganze Sortiment an Schmiedewerkzeug: Blockamboß auf Sockel, darüber auf einer Leiste Treibhammer mit Flachkopf, Hammer mit dreieckiger Rückseite, Schmiedezange, großer Zuschlaghammer, Dechsel, Querschneide der Rückseite scharf abgewinkelt und Kreuzbohrer. Das Photo zeigt die entsprechenden Werkzeuge in der Sammlung des Museums Metz vor dem Grabstein.

3. Schmaler Grabstein mit Giebelabschluß und eingetiefter Nische. Bärtiger Mann im Ärmelmantel, in der linken Hand einen Becher haltend, in der rechten Hand ein Zweispitz, der den Mann als Steinmetz und Bildhauer ausweist.

Aus der Westnekropole an der Straße nach Reims: H. 90 cm, Br. 54 cm (Espérandieu 4318. – Touissaint 646. – Collot 2, 48 Nr. 73).

4. Ein Stein mit konisch verengtem Nischenfeld zeigt ein Figurenpaar nebeneinanderstehend, die vor sich einen breiten gallischen Mantel ausgebreitet halten und das Produkt wohl in seinem Zuschnitt prüfen. Es dürfte sich um die Wiedergabe eines Kaufvorganges handeln, bei dem ein Schneider und Tuchhändler einem Kunden die Ware vorführt.

5. Grabstele mit Pilasterrahmen und flach gewölbter Nische, darüber Grabinschrift: CARATVLLIO . CINTVSSI . FILIO / NEG . ARTIS . CLOSTRARIAE . H . P . C.

Der Händler von Vorhang- und Kettenschlössern, einer für die damalige Zeit wahrhaften Kunstfertigkeit, ist in der Nische mit den Erzeugnissen seiner Kunst dargestellt. Er trägt einen weiten, in dicken Falten fallenden Kapuzenmantel, wie die dreieckige Aufkantung am Hals anzeigt. In der Nischenwölbung jeweils ein zylindrisches Schloß mit Öse und Ketten. Ein drittes Schloß hält er vor sich mit der linken Hand und demonstriert mit der rechten das Öffnen mit einem Bartschlüssel.

6. In einer tief ausgewölbten Nische mit Giebelabschluß und darunter dem vorspringenden Muschelschloß des Nischenbaldachins, von Pilastern seitlich eingefaßt, steht ein Ehepaar an einem Podest oder Altar, auf dem die Frau ein fein geschnitztes Kästchen aufstützt, darüber mit der rechten Hand einen Geldbeutel hält, während der Mann neben ihr eine Waage mit zwei Waagschalen hält.

7. Stele mit Giebelabschluß und seitlichen Akroteren. Unter dem Relief des Giebels Inschriftfeld: DM / ELATVLLVS.COSSIVS. / ARVELLINA BELLOS.BEBA / POSVERVNT. In der flachrechteckigen Nische mit Muschelbaldachin zwei Männer, in der Mitte eine Frau mit feiner Wellenfrisur, die in der rechten Hand einen Geldbeutel hält. Die Männer rechts und links, jeweils mit einem Dechsel im Arm sind ihr mit regem Gestus zugewendet, während die Frau ihre linke Hand dem rechts neben ihr stehenden Mann auf die linke Schulter legt. Drapierung, Fußstellung und Gesichtsausdruck sind von Bewegung und guter bildhauerischer Ausführung gekennzeichnet.

Auf das Schreinerhandwerk weisen nicht nur die Dechsel sondern auch die gute Darstellung im Giebel. Zwei Männer die mit Hobel und Hammer ein Holz bearbeiten, das auf einer Bank mit zwei Rundstüzenpaaren aufliegt. Links ein Bogen als Drillbohrer, rechts eine Werkzeugkiste mit Griff.

8. Flache Grabstele mit breiter Bogennische und Darstellung eines Ehepaares. Das unvollendet gebliebene Relief zeigt sehr anschaulich die verschiedenen Phasen der bildhauerischen Ausführung und den Verlauf der Arbeiten.

Während die seitlichen Rahmen als glatte Pilaster gebildet sind, ist der Reliefgrund mit einer einfachen Dickung nebeneinander gesetzter Spitzmeißelhiebe geglättet. Der rechts stehende Mann trägt ein geschürztes Ärmelgewand, das um den Bauch mit sechs umlaufenden Bändern gegürtet ist, die Falten z. T. schon an der Oberfläche geglättet. Hierfür wurde ein Spitzmeißel und auch der Flachmeißel benutzt am unfertigen, noch in Bossen stehenden linken Arm und der Hand, die eine fertig ausgeführte Schriftrolle hält, wurde Kontur und Fläche vorgepickt, um anschließend mit dem Flachmeißel geglättet zu werden. Der Kopf des Mannes ist schon vollendet und mit kurzem Haar, kräftig gebildeten Brauen- und Wangenbogen, um den Mund und das Kinn von ernstem, skeptischen Ausdruck, der vielleicht dem Thema des Abschieds des Verstorbenen angepaßt ist. Demnach wird die Rechte, die offenbar versehentlich mit dem Reliefgrund

abgearbeitet worden ist, die Hand der Dame gehalten haben.
Die linke Frauenfigur, etwas kleiner dimensioniert, zeigt nur die grob mit dem Zweispitz angelegte Kontur von Schulter bis Knöchel am Mantelgewand, während Kopf, linke Schulter und Haarfrisur mit dem Spitzmeißel zur abschließenden plastischen Durchbildung mit dem Flachmeißel und Spitzmeißel vorbereitet sind.

Relief einer Göttin, Kat. 72 *(s. S. 144)*.

Die Meißelspuren und Flächen lassen erkennen, daß neben dem groben Hieb des Zweispitzes, als schwerem Gerät des Steinmetzen, Spitzmeißel, Flachmeißel und beim weichen Kalkstein auch die Raspel zur Anwendung gekommen sind. Die gleichmäßigen Meißelspuren an den Pilasterrahmen beweisen die Anwendung des Zahneisens, das zur Flächenglättung auch in härteren Gesteinen zur Benutzung kam.
Die sichtbaren Bearbeitungsphasen bezeugen die Sicherheit des Bildhauers in der Beherrschung der Form und der Bewegung, die besonders bei dem Mann in dem schon ausgeführten Spielbein spürbar wird.
Metz, Ilot St. Jacques.
Kalkstein vom Jaumont. – H. 142 cm, L. 91 zu 65 cm.
Lit.: Collot, 2,48 Nr. 74 und Abb.
Den vielfältigen Zeugnissen der Besiedlung und des stark gegliederten Territoriums entsprechen auch die Äußerungen der Religiosität, die in Skulpturen, Reliefs und Inschriften uns überkommen sind.
Ein hervorragender Kultplatz auf dem Donon, der in die vorrömisch-keltische Zeit zurückreicht, ist im Grenzgebiet, wo die Territorien der Leuci (Hauptort Toul) und Triboci (Unterelsaß) und der Mediomatriker zusammentrafen, gelegen, (CIL XIII 4548–4554 und Espérandieu 4569–4603, Röm-Germ. KorrBl. 1918, 89 ff.).
Ein weiteres bedeutendes Höhenheiligtum war auf dem Herapel bei Saarburg i. L. gelegen. Neben den ausgedehnten Resten eines Tempels mit achteckigem Grundriß stammen von hier, in Verbindung mit einer größeren Ansiedlung Grabsteine, Haushüttensteine röm. Zeit und zahlreiche Einzelfunde (CIL XIII 4471–95 u. 11459–62a: Von hier ist der Kopf einer großen Minervafigur erhalten (vgl. Kat. 84). Eine ebenso kunstvolle wie reich verzierte Jupitersäule von 15 m Höhe wurde bei Merten (zwischen Boulay und Saarlouis) gefunden und befindet sich heute im Museum zu Metz.
Neben den römischen Staatsgöttern und Kulten italisch-griechischen Ursprungs wie Apollo, Bacchus, Diana, Hercules, Hercules Saxanus, Juno, Jupiter, Mars, Mercurius, Minerva und Venus, sind auch orientalische Gottheiten vertreten: Jupiter Ammon (vgl. Kat. 81), Isis in einem Tempel bei Pons Saravi und Metz, Mithras von Sarrebourg (S. 10), beim Halberg in Saarbrücken (Kat. 96) und Schwarzerden (Kat. 95).

Das Weiterleben älterer Vorstellungen und religiösen Brauchtums und somit auch den Fortbestand mediomatrischer Bevölkerung illustrieren bestens die einheimischen Götter, die zwar klassischen Vorbildern nachgebildet werden, nach Namen und Attributen aber ihren Ursprung erkennen lassen.

Hier sind zu nennen: Epona, die Schutzgöttin des Straßenverkehrs, des Handels und der Pferdezucht, Dea Icovellauna, Deae Maiae, Matres und Matronae, Nantosvelta, Sucellus, Rosmerta, stets zusammen mit Merkur als Götterpaar und Dea Vercanu.

Neben dem Mithrasrelief von Schwarzerden (Kat. 95), das, in einen Felsen eingearbeitet, durch Verwitterung stark gelitten hat, verdient ein Mithrasheiligtum von Sarrebourg in Lothringen besondere Beachtung, dessen Kultbild und Ausstattung, bereits 1895 entdeckt, trotz gewaltsamer Zerstörung im Jahre 395 n. Chr. durch den Reichtum und die plastische Wirkung der Friese und Reliefs sich auszeichnet.

Der Kultraum, als Krypta ausgebildet, war 5,40 m zu 6,20 m groß und bildete im Grundriß ein Parallelogramm.

Das Kultbild mit der Dedikationsinschrift ist 2,60 m hoch und 2,20 m breit.

Auf dem Sockel ist die Inschrift angebracht: IN HONOREM DOMVS DIVINAE, DEO INVICTO, MARCELLVS MARIANVS DE SVO POSVIT = Zu Ehren des allerhöchsten (Kaiser)Hauses, hat dem unbesiegbaren Gott (Mithras) Marcellus Marianus auf eigene Kosten das Denkmal errichtet.

Das Hauptbild, von Friesen eingerahmt, zeigt das Stieropfer. In einer Felsengrotte kniet der Gott in jugendlicher Kraft auf dem Stierkörper, reißt dessen Kopf zurück und stößt dem Tier das Opfermesser in das Heft. Hierdurch bricht das Blut hervor, das die Erde befruchtet aber auch im Kulte die Mysten reinigt und zum Leben erneuert. Links steht Cautopates mit gesenkter Fackel, den Tagesanbruch symbolisierend, über ihm die Quadriga des Sonnenwagens. Rechts steht Cautes, die Fackel schwingend. Die Nacht wird durch den von Pferden gezogenen Mondwagen angedeutet. Das Himmelsfeuer wird von einem Löwen bewacht, daneben das Heilige Becken.

Vier Büsten der Windgötter weisen auf den Himmel (Eurus, Boreas, Notius und Zephirus). Auf den seitlichen Pilastern je fünf übereinanderstehende Relieffelder mit der Geburt des Mithras (fehlt), der Aufstieg des jugendlichen Gottes aus dem Felsgestein der Erde, auf einem Felsen am Meer ausruhender Oceanus, Kampf mit dem Riesen, der Gott gibt den Blitz, das Himmelssymbol an Jupiter. Auf der Gegenseite besiegt der Gott den Stier, bringt diesen auf dem Rücken tragend zum Opfer, Löwe, Symbol der Sonne und des Feuers vor einem Baum, Bünd-

Relief mit der Göttin Epona, Kat. 49a *(s. S. 120)*.

nis des Sol mit Mithras und das göttliche Mahl von Sol und Mithras. Auf dem horizontalen Rahmenrelief ist Mithras in Trauer niederknieend, schießt mit einem Pfeil auf den Felsen und läßt eine Quelle hervorsprudeln, Götterversammlung mit Mithras, Vulkanus, Merkur, Mars, Jupiter, Neptun, Herakles, der trunkene Bacchus und ein Haus oder Tempel mit Fackelträgern.
Dieser ausführlichen Schilderung der Göttermythe, der Symbole und Begleitpersonen des Lichtgottes, waren seitlich Altäre zugeordnet, die den Fackelträgern Cautes und Cautopates geweiht waren, die als Relief die Fläche zierten.
Lit.: Espérandieu 4563. – G. Collot, 2,49 Nr. 76.
Von den bedeutenderen Fundstellen im Gebiet der Mediomatriker verdienen folgende besondere Erwähnung: St. Ullrich bei Saarburg i. L. Aufwendig ausgestattete, palastartige Villa, die mit mehreren Umbauten und Veränderungen bis zum 4. Jahrh. bestand. Es ist dies das Herrenhaus eines großen Domänenbezirkes.
Schwarzenacker, z. T. ausgegrabener vicus (Dorf, Kat. 197) der uns in sehr anschaulicher Weise sowohl die Bauausführung, Straßenanordnung und Funktionen einer Ansiedlung illustriert. Den auf ein rechtwinklig zueinander gerichteten Straßen sind Wohnquartiere zugeordnet deren Einzelhäuser mit recht unterschiedlichem Flächenzuschnitt pro Wohneinheit mit Kellern ausgestattet sind. In den Felsen (Rotsandstein) eingeschrotet, mit Nischen für die Beleuchtungsgeräte und Balkenauflagen der Abdeckungen, machen diese Keller einen sehr urtümlichen Eindruck. An den Straßen und hier gelegenen Einfahrten und Höfen sind aus großen Quadern gefügte Umgrenzungen, wie Kisten errichtet, deren Funktion auf »Kühltruhen und Vorratsbehälter«, z. B. auch für Amphoren gedeutet werden.
Durchaus klassischen Formen entsprechen die aufwendigen Pfeilerlauben und Säulengänge, die den Häuserfronten vorgesetzt sind. Auch die Häuser selbst mit Anstrich und bemaltem Putz lassen die Absicht zur Repräsentation aber auch des wirtschaftlichen Wohlstandes erkennen. Diesem entsprechen nicht nur die in den Zerstörungshorizonten geborgenen, vielfältigen Gefäße sondern auch auf Säulen ruhende Tische, Kleinfunde, Gemmen, kunstvoll verzierte Gerätschaften aus Eisen und Bronze und schließlich die im »Weinhaus« geborgenen Figuren aus Bronze (vgl. Kat. 69).
Lit.: J.-B. Keune, Die römische Volksgemeinde der Metzer (civitas Mediomatricorum). In: Elsaß-Lothringisches Jahrbuch 8, 1929, 10–39. – Paulys Real-Encyclopädie der classischen Altertumswissenschaft 29 (Stuttgart 1931) 97–102 s. v. Mediomatrici (H. G. Wackernagel).

Divodurum – Metz

GERALD COLLOT

Dem häufig in Gallien bestätigten Brauch entsprechend, wurde der einheimische Hauptort, dessen Bestehen bis in die Bronzezeit zurückreicht, auf einem relativ hohen und daher leicht zu verteidigenden Platz angelegt, den die römische Urbanisierung erst nach längerer Zeit erreichte, nachdem eine Neusiedlung zunächst am Fuß des Berges und nach Süden orientiert, erfolgt war.

Die als Hauptort der Civitas der Mediomatriker gewählte Örtlichkeit hat sich als außerordentlich günstig bestätigt: am Kreuzungspunkt wichtiger Nord-Süd und Ost-West gerichteter gallischer Fernwege, der in römischer Zeit zur Wechselstation der römischen Straßen wurde, so der Fernverbindungen von Lyon nach Trier und von Reims nach Straßburg, beherrschte das antike Divodurum auch die Einmündung der Seille in die Mosel. Der hochwasserfreie Ort nahm eine hervorragende, strategisch bedeutende Rolle ein, sowohl zur Kontrolle des Flußverkehrs, auch der schiffbaren Seille, von der das Salz, in großen Mengen in der Gegend von Marsal abgebaut und produziert, weiter geführt und exportiert wurde. Das Oppidum, die befestigte Stammessiedlung, von der Natur mit Verteidigungswerken ausgestattet, war vorzüglich durch die Mosel mit dem Treverergebiet und der eindrucksvollen Stadt Trier verbunden und erlebte als Hauptort und Vorort der Mediomatriker, Divodurum Mediomatricorum einen relativ schnellen Ausbau zur Stadt.

Wenn auch die stratigraphischen Untersuchungen eine kontinuierliche Besiedlung von Beginn der ersten einheimischen Ansiedlung an durch datierbare Funde, besonders der Keramik beweisen und eine zuverlässige Chronologie liefern, so sind andererseits unsere Kenntnisse zum Aussehen dieser ersten Ansiedlung mehr als spärlich im Gegensatz zu dem, was wir von der Siedlung zur frührömischen Zeit wissen. Lange Zeit mußte man resignierend erkennen, daß wir nichts über das Leben und die Ansiedlung des 1. Jahrh. erfahren, denn die ältesten erhaltenen Baureste reichen nur bis in die Zeit Traians und Hadrians zurück. 1963 aber gelang es, verputzte Mauerwerke mit Fresken zu entdecken: auf schwarzem, glänzend poliertem Grund, waren Dekors angebracht, die dem III. Stil von Pompeji entsprechen, und die stratigraphisch gesicherten Beifunde lassen eine Datierung in die erste Hälfte des 1. Jahrh. n. Chr. zu. Dieser Fund zeigt uns, wie weit bereits die luxuriöse Ausstattung in einzelnen Häusern gediehen war. Einige Architekturfragmente, ebenfalls dem 1. Jahrh. n. Chr. zuweisbar, sind mit großer Wahrscheinlichkeit den ersten Tempelbauten zuzuweisen, die nach römischem Vorbild errichtet worden waren. Es dauerte aber doch bis zum Beginn des 2. Jahrh. n. Chr., bis die großen öffentlichen Anlagen errichtet und auch einige Stadtquartiere, die dem System rechtwinklig sich kreuzender Straßen zugeordnet sind und auf zwei Hauptachsen bezogen sind: den Nord-Süd gerichteten cardo maximus und den Ost-West verlaufenden decumanus maximus. Dieses antike System hat die Zeiten überdauert und bestimmt noch heute das Straßennetz im Kern der Stadt.

Nahe der Kreuzung der beiden Hauptstraßen, wo auch ein Weihedenkmal an Merkur errichtet worden war, lag das Forum, das nach verschiedenen Indizien an dem heutigen Place St. Jacques gelegen haben wird. Bei dem jetzigen Stand unserer Forschungen ist Umfang und Größe noch nicht genauer zu bestimmen, doch ist anzunehmen, daß das Forum sich ziemlich weit noch nach Westen hin erstreckte.

Diese Annahme wird gestützt, wenn man als Basilika jenes Bauwerk bezeichnet, das nach einer Zeichnung der Benediktiner zu Ende des 18. Jahrh. in einem Stich veröffentlicht wurde und durch die Nebenbauten des heutigen Marktgebäudes überdeckt worden ist. Hierfür sprechen nach der Zeichnung auch die aufrecht stehenden Wände. Leider wurden keine weiteren Beobachtungen mitgeteilt die es zuließen, dieses Bauwerk genauer zu bestimmen und festzulegen, ob es schon für die Zeit der Neugründung konzipiert war oder erst einer späteren Ausbauphase zugehört. Seine Lage außerhalb des eigentlichen Kernbereiches macht es jedoch wahrscheinlich, daß es um einen Bau sich handelt, der mit der Erweiterung des Stadtgebietes angelegt worden ist und zusammen mit großen Terrassierungen den Bau unterirdischer Galerien als Substruktionen erhielt. Diese Hypothese wird durch den Fund von kleinen Läden in der nächsten Nähe gestützt.

Eine andere Basilika, noch bedeutender, blieb bis in unsere Zeit erhalten. Im Südosten der Stadt, in einem nicht genauer bekannten Bauzusammenhang, ist die ursprüngliche Funktion und Bestimmung dieses Bauwerkes nicht genauer zu bestimmen. Nach der Spätantike wurde es in merowingischer Zeit zur christlichen Kirchenanlage. Das Mauerwerk aus Kalkhandsteinen und Ziegeldurchschuß benutzt Ziegel mit dem Herstellerstempel ADIVTEX, der auch für die prächtige Basilika zu Trier geziegelt hat, ohne daß die Anlage zu Metz nach den gegebenen Proportionen mit jener rivalisieren könnte. Immerhin hat die Anlage im städtebaulichen Zusammenhang eine hervorragende Bedeutung. An den großen rechteckigen Saal schließt das Halbrund der Apsis an, nach außen von polygonalem Umriß mit fünf Pfeilern abgestützt. Auf der Gegenseite ist der Hauptzugang, dessen Schwelle und Seitenwände noch erhalten sind. Vor der Apsis sind seitlich zwei Türen symmetrisch angeordnet, die ehemals Zugang zu Nebenbauten der Verwaltung gewährten. Als die Anlage im 7. Jahrh. dem christlichen Kulte diente, wurde der Innenraum von St. Pierre aux Nonnains umgebaut, um den neuen Funktionen der mittelalterlichen Liturgie besser dienen zu können.

Die verschiedenen Bauten, die hier gelegen sind, hatten in römischer Zeit, besonders aber nach den Reformen Diocletians, für die Verwaltung der Stadt und der Civitas sicherlich eine besondere Bedeutung.

Von den anderen öffentlichen Bauten sind uns die Thermenanlagen am besten bekannt, von denen Metz wenigstens drei größere hatte. Unter dem Museum und dem alten Karmeliter-Kloster ist das Ensemble der größten Anlage in situ erhalten. Eine andere, bescheidenere Badeanlage wurde aus Resten am Platz der Republik erschlossen, während die dritte Badeanlage bei den Vorbereitungsarbeiten zum Bau des Kaufhauszentrums St. Jacques aufgenommen werden konnte.

Die Museumsthermen, am nördlichen Ende der antiken Stadt gelegen, nehmen eine relativ große Fläche ein. Von ihrer einstigen reichen Ausstattung blieben nur Fragmente erhalten. Auf die sorgfältig errichteten Mauern aus Kalkhandsteinen, wie es für die Traianisch-Hadrianische Zeit charakteristisch ist, waren buntfarbene Marmorinkrustationen aufgelegt. Weißer und grüner Marmor an den Wasserbecken, weißer und grauer Marmor zierte die Pilaster und dekorativen Friese, die flache korinthische Kapitelle überragten, alles von feinster Ausführung. Der Fries war in regelmäßigem Wechsel mit Pelten und Schilden verziert, Motiven, wie sie allgemein auch bei den Kaiserthermen zu Trier beobachtet und gefunden worden sind. Im nördlichen Teil, wohl dem Bereich des Frigidariums, wurde ein Mosaik aus Marmor, in Bruchstücken, aufgenommen, das in seiner Ausführung von hervorragender Qualität ist. Im 4. Jahrh. wurden hier auch Um-

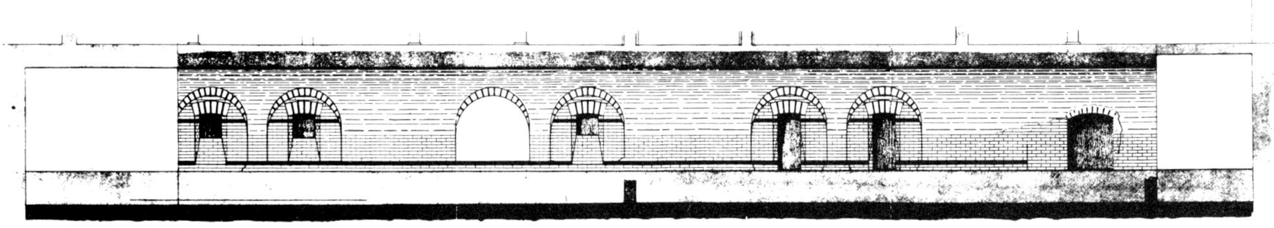

Kryptoportikus, Metz, Kat. 215 b *(s. S. 258).*

bauten und Erweiterungen vorgenommen, wie aus den Unterschieden im Mauerwerk abzulesen ist.
Die Südthermen reichen ebenfalls bis in das zweite Jahrhundert zurück: von ihnen sind noch umfangreiche Reste in den verschiedenen Wohnhäusern erhalten: Zeugen der einstigen großen Stadt, denen aber noch viele andere hinzugefügt werden könnten.
Die Thermen im Wohnquartier des Viertels St. Jacques wurden nicht konserviert. Es wurde ein rundes Badebecken entdeckt, dessen Existenz insofern nicht überraschte, als uns die Widmungsinschrift des Baues bekannt war. Es konnten nur einige Zierelemente und Fragmente geborgen und dem Museum zugeführt werden. Immerhin waren einige Details von Interesse. So hatte man ein Becken aus großen Platten gebaut, die an den Stoßflächen durch tiefe Nuten gekennzeichnet waren, die durch eingegossenen Mörtel abgedichtet waren. Die Festigkeit und Dichte waren von hervorragender Qualität.
Man kann diese Badegebäude nicht erwähnen, ohne auch auf die Wasserversorgung einzugehen. Ohne daß für das Stadtgebiet genauere Details zu Wasserleitungen bekannt geworden wären, ist uns aber die Fernleitung und der Verlauf des Aquäduktes über die Mosel gut bekannt, welches das Wasser aus den Quellen bei Gorze heranführte.
Der größere Teil dieser technischen Einrichtung verläuft unterirdisch, und nur die Brückenkonstruktion des »Aquaeduktes« über die Mosel zwischen Ars und Jouy stellt sich als ein majestätisches Zeugnis harmonischer Einfügung in die Landschaft dar. Aus Kalkhandsteinen sorgfältig verblendet, wie auch die Verteilerbecken am Anfang und Ende der Flußüberführung, ist das Bauwerk wohl dem großzügigen Ausbau der Stadt im Beginn des 2. Jahrh. n. Chr. zuzuweisen. Die Kanalleitung im eigentlichen Sinne war mit zwei separaten Strängen über die ganze Länge der Brückenkonstruktion geführt, um Schäden der Seitenwandungen durch Verwitterung zu verhüten, durch die Leistung eines schnelleren Durchlaufes des Wassers noch verschärft. Dieser schnellere Durchlauf des Wassers war notwendig, da die freiliegende Kanalleitung auf die ganze Länge der Flußüberführung dem Frost ausgesetzt war. Gleichzeitig bewirkte der beschleunigte Durchlauf eine schnellere Abnutzung der mit hydraulischem Mörtel verputzten Kanalleitung, der Boden- wie auch der Wandflächen. Hieraus ergab sich eine regelmäßige Bauunterhaltung, die die Umleitung des Wassers in diesen oder jenen Strang während der Reparaturarbeiten erforderlich und möglich machte. Andere technische Vorrichtungen wie z. B. Luft- und Einstiegschächte, waren erforderlich, um auf eine Länge von 25 km die Unterhaltung der Leitung zu ermöglichen und beweisen die besondere Sorgfalt, die man auf dieses Bauwerk verwandte, das von hervorrgender Bedeutung für die gesamte Siedlung und deren Versorgung war. Durch die südliche Vorstadt, das suburbium von Sablon, führte die Leitung in das Stadtgebiet und versorgte hier ein großes Bassin, das Nymphäum. Von dieser Anlage wurde die Dedikationsinschrift gefunden, die vier Seviri Augustales nennt, die es haben errichten lassen. Von der Dekoration und dem plastischen Schmuck sind uns einige Elemente erhalten geblieben, so z. B. eine Victoria, eine örtliche Nachempfindung nach einem griechischen Vorbild, das der Nike des Paeonios nahestand.
In der Nähe des Nymphäums befand sich ein kleiner Tempel, der z. T. unter der Erde lag und im Innern zylindrisch war. Eine Treppe erlaubte, bis hinab zu dem heiligen Wasser zu steigen, das in einem sechseckigen Becken einfloß, Inschriften und Weihungen an die Götter, die hier gefunden worden sind zeigen uns, daß dieser Tempel des Wasserkultes der Göttin Icovellauna bestimmt war.
Ein anderer, schlichter Tempel war der Göttin Isis geweiht und wurde in Metz am Place de la Republique entdeckt. Gegen die Cella-Mauer war die schöne Skulptur der Isis gelehnt, die heute im Museum aufbewahrt wird. Im Bereich des Deutschen Tores (Porte des Allemands) hat man unter anderem auch weitere Zeugnisse des Isiskultes gefunden. So Bronzestatuetten, die die Isis zeigen mit dem Horusknaben auf dem Schoß.
Zahlreiche andere Kulte und Gottheiten werden durch Votivstelen bezeugt, so an Apollo, Merkur und Herkules, ohne daß deren Tempel, die sicherlich ehedem vorhanden waren, bisher im Stadtgebiet genauer bestimmt werden können.
Wesentlich besser sind wir über die Lage und Gestalt der großen Gebäude informiert, die den öffentlichen Spieldarbietungen dienten. Das große Amphitheater in Sablon

Reliefs von Grabdenkmälern: Gastmahl (o.l.), Kontorszene (o.r.), Juwelierladen? (u.l.), Bauer mit Mistgabel (u.r.).

◁ Wasserverteiler, Ars-sur-Moselle.

im Südosten der Stadt, war ein Bauwerk von beachtlicher Größe. Im Grundriß wie üblich oval angelegt, messen die Achsen 148 zu 124 m, und es bot über 25 000 Personen Platz. Das Aufgehende der Anlage ist uns nur nach einer Ansicht des 17. Jahrhunderts überliefert, als der Graveur Chastillon sein Aussehen aufzeichnete, doch konnten im Jahre 1902 bei umfangreichen Grabungsuntersuchungen wichtige Details der Kelleranlage in der Arena und die Substruktionen der Sitzränge aufgenommen werden, die eine zuverlässige zeichnerische Rekonstruktion ermöglichen.

Befand sich das große Amphitheater auch außerhalb der Stadt, aber doch noch nahe der Ansiedlung, so befand sich eine ähnliche Anlage im Innern des Stadtgebietes und dem städtischen Straßennetz einbezogen. Wesentlich kleiner dimensioniert, hatte es eine Doppelfunktion als Amphitheater und Bühnentheater. Zahlreiche Substruktionen sind in den Kellern der Häuser des westlichen Stadtgebietes erhalten. Die Umrißlinie ist aus dem Verlauf zweier elliptisch geführter Straßen ablesbar.

Diese Stadt, deren Bedeutung auch durch das Fassungsvermögen des Amphitheaters verdeutlicht wird, mußte in der Zeit der Invasionen des 3. Jahrh. n. Chr. ihr Territorium zur Verteidigung reduzieren und die weniger dicht besiedelten Randgebiete und Vorstädte aufgeben. In aller Eile wurde eine Verteidigungsmauer errichtet, für die das Baumaterial von den Friedhöfen mit den großen Steinmonumenten, aber auch aus anderen Anlagen herbeigeschafft werden mußte. So wurde das große Amphitheater zerstört und als Steinbruch genutzt. Diese verkleinerte Stadt der Spätantike erreichte dennoch die beachtliche Ausdehnung von 70 Hektar.

Vor den Stadtmauern, entlang den großen Ausfall- und Fernstraßen, mit Ausnahme der Westseite, wo die verschiedenen Seitenarme der Mosel gelegen sind, zogen sich die ausgedehnten Friedhöfe hin. Vor allem in der südlichen Vorstadt haben die Gräber eine interessante Entwicklung und Steigerung erfahren. Von der einfachen tönernen Aschenurne zur ornamental und figürlich verzierten Stele, allgemein in Hausform gehalten, bis hin zu Mausoleen, die sich in mehreren Etagen aufbauten, gab es eine Vielfalt von Kalksteindenkmälern aus dem örtlichen gelben Kalkstein, der noch später zum Bau der Kathedrale

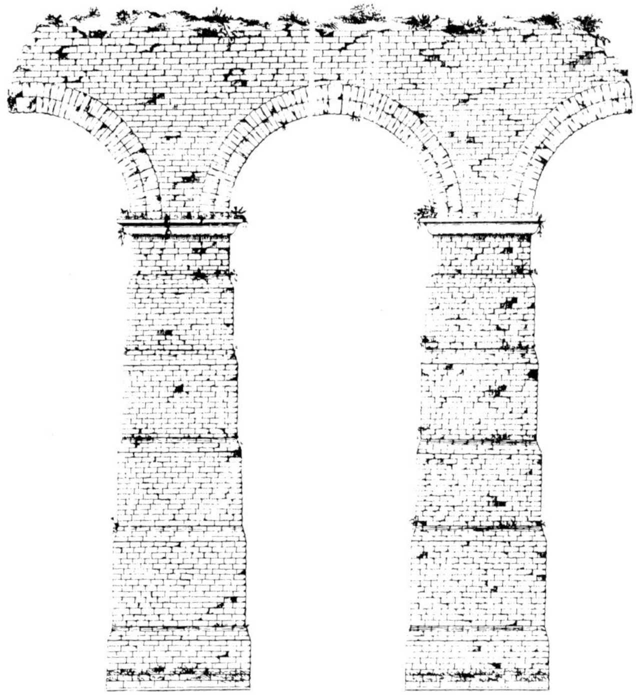

Wasserleitung von Gorze nach Metz, Kat. 213e *(s. S. 257).*

und der Architektur im Zeitalter des Klassizismus verwendet wurde.

Wenige Städte Galliens haben Reste jener prächtigen zylindrischen Grabbauten geliefert, die unter Wahrung der Proportionen jenen der Via Appia zu vergleichen sind. Dieser Hinweis mag genügen, dieser Stadt der Antike den Rang zuzuerkennen, der aus den Zeugnissen ihr zuzumessen ist.

Lit.: Les villes antiques de la France. Belgique 1. Hrsg. E. Frezouls (Straßburg 1982) 237–350 (mit weiterer Lit.).

Saravus-Flumen · Römertum im Saarland

ALFONS KOLLING

»Saravus« nennt Decimus Magnus Ausonius den Saar-Fluß in einem Preisgedicht über die Mosel. Saravus sei schiffbar, von heiterer Welle Mosella, so klingt es, ». . . und es schmückten im Wechsel Paläste ein jegliches Ufer.«
Zwischen Metz und Trier ist eine größere Strecke des Moselufers saarländisch. Dort stand der Palast von Nennig. Stolzer Besitz galt viel: »Wohin der Villa Herr den Blick mag lenken – rings darf er alles als sein Eigentum denken.«
Den Palästen gesellten sich die Tempel hinzu. Beinahe 1500 Jahre nach Auson dichtete ein anderer Moselaner, gebürtig aus Dhrönchen bei Leiwen, gestorben in Rom, nämlich Stefan Andres über die antiken Bauten:

> Und tief im Distelfeld mit goldner Strenge
> Die Tempel ihre alten Stirnen tragen
> So jung zum Meere, um ihm Dank zu sagen.

Ein halbes Saeculum zuvor weilte Stefan George (1868–1933, begraben in Locarno) in Trier und ließ in einem Zeitgedicht den Knaben Manlius aus dem Jenseits sprechen, sich erinnern, wie er halbseiden um die Porta strich, legte ausgerechnet diesem Epheben jene eigene abgrundtiefe Elegie in den Mund, die das schönste Muster eines Jammergesangs auf die trierische Antike ist:

> Entweiht in särgen liegen heilige bilder –
> Daneben hingewühlt barbarenhöhlen . . .
> Nur aufrecht steht noch mein geliebtes tor!«

Knüpft nicht auch George bei Ausonius an, wenn er schreibt:

> »Hier zog die Mosel zwischen heitren villen . . .
> O welch ein taumel klang beim fest des weines!
> Die mädchen trugen urnen lebensschwellend –.«

Aus der Stadt Burdigala war Auson, Lehrer für Grammatik und rhetorisches Fach, Liebhaber für wohlgesetztes Wort, dem Rufe seines Herrn und Kaisers Valentinian (I.) nach Trier gefolgt, um den Prinzen Flavius Gratianus herrscherlich zu erziehen. Acht Jahre (375–383) regierte dann »Dominus noster« – Titel seit Diokletian – Gratian das westliche Reich, bis ihn Andregathius in Lyon umbrachte. Gratian hatte einen Hang zum Exotischen (bevorzugte Germanen in der Truppe) und handelte sich deswegen den Tod ein.
Ausonius übersiedelte nach dem Totschlag auf seine Landgüter nach Burdigala, lebte dort noch 10 Jahre in Wohlstand und Behagen der Poesie, wie es heißt, und auch dem Briefwechsel mit Freunden.
Der Prinz und spätere Kaiser hatte seinen Lehrer verehrt, hatte ihn in hohe Ämter erhoben, ihn zum *comes* gemacht, zum *quaestor sacri palatii*, zum *praefectus Galliarum* (378), zum Consul (379) sogar.
Im Felde stand der Dichter gegen die Alamannen seinen Mann. Auf dem Durchmarsch nach jenseits der Vogesen lernte er sicherlich das Saarland kennen (und nachher das Alamannen-Mädchen Bissula, über das entzückende Zeilen aus seiner Verskunst handeln).
Naviger Saravus ist scheinbar beiläufiges Wort in den Mosella-Strophen, bedeutet aber dem Geographen sehr viel: Erstmals, um 370 n. Chr. niedergeschrieben, ist hier die Saar beurkundet. Von ser-, was fließen heißt, leite sich der Namen ab, ser- stehe auch für »rötlich«, sagen die Keltisten.
Am Donon entspringt der Fluß, durchfließt die lothringischen Weizenhügel, gelangt im Westrich an waldige Buntsandsteinfelsen, fließt am kiesigen Kohlenwald vorbei, erreicht wiederum Abhänge des lothringischen Kalkgebirges und durchbricht dann den devonischen Riegel des Hunsrücks. Es folgen am Wasser die Weinberge bei

o.l.: Relief eines Grabdenkmals mit Boot und Netzknüpfer, Kat. 44 *(s. S. 116)*.

o.r.: Relief eines Grabdenkmals mit Holzsäger und Weinumfüller, Kat. 184 *(s. S. 228)*.

u.l.: Weihrelief der Göttin Epona, gef. Metz, rue des Clercs.

Porphyrwanne, Kat. 327 *(s. S. 359)* ▷

Konz – *Contionacum* zur Mosel, wo ehedem am Platze nahe *confluentes* eine Kaiservilla stand.
Die Blies – Bhleisa (»glänzend, weiß«), Zufluß in Saargemünd, kommt aus dem Norden des Landes, entspringt bei dem geographisch und historisch gleichermaßen markanten Schaumberg, erreicht in der Mitte des Laufes die Aue von Homburg im Saarpfalzkreis, das Buntsandsteingebirge dort zur Rechten, die Kalkanhöhen zur Linken. Der steile Wörschweiler Klosterberg steht eingangs der Sandregion. Gegenüber auf der anderen Seite der Blies liegt die Ortschaft Schwarzenacker, wo der Pflug römischen Brandschutt nach oben wendet. Der Zisterziensermönch vom Klosterberg rodete die *rudera* und schrieb in die Chronik, unterm Acker liege eine Stadt begraben so groß wie Worms.
Nied – Nidha ist lothringischen Ursprungs, mündet ein in die Saar bei Dillingen-Pachten, wo in römischer Zeit der kastellbewehrte Verkehrsflecken *Contiomagus* existierte. Am seichten Ufer ging die Furt hinüber ins Primstal, das aus dem Hunsrück und dem Hunsrückvorland nicht weniger Wasser herbeibrachte als die Nied und die Saar zum umso brauchbareren Schiffsweg anschwellen ließ. Im Hunsrückvorland beiderseits der jungen Prims häufen sich vorgermanische Gewässer- und Ortsnamen und bezeugen überkommenes Romanentum. Die Linguisten sprechen von »Hochwaldromanen«.
Das ist die Landschaft keltischer Fürstengräber der Zeit zwischen 500 und 400 vor der Zeitwende. Zahllos sind die Brandgräberfelder einer etwas späteren Epoche, deren Inhalte ebenfalls Kunstgewerbe des Latènestils hervorkehren. Die Saar und der Glan in der Westpfalz begrenzten hier eine Gegend starker politischer Aktivitäten in der Zeit des freien Keltentums. Beiderseits der zum Rhein fließenden oberen Nahe ballten sich die Ansiedlungen. Sie streuten nach Süden bis ins mittlere Saarland. Hervorragende politische Trutzburg war der »Ringwall« von Otzenhausen bei Nonnweiler. Ungeheure Steinmassen liegen zuhauf. Die mit Balken verklammert gewesenen Trockenmauern aus Quarzitgestein sind zu Wällen verfallen. Sie umlagern in Dreiecksform – streckenweise als Doppelwall – die Gipfelfläche des Dolbergs. Die Wucht von Energie, wie sie ein solcher »Titanenbau« erforderte, konnte gewiß nicht von weither organisiert und eingespeist sein.
Diese stärkste keltische Festung im Rheinland gehört ins letzte Jahrhundert vor Christus, in dessen fünfziger Jahren (58 bis 52) der Gallische Krieg loderte. Unweit des Dolberges kamen die Fürstengräber von Schwarzenbach zum Vorschein. Goldornament hing im Jahr 1849 in der Pflugschar, sah aus wie eine zerbrochene Krone, entpuppte sich aber zu einer Schale, der berühmten Goldschale von Schwarzenbach. Ein dortiger Industrieller und Bergherr schenkte sie und anderes Geschmeide, hinzu ein griechischer Stamnos, König Friedrich Wilhelm IV. fürs Berliner Antiquarium. Die Schale hat den Krieg überdauert. Sie gilt als eines der kostbarsten Stücke keltischen Kunstgewerbes.
Von noch größerer Vielfalt ist das Inventar des Fürstinnengrabes von Reinheim an der unteren Blies. Reinheim ist die Spitze dessen, was man unter einem keltischen Grabschatz versteht. Doch Reinheim tendiert nach Lothringen und zählt zu den archäologischen Zeugnissen eines anderen Stammes. Im nördlichen Saarland herrschte eine besondere politische, kriegerische Mentalität. Es ist nämlich Otzenhausen nicht die einzige Gipfelbefestigung der Gegend. Burgen in Vielzahl bestimmten den Besiedlungscharakter des südöstlichen Hunsrücks und des nördlichen Saarlandes zumal in caesarischer Zeit. Es verwundert nicht, wenn sich gerade dort die (früheren) Fürsten- und Häuptlingsgräber aufreihten: Besseringen, Weiskirchen, Schwarzenbach, Schwarzerden, Theley, Freisen, Remmesweiler, Marpingen. Dem Hügel von Theley ist die südlichste der Befestigungen, nämlich die auf dem Momerich bei Gronig, benachbart.
C. Julius Caesar, siegreich über Vercingetorix und ganz Gallien im Jahre 52, nennt in den Kommentaren seiner Feldzüge die Civitas der Treverer und läßt durchblicken, daß diese an der Ober- und Mittelmosel in der großen *silva Arduinna* lag, südlich angrenzend die der Mediomatriker mit Stammesvorort Metz-*Divodurum*. Die Treverer, zuerst römerfreundlich, dann aufsässig (Indutiomarus, Cingetorix), berühmt für ihre Reiterscharen, von Labienus im Jahre 53/52 dennoch niedergeworfen, nahmen am großen Aufstand nicht mehr teil, wohl aber die Mediomatriker, die sich bis dahin still verhalten hatten.
Napoleon III. versuchte in seiner Histoire de Jules César (1865), Atlas Taf. 14, eine Grenze zwischen den Stämmen zu ziehen. Halbwegs Metz–Trier geht die Linie über die

Rekonstruktion der Villa von Bierbach, Kat. 53 *(s. S. 128)*.

Berge, zielt nach Merzig an der unteren Saar, läuft links der Saar, überquert bei Völklingen den Fluß und richtet sich dann stetig nach Nordosten. Es ist der Versuch einer Grenzziehung.

Seit Napoleon ist Caesars Kriegsbericht derselbe geblieben. Sehr vermehrt hat sich jedoch aussagekräftiges archäologisches Material. Man unterstellt zu Recht den *commentarii* ethnographische Lücken; der Feldherr hat diejenigen Situationen beschrieben und Stämme genannt, die im Kriege eine Rolle spielten. Eine komplette Völkertafel war nicht zu erwarten. Caesar wurde in seinen Taten und Schriften von politischer Mentalität gelenkt. Sein Kriegsbericht war eine an den Senat gerichtete Rechtfertigungs- und Propagandaschrift, keine Reisebeschreibung jedenfalls. Die eingeflochtenen Schilderungen über Land und Leute (B. G. I 1 u. V 3) können darüber nicht hinwegtäuschen.

Im römischen Welt-Reise-Atlas (Peutingerkarte) läuft die

Wandmalerei mit Szenen des Amphitheaters aus Mechern bei Merzig, *(s. S. 60)*.

Gegend links der Mosel unter »Treveri«. Das Wort »Mediomatrici« geht jedoch über den Fluß hinweg. Das mag nicht von ungefähr so kartiert sein.
Der Archäologe ist also geneigt, die ohnehin vagen Limitationen Napoleons zu modifizieren. Schwerlich können die obere Nahegegend, das Hunsrückvorland und die Gegend weiter südlich, von dichter Besiedlung, geprägt von einer altkeltischen Aristokratie, treverisch beherrscht gewesen sein. Die in diesem Land versammelten Burgen müssen eine besondere, eine extra Potenz dargestellt haben. Zu sehr ist auch der Hunsrück als trennender Faktor anzusprechen, und im Lichte neuer Forschungen erscheint nicht mehr Trier als die treverische Kapitale, eher das überragende Oppidum Titelberg im südwestlichen Luxemburg. Titelberg und Dolberg dürften jeweils in einer Region als Machtzentrum rangiert haben. Wir sind bestärkt in der Meinung, daß im nördlichen Saarland ein kleiner tatkräftiger Stamm saß, von dem Caesar nichts wußte oder den zu nennen er keinen Anlaß hatte.
Caesar ging fort und in den Tod. Epigonen organisierten die Provinz *Belgica,* in der das Saarland lag, richteten Behörden ein, ertüchtigten die Wirtschaft zum Wohle des

Götterstatuetten
von Schwarzen-
acker,
Kat. 69 a–c, f
(s. S. 143).

Steuersäckels, bauten Fernstraßen zum Limes hin, wo es einer festen Front gegen die Germanen bedurfte. Der Ordnungsprozeß dauerte über Generationen. Es gab Rückschläge, Caesar hatte Menschenopfer verboten, das und anderes erboste die Weisen und Druiden. Sie schürten Aufstände. Adelsrebellionen erschütterten die Gemeinwesen in den Jahren 29 v.Chr. und 21 und 69/70 n.Chr. Gegen die Druidenkaste erging ein Edikt, der Adel arrangierte sich, die Landeskultur gewann an Qualität. Seit augusteischer Zeit galt es, den Südländern nachzueifern. Für den Romanisierungsprozeß brauchte es keiner staatlichen Fuchtel und keiner Philosophie.

Die Gräberfelder von Beckingen und Lebach enthalten Bestattungen aus der Zeit des freien Keltentums. Nahtlos geht die Belegung in die Kaiserzeit über. Die dort Beerdigten wohnten vor der Okkupation in Holzlehmhäusern. Dann wichen die »privata aedificia« – so nennt Caesar die Gehöfte – den Steinbauten nach südlichem Muster. Es entstand ein für die *Belgica* charakteristischer Haustyp: die Risalitvilla. Seitlich vorspringende Eckbauten, die Risalite, waren durch eine *porticus* verbunden; bescheiden oder üppig als lange Säulenfront gebaut, illustrieren sie das Preisgedicht des Ausonius. Wir brauchen an dessen Wahrheitsgehalt nicht zu zweifeln. Säulen konnte sich der Bauherr zumal dort leisten, wo es zu den Steinbrüchen nicht weit war. 3,50 m lange Werkstücke sind selbst an ländlichen Kleinbauten zu entdecken. Der Steinbrecher vermochte es, in vorzüglicher Hautechnik maßgerechte Quader direkt aus dem Felsen zu gewinnen. Für die Säulenfabrikation, und zumal für die des gängigen toskanischen Typs, gab es schnell rotierende Drehbänke. (Seit der Antike ist diese Kunst verloren gegangen. Die Steinwerke Müller in Eselsfürth bei Kaiserslautern haben für die Rekonstruktionen in Schwarzenacker die Römertechnik wiederaufgenommen.) Hinter der *porticus* lag die Wirtschaftshalle oder der Festsaal. Ein schönes Beispiel für die verbreitete Villa rustica, das Landhaus kleineren Zuschnitts, ist das Gehöft von Wustweiler im mittleren Saarland.

Die Hoch- und Niederterrassen des Saartals galten als bevorzugter Baugrund für stattlichere Villen. Auson würde auch den Ufervillen der Saar eine Liedstrophe abgewonnen haben. Nachfolgend die Orte, wo ihre Reste von größeren Bauten im Boden ruhen: Besseringen, Beckingen, Rehlingen, Fremersdorf, Dillingen, Pachten, Bous, Völklingen, Altenkessel, Saarbrücken, Güdingen, Auersmacher, Rilchingen. Oft standen mehrere Villen auf ein und demselben Gemeindebann. Mosaiken sind für Besseringen, Niedaltdorf und Dillingen nachgewiesen. Das mosaizistische Kunstgewerbe konnte aus betriebswirtschaftlichen Gründen nur in einem bestimmten Umkreis größerer Städte tätig und rentabel sein. In Mechern bei Merzig zierten gemalte Szenen aus dem Amphitheater die Wände eines Korridors (s. Abb. S. 58). Statt der üblichen Musikkapelle erscheint bloß ein »Streithahn«, ganz weiß im Gefieder und nur wenig mit Blut bespritzt, und bläst das Horn (*cornu;* s. Abb. S. 66). Gallus Cornicen ist es, »Hornist Hähnchen«. Auch an Jagdbildern erfreute sich der Dominus von Mechern. Ein Hirschrudel war zu sehen, wie es heimlich in den Büschen lebt.

Im Speisezimmer erinnerten Stilleben mit Motiven aus der Küche an die Früchte des Landes: Steinpilze, Forelle und geräucherter Lachs liegen auf Tabletts und erzählen noch heute von den Schmausereien von damals. Die Bilder sind im Saarbrücker Landesmuseum ausgestellt.

Die kleinen Gehöfte, oft nach Waldbauernart bewirtschaftet, streuen in der gebirgigeren Landschaft; auf besseren Böden standen die Villen mittleren Zuschnitts, in Gebieten bester Bodenbonitäten die Großvillen. Unweit des Vicus Wareswald im nördlichen Saarland türmte sich der Prachtbau von Tholey (Toleium) hoch. Gutes Klima, Berge und Wasser in Fülle, Überschau in die Tiefe der Latifundie, das waren die Vorzüge von Tholey. An der mittleren Saar, an der zweiten Fernstraße, die von Metz nach Mainz ging, lag der Vicus Saarbrücken (Vicus Saravus) an der Naht treverischen und mediomatrischen Stammesgebietes.

Während das Gesicht der trierischen Römerlandschaft von scharf eingeschnittenen Fluß- und Bachtälern, zerfurcht und von Waldeinöden treverischer Jagdherrlichkeit, bestimmt war, bot der Bliesgau, welcher Metz-Divodurum anhing, mit seinen sanften Hügeln und fruchtbaren Kalkböden Voraussetzungen für ausgedehnte Ackerwirtschaft. Größere Villen sind hier häufiger als im treverischen Waldland. Recht regelmäßig verteilt standen die Gutshöfe in den Quellmulden der oberen Bachtäler postiert, gern dort, wo es schönen Fernblick gab und mitten im Fundus. In Böckweiler südlich Blies-

kastel sind zwischen den Mauern der einstmaligen karolingerzeitlichen Klosterkirche Mauern einer Großvilla zu finden. Neben der Villa lag *(pars rustica!)* ein Wirtschaftshof. Wahrscheinlich standen Kleingehöfte, die sich im Umkreis solcher Herrensitze finden, in einem Abhängigkeitsverhältnis zur Herrschaft der Latifundie.
Freilich gehörte zum mediomatrischen Gebietsteil des Saarlandes auch ein Stück unfruchtbaren Waldlandes, nämlich der Strich des Karbon- und Buntsandsteingebirges. Der darauf stockende Wald zwischen Saarbrücken und Homburg war sporadisch besiedelt, dichter jedenfalls als im Mittelalter und ist deswegen ein Zeichen dafür, daß gewisser Bevölkerungsdruck eine Art Binnenkolonisation hervorgerufen hat. Hochflächen und Terrassengelände wurden gerodet und unter den Pflug genommen. Man wirtschaftete im Kleinen, pflanzte Getreide und sonstiges fürs Eigene und trieb Milch- und Fleischwirtschaft zum Verkauf. Vorrang hatte sicherlich die Schweine- und Schafzucht. Der Wald ernährte das Kleinvieh. Die vielen Ziegenschellen, die sich finden, sprechen dafür. Im Warndtwald bei Saarbrücken, vor den Römern Urwald und das auch nach den Römern, offenbart sich diese Art Besiedlungsstruktur durch viele kleine versumpfte Mulden. Sie werden von Wildschweinen aufgesucht und somit ist ihnen ein Jägerhochsitz beigestellt. Diesen entdeckt der Feldarchäologe ganz leicht und hernach die Sumpflöcher. Mit diesen Mulden hat es folgende Bewandtnis: Ein sich ansiedelnder Kolone, überzähliger Sohn väterlichen Gehöfts etwa,rodete an genehmem Platz und grub aus dem am Platz vorkommenden Lehm ein größeres Quantum für den Hausbau. An Steinwerk besaßen die Hütten selten mehr als für stabiles Fundament nötig. Das Aufgehende bestand aus Holz und Lehm. In der Lehmkuhle tummelten sich die Hausschweine, später und bis heute die Wildschweine. Bei aller baulichen Kargheit mangelte es den Hütten dennoch nicht an einem soliden Ziegeldach.
Ein Waldbauerngehöft von Kirkel zwischen St. Ingbert und Homburg stellte sich schon etwas stattlicher dar. Im anstehenden Fels war der Keller eingemeißelt. Es fand sich Eisenschlacke, ein Zeichen dafür, daß sich der Waldbauer aus der Schmelze einen Nebenerwerb machte. Daneben spielte die Jagd eine Rolle. Der Bauer schlug den Hasen mit der Keule in der Sasse tot. Es gibt zahllose Zeugnisse sportlichen und bäuerlichen Jagdbetriebes. Der Edelmann jagte mit einem Lockhirsch im Herbstwald.
Die hohen technischen und künstlerischen Ansprüche des Bauwesens auch auf dem flachen Lande erforderten Zulieferungen von weither und wandernde Künstlertrupps. Es profitierte der Saarschiffer am Gewerbe. Gestempelte Ziegeleiware eines Fabrikanten namens Quintus Valerius Sabellus gelangte aus der Gegend von Kleinblittersdorf bis nach Bonn, wie es der Fundverbreitungskarte zu entnehmen ist. Bei den jüngsten Erdarbeiten für die Staustufe von Rehlingen kam ein auf der Schiffspassage verunglückter erheblich großer Quaderstein (versehen mit römischer Schriftmarke) zum Vorschein, der möglicherweise für Trier bestimmt war. Die Kapitale benötigte zumal unter Valentinian, in der späten Kaiserzeit, gewaltige Mengen von Baumaterial, Eichenstämme aus dem ardennischen Wald des Saarlandes, verschifft und somit zum günstigsten Frachttarif erlangbar. Im zweiten Jahrhundert, als sich das Saarland als eine einzige Baustelle darbot, zehrte das an den Resourcen. Die schweren,

Rekonstruktion des Mithraeum von Schwarzerden, Kat. 95 *(s. S. 157)*.

flachgeneigten Ziegeldächer erforderten starke Pfetten und Sparren. Der Wald lieferte das Holz dazu; ein Pollendiagramm aus dem mittleren Saarland bekundet für die fortgeschrittene Römerzeit die sukzessive Minderung des Eichenanteils am angestammten Eichenmischwald, dies zugunsten von Kiefern- und Birkenanflug.

Ohne Zweifel gingen auch andere Güter flußab ins Trierische; Roheisen bzw. Eisenbarren kommen dafür in Betracht, gewonnen in den zahllosen Schmelzstätten des Saarkohlenwaldes. Der hochprozentige Toneisenstein und noch bessere Hämatit (65% reines Eisen), wie er bei Sulzbach vorkommt, ließen im Saarland eine Eisenindustrie entstehen. Die in den Wäldern zu findenden »Heidenschlacken« künden davon. Steinkohle wurde gegraben, bezeugt bereits für das 1. Jahrhundert v. Chr.: Den Leichnam eines toten Kelten der Gegend von Hüttigweiler im mittleren Saarland verzehrte ein Steinkohlefeuer.

Weil jedoch Steinkohle für die römische Heizungstechnik nicht taugte – den engen Heizungsgängen der Unterbodenfeuerungen ging am Ruß die Luft aus – blieb der antike Steinkohlebergbau Episode.

Wir kehren zu den Villen zurück und vergegenwärtigen uns die Bauten der Latifundien. Den Palast von Nennig zählen wir dazu. Treverische Aristokratie ist repräsentiert. Ein aus dem zugehörigen Totenhügel »Malknopf« stammendes Schwert bekundet keltischen Beerdigungsbrauch. Der Palast glänzte von Bauzier. Den Festsaal schmückte ein Fußbodenmosaik mit Gladiatorenbildern – es ruht am Fundort in einem Schutzbau. Kolonnaden von erheblichen Ausmaßen flankierten den Mittelbau; das Badegebäude stand separat.

Ein besonderes Badehaus, eingerichtet für Heiß, Warm und Kalt, besaß selbst das kleinere Landhaus von Erfweiler im Mandelbachtal des Saarpfalzkreises. In Tholey am Schaumberg gehörten Becken und Badeeinrichtungen von erheblichen Ausmaßen zum Baubestand der Großvilla selbst. Villa bedeutet Landgut. Landgüter von Latifundiencharakter lagen vor allem in den fruchtbaren Landstrichen des Saar- und Bliesgaues. Böckweiler ist zu nennen; im nahen Lothringen ragt der feudale Ansitz von St. Ulrich hervor. Solche Großgüter konnten nur mit Kolonnen von Landarbeitern bewirtschaftet werden. In der früheren Kaiserzeit mag man sich mit Sklaven geplagt haben.

Es ist indessen verfehlt zu glauben, Landbarone und armseliges Klientel allein seien die sozialen Faktoren in der Provinz Belgica gewesen. Zu deutlich kehrt sich ein bäuerlicher Mittelstand hervor, in Villen von der Größe der Wustweilerer wirtschaftend, und wir dürfen auch die im Kleinen und mit mancherlei Nebengewerbe sich durchschlagenden Waldbauern nicht vergessen. Im Saarkohlenwald und im Warndtwald bei Völklingen, wo vor den Römern Wildnis herrschte und nach ihnen auch, nisteten sich nach Maßgabe der Binnenkolonisation Menschen aus übersiedelten Nachbargebieten in Kahlhiebe ein. Die Geländebeschaffenheit läßt Broterwerb aus beschränktem Ackerbau erkennen. Schweine (gallischer Schinken!) und Schafe, auch Ziegen, fraßen auf der Waldweide und nährten die Kolonen der kleinen Einödhöfe. Man wohnte in Fachwerkhütten unter trockenem Ziegeldach.

In der freien Landschaft ragten aus den »rolling hills« der rheinischen Kelten von ehedem verstreute Gehöfte mit Rotziegeldächern und ochsenblutfarbenem Mauerverputz aus den Roggen- und Weizenschlägen. Unweit standen bunt die Grabmäler gruppiert. Wo Wohlhabenheit herrschte, herrschte pompe funèbre. Sogenannte Pfeilergrabmäler pflegten die Notablen haushoch zu errichten, bebilderten sie mit Szenen aus dem Familien- und Geschäftsleben, aus der Götterwelt, den Mythen; aus dem heiteren Lebensinhalt schöpfte des Künstlers Meißel die Ideen, hieb in Stein das Bild der Tänzerin, wie sie den Schleier schwingt (Dörrenbach, Hirzweiler), der Jäger zu Pferde begegnet, Satyrn finden sich ein, Bocks-Pan ...

In Rehlingen an der unteren Saar baggerte die Motorschaufel den Torso eines überlebensgroßen Pan aus der Grube. Es lagen korinthische Kapitelle dabei, wie sie qualitätvoller auch nicht die Trierer Prachtarchitektur schmückten. Liebe zum großen Pan, das bedeutete Wissen um die alten Mythen, das bedeutete Lauschen einer Syrinx von Ewigkeit.

Viel galt freilich auch die irdische Geschäftigkeit. Die Reliefplatte eines Grabmals von Hirzweiler im mittleren Saarland zeigt zwei Gehilfen im Stapelkontor, wie sie ein Tuch auf Webfehler prüfen, Zeugnis des Wollgewerbes im Lande.

Der Patron selber ist reliefiert dargestellt, oder er steht als Rundfigur in einer Aedicula, dergestalt verloren leider in Bierbach nahe Schwarzenacker, wo das Tempelchen vor dem Säulengang der Villa stand. Es ist im Speyerer Museum wiederaufgebaut. Unten auf dem Sockel spielen Herkules und die auf Aktäon neidische Diana eine Rolle. Als Symbolon für das ewige Leben bekrönte der dionysische Pinienzapfen das ganze Bild- und Bauwerk.

Der vornehme Mann keltischer Abkunft gab sich den Jagdgefilden des Waldes hin. Er jagte zu Pferde mit dem Hetzhund *vertragus*. Dem Hund hing das Halbmondamulett der Diana am Hals, wie es abgebildet ist auf einem Grabmal von Neumagen, und wie es gefunden ist in der Villa »Hylborn« bei Dillingen.

Man wollte mit den Bildern bekunden: der verstorbene Pater und Patron umsorgte treu die Familie, war den Göttern ergeben, diente der *res publica*, war gebildet, kannte die Sagen der Griechen, betrieb wacker die ertüchtigende Jagd (die Römer liebten die Jagd von Haus aus nicht, sie ergötzten sich an den *venationes* der Amphitheater).

Wo aber bleiben die Grabmäler des Gesindes? Das hinterlassene Kleingeld langte fürs Holz zum Verbrennen des Leichnams. Die Scherbe einer Amphore bedeckte das Häufchen Leichenbrand, ein Krüglein dazu, eine Träne floß, die Magd war gestorben, die Magd war begraben.

Das Volk sinnierte nicht in alten Griechenmythen, es suchte, wenn nötig, die altüberkommenen Tempelstätten und Quellenheiligtümer auf. Am Sudelfels von Niedaltdorf walteten die Heilgötter Apollo und Sirona, Merkur und Rosmerta. Auf dem Berg Hutschuk bei Kirkel finden wir das Götterpaar. Sucellus und Nantosvelta, die Waldgötter sind in Felsen eingehauen (»Drei Kapuziner« von Wallerfangen und »Hänsel und Gretel« von St. Ingbert–Sengscheid).

Im Vicus Wareswald bei Tholey kam im 18. Jahrhundert ein bronzener Sockel ans Tageslicht mit der sympathischen Inschrift, die lautet: DEO MERCURIO IOVANTUCARO PRO SALUTE ROMANIAE ROMANAE ET ROMANI(I) SEVERI IULIUS ROMANUS PATER VISSU (= VISU) MONITUS V(OTUM) S(OLVIT) L(IBENS) L(AETUS) M(ERITO).

Zweifellos hat ein einheimischer Familienvater, durch Traumgesicht gemahnt, für die Gesundheit seiner beiden Kinder die Opfergabe dem einheimischen Gott Iovantucarus geweiht, der als trierischer Landesgott gilt (in Trier im Gewande des Mars verehrt). Landesherr König Stanislaus begehrte das »Kästchen« samt der mitgefundenen Statuette. Es ist in Nancy verschollen.

Nahe bei den Gehöften, aber auch im freien Felde, ragten Jupitergigantensäulen hoch, um mit ihnen den Segen Jovis für Saat und Ernte zu erlangen. Jupiter, unrömisch zu Pferde, hält den Blitzknebel in der Hand. Es schaut der Keltengott Taranis aus der Darstellungsweise hervor.

Nach dem Tempelbezirk von Bierbach bei Schwarzenacker pilgerten die Kleinhändler. Merkur stand in der Cella eines Umgangstempels. Die Pilger schritten rundum. Säulen oder Holzstützen trugen ein Dach, das die Cella umgab.

Im Temenos fanden Libationen statt. In einem Schacht lagen Mengen von zerbrochenem Trinkgeschirr. Die Pilger trugen Weihrauchkelche mit in der Prozession, wie sie in einem Opferbrunnen von Schwarzenacker entdeckt wurden. Orientalischer Kultus mischt sich in die Riten (Faust II: »Dann muß fortan nach magischem Behandeln, der Weihrauch sich in Götter wandeln«).

Lucius Vatinius Felix aus dem römischen Saarbrücken pilgerte 62 Leugen weit die heilige Straße zum Donon und löste dem Merkur gern und freudig *(votum solvens libens)* ein Gelübde ein. 62 gallische Leugen sind 137,65 Kilometer, die von V. Felix zu beschreiten waren vom Heimatort vicus Saravus, so steht es auf dem Meilenstein geschrieben, den der Pilger dem Gott verehrte. Diese Strecke reicht vom Donon genau nach Saarbrücken. Die Weiheinschrift gibt somit den Namen dieses Vicus preis.

Unter der Bezeichnung *vicus* verstand der Römer ein Agglomerat von Wohneinheiten, ein Stadtquartier beispielsweise, d.h. Teil eines Municipiums, eine offene oder geschlossene Siedlung von städtischem Charakter, die keine Stadtrechte besaß oder eine Ansiedlung von lockerer Bauweise, die unserem Dorf ähnelt. Wesensmerkmale eines »dörflichen« Vicus ist seine vornehmliche Funktion als Gewerbe-, Markt- und Verkehrsort. Die Hofstatt des Bauern lag draußen im Fundus. Der Bauer wickelte im Vicus seine Geschäfte ab, im übrigen mied er den lärmgeplagten Ort und hielt sich vagierendes Straßengesindel vom Hals.

In Saarbrücken standen die Häuser locker aufgereiht mit der Dachtraufe zur Straße hin, zur Landstraße, die von

Metz kam und nach Mainz ging. Der Durchreisende fand Herberge und konnte sich verproviantieren. Es war gesorgt für Mann, Roß und Wagen. Wasser vom »Heidenborn« speiste einen Laufbrunnen. In mannshohen Felsenstollen floß das Wasser. Alle acht Meter mußte bei dessen Bau ein Rundschacht abgeteuft werden, damit ein korrekter Streckenvortrieb gelingen konnte; es haperte an der Kunst des Markscheiders! Leichter tat man sich mit dem Brückenbau. Im Flußbett der Saar stehen zwei Stümpfe von Pfeilern.

Der schon mehrfach genannte Ort Schwarzenacker hingegen bot städtischen Anblick. Wir dürfen den Vicus als regionalen mediomatrischen Stammesvorort ansehen, wo es Behörden und Administration und gewisse Marktrechte gab. Es zeichnen sich im Grabungsfeld rechteckige Wohnquartiere ab, die von Portiken umlaufen waren, welche die von Abwasserkanälen begleiteten Straßen säumten. Für manche Häuserfronten ist zweistöckige Bauweise zu erschließen. Größere Anwesen besaßen einen Schachtbrunnen. Die Latrinen lagen weitab. Es existierten Trinkwasserleitungen von Druckrohreffekt, meistens aus Holzrohren bestehend, deren Stöße mit Blechringen verbunden waren. Es wurden aber auch Tonrohre beobachtet. Unterbodenheizungen (Hypokausten) galten nicht etwa als besonderer Luxus.

Das Gewerbeleben brauchte den Weber, Tuchwalker, Schmied, Schmelzer, Töpfer und Stellmacher. Technische Einrichtungen und Werkzeuge bezeugen diese Handwerke. Seit 1966 wird in größerem Stil ausgegraben. Die Häuser standen in städtischer Bauweise aneinandergereiht. Radreifen lehnten an einer Mauer, als sei die Stadt erst soeben versunken. Im Raum dahinter fanden sich ein eiserner Zahnhobel und zwei Löffelbohrer, mit denen sich die für die Wasserleitungen nötigen Eichenstämme aushöhlen ließen. Die Säulen sind auf einer schnell rotierenden Drehbank hergestellt worden. Es muß Hunderte von Säulen gegeben haben, und sie umstanden sicherlich auch ein kleines Forum und einen Tempel dazu. Im Jahre 1887 wurde beim Anhauen eines Steinbruches zwölf Kilometer bliesabwärts ein am gleichen Platz betriebener römischer Steinbruch entdeckt. Darin standen noch aufrecht zwei roh bossierte lebensgroße Reiterstatuen (heute in Speyer). Die Tracht bekundet Imperatoren. Valentinian und Gratian, Vater und Sohn, die eingangs erwähnt, seien es, sagt man. Neuerdings sind Postumus, Vater und gleichnamiger Sohn, genannt worden. Als der Usurpator und gallische Sonderkaiser im Jahre 268 in Mainz erschlagen war, ließen die Bildhauer den Meißel fallen. Die Statuen waren sicherlich für das Forum von Schwarzenacker bestimmt. An Postumus erinnert auch ein Schatzfund des Jahres 1915. Von 4811 Silberstücken stammen die jüngsten von dem unglücklichen Keltenkaiser. Es müssen damals Stadt und Land in ständiger Angst vor Überfällen gezittert haben. Der Bürger vergrub seinen Spargroschen!

Zu den Pretiosen aus dem Innern der Ansiedlung zählt auch der »Kentaurenkopf von Schwarzenacker«. Adolf Furtwängler, der Vater des Dirigenten, der den bronzenen Kopf 1892 im Speyrer Museum entdeckte, machte ihn zu einer archäologischen Berühmtheit.

Der Ausgräber sucht nach einem Weihestein oder Meilenstein, der den Namen der Landstadt trägt. Doch derlei versteckt sich bis heute. Bei der jüngsten Grabung kam ein profilierter Stein zum Vorschein, auf dem ein die Schwingen spreizender Adler ausgehauen ist. Doch die untere Hälfte des Steins, auf der die Weiheinschrift und wahrscheinlich der Siedlungsname zu lesen steht, hat sich separiert und liegt wer weiß wo.

Ein vermögender Bürger der Landstadt hieß Sextus Aiacius Launus, von Beruf Okulist, offenbar wohnhaft gewesen in einem stattlichen Haus, bezeugt durch einen sogenannten Okulistentempel. Wir brauchen uns nicht darüber aufzuhalten, ob dieser Mann als richtiger Augenarzt praktizierte (der den Star zu stechen vermochte), oder dem Arzt als Pharmazeut zur Hand ging, nur eines läßt uns beim Klang des Namens aufhorchen: er hört sich keltisch an: Aiacius ist ein latinisierter keltischer Name und Launus, das klingt ebensowenig nach reinem Latein. Also praktizierte in Schwarzenacker ein Kelte von Geblüt in *res medicinae,* und das erscheint bemerkenswert (weil in der römischen Welt Griechen als Ärzte – und Philosophen! – dominierten). Wir sind erinnert an die ethnische Situation: das keltische Blut pulsierte in dem rheinischen Volkskörper dieses ersten halben Jahrtausends nach der Zeitwende übermächtig. Abseits der großen Städte, auf dem flachen Land und zumal im Saarland, gab es nur wenige Südländer.

Übrigens war das *collyrium* des S. A. Launus aus Schellkraut (Chelidonium) gewonnen und galt als heilsam im Krankheitsfalle von Diathesis.

Es stellt sich die Frage, weswegen ein augenscheinlich bedeutenderer Ort nicht in der schon genannten *tabula peutingeriana* enthalten ist, da doch nachweislich geringere *vici* eingemerkt sind. Ob das überlieferte Exemplar zu einer Zeit redigiert wurde, als der Vicus bereits zerstört war und deswegen vom Kartographen getilgt wurde?

Weswegen und wann Schwarzenacker in Asche zerfiel, soll weiter unten erörtert werden. Schon im späteren 2. Jahrhundert n. Chr. hatten die Holzlehmhäuser traditionellen Zuschnitts der Steinbauweise Platz gemacht. Nicht recht verständlich ist, warum der Straßenknoten Metz/Mainz: Trier/Straßburg zwei Kilometer weiter nördlich zu lokalisieren ist. Die Behörden scheuten sich nämlich nicht, alte Marktorte umzusiedeln, wenn die Verkehrssituation es erforderte. Es muß gewichtige Gründe für einen Verbleib am angestammten Platz gegeben haben.

An weiteren Verkehrsflecken im Lande sind aufzuzählen: für den Norden den Wareswald bei Tholey und Schwarzerden bei Oberkirchen, für den Westen Dillingen-Pachten, für den äußersten Nordwesten Borg an der Römerstraße Trier–Metz, für die Mitte, nicht eben überwältigend groß, Kasbruch bei Neunkirchen. Auf einem Berg, an dessen Fuß die Straße nach Metz führte, lag im nahen Lothringen bei St. Avold der in spätrömischer Zeit befestigte bedeutende Höhenort Herapel. Pachten – *Contiomagus* kam unter den saarländischen *vici* die Rolle des Phönix aus der Asche zu. Wir sind beim Thema Germanen. Pachten beherrschte einen Saarübergang, der das Niedtal mit dem Primstal verband, und verhieß dem Fuhrmann weit in der Ferne die Zielorte Metz und Mainz.

Die Gründe, weswegen es in spätrömischer Zeit zu einer Befestigung des Limeshinterlandes kam, sind bekannt. Bis zum Jahre 260 n. Chr. hielten die Legionen den Germanen stand. Kaiser Gallienus, dessen Vater Valerian in Persion vor Chapur I. auf den Knien lag, opferte das Gebiet der *Agri Decumates* und nahm den Limes an den Oberrhein zurück. Doch schon früher war dieser durchbrochen worden, jetzt auf breiter Front und dreifach im Jahre 275; 306 und 328 kämpfte Konstantin gegen Franken und Alamannen. Ausonius aus Burdigala, seit 365 Prinzenerzieher in Trier, Verfasser jenes Gedichtes, das die Saar nennt, zog 368/9 mit ins alamannische Kampffeld.

Die Zeiten gerieten immer mehr ins Desolate. Viermal haben die Franken in der ersten Hälfte des 5. Jahrhunderts Trier eingenommen. Einmal lagen die nackten Leichen zu Haufen in den Straßen. Die Menschen vergruben aus Angst Wertsachen und Barschaft. Manchmal schüttet sie der Bagger ans Tageslicht. Die Vergrabungszeit, verraten von den jüngsten Münzen des Schatzes, bedeuten das Schreckensjahr. Es reihen sich für das Saarland auf: 254, 260, 270–273, 297, 300 und 318. Die Plünderer legten Hand an die Götterbilder, wie im römischen Schwarzenacker, schlugen ihnen die Köpfe ab und brauchten die Rache nicht zu fürchten. Das Land litt und zehrte aus.

Schwarzenacker, zerstört wahrscheinlich im Jahre 275/76 n. Chr., fand kein Interesse der Militärs und bekam deswegen keine Mauer und kein Kastell. Der Ort lag strategisch bedeutungslos, taktisch an ungünstiger Stelle und wurde Geisterstadt, dieses, weil die Einwohnerschaft erneute Plünderungen voraussah, sich ausgeliefert sah der Barbarei. Die Vicani kehrten der Heimstatt den Rücken. Die Mauern stürzten auf das verbrannte Gebälk. Einmal schützte das Gebälk die Amphoren im Keller, und die Steine drückten sie nicht platt. Saarbrücken und Pachten hingegen, dem Flusse angeschmiegt und von Fernstraßen durchlaufen, erhielten wie *pons Saravi* (Saarburg an der lothringischen Saar) Fortifikationen, Saarbrücken ein kleines Kastell für eine kohortenstarke Besatzung (das nie fertig wurde), Kastell Pachten, frühestens diocletianisch, 145 : 155 m groß, nur wenig kleiner als das von Kreuznach, beanspruchte das Gelände eines Tempelbezirks, Saarbrücken Teile der zivilen Ansiedlung. Fliehburgen zum Schutze der ländlichen Bevölkerung gab es bei Völklingen, in Tholey, auf dem Spiemont bei St. Wendel, auf dem Weißelberg bei Oberkirchen und der Birg bei Lebach.

Pachten – *Contiomagus* wuchs aus den Trümmern germanischer Brandschatzung und erlebte eine gewisse Nachblüte. Es liegen Besiedlungszeugnisse für die Zeit um 400 n. Chr. und später vor, und das trifft auch für den Saarbrücker Vicus zu. Von dort sind späteströmerzeitliche

Töpferware Mayener Produktion und sogar ein merowingerzeitlicher Topf bekannt, über den noch zu sprechen ist.

Im Jahre 406 durchzogen ostgermanische Völker die Gegend. Der römische Heermeister bestellte die Grenzstämme zu Föderaten, siedelte sie linksrheinisch an und hatte

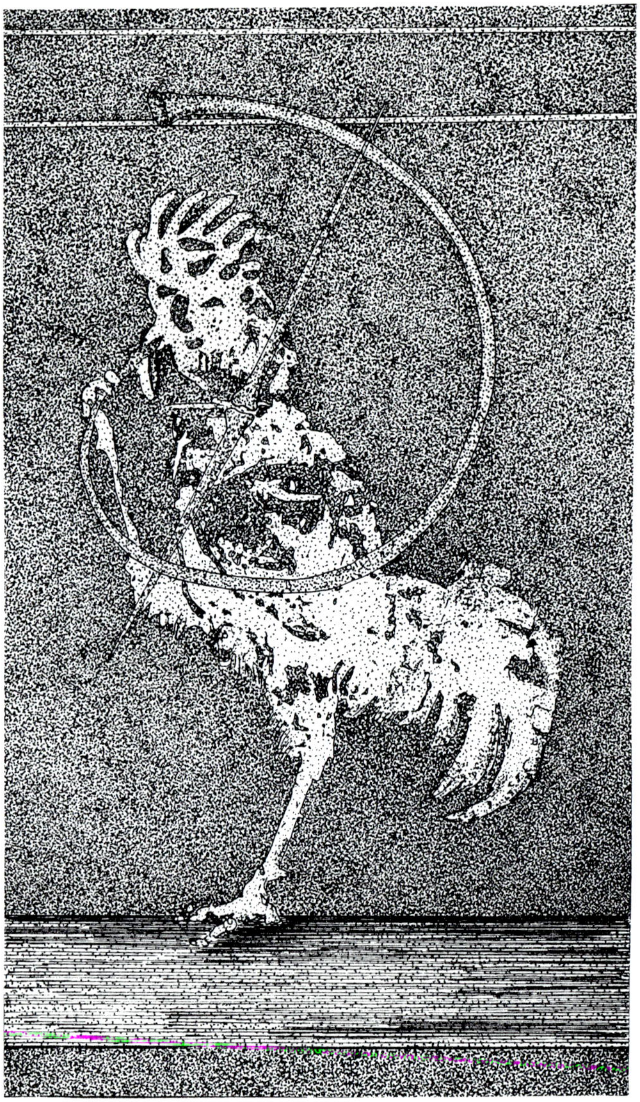

Wandmalerei mit hornblasendem Hahn aus Mechern bei Merzig, *(s. S. 60)*.

somit Ruhe vor ihnen. Comes Arbogast, ein gebildeter Franke und des Lateinischen kundig, regierte das Moselgebiet notdürftig bis zum Ende des 5. Jahrhunderts. Chlodwich trat auf den Plan!

Über das dahinsiechende Land schreiben die Chronisten Fürchterliches. Eine Kulturlandschaft, hier aus römischer Ordnungsmacht und keltischer Volkssubstanz erwachsen, so sagt die positive Kulturphilosophie, kann und darf doch nicht einfach untergehen! Das Rheinland der römischen Welt ist ein Exemplum für den Pessimisten Spengler. Es fehlte an der Streitmacht, um die Zivilisation zu bewahren.

Die Saargegend als geographisch vorgezeichnetes Durchzugsgebiet litt besonders. Ein Heerwurm ernährt sich immer aus dem Lande. Übrig blieben sporadische Ansiedlungen überlebender Galloromanen. In Nennig bewohnten sie einen Palastflügel und beerdigten in den hohlen Räumen, wo der Himmel hereinschaute. In Saarbrücken fanden sich in den Trümmern beigabenlose Bestattungen und ein fränkischer Knickwandtopf des 7. Jh. n. Chr., ein ebensolcher ist für Schwarzenacker bekannt. Es herrschten die erbärmlichen Zustände wie nach dem letzten Krieg. Faust II: »Bedenk doch nur: in jenen Schreckensläuften, wo Menschenfluten Land und Volk ersäuften, wie der und der, so sehr es ihn erschreckte, sein Liebstes da und dort wohin versteckte. So war's von je in mächt'ger Römer Zeit, und so fortan bis gestern, ja bis heut. Das alles liegt im Boden still begraben, ...«.

In Pachten freilich regte sich noch etwas mehr Leben. Von dort ist ein christlicher Grabstein überliefert. Unter ihm ruhte in Frieden der unschuldige Knabe Ursus, so lautet die Inschrift, welcher drei Jahre und 46 Tage alt geworden ist. Täubchen garnieren den traurigen Spruch. Vermutlich gab es eine Christengemeinde und vermutlich trug diese ihren Glauben ins Mittelalter weiter.

Es entstand eine sogenannte Kastellkirche, das Patrozinium – Maximin – spricht für eine frühe Gründungszeit. Neben der Kirche wurden Gräber entdeckt, die einer Romanenbevölkerung zuzuzählen sind.

Die religiösen Zustände des Landes sind ein Kapitel für sich. Römische polytheistische Frömmigkeit stieß auf einheimische Anhänglichkeit an animistische Naturgottheiten. Es trafen in der mittleren römischen Kaiserzeit die Sendboten orientalischer Konfessionen im Lande ein. Kaufleute wohl und örtliche Elite gründeten Mithrasgemeinden, so in Saarbrücken und in Schwarzerden im nördlichen Saarland. Mithraische und christliche Glaubensbegriffe ähnelten sich und gewisse Rituale kamen aus gemeinsamer Urquelle. Gläubige beider Religionen verehrten den göttlichen Mittler, feierten Kommunion mit ihm, dem Strahlenden, der in den Himmel auffuhr, sangen Hymnen zu Ehren des Aufgefahrenen, ermahnten, in Liebe die Beschwernisse des Lebens zu ertragen. Der elitäre Charakter des Mithraskultes (Geheimlehre, die Frau war ausgeschlossen) machte ihn anfällig gegenüber einer Volksreligion. Zu Christus durfte jeder beten.

Der Mithraismus hat dem Christentum im Saarland nicht etwa den Weg geebnet, und doch scheint eben dort in Saarbrücken, in der Grotte des Halberges, wo einst das Arkanum des persischen Lichtgottes gehütet wurde, ein missionarischer Ort auch für das Christentum gewesen zu sein. Der hl. Arnual habe hier gepredigt, sagt die Legende. Es wurde die Scherbe eines merowingerzeitlichen Sturzbechers aufgelesen.

Das Christentum fiel den *pagani* schwer, zumal sie in das Fahrwasser germanischer Grobheiten gerieten, auch weil angestammte Kulte der Quellen, Felsen und Bäume zählebig sind. Die guten Böden des Saar- und Bliesgaues waren ja von den Franken niederrheinischer Provenienz besiedelt worden. Zaghaft und wenn es die Herren erlaubten, paßten sich die Romanen dem Totenbrauchtum der Franken an.

Der heilige Pirminius aus dem Alamannenlande wurde von seinem Wohltäter Wernharius fürs erste nahe Hornbach in den Hundezwinger bei den Bächen Sualb und Trualb eingewiesen, um Obdach zu haben. Noch im Jahre 871 erhob Bischof Adventius von Metz Klage bei König Ludwig über die wilden Zustände im Bliesgau. Mit unsagbaren Verbrechen und unerhörten Freveln befleckt, habe er seine Pfarrei vorgefunden. Wer weiß, was für *carmina diabolica* man dort sang! Das war in der Zeit, als die keltisch-lateinische Sprache verklang.

Und nochmals Goethe: »In Winkeln bleibt noch vieles zu entdecken«, hinzu das wundersame Wort (an die Archäologen gerichtet, wie es scheint): »Vertraut sei euch des Reiches innerer Boden, Ihr seid der Schätze würdigste Kustoden. Ihr kennt den weiten, wohlverwahrten Hort, und wenn man gräbt, so seis auf euer Wort. Vereint euch nun, Ihr Meister unsres Schatzes, erfüllt mit Lust die Würden eures Platzes, wo mit der Obern sich die Unterwelt, in Einigkeit beglückt, zusammenstellt!«

Lit.: A. Kolling, Archäologische Untersuchungen zur römerzeitlichen Besiedlung von Böckweiler Kr. Homburg/Saar, Ber. Denkmalpf. Saarland 8, 1961, 80–104. – Ders., Die römische Villa in Sotzweiler. Ber. Denkmalpf. Saarland 10, 1963, 71–86 (beide Aufsätze mit Verbreitungskarten römerzeitlicher Besiedlung). – Ders. u. R. Schindler. In: H. Ammann – E. Meynen, Geschichtlicher Atlas für das Land an der Saar (1965), Blatt Vor- und Frühgeschichte III u. IV. – Kolling, Ein gallorömisches Bauerngehöft im Staatsforst Kirkel, Ber. Denkmalpf. Saarland 19, 1972, 89–98. – Die Karte der Warndtbesiedlung ist nicht veröffentlicht. Sie ist im wesentlichen das Werk von Georg Meilchen, Völklingen.

Die keltischen Münzen im Gebiet der Treverer

RAYMOND WEILLER

Die treverischen Münzen vor dem gallischen Krieg

Dem verstorbenen britischen Wissenschaftler Derek F. Allen, der sich einen Namen auf dem Gebiet der Erforschung des keltischen Münzwesens gemacht hat, verdanken wir die korrekte Bestimmung der frühen treverischen Prägungen. Es handelt sich dabei um mehrere Typen in Gold, die als Statere und/oder als Viertelstatere ausgeprägt wurden und von denen einige ins Silber (Billon) und sogar ins versilberte Kupfer abgleiten.
Während Allen diese Prägungen in vier Gruppen einteilt, erkennt Scheers darin fünf Haupttypen, die nach ihren besonderen Merkmalen folgendermaßen benannt werden:

1. Typ mit dem geflügelten Männlein (Scheers 16)
   Statere (Gold, Silber, Kupfer versilbert)
   Viertelstatere
2. Typ mit dem gehörnten Kopf (Scheers 17)
   Viertelstatere (Gold)
3. Typ mit der Lyra (Scheers 18)
   Statere (Gold, Silber, Kupfer versilbert [hier Pferd ohne Menschenkopf])
   Viertelstatere (Gold)
4. Typ mit dem Stern (Scheers 19)
   Viertelstatere (Gold)
   Variante mit dem kleinen Kopf (Scheers 19 Var.)
   Viertelstatere (Gold)
5. Typ mit dem stilisierten Kopf (Scheers 20)
   Statere (Gold, Silber vergoldet, Kupfer vergoldet)

Treverischen Ursprungs sind möglicherweise noch die folgenden drei Typen:

1. Typ von Haltinne (Scheers 21)
   Statere (Gold)
   Viertelstatere (Gold)
   Die früher geäußerte Ansicht, daß dieser Typ auf treverischem Boden entstanden ist, wird durch Allen und Scheers geteilt; Scheers benennt ihn nach einem Fundort bei Namur.
2. Typ mit dem Triquetrum (Scheers 22)
   Stater (Gold)
   Viertelstatere (Gold)
3. Prototyp zum Typ mit dem Stern (Allen) oder zum Typ von Rédange (Scheers), (Scheers 38)
   Viertelstater, Unikum (Gold)
   Nach Scheers ist der Typ von Rédange (Scheers 38 b), so benannt nach einem Fundort bei Thionville-Ouest, möglicherweise den Mediomatrici zuzuschreiben.

Zur Datierung aller dieser Münzen kann nur gesagt werden, daß sie in die Zeit vor dem gallischen Krieg gehören. Zum Herstellungsort der Billon- und Kupferprägungen vom Typ mit der Lyra ist zu erwähnen, daß drei Exemplare, davon zwei aus Billon und eines aus Kupfer oder sehr schlechtem Billon, sowie eine dazu passende Schrötlingsform aus gebrannter Tonerde in Dalheim-»Pëtzel« gefunden wurden.

Die treverischen Münzen seit dem gallischen Krieg

Die zweite Gruppe treverischer Münzen setzt mit dem Beginn des gallischen Kriegs (58–50 v. Chr.) ein. Die erste Phase dieser Prägung umfaßt sechs Goldstatere vom Augentyp; alle sechs datieren aus der Zeit des besagten Krieges. Hiervon sind zwei Typen schriftlos, die vier anderen tragen die Namen treverischer Fürsten:

1. Schriftlos (LT 8799) 2. VOCARANT (LT 8823) 3. LVCOTIOS (LT 8821)	Vor der Revolte des Indutiomar, d. h. von 58/57 bis 54 v. Chr.

4. Schriftlos, dem Indutionar (54–53) zugeschrieben (LT 8815)
   Bis dahin fand die Prägung in einer oder mehreren, bisher nicht lokalisierten Münzstätten statt. Mit dem folgenden Typ beginnt die Prägung auf dem Tetelbierg.
5. POTTINA (53–51) (LT 8825)
6. ARDA (51–?) (LT 8817) – Diese Prägung endet ca. 50 v. Chr.

Vom Augentyp bestehen noch stilisierte Exemplare in Silber (Scheers 30/1) und Kupfer (Bronze) (Scheers 30/2–4), von denen nicht feststeht, ob es sich um offizielle Prägungen handelt. Außer in einem Falle (Scheers 30/2), wo neuerdings zwei Fundstücke vom Tetelbierg und eins aus Trier bekannt wurden, ist auch deren treverischer Ursprung nicht gesichert.

Dem letzten, etwa bis 50 v. Chr. geprägten Goldstater vom Augentyp folgen nacheinander zwei Silber- und fünf Bronzetypen, alle ebenfalls mit dem Namen des Fürsten Arda:

Silber

1. Typ mit dem weiblichen Brustbild (Reding 4)
2. Typ mit dem behelmten Brustbild (Reding 5)

Bronze

1. Typ mit den Kügelchen (BN 8841)
2. Typ mit dem Reiter (LT 8839)
3. Typ mit dem länglichen Profil (LT 8849)
4. Typ mit dem abgerundeten Profil (BN 8843)
5. Typ mit dem Stier (LT 8852)

Die beiden Silbermünzen müssen 50 v. Chr. geprägt worden sein, kurz danach dann der erste Bronzetyp (BN 8841). Der auf ihn folgende Typ mit dem Reiter hat als Vorbild zu seiner Vorderseite den 49 v. Chr. geprägten republikanischen Denar des Terentius Varro (RRC 1033). Für die Entstehungszeit der drei letzten Bronzetypen des Fürsten Arda besitzen wir vom Tetelbierg eine archäologische Datierung auf vor –30.

Ihrem häufigen Fundvorkommen auf dem Tetelbierg nach zu urteilen, dürften die folgenden zwei Silber-, zwei Bronze- und drei Potintypen ebenfalls treverischen Ursprungs sein:

Silber

1. Typ mit der eckigen Nase (LT 9401)
2. Typ mit dem sitzenden Männlein (LT 9383)

Der erste Typ datiert vor –52 und ist rückseitengleich mit dem zweiten Typ. Dieser scheint mit höherem Gewicht zuerst in der Gegend des Marbergs und (anschließend?) mit leichterem Gewicht auf dem Tetelbierg geprägt worden zu sein.

Bronze

1. A HIRTIVS (LT 9235)
2. CARINAS (Reding 12)

Nach –49 oder –45 datieren die treverischen Bronzemünzen des Aulus Hirtius, propraetor der Gallia Narbonnensis und der Gallia Comata. Als Vorlage diente ein gegen 54–51 geprägter Denar des Caius Julius Caesar (RRC 1006). Seit 31 v. Chr. prägte man den gleichen Typ, allerdings in sehr geringerer Anzahl, für C. Albius Carinas (Reding 12), einen späteren Nachfolger des Hirtius als propraetor der Gallia Belgica.

Potin

1. Typ mit den struppigen Haaren (LT 8445)
2. Typ mit den sich gegenüberstehenden Tieren (LT 7465)
3. Typ mit dem Pferd (LT 8133)

Ob alle diese drei Typen treverisch sind, bedarf noch der Bestätigung. Entstanden sind sie vor –30.

Als letzte Prägung ist hier die Bronzemünze mit dem Namen des Germanus Idutilli L(ibertus) (LT 9248) zu nennen, die nach 10 v. Chr. entstanden sein muß, denn für ihre Rückseite lieferte ein um diese Zeit in Lyon geprägter augusteischer Quadrans (RIC 358) das Vorbild. Es wird angenommen, daß die Fabrikation dieser Münze, die ein sehr breites Umlaufgebiet kannte, auf mehrere Münzstätten verteilt war; davon wird sich wahrscheinlich eine auf dem Tetelbierg befunden haben. M. E. war sie dazu bestimmt, auf der Basis des Quadrans die noch umlaufenden rein keltischen Bronzemünzen zu ersetzen und so zum alleinigen römischen Münzsystem überzuleiten.

Der Münzumlauf

Zur Frage des Umlaufs der keltischen Münzen ist zu bemerken, daß er regional sehr verschieden war und sich ein Umlaufbild oft auf einen sehr beschränkten Raum begrenzt.

Für die Zeit vor dem gallischen Krieg sind in unserer Gegend die Fundmünzen zur Ausarbeitung eines Umlaufbildes zu spärlich. Außer den oben aufgezählten frühen treverischen Münzen, von denen auch verschiedene Exemplare als Fundstücke aus dem Gebiet der Treverer bekannt sind, kennen wir nur wenige Prägungen anderer Völker, deren Umlauf durch Funde aus Luxemburg belegt ist. Es handelt sich dabei um folgende Goldmünzen:

1. Kopie des Staters Philipps II. von Makedonien (LT 3614). Fundort: Roedgen (FMRL I, 302).
2. Unbestimmtes Volk. Zwei Exemplare des Viertelstaters vom Typ mit dem Pegasus (BN 8956–8960, Scheers 23). Dieser Typ wurde früher den Mediomatrici zugeschrieben. Fundort: Remerschen-»Gréissen« (FMRL I, 290).
3. Leuci. Stater (LT 9000). Nach Scheers würde dieser Typ wahrscheinlich aus der Zeit des gallischen Kriegs datieren. Fundort Großherzogtum Luxemburg (FMRL I, 147, 3).
4. Atrebates. Zwei Statere (LT 8588 Var.). Fundort: Hagen (zwischen Hagen und Kleinbettingen), Schatzfund 1940–1945 (FMRL I, 157, 2–3).
5. Ambiani. Stater (LT 7878). Fundort: Hagen (zwischen Hagen und Kleinbettingen), Schatzfund 1940–1945 (FMRL I, 157, 1).

Für die Zeit seit den letzten Jahren des gallischen Krieges bis zum Ende des keltischen Münzumlaufs in augusteischer Zeit wurde überreiches Fundmaterial, sowohl Grabungs- als auch Oberflächenfunde, vom Tetelbierg bekannt (FMRL I, 339 ff., II, 204 ff., III, 202 ff.), dem treverischen oppidum und späteren gallo-römischen vicus in der SW-Ecke des Luxemburger Landes. Die über 3000 von diesem Besiedlungsort notierten keltischen Münzen teilen sich in über 100 Typen auf, die mehr als 30 Völkern zugeschrieben werden. Aus der Gesamtzahl entfallen mehr als 80% auf die treverischen Münzen, ähnlich wie bei dem entsprechenden Fundmaterial aus den Grabungen in Möhn (Reding, S. 234) und auf dem Marberg (Reding, S. 235), wenn man die Neubestimmungen bei Scheers in Betracht zieht. Was die Münzen anderer Völker anbelangt, so sind die bestvertretenen, in dieser Reihenfolge, die Remi, Leuci, Sequani, Lingones und Mediomatrici. Von Zahlenangaben sehen wir hier ab, da die Bestimmung einiger Typen noch nicht mit Sicherheit feststeht. Die Anzahl an Münzen weiterer Völker nimmt, entsprechend ihrer größeren Entfernung, stark ab; übrigens sind verschiedene Münztypen nur durch ein Exemplar belegt.

Nähere Erkenntnisse über den Umlauf vor und nach ca. −30 lieferten die seit 1968 auf dem Tetelbierg unternommenen Grabungen. Das genannte Datum ist dreifach gesichert, u. a. durch eine von Herrn E. Hollstein im Rheinischen Landesmuseum Trier am Rest eines Eichenbalkens durchgeführte dendrochronologische Untersuchung (Hollstein, S. 128, Titelberg, Nr. 2). In den von vor 30 v. Chr. bis nach 10 n. Chr. datierten Schichten befanden sich nur sehr wenige Prägungen der römischen Republik, etwa 5–7%. Drei zeitlich jeweils etwas jüngere Schichten zeigen, daß vor ca. −30 das zahlenmäßige Verhältnis der im oppidum selbst hergestellten treverischen Münzen gegenüber denjenigen anderer Völker ständig anwächst, von 73 auf 81%, wobei wir den sich durch die Neubestimmungen von Scheers ergebenden Verschiebungen Rechnung getragen haben. Beim massiven Auftreten der ab 28 v. Chr. geprägten Nemausus I-Asse (Kraft, Serie I) sinkt der Anteil an keltischen Prägungen auf die Hälfte der Fundmasse aus einer Schicht, die von ca. −30 bis nach −10 datiert. Im letzten vorchristlichen Jahrzehnt wird das keltische Münzsystem von dem römischen völlig verdrängt. Gelegentliche Einzelfunde keltischer Münzen in späterem Fundzusammenhang sind seltene Ausnahmen.

Die Fabrikationstechniken

Die auf dem Tetelbierg hergestellten treverischen Münzen lassen mehrere Fabrikationstechniken erkennen. Gold- und Silbermünzen wurden nur auf Schrötlinge geprägt, die in tönernen Modeln geschmolzen worden waren. Zur Prägung verschiedener Bronzemünzen (BN 8841, LT 8839, LT 9235 u. Reding 12) benutzte man nur »en chapelet« gegossene Schrötlinge. Für andere Bronzemünzen (LT 8849, BN 8843, LT 8852 u. LT 9248) wurden beide Techniken angewandt. Eine dritte Art der Herstellung fand nur für die aus einer Legierung von Kupfer und Zinn bestehenden Potinmünzen Anwendung: hier wurde nicht der Schrötling, sondern die fertige Münze »en chapelet« in einer Doppelform gegossen. Eine solche Form wies auf beiden Innenflächen eine gewisse Anzahl an Abdrücken von Vorder- und Rückseite auf, die paarweise aufeinander paßten und durch Kanäle miteinander verbunden waren, die es dem flüssigen Metall erlaubten, jede dieser Hohlformen zu erreichen. Die »en chapelet« hergestellten Münzen sind oft leicht daran zu erkennen, daß sie noch Teile der nicht genau am Münzrand abgehackten, von den Kanälen herrührenden Gußstege aufweisen, oder daß die Gußnaht sichtbar ist.

Zur erstgenannten Fabrikationsart besitzen wir vom Tetelbierg unerwartet viel Material: über 800 Fragmente von Modeln aus Tonerde, den sog. Tüpfelplatten, wurden von 1972 bis 1982 durch das von Prof. Ralph M. Rowlett dort geleitete Ausgrabungsteam der Columbia University, Missouri, gefunden. Verschiedene Fragmente solcher Formen waren schon lange vorher als Fundstücke aus diesem oppidum bekannt geworden. Die große Anzahl aus der Grabung der Columbia University erklärt sich daraus, daß man auf Ateliers gestoßen war, in denen Schrötlinge hergestellt worden waren. Weitere Belege der dortigen Fabrikation sind Metallreste, Bruchstücke von Schmelztiegeln und ungeprägte, »en chapelet« gegossene Bronzeschrötlinge, von denen zwei noch durch den Gußsteg miteinander verbunden sind.

Diese Fragmente von Schrötlingsformen weisen Eintiefungen auf, die im allgemeinen einen oberen Durchmesser von 15 bis 17 mm besitzen, außer bei drei Fragmenten, wo er 10 bis 12 mm beträgt. Wie es Analysen von Metallspuren ergaben, dienten erstere zur Herstellung von Schrötlingen für Gold- und Bronzemünzen, letztere für solche von Silbermünzen, was übrigens deren Durchmesser entspricht. Es hat sich leider kein Fragment erhalten, welches erkennen ließe, wie groß die intakte Form gewesen war. Ähnlich wie Ziegel wurden sie in Holzmodeln mit leicht angeschrägten Seiten geformt. Die Fragmente sind meist stark verbrannt und deshalb recht spröde. Auch zeigen sie zuweilen grünliche Verglasungsspuren an der Ober- oder Unterseite, oder am Rand. Bei einigen Exemplaren ist die Unterseite durch Feuereinwirkung gerötet.

Den Fabrikationsverlauf kann man sich so vorstellen, daß vorher abgewogene Metallpartikel in die Eintiefungen gegeben wurden und anschließend mehrere aufeinander geschichtete Formen im Rennofen bis zum Schmelzpunkt des jeweiligen Metalls erhitzt wurden. Nach Abkühlung mußten die Formen zwecks Entnehmen der Schrötlinge zerschlagen werden, was die große Anzahl an bisher gefundenen, oft sehr kleinen Fragmenten erklärt. Offensichtlich konnten solche Formen deshalb nur einmal benutzt werden.

Die Überreste eines Rennofens sind in der Nähe der genannten Ateliers freigelegt worden. Aus seiner Grube stammt ein Silberschrötling, der aber gewichtsmäßig zu keiner treverischen Münze paßt. Bislang wurden zwei, auf die beschriebene Art hergestellte Schrötlinge für Goldmünzen auf dem Tetelbierg gefunden. Der eine, ein Oberflächenfund, stimmt im Gewicht mit dem POTTINA-Stater überein; der andere, ein Grabungsfund aus einer bis ca. 30 v.Chr. datierten Schicht, stellt insofern ein Problem dar als er dem Gewicht nach einem Viertelstater entspricht, ein solches Münznominal um diese Zeit bei den Treverern jedoch nicht bekannt ist.

Bis zur Stunde wurde auf dem Tetelbierg noch keine Form für »en chapelet« gegossene Münzen gefunden, weder für Bronze- noch für Potinmünzen. Auch fehlt bislang noch Prägewerkzeug, u.a. besonders Münzstempel. Wenn jetzt auch Ateliers für die Herstellung von Schrötlingen bekannt sind, so ist jedoch der Ort der Prägung noch nicht lokalisiert. Diese endete dort gegen −30, aber es ist nicht ausgeschlossen, daß, kurz nach 10 v.Chr., der Tetelbierg noch einmal Produktionsstätte wurde und zwar für den wohl auch anderswo geprägten GERMANVS INDVTILLI L(ibertus)-Typ.

Literatur

D. F. Allen, The Early Coins of the Treveri. In: Germania 49, 1971, 91–110 (abgek.: Allen).

K. Castelin, Die keltischen Quinare 〈mit dem sitzenden Männlein〉. In: Money trend 12/74, 7–11.

E. Garrison, R. M. Rowlett, and D. W. McKorn, Neutron activation of coin molds from the Titelberg, a gallo-roman hillfort (Paper presented at

the 1977 symposium on Archaeometry & Archaeological Prospection, University of Pennsylvania and the University Museum).
E. Hollstein, Mitteleuropäische Eichenchronologie. Trierer Grabungen und Forschungen XI, Mainz 1980 (abgek.: Hollstein).
K. Kraft, Das Enddatum des Legionslagers Haltern. In: Bonner Jahrb. 155/156, 1956, 95–97 (abgek.: Kraft).
H. de La Tour, Atlas des Monnaies gauloises, Paris 1892 (abgek.: LT).
H. Mattingly, E. A. u. A. Sydenham, The roman imperial coinage, London 1926– (abgek.: RIC).
J. Metzler, Beiträge zur Archäologie des Titelberges. In: Publ. Sect. Hist. 91, 1977, 13–116.
E. Muret, A. Chabouillet, Catalogue des monnaies gauloises de la Bibliothèque Nationale, Paris 1889 (abgek.: BN).
L. Reding, Les monnaies gauloises du Tetelbierg, Luxembourg 1972 (abgek.: Reding).
R. M. Rowlett, E. Sander-Jørgensen Rowlett, H. L. Thomas, Vorbericht zu den Ausgrabungen der Missouri-Universität (USA) auf dem Titelberg. In: Hémecht 26, 1974, 377–380.
Id., The Titelberg: A Hill Fort of Celtic and Roman Times. In: Archaeology 28, 1975, 55–58.
Id., Excavations on the Titelberg, Luxembourg. In: Journal of Field Archeology 3, 1976, 241–259.
Id., Rapport succinet des fouilles effectuées au Titelberg en 1977–1978. In: Publ. Sect. Hist. 92, 1978, 223–226.
Id., Stratified Iron Age House Floors on the Titelberg, Luxembourg. In: Journal of Field Archaeology 9, 1982, 301–312.
S. Scheers, Traité de Numismatique Celtique II: La Gaule Belgique. Annales Littéraires de l'Université de Besançon 195, Paris 1977 (abgek.: Scheers).
R. Schindler, Ein Kriegergrab mit Bronzehelm der Spätlatènezeit aus Trier-Olewig. Zum Problem des vorrömischen Trier. In: Trierer Zeitschr. 34, 1971, 43–82 (Tetelbierg, siehe 81–82).
R. Schindler, War Trier Stammesmittelpunkt der Treverer? In: Landeskundliche Vierteljahrsblätter 19, 1973, 87–98.
E. A. Sydenham, The roman republican coinage, London 1952 (abgek.: RRC).
R. Weiller, Beitrag zur Auswertungsmethode vor- und frühaugusteischer Fundmünzen unter dem Gesichtspunkt des Geldumlaufs. In: Studien zu Fundmünzen der Antike 1, Berlin 1979, 259–263.
Id., Die Fundmünzen der römischen Zeit im Großherzogtum Luxemburg I, Berlin 1972. – II, Berlin 1977. – III, Berlin 1983 (abgek.: FMRL).
Id., Die Münzfunde aus der Grabung vom Tetelbierg. In: Publ. Sect. Hist. 91, 1977, 117–187 u. Taf. I–XII.
Id., Les techniques de fabrication employées dans l'atelier monétaire de l'oppidum trévire du Tetelbierg (Grand-Duché de Luxembourg). In: Actes du 9ème Congrès international de Numismatique, Louvain-la-Neuve · Luxembourg 1982, I, 625–632 u. Taf. 71–72.

CARL METTLER

◁ Trier, Bautengruppe Dom und Liebfrauen, Stadtkern mit Markt und Pfarrkirche St. Gangolph. Ansicht von SO. (Kat. 287)

Trier, Amphitheater, um 100 n. Chr. Ansicht auf Arena (Kampffläche) und Sitzränge von NO. (Kat. 249)

◁ Trier, Römerbrücke, Steinpfeilerbrücke von 144 n. Chr. (Kat. 254)

Trier, Porta Nigra, nördl. Stadttor (2. H. 2. Jahrh. n. Chr.) und romanischer Choranbau. (Kat. 7)

Trier, Kaiserthermen, Blick von S. auf Seitenconche des Warmbade-Saales (Caldarium) um 300 n. Chr. (Kat. 280)

Trier, Basilika, Thronsaal der kaiserlichen Residenz, um 310 n. Chr. Blick auf Apsis und Langhauswand von NW. (Kat. 278)

Trier, Dom, Blick auf die Außenwand der constantinischen ▷ Nordbasilika, 4. Jahrh. (Kat. 287)

Dendrochronologie

ERNST HOLLSTEIN

Zur sicheren Datierung von archäologischen Funden gibt es viele moderne Hilfen. Eine dieser Methoden ist die Dendrochronologie, ein naturwissenschaftliches Verfahren zur genauen Altersbestimmung von Holz. Da beim Bauen fast immer Holz verwendet wurde, können die dendrochronologischen Daten der einstmals verwendeten Bauhölzer wie wiederentdeckte Bauinschriften entziffert werden und uns längst vergangene Gründungsjahre übermitteln.

Die Dendrochronologie wurde um 1904 von dem amerikanischen Astronomen Prof. Dr. A. E. Douglass begründet und archäologisch erstmals angewandt: er datierte die Hausbalken von mittelalterlichen Pueblo-Siedlungen. Seitdem ist die Methode in vielen Forschungsbereichen weiterentwickelt worden. In den 30er Jahren übertrug der deutsche Forstbotaniker Prof. Dr. B. Huber das Verfahren auf europäische Holzarten. Zu besonderen Forschungszweigen wurden nach dem zweiten Weltkrieg in vielen Ländern die Disziplinen Dendroklimatologie, Dendroökologie und Radiodendrometrie ausgebaut. In der mitteleuropäischen Archäologie wurden spezielle Ziele und Methoden der Dendroarchäologie entwickelt.

Alle Zweige der Dendrochronologie (Baumzeitlehre) nutzen die Erfahrungstatsache, daß die interannuellen Wuchsschwankungen zweier Hölzer ein ähnliches Muster aufweisen, wenn die verwendeten Bäume im gleichen Klimagebiet gleichzeitig herangewachsen sind. In Abb. 1 ist das dendrochronologische Prinzip schematisch dargestellt. Der gemeinsame Wuchsverlauf wird bewiesen, wenn man die Jahrringbreiten zweier Holzproben, mikroskopisch genau gemessen, in einem Computerprogramm signifikant korreliert.

Durch Vergleiche einer Jahrringfolge aus unbekannter Zeit mit sehr vielen anderen Hölzern, deren Wuchsjahre bereits datiert sind, findet man die richtige Zeitlage der Holzprobe unbekannten Alters. Die Datierung wird in der elektronischen Datenverarbeitung mit mathematischen Methoden auf ihre Sicherheit überprüft. Die Holzdatierungen der Dendroarchäologischen Forschungen des Rheinischen Landesmuseums Trier werden mit Hilfe einer von der Deutschen Forschungsgemeinschaft zur Verfügung gestellten Jahrring-Meßanlage erarbeitet (Präzision $^{1}/_{100}$ mm) und im Computer mit einem einprogrammierten Fehlerrisiko von maximal 3,5 Prozent kontrolliert.

Mitteleuropäische Eichenchronologie

Werden in einem geeigneten Untersuchungsgebiet sehr viele Holzproben aus gegenwärtigem Baumbestand und aus historischen Gebäuden, zum Beispiel aus Fachwerkhäusern, miteinander verglichen und korrekt datiert, so entsteht durch gegenseitige Überlappungen eine Regionalchronologie, die immer weiter in die Vergangenheit zurückgeführt werden kann, so lange es gelingt, die Kurve mit historischen und archäologischen Holzfunden zu verlängern. Auf diese Weise ist am Rheinischen Landesmuseum Trier in den letzten 20 Jahren eine Mitteleuropäische Eichenchronologie aufgebaut worden. Sie enthält die Daten und Vergleichswerte von über 3000 Holzfunden aus mehr als 300 Fundstellen in der Bundesrepublik Deutschland, in der nördlichen Schweiz, im nordöstlichen Frankreich, im Großherzogtum Luxemburg und den Königreichen Belgien und Niederlande. Die Standardkurve reicht lückenlos von der Gegenwart aus bis zum Jahre 691 v. Chr. zurück und dient als Vergleichsgrundlage zur Datierung neuer Eichenholzfunde in archäologischen Ausgrabungen.

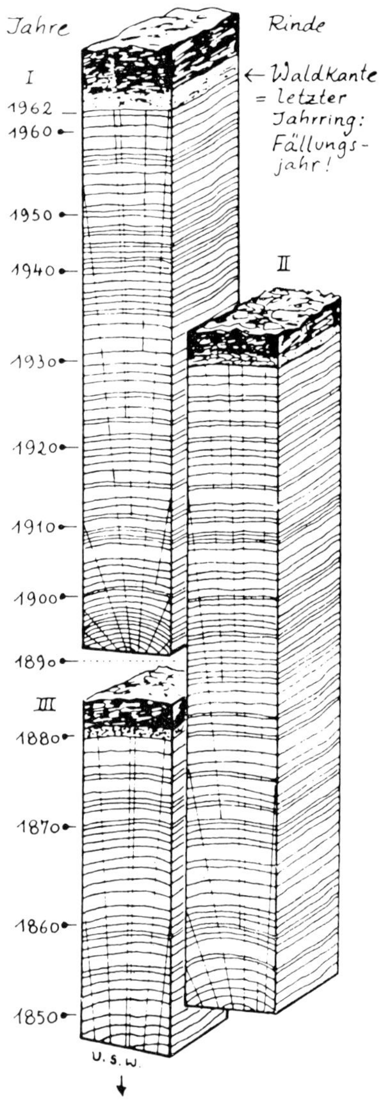

Abb. 1 Schematische Darstellung des dendrochronologischen Vergleichs- und Überbrückungsverfahrens.
Dargestellt sind drei streifenförmige Holzproben I, II und III aus den Fällungsjahren 1962, 1929 und 1879. Die Jahrringbreiten entsprechen einander bei richtiger Vergleichslage der Proben. Vergleiche zum Beispiel die Jahrringe von 1909 (schmal) und 1910 (sehr breit). Probe II überbrückt die Lücke zwischen I und III und ermöglicht die Datierung von III, wenn die Überlappung ausreicht und wenn die erreichte Ähnlichkeit signifikant auf einem hinreichend kleinen Irrtumsrisiko bleibt.
In der dendrochronologischen Praxis benötigt man sehr zahlreiche, ringreiche Holzproben und mindestens 70jährige Überlappungen. Die Ähnlichkeitsvergleiche werden nicht optisch an den Holzproben durchgeführt, sondern durch elektronische Datenverarbeitung der mikroskopischen Meßwerte.
Zeichnung: E. Hollstein, Rheinisches Landesmuseum Trier.

Abb. 2 Nicht die Sägen, sondern Breitbeil und Dächsel waren mehr als 2000 Jahre lang die wichtigsten Werkzeuge der Zimmerleute bis zur Neuzeit. Sie schneiden nachweisbar am besten im saftfrischen Holz. Schon Theophrastos sagte: »Leichter zu beilen und sauberer zu bearbeiten ist das grüne Holz«.
Zeichnung: L. Dahm, nach einer Photographie von E. Hollstein, Rheinisches Landesmuseum Trier.

Dendroarchäologie

Die dendrochronologische Methode hat nichts zu tun mit dem Auszählen von Jahresringen zur Feststellung eines Baumalters. Wir wollen nicht wissen, wie alt ein Baum war, als er gefällt wurde. Unser Interesse und die sehr aufwendige Untersuchung gelten der Frage: in welchem Jahr (vor oder nach Chr.) ist das Holz geschlagen, verzimmert und eingebaut worden? Durch die Dendroarchäologischen Forschungen des Rheinischen Landesmuseums Trier ist ein ganzes System von speziellen Untersuchungsmethoden entwickelt worden, die alle auf eine möglichst sichere und genaue Datierung der Verarbeitungszeit des Holzes im archäologisch-kunsthistorischen

Zusammenhang abzielen. Mit Hilfe zahlreicher Belegstücke kann die archäologische Dendrochronologie jetzt Fragen beantworten, die vor einigen Jahren noch kontrovers diskutiert wurden, z.B. die entscheidende Frage: wie lange wurde das Bauholz bis zur Verwendung abgelagert? Die Antwort lautet: im Gegensatz zur heutigen Baupraxis hat man in früheren Epochen das Bauholz meistens unmittelbar nach der Fällung saftfrisch verzimmert, weil es sich feucht am besten beilen läßt. Schon Theophrastos sagte: »Leichter zu beilen und sauberer zu bearbeiten ist das grüne Holz«. Abb. 2.

Es gibt zahlreiche Merkmale an historischen und archäologischen Bauhölzern, an denen man die Frischverwendung unwiderlegbar demonstrieren kann. Wasserbauhölzer enthalten zum Beispiel fast niemals Trockenrisse. Das gilt besonders für Quellfassungen, Brunnen, Wasserrinnen, gebohrte Wasserrohre und für die Gründungspfähle von Uferbefestigungen oder von Brücken. Es wäre unnötig, ja unsinnig, sie jahrelang auf den Trockenstapel zu legen. Durch die mikroskopische Untersuchung der Hölzer läßt sich eindeutig entscheiden, ob gegenwärtige Trocknungsmerkmale ursprünglich vorhanden waren oder nachträglich eingetreten sind (z.B. Austrocknung nach einer Ausgrabung). Wenn ausreichende Vergleiche möglich sind, kann man durch dendroarchäologische Untersuchung von Brückenpfählen das unbekannte Gründungsdatum einer Brücke erschließen.

Einige Beispiele für dendroarchäologische Gründungsdaten

Wir verfügen jetzt über zuverlässige Daten zur Baugeschichte der Römerzeit im saar-mosel-lothringischen Raum, neue Jahreszahlen, die es erlauben, den Zusammenhang mit anderen archäologischen Entdeckungen und mit historisch bekannten Ereignissen in neuem Licht zu sehen. Wir geben hier einige dieser Daten in gedrängter Zusammenfassung. Um den größeren zeitlichen und regionalen Rahmen zu verdeutlichen, sind auch weiter entfernte Funde mitgenannt.

Römerzeitliche Gründungsdaten nach dendroarchäologischen Holzfunden			Brückentyp
um 252 v. Chr.	La Tène (CH)	helvetische Zihlbrücke	Pfahljochbrücke
122 v. Chr.	Palzem-Stadtbredimus (L)	Moselbrücke	Pfahljochbrücke
um 122 v. Chr.	Bundenbach	Treverer-Oppidum	
um 122 v. Chr.	Trier	Moselübergang	
120 v. Chr.	Corneaux-les-Sauges (CH)	Zihlbrücke	Pfahljochbrücke
um 118 v. Chr.	Trier	Treverer-Wohnhaus	
um 105 v. Chr.	Manching	Oppidum Osttor-Sperre	
78 v. Chr.	Bundenbach	Oppidum, Hangbefestigung	
70 v. Chr.	Ehrang	Abschnittswall	
um 67 v. Chr.	Erden	Abschnittswall	
67 v. Chr.	Eyzin-Pinet (F, Isere)	Grab	
38 v. Chr.	La Tène (CH)	Zihlufer-Bohlenweg	
	RÖMERZEIT		
30 v. Chr.	Trier	Römerlager Petrisberg	
um 28 v. Chr.	Etival-Clairefontaine (F)	Brücke	
17 v. Chr.	Trier	augusteische Moselbrücke	Pfahljochbrücke

	11 v. Chr.	Bergkamen	Römerlager Oberaden	
	6 v. Chr.	Augst (CH)	röm. Fachwerkhäuser	
	3 n. Chr.	Mainz	Rheinuferbefestigung	
	4 n. Chr.	Köln	Quaderbau Hafenturm	
um	10 n. Chr.	Vully-le-Haut (CH)	Broye-Brücke	Pfahljochbrücke
	12 n. Chr.	Bernbeuren	Römersiedlung Auerberg	
	25 n. Chr.	Aachen	römische Thermalbäder	
um	33 n. Chr.	Seine-Quellen (F)	Votiv-Figuren	
um	39 n. Chr.	Trier	Metzelstraße Holzkanal	
um	56 n. Chr.	Palzem-Stadtbredimus (L)	Moselbrücke	Pfahlrostbrücke
um	60 n. Chr.	Konz	Saarbrücke	Pfahlrostbrücke
	68 n. Chr.	Trier	St. Irminen, Daubenbrunnen	
	71 n. Chr.	Trier	Moselbrücke Vespasians	Pfahlrostbrücke
um	71 n. Chr.	Mainz	Rheinbrücke Vespasians	Pfahlrostbrücke
	71 n. Chr.	Avenches (CH)	Stadtmauer-Westtor	
um	77 n. Chr.	Bingen	Nahebrücke Vespasians	Pfahlrostbrücke
	81 n. Chr.	Trier	Quellheiligtum in Feyen	
um	96 n. Chr.	Mamer (L)	Thermen, Wasserbassin	
um	102 n. Chr.	Irrel	Brunnen	
	116 n. Chr.	Trier	Reparatur an Vespasians	Pfahlrostbrücke
	129 n. Chr.	Heckenmünster	Quellheiligtum. Rinne	
	131 n. Chr.	Koblenz	Moselbrücke	Pfahlrostbrücke
	141 n. Chr.	Trier	Quellfassung in Feyen	
	144 n. Chr.	Trier	Römerbrücke, Spundwände der Steinpfeiler	Steinpfeilerbrücke
	154 n. Chr.	Trier	Römerbrücke, Spundwände des West-Turmes	
	174 n. Chr.	Dalheim (L)	Brunnendach	
	175 n. Chr.	Siesbach	Grabhügel	
	189 n. Chr.	Dillingen/Saar	Wasserleitung röm. Villa »Hylborn«	
	193 n. Chr.	Wederath	Grab 1259 Gräberfeld Belginum	
	197 n. Chr.	Trier	Moselbrücke Vespasians wird abgebaut	Pfahlrostbrücke
um	217 n. Chr.	Kopstal (L)	Hölzer	
um	218 n. Chr.	Hochscheid	Cella-Boden	
um	224 n. Chr.	Trier	Pumpenanlage im Zewen-Oberkirch	
um	231 n. Chr.	Neunkirchen/Saar	Wasserleitung Kaasbruch	
	231 n. Chr.	Trier	Schiffsländе am Westufer der Mosel	
um	253 n. Chr.	Dhron	römische Straßenbrücke über die Dhron	Pfahlrostbrücke
um	273 n. Chr.	Wederath	Pumpenanlage in der Siedlung Belginum	
um	288 n. Chr.	Trier	St. Irminen, Keller 9	
	294 n. Chr.	Trier	Amphitheaterkeller Bühnen-Maschinerie	
	296 n. Chr.	Speicher	Töpferei	

Hinweis: Jahreszählung nach christl. Ära (ohne ein Jahr »Null«). Holzfunde mit »Waldkante« = Kambium sind jahrgenau datiert. Holzfunde ohne »Waldkante« mit einem mittl. Fehler von 8 Jahren.

Literatur:
Baillie, H. G. L., Tree-Ring Dating and Archaeology. Croom Helm Studies in Archaeology, London & Camberra, 1982.
Delorme, A., Dendrochronologische Untersuchungen an Eichen des südlichen Weser- und Leinebergiandes. Dissertation der Universität Göttingen, 1972.
Douglass, A. E., Tree rings and chronology. Univ. Arizona, Bull. 8 (4) Phys. Sci. Ser. 1, 1937.
Fletcher, J. (Hrsg.), Dendrochronology in Europe. Oxford University, 1978.
Huber, B., Giertz-Siebenlist, V. Unsere tausendjährige Eichen-Jahrring-Chronologie durchschnittlich 57- (10–150)-fach belegt. Sitzungsberichte der Österr. Akademie der Wissenschaften. Mathem.-naturwissen. Kl. Abt. I, 178. Bd., 1. bis 4. Heft, 1969.
Hollstein, E., Mitteleuropäische Eichenchronologie. Zaberndruck, Mainz 1980.
Polge, H., Keller, R., La xylochronologie, perfectionnement logique de la dendrochronologie. Ann. des Sciences forestieres 26, 225–256.

Abkürzungsverzeichnis

Ber. Denkmalpf. Saarland	Bericht der Staatl. Denkmalpflege im Saarland (Abt. Bodendenkmalpflege ab 1971)
Bonner Jahrb.	Bonner Jahrbücher
CIL.	Corpus Inscriptionum Latinarum
Cüppers, Krankenpflege	H. Cüppers, Kranken- und Gesundheitspflege in Trier und dem Trierer Land von der Antike bis zur Neuzeit (Trier 1981)
Espérandieu	E. Espérandieu, Recueil général des bas-reliefs, statues et bustes de la Gaule Romaine I–XVI (Paris 1907–1981)
Führer Eifel	Führer zu vor- und frühgeschichtlichen Denkmälern Band 33, Südwestliche Eifel, Bitburg, Prüm, Daun, Wittlich (Mainz 1977)
Führer Hunsrück	Führer zu vor- und frühgeschichtlichen Denkmälern Band 34, Westlicher Hunsrück, Bernkastel-Kues, Idar-Oberstein, Birkenfeld, Saarburg (Mainz 1977)
Führer Trier	Führer zu vor- und frühgeschichtlichen Denkmälern Band 32, 1–2 Text und Beilagen (Mainz 1977)
Gose	E. Gose, Gefäßtypen der römischen Keramik im Rheinland. Bonner Jahrbücher, Beiheft 1, 1950
Gose, Altbachtal	E. Gose, Der gallo-römische Tempelbezirk im Altbachtal zu Trier. Trierer Grabungen und Forschungen VII (Mainz 1972)
Gose, Lenus Mars	E. Gose, Der Tempelbezirk des Lenus Mars in Trier. Trierer Grabungen und Forschungen II (Berlin 1955)
Haffner, Wederath 1–3	A. Haffner, Das keltisch-römische Gräberfeld von Wederath-Belginum. Trierer Grabungen und Forschungen VI, 1–3 (Mainz 1971, 1974, 1978)
Hettner, Drei Tempelbezirke	F. Hettner, Drei Tempelbezirke im Trevererlande. Festschrift zur Feier des hundertjährigen Bestehens der Gesellschaft für nützliche Forschungen in Trier (Trier 1901)
Hettner, Ill. Führer	F. Hettner, Illustrierter Führer durch das Provinzialmuseum in Trier (Trier 1903)
Jahrb. RGZM.	Jahrbuch des Römisch-Germanischen Zentralmuseums Mainz
Jahrb. d. Dtsch. Arch. Inst.	Jahrbuch des Deutschen Archäologischen Instituts
Kat. Gläser Trier	K. Goethert-Polaschek, Katalog der römischen Gläser des Rheinischen Landesmuseums Trier. Trierer Grabungen und Forschungen IX (Mainz 1977)
Korrbl.	Korrespondenzblatt
Künzl, Medizin. Instr.	E. Künzl, Medizinische Instrumente der Römerzeit aus Trier und Umgebung im Rheinischen Landesmuseum Trier. Trierer Zeitschrift 47, 1984 (im Druck)
Kurtrier. Jahrb.	Kurtrierisches Jahrbuch. Herausgegeben von der Stadtbiblio-

	thek und der Gesellschaft für nützliche Forschungen
Parlasca, Römische Mosaiken	K. Parlasca, Die römischen Mosaiken in Deutschland. Römisch-Germanische Forschungen 23 (Berlin 1959)
Publ. Sect. Hist.	Publications de la Section Historique de l'Institut Grand-Ducal de Luxembourg
Rhein. Vierteljahrsbl.	Rheinische Vierteljahrsblätter. Mitteilungen des Instituts für geschichtliche Landeskunde der Rheinlande der Universität Bonn
RIC.	H. Mattingly, E. A. Sydenham u.a., The Roman Imperial Coinage I–IX (London 1923–1951)
Röm. Gläser. Führer	K. Goethert-Polaschek, Römische Gläser im Rheinischen Landesmuseum Trier. Führungsheft (Trier 1980)
Schindler, Führer	R. Schindler, Führer durch das Landesmuseum Trier (2. Aufl. Trier 1977)
Toussaint	M. Toussaint, Metz à l'époque gallo-romaine. Annuaire de la Société d'Histoire et d'Archéologie de la Lorraine 49, 1948
Trierer Jahresber.	Trierer Jahresberichte
Trierer Zeitschr.	Trierer Zeitschrift

Br.	Breite
D.	Dicke
Dm.	Durchmesser
FO.	Fundort
gr.	größte(r)
H.	Hälfte
H.	Höhe
Jh.	Jahrhundert
Krs.	Kreis
L.	Länge
LM.	Landesmuseum
RLM. Trier	Rheinisches Landesmuseum Trier
s.	siehe
sog.	sogenannte(r, s)
T.	Tiefe
urspr.	ursprünglich

Abgekürzte Signatur der Verfasser:

Bi.	Wolfgang Binsfeld, Trier
Co.	Gérald Collot, Metz
Cü.	Heinz Cüppers, Trier
Gi.	Karl-Josef Gilles, Trier
Goe.	Karin Goethert-Polaschek, Trier
Ha.	Alfred Haffner, Trier
Ho.	Ernst Hollstein, Trier
Ko.	Alfons Kolling, Saarbrücken
Kr.	Jean Krier, Luxemburg
Schw.	Lothar Schwinden, Trier

1–25 Der Moselraum

1 Siedlungskarte des Moselgebietes

(Farbabb. s. S. 122)

Entsprechend dem Landschaftsrelief und in Abhängigkeit auch von der Bodenqualität wird bei der Kartierung der untersuchten Villen und Fundplätze eine bemerkenswert dichte Besiedlung deutlich. Es sind vornehmlich die breiteren Talauen und die flacheren Berghänge, Mulden und Plateauflächen, die je nach Ertrag und Bodenqualität Siedlungen zeigen, die in Abständen von 400 bis 700 m voneinander gelegen sind.
Rückgrat der Besiedlung sind die Straßen und Wegeverbindungen, die im Laufe der römischen Kaiserzeit in zunehmendem Umfange ausgebaut werden und sowohl der wirtschaftlichen Erschließung der Landschaften wie auch dem Güterverkehr dienen. Der zum Teil dichte und großflächige Waldbestand unserer heutigen Zeit war nachweislich schon in vorrömischer Zeit (späte Eisenzeit–Latènezeit C-D) aufgeschlossen und dem Bedürfnis der Einzelsiedler entsprechend gerodet worden. Dies wird durch die in Waldgebieten z. T. noch in großer Zahl liegenden Grabhügel- und Brandgräberfelder, aber auch durch die oftmals von denselben Siedlern in Stein ausgebauten Siedlungsstellen, die Einzelhöfe und Bauernhäuser, verdeutlicht.
Dieses Bild wird ergänzt durch Marktsiedlungen, Flecken und Weiler, große Höfe und Gutsbetriebe, sowie die Dörfer, Straßenstationen mit Rastplätzen und Pferdewechseln, Schmieden und notwendigen Handwerksbetrieben. Schließlich sind Kleinstädte, Hauptorte der Pagi und Städte wie Arlon, Dalheim, Metz, Saarbrücken und Trier zu erwähnen.
Im Kartenbild sind auch alle jene Baureste verzeichnet, die zu Tempeln und Kultplätzen, einzeln gelegenen Handwerksbetrieben und industriellen Anlagen zu rechnen sind wie Töpfereien, Ziegeleien, Bergbaubetriebe, Steinbrüche. Oft genug kann auch aus Gräbern, Gräberfeldern oder Grabmonumenten auf die Nähe menschlicher Siedlungen und Siedlungskonzentrationen geschlossen werden, so daß die Kartierung auch dieser Fundgruppe gerechtfertigt ist.
So umfangreich die Besiedlung sich auch darstellen mag, ist der Eindruck doch zu relativieren, wenn man bedenkt, daß sich die Fundstellen auf einen Zeitraum von 500 Jahren verteilen. Selbstverständlich ist im Vergleich zur heutigen Besiedlung rein numerisch die Zahl erheblich geringer als die der heutigen Bevölkerung in diesen Räumen. Andererseits ist anzumerken, daß nur ein Bruchteil der ehemals vorhandenen Siedlungen entdeckt und ein noch geringerer Prozentsatz durch Grabungen hinreichend untersucht worden ist. In vielen Grabungen war auch festzustellen, daß günstige Siedlungsplätze in kontinuierlicher Folge von der vorcaesarischen Zeit bis zum Ende des 4. Jahrh. besetzt waren. Ein großer Teil der antiken Siedlungen ist aber durch frühzeitige Zerstörung und vollkommene Ausbeutung oder modernen Geräteeinsatz für alle Zeit verloren.

Cü.

2

2 Relief mit Darstellung einer Wagenfahrt

FO. Metz, Ilot St. Jaques

Das Fragment zeigt einen von Zugtieren gezogenen Wagen, dessen Fuhrmann mit Peitsche in einem geflochtenen Korbaufbau sitzt. Das Rad mit acht Speichen und kräftiger Nabe ist mit einem Eisenreifen, der durch eine Rille deutlich abgesetzt wird, umgeben.
Museum Metz, Abguß, Inv. 75. 38,66 b.
Lit.: Gallia 34, 1976, 365 Abb. 13Q.

Co.

3

3 Grabmal mit Wagenfahrt

FO. Trier, Krahnenstraße
Frühes 3. Jh. n. Chr.

Der Grabmalquader ist auf drei Seiten geschmückt mit Reliefs aus dem täglichen Leben, darunter diese Wagenfahrt. Der Reisende sitzt auf einem einachsigen Wagen und lenkt das nach gallischer Weise geschirrte Pferd mit Zügel und Peitsche. Links vor dem Pferd steht an der Landstraße ein großer Meilenstein. Die originalen Meilensteine messen seit dem 3. Jh. den Abstand von einer als Verwaltungsmittelpunkt geltenden Stadt in gallische Meilen: Leuga, französisch Lieue = 2,250 km.
Sandstein (Kopie). – H. 63 cm, Br. 101 cm.
RLM. Trier, Inv. 31, 276.
Lit.: Espérandieu 7725. – G. Raepsaet, Trierer Zeitschr. 45, 1982, 244 mit Taf. 8, 1f. – Schindler, Führer Abb. 148. Bi.

4a Die Saarschleife bei Mettlach

(Farbabb. s. S. 6)

Mettlach (Krs. Merzig-Wadern)

Die untere Saar fließt bei Mettlach in schmaler Schleife tief im devonischen Quarzitgebirge ehedem in engem Bett, heute angestaut und demnächst für größere Schiffe nutzbar. Früher fürchteten sich die Schiffer vor den Stromschnellen und beteten bei der Passage zum Hl. Nikolaus. Vom Aussichtspunkt Cloef geht der Blick über den bewaldeten Höhenrücken, den der Fluß umfließt. Es ist dort noch ein Stück prächtiger Urstromlandschaft. Die Ruine der mittelalterlichen Burg Montclair liegt in der Mitte der Bergzunge. Der Trierer Erzbischof Balduin belagerte die Burg einmal erfolgreich und erstürmte sie mit geringen Verlusten (ein anscheinend übermäßig Gewappneter erstickte an der eigenen Rüstung!). Eine Burg »Skiva« gab es schon früher

4a

dort oben und in ältester Zeit eine frühkeltische Fliehburg eingangs der Saarschleife. Fränkische Waffen (Speerspitze und Skramasax) kamen an nicht näher bezeichneter Stelle zum Vorschein. Ko.

4b Der Genius von Schwarzenacker

Schwarzenacker b. Homburg/Saar
1. Jh. n. Chr.

Kopf des Genius Populi Romani vom jugendlichen Typus. Eine doppelte Reihe ungeordneter Locken umrahmt das etwas breitjochige Gesicht. Das Hinterhaupthaar liegt glatt auf und ordnet sich zu einem in langen Strähnen frisierten Wirbel. Eine leichte Stirnfalte und gesenkte Augenbrauen geben im Verein mit einem zarten Kinn und leicht geöffnet erscheinendem Munde dem Gesicht einen milden Ausdruck. Die Augen, deren Iris mit einem umlaufenden Strich angedeutet ist, sind in Silber eingelegt. Sie blicken in eine unbestimmte Ferne. Die als Grübchen erscheinenden Pupillen dürften ehedem mit besonderer Masse gefüllt gewesen sein (s. auch Farbabb. S. 59; Kat. 69).
Dem äußerst fein modellierten Gesicht und Haar entsprechen die minutiös ausgearbeiteten nervigen Hände. In der Rechten hält der Gott ein Langzepter; das Füllhorn in der Linken ist verloren (siehe Kat. 69 a). Das vielfach vergrößerte photographische Bild erweckt ohne weiteres die Illusion einer lebensgroßen Statue.
Der Genius des römischen Volkes spielte eine besondere Rolle im Kaiserkult. Auf Münzen erscheint er häufig, statuarisch kaum, reliefiert sehr selten, so auf dem Benventer Bogen und auf den sogenannten Cancelleria-Platten.

4 b Der Genius von Schwarzenacker.

Die Jünglingsgestalt als Genius ist im 1. Jahrhundert n. Chr. nachweisbar; ein älterer bärtiger Typ tritt auf spätrepublikanischen Münzen auf. In der späteren römischen Kaiserzeit wird der Gott auf Münzen mit Modius und Mauerkrone dargestellt. Es besteht der Verdacht, daß der Schwarzenacker Statuette – sie gehört zum Besten, was römische Kleinkunst hervorbrachte – eine große Statue als Vorlage diente.
Römische Bronzestatuetten, das bleibt noch anzumerken, existieren jeweils nur in einem Exemplar. Noch nie fand sich ein zweites, formgleiches Stück einer bestimmten Figuration. Darin liegt der besondere kulturhistorische Wert der Figurinen begründet.
Bronze; Stiefel aus Kupferblech. – H. ohne Sockel und Zepter 23,5 cm.
Römisches Freilichtmuseum Schwarzenacker.
Lit.: A. Kolling, Der römische Statuettenfund von Schwarzenacker. In: Ber. Denkmalpflege Saarland 14, 1967, 15–20. – H. Kunckel, Der römische Genius. Mitteilungen des Deutschen Archäolog. Instituts, Röm. Abteilung. 20. Ergänzungsheft (Heidelberg 1974) 34 Taf. 14–15. Ko.

5 Reste der römischen Wasserleitung nach Metz *(Farbabb. s. S. 7)*

Ars sur Moselle

vergleiche Kat. 213e und Einleitung S. 49.

6 Das Oppidum der Treverer auf dem Titelberg

siehe Kat. 20

7 Porta Nigra, nördliches Stadttor der Colonia Augusta Treverorum

2. Hälfte 2. Jh. n. Chr.

In Verbindung mit der Umgrenzung des Stadtgebietes wurden im Süden, Westen und Norden der Stadt die innerstädtischen Hauptstraßen, Cardo und Decumanus Maximus durch Torbauten, die Triumphbogen gleichkamen, abgeschirmt und die hier auftreffenden Fernstraßen durch die landseitige Ausbildung dieser Tore zu Festungswerken ausgerichtet. In dieser Doppelfunktion ist die Stadtbefestigung insgesamt ein Werk repräsentativer Selbstdarstellung, die aber auch schon der zunehmenden Bedrohung an der Rheingrenze Rechnung trägt.
Aus großen Quadern hellgrün-oliven Sandsteins gefügt, besteht die Porta Nigra aus einem Torgebäude, das von zwei Türmen flankiert wird. Der Cardo maximus mündet in einer zweitorigen Passage, die aus Torsperre, Innenhof und einer äußeren Torfront mit Fallgattern bestückt, besteht. Über zwei Geschosse hoch ist der Sockel, entsprechend der Höhe der Tore, fensterlos, nur durch ein kräftiges Sockelprofil mit Halbsäulen vor der massiv wirkenden Mauerfläche gegliedert. Im Mittelbau folgen über den großen Toröffnungen zwei Fenstergallerien, die jeweils auf kräftiger Gesimsleiste Halbsäulen mit Basis, Säulenschaft und Kapitell und abschließendem Gebälk tragen, während die tieferliegende Mauerfläche durch Bogenfenster mit kräftigen Pilastern, Kapitellen und Archivolten gefaßt sind. Ein Zinnenkranz bildet den oberen Abschluß.

7

Die flankierenden Türme übernehmen die Gliederung und überragen um ein Fenstergeschoß den Mittel- und Torbau, mit weit vorkragendem Deckgesims abgeschlossen. Zur Stadtseite sind die Türme als flach vorstehende Risalite gebildet und trugen einen flachen Giebel, zur Landseite hin treten die Türme, ihrer Verteidigungsfunktion entsprechend, halbkreisförmig vor.
Im letzten Drittel des 2. Jahrhunderts n. Chr. errichtet, wurde die abschließende Bearbeitung der noch in rohen Bossen stehenden Anlage durch eine Belagerung der Stadt unterbrochen (197 Aufstand unter Clodius Albinus, und Entsetzung Triers durch die 22. Legion aus Mainz).
Ohne Mörtel verbaut, werden die sorgfältig in Stoß und Lager zugerichteten Quader durch Eisenkrampen miteinander verbunden. Die Porta Nigra ist eins der größten und besterhaltenen Festungstore der antiken Welt. Cü.

8 Pfahlrost der älteren Moselbrücke in Trier

(Abb. S. 19)

vergleiche Kat. 254

9

9 Spundwandpfahl der Trierer Römerbrücke

FO. Trier, römische Moselbrücke
Bauperiode 144–152 n. Chr.

Die Trierer Römerbrücke ist wohl die älteste Brücke nördlich der Alpen, die heute noch dem Verkehr dient. Solange es keine genauen Datierungsmethoden gab, hat man sie für ein Werk Konstantins gehalten. Erst durch die subtilen und langjährigen Untersuchungen des Rheinischen Landesmuseums Trier wurden die verschiedenen Bauperioden der römischen und nachrömischen Epochen entdeckt.
Hier das Ergebnis in Kurzfassung. Unter römischer Verwaltung wurden nacheinander drei Brücken an derselben günstigen Stelle gegründet, wobei jede Neugründung zugleich einen bedeutenden Fortschritt der Bautechnik, der Verkehrsplanung und der ästhetischen Gestaltung erkennen läßt:

17 v. Chr.	augusteische Pfahljochbrücke: eingerammte Pfähle jochweise geordnet
71 n. Chr.	vespasianische Pfahlrostbrücke: Steinpfeiler auf Pfahlrostsystem
144 n. Chr.	antoninische Steinpfeilerbrücke: Steinpfeilerfundamente im Flußbett.

Zur Fundamentierung der antoninischen Steinpfeiler im Moselgrund versenkten die römischen Brückenbauer mächtige Fangedämme und sicherten sie durch Rammpfähle. Die Gründung dieser »Caissons« begann im Jahre 144 an allen geplanten Pfeilern zugleich und dauerte bis 152 n. Chr. Unsere Pfahlscheibe ist eine von über 200 Holzproben, die jahrgenaue Daten zur Geschichte der antiken Brückenbaukunst ans Licht brachten. Vergleiche auch das Kapitel »Dendrochronologie«.
RLM. Trier, Holzarchiv.
Eichenholz, Querschnittscheibe, in Gießharz gebettet.
Lit.: H. Cüppers, Die Trierer Römerbrücken. Trierer Grabungen und Forschungen 5 (Mainz 1969). – E. Hollstein, Mitteleuropäische Eichenchronologie. Trierer Grabungen und Forschungen 11 (Mainz 1980) 133–153. Ho.

10a Eiserne Pfahlschuhe Trier, ältere Pfahlrostbrücke

FO. Trier, Römerbrücke
um 71 n. Chr.

Zur soliden Ausführung und stabilen Fundamentierung im Wasser stehender Anlagen wurden Pfahlgründungen vorgenommen, die bei felsigem Untergrund die Bewehrung der Pfahlspitzen erforderlich machten. Größe der Pfähle, Dichte der Pfahlstellung und auch die Bewehrung, um eine möglichst tiefe Bodendurchdringung zu erreichen, waren abhängig von der Beschaffenheit des Flußgrundes und beabsichtigten Belastung sowie der Höhe möglicher Hochwasserschwellen.
Für kurzfristig benutzte Bauten wie Pionier- und Kriegsbrücken ist diese technische Sicherung nicht erforderlich gewesen, und auch für vorrömische Anlagen (z. B. Palzem-Stadtbredimus an der Obermosel) ist eine solche Ausstattung bislang nicht nachgewiesen.
Die Pfahlschuhe, tütenförmig, mit drei oder vier Stegen zur Vernagelung am Pfahl sind an der Spitze massiv und durch Schmieden miteinander verschweißt. Der bei den Rammschlägen entstehende Druck wie auch der Bodenwiderstand bewirkten oftmals, daß die Schuhe gerissen sind und seitlich an den Pfählen entlang abrutschten.

a) Eisen, Pfahlschuh mit 4 Laschen, massive Spitze. – L. 13, Gesamtl. 73 cm,
b) Eisen, Pfahlschuh mit tütenförmigen Laschen oder Pfahlhalterung. – L. 29 cm.

RLM. Trier.
Lit.: H. Cüppers, Die Trierer Römerbrücken. Trierer Grabungen und Forschungen 5 (Mainz 1969) 47–48. Cü.

10 b

10 b Schnitt durch einen Pfahlschuh

Trier, ältere Pfahlrostbrücke

Vom Aufbau her setzen sich die Pfahlschuhe zusammen aus einem Kerneisen, an das, dem Umfang der Pfahlquerschnitte entsprechend, die Haltelaschen aus Flachstäben angeschweißt werden. Es ist davon auszugehen, daß Pfahlschuhe verschiedener Formate und Querschnitte sortiert vorgefertigt wurden und die Pfähle entsprechend ausgewählt und zugerichtet bzw. zugebeilt worden sind. Nach dem Anpassen wurden die über den Kern vorstehenden Laschen beigeschlagen und mit Nägeln gehörig fixiert und angeheftet.
Das Metall zeigt ein kohlenstoffarmes, grobkörniges Ferritgefüge bis zu normal erscheinendem Perlit-Ferrit-Mischgefüge. Bemerkenswert ist die hohe Verunreinigung mit Schlackeneinschlüssen, wie sie der Natur von Rennfeuerluppen entsprechen.
Hauptproblem der Metallurgen war es, aus faustgroßen Eisenstücken die Spitze auszuschmieden und mit den Laschen zu verschweißen. Neben interessanten Strukturformen zeigt die Härteprüfung Werte von 250 bis 265 an der Spitze des Pfahlschuhes (nach Vickers) während Mittelteile und Laschen Werte zwischen 90 und 180 aufweisen. Die römischen Handwerker waren sich demnach durchaus über die höhere Beanspruchung der Pfahlspitze beim Rammvorgang im klaren.
L. 24 cm.
RLM. Trier.
Lit.: H. Cüppers, Die Trierer Römerbrücken. Trierer Grabungen und Forschungen 5 (Mainz 1969) 209. Cü.

11–19 Kontinuität und Romanisierung am Beispiel des keltisch-römischen Gräberfeldes von Wederath-Belginum

(Farbabb. S. 123)

Wederath, Gem. Morbach (Krs. Bernkastel-Wittlich)
Zur Lage, Forschungsgeschichte, ausgewählten Funden und Literatur vgl. Kat 206–212

Auch wenn die Ausstellung »Die Römer an Mosel und Saar« heißt, so müssen wir uns doch ständig bewußt sein, daß die Masse der Bevölkerung aus ethnischer Sicht keineswegs Römer oder Italiker gewesen sind; an Mosel und Saar haben in römischer Zeit die keltischen Treverer und Mediomatriker gelebt. Erst in einem langwierigen und vielschichtigen Prozeß wird die einheimisch-keltische Bevölkerung romanisiert: keltische Namen werden latinisiert, einheimische Gottheiten erhalten die Namen römischer Götter, oder es entstehen keltisch-römische Doppelnamen, ohne daß jedoch das Wesen dieser Gottheiten verlorenginge, das Keltische kann sich als Umgangssprache, vor allem auf dem Lande, neben der Schrift- und Amtssprache Latein behaupten. Mit Beginn des 2. Jahrhunderts ist der Romanisierungsprozeß, insbesondere auf technischem Gebiet, so weit fortgeschritten, daß wir von einer gallo-römischen Kultur sprechen können. Kontinuität und Romanisierung können am Beispiel der großen Treverernekropole von Wederath-Belginum aufgezeigt werden. Eine kleine Auswahl von Grabfunden soll dies verdeutlichen. Ha.

11 a

11 b

11 Hügel 2, Grab 2, Körpergrab

4. Jh. v. Chr.

a. Fußschale, frühe Drehscheibenware.
b. Zwei Bronzeknöchelringe mit Knotenzier.
RLM. Trier, Inv. 57, 11.
In den Bereich des über 40000 qm großen Flachbrandgräberfeldes reichen die Ausläufer eines nordöstlich davon gelegenen Hügelgräberfeldes hinein (vgl. Kat. 200), dessen Belegung im 7. Jahrhundert vor Chr. einsetzt. Die Bestattungen in Hügel 2

12 a–g Schwert, Lanzenspitzen, Schildbuckel, Tüllenbeil, Rasiermesser, Ringe und Gürtelhaken aus Grab 1216.

12 h–k Halskette, Armringe und Hakenschlüssel aus Grab 1216.

gehören der sog. Jüngeren Hunsrück-Eifel-Kultur an. Aufgrund des Beinringschmuckes ist Grab 2 die Bestattung einer Frau. Jünger als dieses Körpergrab ist Grab 3, ein Brandflächen- oder Scheiterhaufengrab, das gegen Ende der Hunsrück-Eifel-Kultur in der 1. Hälfte des 3. Jahrhunderts v. Chr. angelegt worden ist; es leitet über zu den Brandflachgräbern des 2. und 1. Jahrhunderts; aus der sicher keltischen Bevölkerung der Jüngeren Hunsrück-Eifel-Kultur erwächst im Verlauf des 3. Jahrhunderts vor der spätkeltische Stamm der Treverer. Ha.

12 Grab 1216, Brandgrab

2. Jh. v. Chr.

a. Schwert in eiserner Scheide, rituell verbogen.
b. Zwei Lanzenspitzen aus Eisen.
c. Eiserner Schildbuckel eines langovalen Schildes aus organischem Material.
d. Eisernes Tüllenbeil.

12 l Tongefäße aus Grab 1216.

d. Eisernes Rasiermesser.
f. Armring aus Eisen.
g. Gürtelhaken und zwei Gürtelringe.
h. Halskette, zusammengesetzt aus 19 bunten Glasringperlen, einem bronzenen Bommelanhänger und einer eisernen Amulettkapsel.
i. Armring aus Eisen mit acht Buntglasperlen.
j. Fragmente von drei Hohlarmringen aus Eisen bzw. Bronze.
k. Eiserner Hakenschlüssel.
l. Auswahl von insgesamt 18 Tongefäßen, darunter bemalte und schwarz bzw. braun polierte Drehscheibenware sowie grobe handgeformte Ware.
m. Zahlreiche Bruchstücke von verkohlten, gedrechselten Holzgefäßen.

RLM. Trier, Inv. 71,121.

Die Zusammensetzung der in einer 2×2 m großen und 1 m tiefen Grabgrube angetroffenen Beigaben sichert eine Doppelbestattung. Die eisernen Waffen, Geräte und Trachtbestandteile a–g sind einem Mann, der Schmuck und der Schlüssel h–k einer Frau zuzuordnen. Die Analyse der auf der Grabsohle deponierten verbrannten Knochen (Leichenbrand) hat dies bestätigt. Der Mann ist ca. 50, die Frau nur ca. 20 Jahre alt geworden. Da Mann und Frau gleichzeitig bestattet worden sind, mußte möglicherweise die Frau dem Mann in den Tod folgen (Witwenfolge). Das Doppelgrab 1216 steht stellvertretend, was Grabform und Ausstattung betrifft, für ca. 500 Brandgräber der beiden letzten Jahrhunderte vor Chr. Geb. Das Gräberfeld zeigt schon eine beträchtliche Ausdehnung; es erstreckt sich von Hügel 1 bis über Hügel 2 hinaus auf ca. 200m Länge, erreicht eine größte Breite von ca. 130m und ist durch einen von Südwest nach Nordost verlaufenden Weg zweigeteilt. Einige wenige Gräber von sozial herausragenden Personen sind von quadratischen Spitzgräben, sog. Grabgärten eingefaßt. Ha.

13a Grab 161, Brandgrab

um Chr. Geb.

a. Bruchstück von zwei Kragenfibeln aus Bronze.
b. Zwei kleine Distelfibeln aus Bronze.
c. Fragment eines Eisenmessers.
d. Fragmente von zwei Eisenklammern und Nägeln.
e. Sechs Tongefäße, ein glattwandiger zweihenkliger Topf, ein hoher Becher (belgische Ware), zwei flache Teller (belgische Ware) und handgeformt ein Napf und eine kleine Schüssel.

RLM. Trier, Inv. 55,912.

13a

13b

13b Grab 671, Brandgrab

um Chr. Geb.

a. Fragment einer Kragenfibel aus Bronze.
b. Kleiner Spinnwirtel aus Ton.
c. Eisernes Pilum mit Tülle.
d. Großes rebmesserförmiges Haumesser aus Eisen.
e. Kleines Tüllenbeil aus Eisen.
f. Acht Tongefäße, darunter ein hoher glattwandiger Krug, ein hoher Becher und ein Standringschälchen (beides belgische Ware) sowie eine Serie handgeformter Gefäße.

RLM. Trier, Inv. 57, 109.

Die in den Gräbern 161 und 671 Bestatteten sind Zeitgenossen des Augustus gewesen und kurz vor Chr. Geb. gestorben. Grab 161 ist aufgrund der Fibelausstattung einer Frau zuzuweisen, Grab 671 ist eine Mehrfachbestattung. Einem Mann zuzuordnen sind das Pilum und die Werkzeuge, einer Frau die Kragenfibel und der Spinnwirtel. Die Aufteilung des Leichenbrands auf drei Gefäße deutet auf einen dritten Toten hin. Grabform und Beigabenkombination sind im wesentlichen die gleichen wie in spätkeltischer Zeit, dennoch ist der beginnende Romanisierungsprozeß unverkennbar, ein Vorgang, der nicht unmittelbar nach Abschluß der Eroberung Galliens im Jahre 50 v. Chr. einsetzt, sondern erst nach fast einer Generation um 20 v. Chr. archäologisch erkennbar wird. Erstmals beobachten wir, wenn

14 Gladius, Pilum, Schildbeschläge, Schildbuckel, Kette, Krug und Schälchen aus Grab 33

auch äußerst selten, nach römischem Vorbild geschmiedete Waffen; meist fehlen jedoch Waffen in den Männergräbern, an ihre Stelle sind Werkzeuge getreten. Es ist offensichtlich nicht mehr das kriegerische Element, das die Stellung des Mannes in der Gesellschaft bestimmt. Besonders klar sichtbar sind das Fortbestehen keltischer Traditionen als auch der neue römische Einfluß am Beispiel der Gefäßkeramik um Chr. Geb. Die Formen der einheimisch belgischen Ware (vgl. Kat. 150) sind teils von spätkeltischen, teils römischen Vorbildern herzuleiten; anfangs importierte Gefäße, wie z. B. Krüge, werden schon bald in heimischer Produktion hergestellt, die handgeformte gröbere spätkeltische Ware lebt bei nur geringem Formwandel im Hunsrück bis in die 2. Hälfte des 2. Jahrhunderts fort. Zur Zeit der Gräber 161 und 671 beobachten wir eine deutliche Reglementierung der Friedhofsbelegung; die Gräber einer Familie sind nun meist innerhalb von sog. Grabgärten anzutreffen, ein Brauch, der erst gegen Ende des 2. Jahrhunderts wieder aufgegeben wird. Ha.

14 Grab 33 (1978), Brandgrab

zw. 30 u. 50 n. Chr.

a. Gladius aus Eisen.
b. Pilum mit Tülle aus Eisen.

c. Eiserne Schildbeschläge, ein Schildbuckel und Querverstrebungen.
d. Zierliche Bronzefibel.
e. Bronzekette.
f. Krug.
g. Schälchen (belgische Ware).

RLM. Trier, Inv. EV. 1978, 117.

In Grab 33 (1978) wurde ein etwa 40jähriger Mann bestattet. Gladius (römisches Kurzschwert) und Pilum (römische Stoß- und Wurflanze) kennzeichnen ihn als römischen Soldaten; er diente unter Kaiser Tiberius in einer Trevererhilfstruppe des römischen Heers, über die Tacitus berichtet. Er ließ sich, völlig unrömisch, nach alter Sitte mit seinen Waffen bestatten. Außer Händlern und Verwaltungsbeamten dürften es vor allem Einheimische in römischen Diensten gewesen sein, die die Treverer mit römischer Technik, römischen Sitten und Bräuchen bekannt gemacht haben. Daß die Einheimischen es verstanden, sich auf die neue Zeit einzustellen und deren Möglichkeiten zu nutzen, zeigt die Tatsache, daß sie an der neu ausgebauten Fernstraße ihre Siedlung erbaut haben; hier hatten Handel und Handwerk Zukunft. Man war bereit, den Wohnplatz zu verlegen, nicht bereit war man jedoch, den Bestattungsplatz aufzugeben. Auf religiösem Gebiet verhielt man sich konservativ. Ha.

15 a Zahnzange, Sonden, Messer, Fibelfragment, Kasserolle und Rippentopf aus Grab 141.

15a Grab 141 (1980), Brandgrab

zw. 80 u. 100 n. Chr.

a. Eiserne Zahnzange.
b. Spatelsonde aus Bronze.
c. Löffelsonde aus Bronze.
d. Kleines Eisenmesser mit Ringgriff.
e. Fragment einer Bronzefibel mit anhaftendem, geschmolzenem Glas, sog. Glasfluß.
f. Kleiner Bronzering.
h. Münze, As des Vespasian, geprägt zw. 77 und 79 n. Chr.
i. Kasserolle aus tiefblauem Glas.
j. Glasfluß von mehreren Glasgefäßen.
k. Rundbauchiger Topf mit Rippenzier.

RLM. Trier, Inv. EV. 1980, 189.

In den 80er, spätestens 90er Jahren des 1. Jahrhunderts ist in Belginum ein etwa 50jähriger Mann gestorben, der sich, wie Zahnzange, Sonden und Messerchen zeigen, als Arzt betätigt hat. Ausgelesener Leichenbrand und Beigaben wurden in einer rechteckigen, übereck genordeten Grabgrube deponiert. Die Glaskasserolle, eine Rarität nördlich der Alpen, ist in Italien hergestellt worden. Von weiteren auf dem Scheiterhaufen mit-

15 b Zweihenklige Kanne, Krug, Kragenschüssel und Kastenbeschläge aus Grab 107.

verbrannten Glasgefäßen ist nur unförmiger Glasfluß übrig geblieben. Die Grabform und die Sitte, die Tätigkeit des Toten durch die Beigaben zu charakterisieren, stehen in alter Tradition, die Beigaben selbst sind entweder italischer Import oder technisch und formal römisch beeinflußt. Die in vorrömischer Zeit nur vereinzelt zu beobachtende Münzbeigabe ist seit spätaugusteischer Zeit in fast allen Gräbern zu beobachten. Keltische Münzen werden sehr schnell durch römische ersetzt.

15 b Grab 107, Brandgrab

Ende 1. Jh. n. Chr.

a. Zwei Bronzefibeln, verzinnt.
b. Eiserne Beschläge eines Holzkastens.
c. Fragment eines eisernen Schlüssels.
d. Münze, As des Domitian, geprägt 80/81.
e. Zweihenklige Kanne aus blauem Glas.
f. Kleiner Krug.
g. Kragenschüssel, Goldglimmerware.

RLM. Trier, Inv. 54,207.

Fibeln und Holzkasten sichern das Grab einer Frau, einer Zeitgenossin des Arztes aus Grab 14 (1980). Im Gegensatz zu den bisher besprochenen Gräbern sind die Beigaben und der Leichenbrand in einem aus Schieferplatten gebauten, kistenförmigen Grabbehälter deponiert gewesen, eine Grabform, wie sie dann im 2. und 3. Jahrhundert häufig anzutreffen ist. Die Mitgabe eines Holzkastens mit Schlüssel kann bis in vorrömische Zeit zurückverfolgt werden (vgl. Kat. 12). Ha.

16 Grab 566, Brandgrab

1. H. 2. Jh. n. Chr.

a. Fünf Bronzefibeln mit Scharnierkonstruktion und Emaileinlage.
b. Eiserner Fingerring.
c. Drei Eisennägel.
d. Einhenklige Faßflasche aus grünlichem Glas.
e. Sog. Honigtopf mit eingeritzter Gewichtsangabe.
f. Kleine Schüssel.
g. Wandscherben eines Tongefäßes, Abdeckung des Honigtopfes.

RLM. Trier, Inv. 56,194.

Fibelausstattung, Fingerring wie auch die Leichenbrandanalyse sichern ein Frauengrab. Auf der Sohle einer quadratischen, übereck genordeten Grabgrube standen eine kleine Glasflasche und der Honigtopf, in letzterem der Leichenbrand und die Fibeln. Besondere Beachtung verdienen die auf der Außenwand des Topfes eingeritzten Schriftzeichen TPVS, die Abkürzung für TESTA PONDO V SEMIS. Der Topf wog leer $5^1/_2$ römische Pfund. Die Gewichtsangabe soll es dem Käufer erleichtern, das Nettogewicht der Ware schnell zu überprüfen. Sicher verstanden die Einwohner von Belginum diese Kürzelinschrift; sie läßt die in der 1. Hälfte des 2. Jahrhunderts weit fortgeschrittene Romanisierung der Treverer auch außerhalb der großen Städte sichtbar werden. Ha.

17 a Grab 1083, Brandgrab

Ende 2. Jh. n. Chr.

a. Faltenbecher, »Schwarzfirnißware«.
b. Pompejanisch-rote Platte.
c. Sog. Honigtopf.
d. Terra-Sigillata-Schälchen.

In einer rechteckigen Grabkiste aus Schieferplatten standen ein Faltenbecher und ein Topf, beide gefüllt mit Leichenbrand, abgedeckt mit einer Platte bzw. einem Schälchen. Sicher haben wir es mit einer Doppelbestattung zu tun. Oberirdisch war das Grab durch einen aufrecht stehenden Steinfindling gekennzeichnet. Im Vergleich zu den vorangegangenen Jahrhunderten registrieren wir in der 2. Hälfte des 2. Jahrhunderts einen tiefgreifenden Wandel der Bestattungsbräuche. Ein Grab besteht jetzt nur noch aus einem Tongefäß als Urne und einem Teller, Schälchen oder auch Steinplatten als Abdeckung der Urne; nur gelegentlich kommen ein oder zwei Gefäße aus Ton oder Glas hinzu. Außer Tongefäßen werden vereinzelt auch eckige oder runde Steinkisten mit Deckel als Leichenbrandbehälter beobachtet. Waffen, Werkzeuge, Trachtbestandteile, Schmuck, Terrakotten, Münzen, die Vielfalt der Gefäßformen, alle diese zur Charakterisierung des Toten beitragenden Beigaben sind nun zugunsten schlichter Urnengräber aufgegeben. Parallel zu der allmählichen Aufgabe der Beigabensitte beobachten wir jedoch seit Beginn des 2. Jahrhunderts völlig neue mit dem Totenkult zu verbindende Erscheinungen. Außer Gräbern sind aus dieser Zeit etwa 250 sog. Aschengruben gefunden worden. In meist unregelmäßig ovalen und unterschiedlich tiefen Gruben hat man nach der Leichenverbrennung die Überreste des Scheiterhaufens deponiert, eine Mischung von Holzkohle, Asche, absichtlich zerschlagener und verbrannter Gefäßkeramik, zerschmolzenen Glasgefäßen, durch Brandeinwirkung

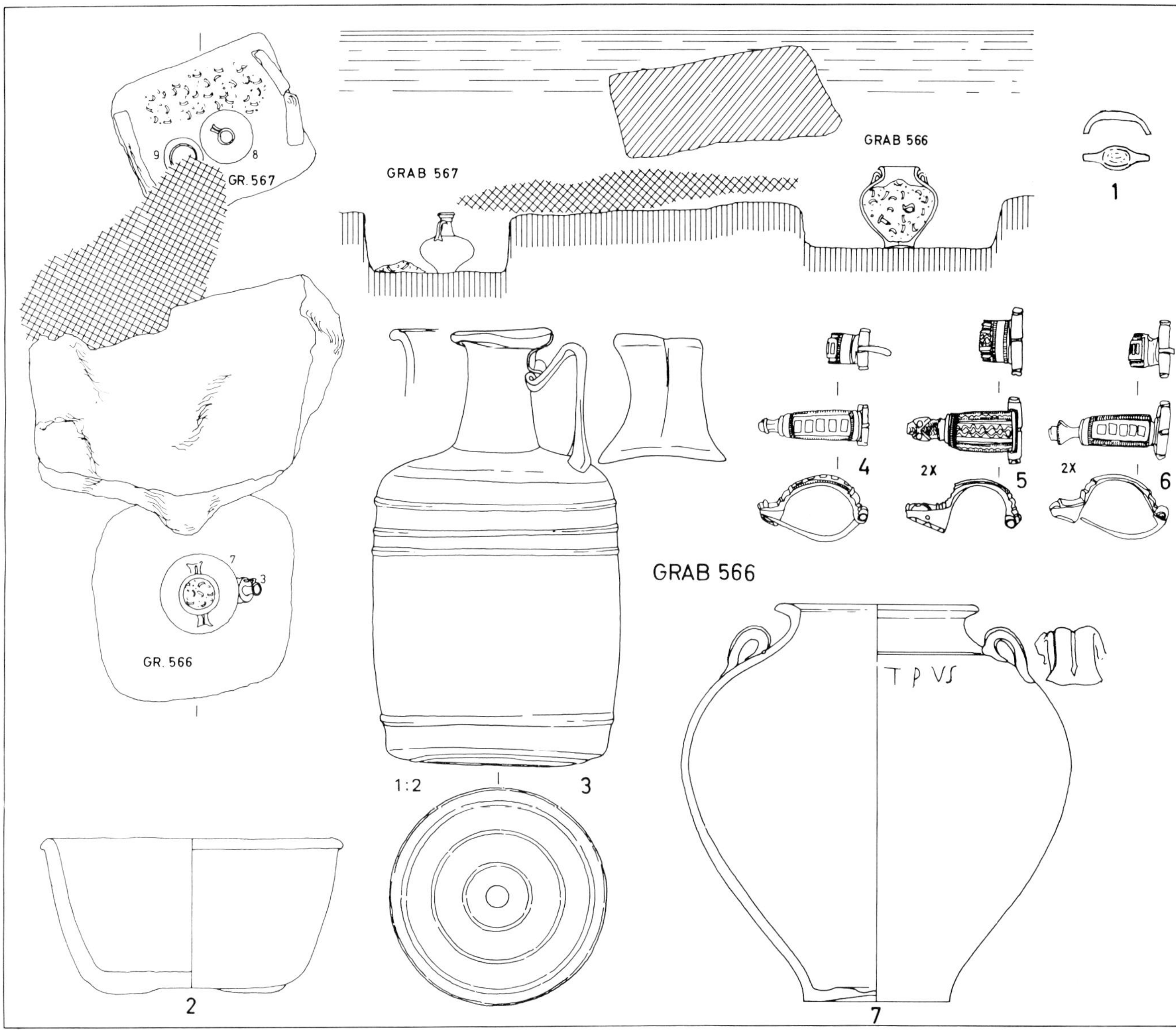

16

stark zerstörten Metallobjekten, vereinzelt auch kalzinierten Knochenstückchen. Überwiegend handelt es sich offensichtlich um das beim Totenmahl benutzte Geschirr (vgl. Kat. 114). Die meisten Aschengruben sind keinem bestimmten Grab zuzuordnen, offensichtlich sind sie auch nicht immer in unmittelbarer Nähe der zugehörigen Gräber angelegt worden, da ganze Grubenkomplexe stellenweise anzutreffen sind. Wahrscheinlich hat man von Zeit zu Zeit die herumliegenden Überreste einer oder mehrerer Leichenverbrennungen aufgesammelt und auf dem Friedhof »bestattet«.

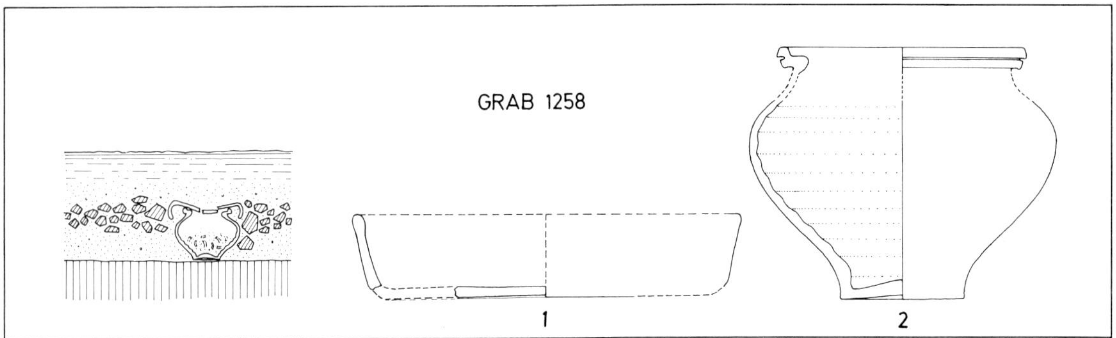

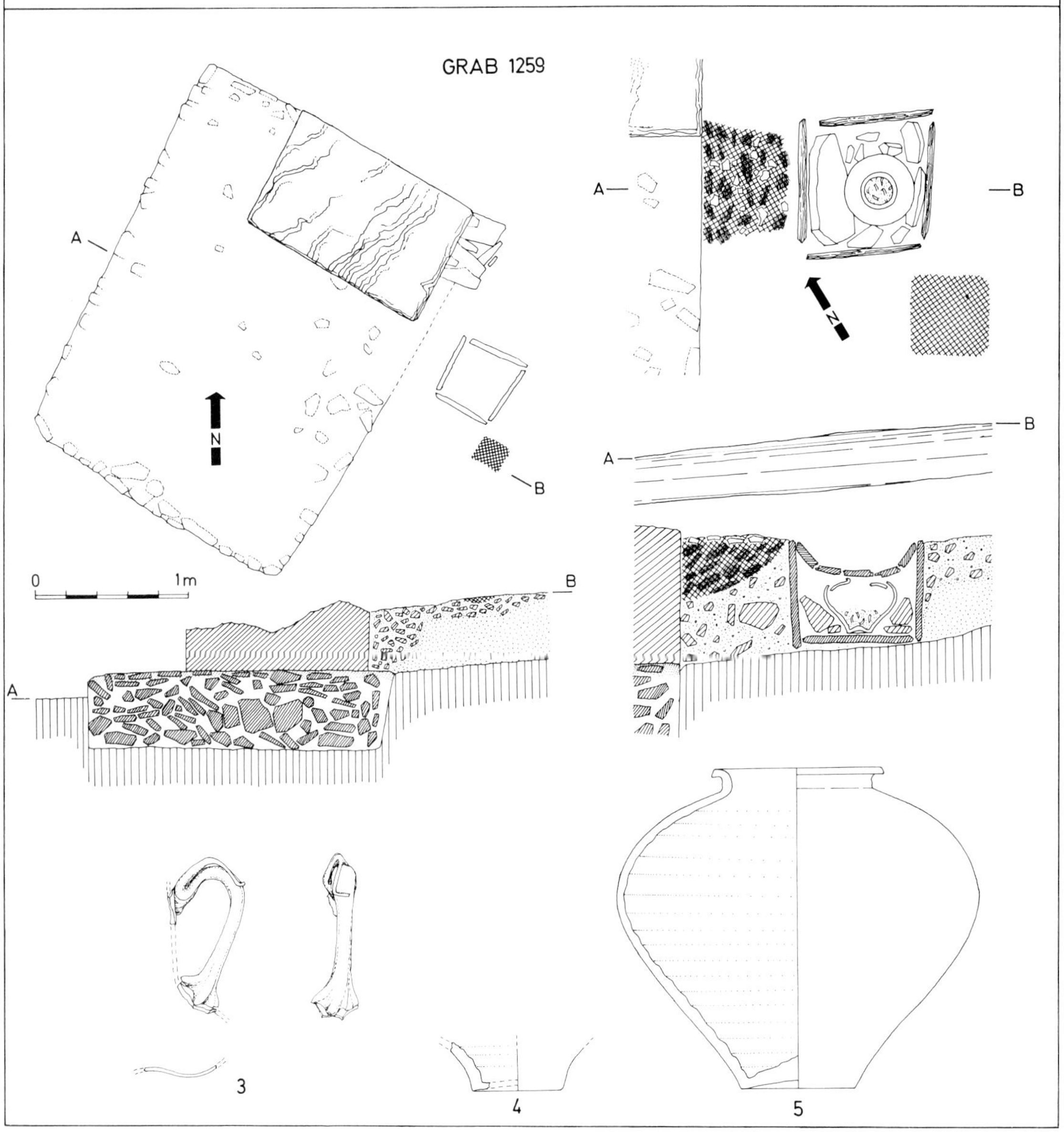

17b

17 b Grab 1259. Weiblicher und männlicher Porträtkopf.

17 b Grab 1259 mit Grabdenkmal, Brandgrab mit Aschengrube

193 n. Chr.

a. Topf, gefüllt mit Leichenbrand.
b. Scherben von drei verschiedenen Tongefäßen aus der Aschengrube.
c. Henkel, Wand- und Bodenscherben einer kleinen kugeligen Flasche aus dunkelgrünem Glas aus der Aschengrube.
d. Männlicher Porträtkopf aus Sandstein, H. 18,2 cm.
e. Weiblicher Porträtkopf aus Sandstein, H. 19,4 cm.

RLM. Trier, Inv. 71, 127.

Grab 1259 ist ein schlichtes Urnengrab in einem Schieferplattenbehälter. Unmittelbar daneben stieß man auf eine kleine Aschengrube, gefüllt mit Scheiterhaufenrückständen. Insgesamt neun verkohlte Eichenholzstücke konnte E. Hollstein dendrochronologisch in das Jahr 193 datieren. Schieferplattengrab und Aschengrube sind eingetieft in die Bauschicht eines großen Grabpfeilers aus Sandstein, dessen 2 × 2,7 m großes Fundament unmittelbar nordwestlich von Grab 1259 freigelegt werden konnte. Zum Reliefschmuck des Grabpfeilers gehören u. a. die beiden ausgestellten Sandsteinköpfe eines Mannes und einer Frau, die beide durch den Pflug stark beschädigt worden sind. Da stratigraphisch feststeht, daß Grab 1259 nach der Erbauung des Denkmals angelegt worden ist, muß der Grabpfeiler älter als 193 n. Chr. sein. Wie so häufig ist der Grabpfeiler schon zu

Lebzeiten der Erbauer errichtet worden. Auch das schon ins 3. Jahrhundert zu datierende Urnengrab 1258 gehört zu dem Grabdenkmal. Weitere Bestattungen sind wahrscheinlich durch den Pflug zerstört worden.

Grab 1259 mit Denkmal steht exemplarisch für 15 weitere Steinmonumente, von denen allerdings nur noch die Fundamentstickungen angetroffen wurden. Sie standen unmittelbar an den Straßen und Wegen. Der sich Belginum nähernde Reisende sollte die Inschriften mit Nennung des Namens, gelegentlich auch des Berufes, lesen, den Reliefschmuck mit mythologischen Bildern und Szenen aus dem täglichen Leben bewundern können. Sicher war es nur eine begüterte Minderheit, die sich den Luxus solch großartiger Grabdenkmäler leisten konnte. Außer den großen Denkmälern gab es zur Kennzeichnung der Gräber kleine Stelen verschiedenster Form – zahlreiche Bruchstücke wurden gefunden – aber auch Inschrifttafeln aus Holz dürften ausgereicht haben.

Im 2. Jahrhundert und in der 1. Hälfte des 3. Jahrhunderts hatte die Wederather Nekropole ihre größte Ausdehnung. Sie hat eine Südwest-Nordost-Ausdehnung von 400 m und eine größte Breite von fast 200 m. Die über 4 ha große, ein spitzwinkliges Dreieck bildende Friedhofsfläche ist an den Längsseiten von Wegen und Gräben eingefaßt, im Nordosten und Osten von einem Graben begrenzt. Der das Gräberfeld in der Mitte durch-

19

schneidende, bis in vorrömische Zeit zurückzuverfolgende Weg ist jetzt aufgegeben. Zahlreiche Aschengruben und einzelne Gräber sind hier anzutreffen.
Das einfache Urnengrab als bestimmende Grabform der 2. Hälfte des 2. Jahrhunderts besteht während des gesamten 3. Jahrhunderts weiter. Auffällig ist jedoch, daß Gräber der 2. Hälfte des 3. Jahrhunderts selten sind. Möglicherweise haben die Einwohner von Belginum einen zweiten Friedhof angelegt, etwa am entgegengesetzten Ende des Vicus, wahrscheinlicher ist jedoch, daß die Einwohnerzahl von Belginum durch die Germaneneinfälle drastisch zurückgegangen ist. Daß der Ort jedoch auch in spätrömischer Zeit noch existiert hat, beweisen einige sicher in das 4. Jahrhundert zu datierende Gräber, neben Brandbestattungen auch einzelne Körpergräber. Ha.

18 Grab 986, Brandgrab

1. H. 4. Jh. n. Chr.

a. Topf, Speicherer Ware.
b. Teller, Speicherer Ware.
RLM. Trier, Inv. 59, 131.
Die Gefäße des schlichten Urnengrabes wurden in den spätrömischen Töpfereien von Speicher in der Eifel hergestellt. Brandbestattungen entsprechend Grab 986 sind im 4. Jahrhundert äußerst selten. In weiten Teilen des römischen Reiches hat sich schon im Verlauf des 3. Jahrhunderts die Körperbestattung durchgesetzt. In Wederath können wir das Nebeneinander beider Bestattungsformen während mehrerer Jahrzehnte beobachten. Ha.

19 Grab 108 (1978), Körpergrab

Mitte 4. Jh. n. Chr.

a. Becher, schwarz »gefirnißt«.
b. Terra-Sigillata-Schälchen.
c. Drei Glasgefäße, eine Kugeltrichterflasche, ein Becher mit Reliefzier und ein hoher Becher mit Schliffrillen.
RLM. Trier, Inv. EV. 78, 117.
Der Tote wurde in einer 2,7 × 0,95 m großen und 1,1 m tiefen Grabgrube beigesetzt, in einem Holzsarg liegend. Unter den wenigen datierbaren Körpergräbern ist Grab 108 (1978) das jüngste. Nach fast 1000 Jahren endet die Belegung des Wederather Gräberfeldes um die Mitte des 4. Jahrhunderts. Die Germanengefahr hatte dem Fortbestand einer Siedlung an der vom Rhein in das Innere Galliens führenden Straße ein Ende bereitet. Ha.

20 Der Titelberg (Luxemburg), treverisches Oppidum und römischer vicus

(Luftbild)

In der Südwestecke des heutigen Großherzogtums Luxemburg gelegen, ist der Titelberg ein ins Tal der Korn (Chiers) vorspringender Bergsporn, dessen Hänge nach allen Seiten hin steil abfallen und der nur im Südosten durch eine etwa 200 m breite Zunge mit dem angrenzenden Hochplateau in Verbindung steht. Die rund 50 Hektar große Oberfläche des Bergvorsprungs erreicht an ihrem höchsten Punkt 399 m über NN und liegt rund 130 m über dem Tal der Korn. Den geologischen Untergrund bilden oolithische Eisenerzadern und Kalkmergel, die von einer dichten Lage aus Hohenbrückner Kalkstein überdeckt werden. Das gesamte Plateau des Titelbergs, das noch vor einigen Jahrzehnten relativ eben war, ist heute, bedingt durch den fortschreitenden Einbruch der unterirdischen Eisenerzstollen des 19. und 20. Jhs., stark entstellt.
Die 43 Hektar große Innenfläche wird in ihrer Gesamtheit von einer 2737 m langen Wallanlage umschlossen. Während der Aufbau des relativ niedrigen Seitenwalls, der heute an einzelnen Stellen nur mehr schlecht sichtbar ist, noch nicht untersucht werden konnte, hat eine in den Jahren 1980 bis 1982 vom Luxemburger Staatsmuseum durchgeführte Ausgrabung in dem noch über 10 m hohen und an der Basis fast 50 m breiten Hauptwall, der die Verbindung mit dem vorgelagerten Hochplateau abriegelte und auch die Toranlage umfaßte, zu überraschenden Ergebnissen geführt. So konnten im Innern der mächtigen Aufschüttung die Überreste von vier bis fünf verschiedenen Befestigungsanlagen festgestellt werden, von der einfachen Palisadenanlage mit Berme und Graben, über mehrere unterschiedlich große Holz-Stein-Erde-Konstruktionen, z. T. in Murus Gallicus-Technik, bis hin zu einer letzten Anlage mit mächtiger Mauerkrone. Da nur wenig Fundmaterial zutage kam, ist die genauere Datierung der einzelnen Befestigungen problematisch. Mindestens drei Anlagen dürften jedoch in die Spätlatènezeit, d. h. in das letzte Jahrhundert vor Christi Geburt gehören, als der Titelberg Sitz eines Oppidums der Treverer war.
Welche Rolle die Burg in den Auseinandersetzungen zwischen Römern und Treverern während des Gallischen Krieges spielte, ist noch ungewiß. Seine Blütezeit erlebte das Oppidum jedenfalls erst nach der römischen Eroberung, als romfreundliche Trevererfürsten auf dem Berg ihre Münzen prägten (siehe Beitrag R. Weiller) und eine aktive keltische Bevölkerungsgruppe dort ansässig war, die u. a. in der Eisenverarbeitung tätig war.
Ab dem dritten Jahrzehnt vor Christus beendet der massive Import römischer Gebrauchsgegenstände und Luxusgüter jeder Art die spätlatènezeitliche Tradition des Platzes. Die bis dahin ausschließlich aus Holzbauten bestehende Siedlung wird nach und nach in Stein ausgebaut und erhält im Laufe des 1. Jh.

20 Der Titelberg (Luxemburg), treverisches Oppidum und römischer vicus.

n. Chr. mehr und mehr das Gesicht einer mediterranen Landstadt mit privaten und öffentlichen Bauten, Tempeln, Werkstätten, Grabmonumenten, usw. Abseits der großen römischen Fernstraßen gelegen, erlangt die Handwerker- und Händlersiedlung auf dem Titelberg nie die Bedeutung des großen vicus von Dalheim (vgl. Kat. 25), erleidet im großen und ganzen aber das gleiche Schicksal. Nach Zerstörungen anläßlich der Germaneneinfälle in der zweiten Hälfte des 3. Jh. endet das Leben in der römischen Siedlung auf dem Titelberg im frühen 5. Jh.

Lit.: L. Reding, Les monnaies gauloises du Tetelbierg (Luxemburg 1972). – J. Metzler, Beiträge zur Archäologie des Titelberges. In: Publ. Sect. Hist. 91, 1977, 13ff. – R. Weiller, Die Münzfunde aus der Grabung vom Tetelbierg. In: Publ. Sect. Hist. 91, 1977, 117ff. – Zur Wallgrabung 1980–1982 s. jetzt: J. Metzler, Hémecht 35, 1983, 277ff. Kr.

21 Münzen und Münztypen der Treverer

(s. Einführungstext S. 68ff., dort auch Abkürzungen)

a. Treveri. Stater vom Typ mit dem geflügelten Männlein (Scheers 16), CMLG 1825 (=Münzkabinett des Staatsmuseums Luxemburg).
b. Treveri. Viertelstater vom Typ mit der Lyra (Scheers 18), CMLG 1865.
c. Treveri. Stater mit dem Namen des Fürsten Pottina (LT 8825), CMLG 469.
d. Treveri. Stater mit dem (nicht ausgeprägten) Namen des Fürsten Arda (LT 8817), CMLG 436.
e. Treveri. Silbermünze vom Typ mit dem behelmten Brustbild (Reding 5), Fundort: Tetelbierg (Grabung), CMLG 14.
f. Treveri. Bronzemünze vom Typ mit den Kügelchen (BN 8841), Fundort: Tetelbierg (Grabung), CMLG 39.
g. Treveri. Bronzemünze vom Typ mit dem Reiter (LT 8839), Fundort: Tetelbierg (Oberflächenfund), CMLG 51.
h. Treveri. Bronzemünze vom Typ mit dem länglichen Profil (LT 8849), Fundort: Tetelbierg (Grabung), CMLG A91.
i. Treveri. Bronzemünze vom Typ mit dem Stier (LT 8852), Fundort: Tetelbierg (Grabung), CMLG A292.
k. Treveri. Silbermünze vom Typ mit dem sitzenden Männlein (LT 9383), Fundort: Tetelbierg (Grabung), CMLG 779.
l. Treveri. Bronzemünze mit dem Namen des A. Hirtius (LT 9235), Fundort: Tetelbierg (Oberflächenfund), Privatsammlung.
m. Treveri. Potinmünze des Typs mit den struppigen Haaren (LT 8445), Fundort: Tetelbierg (Oberflächenfund), CMLG 1508.
n. Treveri. Bronzemünze mit dem Namen des Germanus Indutilli L(ibertus) (LT 9248), Fundort: Tetelbierg (Grabung), CMLG 687.
o. Kopie des Staters Philipps II. von Makedonien (LT 3614), Fundort: Roedgen, CMLG 1770.
p. Ambiani. Stater (LT 7878), Fundort: Schatzfund Hagen 1940–1945, CMLG.
q. Mediomatrici. Bronzemünze mit der Legende: MEDIOMA (LT 8953), Fundort: Tetelbierg (Grabung), CMLG 1290.
r. Schrötlingsform (Tüpfelplatte) aus Tonerde (Fragment), Fundort: Tetelbierg (Grabung), CML.
s. Goldschrötling zum Pottina-Typ (LT 8825), Fundort: Tetelbierg (Oberflächenfund), Privatsammlung.
t. Zwei noch durch den Gußsteg miteinander verbundene Bronzeschrötlinge, Fundort: Tetelbierg (Grabung), CMLG B2.

R. Weiller

21 ▷

22

22 Grabkeramik

FO. Limbach – Bliesbergerhof (Saarpfalzkreis)
Augusteisch

Gefäße aus einem Brandgrab (Nr. 4 des Gräberfeldes): Krug mit weißem Überzug, lederbraune Gurtschüssel, handgemachter Topf. Beim Krug handelt es sich um Import aus dem Süden. Schüssel und Topf stammen aus einheimischer Produktion. Zumal der Topf steht in der Tradition keltischer Tonware.
Ton. – H. 26,2 cm, 18,4 cm, 11 cm.
LM. Saarbrücken.
Lit.: A. Kolling, Das frührömische Gräberfeld vom Bliesbergerhof. Ber. Denkmalpf. Saarland 16, 1969, 25 f. Ko.

23 Keramisches Inventar eines Brandgrabes

FO. Grügelborn, (Kr. St. Wendel)
2. H. 1. Jh. v. Chr.

Ein Landwirt entdeckte das Grab beim Kiesgraben in seinem Acker auf der Flur »Heid«. 1,2 m tief lagen die Gefäße zerdrückt auf dem Boden einer 1,0 × 1,30 m messenden Grabgrube. Außer der Keramik fand sich etwas fragmentierter Eisenschmuck: zwei aneinandergerostete Armringe und zwei Fibeln »mit durchbrochenem« Fuß.
a) Große konische Schüssel, handgemacht, geglättet, schwarzgrau bis lederbraun; b) großer Gefäßdeckel (paßt zu a), gefalzt,

23

handgemacht, geglättet, braun, innen grau mit Resten eines schwarzen Firnisüberzuges; c) gebauchte Schüssel mit dicker Randlippe, scheibengedreht, geglättet, grau; d) Humpen mit enger Mündung, scheibengedreht, geglättet, fleckig braun bis schwarz; e) Topf, scheibengedreht, Randkehle matt geglättet, Gefäßkörper rauh, innen grau, außen schwarzer Firnisüberzug; f) Napf, scheibengedreht, geglättet, fleckig braun; g) kleine konische Schüssel, handgemacht, grob geglättet, graubraun mit schwarzem Firnisüberzug; h) großer Kübel, doppelkonisch mit gerundetem Umbruch der Wandung, ohne Randlippe, handgemacht, Oberfläche mit langen Glättstrichen, braun, Reste von schwarzem Firnis; i) kleiner Deckel (paßt vielleicht zu h), handgemacht, grob geglättet, innen und außen schwarz gefirnißt; j) schwach gebauchte Schüssel mit dünner Randlippe, scheibengedreht, geglättet, fleckig braun bis schwarz; k) kleiner Topf, handgemacht, Rand matt geglättet, Gefäßkörper rauh, grau bis braun; l) bauchige Tasse, scheibengedreht, außen geglättet, grau-braun, fleckig; m) kleiner Becher, handgemacht, grob, dickwandig, rundum kleine Dellen; ein Randstück ausgebrochen, grau, schwarz gefirnißt; n) Schälchen, handgemacht, innen grau, außen ausgewaschen, weißlich bis schwarzgrau, fleckig; o) Schälchen, scheibengedreht, schwarzgrau; p) Napf, handgemacht, grob geglättet, innen eingängig grau, außen grau fleckig; q) Napf, handgemacht, grob geglättet, innen grau, außen schwarz gefirnißt.
Ton. – a) Dm. 26,0 cm, b) Dm. 26,5, c) Dm. 22,9, d) H. 23,0, e) Dm. 13,4, f) Dm. 16,0–16,7, g) Dm. 19,0, h) H. 39,5 cm, i) 15,7, j) Dm. 22,9, k) Dm. 11,3, l) Dm. 10,6, m) Dm. 8,0, n) Dm. 12,6, o) Dm. 11,6, p) Dm. 15,2, q) Dm. 15,8 cm.
LM. Saarbrücken.
Lit.: A. Kolling, Ber. Denkmalpf. Saarland 13, 1966, 17–20.
Ko.

24 a Zusammen mit der Situla gefundene Gefäße.

24 a Situla *(Farbabb. s. Frontispiz)*

FO. Goeblingen-Nospelt (Luxemburg)
1. Jh. v. Chr.

Zusammen mit fast siebzig anderen Beigaben (Keramik, Bronzegefäße, Waffen, Fibeln, usw.) wurde der Eimer 1966 im Brandgrab eines treverischen Ritters aus der Zeit nach dem Gallischen Krieg in der »Scheierheck« zwischen Goeblingen und Nospelt gefunden (Grab B). Das Grab wird generell in das zweite Jahrzehnt vor Christi Geburt datiert. Die Situla ist aus zwanzig miteinander verzapften Eibenholzdauben gebildet, von denen drei längere (29,5 cm) als Füße dienen. Als Verstärkung sowie als Verzierung ist oben in die Kopfseite der Dauben durchgehend ein wellenförmiges Bronzeband eingestanzt. Der 21 cm hohe Eimerkörper ist im unteren Bereich von drei glatten, mit doppelten Randleisten versehenen Bronzereifen umschlossen. Den oberen Abschluß bilden zwei identische Beschläge, die mit Bronzenägeln befestigt und mit getriebenen S-Ornamenten geschmückt sind. Zwischen den beiden Zierfriesen sind die Henkelattachen befestigt, die wohl ursprünglich durch besondere Beschläge versteckt waren. Der Hohlhenkel aus Bronzeblech, im Profil oval, wird von drei mehrwulstigen Scheiben zusammengehalten. In den Henkelenden steckt je ein massiver Bronzezapfen mit einer durchlochten Scheibe, welche zwischen den ebenfalls in durchlochten Scheiben endenden Attachen um einen von diesen gehaltenen Stift dreht. Die drei Fußbeschläge aus 1 mm dickem Bronzeblech zeigen typisch spätlatènezeitliche Durchbruchmuster in Form von Fischblase, Dreieck, Sechseck und S-Ornamenten.
Eibenholz und Bronze. – H. 29,5 cm, Dm. 32 cm.
Staatsmuseum Luxemburg, Inv. 1966–76.
Lit.: G. Thill, Die Metallgegenstände aus vier spätlatènezeitlichen Brandgräbern bei Goeblingen-Nospelt. In: Hémecht 19, 1967, 87 ff. – A. Haffner, Zum Ende der Latènezeit im Mittelrheingebiet unter besonderer Berücksichtigung des Trierer Landes. In: Archäologisches Korrbl. 4, 1974, 59 ff. Kr.

24 b Gesichtsmaske *(Farbabb. S. 126)*

FO. Hellingen (Luxemburg)
1. Jh. n. Chr.

Die Maske wurde im April 1853 in einem reich ausgestatteten Brandgrab aus der zweiten Hälfte des 1. Jh. n. Chr. bei Hellingen gefunden. Es handelt sich bei dem Stück um die Visiermaske eines römischen Paradehelms. Dargestellt ist ein jugendliches Gesicht mit niedriger Stirn, gerader Nase, kräftigem Kinn und wulstigen Lippen. Kantige Brauen und Lider rahmen die halbgeschlossenen Augen, deren Öffnungen, wie diejenigen der Na-

senlöcher und der Mundspalte durchbrochen sind. Das Lockenende eines Backenbartes ziert die linke Wange. Ein diademartiges, mit Medaillons und Rosetten verziertes Band bedeckt die obere Stirn. Im Mittelmedaillon erkennt man einen sitzenden, geflügelten Amor. Die Parademaske weist den in Hellingen bestatteten Toten als Angehörigen einer jener treverischen Familien aus, die in der Zeit nach dem Gallischen Krieg durch bewußtes Zusammenarbeiten mit den Römern, besonders im militärischen Bereich, zu Reichtum und Ansehen gekommen waren.
Bronze. – H. 20,2 cm, Br. 15 cm, T. 10,3 cm.
Staatsmuseum Luxemburg, Inv. 3–479.
Lit.: E. Wilhelm, Bronzes figurés de l'époque romaine. Musée d'Histoire et d'Art (Luxemburg 1971) 14 Nr. 33. – G. Thill, Frühkaiserzeitliche Grabbeigaben von Hellingen (G. H. Luxemburg). In: Archäologisches Korrbl. 5, 1975, 69 ff. – J. Garbsch, Römische Paraderüstungen (München 1978). Kr.

25 Ricciacus – Dalheim (Luxemburg)

(Luftbild und Plan)

Am Rande einer weiten, nach Südwesten hin sanft abfallenden Hochebene des Luxemburger Sandsteingebiets liegt südlich von Dalheim die ausgedehnte Trümmerstätte eines römischen vicus. Während seit dem 17. Jh. immer wieder aufsehenerregende Funde aus Dalheim vermeldet wurden, kam es in der Mitte des 19. Jh. zu ersten offiziellen Ausgrabungen, deren Resultate in der Folgezeit zahlreiche Privatleute zu unsachgemäßen Schatzgräbereien anregten. Erst durch die guten Resultate der Luftbildarchäologie in den Jahren 1976 und 1979 sowie die seit 1977 vom Luxemburger Staatsmuseum durchgeführten systematischen Ausgrabungen wurde es möglich, ein recht präzises Bild von der Ausdehnung, der Struktur und der Geschichte dieses über 20 ha großen vicus zu erhalten.
Trotz verschiedener Hinweise auf eine Besiedlung des Plateaus in keltischer Zeit, handelt es sich bei der Dalheimer Straßenstation um eine römische Neugründung. Die Entstehung der Siedlung ist in engem Zusammenhang mit der Planung und Errichtung der römischen Fernstraße Lyon–Metz–Trier–Rhein zu sehen (um 18/17 v. Chr.). Seine Funktion als Etappenort *(mansio – mutatio)* an diesem wichtigen gallischen Verkehrsweg bestimmte bis ins 5. Jh. n. Chr. hinein das Gesicht des vicus.
Während die Ansiedlung zunächst hauptsächlich aus Holzbauten bestand, erfolgte kurz nach der Mitte des 1. Jh. n. Chr., wohl in den ersten Regierungsjahren des Kaisers Vespasian, eine systematische Neuaufteilung des Siedlungsareals, die dem aufblühenden Ort dann bald das Aussehen einer mediterranen Stadt mit verschiedenen Straßenzügen, privaten und öffentlichen Bauten, einem großen Tempelbezirk (vgl. Kat. 98), Herbergen, Läden, Werkstätten und Fabriken, usw. gab. Seine größte Ausdehnung und Blütezeit erlebte der vicus im 2. Jh. und in der ersten Hälfte des 3. Jh. Ausgedehnte, dicht belegte Nekropolen mit z. T. monumentalen Grabdenkmälern an den Ausfallstraßen zeugen von der Bedeutung der Ansiedlung.
In der zweiten Hälfte des 3. Jh. und kurz nach der Mitte des 4. Jh. wurde die Stadt das Opfer von germanischen Plündererhorden, die die Häuser niederbrannten. In den Germanenstürmen zu Beginn des 5. Jh. ging die Siedlung endgültig zugrunde.
Daß die auf der sogenannten *Tabula Peutingeriana* zwischen Metz und Trier verzeichnete Straßenstation *Ricciaco* mit der Handwerker- und Händlersiedlung auf »Pëtzel« bei Dalheim zu identifizieren ist, liegt nahe, ohne aber bisher eindeutig bewiesen zu sein.
Lit.: J. Metzler – J. Zimmer, Beiträge zur Archäologie von Dalheim. In: Hémecht 30, 1978, 355 ff. – J. Krier, Zu den Anfängen der römischen Besiedlung auf »Pëtzel« bei Dalheim. In: Publ. Sect. Hist. 94, 1980, 139 ff. Kr.

25

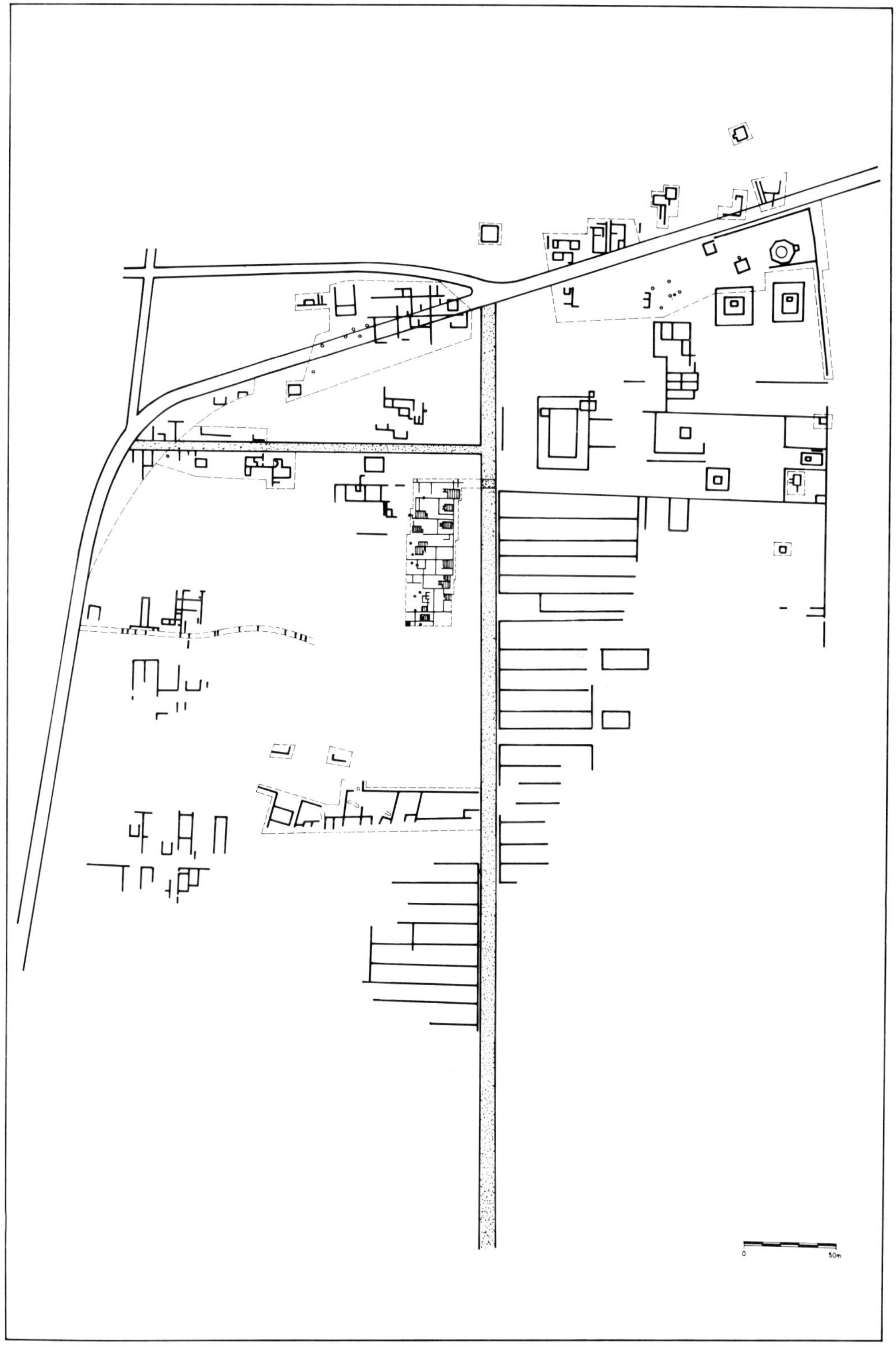

25

26–36 Metallgewinnung und Verarbeitung

26 a Vorrömische Eisenbarren

FO. Doncourt les Conflans (Meurthe et Moselle)

Zwei Eisenbarren mit lang ausgezogenen, abgeflachten Enden, die in dieser Form als Rohmaterial verhandelt worden sind und in Schmieden und Werkstätten zur Herstellung von Werkzeugen und Gerätschaften weiter verarbeitet wurden.
Eisen. – L. 46,5, L. 59 cm.
Museum Metz, Inv. 11315. Co.

26 b Eisenbarren der römischen Zeit

FO. Aus dem Gebiet von Metz

Kurzer und dicker aufgeschmiedeter Eisenbarren, Rohmaterial.
L. 29,5 cm.
Museum Metz, Inv. 11415. Co.

26 c Eisenbarren

FO. Uchtelfangen (Krs. Neunkirchen)
Römisch

Fund von dem Verhüttungsplatz »Bamsterwald«. Unweit der Fundstelle stand eine größere Villa. Schmelzen und Schmieden gehörten zu den größeren autarken Gutshöfen. Hier in Uchtelfangen wurde Toneisenstein des Karbongebirges verhüttet.
Eisen. – L. 29,7 cm.
LM. Saarbrücken.
Lit.: J. Keller u. A. Kolling, Ber. Denkmalpf. Saarland 7, 1959, 64 f. Ko.

26 d Bruchstück einer Panzerstatue

FO. Neunkirchen (Kreis Neunkirchen)
Römische Kaiserzeit

Brustpartie mit Halsansatz und Armstummeln. Es gibt sich ein schlichter Muskelpanzer zu erkennen. Brust- und Rückenschale gehen ineinander über. Armöffnungen und Schulterlaschen sind gebördelt. An die Laschen schließen Fransen an, von denen auf der rechten Seite ein Stück in ganzer Länge erhalten ist. Weiteres Detail sind die die Panzerschalen verbindenden Schulterstücke. Sie enden auf der Brust wie üblich in gewinkeltem Stoß und sind in gleicher Weise gebördelt wie die Schalen und Laschen, nur versäumte es der Modelleur, den rückwärtigen Enden einen Abschluß zu geben. Eine Lötstelle mitten auf der Brust und ein rechteckiger Durchbruch daneben bekunden eine verlorene Applike. Es handelte sich wahrscheinlich um ein Gorgogesicht.
Die lebensgroße Statue stellte wahrscheinlich einen Feldherrn dar (Mars kommt weniger in Betracht). Feldherrn- bzw. Kaiserstatuen standen in den Fahnenheiligtümern »inter signa«, wo die Truppe den Eid abzuleisten hatte. Eigentümlicherweise fehlt am Neufund das Paludamentum, der vom Imperator in Kriegszeiten getragene purpurne Mantel.
Das Bruchstück fand sich bei Baggerarbeiten in einem schmalen Tal im Wald des Kasbruchs, wo ein kleiner Vicus stand. Einen größeren Militärposten gab es weit und breit nicht. Der zivile Verkehrsflecken Schwarzenacker war 10 km Luftlinie entfernt. Nicht ganz auszuschließen ist, daß die Statue aus einem Tempelheiligtum stammt. Am Fundplatz wurde eine große geschuppte Säulentrommel und ein Fragment einer steinernen Venusstatuette gefunden.
Reste von bronzenen Panzerstatuen werden vornehmlich in den Militärlagern des Limes entdeckt. Bruchstücke von der Größe des vorliegenden Fragmentes sind freilich selten. Als einzige, bis ins hohe Mittelalter unversehrte metallene Panzerstatue gilt der Koloß von Barletta (gedeutet als Valentinian I., 364–375). Eine der bronzenen Statuen, die ebenfalls des Mantels entbehrt, ist der im Meer gefundene Torso von Cádiz.
An der Bronzebrust vom Kasbruch sind Merkmale zur Guß- und Löttechnik zu beobachten. Die Statue bestand aus mehreren Teilen. Man erkennt Merkmale der Montage. Fehlstellen bzw. Gußblasen wurden rechteckig ausgemeißelt und bekamen ein Pflaster eingeschmiedet.
Bronze. – H. 18 cm, Br. 58,5 cm.
LM. Saarbrücken.

26 d

Lit.: A. Kolling, Fragment einer bronzenen Panzerstatue aus dem Kasbruch bei Neunkirchen/Saar. In: Ber. Denkmalpf. Saarland 25/26, 1978/79, 87–91. Ko.

27 a) Besitzerinschrift eines Bergwerkstollens (Okkupationstafel)
b) Zwei Erztröge

FO. Wallerfangen – St. Barbara (Kreis Saarlouis)
Späte römische Kaiserzeit

Die Inschrift lautet INCEPTA OFFICINA EMILIANI NONIS MART (In den Nonen des März – am 15. des Monats März – eröffnete der Bergwerksunternehmer Emilianus diesen Stollen). – Derartige Okkupationstafeln schrieb das Bergregal vor. In dem Wallerfanger Bergwerk wurde Azurit (Blauerz) gewonnen, das ausgeschmolzen oder zu Farbstoff zerstoßen werden konnte. Der Stollen im Oberen Buntsandstein (Voltziensandstein) ist zugänglich und zeigt die Merkmale römischen Bergbaues. Die Inschrift befindet sich außen an der Felswand.
Nach Holzresten, die bei der Ausgrabung gefunden wurden, sind die beiden Tröge rekonstruiert. Mit solchen Tragen wurde auf dem Buckel das Erz zutage gefördert. Albrecht Dürer malte mit Farbpulver, das aus Wallerfanger Blauerz gewonnen worden war.
Steininschrift, Holztröge. – a) H. 45 cm, Br. 85 cm, b) L. 76 cm und 100 cm, Br. 31 cm und 36 cm, H. 11 cm und 15 cm.
Am ursprünglichen Platz erhalten (Felsinschrift).
Lit.: R. Schindler, Studien zum vorgeschichtlichen Siedlungs- und Befestigungswesen des Saarlandes (1968) 28–38. – H.-G. Conrad, Römischer Bergbau. In: Ber. Denkmalpf. Saarland 15, 1968, 113–131. Ko.

27 c Steinhauerpickel

FO. unbekannt
Römische Kaiserzeit

Pickel dieser Art dienten zum Ausschrämmen von Werksteinen im Steinbruch aber auch zum Zwecke des Stollenvortriebs und des Abteufens von Schächten.
Eisen. – H. 33 cm.
LM. Saarbrücken.
Unveröffentlicht. Ko.

28 a) Überrest eines Eisenschmelzofens mit Schlackenausfluß,
b) Verbreitungskarte der Verhüttungsplätze im östlichen Saarland

FO. Merchweiler (Krs. Neunkirchen)
Wahrscheinlich römisch

Rennofen mit eingebauter Luftdüse für den Betrieb des Blasebalges. Es gelangten hochprozentige Erze zur Verhüttung. Entsprechende Schmelzplätze gab es im Saarland zu Hunderten, hauptsächlich im Saarkohlenwald mit seinem Toneisengestein und dem hochprozentigen Roteisenstein (Hämatit), wie er bei der Ortschaft Sulzbach vorkommt. Im Buntsandsteingebiet des Saarpfalzkreises wurde auch magerer Brauneisenstein geschmolzen. Die Verhüttungsplätze liegen meistens in der Nähe von kleinen Bächen des eisenerzträchtigen Bergwaldes, also dort, wo es an ein und demselben Ort Erz zu graben, Holz zum Einkohlen und Wasser zum Abschrecken und Härten gab. Die vergleichsweise geringe Hitze in ca. 1,0 m hohen kegel-, zylinder- oder birnförmigen Öfen wurde mittels Blasebalg einigermaßen konstant gehalten. Die Pfeife des Balges steckte in einer manchmal doppelwandigen Tondüse, die durch die Ofenwandung ging. Das gebrockte Erz schwitzte unreines Eisen aus, welches sich zu einem Kuchen klumpte. Um diesen zu entnehmen, mußte die Ofenbrust aufgebrochen werden. Die überschüssige, immer noch stark eisenhaltige Schlacke floß zäh hinterher und bildete kleinere und größere schwarzgraue, glänzende Fladen von teigiger oder blasiger Oberfläche, die sogenannte Heidenschlacke. Zurück blieb ein kalottenförmiger Bodensatz, die zu nichts mehr zu brauchende »Ofensau«. Der große Klumpen aber, die »Luppe«, mußte in noch glühendem, plastischem Zustand eine zeitlang gehämmert werden, um den Kohlenstoff auszutreiben. Das Resultat konnte hochwertiger Stahl sein. Verhandelt wurde das Eisen in doppeltkegelförmiger Barrenform (siehe Kat. 26 c).
Es lag in der Betriebsweise und in der Konstruktion eines Rennofens begründet, daß dieser nur wenige Schmelzen aushalten konnte. Aus diesem Grunde brauchte der Schmelzer möglichst nahe am Platz geeigneten Lehm. Zunächst wurde ein die Ofenform bestimmendes Lattengerüst erstellt und dieses dann mit Lehm beworfen. Ein im Ofen angefachtes Feuer festigte und verziegelte die Wandung. Zur Stabilität trug ein Steinkranz oder eine umgebende niedrige Trockenmauer bei.
Die Verbreitungskarte der Rennfeuerplätze bekundet, daß das Saarland zu den bedeutendsten europäischen Metallprovinzen gehörte. Es gibt Belege dafür, daß im Umkreis von Sulzbach bereits um 600 v. Chr. Eisen geschmolzen wurde.
Auffälligerweise sind in den saarländischen Erzgebieten nur selten größere Schlackenhalden zu finden. Diese wurden vermutlich seit dem späten Mittelalter abgetragen, weil das Material zur erneuten Schmelze in den Hochöfen besserer Konstruk-

tion und zumal in den Puddelöfen immer noch tauglich und rentabel war. Es entstanden im 18. Jahrhundert aus den Kleinbetrieben die Hütten von Brebach, Geislautern, Dillingen, Fischbach und St. Ingbert.
Gebrannter Lehm.
Römisches Freilichtmuseum Schwarzenacker bei Homburg/Saar.
Lit.: Unveröffentlicht. Über andere Verhüttungsplätze im Saarland (Sulzbach und Neunkirchen): A. Kolling, Frühgeschichtliche Eisenschmelze bei Neunkirchen im Kreis Ottweiler. In: Saarbrücker Hefte, Heft 7, 1958, 26–40. – Ders., Eine frühe Eisenschmelze im Saarkohlenwald. In: Ber. Denkmalpf. Saarland 20, 1973, 51–59. Ko.

29 Erzhammer

FO. Neunkirchen (Krs. Neunkirchen)
Römisch

Hammer zum Zerkleinern von Eisenerz zu nußgroßen Brocken. In Neunkirchen wurden mäßig erzhaltige Schwarten des Buntsandsteins (Brauneisenstein) verhüttet.
Eisen. – H. 20 cm.
LM. Saarbrücken.
Lit.: A. Kolling, Frühgeschichtliche Eisenschmelze bei Neunkirchen im Kreis Ottweiler. In: Saarbrücker Hefte, Heft 7, 1958, 26–40, insbes. S. 36. Ko.

30 Amboß

FO. Schwarzenacker b. Homburg/Saar
2. bis 3. Jh. n. Chr.

Der Amboß wurde 1897 mit einem weiteren Exemplar in den Trümmern einer Schmiede entdeckt. Es fanden sich außerdem »eiserne Ringe, Kloben, Nägel, Messer, Gürtelhaken, Trensen, Schellen und der Balken einer kleinen Schnellwaage, Rest eines Schmelzofens, Eisenschlacken, Fragment eines Tiegels, zwei Düsen mit anhängender Eisenschlacke, ein Reibstein usw.« Es kamen Tonrohre einer Wasserleitung zum Vorschein. Oben in einer Ecke des Eisenkubus – gewöhnliche Form des Amboß in römischer Zeit – befindet sich ein Loch, das nach der Seite in einen Schlitz übergeht. Der »Schmied von Schwarzerden« (siehe Kat. 35) sitzt hinter einem größeren Exemplar des kubischen Typs.
Eisen. – H. 18,5 cm, H. des Schlitzes 13,5 cm.
Historisches Museum der Pfalz in Speyer.
Lit.: Westdeutsche Zeitschrift 17, 1898, 365 f. – A. Kolling, Funde aus der Römerstadt Schwarzenacker und ihrer nahen Umgebung (1971) 63 f.

31 Amboß

FO. Lorquin (Moselle)

Kleiner Amboß zum Treiben und Schmieden, Oberseite im Querschnitt quadratisch, eingeschobene Rundfedern sollen das Einsinken in die Unterlage des Holzblockes verhindern.
Eisen. – H. 21,5 cm.
Museum Metz, Inv. 7431. Co.

32 Schmiedezange

FO. Kleinblittersdorf (Krs. Saarbrücken)
Römisch

Schmiedezange aus der Werkstatt eines Gutshofes. Eine gleiche Zange befindet sich in der Hand des »Schmiedes von Schwarzerden« (siehe unter Kat. 35).
Eisen. – L. 51,5 cm.
LM. Saarbrücken.
Lit.: A. Kolling, Ber. Denkmalpf. Saarland 8, 1961, 128. Ko.

30

33 Große Schmiedezange

FO. Gebiet von Metz

Haltebacken zum Greifen der glühenden Eisenstücke, abgeflacht, lange Griffstiele.
Eisen. – L. 57 cm.
Museum Metz, Inv. 2961. Co.

34 Schmiedezange wie vor

Eisen. – L. 62 cm.
Museum Metz, Inv. 10894. Co.

35 Statue eines Schmiedes

FO. Schwarzerden (Krs. St. Wendel)
3. Jh. n. Chr.

Ein Schmied sitzt in einheimisch-gallischer Kleidung vor seinem Amboß. In der Linken hält er die Zange, der Stiel in der rechten Hand wird zu einem Hammer zu ergänzen sein.
Die gallische Tracht spricht dagegen, daß der Schmiedegott Vulkan gemeint ist. Daher wird die Statue das Grabmal eines Schmiedes geschmückt haben. Das Gewerbe des Schmiedes konnte zu einer gewissen Wohlhabenheit führen, wie man an den Grabmälern dieses Berufszweiges ablesen kann. Ein neugefundenes Grabrelief eines Schmiedes ist im folgenden wiedergegeben (Kat. 36).
Sandstein. – H. 75 cm, Br. 58 cm.
RLM. Trier, Inv. G. 37 m.
Lit.: Espérandieu 5139. – K. Polaschek, Kurtrier. Jahrb. 13, 1973, 194 mit Abb. 7. Bi.

35 Statue eines Schmiedes.

36 Grabstein eines Ehepaars.

36 Grabstein eines Ehepaars

FO. Hentern (Krs. Trier-Saarburg)
2. H. 2. Jh. n. Chr.

Die zwei Quader des Grabmals sind in der Kirche von Hentern vermauert. Bei dem dargestellten Ehepaar des Grabmals legt die Frau ihren linken Arm vertraut um die Schultern ihres Mannes. In der Rechten hält sie einen unklaren Gegenstand, vielleicht den Spinnrocken, das Symbol der Hausfrau. Der Mann hat in der linken Hand die Zange, die ihn als Schmied ausweist. Das Gefäß in seiner Rechten ist wohl kein Zeichen seines Berufes, sondern ein Trinkgefäß. Die Sitte, den Toten mit einem Becher – gleichsam mit den Lebenden zusammen feiernd – darzustellen, ist bei den Treverern im Gegensatz zu anderen Teilen Galliens unüblich.
Sandstein. – H. 122 cm, Br. 87 cm.
RLM. Trier, Inv. 73,572 (Kopie).
Lit.: W. Binsfeld, Archäologisches Korrbl. 3, 1973, 439f. mit Taf. 91. Bi.

37–49 Verkehr

37–38 Schiffsverkehr

Die Wasserstraße der Mosel war unter den Römern noch stärker als heute genutzt, auch die Saar war schiffbar. Daher entwickelte sich der Schiffsverkehr auf den Flüssen schnell zu einem bedeutenden Wirtschaftszweig. Durch Inschriften wissen wir zufällig von einer »Gilde« der Moselschiffer in Metz und von einem Verband der Steuermannshelfer in Trier. Es gab mannigfache Arten der Fortbewegung auf dem Wasser: Im Jahre 289 lesen wir vom Flößen, der Moseldichter Ausonius berichtet vom Rudern zu Tal und Treideln zu Berg. Auf Reliefs moselländischer Grabdenkmäler kennen wir das Rudern oder Paddeln (s. Kat. 178), das Treideln, das Staken (s. Kat. 38) und sogar das Segeln (s. Kat. 45). Bi.

37 Sigillata-Schüsseln mit Schiffsdarstellung

FO. Trier (a: Töpferei)
1. H. 4. Jh. n. Chr.

Randstücke zweier Sigillata-Schüsseln mit aus der freien Hand geschaffenen Tonreliefs von Schiffen. Eine große Besatzung bewegt durch Paddeln die Schiffe vorwärts, einmal (a) sind acht, das andere Mal (b) neun Paddler zu zählen, dazu kommt jeweils am Heck der Steuermann. Auf einer der Schüsseln (b) steht mittschiffs ein Mann mit einem Paddel auf der Schulter, der in Fahrtrichtung weist, wohl der Kapitän.
Man hat an Schiffe eindringender Nordgermanen gedacht, mehrere Denkmäler deuten aber darauf, daß das Paddel auf der Mosel wohlbekannt war. Vielleicht handelt es sich um sportliche Regatten, wie Ausonius eine in seiner Mosella (201 ff.) beschreibt.
Terra Sigillata. – Br. 13,9 cm (a), bzw. 16,4 cm (b).
RLM. Trier, Inv. ST. 14812 (a) bzw. 74,20 (b).
Lit.: W. Böcking, Antike Welt 11, 3, 1980, 20 mit Abb. 9/10. Bi.

37 a

37 b

38

38 Tonmodel mit Schiffsdarstellung

FO. Trier, Töpferei
wohl 4. Jh. n. Chr.

Negativ für ein Medaillon, auf dem ein Weinschiff dargestellt ist. Am Bug steht ein Mann, der den Kahn mit einer Stakstange oder einem Paddel vorwärts treibt; am Heck hält ein sitzender Mann das Steuerruder. Zwischen beiden liegen zwei Weinfässer, ein dritter Mitfahrer ist gerade dabei, eines davon mit einem Saugheber am Spundloch anzuzapfen. Dieser Vorgang mag erkären, wie der »fröhliche Steuermann« von einem der bekannten Neumagener Weinschiffe an seine gute Laune kommt (Schindler, Führer Abb. 125).
Dunkelroter Ton. – Br. 13,9 cm.
RLM. Trier, Inv. ST. 14954.
Lit.: W. Böcking, Antike Welt 11, 3, 1980, 20 mit Abb. 8.

Bi.

39 Bleiplomben Trier

FO. Mosel bei der Römerbrücke

Für Waren aus fernen Landen, für deren Transport durch Provinzen, gab es, zur Verbesserung der Staatseinnahmen, Zölle. Emporia-Handelsstellen- und Häfen an den Provinzgrenzen waren eingerichtet worden, die auf bestimmte Güter und Erzeugnisse eine Wertsteuer erhoben, die in Gallien $^1/_{20}$ des Warenwertes, einer Mehrwertsteuer gleich kam. Die vicesima Galliarum betrug demnach 5%. Die Häufigkeit solcher Besteuerung wird durch hunderte von Bleiplomben bestätigt, die an der Mosel bei den Baggerarbeiten gefunden worden sind. Diese Plomben weisen auf einen Zoll, der hier den mit dem Schiff herangeführten Waren auferlegt war. Nach Erlegung der Taxe wurde die Ware entplombt und dem Händler und Erwerber freigegeben. Bei Expedition auf dem Landweg gab es entsprechende Ämter im Stadtgebiet, die gleichermaßen die Freigabe der Ware betrieben und die Marken entfernten. Nur so erklärt sich, daß inzwischen auch im Stadtgebiet zahlreiche Bleisiegel und Plomben gefunden werden konnten. Bleie mit dem Kaiserbild und Schnurdurchzügen an der Unterseite sind dann weniger als »Steuermarken« zu betrachten sondern stellen, einem versiegelten Paket oder Brief gleich eine Sicherung dar, die den Inhalt der Sendung vor Erbrechen oder sonstiger Beschädigung schützen sollte.
Hierzu rechnen auch mitunter kunstvoll verzierte Siegelbüchsen, die vornehmlich Brief- und persönliche Sendungen zur Sicherung einer Verschnürung dienten.

a. Große Bleiplombe, im eingetieften Feld Siegelbild: behelmter Kopf nach links. Unterseite halbkugelförmig.
   3,2 zu 2,7 cm, oval.
b. Bleiplombe, in eingetieftem Feld, Pferd und Reiter nach rechts, Fußlinie als Perlstab, flach an beiden Seiten »Gußzapfen«.
   4,0 zu 2,5 cm, flachoval.
c. Bleiplombe, Relief stark verrieben, Unterseite halbkugelförmig mit Öffnung zum Durchziehen der Verschnürung.
   3,2 zu 2,5 cm.
d. Bleiplombe mit eingetieft rechteckigem Feld, Pferd nach rechts.
   2,0 zu 1,6 cm.
e. Bleiplombe, flach eingetieftes Rundfeld mit Kopf nach rechts.
   2,0 zu 1,7 cm.
f. Große, flache Plombe in eingetieftem Rundfeld, Hercules mit dem nemäischen Löwen ringend, am Rand Inschrift M C (?).
   2,8 zu 2,7 cm, flachoval.

RLM. Trier, a–e: EV. 77, 40; f: EV. 82, 29 Tiefgarage Trier/Palais.
Lit.: Trierer Zeitschr. 37, 1974, 167.

Cü.

39

◁ 40 Prora, Teil eines Votivschiffes

FO. Trier, aus der Mosel bei der Römerbrücke
2. H. 2. Jh. n. Chr.

Das Vorderteil, Steven eines Votivschiffchens, läuft mit gerundeter Deckplatte und umgeschlagenen Seiten zu fast quadratischem Stutzen zusammen, an den, separat gearbeitet und durch einen doppelten Wulst abgesetzt, ein Frauenkopf anschließt und durch die starke Aufwölbung der Halterung fast senkrecht steht. Das im Ausdruck ernste Gesicht ist kräftig modelliert mit leicht geöffnetem Mund, scharfer Nase und weit geöffneten, in Silber eingelegten Augen unter tiefen Brauenbögen. Die unter ein Diadem gezogenen Haarsträhnen rahmen als kräftiger Wulst und Kranzflechte Stirn und Wangen und sind gescheitelt im Nacken zu einem Knoten zusammengefaßt. Die langrechteckige Unterseite des Stevens trägt in kapitalen Lettern die Weihinschrift:
NVM. AVG. ET .GEN. PRORETAR
LIBONI. METTVS ET CRACVNA .FR. DD
Die Seitenflächen des Stevens tragen eingravierte Verzierung von zwei sich emporrichtenden Delphinen und Perlbänder an der Rückseite.
Den Numen des Augustus und dem Genius und Schutzgeist der Proretarier, der Leute im Vorschiff und Ausguck zur Beobachtung von Untiefen und Hindernissen wurde die Bronze als Teil eines größeren Weihgeschenkes gestiftet. Das Motiv der Weihung macht es warscheinlich, daß es auf oder in nächster Nähe der Brücke in einem kleinen Heiligtum oder einer Ädikula aufgestellt war und bei kriegerischen Geschehnissen oder der Zerstörung der Brückenfahrbahn in den Fluß geraten ist.
Leuchtend messingfarbene Bronze, seit der Auffindung nachpatiniert. – L. 42,5 cm, untere Breite 17 cm, Kopf 9,2 cm l.
RLM. Trier, Inv. 62,8.
Lit.: A. Büttner, Eine Bronzeprora aus der Mosel bei Trier. In: Trierer Zeitschr. 27, 1964, 139. – H. Menzel, Die römischen Bronzen in Deutschland II. Trier (Mainz 1966) 114 Nr. 279 Taf. 86–88. Cü.

41 Enterhaken und Stakeisen

FO. Trier, in der Mosel bei der Römerbrücke

Neben zahlreichen Schiffsdarstellungen auf Grabdenkmälern sind für das Moselgebiet keine originalen antiken Schiffsreste bisher nachgewiesen worden. Die an der Moselbrücke bei Baggerarbeiten geborgenen Enterhaken, gabelförmige Eisenspitzen zum Manövrieren, und Tüllen von langen Hölzern, zum Staken in Ufernähe, weisen auf einen regen Schiffsverkehr, der durch die Strömungsverhältnisse im Brückenbereich nicht ungefährlich war.

41

Die Haken und Gabeln waren notwendig zum An- und Ablegen an Schiffen, Stegen und Länden. Stakhölzer erleichtern bei der Bergfahrt neben der Steuerung mit dem Ruderblatt seichte Uferpartien zu umfahren, während über eine lange Leine Mensch und Zugtiere das Boot am Ufer zogen.

a. Großer Enterhaken mit Tülle von der aus ein massiver Haken abschwingt während eine massive Spitze geradlinig weiter geführt ist.
   L. 29 cm.
b. Gabelförmiges Eisen, massiv mit einer Tülle zusammengeschmiedet.
   L. 13 cm, 14 cm, 14,5 cm.
c. Eisentüllen von Stakstangen.
   L. 18 cm, 11cm.

RLM. Trier.

Lit.: H. Cüppers, Die Trierer Römerbrücken. Trierer Grabungen und Forschungen 5 (Mainz 1969) 123 Abb. 140. Cü.

42 Genius cucullatus

FO. Trier, aus der Mosel bei der Römerbrücke
2.–3. Jh. n. Chr.

Stehende Figur eines Treverers, Füße und rechte Hand abgebrochen und ergänzt. Der Kopf mit strähnigem Haar, im Geröll des Flußgrundes stark abgerieben, war mit einem Steckdorn am Körper befestigt und separat gearbeitet. Der Mann trägt ein kurzes Sagum mit langen Ärmeln, darüber einen Überwurf, der von den Schultern über Brust und Rücken spitz dreieckig gebildet ist und eine angearbeitete Kapuze zeigt (cucullus).
Diese Form des noch in den Alpenländern getragenen »Wetterflecks« gleichen Zuschnitts unterscheidet sich von den sonst auf Reliefs, Terrakotten, Gläsern und Bronzen dargestellten Kapuzen, die an geknöpften Jacken, Mänteln oder aber auch an breiten Schulterkragen, als reine Kopfbedeckung mit Bandschlaufe, angebracht werden.
In der Tracht der Mönche und dem Kapuzenmantel der nordafrikanischen Völker (Marokko bis Tunesien) und dem alpen-

42

ländischen »Wetterfleck« hat sich dieses nützliche Gewand bis in unsere Zeit gehalten.
Goldgelbe, messingfarbene Bronze. – H. 10,3 cm, ursprünglich etwa 15 cm.
RLM. Trier.
Lit.: H. Cüppers, Die Trierer Römerbrücken. Trierer Grabungen und Forschungen 5 (1969) 118 Abb. 130. Cü.

43 Delphin

FO. Trier, Römerbrücke, aus der Mosel
2.–3. Jh. n. Chr.

Grifförmiger Aufsatz von einem Wagen, Schiff oder Möbel in Gestalt eines Delphins. Schuppen und Flossen in feiner Ziselierung nachgearbeitet. Der geschwungene Körper ist auf zwei profilierten Vierkantstäben montiert, die als Teil der Halterung nur noch im Ansatz vorhanden sind.
Bronze, dunkel patiniert. – L. 13 cm.
RLM. Trier.
Lit.: H. Cüppers, Die Trierer Römerbrücken. Trierer Grabungen und Forschungen 5 (Mainz 1969) 119 Abb. 132. Cü.

44 Seitenreliefs eines Grabmals mit Boot und Netzknüpfer

(Farbabb. s. S. 54)

FO. Metz, Ilot St. Jacques
2./3. Jh. n. Chr.

Die hochrechteckige Fläche ist durch eine Leiste in zwei Felder geteilt. Im unteren Bildfeld kleiner Nachen mit stehendem Ruderer. Das fast wannenförmige Boot ist am Vordersteven zu einer einwärts gschwungenen Volute mit dem Steven ausgebildet, die seitliche Verbretterung ist wohl zum Auslegen und Einziehen der Fangnetze bestimmt. Der Ruderer trägt ein dem Cucullus der Treverer ähnliches Gewand, das langärmelig, durch einen Gürtel hochgerafft ist. Im oberen Bildfeld sitzt ein Mann auf einem Felsen, in Beinkleid, einer Art Wickelgamasche, Hose und Mantel, der ein aufgehängtes Netz knüpft oder repariert.
Beide Darstellungen nehmen auf Flußfahrt und Fischfang Bezug, der an der fischreichen Mosel eine wichtige Erwerbsquelle bot.
Kalkstein (Kopie in Kalkgemisch). – H. 83 cm, Br. 50 cm.
Museum Metz, Inv. 75-38-44. Co.

43

44

45 Grabrelief

FO. Jünkerath (Krs. Daun)
2./3. Jh. n. Chr.

Auf dem Fragment sind zwei Zonen übereinander erhalten. Auf der oberen fährt ein Mann auf einem ursprünglich zweiachsigen Wagen. Vorn sitzt der Kutscher, der das galoppierende Pferd am Zügel leitet. In der unteren Zone sieht man ein Segelschiff, das mit verschnürten Tuchballen beladen zu sein scheint. Neben einer sitzenden Person steht ein Mann, der an den Segeltauen tätig ist. Das Segel selbst ist durch vier Querstangen in drei waagerechte Bahnen unterteilt, also ein Vorläufer des späteren Rahsegels. Solche Segel sind sonst im Römischen Reich unbekannt mit einer weiteren Ausnahme auf einem Mosaik in Kreuznach, also handelt es sich um eine einheimische, keltische Form.
Kalkstein (Kopie). – H. 117 cm, Br. 73 cm.
RLM. Trier, Inv. 11408.
Lit.: H. Koethe, Trierer Zeitschr. 11, 1936, Beiheft, 85 mit Taf. 5, 1. – D. Ellmers, Jahrb. RGZM. 16, 1969, 81 f. mit Taf. 16, 2. – Schindler, Führer, Abb. 126. Bi.

45

46 a Jochaufsatz mit Zügelringen

FO. Keßlingen (Krs. Merzig-Wadern)
Römisch

Das Joch gehörte zum verbreitetsten Anspanngeschirr. Pferde und Maultiere trugen es auf dem Nacken und zogen damit leichte Karren gleicherweise wie auch schwere Reisewagen. Durch den großen Ring führte das Leitseil.
Bronze und Eisen. – H. 12,1 cm.
LM. Saarbrücken.
Lit.: A. Kolling, Ber. Denkmalpf. Saarland 19, 1972, 13 f. Ko.

46 b Sieben Jochbeschläge bzw. Führungsringe für Leitseile

FO. Schwarzenacker b. Homburg/Saar
3. Jh. n. Chr.

Sammelfund aus dem römischen Vicus Schwarzenacker. Das gabelförmige Exemplar endet in Basiliskenköpfen.
Bronze.
Römisches Freilichtmuseum Schwarzenacker.
Unveröffentlicht. Ko.

46 c Pferdchen

FO. Schwarzenacker b. Homburg/Saar
2. bis 3. Jh. n. Chr.

Das Pferdchen scheint losspringen zu wollen. Die Stirnhaare sind parademäßig zu einem Knoten hochgebunden, als sei es geschmückt zu besonderem Anlaß; um Votiv zu sein an die Pferdegöttin Epona? Darauf läßt auch die Fundstelle schließen. Das herausgeputzte Pony lag unter dem Fußboden des sogenannten Säulenkellers in einem Gewerbegebiet des Vicus Schwarzenacker, und zwar mit einem kleinen Mars zusammen. Der Keller unterzieht einen Saal, der vermutlich als Versammlungsraum eines Berufskollegiums (in der Art eines Zunftlokals) diente. Man ist geneigt, an ein Kollegium aus dem Verkehrs-

46 b Jochbeschläge und Führungsringe für Leitseile.

gewerbe zu denken, das die Devotion dem Mars und der Epona gegenüber in der Form eines Bauopfers bekunden wollte. Die keltische Göttin (Kat. 47–49) wurde selbst im fernen Rom von Fuhrleuten verehrt.
Bronze. – H. 5 cm.
Römisches Freilichtmuseum Schwarzenacker.
Unpubliziert. Ko.

47–49 Epona

Epona ist eine gallische Göttin, deren Name vom keltischen Wort für »Pferd« abgeleitet ist. Sie war die Beschützerin der Pferde und der Reisenden, die reitend oder im Pferdewagen fahrend über die Straßen zogen. Ihr Kult verbreitete sich von Gallien aus nach allen Richtungen, auch ins Innere Italiens, ja bis zum heutigen Bulgarien und Algerien.
Lit.: R. Magnen – E. Thevenot, Epona (Paris 1953). Bi.

47 a

47 a–b Reliefs der Epona

FO. Trier, Altbachtal
2. Jh. n. Chr.

Bei den beiden im Heiligtum vom Altbachtal zusammen gefundenen Weihungen an Epona sitzt die Göttin im Damensitz auf einem nach rechts schreitenden Pferd. Sie hält in der rechten Hand (a) oder auf dem Schoß (b) einen Korb mit Früchten, wie sie häufig bei keltischen Göttinnen als Zeichen gnädigen Schenkens zu finden sind.
Kalkstein (a: Kopie). – H. 41,5 cm, Br. 28 cm (a), H. 29 cm, Br. 26 cm (b).
RLM. Trier, Inv. ST. 13876 bzw. 13878.
Lit.: Gose, Altbachtal 35 f. mit Abb. 125. – Espérandieu 7736 (a). – Schindler, Führer, Abb. 101 (a). Bi.

48 Epona

FO. Dalheim (Luxemburg)
2./3. Jh. n. Chr.

Das Relief mit der Darstellung der Göttin Epona wurde in der zweiten Hälfte des 19. Jh. im vicus bei Dalheim gefunden. Die Göttin ist im Frauensitz auf einer nach rechts schreitenden Stute dargestellt, deren Kopf mit einem Federbusch geschmückt ist. Auf dem Schoß trägt Epona einen Korb mit Früchten, den ihre rechte Hand umschließt. Die Linke führt die Zügel des Pferdes. Die Göttin ist mit einem langen Mantel bekleidet, dessen symmetrisch ausgeführte Falten etwas starr wirken. Der Kopf der Göttin ist in einer Dreiviertelansicht wiedergegeben. Das volle, runde Gesicht wird von einer in der Mitte der Stirn geteilten, in Wellen gelegten Frisur umrahmt. Das Relief war ursprünglich bunt bemalt.
Von der Pferdegöttin Epona wurden bisher in Dalheim und Umgebung mindestens acht verschiedene Darstellungen gefunden, von denen noch eine qualitätsvolle Bronzestatuette besondere Erwähnung verdient. Die Verbreitung des Epona-Kultes in Dalheim ist in engem Zusammenhang mit der Bestimmung des

47 b

48

vicus als *mansio-mutatio* (Ort für Rast und Pferdewechsel) an der bedeutenden Fernstraße Metz–Trier zu sehen.
Korallenkalkstein. H. 40,5 cm, Br. 31 cm, D. 12,5 cm.
Staatsmuseum Luxemburg, Inv. 236.
Lit.: Espérandieu 4255. – E. Wilhelm, Pierres sculptées et inscriptions de l'époque romaine. Musée d'Histoire et d'Art (Luxemburg 1974) 50, Nr. 316 (vgl. auch ebenda 49ff.). Kr.

49 a Weihrelief an die Göttin Epona

(Farbabb. s. S. 54)

FO. Sablon/Metz
2. bis 3. Jh. n. Chr.

Die Göttin in langem, wehendem Gewand auf einem Pferd sitzend. In der rechten Hand ein nicht mehr erkennbarer Gegenstand.
Jaumont-Kalkstein. – H. 79 cm, Br. 44 cm.
Lit.: Espérandieu 4353. – Toussaint 363. Co.

49 b Stele der Göttin Epona

FO. Schwarzenacker b. Homburg/Saar
2. bis 3. Jh. n. Chr.

Epona gehört in den Kreis der aus keltischen Naturdämonen erwachsenen Gestalten, die später in ihrem Äußeren den Römergöttern nachgebildet wurden. Das Relief zeigt die thronende Göttin zwischen ihren Schutzbefohlenen, in diesem Fall Ponys der alteinheimischen Rasse. Sie hält eine Früchteschüssel auf dem Schoß und krault das eine Pferdchen im Stirnhaar.

49 a

Nicht weit von Schwarzenacker, in Neunkirchen, Haus Furpach fand sich ein zweites Exemplar für das linksrheinische Deutschland (LM Saarbrücken). Die Göttin erscheint ähnlich wie in Schwarzenacker, nur riesig groß (Bedeutungsgröße!) im Vergleich zu den kleinen Pferdchen beiderseits. Die gezäumten Pferdchen traben hinweg. Groß sitzt Epona (als deftige Matrone mit Früchteschale auf dem Schoß dargestellt) auf einer Bank und mit dem Rücken einer Steinplatte verhaftet, die eine Sessellehne bedeuten mag. Winzig klein kommen die Pferdchen hinter den Beinen und dem Rock der Göttin hervor, die also auch hier regelrecht thront. Daß es sich um einen Sessel realer Vorstellung handelt, auf dessen unterer Partie Pferde abgebildet waren, ist wohl wenig wahrscheinlich.

Im Sessel sitzend ist Epona vergleichsweise selten dargestellt, gewöhnlich »thront« sie auf einem Pferd, zur Linken den Schwanz, zur Rechten den Kopf, einem Bauern gleich, der mit ausgeschirrtem Karrengaul heimwärts reitet. Die Göttin posiert also nicht etwa im »Frauensitz« (bzw. Damensitz), wie fälschlich geschrieben wird. Richtig »rittlings« ist sie nämlich selten dargestellt, so auf Weihesteinen von Medingen und Contern in Luxemburg und Lauterbach im Saarland. In Lauterbach handelt es sich um einen (im Krieg verloren gegangenen) Sammelfund von fünf Steinen. Auf einem der Steine scheint Epona vor dem Pferd zu stehen. Das wäre jedoch ikonographisch ganz ungewöhnlich. Es dürfte diese Darstellung in der Ungeschicklichkeit des Bildhauers begründet sein. Klar erkennbar ist auf dem betreffenden Stein und einem weiteren aus dem gleichen Fund ein Stab in der erhobenen Rechten, als sei es ein Speer oder Langzepter. Indes wird der Stab als Treiberstecken gedeutet. Brauchte aber ein heiliges Pferd ein Antriebsmittel, um brav zu traben? Ein Zepter konnte der Göttin eher anstehen, und sie sitzt ja auf dem Pferd, als thronte sie. Der Stab diente somit nicht etwa als Schlagstock, sondern symbolisierte göttliche Würde, war Zepter. Die Darstellungsweise ist übrigens nicht nur lokaler Natur. Vergleichbar ist nämlich eine aus Dalheim in Luxemburg stammende Bronzestatuette der Epona.

Den Epona-Reiterbildern ist eigenartig, daß die Göttin (von sich her gesehen) fast immer nach links reitet. Ein ausnahmsweiser Fall ist der Weihestein von Contern, wo sich die Göttin amazonenhaft rittlings nach rechts wendet. Ein weiteres ungewöhnliches Merkmal kommt hier hinzu: das Tier geht nicht im Schritt voran, sondern es steht still. Still verharrt es auch auf einem Weihestein, der ohne Fundortsangabe im Landesmuseum Saarbrücken verwahrt wird. Die Göttin sitzt hier wiederum und wie gewöhnlich, »thront« frontal zum Besucher gewendet. Schließlich ist zu sagen, daß das Pferd auf den Bildern der Epona fast immer die linke Vorderhand anhebt. »Rechts oder links«, das scheint etwas zu bedeuten.

Das Schwarzenacker Bild ist in eine oblonge Stele gehauen. In den Seiten des Steins befinden sich Klammerlöcher. Offenbar stand der Stein, an eine Mauer verankert, der Straße zugewandt, wo die Wagen rollten und die Pferde trabten.

49 b

Rotsandstein. – H. 50 cm, Br. 51 cm (H. der Stele 2,13 m). LM. Saarbrücken.
Lit.: A. Kolling, Germania 39, 1961, 484 f. – W. Schleiermacher, Germania 26, 1942, 132–135. – G. Thill, Museumsführer Luxemburg. Les Epoques gallo-romaine et mérovingienne (2. Auflage, Luxemburg 1972) Nr. 1 u. 2. Ko.

50–59 Gutshöfe und Landhäuser

50 Modell der Villa von Bollendorf, Befund und Rekonstruktion

(Abb. s. S. 24)

Oberhalb des Sauertales und unterhalb der schroffen Felskante, die das große Ferschweiler Plateau rundum umzieht, ist in ausgesucht schöner Lage eine Villa einfachster Form entdeckt, untersucht und seit 1907 auch in ihrem Mauerbestand konserviert worden. Auf einem kleinen Zwischenplateau angelegt, folgt der Grundriß dem Geländeverlauf und ist mit der Front nach Südwesten orientiert. Im Typ der »Risalitvilla« konzipiert, ist eine eingezogene Portikus mit einem Mittelzugang über eine Treppe zu erreichen. Turmartige Eckbauten, die Risalite, flan-

ELGIEN
BEDA VICUS
BELGINUM
NOVIOMAGUS
SAUER
AUGUSTA TREVERORUM
TRIER
LUXEMBURG
CONTIONACUM
SAAR
LUXEMBURG
RICCIACUM
SAARLAND
MOSEL
NIED
SCHWARZENACKER
LOTHRINGEN
SAARBRÜCKEN
VICUS SARAVUS
BLIES
LE HERAPLE
DIVODURUM
METZ
TRES TABERNA
MAROSALLUM
PONS SARAVI
100 / 200
200 / 400
400 / 500
ÜBER 600
M. 1:100000
NANCY

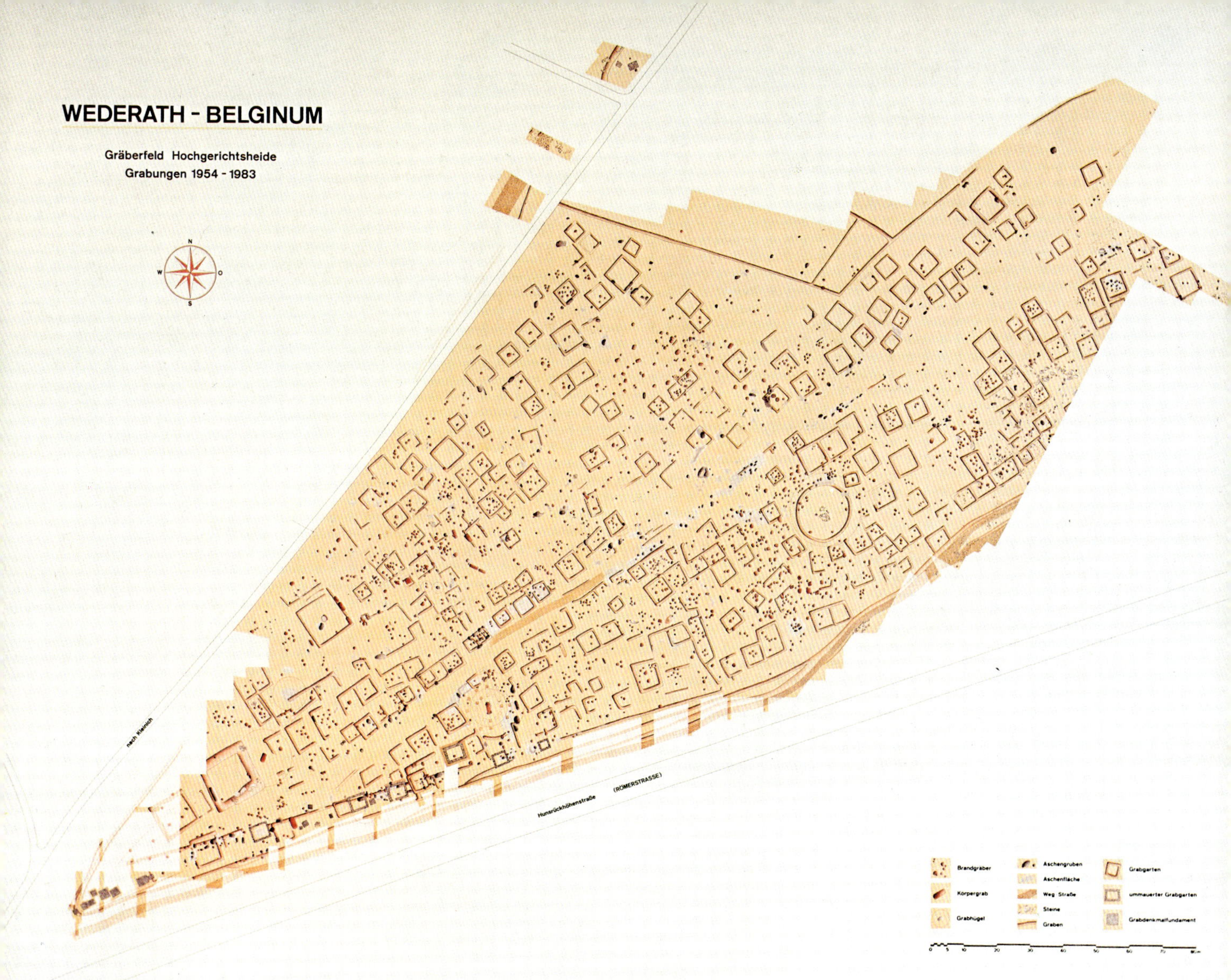

Gräberfeld von Wederath-Belginum, Kat. 11–19, 206–212 *(s. S. 87ff., 249ff.)*.

◁ Siedlungskarte des Moselgebietes, Kat. 1 *(s. S. 81)*.

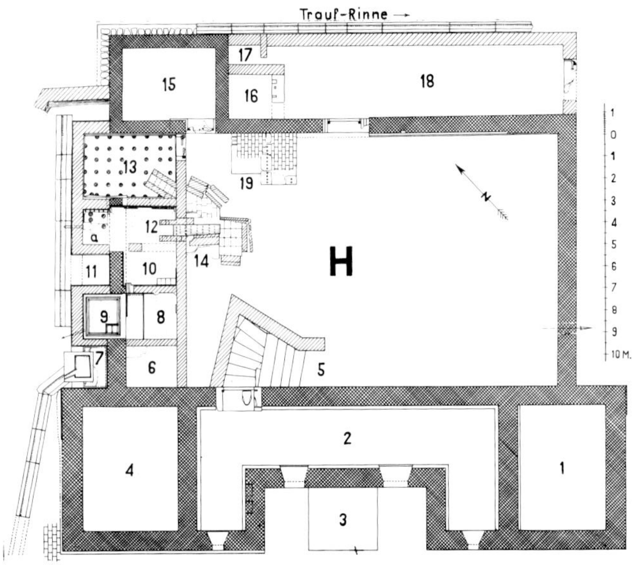

50 Grundriß der Villa von Bollendorf.

kieren die Säulenhalle, die unterkellert eine »Kryptoportikus« bildet und zugleich mit der talseitigen Mauer noch über das Terrain hinausragt als künstlich vergrößerte »Siedlungsterrasse« und so dem Äußeren einen durchaus monumentalen Eindruck verleiht. Das Haus mit dem Hauptraum H ist durch einen Umbau mit einer Badeanlage (kalt-lauwarmes und heißes Bad) ausgestattet worden, das von H aus beheizt worden ist.
Stallung und Nebenräume wurden ebenfalls nachträglich hinzugefügt. Vom 2. bis in das 5. Jahrh. n. Chr. war die Anlage in Nutzung, wurde dann in der Zeit der fränkischen Eroberung zerstört.
Die Rekonstruktion ist sowohl durch die Mauerstärken, durch Funde wie auch Darstellungen in Malerei (Schindler, Führer Abb. 156) für diesen Typ des ländlichen Bauernhofes vielfach belegt.
RLM. Trier.
Lit.: P. Steiner, Die Villa von Bollendorf. In: Trierer Jahresber. 12, 1923, 1–59. Cü.

51 Bauernhof bei Newel mit Tempel und Grabbezirk *(Abb. s. S. 25)*

Newel (Krs. Trier-Saarburg)
2.–4. Jh. n. Chr.

Die römerzeitliche Siedlungsstelle war erstmals 1843 entdeckt und ein Teil des Badegebäudes im Auftrag der Gesellschaft für Nützliche Forschungen freigelegt worden. Im Zuge der Flurbereinigung der Gemarkung Newel wurde eine großflächige Untersuchung und Freilegung möglich.
Innerhalb des sog. Langmauerbezirkes gelegen, ist die Siedlungsstelle durch fruchtbare Keuper- und Muschelkalkböden ausgezeichnet und wird sowohl von der nahebei verlaufenden Römerstraße Trier–Bitburg, wie auch Abzweigen zum Kyll- und Biewertal erschlossen.
Auf dem nur schwach geneigten Terrain ist das Haupt- und Herrenhaus mit der Front zu einem großen umgrenzten Hofbereich orientiert und als Portikusvilla mit Eckrisaliten ausgebildet. Die Wirtschaftsgebäude, Stallungen, Scheunen, Remisen und Speicher sind, der Umfassungsmauer des Anwesens folgend, um die Hoffläche von insgesamt 6000 qm Fläche angelegt. Die Portikusfront hat eine Länge von 36 m und war mit Säulen toskanischer Ordnung aus Sandstein (je drei beidseits des achsial gelegenen Zuganges) gestaltet. Der Küchen- und Aufenthaltsraum, mit Herd und Feuerstellen ist 14,76 m zu 12,30 m groß. Pfostenlöcher und Gräbchen von Schwellbalken gehören sowohl zur Inneneinrichtung wie auch zu einem älteren Holzbau, der dem in Bruchstein ausgeführten Gebäude vorausging. Westlich schließt eine Folge von vier Kammern an, die über einen Flur erschlossen werden, der von der Portikus her zu begehen war. Östlich, sowohl von dem Hauptraum wie auch von der Portikushalle her erreichbar, ist der Badetrakt gelegen, dessen hypokaustierte Wannenräume von der Küche her bedient wurden. In einem ebenfalls hypokaustierten Raum ist die gleichmäßige Anordnung der Pfeilerchen durch eine Kanalheizung ersetzt worden. Zu dem Nebenhof B 1 hin ist eine Latrine gelegen, die aus dem Caldarium zu begehen war und durch die ablaufenden Wasser des Frigidariums bespült wurde.

Tempel
Etwa 90 m nordöstlich von dem Wirtschaftshof wurde ein Tempel entdeckt, dessen Umgangsmauern 12,10 zu 12,25 m die Cella von 5,70 m zu 5,50 m umfassen. Das Terrain war hier durch eine Steinschüttung und Erdreich planiert worden. Die Umgangsmauern aus Bruchstein waren mit Sandsteinplatten abgedeckt und noch 0,65 m hoch erhalten. Hierauf standen Säulen, von denen noch einige Basen und Schäfte geborgen werden konnten. Die Cellamauern, ziemlich weit abgetragen, umschließen das Gehäus der Gottheit, die hier verehrt wurde, von der aber keinerlei Reste erhalten sind. Der magere Kalkestrich, durch Bewuchs vollkommen ausgelaugt, war durch eine Grube 2 m lang und 1,40 m breit gestört. In der Einfüllung wurden Nägel, Holzasche, Sigillatascherben und Glasreste in großer Zahl geborgen. Gefäße und Gerätschaften, als Weihgeschenke an die Gottheit bestimmt, waren hier deponiert und dem Zugriff und der Nutzung durch Menschen entzogen worden.

Grabbezirk
Gleich neben dem nördlichen Tempelumgang liegt ein ummauerter Grabbezirk von 20 m zu 13 m Grundfläche. Im nördli-

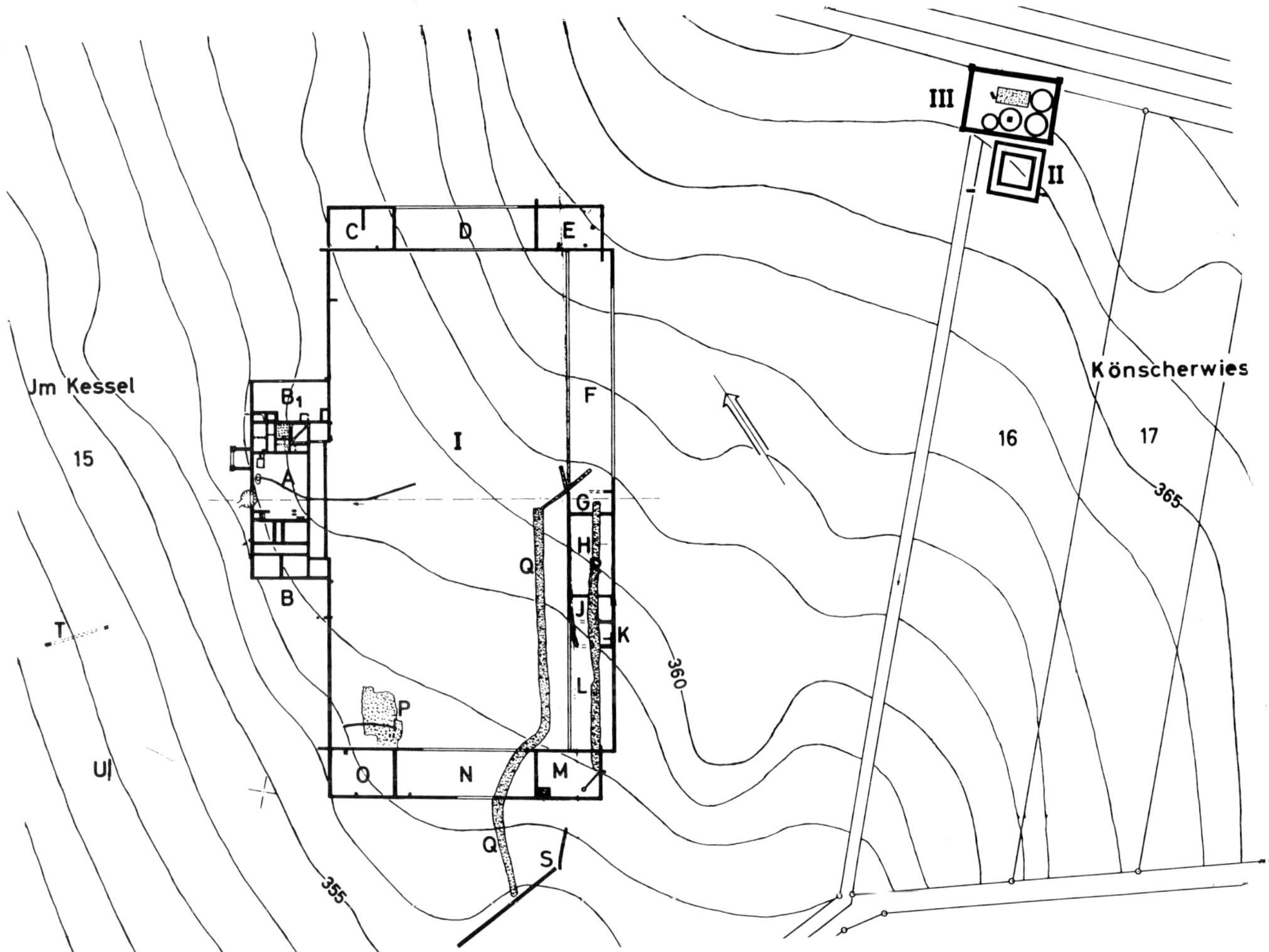

51 Grundrißplan des Bauernhofes bei Newel mit Tempel und Grabbezirk.

chen Teil, gleich neben dem antiken und heutigen Weg war ein Fundament eines großen Grabdenkmals erhalten, das 8 m lang und 3,50 m breit in der abdeckenden Mörtelschicht des Unterbaues deutlich die Abdrücke eines Quaderaufbaues zeigte. Reste eines großen Pferdes, einer Venusfigur und Fragmente von Arm und Oberschenkel aus hellem, örtlichen Sandstein sind wahrscheinlich dem Denkmalaufbau zuzuweisen.

Vier Steinkränze sind als Umfassungsmauern von Grabhügeln nachgewiesen und waren von steinernen Pinienzapfen bekrönt. Neben Steinkisten und Erdgräbern wurde ein Sarkophag geborgen. So ist die Belegung des Grabbezirkes durch die Beigaben vom 2. bis zum 5. Jahrh. n. Chr. bezeugt.

Der Wirtschaftshof mit Tempel und Grabbezirk ist inmitten des zugehörigen und zu bebauenden Landbesitzes gelegen und hat im 1. Jh. n. Chr. als schlichter, aus Lehm und Holzfachwerk bestehender »Kleinbetrieb« die Bewirtschaftung, vielleicht nach einer Rodung, aufgenommen. Der vergrößerte und solidere Um- und Ausbau in Stein hat mit dem Tempel- und Grabbezirk im frühen 2. Jh. n. Chr. eingesetzt.

Wie auch an anderen Siedlungsplätzen wurden die Trümmer und Steinmaterialien im späten Mittelalter zum Bau neuer Siedlungen ausgebeutet. Hierauf weist auch ein in der Villa errichteter Kalkofen des 15./16. Jahrh., dem vielleicht auch die Götterbilder und der Skulpturenschmuck des Grabbezirkes zum Opfer gefallen sind.

Lit.: H. Cüppers–A. Neyses, Der römerzeitliche Gutshof mit Grabbezirk und Tempel bei Newel. In: Trierer Zeitschr. 34, 1971, 143–225. Cü.

Vicus Schwarzenacker, Kat. 197 *(s. S. 241 f.)*.

◁ Bronzene Visiermaske, Kat. 24 b *(s. S. 105 f.)*.

52 Bauernhof Vierherrenborn

Vierherrenborn (Krs. Trier-Saarburg)
2.–4. Jh. n. Chr.

Im Zuge der Rodung weiter Waldgebiete des »Neunhäuser-Waldes« (südl. Hunsrück) und der Kultivierung zu neuen Siedlerhöfen ließ eine Luftaufnahme deutlich den Grundriß eines römerzeitlichen Wirtschaftsbetriebes erkennen. Innerhalb eines ummauerten Bereiches von 120 m zu 75 m lag, nach Südosten orientiert, ein größeres Gebäude mit Portikus, risalitartigen Eckräumen und Hauptwohnraum, an den in westl. Richtung ein Badetrakt anschloß. Hof- und Gartenflächen an den Langseiten des Gebäudes waren ebenfalls durch längere Mauerzüge abgegrenzt.
An den vier Ecken der Hofumgrenzung liegen Gebäude von einfachem Grundriß, die als Speicher, Stallung und Scheune gedient haben werden. Das Gebäude an der Südecke zeigt einen vorgelagerten Umgang oder Korridor, von dem aus ein Raum mit Kanalheizung zu begehen war.
Lit.: Trierer Zeitschr. 14, 1939, 204. 206. 219–26, 248–255; 24–26, 1956–58, 571–575; 37, 1974, 290–292. Cü.

53 Die Villa von Bierbach

(Rekonstruktionsgrafik 83 × 137 cm) nach Plänen und Funden der Ausgrabung von 1929

Bierbach (Saarpfalzkreis)
Mitte 2.–4. Jh. n. Chr.

Villa urbana (Bau im Risalitschema). Herrensitz eines Bürgers, der vermutlich im nahen Vicus Schwarzenacker den Geschäften nachging. Die Totenasche eines der Villenbesitzer war in dem Ädicula-Grabmal beigesetzt, das vor der Säulenfront stand. Die Villa erhob sich auf einer Niederterrasse des Bliestals nahe am Berg, wo es für eine Landwirtschaft weder Platz noch geeigneten Boden gab. Es dürfte sich um ein luxuriöses Vorstadtanwesen gehandelt haben.
L. 67,90 m.
Funde im LM. Saarbrücken, im Römischen Freilichtmuseum Schwarzenacker bei Homburg/Saar und im Historischen Museum der Pfalz in Speyer.
Lit.: A. Kolling, Römische Villen im Saarland, Folge II Bierbach. In: Ber. Denkmalpf. Saarland 15, 1968, 7–39. Ko.

52

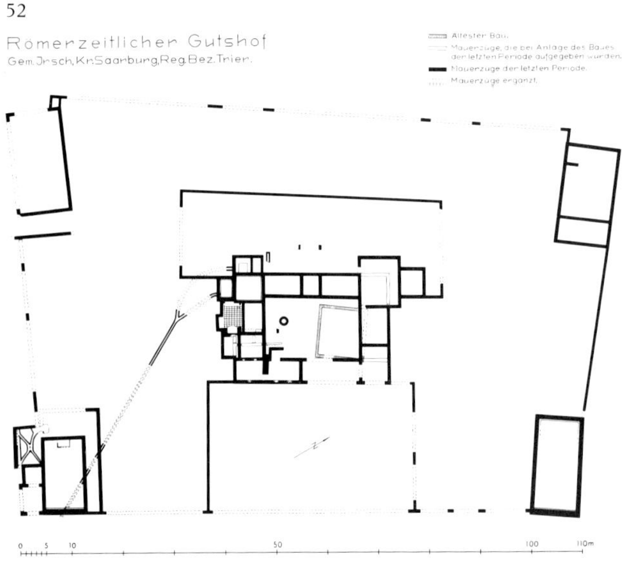

54 Die Villa von Nennig

Grundrisse und Rekonstruktionszeichnungen
Nennig (Krs. Merzig-Wadern)

Das bauliche Ensemble erstreckte sich über 600 m. Kernstück war ein 140 m breites Herrenhaus. An dessen Seiten traten Risalite hervor. Zwischen diesen, die Front des Gebäudes schmückend, gab es eine doppelte Etage von Säulengängen. Entsprechende Portiken verliefen an der Rückseite, knickten seitlich nach vorn und verbanden den Hauptbau mit Flügelbauten. Die ganze Fassadenpracht beruhte im architektonischen Kunstgriff strenger Symmetrie. Eine Mitteltreppe stieg zur Frontporticus hinan. Sie verband eine Eingangshalle mit dem Festsaal, und dieser glänzte von jenem Mosaik, das sich noch an Ort und Stelle befindet. Ein marmorner Springbrunnen ragte daraus hoch. Eine ziemlich lange Treppe führte zur Galerie, von wo aus der Gast die Festversammlung genoß.

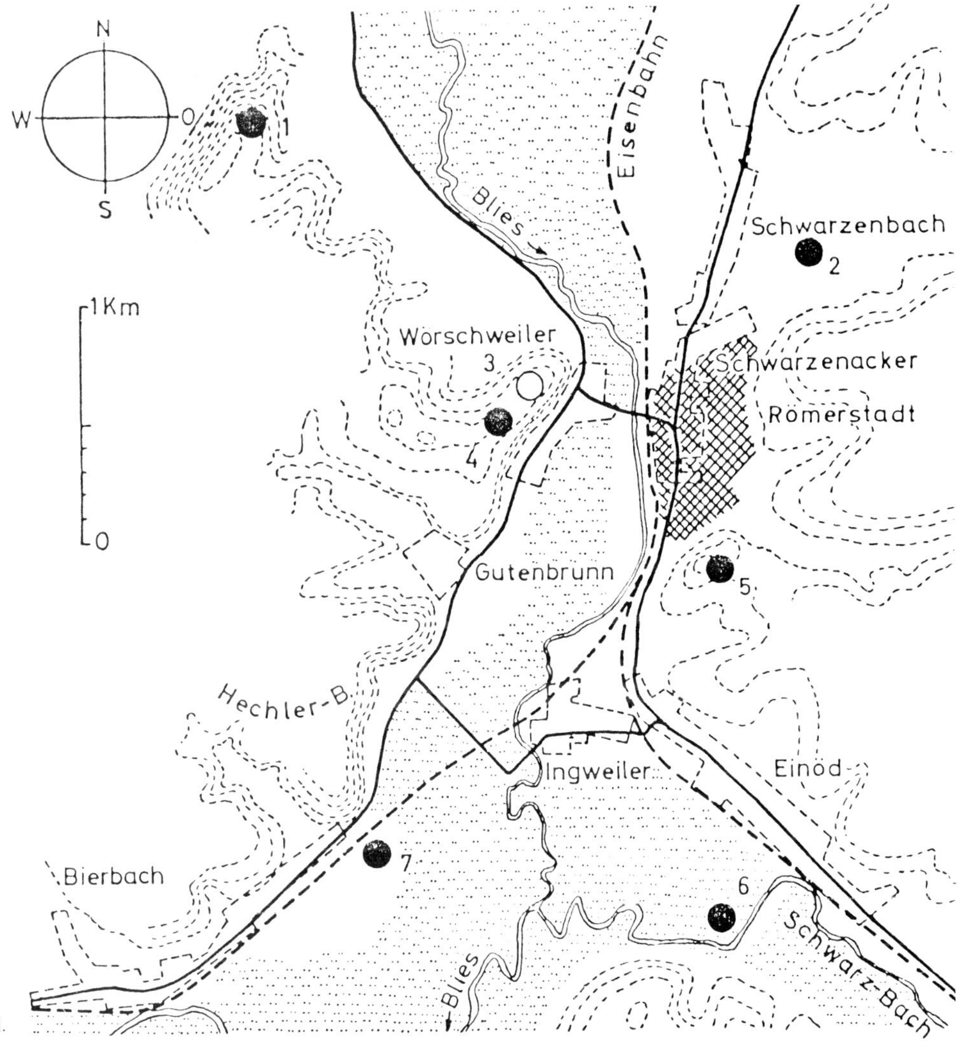

zu 53: Fundorte im Bliestal.

1 Tempelbezirk, 2 Töpferei, 3 Zisterzienserkloster, 4 Grabhügel, 5 Gräberfeld, 6 Kultstätte, 7 Porticus-Villa.

Neben diesem Mitteltrakt gab es freien Himmel in einem Peristyl, wo ebenfalls ein Brunnen plätscherte und die in den anschließenden Kammern Ruhenden zum Schlafe murmelte. Auch im südwestlichen Langhaus unterbrach ein Säulenraum die Flucht der Wohnräume.

Den Flügelbauten vorgelagert begann ein 250 m langer Wandelgang (ein gleicher, nicht ausgegrabener Gang ist nach der anderen, nordöstlichen Seite zu ergänzen). Es lenkte der Hausherr die Schritte der Gäste dorthin, wo es, schattig und luftig bei Hitze und trockenen Hauptes bei Regen, in aller Muße Heiteres und Ernstes zu besprechen und bequemen Weg zum Bade gab.

Fünf von sieben Baderäumen besaßen Apsiden. Runde und kantige Kompartimente bedeuteten reizende Vielfalt am Körper des Baues. Er enthielt einen Auskleideraum, einen Schacht, wo das Feuer brannte, beheizte Böden, ein Kaltbad und ein Warmbad. Ausonius: «Sei noch der Bäder an des Flusses Seiten gedacht, wo Flammen sich mit Rauch im Bund durch weitverschlungene Rohre rings verbreiten tief aus des Hypokaustums Feuerschlund.«

Tempelbezirk des Vicus von Dalheim, Luxemburg, Kat. 98 *(s. S. 160).*

Römische Straßenkarte – Tabula Peutingeriana, Ausschnitt; Treverer- und Mediomatrikergebiet, Kat. 199 *(s. S. 244ff.).* ▷

BVRCTVRI.
Bonnae.
Rigomagus. viii.
Antunnaco viiii.
Confluentes. viii.
Bontobrice. viiii.
Vosavia. viiii.
Bingiū. xii.
Mogontiac
TREVERI.
Marcomagus. viii.
Icorigium. xii.
Ausava. xii.
Beda
Aūg. Tresviroy
Noviomag. x
Belginum. viii.
Dumno. xvi.
MEDIOMATRICI.
Ricciaco.
Divo Durimedio.
Matricorum.
Caranusca.
Scarponna. xiiii.
Fl. Musalla
ad duodecimum.
ad Decem
Epomanduo
Loposagio.
Aventicum.
Heletiorum.
Filo Musiaco. xiiii.
Abiolica. vi.
Eburoduno. xviii.
Minodum. vi.
Viromagus.
Colonia equestris
Lacum Losonne.
Etanna. xxi.
Condate. xxx.
Gennava. xii.
lacus losanne
Bergusium. xvi.
Augustum
Lauscone. xiiii.
Lemunco. xvi.
Mantala. xvi.
ad Publicanos. iii.
Obilonna. xiii.
Darantasia.
Turecionno. xiiii.
Morginno. xiiii.
Culabone. xii.
Catorissium. v.
Mellosedo. x.
Durotinco. vii.
Stabatione. viii.
BOCONTII.
Caturiges.
Figlinis. xvii
Tegna. xiii.
Valentia. xxii.
Augustum. xiii.
Bocontioy. xii.
Luco. xviii.
Geminas. xiiii.
Gemmas.
CAVARES.
Arusione. xv.
Senomago. xviii
Acunum. xii.
Batiana. xviii.
Catuiacia. xvi.
Alaunio. xiiii.
Segusterone. xvi.
Alarante. xvi
Alarante. xviii.
Vapincum. vi.
Ictodurū. vi.
Catorigomag. vii.
Ebur
fines. x.
Cretia.
Aquis Sestis.
Reis Apollinaris
xliiii.
xxxii.
Tegulata. xvi.
ad turrem. xvii
Anteis. xviii
Matavone. xxii. foro.
Voconi. xvii.
foro. iuliū.
ad Horrea. xii.
Selteri.
Paccianis Matihe

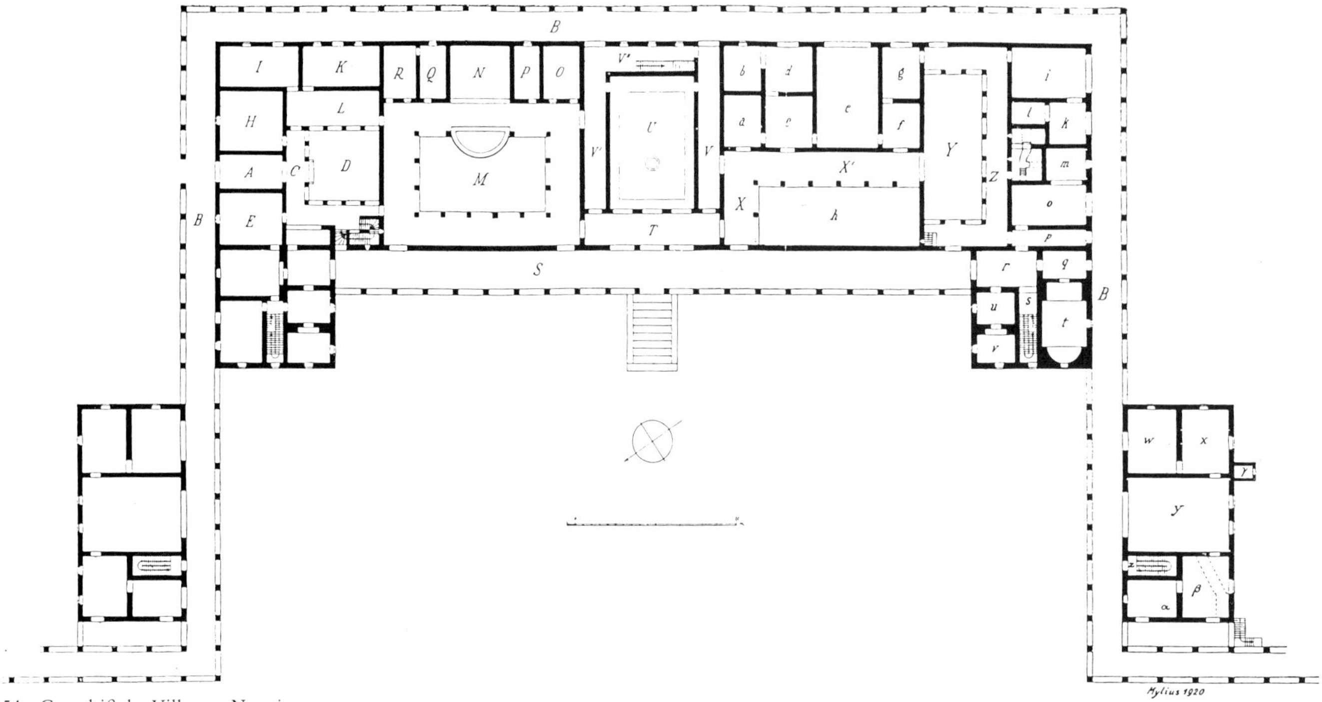

54 Grundriß der Villa von Nennig.

Ein Dominus, der sich zum Bade anschickte, gedachte der Vorschriften des berühmten Arztes Galenus, legte in den Nischen des erwärmten Apodyteriums die Toga ab, genoß sodann den heißen Wasserstrahl aus der Mischbatterie, entstieg dem Bassin krebsrot, begab sich ins Lauwarme des Tepidariums und von da in den frischen Strudel des Bergwassers im Frigidarium.
Weiter moselwärts liegt die Familien-Nekropole »Malknopf«, ein (heute von Erde überlagerter) Mauerzylinder von 42 cm Durchmesser, der innen von einem komplizierten Strebesystem gestützt ist und in der Anlage dem Augustusgrab in Rom gleicht. Im Jahre 1817, als die Gruft geöffnet worden war, kamen eine gläserne Urne und ein Schwert zum Vorschein. Die ganz unrömische Waffenbeigabe bekundet einheimisches Totenbrauchtum. Offenbar stammte der verstorbene Grundherr aus keltischem Adel.
Die Forschungen in Nennig begannen mit der Entdeckung des Mosaikfußbodens im Jahre 1852. Im Jahre 1874 konnte das restaurierte Mosaik der Öffentlichkeit vorgestellt werden (s. Kat. 250–251).
Lit.: J. N. v. Wilmowsky, Die römische Villa zu Nennig und ihr Mosaik (Bonn 1864). – R. Schindler in: Führer zu vor- und frühgeschichtlichen Denkmälern Band 5, Saarland (Mainz 1966) 185 ff. – H. Cüppers in: Das römische Germanien aus der Luft, herausgegeben von W. Sölter (Bergisch Gladbach 1981) 185 ff.
Ko.

55 Echternach (Luxemburg)

(Luftbild und Plan)

In den Jahren 1975 und 1976 wurde in einer bereits in vorgeschichtlicher Zeit versandeten Sauerschleife bei Echternach (»Schwarzuecht«) das Herrenhaus einer der größten und reichsten römischen Villen des Trierer Landes vollständig ausgegraben. Das 118 × 62 m große Gebäude, das in seiner ersten Phase bereits seine volle Ausdehnung von fast 1 ha erhielt und zunächst rund vierzig, später bis zu achtzig Bauteile umfaßte, entspricht dem Typus der Portikusvilla mit vorkragenden Eckrisaliten. Beeindruckend sind die wohldurchdachte Anordnung der einzelnen Bauglieder, die ausgewogene Symmetrie in der Architektur sowie vor allem auch die außergewöhnlich reiche Innenausstattung. Mosaiken, Marmortäfelungen, Wandmalereien, Stuckarbeiten usw. geben dem Herrenhaus den Charakter eines palastartigen Bauwerks, das fünf klar zu unterscheidende Bauphasen aufweist. Vor der Hauptfassade des Herrschaftsgebäudes mit ihrer über 160 m langen Portikus war ein 59 × 14,5 m großer Zierteich angelegt.
Ergänzend zu den Ausgrabungsbefunden im Bereich des Herrenhauses zeigten die überraschenden Ergebnisse der Luftbildarchäologie im Sommer 1976, daß sich vor der Front des Hauptgebäudes ein über 5 ha großer, ummauerter Wirtschaftshof erstreckte, der mindestens zehn genau symmetrisch angeordnete

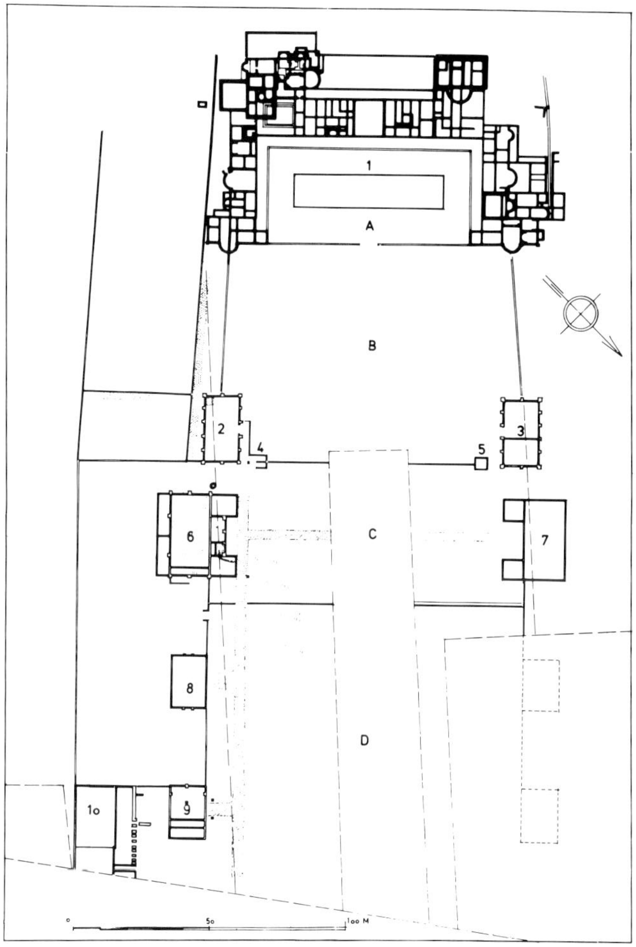

55

Nebengebäude (Gesindehäuser, Speicher, Scheunen, Schuppen, Ställe, Werkstätten) umfaßte.
Ohne Zweifel war die gigantische Villenanlage bei Echternach der Mittelpunkt eines bedeutenden Latifundiums, dessen Ausdehnung nicht mehr zu ermitteln ist, das aber nach der Völkerwanderung allem Anschein nach geschlossen in den Besitz der fränkischen Führungsschicht überging und somit den Grundstock der ersten Schenkungen an den iro-schottischen Missionar und Echternacher Klostergründer Willibrord († 739) bildete.
Lit.: J. Metzler – J. Zimmer – L. Bakker, Ausgrabungen in Echternach (Luxemburg 1981). Kr.

56 Römische Gutshöfe im Luxemburger Gutland

(Plan)

Durch neuere Ausgrabungen des Luxemburger Staatsmuseums sowie durch Luftbilder aus dem Jahre 1976 konnten die Grundrisse von mehreren Gehöften im Luxemburger Gutland festgestellt werden. Die in der Regel ummauerten Gutshöfe, die zwischen 1,2 und 4 ha groß sind, umfassen bis zu acht Gebäude, unter denen das Herrenhaus, die typische Portikusvilla mit Eckrisaliten, besonders herausragt. Bei den übrigen Bauten handelt es sich um Ställe, Scheunen, Schuppen, Getreidespeicher, usw. Die abgebildeten Gutshöfe von Altwies-»Hédefeldchen«,

56

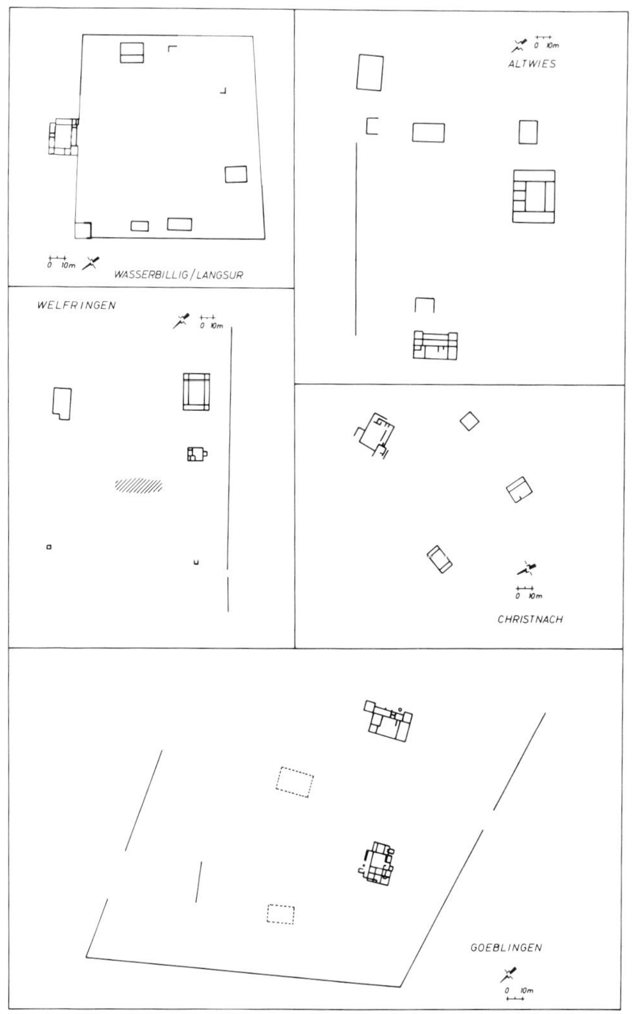

Christnach-»op de Maueren«, Goeblingen-»Miécher«, Wasserbillig/Langsur-»an den Fréinen« und Welfringen-»Mauerefeld« liegen allesamt inmitten fruchtbaren Ackerlandes, welches die wirtschaftliche Grundlage dieser Familienbetriebe darstellte.
Staatsmuseum Luxemburg.
Lit.: J. Metzler – G. Thill – R. Weiller, Ein umwallter gallo-römischer Gutshof in »Miécher« bei Goeblingen. In: Hémecht 25, 1973, 375 ff. – Carte archéologique 12 – Larochette (Luxemburg 1980) D–209. – Carte archéologique 26 – Mondorf-les-Bains (Luxemburg 1977) D–151 und D–167. – J. Krier – R. Wagner, Römisches Landgut bei Wasserbillig-Langsur »an de Fréinen«. In: Hémecht 35, 1983, 211 ff. Kr.

57 Römerzeitliche Villa in Téting

Fünf Kilometer nordöstlich von Faulquemont wurden ausgedehnte Reste einer ländlichen Ansiedlung seit 1882 durch Grabungen freigelegt und untersucht. Bei einer Gesamtausdehnung der Hauptanlage von 170 m zu 140 m besteht das Gebäude aus einem Haupttrakt mit repräsentativer Fassadenentwicklung und einem langgestreckten Nebengebäude an der Westseite.
Zu einer Hoffläche von 88 zu 40 m hin ist eine Galerie in weitem Halbrund von 4 m Breite auf eine Terrasse gelegt, die an den Enden von pavillonartigen Apsidenbauten, die beheizt waren, abgeschlossen wird. In der Achse der weiten geschwungenen

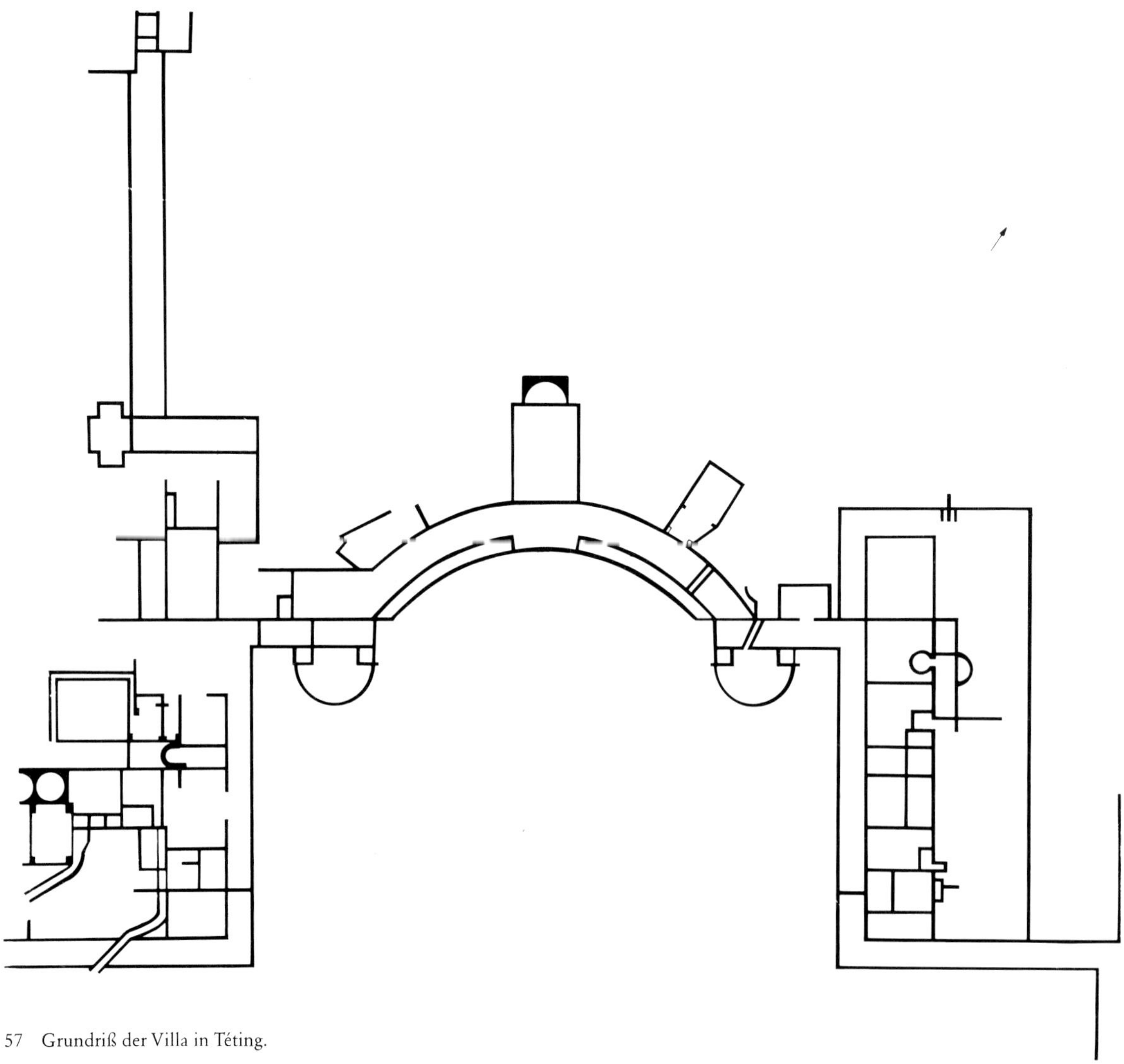

57 Grundriß der Villa in Téting.

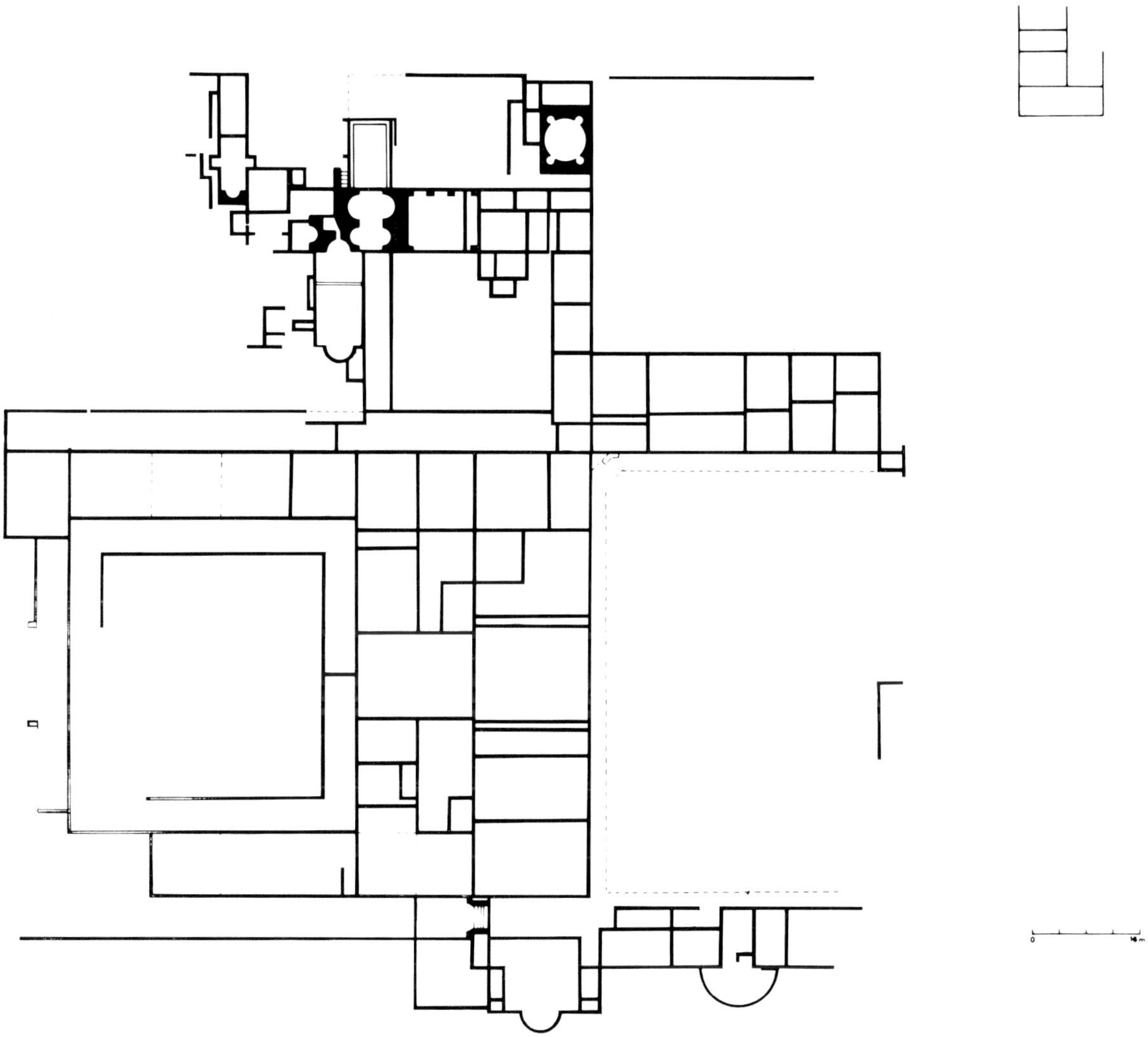

58 Grundriß des Domänenbereichs von St. Ullrich bei Sarrebourg (Lothringen).

Portikus ist ein großer Festsaal angelegt, der 14 m zu 6 m groß ist und durch eine Apsis abgeschlossen wird.
Der westliche Bautrakt enthält die Installation des Badegebäudes, während nach Norden hin eine 50 m lange Portikus mit Nebenräumen anschließt. Auf die entsprechende Länge ist der Wandelgang auch unterkellert und bildet eine Kryptoportikus, die als großer Stapel- und Vorratsraum für die Einlagerung der Früchte, für eingemachte Früchte und natürlich auch für Wein und Öl geeignet war.
In dem gegenüberliegenden Ostflügel waren die Räume für die Dienerschaft und das Gesinde, sowie weitere Wirtschaftsräume angelegt. Cü.

58 Der Domänenbereich von St. Ullrich bei Sarrebourg in Lothringen

Vier Kilometer nordöstlich von Saarburg ist in einem Bachtal mit schwach hügeligem Umland eine Domäne aus zahlreichen Trümmern entdeckt worden, deren Haupt- und Herrenhaus seit 1894 untersucht und bekannt geworden ist. Nachuntersuchungen zu dem großartigen Baukomplex wurden 1969/1970 durchgeführt. Ein fast quadratischer Hof ist von einem Säulengang umschlossen, dem an den Langseiten die risalitartig weit vorgezogenen Flügelbauten, zugleich den Hauptzugang flankierend, vorgelagert sind. Dem tiefgestaffelten Hauptbau ist nordwest-

lich ein weiterer Hofraum angeschlossen, dem nach Süden hin das Badegebäude als sehr kleinteilige Folge von Apsiden- und Nischenbauten vorgelagert ist.
Nach Osten hin ist eine weitere ausgedehnte Hoffläche ebenfalls risalitartig von größeren Raumfolgen begleitet.
In der engeren Nachbarschaft wurden insgesamt 34 Trümmer- und Siedlungsstellen beobachtet und z. T. durch Grabungen untersucht. Danach ist das gesamte Besitztum als eine Domänenwirtschaft mit großer Hoffamilie und zahlreichen Wirtschafts- und Handwerksbetrieben zu bestimmen. Cü.

59 Aedicula

Titelberg (Luxemburg)
2./3. Jh. n. Chr.

Das kleine »Modell«-Häuschen besteht aus einem rechteckigen Kernbau mit überstehendem Satteldach, dessen rautenförmige Kreuzschraffur eine Schieferbedeckung anzudeuten scheint. Die von Giebeln bekrönten Schmalseiten sind jeweils durch eine rechteckige Fensteröffnung durchbrochen. Der breitere Vorbau ist in drei gleich große Teile gegliedert, von denen jeder ein eigenes Satteldach aufweist. Das mittlere Bauglied stellt die offene Eingangshalle dar, die beiden seitlichen Elemente haben an der Frontseite jeweils ein rechteckiges Fenster. Bei der Aedicula, die 1970 im Keller eines um 275/276 n. Chr. zerstörten Hauses auf dem Titelberg gefunden wurde, handelt es sich um eine Miniaturdarstellung der gallischen Portikusvilla mit Eckrisaliten. Zwei weitere Aedikulen vom Titelberg kamen bereits vor 1863 ins Luxemburger Museum.
Korallenkalkstein. – H. 20,5 cm, Br. 21,5 cm, T. 19 cm.
Staatsmuseum Luxemburg, Inv. 2067.
Lit.: G. Thill, Aedicula und Kopf aus Stein vom Titelberg. In: Hémecht 22, 1970, 378 ff. – E. Wilhelm, Pierres sculptées et inscriptions de l'époque romaine. Musée d'Histoire et d'Art (Luxemburg 1974) 58 Nr. 373 (vgl. auch ebenda Nr. 371 und 372). Kr.

59

60–67 Trinkwasserversorgung

60 Wasserverteilertopf

FO. Dillingen-Pachten (Krs. Saarlouis)
Mittlere römische Kaiserzeit

Verziertes großes Gefäß mit Rohrleitungsöffnungen für die häusliche Wasserversorgung. Das Ziermuster besteht aus zwei umlaufenden Perlstäben, zwischen denen Rauten verlaufen, die ihrerseits mit Punktkreisen gefüllt sind.
Blei. – Dm. 40 cm, H. 27,0 cm.
LM. Saarbrücken.
Lit.: R. Schindler, Bericht über die Forschungsgrabungen in Pachten 1960–1963. In: Ber. Denkmalpf. Saarland 11, 1964, 17 f. Ko.

61 Wasserleitungsrohr mit Klappverschluß

FO. Macherbach (Krs. Neunkirchen)
Mittlere römische Kaiserzeit

Verschlußstück aus dem gemauerten Badebecken einer *Villa rustica* (vgl. Kat. 64/65).
Blei und Bronze. – L. 72 cm.
LM. Saarbrücken.
Lit.: A. Kolling, Ber. Denkmalpf. Saarland 21, 1974, 24. Ko.

60 Wasserverteilertopf.

62 Wasserleitungsrohr und Rohrzubehör

FO. Stennweiler (Krs. Neunkirchen)
Römische Kaiserzeit

Im ländlichen Wasserleitungsbau wurden innerhalb des Hauses Blei als Material verwendet. Gängiges Material für die Rohre zwischen Quelle und Haus war Holz. Eichenstämme wurden mittels Löffelbohrer ausgehöhlt. Als Verbindungsstücke dienten in die Stöße geschlagene Blechbänder.
Blei und Eisen. – L. 56 cm.
LM. Saarbrücken.
Unveröffentlicht Ko.

61 Wasserleitungsrohr mit Klappverschluß.

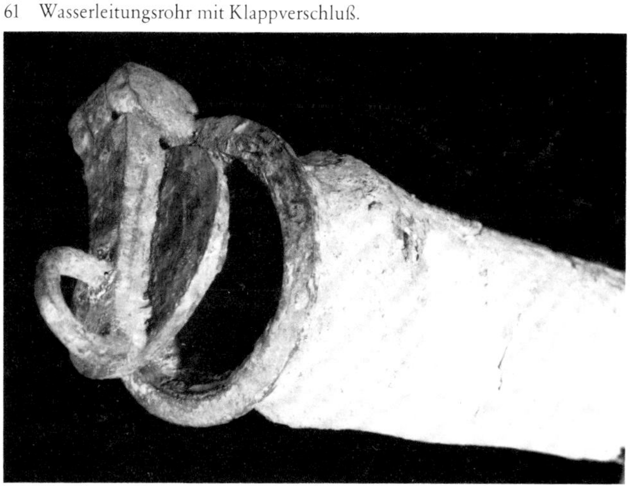

63 Wasserspeier in der Form eines Pinienzapfens

FO. Merzig (Krs. Merzig-Wadern)
Mittlere römische Kaiserzeit

In dem Zapfen befindet sich eine zylindrische Bohrung, von der radial 89 dünne Bohrungen nach außen gehen. Die dünnen Bohrungen sind mit Bleiblech ausgefüttert.
Der Zapfen diente als Wasserspeier für den Zierbrunnen einer vornehmen *Villa*. Inmitten eines Beckens stand eine durchbohrte Säule. Diese war von dem Zapfen bekrönt, der das Wasser rundum versprühte. Ein Wasserspeier dieser Art gehört wahr-

63

64

scheinlich zu dem marmornen Springbrunnen, der sich aus dem Mosaik der Villa von Nennig erhob (siehe Kat. 250).
Stein. – H. 16,2 cm.
LM. Saarbrücken.
Lit.: C. Klein, Ber. Denkmalpf. Saarland 5, 1934, 124. – G. Weisgerber, Ein Pinienzapfen als Springbrunnenaufsatz. In: Ber. Denkmalpf. Saarland 13, 1966, 73f. (ohne Angabe des Fundortes). Ko.

64–65 Wannenverschlüsse und Wasserrohr

FO. Bengel bzw. Neumagen-Dhron (Krs. Bernkastel-Wittlich)

Der bronzene Verschluß aus Bengel (64) besteht aus einem runden Deckel, der durch eine geöste Lasche mit einem Scharnier verbunden ist, und dem zylindrischen Anschlußstück, das im Wasserrohr stak. Durch die leicht konische Form sitzt der auf der Drehbank gearbeitete Deckel dicht in der Mündung. Das Scharnier ist einmal repariert worden. Daß die Konstruktion den Abfluß eines Wasserbeckens bildete, beweist das Exemplar aus Neumagen-Dhron (65), das noch in ursprünglicher Lage in der unteren Ecke eines Beckens gefunden wurde. Bei diesem ist der Deckel mit der Öse (die wohl mit einer Schnur oder einem Kettchen zum Öffnen versehen war) verloren, dafür ist der Ansatz des aufgeschobenen Bleirohrs noch vorhanden. Von der gleichen Abwasserleitung stammt ein Stück Bleirohr mit der Firmeninschrift: C. Tutor Servati(?)us plumb(arius) fecit, »Der Bleigießer Gaius Tutor Servatius (?) hat es hergestellt«. Das Rohr besteht, wie üblich, aus einem zusammengebogenen und verschmolzenen Blechstreifen.
Bronze und Blei. – L. 8,3 cm (64) bzw. 11,1 cm (65).
RLM. Trier, Inv. 72,308 (64) bzw. EV. 74,49 (65).
Lit.: Das neue Bild der alten Welt (Kölner Römer-Illustrierte 2, 1975) 183 (64). – Unpubliziert (65); zum Fundort vgl. Trierer Zeitschr. 40/41, 1977/78, 424f. Abb. 26,4. Bi.

65

66 a Rekonstruktionszeichnung des Quellheiligtums bei Heckenmünster.

66 a Quellheiligtum

Heckenmünster (Krs. Bernkastel-Wittlich)

In der Südeifel liegt im Bereich der heute »Wallenborn« und »Victoria-Quelle« genannten Mineralwasserstellen ein gallo-römisches Quellheiligtum von erheblichem Ausmaß.
Der eigentliche Kultbezirk mit drei Tempeln – davon der vermutliche Quelltempel achteckig – und einer Bühne für kultische Spiele ist von einer Mauer umschlossen (links). Außerhalb der Ummauerung befinden sich die Bäder (rechts) für die Kuren im heilenden Mineralwasser. Dazwischen ziehen sich Wohnbauten hin: eine Herberge mit Binnenhof für die Kurpilger (links unten) und Gebäude mit vorgelagerten Säulenhallen, die teilweise ebenfalls zur Unterbringung der Gäste dienten.
In der unbebauten Mitte der Anlage liegt ein (in der Abbildung überdachter) Mineralbrunnen, von dem eine gemauerte Wasserleitung mit einer Holzrinne ausgeht (dazu s. unten).

Das Heiligtum hatte seine Blüte im zweiten und dritten Jahrhundert, die hier verehrten Gottheiten sind leider – im Gegensatz zu Hochscheid (Kat. 68) – nicht bekannt.
Lit.: W. Binsfeld, Trierer Zeitschr. 32, 1969, 239ff. – Führer, Eifel 221ff. Bi.

66 b Wasserrinne aus dem Quellheiligtum »Wallenborn«

FO. Heckenmünster (Kreis Bernkastel Wittlich)
129 n.Chr.

Teil einer Wasserleitung, die im Bereich des römischen Quellheiligtums von einem ovalen Brunnen ausging. Das durch Eisenoxyde des »Wallenborns« geschwärzte Eichenholz ist auf natür-

liche Weise konserviert. Jahrgenaue Datierung durch Dendrochronologie (vgl. Kapitel »Dendrochronologie« Seite 73 ff.). Offene oder gedeckte Wasserrinnen wurden noch im 2. Jahrhundert gebaut, bis sie allmählich durch die geniale Erfindung der aus dem vollen Holzstamm gebohrten Wasserrohre verdrängt wurden.
Eichenholz (quercus sp.). – H. 15 cm, Br. 25 cm, L. >2 m.
Lit.: W. Binsfeld, Das Quellenheiligtum Wallenborn bei Heckenmünster (Krs. Wittlich). In: Trierer Zeitschr. 32, 1969, 239–268. – E. Hollstein, Mitteleuropäische Eichenchronologie (Mainz 1980) 65. Ho.

66 b

66 b

67 Wasserleitungsrohr aus Mörtelgemisch

FO. Metz

Neben Holzrohrleitungen, Rinnen, Ton- und Bleiröhren sind in Metz bisher erstmalig auch »Gußbetonrohre« nachzuweisen, die für eine Druckwasserleitung bestimmt gewesen waren.
Die Besonderheit dieser Leitung besteht darin, daß in einem hölzernen Rahmen oder einer Form Rohre aus einem Mörtelgemisch gegossen wurden, die an den Stößen der Einzelteile mit einer vorstehenden Nut in eine entsprechende Falz des Anschlußstückes greifen. Co.

68–109 Götter und Heiligtümer

68 a Das Quellheiligtum von Hochscheid im Hunsrück (Krs. Bernkastel-Wittlich)

Lage: Südwestlich von Hochscheid in 645 m Höhe, im Quellgebiet des Koppelbaches

Die Überreste des Heiligtums wurden 1939 mitten im Idarwald durch Zufall entdeckt und in der Folgezeit vom Museum Trier ausgegraben.

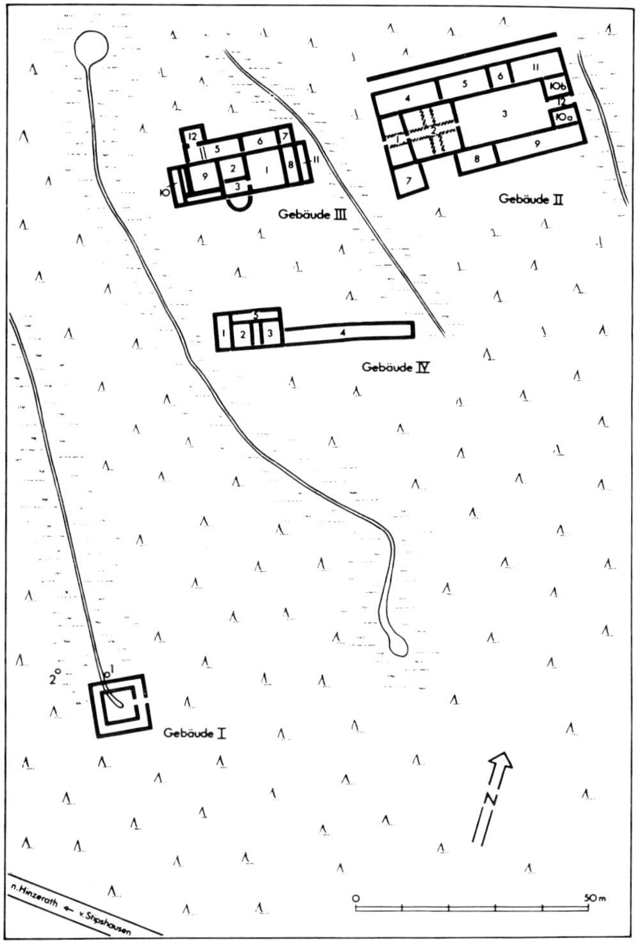

68 a Lage und Grundriß des Quellheiligtums von Hochscheid.

Freigelegt wurde ein fast quadratischer Tempel (13,50 × 14 m; Gebäude I) mit einem Säulenumgang. In der Mitte der Cella befand sich eine gefaßte, hier entspringende Quelle, aus der die Pilger das heilende Wasser schöpfen konnten. In der Nähe standen die Kultbilder des Heilgötterpaares Apollon und Sirona (s. Kat. 68 b), die erst in der 2. Hälfte des 2. Jahrhunderts n. Chr. aufgestellt worden waren, während der Tempel bereits in der 2. Hälfte des 1. Jahrhunderts n. Chr. errichtet worden war (zur Rekonstruktion des Tempels vgl. S. 130).

Ca. 60 m nordöstlich des Tempels erhob sich ein rechteckiges vier Räumlichkeiten umfassendes Gebäude (14,80 × 8,90 m; Gebäude IV), an das sich nach Osten ein 27,20 m langer und 4,40 m breiter Raum (vielleicht eine offene Halle) anschloß. Die Bauweise dieses ungeheizten Hauses war sehr einfach: Auf einem niedrigen Steinsockel erhoben sich Mauern aus Lehmfachwerk. Die Funde sprechen dafür, daß es ungefähr gleichzeitig mit dem Tempel gebaut und in der 1. Hälfte des 3. Jahrhunderts aufgegeben wurde. Seine Bestimmung ist unklar.

68 a Rekonstruktionszeichnung des Quellheiligtums.

Ca. 120 m nordöstlich des Tempels lag eine Herberge (42 × 22 m; Gebäude II), die um einen zentralen Hof gebaut und während des 2. und 3. Jahrhunderts benutzt worden war. In den ungeheizten Räumen konnten die Pilger nur in den Sommermonaten Unterkunft finden. Die bittere Kälte und der hohe Schnee im Winter machten einen längeren Aufenthalt ohne Heizung hier unmöglich. Der Typus der Hofherberge ist weit verbreitet (vgl. hier das Quellheiligtum von Heckenmünster Plan Kat. 66 a); er findet sich in vielen Heiligtümern Galliens und Britanniens.
16 m westlich der Herberge erhob sich ein Badehaus, Thermen (24,50 × 9,10 m; Gebäude III). Es umfaßte die übliche Raumabfolge römischer Thermen mit geheizten und ungeheizten Becken und Räumen (Raum 3: Frigidarium = Kaltbad; Raum 9: geheiztes Becken = Caldarium). Einige Räume waren farbig verputzt. In diesem in der 2. Hälfte des 2. Jahrhunderts errichteten Bad konnte der Genesung suchende Pilger die Trinkkuren durch ausgiebige Bäder in dem angeblich heilenden Wasser unterstützen.
Die Funde enden in der 2. Hälfte des 3. Jahrhunderts. Diese so plötzliche Aufgabe des Heiligtums wird man vielleicht wie auch bei anderen treverischen Heiligtümern mit dem Alemanneneinfall von 275/76 in Verbindung bringen dürfen. Wurden sie nicht zerstört, so verließen doch die Pilger die Heiligtümer, und sie gerieten in Vergessenheit, zumal das Christentum langsam erstarkte.
Verbleib der Funde: RLM. Trier.
Lit.: G. Weisgerber, Das Pilgerheiligtum des Apollo und der Sirona von Hochscheid im Hunsrück (Bonn 1975). – Führer Hunsrück 172–180. Goe.

68 b Sirona und Apollo.

68 b Hochrelief der Göttin Sirona

FO. bei Hochscheid (Krs. Bernkastel-Wittlich), 1939, in der Tempelcella
(s. Plan S. 141, Gebäude I).
2. H. 2. Jh. n. Chr.

Die lebensgroße frontal ausgerichtete Figur haftet mit der Rückseite an einer Reliefplatte, die einen geschwungenen oberen Abschluß aufweist. Das wellige über der Stirnmitte gescheitelte Haar wird von einem dreieckigen Diadem bekrönt. Die Göttin trägt ein langes faltenreiches Gewand, das unterhalb der Brüste gegürtet ist; der Stoff ist über die Gürtung herabgezogen. Ein auf die l. Schulter gelegter Mantel ist um die rechte Hüfte herumgeführt und über den linken Unterarm geschlagen; seine Enden hängen zu beiden Seiten des Armes herab. Um den r. Unterarm windet sich eine Schlange, deren Kopf sie zu einem Gefäß mit gegliedertem Fuß führt, auf dem drei Eier liegen.
Der Name der Göttin ist uns auf einem im gleichen Tempel gefundenen Altar überliefert. Dieser ist dem Gott Apollon und der keltischen Göttin Sirona (durchgestrichenes S: sprich wie englisches th) geweiht. Das Attribut, die Schlange, das sie von der griechisch-römischen Göttin Hygieia übernommen hat, kennzeichnet sie als Göttin der Gesundheit. Ungefähr zehn Weihungen an Sirona sind bisher in Heilbädern oder an Heilquellen entdeckt worden (z. B. Bitburg, Wiesbaden, Nierstein, Heiligenbronn, Luxeuil, Graux).
In dem Relief ist uns das Kultbild erhalten, das einst in der Tempelcella (s. Abb.) neben dem Hochrelief des ebenfalls hier geehrten Gottes Apollon stand. Dieses konnte nur in Fragmenten geborgen werden (Abb.).
Gelblicher Sandstein (anstehend in der Nähe von Hochscheid). – H. noch 125 cm, Br. der Platte: 61,5 cm, D. der Platte: 13–22 cm. RLM. Trier, Inv. 39, 149.
Lit.: Schindler, Führer Abb. 92. – G. Weisgerber, Das Pilgerheiligtum des Apollo und der Sirona von Hochscheid im Hunsrück (Bonn 1975) 56–62 Taf. 51. 53, 3–4. Goe.

69 Götterstatuetten *(Farbabb. s. S. 59)*

FO. Schwarzenacker b. Homburg/Saar
Frühe römische Kaiserzeit (Statuette des Genius) und später bis 2. H. 3. Jh. n. Chr.

a) Genius des römischen Volkes (G. populi Romani), jugendlicher Typus mit Langzepter und (verlorenem) Füllhorn.
b) Viktoria, ehedem wohl auf einem Globus postiert. Palmzweig und Lorbeerkranz sind verloren.
c) Sitzender Merkur mit Wildeber, Bock und Hahn. Der Gott sitzt auf einem Felsen und hält Schlangenstab und den Geldbeutel in Händen. Zu Füßen kräht der Hahn. Ganz ungewöhnlich ist das Attribut des Wildebers.
d) Stehender Merkur, nackt, mit erhobenem Geldbeutel in der Hand. Aus dem Haarschopf schwingen sich Flügel hoch. Der nach unten gehaltene Schlangenstab ist abgebrochen und fehlt.
e) Apollo, nackt, mit Plektron in der Hand. Die Kithara, auf die sich der Gott mit der Linken stützte, ist verloren.
f) Thronender Neptun, in der Linken den Dreizackstab; der Dreizack selbst ist abgebrochen. Ebenso fehlt der übliche Fisch als Attribut, den der Gott in der Rechten hielt. Die Lehnen des Thronsessels haben die Form von Delphinen.

Alle sechs Statuetten lagen im Brandschutt eines Versammlungshauses, und zwar auf dem Boden eines Kellers, über dem sich ein Saal befand. Sie müssen beieinander auf einem Holzmöbel angeordnet gewesen sein. Während der stehende Merkur, Apollo und Neptun eine etwas ungelenke Künstlerhand verraten, sind Genius, Viktoria und Merkurgruppe von hervorragender Qualität, wobei Genius und Merkur als ikonographische Raritäten gelten, der Genius, weil Rundfigur des seltenen jugendlichen Bildtyps, der Merkur, weil ihm ganz ungewöhnlich ein Wildeber beigegeben ist.

Genius (populi Romani) und Viktoria spielen eine Rolle im Kaiserkult, und so sind sie auch hier in Schwarzenacker als besondere, zusammengehörige Devotionalie anzusehen. Merkur und Apollo vertreten Handelsinteressen, florierende Kunst und Sanitas. Neptun mag zum Verein gehören, weil er über jegliches Wasser gebot und so auch über das der Blies, die an der Römerstadt vorbeifloß und sicherlich damals wie heute im Winter regelmäßig das Tal überschwemmt. Insofern brauchte es der neptunischen Schutzpatronatschaft. Das Werklein ist von provinzieller Mache, und so nimmt es auch nicht Wunder, daß der ikonographisch offenbar nicht kundige Modelleur diesen Neptun fälschlich in thronender Pose darstellte: ein Thronsessel gebührte nur Jupiter!

Bronze. Hut und Schlangenstab des Merkur aus Silber. Die Augen des Genius sind in Silber eingelegt.

a) Genius, H. mit Sockel 25,5 cm; b) Viktoria, H. 21 cm, c) Merkur, H. mit Sockel 20,3 cm; d) Merkur, H. mit Sockel 14,8 cm; e) Apollo, H. mit Sockel 15,3 cm; f) Neptun, H. 11,4 cm.

71 Bogenschlußstein mit Kopf eines Gottes.

Römisches Freilichtmuseum Schwarzenacker.

Lit.: A. Kolling, Der römische Statuettenfund von Schwarzenacker bei Homburg-Saar. In: Ber. Denkmalpf. Saarland 14, 1967, 7–36.

Ko.

70 Götterstatuette

FO. Saarbrücken
Mittlere römische Kaiserzeit

Merkur auf Postament, das als Sparbüchse benutzt werden konnte. Die Arme sind abgebrochen, und somit fehlen die Attribute Geldbeutel und Schlangenstab. Aus dem Haarschopf kommen Flügel hervor.
Bronze. – H. 18,5 cm.
LM. Saarbrücken.
Lit.: P. Wiesert, Saarkalender 1904. Ko.

71 Bogenschlußstein mit Götterkopf

FO. Metz, Rue du Grand Cerf

Langgestreckter Kopf mit strähnigem Kopfhaar und Barttracht. Kopf des Jupiter (?).
Kalkstein. – H. 60 cm, Br. 28 cm, T. 40 cm.
Museum Metz.
Lit.: Espérandieu 4305. – Toussaint Nr. 136. Co.

72 Weihrelief mit opfernder Göttin

(Abb. s. S. 44)

FO. Betting les St. Avold (Moselle)

Stehende Göttin mit Tunica und übergeworfenem Mantel, in einer Nische. In der rechten Hand hält sie eine Opferschale, mit der sie an einem Altar eine Spende vollzieht. Die rechte Hand hält eine Standarte, die auf einer horizontalen Platte, die auf einen hohen Stab montiert ist, in flachem Relief ein Wildschwein zeigt.
Sandstein. – H. 82 cm, Br. 44 cm.
Museum Metz.
Lit.: Espérandieu 4439. Co.

73 Weihaltar mit Inschrift an die Göttin Mogontia

Sablon (Metz)
2. Jh. n. Chr.

Der Weihaltar wurde zwischen Ziegelabbruch und Marmorresten der einstigen Tempelkapelle gefunden.
DEAE MOGON / TIAE IVL / PATERNVS / TABELLAR / EX VOTO
Der Göttin Mogontia hat Julius Paternus, Tabellarius, das Gelübde erfüllend diesen Stein errichtet.
Der Tabellarius ist für die ordnungsgemäße Zustellung der Postsendungen und Depeschen verantwortlich, die mit dem Postdienst in der frühen Kaiserzeit eingerichtet worden ist.
Kalkstein. – H. 65 cm, Br. 21,5 cm, T. 28 cm.
Museum Metz.
Lit.: CIL XII 4313. – Toussaint Nr. 275. Co.

73

74 Weihrelief an Merkur

FO. Sablon (Metz)

In einer Nische mit Giebel steht der Gott Merkur mit Petasos, über den linken Arm einen Mantel geworfen, in der Hand den Heroldsstab haltend. Die ausgestreckte Rechte trägt den Beutel mit Geld, während am Boden ein Widderkopf erscheint.
Kalkstein. – H. 24 cm, Br. 15 cm.
Museum Metz.
Lit.: Espérandieu 4348. – Toussaint Nr. 569. Co.

74

75 Weihrelief mit Opferszene

FO. Gegend von Metz

In einer Nische steht eine Göttin mit Opferschale vor einem Altar ein Trankopfer spendend, vielleicht die Göttin Juno.
Sandstein. – H. 59 cm, Br. 29 cm, T. 12 cm.
Museum Metz.
Lit.: Esperandieu 4336. – Toussaint Nr. 664. Co.

75

76 Weihrelief *(Abb. s. S. 42)*

FO. Metz, Rue des Murs

Frauenbüste in einer grob eingefaßten Nische. Die flache Wiedergabe der Frisur in gleichmäßigen Strähnen bis zu den Schultern herabfallend. Der rechte Arm und die Hand sind in einer Schlinge gehalten, die um den Hals geführt ist. Die linke Hand wird von einem Korb verdeckt, aus dem Früchte hervorragen.
Kalkstein. – H. 37 cm, Br. 17 cm, T. 9 cm.
Museum Metz.
Lit.: Toussaint Nr. 637. Co.

78

77 Jugendlicher Kopf des Apollo

Sainte Fontaine (Moselle)

In Verbindung mit der Heilquelle wird der jugendlich-bartlose Kopf von guter Qualität einer Apollostatue zugewiesen werden können.
Sandstein. – H. 23 cm.
Museum Metz.
Lit.: Espérandieu 4441. Co.

78 Göttin mit Füllhorn

FO. Zetting bei Sarreguemines (Moselle)

In einer Nische sitzt eine Göttin auf einem Thron, im Haar ein Diadem. Im linken Arm hält sie ein übergroßes Füllhorn, aus dessen Öffnung Früchte quellen, die rechte Hand hält eine Opferschale. Neben dem Sitz die »Weltkugel« (?) und rechts ein aufrecht stehender Schild. Fortuna oder eine Muttergottheit.
Sandstein. – H. 38 cm, Br. 26 cm.
Museum Metz.
Lit.: Espérandieu 4475. Co.

79 Terrakotta-Büste einer Frau

FO. Herapel (Moselle)
1. Jh. n. Chr.

Frauenbüste als Weihgeschenk aufgestellt. Die Frisur ist als breiter Wulst um das Gesicht gelegt und läuft in kurzen Zöpfen aus. Die Augen mandelförmig mit reliefartig aufgelegten Lidern.
Terrakotta. – H. 21 cm.
Museum Metz, Inv. 3515. Co.

80 Fortuna

Reinheim (Saarpfalzkreis)
2. Jh. n. Chr.

Stehende Göttin. Kopf, Füllhorn und rechte Hand ergänzt. Zwei nackte Füße auf der Standfläche bekunden eine verlorene Begleitfigur.
Sandstein. – H. 83 cm.
Historisches Museum der Pfalz in Speyer.
Lit.: Fr. Joh. Hildenbrand, Der römische Steinsaal des Historischen Museums der Pfalz zu Speyer (1911) Nr. 24. Ko.

81 Kopf des Jupiter Ammon

FO. Metz, En Fournirue

Großer Kopf mit Widderhörnern im Haar, die die Bestimmung auf Jupiter-Ammon erlauben. Haar- und Barttracht in groben Strähnen ausgeführt.
Sandstein. – H. 35 cm, Br. 28 cm, T. 23 cm.
Museum Metz.
Lit.: Espérandieu 4294. – Toussaint Nr. 101. Co.

81

79

82 Kopf des Apollo

FO. Metz
Der in Marmor ausgeführte Kopf zeigt die dem Gott eigene Haarfrisur der im Nacken zu einer Flechte zusammengelegten Haarsträhnen. Der Kopf ist leicht zur rechten Seite geneigt.
Marmor. – H. 34 cm, Br. 30 cm, T. 28 cm.
Museum Metz.
Lit.: Espérandieu 4293. – Toussaint Nr. 9. Co.

83 a Säule mit Basis und Kapitell, figürlich geschmückt

FO. Metz, Rue Taison

Die Säule zeigt eine einfach profilierte Basis und gewulstetes Kapitell mit großen lappenförmigen Blättern. Den Säulenschaft zieren drei fast vollplastisch ausgearbeitete Figuren. Männliche

Figur, leicht nach links einwärts gedreht, mit der linken Hand den Kopf einer Schlange greifend und auch den linken Fuß auf eine Schlange gestellt. Daneben auf der Säulentrommel drei Fische. Frontal gerichtete Göttin mit strähnigem Scheitelhaar, die rechte Hand auf ein Ruder gestützt. Eine dritte weibliche Figur schließt an. Die dargestellten Figuren werden auf Herkules, Ceres und eine Quellgottheit gedeutet.
Kalkstein. – H. 101 cm, Dm. 35 cm.
Museum Metz.
Lit.: Espérandieu 4286. – Toussaint Nr. 567. Co.

82

83a

83b Säule mit Schuppen überzogen

FO. Metz, Kloster Maria Heimsuchung

Dieser Typ der mit Schindeln oder Schuppen von Pinienzapfen überzogenen Säulenschäfte ist bei Jupitersäulen geläufig.
Sandstein. – H. 97,5 cm.
Museum Metz, Inv. 11322 Co.

84 Kopf der Minerva

FO. Herapel (Moselle)

Diesen Kopf aus dem großen Tempel auf dem Herapel wird man der Hauptgottheit zuweisen und als Rest der ursprünglichen Kultfigur betrachten können.
Das hochovale Gesicht wird von einer kräftigen Wangen- und Kinnpartie geprägt, die Augen, nur durch das Oberlid deutlich begrenzt, werden von flachen, hoch gezogenen Brauenbogen begleitet. Das gescheitelte Haupthaar quillt in breiten, gerundeten Strähnen unter dem abschließenden Helm hervor. Die Kalotte des Helmes, von einem Wulst begrenzt, zeigt seitlich zwei Löcher, in denen ein Lorbeerkranz aus Bronze eingelassen und befestigt war, von dem noch Reste geborgen werden konnten.
Grobkörniger Sandstein. – H. 48 cm.
Museum Metz.
Lit.: Espérandieu 4448. Co.

84

85

85 Bärtige Maske eines Flußgottes

FO. Metz, im Moselbett zwischen Pont des Morts und Pont de Thionville

Der Quader, mit leichtem Pilastervorsprung versehen, ist Teil eines größeren Monumentes, vielleicht eines Grabdenkmals. Die Fläche des Pilasters ist mit einem Kopf verziert, der von strenger Formgebung und bei geringer Relieftiefe sehr flächig wirkte. An den Seiten des Pilastervorsprunges Delphine und Seepferd, die die Deutung auf einen Flußgott noch zusätzlich stützen.
Kalkstein. – H. 55 cm, Br. 69 cm, T. 1,15 m.
Museum Metz.
Lit.: Espérandieu 4304. – Toussaint Nr. 236. Co.

86

86 Figürlich verziertes Kapitell

FO. Herapel (Moselle)

Kapitell mit sorgfältig gearbeitetem korinthischem Blattwerk. Aus einem Kelchblatt wächst ein jugendlicher Frauenkopf mit gewelltem Lockenhaar zwischen den Eckvoluten heraus.
Sandstein. – H. 30 cm, L. 60 cm.
Museum Metz.
Lit.: Espérandieu 4466. Co.

87 Gallo-römischer Kultplatz bei Bliesbrücken

(Farbabb. s. S. 239)

Lage: Bliesbrücken bei Saargemünd (Moselle)

Im Bliestal bei Bliesbrücken an der Straße nach Reinheim (Saarland) wurde aufgrund häufiger Zufallsfunde – insbesondere Bronzestatuetten, zahlreiche Münzen, ein Goldring mit der Inschrift *deo Mercurio*, Scherben und erkennbare Mauern – seit langem eine wohl kleinstädtische Siedlung vermutet. Grabungen seit 1973 haben Bestätigung gebracht. Freigelegt ist bisher längs einer antiken Straße außer einem vermutlichen Kultbau eine Zeile ausgedehnter Gebäude mit vorgelegter Portikus, Kellern und eisenverarbeitenden Werkstätten; drei Töpferöfen erweisen lokale Keramikproduktion. Besonderes Interesse verdient ein Kultareal, das sich zwischen dem Rand der Siedlung und der Blies über etwa 200×70 m ausdehnt. Durch Baggerarbeiten zur Ausbeutung von Bliessand wurde es entdeckt, aber auch stark zerstört, ehe es genauer erforscht werden konnte. Innerhalb eines ursprünglich gestampften, dann mehrmals mit Bruchsteinplatten überpflasterten Platzes waren nach überprüften Angaben eng beisammen einige hundert Opfergruben und ca. 150 gemauerte Opferschächte eingetieft, wovon nur 101 Gruben und rund 40 Schächte z. T. in Notgrabung vor dem Bagger her, z. T. genau untersucht werden konnten. Der Platz war in allen Phasen überlagert von je einer starken Schicht schwarzer Erde, durchsetzt mit Asche und Holzkohle und enormen Mengen von Knochen und Knochenstücken von Speisetieren, Scherben von Eßgeschirr, zahlreichen Fibeln, Messern u. a., ein Befund, der nur als über lange Zeit hin angesammelte Rückstände von Begehungen einer großen, leider nicht näher bekannten Kultgemeinde verstanden werden kann. Die Opfergruben gehören dem 1. Jh., die Schächte dem 2. Jh. an.
1. Die Gruben: Sie sind rechteckig oder rund, bis 3,10 m breit und zwischen 0,50 und 1,80 m tief, treten einzeln auf oder schließen sich durch mehrfache Überschneidung und Überlagerung zu größeren Komplexen von bis zu 10 m Ausdehnung zusammen. Sie enthalten in unterschiedlicher Weise eingebrachte Depotschichten in humoser Erde mit Knochen von Opferfleisch, meist von Haustieren, insbesondere Schulterblätter und Unterkiefer von Schaf oder Ziege, bis zu 6 Stück nebeneinander, Hundeteile mit Schädel, zerschlagene Gefäße, von denen jeweils größere Partien (Hälse oder Böden) nicht in die Grube kamen. Zahlreich sind Gruben mit mehreren solcher

87

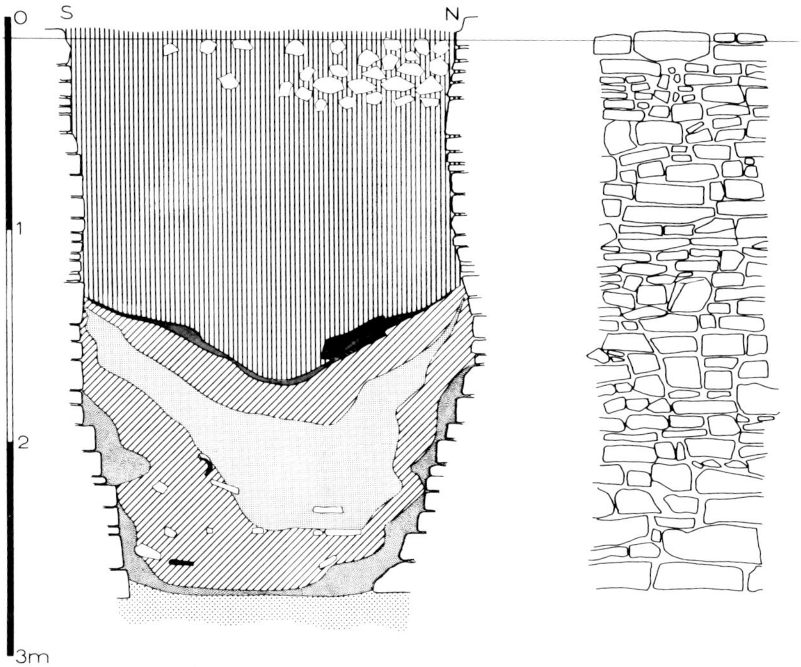

87

Schacht 29

Von oben nach unten, rechts ein Teil der Schachtwandung

- Einfüllschicht
- dünne Schicht Kalk, rechts Holzkohle
- erste Depotschicht
- sterile Sandschicht
- zweite Depotschicht
- sterile Sandschicht
- Naturboden

Depotschichten. Diese wurden jeweils mit einer Sand- oder Tonschicht abgedeckt, die Grube danach in einem Zuge aufgefüllt mit Erde, die mit Scherben von oft mehreren hundert Gefäßen und großen Mengen Knochenstücken durchsetzt war. Sonstige Beifunde in Depot oder Füllung: meist mehrere Fibeln, Glasperlen, Haarnadeln, Eisengerät wie Messer, Webegewicht u.a. Die Füllung ist wohl vom Kultplatz zusammengescharrt, wobei die jetzt fehlenden Gefäßstücke außen liegenblieben, denn aus den Scherben einer Grube lassen sich nie ganze Gefäße zusammensetzen.

Datierung der Gruben: Zeit von Claudius bis Vespasian.

2. Die Schächte: Sie sind brunnenartig aus Kalksteinen aufgemauert, mörtellos und sehr sorglos, rund oder elliptisch und manchmal paarweise gruppiert; vereinzelt weist die Wandung eine kleine Nische auf. Der Durchmesser schwankt zwischen 0,90 und 2,50 m, die Tiefe zwischen 1,20 und 3,60 m, wobei sich der Schacht stets abwärts konisch verjüngt. Der Grundwasserspiegel wird nie erreicht. Die Schächte waren, wie ihre Bauweise zeigt, ad hoc gebaut und nicht für längeres Offenstehen geeignet, im Unterschied zu den am Ort auch vorhandenen sehr sorgfältig isodom gebauten Wasserbrunnen mit stets exakt senkrechter Wandung. Bei mehreren Schächten war die obere Abdeckung mit Steinen erhalten, die so gelegt waren, daß der obere Schachtrand sichtbar blieb. Zu manchen Schächten führte ein gepflasterter Weg.

Die Schächte enthalten ein Depot am Grund, manchmal auf Steinplatten abgestellt; in der Regel ein größeres Gefäß und mehrere kleine (Kannen, Becher, Schalen, Platten), die wohl auch mit Ziegelstücken oder flachen Steinen abgedeckt waren, was auf Deponierung mit Inhalt schließen läßt. Das Hauptgefäß kann durch gegeneinandergestellte Ziegel geschützt sein. Das Depot war umgeben von Erde, in der Tierknochen, z.B. Rinderschädel samt Gehörn, Rippen u.a., Gefäßscherben, Gegenstände aus Eisen oder Knochen, Haarnadeln, Fibeln, manchmal auch eine Münze u.a., enthalten waren. Das Ganze war dann durch eine Sand- oder Tonschicht abgedeckt. Je Schacht finden sich solche oder ähnliche Depots mehrmals übereinander und wiederum jeweils eigens mit Sand oder Ton abgedeckt. Die abschließende Auffüllmasse aus humoser Erde entspricht in ihrer Zusammensetzung derjenigen der Gruben, kann aber auch aus Erde mit Kalksteinen oder Ziegelbruch bestehen, ist aber stets durchsetzt mit tausenden von Knochenstücken von Haustieren, Geflügel, Wild oder Vögeln, auch vom Hund sowie Scherben von mehreren hunderten außerhalb zerschlagener und zerstreuter Gefäße. Keramik und Münzen datieren diese Schächte ins 2. Jh.

Gruben und Schächte enthielten keinerlei Spuren menschlicher Bestattungen. Sie können zusammen mit dem Befund auf den verschiedenen Phasen des Platzes nur auf sonst nicht näher bekannte Opferbräuche einer gallo-römischen Kultgemein-

schaft bezogen werden. Das hier faßbare Brauchtum war offenbar weit verbreitet, wie zahlreiche andernorts beobachtete Schächte zeigen, jedoch meist verkannt. Jüngst bekanntgewordene Beispiele sind zwei Fundplätze in Paris im Quartier du Luxembourg. Es scheint sich um die Ausläufer eines viel älteren Brauchtums zu handeln.
Lit. in Auswahl: M. Petit – E. Servat, Un quartier privilégié du Paris antique: le Senat. Dossiers de l'Archéologie, Le Sol de Paris, P. 41–47. – J. Biarne, Le rituel des puits chez les Aulerques Cenomans. In: Annales de Bretagne et des pays de l'Ouest, tome 84, Année 1977, 7–27. – D. Joly, Chartres, Place de la République, Bulletin de la Societé Archéol. d'Eure et Loire, No. 69, 4. trimestre 1977. – A. Kolling, Römerzeitliche Opferschächte im Saarland. 12. Ber. Denkmalpf. Saarland, 1965. – K. Schwarz, Die Geschichte eines keltischen Temenos im nördlichen Alpenvorland. Ausgrabungen in Deutschland (Mainz 1975).
J. Schaub – J. P. Petit – F. Hiller

88 a Krüge

FO. Lebach (Krs. Saarlouis)
Mittlere römische Kaiserzeit

Fünf Krüge aus einem Opferteich am Theelbach. Auf dem Grund des verlandeten Teiches lagen Trink- und Eßgeschirre zuhauf, vornehmlich jedoch kleine Krüge, aus denen man Libationen darbrachte.
Ton. – H. 16, 16, 17, 22, 27 cm.
LM. Saarbrücken.
Lit.: F. Firtion – A. Kolling – K. Schröder, Die Talaueablagerungen der Theel bei Lebach und ihre Bedeutung zur jüngeren Waldgeschichte und zur Archäologie des Saarlandes. In: Annales Universitatis Saraviensis, Sc. – VIII – 1959, 183 (Nr. 22).
Ko.

88 b Drei Weihrauchkelche

FO. Schwarzenacker b. Homburg/Saar
Mittlere römische Kaiserzeit

Die Kelche wurden in kultischen Prozessionen mitgetragen und auch bei anderen rituellen Handlungen benutzt. Die vorliegenden drei Exemplare fanden sich in einem Opferschacht innerhalb des Vicus von Schwarzenacker.
Ton. – H. 10, 11, 12 cm.
Römisches Freilichtmuseum Schwarzenacker.
Unveröffentlicht. Ko.

89 Tamburin

FO. Schwarzenacker b. Homburg/Saar
2. H. 3. Jh. n. Chr.

Sechs Beckenscheiben, Rahmen und Bespannung ergänzt, gefunden neben dem Versammlunghaus (Säulenkellerhaus) des Vicus Schwarzenacker. Das Tamburin kann in kultischem, aber auch trivialem Gebrauch gewesen sein. Es bestimmte den Rhythmus einer Tanzmusik und gehörte auch in die Hand der Tänzerin selbst.
Bronze. – Dm. 22 cm.
Römisches Freilichtmuseum Schwarzenacker.
Unveröffentlicht. Ko.

90–92 Weihegaben

In der Stadt Trier und auf dem Lande existierten in römischer Zeit zahlreiche Heiligtümer, die innerhalb eines ummauerten Bezirkes verschiedene Tempel und Kapellen aufnahmen. Sie wurden von frommen Pilgern besucht, die der Gottheit Gaben darbrachten. Wie wertvoll eine solche Weihegabe war, hing selbstverständlich vom Geldbeutel des jeweiligen Stifters ab. Reiche Leute konnten eine Götterfigur aus Stein oder sich selbst als Stifter in Stein arbeiten und aufstellen lassen; Pilger des Mittelstandes weihten z. B. Figürchen aus Bronze, emaillierte, verzinnte Fibeln (s. Kat. 91 c–e), metallene Handspiegel (s. Kat. 92) oder etwa rippenverzierte Schalen aus buntem marmoriertem Glas. Die einfachen Leute stellten in den Tempeln und Kapellen Figürchen aus Ton, Terrakotten, auf, die offenbar an Verkaufsständen bei den Heiligtümern erhältlich waren (wie heutzutage Votivgaben an berühmten Wallfahrtsorten). Es spielte dabei keine Rolle, ob diese Terrakotten gerade die jeweilige Gottheit, der sie auch geweiht wurden, darstellten oder nicht; sie verstanden sich als fromme Gabe. Aufgestellt wurden sie in den Tempeln und Kapellen auf Bänken (tribunae), die vor die Wände gemauert waren. Diese Aufstellungsart konnte im Heiligtum des Lenus Mars in Trier (Kat. 285) bei den Ausgrabungen festgestellt werden.
Terrakotten gehörten zur billigen Massenware, denn sie konnten bekanntlich in eine zweiteilige Form gepreßt serienmäßig immer wieder abgeformt werden (s. hier Kat.90 und 271). Zu Hunderten wurden sie in den Heiligtümern der Stadt Trier und des Trierer Landes gefunden. Besonders hervorzuheben sind der Tempelbezirk am Altbachtal in Trier (s. Kat. 109) und das Heiligtum bei Dhronecken im Hunsrück (s. Kat. 108). Am häufigsten kommen Terrakotten der Muttergottheiten vor, deren

90 Terrakottafiguren, von links nach rechts: c, e, d, g, a.

Kult im Treverergebiet offenbar besonders beliebt war. Sie werden stets langgewandet auf einem Lehnstuhl thronend dargestellt, in dem sie auf dem Schoß einen Hund, Früchte oder ein Wickelkind halten.
Die Tonfigürchen bestehen überwiegend aus rotbraunem Ton. Er ähnelt jenem, den die Trierer Töpfer zur Herstellung ihrer Tongefäße, Lampen und Figuren verwandten (s. Kat. 270). Ein weißer Überzug mit Bemalung verdeckte die rotbraune Tonmasse. Weißtonige Terrakotten, wie sie in Köln, aber auch in Trier hergestellt wurden, sind ebenfalls vertreten. Goe.

90 Terrakotten

In vielen gallischen Heiligtümern findet man als Weihegeschenke Tonfiguren (Terrakotten). Sie sind serienweise aus Negativformen abgeformte Massenware und somit die Devotionalien der Leute, die sich keine steinernen oder bronzenen Figuren leisten können oder wollen. Dargestellt ist in der Regel die Gottheit, zu der man betet, oder die Person, für die man betet. Die meisten Terrakotten in den Heiligtümern stammen aus dem 2. Jahrhundert.

Die folgenden Statuetten stammen aus den Heiligtümern im Altbachtal (b, f, h; vgl. auch Kat. 109) und dem Marsbezirk (i) in Trier, aus dem Heiligtum von Dhronecken (a, d, e, g; vgl. auch Kat. 108) und aus Pommern, Krs. Cochem/Zell, mit seinem Marstempel (c). Bi.

a) Stehender Jupiter mit einem Szepter in der erhobenen Linken und dem Blitz in der Rechten. Er ist unbekleidet bis auf einen von der linken Schulter herabfallenden Mantel. Sockel ergänzt.
H. 22,5 cm.
RLM. Trier, Inv. 99, 1 058.

b) Stehende Venus. Sie hält in der herabhängenden Linken ihr Gewand und preßt sich mit der Rechten die Haare trocken. Sockel ergänzt.
H. 16,2 cm.
RLM. Trier, Inv. AT. 7 465.

c) Sitzende Muttergöttin mit einem Wickelkind im Schoß, für das sie die linke Brust entblößt hat. Auf der Rückseite die Signatur des Produzenten: Fidelis fec(it), Fidelis hat's gemacht.
H. 14,5 cm.
RLM. Trier, Inv. G. F 408.

d) Sitzende Muttergöttin mit Früchten im Schoß. Die Früchte weisen auf die mütterliche Gabe der Fruchtbarkeit.
H. 14,3 cm.
RLM. Trier, Inv. 99,825.

e) Sitzende Muttergöttin mit einem Hund im Schoß. Der Hund spielt in der keltischen Religion eine bedeutsame, aber noch nicht sicher erklärte Rolle.
H. 17,7 cm.
RLM. Trier, Inv. 99,787.

f) Reiter in Helm und Kettenpanzer mit Schwert und Rundschild an seiner linken Seite. Solche Reiter werden als Götter (»Dioskuren«) gedeutet. Stark ergänzt.
H. 17,5 cm.
RLM. Trier, Inv. ST. 10068.

g) Amor und Psyche sich küssend. Beide sind geflügelt, Psyche ist bekleidet und hat einen Kranz in der Hand. Zur Deutung s. unter h.
H. 18,7 cm.
RLM. Trier, Inv. 99,746a.

h) Sich umarmendes und küssendes Paar. Der Typ ist wohl abgeleitet von Terrakotten wie Nr. g und ist mit der Bitte um Liebeserfüllung zusammenzubringen.
H. 10,7 cm.
RLM. Trier, Inv. AT. 7441.

i) Büste eines Knaben in einem Gewand, das auf der rechten Schulter durch eine Fibel zusammengehalten wird. Hier ist das Kind dargestellt, für dessen Gesundheit man sich an die Gottheit gewandt hat. Ergänzt.
H. 12,5 cm.
RLM. Trier, Inv. ST. 9759h.

Lit.: Gose, Altbachtal Abb. 38,13 (f); 387,6 (h); 388,3 (b). – Gose, Lenus Mars Abb. 68,25 (i). – Hettner, Drei Tempelbezirke Taf. 8,26 (a); 9,9 (e); 9,30 (d); 10,26 (g). – W. Binsfeld, Kölner Jahrb. 11, 1970, 74 mit Taf. 13 (c). Bi.

91 Weihegaben aus Metall

Fibeln gehören zu den beliebtesten metallenen Weihegaben in den treverischen Heiligtümern. Sie wurden von Männern und Frauen gestiftet, denn beide Geschlechter schmückten sich mit solchen Gewandnadeln. Frauen trugen sie meistens paarweise, indem sie die Stücke oft durch ein Kettchen miteinander verbanden, während die Männer in der Regel nur eine Nadel auf der r. Schulter befestigten. Fibeln mit Emaileinlagen herrschen – der Mode entsprechend – im 2. Jahrhundert vor (c–e).
Im Heiligtum von Möhn (s. hier Kat.106) kamen auffallend viele Waffenstücke zu Tage. Sie sind hier dem Mars (Smertius?) dargebracht worden.
Lit. zu den Fibeln: E. Ettlinger, Die römischen Fibeln der Schweiz. Handbuch zur Römer- und Merowingerzeit II (Bern 1973). – E. Riha, Die römischen Fibeln aus Augst und Kaiseraugst. Forschungen in Augst 3 (August 1979).

91, 92 Fibeln und Handspiegel als Weihegaben.

a) FO. Möhn (Krs. Trier-Saarburg), 1887, Tempelbezirk um Christi Geburt
Sog. Kragenfibel mit halber Spiralhülse. Der obere stark gewölbte Teil des Bügels schwingt seitlich zu kleinen Flügeln aus, die in Knöpfen endigen. Darunter tritt eine kragenartige halbrunde Platte hervor. Der geschweifte Fuß läuft eng und schmal aus. Der Nadelhalter ist geschlossen (nicht durchbrochen). Verzierungen auf dem Bügel und dem Kragen. Der Kopf ist als Maske gebildet.
Das Exemplar wurde sicherlich von einer Frau gestiftet, denn diese Fibelform läßt sich bisher lediglich als Frauenschmuck nachweisen.
Die Kragenfibel kommt nur im westlichen Teil des römischen Imperiums vor (Rheinland, Frankreich und vereinzelt in Britannien). In der vorliegenden Ausprägung ist sie im Treverergebiet sehr beliebt. Zahlreiche Beispiele der Zeit um Christi Geburt hat man beispielsweise in der Nekropole von Wederath-Belginum im Hunsrück gefunden (Farbabb. S. 123). Gegen 20 n. Chr. kommt der Typus außer Mode (vgl. Trierer Zeitschr. 12, 1937, 55 f. – Ettlinger a. O. 71 f.).
Bronze. – L. 10 cm.
RLM. Trier, Inv. 12322.
Lit.: Hettner, Drei Tempelbezirke 25 Nr. 51 Taf. 4, 14.

b) FO. Gusenburg (Krs. Trier-Saarburg)
Mitte – 2. H. 1. Jh n. Chr.
Der kräftig gewölbte Bügel der kleinen Scharnierfibel ist mit fünf senkrecht verlaufenden Rippen versehen. Der nach unten sich verschmälernde Fuß ist mit einem sorgfältig gepunzten Punktmuster verziert. Ein abgeflachter Knopf bildet den unteren Abschluß. Die Nadel fehlt.
Diese stets sehr kleine Fibelform wurde am häufigsten in den nordgallischen Provinzen, im Rheingebiet, Nord- und Westschweiz und in Britannien getragen. Vor der Jahrhundertmitte kommt sie in Mode, verschwindet jedoch gegen Ende des 1. Jahrhunderts wieder (vgl. Ettlinger a. O. 97 f. – Riha a. O. 137 ff.).
Bronze mit Zinnüberzug, der Silber vortäuscht. – L. 3,7 cm.
RLM. Trier, Inv. 18720.
Lit.: Hettner, Drei Tempelbezirke 87 Nr. 6 Taf. 5, 70.

c) FO. Trier, Tempelbezirk des Altbachtales, 1930
2. Jh. n. Chr.
Fibel deren breiter Bügel mit fünf quadratischen Feldern versehen ist; sie waren mit einer farbigen Emaileinlage ausgefüllt. Der Fuß ist als Tierkopf gebildet, der einer Schildkröte ähnelt. Die Nadel fehlt.
Bronze. – L. 4,3 cm.
RLM. Trier, Inv. ST. 12071.
Lit.: Exner, 29. Ber. d. Röm.-German. Kommission 1939, 78 Form I 18 b.

d) FO. Trier, Tempelbezirk des Altbachtales
2. Jh. n. Chr.
Der Fibelbügel ist in Form eines übereck gestellten Rhombus gebildet, dessen jetzt leere Felder mit einer farbigen Emaileinlage ausgefüllt waren. Der Fuß ahmt wie bei c) einen Schildkrötenkopf nach; sorgfältige Ziselierung. Die Nadel fehlt. Fibeln dieser Art kommen häufig im Rheinland vor (vgl. Exner a. O. Form I 7 b S. 85).
Bronze. – L. 4,4 cm.
RLM. Trier, AT. FNr. 4744.
Lit.: Gose, Altbachtal Abb. 286, 18.

e) FO. Trier, Tempelbezirk des Altbachtales
2. Jh. n. Chr.
Der Bügel besteht aus einem übereck gestellten Quadrat, das einst mit einer farbigen Emaileinlage ausgefüllt war. Der rhombisch gestaltete Fuß schließt mit einem kleinen Knopf ab. Die Nadel fehlt. Zum Fibeltypus vgl. Riha a. O. 159 Taf. 47, 1402.
Bronze. – L. 3,8 cm.
RLM. Trier, AT. FNr. 11013b.
Lit.: Gose, Altbachtal Abb. 286, 19. Goe.

92 Spiegel

FO. Trier, Tempelbezirk des Altbachtales, in der Kapelle nördlich des Tempels 41 (Logentempel), 1930.
2./3. Jh. n. Chr.

Griff und Rahmen des kleinen Handspiegels sind aus einem Guß hergestellt. Ein flüchtiges erhabenes Gittermuster überzieht die Oberfläche. Auf die Randkante sind 16 (einst 17) Kügelchen aufgesetzt. Zu beiden Seiten des Griffes gehen zwei schmale Griffarme ab, die im knappen Halbbogen zum Spiegelrand geführt sind. Die Rückseite ist glatt gegossen. An ihr war ein zweites entsprechend gearbeitetes Stück befestigt, das dem kleinen gläsernen Konvexspiegel Halt bot.
Der Glasspiegel ist auch bei den anderen beiden Trierer Stücken (Inv. 9024 aus den Barbarathermen; Inv. ST. 12552 aus dem Tempelbezirk des Altbachtales: Gose, Altbachtal Abb. 139, 20) selbst in Resten nicht mehr nachweisbar, während bei anderen Exemplaren dieser Gattung Splitter bzw. größere Bruchstücke zwischen den beiden Platten haften geblieben sind (Jahreshefte des Österreichischen Archäolog. Institutes in Wien 13, 1910 Beiblatt 107 ff. 261 ff.). Diese Bleispiegel erfreuten sich großer Beliebtheit. Zahlreiche Exemplare sind aus Frankreich, dem Rheinland, Oberitalien, Österreich, Rumänien und Nordgriechenland bekannt.
Trotz ihrer Kleinheit erfüllten sie doch gut ihren Zweck, da die konvexe Spiegelseite bekanntlich vergrößert.
Zur Gattung der Bleispiegel s. Dacia NS. 3, 1959, 415 ff. – Corinthia I 169, 1979, 22–25.
Blei. – L. 9,3 cm, Dm. 4,6 cm.
RLM. Trier, Inv. ST. 11922.
Lit.: Gose, Altbachtal 144 Abb. 286, 7. Goe.

93

93 Harpokrates

FO. Trier, Römerbrücke, aus der Mosel
3. Jh.

In der späteren ägyptischen Göttermythe wird der Sonnengott Hor-Horus als Gott von Edfu in Gestalt des Falken dargestellt. Als Sohn des Osiris und der Isis erscheint der jugendliche Gott als Kind.
Hier ist der Knabe geflügelt und hat den rechten Zeigefinger an den Mund gelegt, das besondere Geheimnis der Mythe und des Kultes verdeutlichend. Das hautenge Gewand ist nur in zarten Falten angedeutet und wird vor der Brust durch eine große Scheibenfibel zusammengehalten. Mondsichel, Sonnenscheibe und Federkrone schmücken das Kopfhaar. Über der Schulter ist ein Köcher am Band zu erkennen, ein Aryballos hängt am rechten Ellenbogen. Auf der flachen Standplatte sitzt aufblickend ein Hündchen, während an der linken Seite ein zierlicher Ibis steht. Mit der linken Hand hält der Knabe ein Füllhorn, aus dessen weiter Öffnung eine dicke Traube quillt. Gleichzeitig stützt er sich auf eine Baumstütze, an der sich eine Uräusschlange hochwindet und neben dem Füllhorn mit dem Kopfe hervorragt. Auf der Baumstütze ist weiterhin, zwischen den Windungen des Schlangenleibes ein Delphin, mit dem Kopf abwärts gerichtet, ausgearbeitet.
Auf dem Rücken ist eine Öse, in der ein einfacher Silberring mit gedrehten Enden steckt. Demnach wurde das zierliche Bildwerk als Amulett und Anhänger an einer Kette getragen. In Verbindung mit einer Bronzefigur des Attis, ebenfalls aus der Mosel, den Darstellungen und Inschriften auf Isis, Kybele, Mithras und weiteren schlichten Bildchen des Harpokrates (in Bronze und Blei), ist die Anwesenheit von Orientalen und Anhängern orientalischer Kulte für das spätantike Trier relativ stark bezeugt.
Silber. – H. 3,5 cm.
RLM. Trier, EV. 1976.
Unpubliziert Cü.

94 Verfluchungstäfelchen.

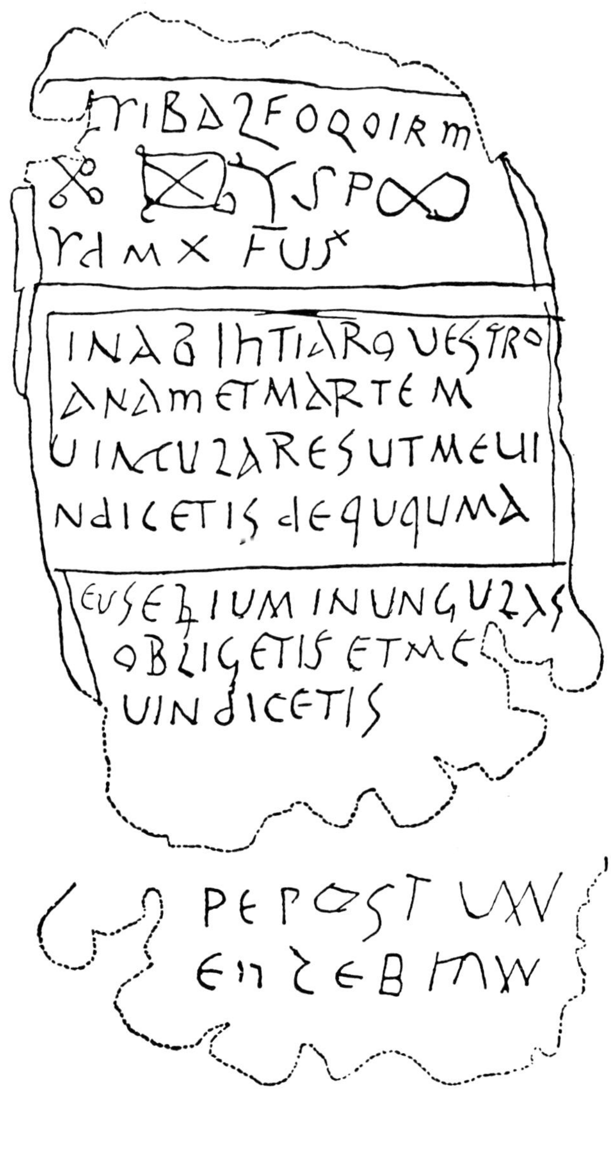

94 Verfluchungstäfelchen

FO. Trier, im Arenakeller des Amphitheaters, 1908
3. Jh. n. Chr.

Zauberzeichen
In ABIHTIARO(?) vestro
(Di)anam et Martem
vinculares, ut me vin-
dicetis de ququma.
Eusebium in ungulas
obligetis et me
vindicetis.
Rückseite:
Pepostum
Eusebium.

(Ich rufe an) Diana und
Mars,
die helfenden Gottheiten,
daß ihr mich
von dem Hitzkopf erlöset.
Eusebius foltert
und bannet, mich aber
möget ihr befreien.
Rückseite: Niedergelegt ist
der Name des Eusebius.

94

Mit diesen auf ein Bleitäfelchen eingeritzten Zauberzeichen (Zeile 1–3) und dem Fluchtext versucht ein Ungenannter, einem anderen namens Eusebius einen Schaden zuzufügen. Für sich selbst erbittet er Befreiung von einem *ququma (= cucuma)*, sei es nun ein Schimpfname für einen Hitzkopf oder sei tatsächlich ein Kochtopf und damit womöglich abschätzig eine verhaßte Arbeitsstätte gemeint. Der Fluch richtet sich gegen Eusebius, der zweimal genannt ist, damit ihn die angerufenen Dämonen nur ja nicht verfehlen. Mit dem Namen, der erstmals an der Außenseite des zusammengefalteten Täfelchens angebracht ist, ergibt der Fluchende in einem nach römischem Strafrecht verbotenen Schadenzauber die ganze Person des Verhaßten der Unterwelt und ihren Mächten.
Bevorzugtes Material für einen niedergeschriebenen Fluch ist Blei, dem das Odium eines übelbringenden Mediums anhaftet. Die Niederlegung erfolgte nach Anweisung geheimer Zauberpapyri unter mysteriösen Zeremonien an Orten, an denen Menschen vorzeitig und gewaltsam ums Leben gekommen waren oder an denen deren Leiber bestattet worden waren. Einen derart direkten Zugang zu den Unterirdischen stellt natürlich auch der Keller des Trierer Amphitheaters dar, aus dem eine Vielzahl solcher Fluchtäfelchen ans Licht kam.
Blei. – H. 13,5 cm, Br. 9,5 cm, D. 0,1 cm.
RLM. Trier, Inv. 09,930.
Lit.: R. Wünsch, Bonner Jahrb. 119, 1910, 8f. Taf. II, III. – CIL. XIII 11 340 III.
Schw.

95 a) Mithrasrelief von Schwarzerden
b) Rekonstruktionsbild des Tempels

(Abb. s. S. 61)

FO. bei Schwarzerden (Krs. St. Wendel) – Reichweiler (Krs. Kusel)
Mittlere römische Kaiserzeit

Der Mithraskult gelangte über Rom während der mittleren Kaiserzeit auch in die entlegeneren Provinzen. Er war aus der zoroastrischen Magierreligion geboren und gehört zu den ethisch hochstehenden Religionen des Morgenlandes. Nach dem Mythos erjagte und tötete Mithras den bösen Weltenstier. Aus dem sterbenden Dämon erwuchsen die heilbringenden Kräfte der Erde. Mithras war der Mittler zwischen Gott und den Menschen. Er fuhr zum Himmel auf und gesellte sich dem Lichtgott Sol bei zum gemeinsamen Liebesmahl. Als Tempel dienten der mithräischen Gemeinde dreischiffige Räume, an deren Stirnseite das Kultbild stand oder in einen Felsen eingehauen war. Frauen waren ausgeschlossen. Sieben Weihegrade bestimmten die hierarchische Leiter: Corax-Rabe, Nymphus-Verlobter, Miles-Soldat, Leo-Löwe, Perses-Perser, Heliodromos-Sonnenläufer, Pater-Vater.
Ein Pater leitete die Kultgemeinde, zelebrierte das Ritual und ermahnte zu frommem Lebenswandel, Liebe und Freundschaft

95 a Mithrasrelief von Schwarzerden.

untereinander. Man sang Hymnen, bereitete unter Weihrauchgewölk das Liebesmahl auf den Podien der Seitenschiffe und genoß vom heiligen Weinstock. Im Wettstreit mit dem Christentum mußte die Mithrasreligion unterliegen, weil sie keine wirkliche Volkskirche werden konnte. Es war ja von vornherein die halbe Menschheit, nämlich die Frauen, ausgeschlossen. Vorschriften über die Geheimhaltung der Riten, überhaupt der elitäre Habitus, machte die Religion anfällig gegen Anfechtungen. Spuren des Mithraskultes sind noch bei den Parsen (Perser) im Umkreis von Kalkutta anzutreffen.
Das Bild von Schwarzerden, sehr selten in seiner Eigenart als Felsbild, zeigt den auf dem Stier knieenden Mithras wie er mit dem Dolch zustößt. Oben sind Sol und Luna zu erkennen. Die Szene ist flankiert von den Fackelträgern Cautes und Cautopates. Ein Skorpion zwackt den Stier in die Genitalien. Eine Schlange erscheint. Das Bild ist sehr verwaschen. Manches ist ikonographisch unklar.
H. 200 cm, Br. 205 cm.
An Ort und Stelle unter einem Schutzbau.
Lit.: E. Krüger, Das Mithrasdenkmal von Schwarzerden, Mitteilungen des Vereins f. Heimatkunde im Landkreis Birkenfeld, März 1939, 1–3. Ko.

96 Modell des Mithrasheiligtums Saarbrücken, heutiger Zustand

Saarbrücken, Halberg
Mittlere bis späte römische Kaiserzeit.

Der Saarbrücker Mithrastempel war eine künstlich erweiterte Felsgrotte ganz in der Nähe des Vicus Saravus, der zum Schutze des Saarüberzugs in spätrömischer Zeit ein Kastell erhielt. Die Grotte zeigt heute noch die Merkmale der mithräischen Architektur: Tonnengewölbe in der Mitte, daneben Seitenschiffe mit Podien. Vom Kultbild fanden sich nur Reste (religionsgeschichtliche Erläuterungen s. unter Schwarzerden). Als Deckenstützen und gliederndes Element sind Säulen zu rekonstruieren. Auch das Mithräum von Saarbrücken ist in seiner Art – Höhlenheiligtum! – ein religionsgeschichtliches Denkmal ersten Ranges. In christlicher Zeit nannte man die Grotte »Heidenkirche« oder »Heidenkapelle«. Die Legende erzählt, der hl. Arnual habe darin missioniert.
Vermutlich war die Mithrasgemeinde von Kaufleuten bzw. von Intellektuellen des Vicus gegründet und getragen worden. Der mithräische Charakter der Grotte blieb erstaunlich lange verborgen. Klare Beweise für die Existenz des Tempels erbrachte die Ausgrabung des Saarbrücker Archäologen Carl Klein im Jahre 1921. Jüngst aufgestellt sind die fünf Säulen. Sie sollen dem Besucher die Architektur und den Charakter des bedeutsamen Kulturdenkmals veranschaulichen.
Br. 7,40 m, erhaltene T. 9,50 m.
Saarländischer Rundfunk, Halberg, Saarbrücken.
Lit.: C. Klein, Die Ausgrabungen und Funde in der Heidenkapelle bei Saarbrücken, Ber. Denkmalpf. Saarland 1, 1923, 13–20. – R. Schindler, Neue Untersuchungen am Mithrastempel in Saarbrücken, Ber. Denkmalpf. Saarland 10, 1963, 119–136. Ko.

97 Mithrasheiligtum in Trier

Mitte 3. Jh. bis spätes 4. Jh. n. Chr.

Bei den Ausgrabungen im großen Tempelbezirk im Trierer Altbachtal (vgl. Kat. 109) wurden in einem späteren Umbau eines mehrerer beieinanderliegender Wohnhäuser über einem schon früher aufgegebenen Kulttheater ein Mithraeum entdeckt. Durch eine Vorhalle von der östlichen Schmalseite des Heiligtums in einen beidseitig von Bänken flankierten Mittelgang eintretend, erblickte der Mithrasanhänger an der gegenüberliegenden Wand Kultbilder und Altäre. Gleich hinter dem Eingang war eine wohl mit Bohlen abgedeckte Opfergrube eingetieft, die

97 Mithrasheiligtum in Trier.

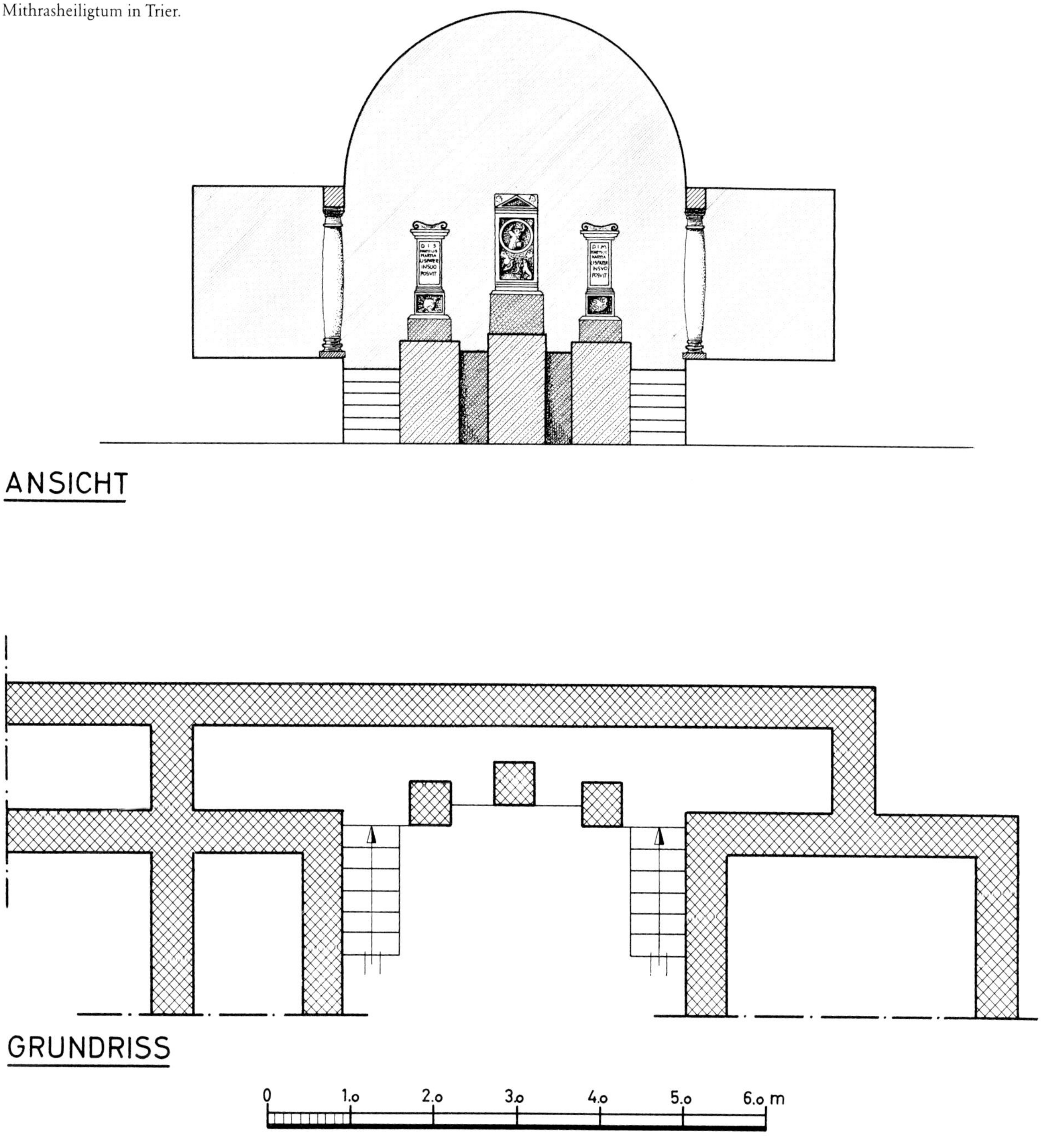

neben einer Brandschicht mit Geflügelknochen Münzen bis zur Zeit des Honorius (393–423) enthielt. In einer an die Westwand angebauten »Altarwand« waren drei Sockelsteine eingelassen. Die beiden äußeren trugen die Weihungen eines Vorstehers der Kultgemeinschaft namens Martius Martialis an den unbesiegten Mithras – *D(eo) i(nvicto) M(ithrae)* und den unbesiegten Sonnengott – *D(eo) i(nvicto) S(oli)*. An der Altarwand war ein großes Relief mit dem stiertötenden Mithras angebracht, davor ein

kleineres Relief mit der Felsgeburt des Gottes, wohl eine größere Schale und ein runder Altar, der auf der Sohle des Mittelganges stand.
Es mag sein, daß Martius Martialis eines der Priesterhäuser bewohnte und einen Teil vielleicht schon um die Mitte des 3. Jahrhunderts zu einer Kultstätte für Mithras umbaute. Wenn auch angenommen wurde, daß Martialis, der wohl Einheimischer ist, mit dem Mithraskult während eines Militärdienstes am Rhein in Verbindung gekommen sei, so ist heute doch denkbar, daß selbst in einer Frühzeit des Mithraskultes im Hinterland zu den germanischen Grenzprovinzen auch in Trier schon genügend Einflüsse gegeben waren, die einen Einheimischen zur Anhängerschaft dieses Kultes bewegen konnte. Die enge oder absolute Verbindung von Mithras mit dem Militär ist in Anbetracht der zahlreichen Weihungen aus bürgerlichen Kreisen nicht mehr aufrechtzuhalten. Für Trier ist nach Aussage der Funde noch mit mindestens einem weiteren Mithrasheiligtum zu rechnen. Kultische Gefäße und Reliefplatten wurden in großem Umfang im Töpferviertel im Süden der Stadt Trier hergestellt.
Lit.: Gose, Altbachtal 110ff. – E. Schwertheim, Die Denkmäler orientalischer Gottheiten im römischen Deutschland (Leiden 1974) 228ff. Nr. 190ff. – V. J. Walters, The cult of Mithras in the Roman provinces of Gaul (Leiden 1974) 23ff. Schw.

98 Tempelbezirk des vicus von Dalheim (Luxemburg) *(Farbabb. s. S. 130)*

(Modell im Maßstab 1:100)

Die Luftbildarchäologie, die es in den Jahren 1976 und 1979 ermöglichte, einen nahezu vollständigen Plan des großen vicus bei Dalheim zu erhalten (vgl. Kat. 25), zeigte, daß die nordwestliche Ecke der Straßenstation von einem größeren Tempelbezirk eingenommen wurde, der u.a mehrere gallische Umgangstempel *(fana)* begriff. Der nördliche Teil dieses ummauerten Heiligen Bezirks war bereits 1863 von einem Privatmann ausgegraben und in einem Plan festgehalten worden. Aufgrund dieser alten Unterlagen sowie verschiedener Luftbilder von 1976 und 1979 war es möglich, ein Modell eines Teils des Tempelbezirks zu erstellen: Der Heilige Bezirk *(temenos)* wird eingeschlossen von einer hohen Umfassungsmauer. Zwei typische gallische Umgangstempel sowie der 1863 freigelegte Achtecktempel und ein kleines Schatzhaus mit daneben liegendem Brunnen verteilen sich nach einem lockeren System auf das mit Wegen erschlossene Areal. Kultbänke *(exedrae)* und vor den Tempeln aufgestellte Opferaltäre *(arae)* vervollständigen das Gesamtbild.
Staatsmuseum Luxemburg.
Lit.: J. Metzler – J. Zimmer, Beiträge zur Archäologie von Dalheim. In: Hémecht 30, 1978, 355ff. Kr.

99

100

99 Jupiter

FO. Dalheim (Luxemburg)
2. Jh. n. Chr.

Die 1863 im Tempelbezirk des vicus von Dalheim (vgl. Kat. 25 u. 98) gefundene, ungewöhnlich große Jupiterstatuette gehört, trotz einiger Beschädigungen zu den qualitätsvollsten Produkten des römischen Bronzekunsthandwerks. Es handelt sich bei dem Stück um eine leicht abgewandelte Replik der überlebensgroßen Marmorstatue des Jupiter aus der Villa Hadriana in Tivoli. Der Gott steht auf dem linken Bein, das rechte war leicht zurückgesetzt. Der in der linken Hüfte ausschwingende, athletische Körper ist sehr fein modelliert. Brust und Brustkorb sowie die Schambeinlinie sind kräftig betont. Der linke Arm ist abgewinkelt und zum Halten des Szepters hoch erhoben, die angewinkelte Rechte hielt den Donnerkeil. Das ausdrucksvolle Gesicht wird umrahmt von den in der Mitte der Stirn geteilten Locken des Kopfhaares und von einem ebenfalls gelockten, dichten Bart. Verschiedene Details in der Ausführung sprechen für eine nahe künstlerische Verwandtschaft der Statuette aus Dalheim mit dem noch größeren Jupiter aus dem Tempel von Viel-Evreux (F).
Bronze. – H. 61,5 cm.
Musée du Louvre, Paris.
Lit.: De Ridder, Les bronzes antiques du Louvre I. Les figurines (Paris 1913) 13 Nr. 36. – E. Wilhelm, Bronzes figurés de l'époque romaine. Musée d'Histoire et d'Art (Luxemburg 1971) 31. – H. Menzel, Les ateliers des artisans bronziers. Les dossiers de l'archéologie 28, 1978, 58 ff. – J. Metzler – J. Zimmer, Beiträge zur Archäologie von Dalheim. In: Hémecht 30, 1978, 355 ff.
Kr.

100 Minerva

FO. Dalheim (Luxemburg)
2./3. Jh. n. Chr.

Die Minervastatuette wurde 1863 zusammen mit der großen Jupiterstatuette (Kat. 99) im Tempelbezirk des vicus von Dalheim (Kat. 98) gefunden. Die Göttin steht auf dem linken Bein und hat das rechte leicht zurückgesetzt. Sie ist mit einem langen Chiton bekleidet und trägt ein Übergewand, das vorn auf dem Leib einen breiten Wulst bildet. Auf der Brust liegt die Ägis, die auf den Schultern aufliegt und die mit einem sehr sorgfältig ausgeführten Gorgoneion geschmückt ist. Der rechte Arm ist zum Halten des Speeres erhoben, der linke hängt herab und war wohl ursprünglich auf einen Schild gestützt. Auf dem Haupt sitzt der hohe korinthische Helm mit dem großen Federbusch, der von einem geflügelten Greifen getragen wird. Unter dem Helm quillt das in Wellen gelegte Haar hervor, das das sehr

feine, jugendliche Gesicht umrahmt. Die in Silber ausgelegten Augäpfel verstärken den prägnanten Gesichtsausdruck. Von der Schutzgöttin des Handwerks und der Künste wurden in Dalheim noch zwei weitere, sehr qualitätsvolle Bronzestatuetten gefunden.
Bronze. – H. 40 cm.
Musée du Louvre, Paris.
Lit.: De Ridder, Les bronzes antiques du Louvre I. Les figurines (Paris 1913) 131 Nr. 1071. – E. Wilhelm, Bronzes figurés de l'époque romaine. Musée d'Histoire et d'Art (Luxemburg 1971) 30f. (vgl. auch ebenda 10f. Nr. 11f.). – J. Metzler – J. Zimmer, Beiträge zur Archäologie von Dalheim. In: Hémecht 30, 1978, 355ff. Kr.

101 Wildschwein

FO. Titelberg (Luxemburg)
2. Jh. n. Chr. (?)

Die äußerst qualitätsvolle und überdurchschnittlich große Statuette wurde zu Beginn des 19. Jh. auf dem Titelberg gefunden. Der ausgewachsene Keiler ist springend mit leicht nach links gewandtem Kopf dargestellt. Der muskulöse, vollfleischige Körper des Tieres ist langgestreckt, der Rücken mit dem aufgerichteten Grannenkamm ist durchgedrückt. Borstenpelz und Unterwolle sind in kräftig betonten, wellenförmigen Strähnen dargestellt, die dem Elan des Sprunges folgen. Die aufgeworfene Schnauze gibt zwei mächtige Hauer frei. Die in Silber ausgelegten, schrägstehenden Augen und die großen Stehohren sind bis in die Details sehr fein modelliert und betonen den kräftigen, schwungvollen Charakter der gesamten Darstellung. Wenn es sich bei der Statuette ohne Zweifel auch um das Werk eines begabten gallischen Künstlers der mittleren Kaiserzeit handeln wird, so ist das Bildnis als solches doch in einem gewissen Sinn als Symbol der bedeutenden keltischen Tradition des Titelbergs anzusehen.
Bronze. – L. 30 cm.
Musée du Louvre, Paris.
Lit.: De Ridder, Les bronzes antiques du Louvre I. Les figurines (Paris 1913) 133 Nr. 1088. – E. Wilhelm, Bronzes figurés de l'époque romaine. Musée d'Histoire et d'Art (Luxemburg 1971) 32 (mit weiterer Literatur). – G. Thill, Vor- und Frühgeschichte Luxemburgs (2. Auflage, Luxemburg 1977) 51. Kr.

101

102 Rosmerta

FO. Dalheim (Luxemburg)
Mitte 2. Jh. n. Chr.

Kopf eines überlebensgroßen Kultbildes der gallischen Göttin aus dem kleinen Merkur- und Rosmertatempel, der 1934 im Buchholtzer Wald, 3 km nördlich des vicus von Dalheim an der römischen Fernstraße Metz-Trier ausgegraben wurde. Das Gesicht der Göttin ist oval, die Züge sind regelmäßig. Die Haare sind geflochten und bilden über dem Nacken einen Knoten, aus dem zwei Strähnen in den Hals hinabhängen. Die mit großer Sorgfalt ausgeführte Frisur der Göttin erlaubt es, die Statue, von der noch weitere Bruchstücke erhalten sind, ins fortgeschrittene 2. Jh. n. Chr. (antoninische Zeit) zu datieren. Wie die Münzfunde aus der Grabung bezeugen, wurde der kleine Umgangstempel bis in den Beginn des 5. Jh. n. Chr. von vorbeiziehenden Reisenden aufgesucht.
Korallenkalkstein. – H. 33 cm.
Staatsmuseum Luxemburg, Inv. 567.
Lit.: P. Medinger, Sanctuaire gallo-romain trouvé sur la route romaine de Dalheim au bois de Buchholtz. In: Ons Hémecht 41, 1935, 75ff. – E. Wilhelm, Pierres sculptées et inscriptions de l'époque romaine. Musée d'Histoire et d'Art (Luxemburg 1974) 60 Nr. 388 (mit weiterer Literatur). Kr.

103 Cernunnos

FO. Titelberg (Luxemburg)
1./2. Jh. n. Chr.

In einer nischenartigen Vertiefung ist im Hochrelief ein Jüngling mit kräftig gelocktem Haar dargestellt, der im linken Arm ein mächtiges Füllhorn trägt und dessen beschädigte Rechte wohl eine Opferschale dargeboten haben wird. Bekleidet war die Gestalt mit einer kurzen Tunika oder einem Mantel und trug Stiefel mit umgelegtem Rand. Die Besonderheit dieser an sich typischen Darstellung eines römischen Genius, eines Schutzgottes, der Wohlergehen und Reichtum gewähren sollte, liegt darin, daß das Bildnis durch eine zweite in schwachem Relief ausgeführte Darstellung ergänzt und gedeutet wird. Unter der gesenkten Rechten des Genius erscheinen ein fast vollständig zerstörter Stierkopf sowie ein Hirschkopf, der Geldstücke in eine auf dem Boden stehende Truhe speit. Bei dem Stein, der um 1860 in der Nähe des Titelbergs gefunden wurde, handelt es sich um eines der seltenen Bilder aus dem gallischen Raum, die einen Einblick in die keltische Mythologie gewähren. Der in römischer Art und Weise als Genius wiedergegebene gallische Gott Cernunnos wird begleitet von seinen heiligen Tieren, dem Stier und dem Hirsch. Trotz der Beschädigungen stellt der Stein vom Titelberg somit eine interessante Parallele zu dem Cernunnos-Relief aus Reims dar, auf dem der Gott allerdings in halbtierischer Form mit Geweih und Tierfüßen dargestellt ist.
Sandstein. – H. 117 cm, Br. 43,5 cm.
Staatsmuseum Luxemburg, Inv. 136.
Lit.: E. Wilhelm, Pierres sculptées et inscriptions de l'époque romaine. Musée d'Histoire et d'Art (Luxemburg 1974) 61 Nr. 393 (mit weiterer Literatur). Kr.

103

104 Rekonstruktion des Tempelbezirks von Bierbach

Bierbach (Saarpfalzkreis)
2. Jh.–4. Jh. n. Chr.

In den gallischen Umgangstempeln wurden Merkur und andere Götter verehrt. Trankopfer gab man in einen gemauerten Schacht. Innerhalb des Temenos stand eine Jupitersäule. Zwei Kilometer entfernt lag der stadtähnliche Vicus Schwarzenacker. Umgangstempel besaßen ein allseitig an die Cella angelehntes Pultdach, das von Säulen oder Holzstützen getragen wurde. Sie sind für den gallischen Norden eigentümlich.
Ca. 20 × 70 m.
Funde im LM. Saarbrücken und im Römischen Freilichtmuseum Schwarzenacker bei Homburg/Saar.
Lit.: C. Klein, Der Tempelbezirk im Bierbacher Klosterwald, Ber. Denkmalpf. Saarland 3, 1929, 17–28. Ko.

105 a Weihedenkmal für Diana

FO. Bollendorf, Krs. Bitburg-Prüm
um 200 n. Chr.

Am Fuße des Ferschweiler Plateaus zur Sauer hin steht ein aus dem natürlich anstehenden Felsen herausgemeißeltes Weihedenkmal für Diana. Der obere Teil ist verschwunden, nach der

104 Rekonstruktionszeichnung des Tempelbezirks von Bierbach.

Legende zerstört vom hl. Willibrord. Flankiert von jeweils einem Pilaster und einer Säule (also ursprünglich in einem Tempelchen stehend) erkennt man noch den Unterkörper der als Jägerin hochgeschürzt dargestellten Diana, neben ihr die Beine eines Jagdhundes und wohl einer Hirschkuh. Darunter steht die Inschrift: Deae Dianae Q(uintus) Postumius Potens v(otum) s(olvit), »Der Göttin Diana hat Quintus Postumius Potens sein Gelübde erfüllt«.
Mit Diana wird wohl die keltische Göttin Arduenna gemeint sein, die Schützerin der Ardennen und der Eifel. Die noch heute romantische Lage in einem Eichenwald gibt die Darstellung v. J. A. Ramboux aus dem Jahre 1827 am besten wieder.
Sandstein. – H. etwa 350 cm (davon Inschrift und Relief 145 cm), Br. 147 cm.
Lit.: Espérandieu 5250. – J. Steinhausen, Ortskunde Trier-Mettendorf (Bonn 1932) 58 ff. – E. Zahn, J. A. Ramboux in Trier (Trier 1980) Nr. 33. Bi.

105 b Felsbild mit Sucellus und Nantosvelta

(Abb. s. S. 22)

St. Ingbert – Sengscheid
2. bie 3. Jh. n. Chr.

Oberhalb eines Talschlusses im Staatsforst bei St. Ingbert-Sengscheid im östlichen Saarland ist in flach eingemeißelten Nischen eines Sandsteinfelsens ein Götterpaar dargestellt. Das Relief ist sehr verwaschen; die Attribute sind unkenntlich geworden. Der Gott hielt, wie das die Pose ausweist, in der Rechten offenbar einen Stab oder dergleichen. Die Göttin hebt mit der Linken eine fast unkenntlich gewordene Früchteschale vor dem Leib. Seit der Zeit, als man begann, Märchen aufzuschreiben, nannten die Sengscheider das Paar »Hänsel und Gretel«; früher hieß es »Engelter« (Engel).

105 a Weihedenkmal für Diana.

Trachtmerkmale und Darstellungsweise, die Örtlichkeit auch, lassen auf die gallorömischen Götter Sucellus und Nantosvelta schließen.

Der altkeltische Waldgott Sucellus wurde in römischer Zeit syncretistisch mit dem römischen Gartengott Silvanus gleichgesetzt und in dessen Gewandung und oft auch mit dessen Attributen (Speer, Gartenmesser, Traube, Hund) dargestellt. Dem Sucellus rein keltischer Prägung hingegen sind andere Attribute eigentümlich: Bär, Wildschwein, Hammer und Weinamphoren (der Hammer oft stabartig gestielt). Die Göttin hält bisweilen einen Stab in der Rechten, der mit einem Häuschen bekrönt ist. Ein in Saarburg in Lothringen gefundener Stein, der das Götterpaar in charakteristischer Tracht und mit Attributen zeigt, trägt ausnahmsweise die Götternamen. Dieser Stein ist der Schlüssel zur Identität.

Das Götterpaar bzw. Sucellus allein wurden vor allem im nordwestlichen Gallien verehrt, hier ikonographisch meistens mit den typischen Attributen der einheimischen Version versehen.

Der Bärenjäger Cessorinius Ammausius einer in Xanten liegenden Legion bekundete sich dem Silvanus (Sucellus) dankbar – vielleicht, weil er die Bärenhatz mit heiler Haut überstanden hatte – und erstellte ein Denkmal, das den Gott auf einem Inschriftsockel neben seinem Gesellen, dem Bär, zeigt. Zu vergleichen ist ein rundplastisches Bild aus Völklingen an der mittleren Saar. Es handelt sich um ein Bruchstück von einer qualitätvollen Statue, und zwar von deren unterer Partie. Wie in Xanten erscheint ein Bär, der mit der Schnauze drei Früchte (wohl Äpfel) berührt. Auf dem Boden liegt eine Weintraube. Zur Linken des Gottes steht in einem Rahmengestell eine Amphore.

Ein Felsbild dieses Götterpaares, Gott und Göttin allerdings isoliert dargestellt, ist auch an einem Felsen ausgehauen, der im sogenannten Blauloch von Wallerfangen nahe der unteren Saar aus dem Abhang hervorschaut (genannt »Drei Kapuziner«). Die besonderen Attribute des Silvanus keltischer Prägung – Sucellus! –, wie auch die entlegenen Fundorte seiner Bilder, lassen auf eine Gottheit schließen, die in Gallien nicht nur die Gärten und Weinberge beschützte, sondern auch die Waldeinsamkeit, hier offenbar in der Hauptsache von Jägern verehrt, die auf Bär und Wildschwein pirschten.

Felsbild. H. 1,20 u. 1 m.

Staatsforst St. Ingbert.

Lit.: E. Brauner, Gallo-römische Felsbilder, Ber. Denkmalpf. Saarland 7, 1959, 141–146. Ko.

105 b Felsbild mit Sucellus und Nantosvelta.

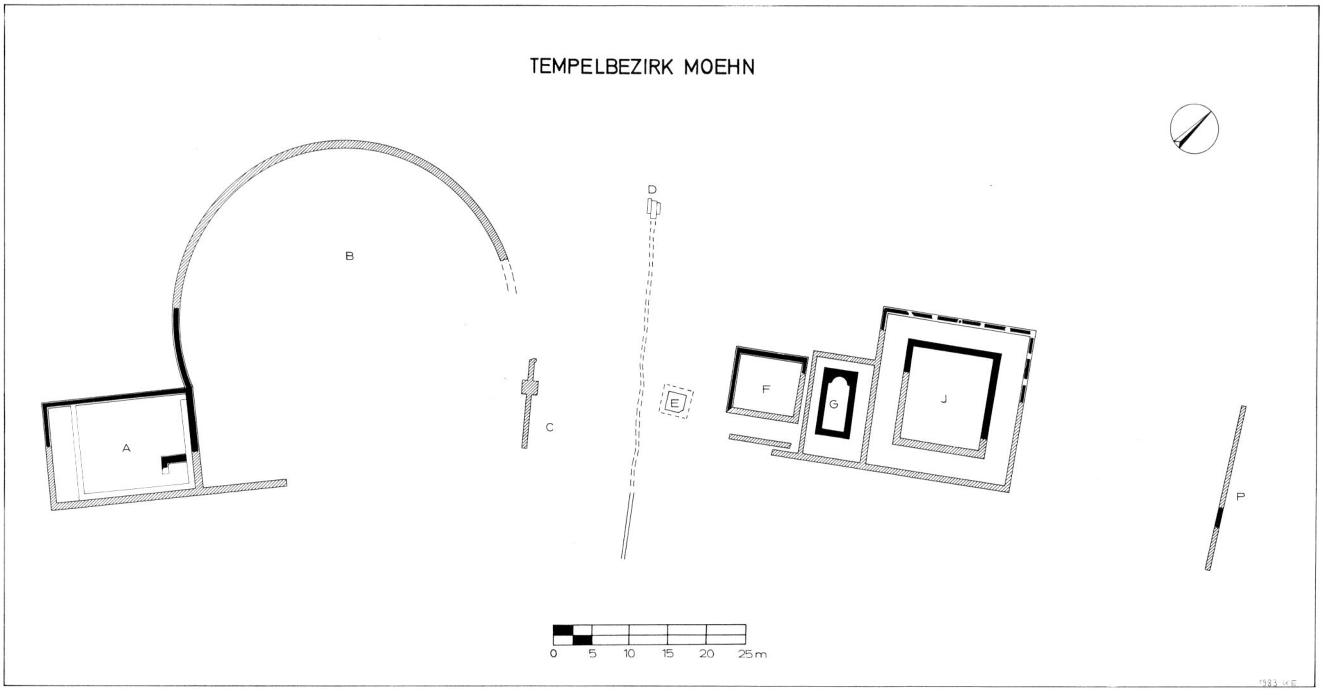

106

106 Das Heiligtum von Möhn in der Eifel (Krs. Bitburg-Prüm)

Lage: zwischen Möhn und Newel, unweit der Römerstraße Trier–Bitburg

Die Anlage wurde 1887 an einem nach Südosten abfallenden Hang vom Museum Trier freigelegt. Innerhalb des ummauerten heiligen Bezirkes erhob sich der fast quadratische Tempel mit Umgang J (Cella: 11,95 × 13,30 m. Zur Rekonstruktion vgl. S. 130, dessen Sandsteinsäulen (Dm. 37 cm) in Resten gefunden wurden. Diese waren durch eine rot verputzte Brüstungsmauer miteinander verbunden.

Neben dem großen Tempel J liegt der kleinere Umgangstempel G. Nur vor drei Seiten wurde eine Säulenstellung gesetzt, die 4. nordöstliche Seite benutzte den Umgang des Tempels J mit. Die Außenseite der Umfassungsmauer war rot bemalt, die Innenseite schwarz mit weißen Linien, das darüberliegende Feld rot ausgefüllt. Die 8,50 × 4,31 m große Cella ist mit einer Apsis versehen. In ihr wurden Kalksteinfiguren von Weihenden gefunden (eine Togastatue und zwei Köpfe).

Längs der Südwestecke des Tempels G ist der rechteckige Bau F errichtet worden (9,20 × 8,15 m).

Weiter westlich nahe der Umfassungsmauer wurde das kleine Gebäude E, vielleicht eine Kapelle, freigelegt (2,30 × 2,40 m), bei D entdeckte man eine gefaßte Quelle.

Außerhalb des Tempelbezirkes ist das Theater B in den Hang eingebettet (Dm. 45 m). Hier fanden sicherlich kultische Aufführungen zu Ehren der Gottheiten statt; auch in anderen treverischen Heiligtümern kommen solche Kulttheater vor (s. hier Altbachtal und Lenus-Mars-Heiligtum Kat. 109 u. 285). Südwestlich lehnt sich der rechteckige Bau A an (12 × 18 m), der den Schauspielern und Requisiten Unterkunft bieten konnte.

Südlich des Tempelbezirks lag vermutlich der vicus.

Der Tempel J ist über einer Brandschicht, die Funde des 1. Jahrhunderts n. Chr. enthielt und vermutlich von Aschenaltären stammte, errichtet worden. Das in ihm verehrte Götterpaar ist auf einem jetzt leider verstümmelten Altärchen genannt. Er war dem Mars (Smertius?) und der Göttin (Anca)mna geweiht, die auch in Trier mit Lenus Mars verehrt wurde.

Gleichzeitig mit dem Haupttempel J ist der Tempel G gebaut worden.

Im Heiligtum kamen zahlreiche Weihegaben wie Fibeln (s. Kat. 91 a), Armreifen, eiserne Waffen und Tonfiguren zu Tage. Letztere stellen meistens Göttinnen, Kinderbüsten und Männchen mit Kapuzenmäntelchen dar. Die Funde beginnen bereits in vorrömischer Zeit und enden im 4. Jahrhundert n. Chr. Vermutlich opferte man schon in vorchristlicher Zeit hier den einheimischen Göttern.

Die Funde werden im RLM. Trier aufbewahrt.

Lit.: Hettner Drei Tempelbezirke 1–36. – Führer Eifel 186–190.

Goe.

107 Römischer Tempelbezirk im Hochwald

Lage: nordöstlich von Gusenburg (Krs. Trier-Saarburg)

Der Tempelbezirk wurde im Herbst 1891 vom Museum ausgegraben.
Mitte des 19. Jahrhunderts war Mauerwerk an dieser Stelle noch oberirdisch sichtbar, bis es in den folgenden Jahrzehnten dem Steinraub zum Opfer fiel. Der heilige ca. 50 m breite Bezirk war von einer Mauer umschlossen (die östliche Abschlußmauer konnte infolge vollständiger Zerstörung nicht mehr festgestellt werden). In seiner Mitte lag der fast quadratische Tempel A; die Cella (= innerer Raum: 8,20 × 7,55 m) war von einer umlaufenden Stützmauer umgeben, auf der sich einst die Säulen des Umgangs erhoben, um das vorkragende Dach zu stützen (vgl. Rekonstruktion S. 130). In dem Tempel kamen nur wenige Funde zum Vorschein.
In dem südlich gelegenen Raum B (7,70 × 5,50 m) wurde eine große Anzahl Terrakottafragmente und eiserner Nägel gefunden.
Nordwestlich dieser Gebäude deckte man Reste eines Pflasters auf.
Hangaufwärts lehnte sich der Raum C (4,45 × 3,30 m), der an der gegenüberliegenden südlichen Seite einst eine Entsprechung hatte, außen an die Umfassungsmauer an. Die Reste dieses Raumes sind noch vor dem Beginn der Ausgrabungen gesehen worden. Im Raum C wurden viele Gebrauchsgegenstände entdeckt (Sigillata – Glasgefäße und Fibeln).
Als Baumaterial verwandte man Grauwackensteine; die Gebäude A und B waren mit Ziegel gedeckt, das Gebäude C mit Schiefer.
Die Funde bezeugen, daß der Tempelbezirk bereits in der 1. Hälfte des 1. Jahrhunderts n. Chr. bestand, seine Blütezeit im 2. Jahrhundert n. Chr. erfuhr, aber auch noch im 4. Jahrhundert von Pilgern vereinzelt besucht wurde.
Lit.: Hettner, Drei Tempelbezirke 83–92. Goe.

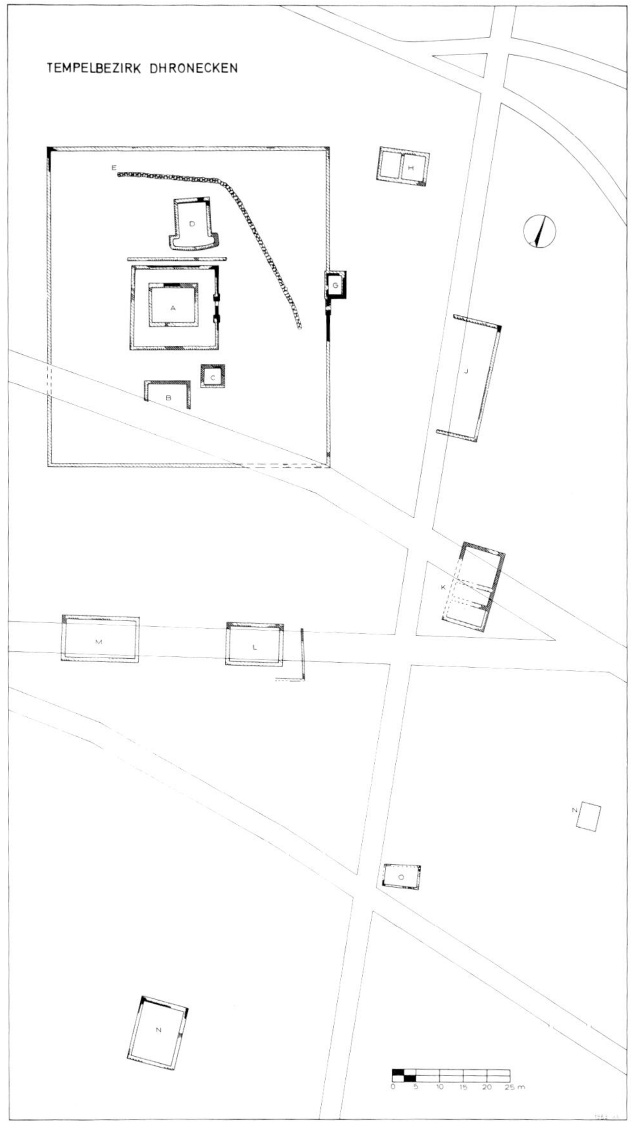

108

108 Das Heiligtum von Dhronecken im Hunsrück (Krs. Bernkastel-Wittlich)

Lage: östlich von Dhronecken und Hilscheid in 642 m Höhe, am nördlichen Abhang des Röderbachtales

Das mitten im Hochwald gelegene Heiligtum wurde 1899 durch Zufall entdeckt und im gleichen Jahr vom Museum ausgegraben. Der heilige Bezirk (65 × 59,65 m) war wie bei anderen Heiligtümern ebenso von einer Mauer eingefaßt und gegen den profanen Bezirk abgegrenzt. In ihm liegt der quadratische Tempel A mit Umgang (Cella: 8,60 × 10,30 m), dessen Mauerwerk aus Grauwacken unter reichlicher Verwendung von Mörtel aufgeführt war. Zwei Säulentrommeln aus Sandstein wurden noch neben dem Tempel gefunden. Die Wände der Cella waren wohl im unteren Teil mit Marmorplatten belegt, wie die Funde von weiß-roten Marmorfragmenten wahrscheinlich machen (zur Rekonstruktion des Tempels vgl. S. 130). Südlich des Tempels liegt der Bau B, wohl eine Kapelle (9,60 m br.), dessen südlicher Teil zerstört war.
Dicht vor die Südostecke des Haupttempels hatte man das Tempelchen C (4,95 × 4,73 m) gebaut, vor dessen Ostseite eine An-

109 Rekonstruktionszeichnung des Tempelbezirks im Altbachtal.

zahl steinerner Weihefiguren geborgen werden konnte. Sie waren wohl einst im Tempelchen aufgestellt.
Zwischen den Tempeln A und B stießen die Ausgräber auf eine geschlossene Schicht, die sich zum größten Teil aus Terrakotten (s. Kat. 108 b, d, e, g) zusammensetzte. Sie hatten sicherlich in einem der beiden Tempel Aufstellung gefunden und waren wohl bei der Säuberung eines Tempels alle auf einmal entfernt und hier vergraben worden. Nach Ausweis der Münzen ist dies im 4. Jahrhundert geschehen.
Unmittelbar nördlich erhob sich das Gebäude D, das in der südlichen Partie leicht verbreitert war.
Eine Mauer E/F im nördlichen Teil des Bezirkes sollte offenbar den Hang herabrinnendes Wasser und Feuchtigkeit von den Tempeln fernhalten.
An die Umfassungsmauer lehnt sich das Häuschen G (5,50 ×4,50 m Wächterhaus). Hier kam das Fragment einer Fensterscheibe zu Tage.
Außerhalb des Tempelbezirkes wurden sieben Häuser aufgedeckt, die zu dem Vicus gehören (H, J, K, L, M, N, O).
Keine Inschrift gibt Auskunft, welchen Gottheiten die Tempel geweiht waren. Unter den Terrakottafigürchen sind die Muttergottheiten (s. Kat. 90 c–e) am stärksten vertreten, unter den Bronzefiguren Mars. Aber auch Reliefs von Amor und Psyche, Figürchen von Venus, Juppiter, Minerva, Fortuna, Cybele und Serapis sind vertreten.
Der Tempelbezirk ist – nach Aussage der Funde – vom 1. bis zum 4. Jahrhundert n. Chr. besucht worden. Die Pilger haben z. T. ausgesuchte Stücke wie z. B. marmorierte Glasschalen (1. Jahrhundert) und emaillierte Fibeln (2. Jahrhundert) geweiht, die zeigen, daß sie keine Kosten gespart haben.
Die Funde werden im RLM. Trier aufbewahrt.
Lit.: Hettner, Drei Tempelbezirke 37–84. – Führer Hunsrück 221–224.
Goe.

109 Grundriß des Tempelbezirks im Altbachtal.

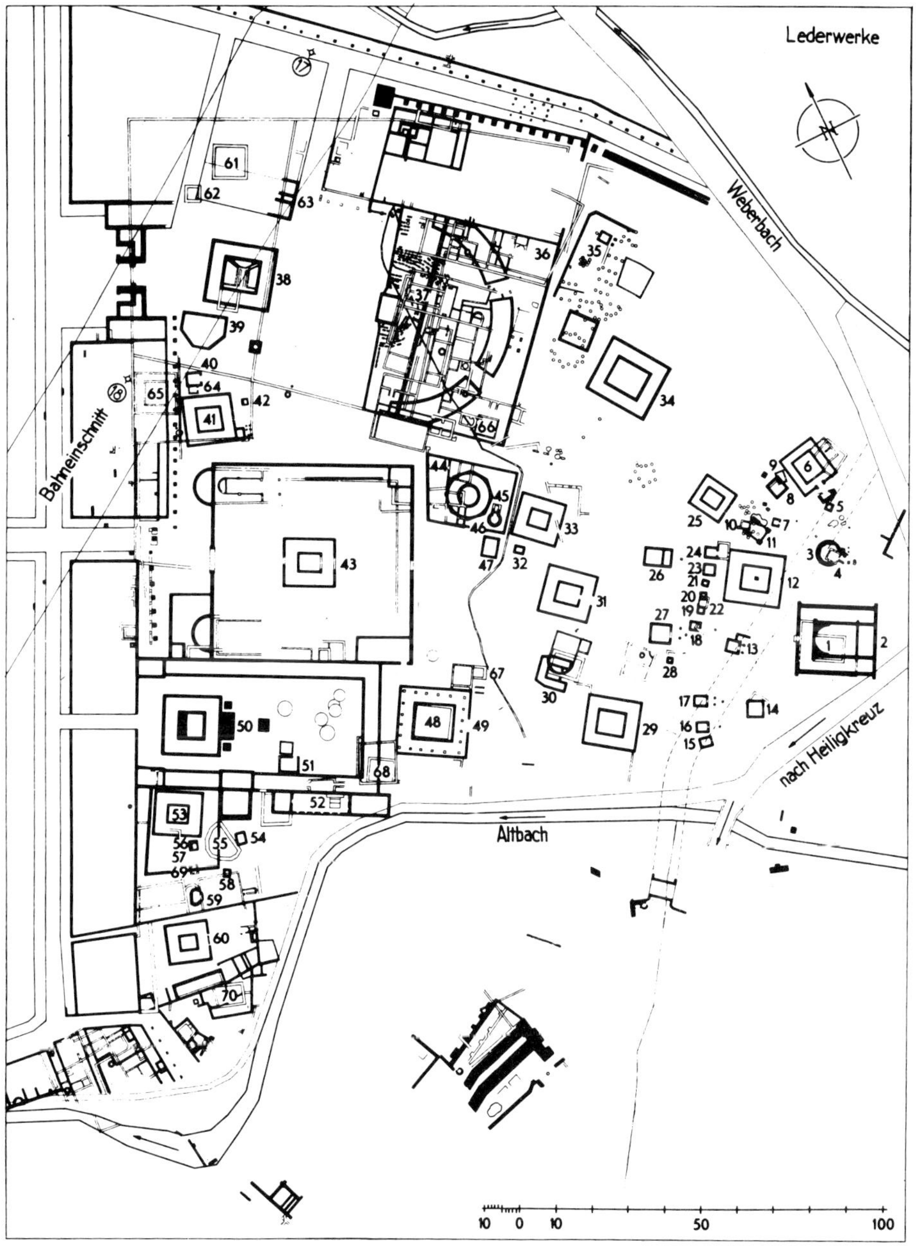

109 Der Tempelbezirk im Altbachtal

Vor 60 Jahren am Ausläufer des Olewiger Tales in Trier aufgenommene Ausgrabungen erbrachten eine Fundstätte, die nicht nur die Erwartungen der Ausgräber weit übertraf, die sogar die gesamte Fachwelt in Erstaunen setzte und diese zu Vergleichen mit Delphi und Olympia veranlaßte, auch wenn sie in ihrer anderen Gestalt einem eigenen geistigen und religiösen Umfeld entstammte. Auf einer Grabungsfläche von 5 ha wurden ca. 70 Bauten, meist Heiligtümer in 12 und mehr übereinanderliegenden Umbau-, Zerstörungs- oder Kulturschichten entdeckt, wobei die tatsächliche Ausdehnung des Tempelbezirks gerade

nach Osten in das Olewiger Tal hinein bis heute noch offen ist. Über die Kultformen in diesen Heiligtümern gibt eine Fülle von Funden, darunter etwa 150 Steindenkmäler, über 300 Terrakotten, über 100 Lampen, 450 rekonstruierte Tongefäße, mehr als 500 Kleinfunde in Metall, Glas und Bein, 8000 Münzen und Unmengen von Keramik weitere Aufschlüsse. Ursprünglich am Rande der städtischen Siedlung gelegen, wurde der Tempelbezirk mit einer um sich greifenden Ausdehnung der besiedelten Fläche in die Stadt eingegliedert und schließlich in den die Stadt seit dem ausgehenden 2. Jahrhundert umschließenden Mauerring miteinbezogen.
Die frühesten Holztempel aus augusteischer Zeit laufen zeitlich gleich mit der ersten römischen Besiedlung im Trierer Stadtgebiet. Während sich die Gestalt der frühesten Heiligtümer aus den Pfostengrundrissen ergibt, treten die Konturen der einzelnen Quadrat-, Rechteck-, Vieleck- und Rundbauten in Stein seit Mitte des 1. Jahrhunderts n. Chr. ausgeführt noch deutlicher hervor. Neben eigenen großen Temenoi (Bezirken) im Tempelbezirk seit dem ausgehenden 1. Jahrhundert (Bauten 36, 43) bringt das 2. Jahrhundert eine Erweiterung nach Osten mit vielen kleinen Tempelchen und Pfeilern für einheimische Gottheiten, die z. T. kultisch untereinander in Beziehung stehen (z. B. 19–21). Bemerkenswert ist das in der 1. Hälfte des 2. Jahrhunderts errichtete Kulttheater mit großem Sonderbezirk und ihm zugeordnetem Tempel (36, 38), hundert Jahre später wohl infolge gewandelter Kultformen wieder aufgegeben und von Wohnhäusern für Priester (?) überbaut (37; vgl. Kat. 97). Das 3. Jahrhundert bringt ein rasches Ansteigen der Anzahl der Bauten im erforschten Areal. Zum Teil werden ältere Anlagen weitgehend umgestaltet (1/2, 3/4, 6, 41, 43, 50). Die Mehrzahl der Bauten, die im 3. Jahrhundert genutzt werden, überstanden den um 275 angenommenen Stadtbrand und bewahrten sich selbst während der Zeit des frühen Christentums ihre kultische Funktion in vielen Fällen bis ins ausgehende 4. Jahrhundert (vgl. Kat. 284).
Unter den vielen Einzelbauten dominieren die größeren in keltischer Tradition stehenden gallo-römischen Umgangstempel. Trotz eines Wandels in den religiösen Vorstellungen behielt die alte einheimische Götterverehrung mit Weihungen an Ritona, Epona (vgl. Kat. 47), Vorio, Aveta, eine Wasser- und verschiedene Muttergottheiten bis in die ausgehende Römerzeit einen festen Boden.
Lit.: Gose, Altbachtal. – Führer, Trier 190–198. Schw.

110–126 Gräber und Totenkult

110–115 Der römische Grabhügel »Kipp« bei Siesbach im Hunsrück

Die Ausgrabungen des Rheinischen Landesmuseums Trier 1976/77 zeigten, daß der mächtige Grabhügel durch Steinausbeutungen und unsystematische Grabungen schon teilweise zerstört war. Dennoch waren die Ergebnisse so bedeutend, daß die Verbandsgemeinde Birkenfeld eine Rekonstruktion des Grabmonuments an Ort und Stelle durchführte.
Der Hügel ist ursprünglich 4–5 m hoch gewesen, eine Doppelmauer aus großen Quadern mit halbwalzenförmigen Abdeckplatten faßt ihn ein und weist ihn als heiligen Bezirk aus. Die Ringmauer mißt 21 m im Durchmesser, die Quadratmauer hat 24,5 m Seitenlänge. Das tonnenschwere Steinmaterial hat man aus 3 bis 4 km Entfernung herbeigeschafft. Den Hügel überragt ein Steindenkmal, von dem in situ nur noch das Fundament erhalten gewesen ist. Zu diesem zentralen Denkmal gehört wahrscheinlich als Bekrönung der Adler Nr. 111. Nördlich vor dem Hügel steht, einbezogen in die quadratische Umfassungsmauer, ein 3,80 × 2 m großer Altar, zu dessen figürlicher Ausstattung die lebensgroßen Sandsteinköpfe zweier Gottheiten Nr. 112 und 113, des Mars und Attis, gehört haben. Die fragmentarischen Überreste des Altars reichen für eine genaue Rekonstruktion nicht aus.

110 b

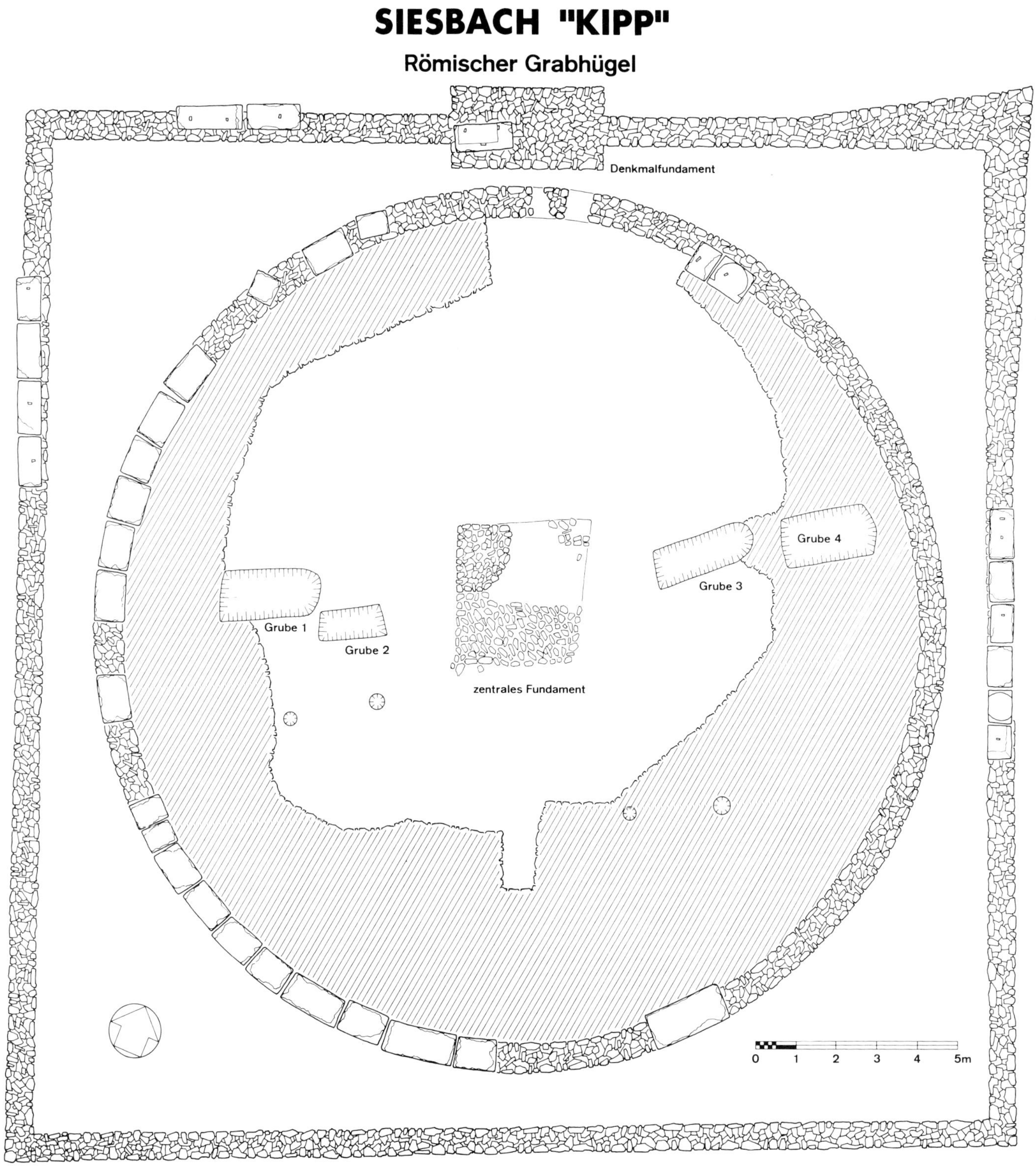

110 a Grundrißplan.

Unter der Hügelaufschüttung entdeckten die Ausgräber keine Gräber; entweder waren sie seit langem zerstört, oder aber sie waren außerhalb der Aufschüttung angelegt, etwa in Mauernischen des Altars. Unter dem Hügel fand man jedoch vier Opfergruben. In den bis zu 2 m langen, schmalrechteckigen Gruben hatte man die Überreste der Scheiterhaufen »bestattet«, auf denen das beim Bestattungszeremoniell benutzte und absichtlich zerschlagene Geschirr mitverbrannt worden war. Während der umfangreichen Restaurierungsarbeiten zeigte sich, daß häufig Scherben aus den Gruben 2 und 3 zu ein und demselben Gefäß gehörten; es steht somit fest, daß der Inhalt der beiden Gruben zum gleichen Bestattungsvorgang gehörte. Auch einige wenige Scherben aus Grube 1 paßten an Gefäße der Gruben 2/3 an. Wahrscheinlich lagen diese Scherben noch auf dem Verbrennungsplatz, als man hier die Überreste nach einer zweiten Leichenverbrennung aufsammelte. Der Inhalt aus Grube 4 gehört schließlich zu einem weiteren Bestattungsvorgang. Somit sind indirekt durch die vier Opfergruben drei Gräber nachgewiesen. Die Scherben hunderter beim Totenmahl benutzter Ton-, Glas- und Bronzegefäße aus den vier Gruben zeugen von einer großen Trauergemeinde. Verkohlte Datteln, Kirsch- und Zwetschgenkerne sind entweder vom Totenmahl übriggeblieben oder als Opfer an Totengottheiten zu deuten.

Besonders wertvoll ist jedoch eine Serie verkohlter Eichenholzstücke aus den Gruben 1–4. E. Hollstein konnte die Hölzer dendrochronologisch datieren. Das Holz für den Scheiterhaufen der Grube 1 wurde im Jahr 167 n. Chr., das des Scheiterhaufens der Gruben 2 und 3 174 und das der Grube 4 im Frühjahr 175 n. Chr. gefällt. Die Bestattungen sind somit in einem Zeitraum von knapp einem Jahrzehnt erfolgt, die Grabanlage ist spätestens kurz nach 175 fertiggestellt worden.

Die Grabanlage von Siesbach kann als Bestattungsplatz einer vornehmen, zu Reichtum gelangten Trevererfamilie angesehen werden. Der mächtige Erdhügel mit zentralem Denkmal, doppelter Umfassungsmauer und Altar bezeugt eine Kombination verschiedener Sepulkralformen des 2. Jahrhunderts, eine Vermischung des mit Grabhügel, ummauerten Grabgarten und steinernem Grabpfeiler verbundenen Gedankenguts, das teils in einheimisch-keltischer, teils in italisch-römischer Tradition wurzelt. Der Altar mit figürlichem Götterschmuck ist darüber hinaus ein Hinweis, daß hier nicht nur während des Bestattungszeremoniells reges Leben herrschte, sondern daß Ahnenkult und die Verehrung der mit dem Jenseitsglauben verbundenen Gottheiten hier eine wichtige Rolle spielten.

Lit.: A. Haffner, Die Ausgrabung eines römischen Grabhügels bei Siesbach im Kreis Birkenfeld. Kurtrierisches Jahrb. 18, 1978, 197 ff. – E. Hollstein, Dattelimport vor 1800 Jahren. Kurtrierisches Jahrb. 18, 1978, 177 ff. – K. Schroeder, Das Steinobst aus dem römischen Grabhügel von Siesbach. Trierer Zeitschr. 43/44, 1980/81, 263 ff. Ha.

110a Grundrißplan des Grabhügels »Kipp«

Siesbach (Krs. Birkenfeld)
174/175 n. Chr.

Der Plan zeigt den archäologischen Befund. In situ erhalten waren Teile des zentralen Denkmalfundaments, die Gruben 1–4 (z. T. durch Fuchsbauten gestört), die aus statischen Gründen gesetzten Quarzitsteine unter der Erdaufschüttung (schraffiert dargestellt), die Fundamentstickung der beiden Umfassungsmauern mit einzelnen Sandsteinquadern und das Fundament mit einem Quader des Grabaltars im Norden.

111

110 c

110 b Die Westhälfte des Hügels mit zentralem Fundament, Steinsetzung und Ringmauer während der Ausgrabung

Links oben im Bild die im Verlauf der Jahrhunderte über die Umfassungsmauern hinausgeflossene Erdaufschüttung der Osthälfte des Hügels; die Löcher im Profil sind Röhren von Fuchsbauten.

110 c Rekonstruktionsversuch der Grabanlage von Siesbach.

Formal nicht gesichert sind wegen des fragmentarischen Befundes das zentrale Denkmal und der Grabaltar. Ha.

111 Bekrönung eines Grabdenkmals

FO. Siesbach »Kipp« (Krs. Birkenfeld)
ca. 175 n. Chr.

Als Bekrönung des zentralen Denkmals des Siesbacher Grabhügels ist wahrscheinlich der auf einem Pinienzapfen sitzende, in den Fängen eine Schlange haltende Adler zu deuten, der am Rande des Hügels gefunden worden ist (S. 172). Der Kopf des Adlers, Teile der Flügel und der Basis sind an der ausgestellten Kopie ergänzt. Adler, Schlange und Pinienzapfen sind als Symbole der Unsterblichkeit häufig Bestandteil antiker Sepulkralarchitektur. Vgl. hierzu das Schaubild der Igeler Säule Kat. 118.
Sandstein. – H. 1,10 m.
RLM. Trier, Inv. EV. 1977, 25. Ha.

112 Kopf des Mars

FO. Siesbach »Kipp« (Krs. Birkenfeld)
ca. 175 n. Chr.

Der Sandsteinkopf eines bärtigen Mannes mit Helm gehörte zu einer lebensgroßen Statue des Gottes Mars. Äußerlich dem Typus des römischen Kriegsgottes entsprechend, dürfte die Siesbacher Marsstatue wegen ihres Standorts auf einem Grabaltar als einheimische, gallo-römische, heilbringende Gottheit zu interpretieren sein. Zum gallo-römischen Verständnis griechisch-römischer Gottheiten vgl. S. 21 f.
H. 30 cm.
RLM. Trier, Inv. EV. 1977, 25. Ha.

112 Kopf des Mars

113 Kopf des Attis?

FO. Siesbach »Kipp« (Krs. Birkenfeld)
ca. 175 n. Chr.

Der Sandsteinkopf eines jungen Mannes mit phrygischer Mütze gehört wahrscheinlich zu einer lebensgroßen Statue des kleinasiatischen Gottes Attis. Darstellungen des Attis auf Grabdenkmälern sind belegt, seine Bedeutung im Totenkult ist jedoch ungeklärt.
H. 29 cm.
RLM. Trier, Inv. EV. 1977, 25. Ha.

114 Auswahl von Gefäßkeramik

Siesbach »Kipp« (Krs. Birkenfeld) Gruben 2 und 3
vor 174 n. Chr.

Nach dem rituellen Totenmahl wurde das Geschirr zerschlagen und anschließend auf dem Scheiterhaufen verbrannt. Die Scherben aus den Gruben 2 und 3 stammen von ca. 200 Gefäßen; 127 konnten weitgehend vollständig zusammengesetzt und ergänzt werden. Durch den sekundären Brand im Feuer des Scheiterhaufens sind zahlreiche Gefäße deformiert und in ihrer Oberflächenfarbe verändert, manche Terra Sigillata-Gefäße partiell

113 Kopf des Attis?

114 Gefäßkeramik aus Siesbach »Kipp«.

von glänzend rot nach glänzend schwarz umgefärbt. Die Getränke, Wein oder Bier, wurden in großen Amphoren aufbewahrt, in Krügen serviert und aus Schalen und Bechern getrunken, die Speisen auf großen Platten aufgetragen und von Tellern und Näpfen verschiedenster Größe gegessen.
Mit rauhwandiger Grobkeramik, feiner glattwandiger tongrundiger Ware, Gefäßen mit Goldglimmerüberzug, schwarzer Glanztonware, pompejanisch roten Platten bis hin zu über 100 Terra Sigillata-Gefäßen (z.T. gestempelt, meist die Töpfernamen MINIVS und BOVDVS) ist fast das gesamte Spektrum römischer Gefäßkeramik der 2. Hälfte des 2. Jahrhunderts vertreten. Besondere Erwähnung verdient handgeformte Ware in einheimisch-keltischer Tradition.
RLM. Trier, Inv. EV. 1977, 25. Ha.

115 Verkohlte Dattel und Feuerholz von einem Totenmahl

FO. Siesbach (Krs. Birkenfeld)
Herbst/Winter 174 n. Chr.

Nach dendrochronologischer Untersuchung von vielen Hölzern aus dem Grabhügel von Siesbach steht fest, daß die Totenfeier und die Brandbestattung, zu der die Gruben Nr. 2, 3 und 4 gehören, im Herbst oder Winter des Jahres 174 n. Chr. stattfanden, spätestens im zeitigen Frühjahr 175 n. Chr. (vgl. Kapitel »Dendrochronologie« 73ff.). Unter den kleineren Holzresten, die zum Zwecke der Holzart-Bestimmung im Laboratorium quer

115 Verkohlte Dattel.

115 Feuerholz von einem Totenmahl.

durchtrennt wurden, um die holzanatomischen Mikromerkmale zu studieren, wurde eine verkohlte, doch vollständig erhaltene Dattelbeere entdeckt. Die Fruchthaut ist samt der Stielnarbe fast unversehrt. In der Querbruchfläche erkennt man die Zellstruktur des Fruchtfleisches und das untere Ende des Dattelsamens mit der Längsfurche. Auch die vielringigen Eichenhölzer sind ganz außergewöhnlich gut konserviert: das sog. Splintholz (frz. aubier) ist samt der datierenden Waldkante (= Kambium) mikroskopierbar. Dadurch ist erstmals ein römerzeitliches Totenmahl auf das Jahr genau datiert.

Dattelbeere. – D. 17 mm, L. 37 mm, ziemlich walzenförmig, Eichenholz, verkohltes Bruchstück, in Gießharz gebettet.
RLM. Trier.
Lit.: E. Hollstein, Dattelimport vor 1800 Jahren. In: Kurtrier. Jahrb. 18, 1978, 177–179. Ho.

116

116 Grabmalquader

FO. Koblenz
2.–3. Jh. n. Chr.

Der Quader stammt nach dem Pilaster mit Blattranken und Vögeln darin wohl von einem Grabpfeiler. In dem erhaltenen Teil des Bildfeldes ist außer den Resten einer wohl weiblichen Gestalt ein bärtiger Mann in orientalischer Kleidung bis zu den Knien erhalten, bekleidet mit der spitzen »phrygischen« Mütze und einem langärmeligen Hosengewand. In der Hand hält er ein ovales Tablett mit Gegenständen, die aussehen wie Rechtecke oder kurze Stäbe und wie runde Flocken. Man deutet den Inhalt des Tabletts als Leckerbissen, die beim Mahl von einem Diener asiatischer Herkunft serviert werden. Diese Deutung bedarf wahrscheinlich einer Korrektur.
Kalkstein. – H. 91 cm, Br. noch 77 cm.
RLM. Trier, Inv. G. 37.
Lit.: Espérandieu 5057. Bi.

117 Grabmal des Albinius Asper und der Secundia Restituta

FO. Neumagen (Krs. Bernkastel-Wittlich)
ca. Mitte 2. Jh. n. Chr.

Aus den Fundamenten der constantinischen Festungsanlage zu Neumagen wurden die Quader verschiedener Grabmonumente geborgen, die ursprünglich auf den Gräberfeldern der Stadt Trier errichtet, kurzfristig abgetragen und per Schiff moselabwärts transportiert worden sind.
Neben Grabskulpturen, Altären und Pfeilern wurde seit dem Ende des 1. Jh. auch die einfache Stele zu monumentaler Größe übersteigert.
Auf einem Stufenunterbau erhebt sich die Stele mit Sockel, Figurennische, Deckgesims und Pyramidendach.
Die Sockelinschrift als tabula wird von zwei Putten gehalten

117

und nennt die Namen des Grabinhabers und seiner Frau, die sich zu Lebzeiten dieses Mal errichtet haben. Die Figurennische, von Pilastern gerahmt und mit zwei halben Muscheln als Baldachine abgedeckt, zeigt überlebensgroß das Ehepaar in Frontalansicht und strenger hieratischer Haltung, die Köpfe fast rundplastisch gebildet. Albinius Asper trägt strähniges Haupthaar und Bart, die Augen, tief ausgebohrt, sind aufmerksam, fast stechend. Frau Restituta zeigt kunstvoll frisiertes Haar und greift mit der rechten Hand in den gerafften Überwurf.
Das Grabmal, aus weichem Kalkstein von der Obermosel, verdankt seine vorzügliche Erhaltung der noch in großflächigen Resten sichtbaren Bemalung: Pilaster und Muschelenden in Purpur, Blau im Grund der Nische, Gesicht elfenbeinfarben, das Haar braunfarben, die Gewänder weiß grundiert. Die Schmalseiten des Monumentes zeigen tanzende Mänaden mit prächtiger Traube oder mit Cymbeln, auf der Gegenseite in schwungvollem Tanze des dionysischen Rausches himmlicher Freude sich drehend.
Kalkstein. – H. 278 cm, Br. 194 cm, T. 90 cm.
Lit.: W. v. Massow, Die Grabmäler von Neumagen (Berlin 1932) 42 Nr. 4 Abb. 13.1 Espérandieu 5150. Cü.

118 Grabpfeiler der Secundinier in Igel bei Trier

(Farbabb. s. S. 231 oben)

Igel (Krs. Trier-Saarburg)
Mitte 3. Jh.

Etwa 7 km von Trier entfernt steht, gleich neben der Römerstraße Metz–Dahlheim–Wasserbillig–Trier, das ganz erhaltene Pfeilerdenkmal der Familie der Secundinier.
Im Mittelalter als »Grabmal der Helena«, der Mutter des Kaisers Constantin gedeutet, blieb es von gewaltsamer Zerstörung verschont.
Über einen massiven, aus Quadern gefügten Unterbau, erhebt sich der Pfeiler bis zu 23 m Höhe und ist in Stufenunterbau, Sockel, Hauptbildzone, Fries, Attika und Giebel gegliedert und wird von einem schindelgedeckten Pyramidendach, Kapitell und Pinienzapfen überragt, auf dem der Adler des Jupiter mit ausgebreiteten Schwingen, den Ganymed zum Olymp führend, als bekrönender Abschluß und rundplastisch erscheint.
Die mit Darstellungen der Göttersagen und aus dem Alltagsleben der Secundinier überzogenen Flächen sind von Pilastern mit ornamentalem und figürlichem Schmuck eingefaßt, die einzelnen Etagen des Pfeileraufbaues durch kräftige ornamental geschmückte Gesimse getrennt.
Die Frontseite, zur Römerstraße gerichtet, zeigt über zwei Feldhöhen das repräsentative Familienbild der lebenden Mitglieder auf einem achtzeiligen Inschriftfeld in Überlebensgröße.
Der Stufenunterbau zeigt in mehreren Friesen Seewesen, Treidelfahrt mit Tuchballen beladener Schiffe, Delphine und Eroten. Darüber folgen in der Sockelzone des Pfeilers Tuchladen, Tuchprobe, Tuchwerkstätte und Ausfahrt eines mit Tuchen beladenen vierrädrigen Wagens.
Neben dem Familienbild sind die Styxtaufe des Achill und Achill mit Polyxena an der Brunnenquelle, die Himmelfahrt des Herakles auf einer Quadriga im Tierkreis und mit Windgöttern, Perseus die Andromeda befreiend und Perseus mit dem Medusenhaupt wiedergegeben.
In lebendiger Handlung sind im Fries die Zubereitung eines Mahles in der Küche, das Gastmahl mit Getränkekeller, ein Tuchtransport auf Saumtieren über ein Gebirge und Naturalgaben bringende Pächter dargestellt.
Die Attika zeigt eine Tuchprobe an einem großen Tuchballen, der sorgfältig gefaltet erscheint, anschließend eine Kontorszene, Eros und Greifen und einen ausfahrenden Reisewagen.
In den Giebeln sind Hylas und die Nymphen, Luna, Sol und Mars mit Rhea Silvia in z. T. vorzüglich erhaltenen Reliefs zu sehen.
Das Mal ist in Verbindung mit einem Familienfriedhof der hier begüterten Secundinier zu sehen, die in der Stadt Trier wohl die Hauptniederlassung des ausführlich geschilderten Tuchhandels hatten. Das ursprünglich farbig gefaßte Monument war, wie die Inschrift andeutet, zugleich ein praktischer und werbender Hinweis auf dieses Geschäft, jedweden Passanten geschmackvoll auf die Möglichkeit des Tucheinkaufes und die Leistungsfähigkeit der Firma hinweisend.
Die mythologischen Themen mit Achill und den Taten des Herakles versinnbildlichen die Glaubensinhalte der Auftraggeber auf Unsterblichkeit und das Weiterleben nach dem Tode als Lohn für die im Leben gehabten Mühen und erbrachten Leistungen.
Sandstein, hellgrau bis rot, aus örtlich anstehenden Vorkommen. Originalgetreuer Abguß von 1908 im Hof des Landesmuseums.
Lit.: H. Dragendorff und E. Krüger, Das Grabmal von Igel (Trier 1924). – H. Cüppers, Trierer Zeitschr. 31, 1968, 222–226. – E. Zahn, ebenda 227–234. Cü.

119a Grabstein in Form einer Hütte

FO. Hultehouse (Moselle)

Diese Form der »Hüttengrabsteine« reproduziert einheimische Bauformen der urtümlichen, vorgeschichtlichen Häuser aus Lehm und Holz.
Sandstein. – H. 80 cm, Br. 32 cm, T. 65 cm.
Museum Metz, Inv. 11325. Co.

119 c Grabstein in Form einer Hütte.

119 c Grabstele eines Ehepaares

FO. Metz, Ilot St. Jacques

In einer tief ausgehöhlten und gewölbten Nische das Ehepaar in Korbsesseln. Auf dem Giebelfeld Inschrift:
DM /AVGVSTO / LACITIT- A / VE SEXTI CONIVG.
Kalkstein. – H. 138 cm, Br. 82 cm, T. 60 cm.
Museum Metz, Inv. 75-38-32. Co.

119 d Grabstein für Vater und Tochter

FO. Metz, Ilot St. Jacques

Kalkstein. – H. 104 cm, Br. 63 cm, T. 54 cm.
Museum Metz, Inv. 75-38-36. Co.

119 b Grabstein in Form eines Altars

FO. Sablon (Metz)

An der Vorderseite Inschriftschild mit Lorbeerkranz umwunden. DM/ CAPELLINI/ CAPRASI.
An den Schmalseiten bärtige Masken und Girlanden.
Kalkstein. – H. 85 cm, Br. 52 cm, T. 52 cm.
Museum Metz.
Lit.: Espérandieu 4379. – CIL 4354. Co.

119 b

119e Stele mit Relief

FO. Metz, Rue des Murs

In einer Nische steht eine Frau mit Ärmeltunica bekleidet, die unter der Brust gegürtet ist. Das Haar ist gescheitelt. Auf dem Arm trägt sie ein Wickelkind, auf der Seite ist eine Ascia eingezeichnet. Grabstein.
Kalkstein. – H. 55 cm, Br. 45 cm.
Museum Metz.
Lit.: Espérandieu 8439. – Toussaint Nr. 636. Co.

119f

119f Grabstein eines Kindes

FO. Sablon (Metz)

Die Stele zeigt eine giebelförmige Bekrönung, in der die Inschrift eingearbeitet ist:
DM / SVARIGILLI / VASSILLI FIL.
Den Totenmanen des Suarigillus, des Sohnes des Vassillius.
Unter der Inschrift in einer eingetieften Nische steht der verstorbene Sohn, einen Apfel in der rechten Hand haltend, mit der linken Hand ein Hündchen streichelnd, das sich zu ihm aufrichtet.
Kalkstein. – 97 cm, Br. 38 cm.
Museum Metz.
Lit.: Espérandieu Nr. 4361. – Toussaint Nr. 432. Co.

119g Grabstein eines Kindes

FO. Metz, Rue de Verdun

Grabstele mit Giebelfeld, in dem die Inschrift angebracht ist: DM / LVPIO / EVSTACHIO.
Den Totenmanen des Lupius Eustachius.
In der Nische steht ein Knäbchen mit nicht erkennbarem Gegenstand in der rechten Hand.
Kalkstein. – H. 57 cm, Br. 42 cm, T. 31 cm.
Museum Metz.
Lit.: Espérandieu Nr. 8441. – Toussaint Nr. 632. Co.

119g

119h

119h Grabstein mit Büste des Toten

FO. Metz, Zitadelle

Der Stein hat einen giebelförmigen Abschluß mit einfacher Rosette. In einer Nische die urtümlich und schlicht wirkende Büste des Verstorbenen.
Kalkstein. – H. 80 cm, Br. 35 cm, T. 23 cm.
Museum Metz.
Lit.: Espérandieu Nr. 4309. – Toussaint Nr. 159. Co.

120

120 Bleisarg mit Deckel

FO. Sablon (Metz)

Die in eine Form gegossenen Bleiplatten sind mit Andreaskreuzen versehen, die aus Perlstäben bestehen. Die Ränder sind umgeschlagen und verschweißt. Dementsprechend wurden auch die Sargtröge zunächst zu einer flachen Platte gegossen, die Platten eingeschnitten und nach Maß umgeschlagen, die Stoßkanten dann verlötet.
H. 32 cm, L. 180 cm, Br. 32 cm.
Museum Metz, Inv. 9115. Co.

121 Deckel eines Bleisarges

FO. Sablon (Metz)

Aus der Form gegossen, mit Andreaskreuzen (wie Kat. 120) und Tritonen verziert.
L. 182 cm, Br. 45 cm.
Museum Metz, Inv. 9117. Co.

122–125 Bestattungen und Beigaben

In den ersten zweieinhalb Jahrhunderten n. Chr. herrschte die Sitte, den Toten zu verbrennen; selten kommen im Trierer Gebiet Körperbestattungen vor. Den Leichenbrand füllte man in ein Urnengefäß, das meistens aus Ton, seltener aus Glas bestand. Hierfür benutzte man in Trier für gewöhnlich ein kugliges Gefäß aus grauem (1. Jh. n. Chr.) oder rötlich-gelblichem Ton (2. Jh. n. Chr.), dessen länglich verdickter Rand nach außen gestellt war (z. B. Schindler, Führer Abb. 319). Ab der 2. Hälfte des 1. Jahrhunderts n. Chr. werden Gefäße aus blaugrünem oder grünlichem Glas beliebt (s. unten a–d). Das Urnengefäß stellt man mit den weiteren Beigaben in eine Grabgrube. Diese war zuweilen von Steinplatten eingefaßt und abgedeckt (s. Begräbnisplatz Hermeskeil Kat. 125). Vermögendere Leute wählten eine Steinkiste, die mit einem steinernen Deckel abgedeckt war und die Beigaben vor dem Erddruck schützte. Die unversehrten Glasurnen standen meistens in solchen Steinkisten, zuweilen aber auch in großen Vorratsgefäßen (s. Begräbnis Hermeskeil Kat. 125).
Zur gewöhnlichen Ausstattung eines Grabes gehörte ein mehr oder weniger vollständiges Service, das z. B. aus Tellern, Näpfen, kleinen Töpfen und Krügen bestand. Zusätzlich legte man

121

a b c d

122 a–d Gläserne Urnen. a) aus Hermeskeil, b) aus Trier, c) aus Trier, d) aus dem Allenswald.

Frauen und Mädchen Toilettengegenstände (s. Kat. 229 ff.) und zuweilen auch Schmuck (z. B. Ohrringe, Ringe, Perlen, Fibeln) ins Grab. Männern und Frauen gab man nach alter Treverersitte im 1. Jahrhundert n. Chr. Schafsscheren mit (s. Kat. 140). In Kindergräbern findet man häufig Geschirr en miniature oder tönernes Spielzeug wie Rasseln und Tontiere (s. Kat. g–k).

Goe.

122 Gläserne Urnen

Weitere Trierer Beispiele s. Röm. Gläser. Führer 10 Abb. 8

a) FO. Hermeskeil (Krs. Trier-Saarburg), 1910, Grab 8
1. H. 2. Jh. n. Chr.
Der Rand des bauchigen Gefäßes ist schräg nach außen emporgestellt und nach unten umgeschlagen. Der Fuß ist durch Einschnürung der Wandung erzielt. Das Gefäß ist optisch geblasen. Das heißt, der Glasposten wurde in einer längsgerippten zylindrischen Hohlform aufgeblasen, wobei die Oberfläche die Rippen annahm. Nach Herausnahme aus der Form wurde er zur gewünschten Form weiter geblasen. Die Rippung wurde dadurch nur noch schwach sichtbar.
Diese Urnenform mit und ohne Rippen ist im Trierer Gebiet von der zweiten Hälfte des 1. Jahrhunderts bis in die 1. Hälfte des 2. Jahrhunderts n. Chr. in Gebrauch. Zum Begräbnisplatz s. Kat. 125.
Blaugrünes, blasiges Glas. – H. 15,7 cm, Dm. der Mündung: 14,5 cm, Dm. des Bodens: 8 cm.
RLM. Trier, Inv. 10, 363a.
Lit.: Kat. Gläser Trier 239 Nr. 1422 Taf. 14, 146a.

b) FO. Trier, Paulinstraße (nördliches Gräberfeld), 1902, Grab 19
1. H. 2. Jh. n. Chr.
Der Rand des bauchigen Gefäßes ist breit nach außen umgelegt und nach unten umgeschlagen. Der Boden ist leicht nach innen gewölbt. Frei geblasen.
Diese Form wird im Trierer Land von der 2. Hälfte des 1. Jahrhunderts bis in die 1. Hälfte des 2. Jahrhunderts n. Chr. als Urnengefäß benutzt.
Blaugrünes Glas. – H. 16,7 cm, Dm. der Mündung: 14,3 cm, Dm. des Bodens: 7 cm.
RLM. Trier, Inv. ST. 3677a.
Lit.: Kat. Gläser Trier 240 Nr. 1427 Taf. 13, 143a. 76.

c) FO. Trier, Paulinstraße (nördliches Gräberfeld), 1902, Brandgrab
Der bauchige Körper geht in einen hohen konischen Hals über. Der Rand ist horizontal nach außen umgelegt und wieder nach innen gefaltet. Der Fuß ist durch Einziehung der Gefäßwandung hergestellt. M-förmige Henkel sitzen senkrecht auf der Schulter und berühren die Unterseite des Randes. Frei geblasen.
Gefäße dieser Art findet man in Trierer Gräbern von der Wende des 1. zum 2. Jahrhundert n. Chr. bis in die 2. Hälfte des 2. Jahrhunderts n. Chr.
Grünes Glas. – H. 28,6 cm, Dm. der Mündung: 13,5 cm, Dm. des Bodens: 11,4 cm.
RLM. Trier, Inv. ST. 3671b.
Lit.: Kat. Gläser Trier 244 Nr. 1450 Taf. 77.

d) FO. nahe dem Allenwald bei Wallesweiler (Krs. St. Wendel), 1824, in einer Sandsteinurne mit rundem Deckel
2. Jh. n. Chr.
Der kuglige Körper geht in einen ziemlich hohen konischen Hals über.
Der Rand ist horizontal nach außen geschlagen und wieder nach innen gefaltet. Der Fuß ist durch Einziehung der Gefäßwand von dieser abgesetzt. Die breiten Bandhenkel setzen mit zusammengerollter Schlaufe unterhalb des Randes an und sind bogenförmig zum Bauch herabgeführt. Die schwach ausgeprägte Mittelrippe ist am Körper ausgestrichen. Frei geblasen.
Urnengefäße mit Bandhenkeln sind im Treverergebiet von der 2. Hälfte des 1. Jahrhunderts bis in die 2. Hälfte des 2. Jahrhunderts verbreitet.
Blaugrünes Glas. – H. 23,8 cm, Dm. der Mündung: 11,3 cm, Dm. des Bodens: 8,8 cm.
RLM. Trier, Inv. St. W. 102.
Lit.: Kat. Gläser Trier 249 Nr. 1473. Goe.

123 Terrakotten

Terrakotten gehören nicht zu den gewöhnlichen Grabbeigaben im Trierer Gebiet vom 1.–4. Jahrhundert n. Chr. Tiere und Rasseln wurden vorzugsweise Kindern ins Grab gelegt, aber auch Götterfiguren (z. B. eine Minerva-Terrakotte: Kat. Gläser Trier Taf. 24, 256e: 4. Jh. n. Chr.) und menschliche Figürchen (z. B. kleines Männchen: Kat. Gläser Trier Taf. 20, 210d: 1. Jh n. Chr.) findet man in gleicher Weise in Kinder- wie in Erwachsenengräbern. Die Tonrasseln, kuglige oder linsenförmige geschlossene Kapseln, die Steinchen enthalten, begegnen vorzugsweise in Gräbern ländlicher Gebiete. Ihre Beigabe war schon in vorrömischer Zeit beliebt. Darin wird deutlich, daß auch in römischer Zeit noch an alten einheimischen Sitten und Gebräuchen festgehalten wird; diese werden in ländlichen Gegenden länger gewahrt als in der Stadt Trier.
Lit. zu den Trierer Terrakottaformen und Figuren aus dem Töpfereiviertel: Trierer Zeitschr. 9, 1934, 164ff. Taf 18. 21–22.
Lit. zu Terrakotten allgemein: M. Rouvier-Jeanlin, Les figurines gallo-romaines en terre cuite au Musée des Antiquités Nationales. Supplément à Gallia 24, 1972. – E. Rüger, Die römischen Terrakotten von Nida-Heddernheim. Schriften des Frankfurter Museums für Vor- und Frühgeschichte 5, 1980. Goe.

123

Götter und Menschen (a–f):

a) FO. Trier, Maar, 1880, Brandgrab
Ende 1./Anfang 2. Jh. n Chr.
Die nackte Venus steht mit eng aneinandergestellten Beinen auf einem glockenförmigen Sockel. In der gesenkten Linken hält sie ein Gewandstück, das bis zum Sockel herabfällt, die angewinkelte Rechte greift in das lang herabhängende Haar. Flaue Ausprägung.
Das Figürchen lag zusammen mit einem Lämpchen und einer Minerva-Terrakotte in einem großen Tongefäß, dessen oberstes Stück abgeschlagen und mit einer Ziegelplatte abgedeckt war (vgl. zu dieser Bestattungsart Hermeskeil, Grab 10, Kat. 125). Aus derselben Grabgrube stammt neben anderen Beigaben auch eine Münze Nervas (Hettner, Ill. Führer 96).
Der gleiche Terrakotta-Typus wurde im Altbachtal gefunden (s. Kat. 90 b), taucht aber auch in Ostgallien und am Rhein auf (vgl. Gose, Altbachtal Abb. 388, 2–6; 389, 1. – Rouvier-Jeanlin a. O. 46 f. No. 36–39. – Rüger a. O. 45 f.).
Weißer Ton. – H. 18 cm.
RLM. Trier, Inv. 3717a.

123 b

b) FO. Trier, St. Matthias, 1909, Grab 706
um 100 n. Chr.
Auf einem vierseitig geschnittenen Sockel mit angedeutetem profiliertem Abschluß erhebt sich die hohe Büste einer Frau. Der Kopf wird von einem breiten Diadem gerahmt, das mit aufgesetzten und eingetieften Kreisen verziert ist. Kuglige Ohrringe sitzen an den Ohrläppchen. An der Brust springt in starkem Relief ein bartloser pausbäckiger Kopf vor. Die gewellten Haarsträhnen sind nicht nur in die Stirn, sondern auch auf die Wangen gestrichen. An der Rückseite verbindet ein dünner Stab die Büste mit dem Sockel.
Die Deutung der Büste ist unklar. Es wurde vermutet, daß in ihr eine matronale gallische Göttin dargestellt sei.
Grauer, z.T. hellroter Ton mit Spuren gelbgrüner Glasur. – H. 26 cm.
RLM. Trier, Inv. 08, 960d.
Lit.: Trierer Jahresber. 2, 1909, 21 Taf. 1. – Röm.-Germanisches Korrbl. 4, 1911, 29. – Schindler, Führer, Abb. 320. – H. v. Petrikovits, Bonner Jahrb. 165, 1965, 216 Abb. 16.

c) FO. Trier, St. Matthias (südliches Gräberfeld), 1905; angeblich mit einer Münze der 2. Hälfte des 3. Jahrhunderts n. Chr. zusammen gefunden.
3./4. Jh. n. Chr.
Der mit einer Tunika bekleidete Mann steht mit linkem zurückgesetztem Standbein auf einem niedrigen runden Sockel. Die wurstartig geformten Arme sind vor den Körper gelegt. Das Haar ist ins Gesicht gekämmt. Flüchtige Ausführung.
Nach dem Ton zu urteilen, ist die Figur in Trier angefertigt worden.
Roter Ton. – H. 14,7 cm.
RLM. Trier, Inv. 04, 369.

d) FO. Trier, St. Matthias, 1906, Grab N 42.
1. H. 2. Jh. n. Chr.
Die Büste eines jungen Mannes mit angedeutetem Inschrifttäfelchen erhebt sich auf einem geschweiften Sockel. Sie ist mit einer faltenreichen Tunika bekleidet, die vom breiten Saum der Toga überquert wird. Das lockige Haar ist in die Stirn gekämmt. Jugendliche Züge. An der Rückseite ist die Büstenstütze angege-

123 e

ben. In die Büste selbst sind hier drei große Löcher eingetieft. Die Nähte der Formen sind derb verstrichen.
In demselben Grab lag außerdem noch eine sitzende Muttergöttin.
Eine Büste gleicher Art wurde auch im Tempelbezirk des Altbachtales gefunden (Gose, Altbachtal Abb. 387,44).
Weißer Ton. – H. 14,2 cm.
RLM. Trier, Inv. 05,283f.

e) FO. Trier, St. Matthias, 1906.
2./3. Jh. n. Chr.
Pausbäckiges Kinderköpfchen mit sorgfältig modellierten Zügen. Das Haar hängt in langen Lockensträhnen an den Seiten herab, indem es die Ohren verdeckt. Über der Stirnmitte ist es aufgebauscht. Der Kopf, der im Boden in zahlreiche Fragmente zerdrückt worden ist, saß einst wohl einer Büste auf. Rechte Kopfhälfte mit Stirn und ein Stück der Rückseite ergänzt.
Das Stück wurde bei dem Grab 340 gefunden, das ins 3. Jahrhundert gehört (gleiche Grabgrube?). In der Modellierung ähnelt es weitgehend der in dem Grab befindlichen Gesichtslampe (Inv. 05,318a–g Trierer Zeitschr. 1, 1926, 2f. Abb. 2–3).
Weißer Ton. – H. 10,4 cm.
RLM. Trier, Inv. 05,350a.

f) FO. Trier, St. Matthias, 1905/6, Grab 25 (es handelt sich um keinen einheitlichen Grabkomplex; unter anderem enthält er Stücke des 4. Jh.).
4. Jh. n. Chr.
Die langgewandete Frau steht auf einem Sockel und hat die angewinkelten Arme vor den Körper genommen. Die Linke hält einen länglichen Gegenstand.
Die Arme sind von einem Mantel verhüllt, dessen breiter Saum den Körper schräg überquert. Sie trägt die Scheitelzopffrisur der 1. Hälfte des 4. Jahrhunderts, bei der die geflochtene Haarmasse am Hinterkopf emporgeführt ist und am Oberkopf endet (s. Archäolog. Anzeiger 1946/47, 70. – Vgl. hier auch die Haarnadeln Kat. 241 b–c). Turbanartig erhebt sich der Haarrand über der Stirn. Flaue Ausprägung.
Das gleiche Figürchen kommt mehrfach in Trier vor (vgl. Gose, Altbachtal Abb. 288,9). Es ist sicherlich in Trier hergestellt worden, wofür auch der Ton spricht.
Rotbrauner Ton mit Resten weißer Bemalung. – H. 19 cm.
RLM. Trier, Inv. 05,227a.

Tiere (g–k):

g) FO. Trier, Maar (nördliches Gräberfeld), 1878.
Ende 1./Anfang 2. Jh. n. Chr.
Die Taube, deren Schwanzfedern lang und geschwungen auslaufen, steht auf einem glockenförmigen Sockel. Die Federn an Brust und Flügel sind schuppenförmig angegeben. Ein Ring ist um den Hals gelegt.
Neben weiteren keramischen Beigaben und einer Münze Domitians enthielt das Grab zwei weitere Terrakotten: einen Hahn (wie i) und einen Widder.
Formen dieses Taubentypus mit Halsring sind im Alliergebiet gefunden worden (s. Rouvier-Jeanlin a.O. 371f. Nr. 1137–1138).
Weißer Ton. – H. 7,8 cm, L. 11,6 cm.
RLM. Trier, Inv. 375.
Lit.: Hettner, Ill. Führer 101 mit Abb.

h) FO. Trier, St. Matthias (südliches Gräberfeld), 1908, Grab 46.
2. H. 2. Jh. n. Chr.
Taube ohne Standfläche mit flüchtig angegebenen Flügeln. Nahe den Schwanzfedern ist ein großes rundes Loch eingetieft, am Halsansatz ein kleines. Sie erfüllen die Funktion einer Pfeife. Gleichartige Tauben und ihre Formen sind in verschiedenen Größen im Trierer Töpfereiviertel gefunden worden. Bei diesem Stück handelt es sich sicherlich um ein Trierer Fabrikat.
Rotbrauner Ton mit Resten weißer Bemalung. – H. 6,6 cm, L. 11 cm.
RLM. Trier, Inv. 08,865e.
Lit.: Kat. Gläser Trier 299 Grab 151 Taf. 14,151c.

i) FO. Trier, St. Matthias (südliches Gräberfeld), 1909, Grab 156.
Ende 1. Jh. n. Chr.
Der Hahn steht mit geschlossenen Füßen auf einer rechteckigen Platte. Durch Strichelung ist das Gefieder an der Brust charakterisiert, an den Flügeln durch Schuppen. Die hochstehenden Schwanzfedern fehlen.
Im Grab lag zusammen mit keramischen Beigaben eine Münze Domitians.
Gleicher Hahntypus s. Rouvier-Jeanlin a.O. 386 Nr. 1188. – Rüger a.O. 104 Nr. 244.
Grau verbrannter Ton. – H. 9 cm, L. 8,3 cm.
RLM. Trier, Inv. 08,958a.

j) FO. Trier, St. Matthias (südliches Gräberfeld), 1908, Grab 3.
1. H. 2. Jh. n. Chr.
Auf einer rechteckigen Platte steht ein Stier mit leicht zur Seite gewandtem Kopf. Wamme durch Strichelung flüchtig gekennzeichnet.
In dem Grab lagen zwei Münzen Trajans.
Der gleiche Stiertypus ist von anderen Trierer Gräbern bekannt (vgl. z.B. Schindler, Führer Abb. 203) und kommt auch am Rhein vor (s. Rüger a.O. 94 Nr. 208–211).
Weißlicher Ton. – H. 8 cm, L. 10,4 cm.
RLM. Trier, Inv. 07,769d.

k) FO. Stahl (Krs. Bitburg-Prüm), 1913, Grab 13.
Ende 1./Anfang 2. Jh. n. Chr.
Ein Hund mit spitzen aufgestellten Ohren hockt auf einer niedrigen Standplatte, indem er die Vorderbeine gerade ausstreckt.

123

Große runde Augen. Um den Hals trägt er ein Band mit runder Marke.
Dieser Hundetypus kommt in Trierer Gräbern mehrfach vor (vgl. Schindler, Führer Abb. 319, ca. 50–70 n. Chr.; Abb. 226). Seine stärkste Verbreitung hat er im Allier-Gebiet (Vichy) bis nach Clermont-Ferrand (vgl. Rouvier-Jeanlin a. O. 77. 345 Nr. 1051–1066. – Vgl. auch Rüger a. O. 96 Nr. 214). Bei unserem rotbrauntonigen Stück scheint es sich um eine einheimische Nachahmung der gallischen Stücke zu handeln.
Zu einer weiteren Beigabe desselben Grabes s. Kat. 239 d.
Rotbrauner Ton. – H. 10,5 cm.
RLM. Trier, Inv. 13, 250 h.
Lit.: Kat. Gläser Trier 293 Grab 129.

Früchte:

l) FO. Detzem (Krs. Trier-Saarburg), 1915, Grab 7.
1. H. 2. Jh. n. Chr.
Granatapfel mit einer Aufhängeöse, z. T. ergänzt. An der nicht näher gekennzeichneten Blüte ist die Wandung nach innen gedrückt.
Grauer Ton. – Größter Dm. 5,5 cm.
Wohl einheimische Arbeit. Besser ausgeführte Exemplare s. Rouvier-Jeanlin a. O. 402 Nr. 1274. – Rüger a. O. 108 Nr. 262 ff.
RLM. Trier, Inv. 15, 375 a.
Lit.: Trierer Jahresber. 12, 1919/20 (Jahresber. 1918) 30.

Goe.

124

124 Kinderspielzeug

FO. Dillingen–Pachten (Kreis Saarlouis)
2. Jh. n. Chr.

a) Zwei Hühner mit Holzbeinen, b) Hahn, c) Taube, d) Hund sitzend, e) Hund liegend, f) Ruhender Mähnenlöwe.
Der sitzende Hund (mit Stummelschwanz) gehört zur in römischer Zeit beliebten Rasse der Wolfsspitze, welche wenig streunten und fleißig kläfften. Am Halse hängt eine Schelle.
Pfeifenton. – a) Hühner, erh. H. 8,4 u. 9 cm, b) Hahn, H. 7,9 cm, c) Taube, H. 6,9 cm, d) Hund, H. 7,4 cm, e) Hund, H. 7,2 cm, f) Löwe, H. 6,6 cm.
LM. Saarbrücken.
Lit.: G. Weisgerber, Zu den Terrakotten im Landesmuseum für Vor- und Frühgeschichte in Saarbrücken. In: Ber. Denkmalpf. Saarland 21, 1974, 79–81. Ko.

125 Grabfunde eines römischen Begräbnisplatzes

Lage: Westlich von Hermeskeil (Krs. Trier-Saarburg) an der nach Höfchen führenden Straße

Der eigentliche Begräbnisplatz war von einer Mauer eingefriedet, von der nur noch die 30 cm in den gewachsenen Boden eingetiefte Fundamentierung erhalten war. Er enthielt fünf Grabstellen (Gräber 6–10).

125

125

Ca. 1 m nördlich erstreckte sich eine 1,50 m breite Aschenschicht. Hier befand sich offensichtlich der Verbrennungsplatz. Zwei weitere kleine Aschenstellen lagen im Süden (Plan bei C) und Osten (Plan bei B).
Westlich der Einfriedung befanden sich vier weitere Gräber (1–4). Die viereckigen 60 × 80 m großen Grabgruben lagen 0,80–1 m tief unter dem heutigen Terrain. Die Beigaben (Ton-, Glas- und Bronzegefäße) waren verhältnismäßig gut erhalten, da sie in große, dickbauchige Tongefäße (Amphoren) gelegt waren, die zwar unter der wieder angeschütteten Erdlast zersprungen waren, dennoch die Beigaben hinreichend schützten. Einigen Amphoren war der Hals abgeschlagen worden (Grab 3, 4 und 10), um die Beigaben hineinstellen zu können. Bei Grab 10 wurde diese Öffnung mit einer Steinplatte geschlossen. Bei Grab 8 waren Schieferplatten zu einem rechteckigen Kasten angeordnet.
Der Begräbnisplatz wurde 1910 vom Trierer Museum ausgegraben; die Funde werden im RLM. Trier aufbewahrt (Inv. 10, 356–372).
Zeitstellung: Mitte–Ende 2. Jh. n. Chr.
Lit.: Krüger, Röm.-German. Korrbl. 4, 1911, 80–87. – Kat. Gläser Trier 297 ff. Taf. 13, 147; 14, 146. Goe.

126

126 Bekrönung des Ädicula-Grabmals von Bierbach

(Ansicht des Grabmals siehe unter Kat. 53)

FO. Bierbach (Saarpfalzkreis)
2. Jh. n. Chr.

Pinienzapfen als dionysisches Jenseitssymbol. Unter dem Baldachin des Grabmals stand die (verlorene) Statue des Verstorbe-

126

nen. Auf dem Sockel waren jenseitsbezogene mythische Szenen dargestellt (Bildfriese: Musikwettstreit zwischen Apoll und Marsyas, Diana im Bade, zwei Taten des Herkules). Die Totenasche ruhte in einer viereckigen Ausmeißelung der Steinblöcke. Vergleichbare Grabmäler gab es häufiger im römischen Süden und gehen auf hellenistische Vorbilder zurück. Im gallischen Norden dominierten in der pompösen Sepulkralarchitektur Pfeilergrabmäler des Typs Igel. Das Bierbacher Grabmal ist rekonstruiert und steht im Historischen Museum der Pfalz in Speyer.
Sandstein. – H. 55,5 cm, Dm. 49 cm.
Privatbesitz in Blieskastel, Saarpfalzkreis.
Lit.: Fr. Sprater, Ein römisches Grabmal von Bierbach-Saar (1947). – A. Kolling, Die Bekrönung des Grabmals von Bierbach, Mitteilungen des Historischen Vereins der Pfalz 67, 1969, 133–135. Ko.

127–138 Landwirtschaft

127 Mistgabel, Feldhacke, Pflugmesser und Dengelstock

FO. Lebach (Krs. Saarlouis)
2.–3. Jh. n. Chr.

Landwirtschaftliches Gerät aus der Villa rustica »Weinheck«.
Eisen. – H. 0,56, 0,46, 0,36, 0,17 cm.
LM. Saarbrücken.
Lit.: H. Maisant, Römische Villen im Saarland nach alten Ausgrabungen, Folge IV. Lebach. In: Ber. Denkmalpf. Saarland 17, 1970, 60. Ko.

128 Spatenbeschlag

FO. Kleinblittersdorf (Stadtverband Saarbrücken)
Spätere römische Kaiserzeit

Beim hölzernen Spaten war der Stich mit Metall bewehrt, so, wie das auch auf mittelalterlichen Bildern zu sehen ist.
Eisen. – Br. 22 cm.
LM. Saarbrücken.
Lit.: A. Kolling, Ber. Denkmalpf. Saarland 8, 1961, 128. Ko.

129 Sense

FO. Reinheim (Saarpfalzkreis)
Römische Kaiserzeit

Die Sense diente dem Gras- und Getreideschnitt. Für den Getreideschnitt gab es in Gallien auch eine Art Mähmaschine, den vallus, abgebildet auf Pfeilergrabmälern, beschrieben von dem römischen Agronom Paladius.
Eisen. – L. 89 cm.
LM. Saarbrücken.
Unveröffentlicht. Ko.

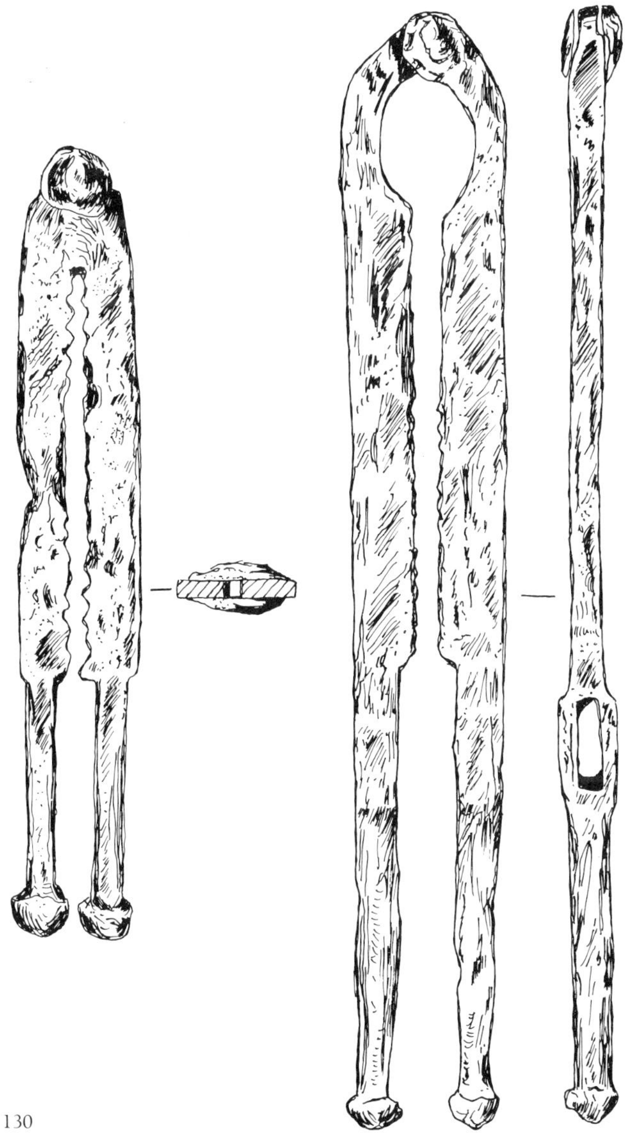

130

130 Kastrierzangen

FO. Freisen (Kreis St. Wendel und Spiesen, Stadtverband Saarbrücken)
Spätere römische Kaiserzeit

Zangen zum Kastrieren von Schweinen und größeren Tieren.
Eisen. – L. 21 u. 29 cm.
LM. Saarbrücken.
Lit.: A. Kolling, Römische Kastrierzangen. Archäologisches Korrbl. 3, 1973, 373–357. Ko.

131 Gartenhacke

FO. Keßlingen (Krs. Merzig-Wadern)
Römische Kaiserzeit

Wie vieles antikes Gerät unterscheidet sich auch dieses kaum von dem heutigen.
Eisen. – H. 21,5 cm.
LM. Saarbrücken.
Lit.: A. Kolling, Ber. Denkmalpf. Saarland 19, 1972, 13f. Ko.

132 Mahlstein – Handmühle

FO. Gebiet von Metz

Mahlstein aus Unterlegscheibe mit hochstehendem Rand und auf der Achse zu drehendem Läuferstein, etwas konisch zugerichtet.
Basaltlava aus dem Eifelgebiet Mayen. – Dm. 45 cm.
Museum Metz, Inv. 11326. Co.

133 Bronzeeimer

FO. Irrel (Krs. Bitburg-Prüm)
um 100 n. Chr.

Zwei aus Bronze getriebene Eimer mit eisernem Bügel, die umgebogenen Bügelenden stecken in den Ösen eines umgelegten Eisenringes.
Beide Eimer lagen auf der Sohle eines römischen Brunnens. An den Bügeln waren noch die Reste einer Flachsschnur erhalten. Also wurden die Eimer zum Wasserschöpfen benutzt, bis eines Tages ihre Schnüre rissen und sie im Brunnen versanken.
Bronze mit Eisen. – H. 20 bzw. 19 cm, Br. 19,5 bzw. 19 cm.
RLM. Trier, Inv. 69, 104.
Lit.: W. Binsfeld, Trierer Zeitschr. 34, 1971, 83ff. mit Abb. 5. Bi.

133

134 Metallgeräte

Römischer Bauernhof Newel (Krs. Trier-Saarburg)
3.–4. Jh. n. Chr.

Im Bereich des Wirtschaftshofes und des Herrenhauses (Kat. 51) wurden zahlreiche Eisenfunde in Streulage aufgenommen. Der Sammelfund eines Altmetallhändlers wurde bei dem nördlichen

134

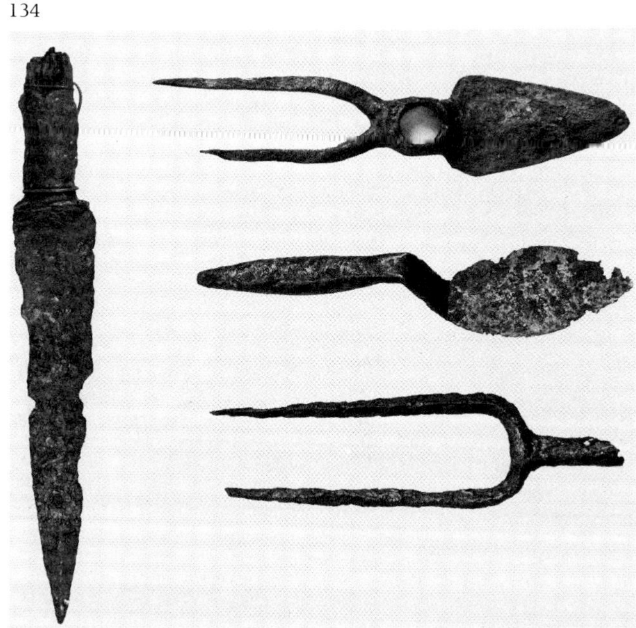

Eckrisalit des Herrenhauses geborgen. Neben den Beschlägen eines Dreschschlittens (tribulum) wurden abgewinkelte Eisenschlaufen ziemlicher Größe geborgen, die vielleicht als Gleiteisen zum Bremsen der Wagenräder benutzt worden sind.
a. Eiserner Schuh, bestehend aus breitem Beschlagband, zum vorderen Ende spitz auslaufend und aufgewölbt, die Seiten dünn ausgeschmiedet und gerundet umgeschlagen zum Schutz der Kufen des Dreschschlittens. Auf das Bandeisen ist ein kräftiger Vierkantstab aufgeschmiedet, der zur Spitze hin als Ringöse gebildet ist und eine Zugkette oder eine Seilschlaufe aufzunehmen hatte.
Eisen. – L. 46 cm, Br. 5,6 cm.
b. Maurerkelle oder Traufel mit gerundetem Blatt und geschmiedetem, leicht verdicktem Griffstiel.
Eisen. – L. 27,4 cm, Br. 6 cm.
c. Flaches Schäleisen mit breitem Blatt, an der Vorderkante geschärfte Schneide und lange tüllenartige Halterung.
Eisen. – L. 44 cm, Schneide 8 cm.
d. Jagdspeer-Saufeder. Speerblatt im Querschnitt flach spitzoval, tüllenförmige Halterung durch horizontale Verstärkungsplatte vom Speerblatt getrennt.
Eisen. – L. 34 cm.
e. Einzinkige Picke und Grabehacke mit querstehendem Blatt.
Eisen. – L. 22 cm.
RLM. Trier.
Lit.: H. Cüppers und A. Neyses, Der römerzeitliche Gutshof bei Newel. In: Trierer Zeitschr. 34, 1971, 143–225, Abb. 18, 1; 17, 10; 23, 1; 23, 3; 24, 6. Cü.

135–138 Mähmaschinen im Lande der Treverer

Der verstärkte Anbau von Getreide hat offenbar schon in der zweiten Hälfte des 1. Jahrh. im Norden Galliens und vornehmlich auch im Gebiet der Treverer zu Schwierigkeiten geführt, die Ernte schnell und sicher einzubringen. Hierzu mögen Bodenqualitat, eine Folge guter Jahre mit hohen Ernteerträgen und ein spürbarer Mangel an Arbeitskräften geführt haben. So machte man sich Gedanken, diesen Mangel durch ein Gerät zu beheben, das das Einbringen der Getreidefrucht erleichterte und zugleich eine Rationalisierung an Arbeitskraft bewirken sollte.
Plinius Nat. hist. 18, 296 berichtet, daß es im Norden Galliens ein solches Gerät gab, das vallus genannt wird, ohne daß wir über Konstruktions- und Funktionsweise des Gerätes Genaueres erfahren.
Im Jahre 1958 wurde aus der spätantiken Sperrmauer der Höhenbefestigung bei Buzenol-Virton ein wiederverwendeter Quader eines Grabmals gefunden, das plötzlich eine eindeutige Bestimmung und Darstellung der ersten Mähmaschine der Welt darbot: Das Relieffragment zeigt eine Wagenachse mit großen Rädern, zwischen denen ein flacher, muldenförmiger Kasten montiert ist, dessen horizontales Stirnbrett wie ein Kamm gezähnt ist. Die Führung des Gerätes ist durch eine zweifache Deichsel angezeigt, zwischen der ein Zugtier eingespannt ist, das jedoch mit dem Kopf und auch mit den Vorderläufen dem Gerät zugewandt ist, es also ziehend vor sich her schieben muß. Auf der Gegenseite, jenseits der kammartigen Ausbildung des Stirnbrettes sind in vereinfachter Form Getreidehalme dargestellt, und ein Mann schreitet rückwärtsgehend vor dem Wagenkasten her, um mit einer Gabel, einem Heurupfer den Rechen zu reinigen oder die Ähren in die Zähnung zu lenken.
Ein schon früher gefundenes Relief in der Sammlung des Museums zu Arlon zeigt einen Mann, der wie in einem Joch schreitend, den Querholm der Deichsel geschultert hat und mit den Händen die Längsbalken hält, einem Zugtier folgend, dessen Hinterläufe und Schweif noch erhalten sind.
Ein weiteres Fragment, von einem wesentlich kleineren Grabrelief stammend, befindet sich in der Sammlung des Landesmuseums Trier und konnte, bereits 1891 gefunden, endlich gedeutet werden. Eine weitere Darstellung ist auf einem Grabmalquader erhalten, der beim Ausbau der Mosel 1969 in Koblenz bei der Römerbrücke geborgen werden konnte.
Schließlich verdient als fünfte Darstellung des vallus ein Relief Erwähnung, das in einer Kassette des Durchganges am Ehrenbogen zu Reims schon frühzeitig bekannt geworden war. Soweit die Reliefs in Virton und Trier technische Details erkennen lassen, ist zu erschließen, daß in Abhängigkeit von Geländestruktur und sicherlich auch von den verfügbaren Zugtieren (Pferd, Esel, Muli, Maultier) auch unterschiedliche Modelle (schwer und leicht) zum Einsatz gekommen sind.
Die praktische Erprobung eines nachgebauten Gerätes im Feldeinsatz bewies die Anwendbarkeit und den Rationalisierungseffekt, ohne daß Auskunft darüber zu erlangen ist, ob die kammartige Ausbildung des Stirnbretts nur aus Holz bestand oder aber mit Eisen beschlagen und mit messerartig geschärften Seiten die Ähren eher abschnitt als nur abreißen und abrupfen konnte.
Schon bei diesem Arbeitsgang fallen die reifen Körner aus der Ähre, die dann leicht von der Frucht getrennt werden konnten und den Arbeitsaufwand zum »Dreschen« und Reinigen-Worfeln wesentlich verkürzten.

135

137

135 Relief, z.T. ergänzt, gefunden in Trier, hinter dem Museum an der Stadtmauer.
Kalkstein. – H. 38 cm, Br. 105 cm.
RLM. Trier, Inv. 19093.
136 Relief aus Buzenol bei Virton (Belgien, Prov. Luxembourg) (Farbabb. S. 231).
Kalkstein. – H. 55 cm, Br. 55 cm.
Museum Montauban bei Buzenol (Belgien), Kopie Museum Luxemburg.
137 Relief, gefunden in Koblenz, Mosel bei der Römerbrücke
Kalkstein. – H. 55 cm, Br. 72 cm.
Amt für Vor- und Frühgeschichte, Koblenz-Ehrenbreitenstein.
138 Modell nach Relief Trier
Holz.
RLM. Trier.
Lit.: Trierer Zeitschr. 27, 1964, 151–153, Abb. 1 und Taf. 32. – A. Bertrang, Bull. Trimestriel (Lux.) 34, 1958, 73–77. — E. P. Fouss, Le vallus ou la moissonneuse des Trévires. Pays Gaumais 19, 1958, 125–136. – H. Eiden, Zehn Jahre Ausgrabungen an Mittelrhein und Mosel (1976) 50–53, Abb. 39. – K. D. White, Roman Farming (London 1970) 182. Cü.

139–196 Handwerk und Handel

139 Salzrost

FO. Saulnois (Moselle)

Zur Gewinnung von reinem Salz wurden die Quellwasser bei Marsal in Tiegel gefüllt, die auf einen Rost gestellt über dem Feuer erhitzt wurden. Das Wasser wurde zur Verdunstung gebracht und die Salze fällten aus. Große Mengen von gebrannten Werkstücken, von Röhrengerüsten und Tiegeln deuten darauf hin, daß diese Art der Salzgewinnung in großem Umfange betrieben worden ist.
Rekonstruktion aus originalen Bruchstücken eines Gerüstes, in das Tiegel und Becher zur Salzgewinnung eingestellt werden konnten. Die Funde stammen aus dem Gebiet von Saulnois/Moselle.
Gestell: 17 × 48 × 48 cm (lehmiger Ton).
Museum Metz. Co.

140–147 Tuchfabrikation

Der Tuchhandel verhalf vielen treverischen Familien des 2. und 3. Jahrhunderts n. Chr. zu Reichtum. Steinerne Zeugen ihres Wohlstandes sind heute noch die Neumagener Grabdenkmäler, die Ende des 19. Jahrhunderts in dem kleinen Weinort Neumagen an der Mosel ausgegraben worden sind (ausgestellt im RLM. Trier)*). Einst säumten sie die Gräberstraße, die nach Trier führte. Ihre Reliefs erzählten dem Vorbeiziehenden aus dem Berufs- und Alltagsleben der Verstorbenen; Szenen, die Tuchproben oder den Tuchhandel zeigen, herrschen vor. Die Prüfung des Stoffes, sein Verkauf und Transport schildern am lebendigsten und eindrucksvollsten die Reliefs der sog. Igeler

* W. v. Massow, Die Grabmäler von Neumagen (Berlin/Leipzig 1932).

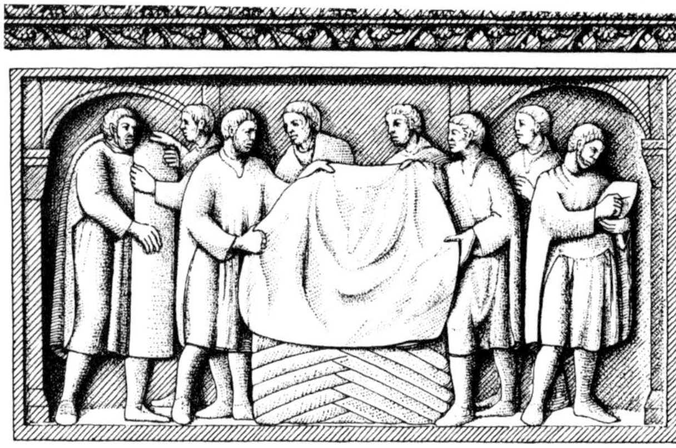

Säule, jenes pfeilerartigen Grabmonumentes des 3. Jahrhunderts n. Chr. (s. Abb. oben und S. 231 oben), das sich in dem Dorf Igel 8 km westlich von Trier erhebt (Abguß im RLM. Trier; s. hier Kat. 118).
Eine Grabinschrift nennt uns einen gewissen L. Albanus, der von Beruf vestiarius, also Tuchhändler bzw. Kleiderhändler war.
Wenn also in Trier und Umgebung der Tuchhandel zu den bestimmenden Erwerbszweigen gehörte, müssen sich auch in der Stadt selbst Läden befunden haben, in denen das Tuch hergestellt und verarbeitet worden ist.
Voraussetzung hierfür war natürlich die Schafzucht. Ein Relief aus dem Trierer Amphitheater (es ist dorthin verschleppt worden), das einen Hirten mit seiner Herde zeigt (Abb. unten), und die zahlreichen Schurscheren in den treverischen Gräbern (s. Kat. 140) bezeugen wohl deutlich genug, daß die Schafzucht eifrig betrieben wurde.
Nach der Schur gelangte das Wollvlies in die Spinnereien, wo es weiter verarbeitet wurde. Die sorgfältig gezupfte und somit aufgelockerte und weiter aufbereitete Wolle wurde auf einen Spinnrocken gesteckt (s. Kat. 141). Durch Herauszupfen von Fasern aus dem Rocken wird der Vorfaden angefertigt, der durch Ziehen und Drehen schließlich lang genug wird, um um die Spindel gewickelt zu werden (s. Kat. 142a; s. Abb. S. 196). Diese bestand aus einer Stange, an deren oberem Ende der Faden befestigt wurde. Am unteren Ende steckte der Wirtel (s. Kat. 142b–h), ein Gewicht, das die Stange beschwerte und das Drehen zum Aufwickeln des Fadens erleichterte.
Vor dem Weben wurde die Wolle eingefärbt. Beim vertikalen Webstuhl wurden am unteren Ende der parallel herabhängenden Fäden Gewichte aus Ton oder Stein (s. Kat. 143c–e) befestigt, um diese straff zu ziehen. Nadeln, Kamm und Weberschiffchen wurden ferner beim Weben benötigt.
Das gewebte Wollstück gelangte in die Walkereien, wo es in großen Trögen von Flecken, Fett gereinigt und zugleich gewalkt wurde. Zur besseren Verfilzung der Wolle wurde das Stück nach längerer Bearbeitung mit Stöcken geschlagen und anschließend im reinen Wasser gespült. Dann folgte das Trocknen und Aufkratzen des gewalkten Tuches mit Hilfe eines eisernen Wollkammes (s. Kat. 144), um die Wollhaare wieder aufzurichten und sie dann scheren zu können. Nach dem Schwefeln (Bleichvorgang nur für weißes Tuch) kam das Tuch in die Kleiderpresse.
Das fertige Tuch wurde offensichtlich auch außerhalb des treverischen Gebietes verhandelt, wie uns die Reliefs zeigen (s. »Igeler Säule«). Mit starken Seilen zu Ballen verschnürt wurde es auf Frachtkähne, auf stabile vierrädrige Lastwagen oder auf Maultiere verladen, die über das Gebirge zogen. Aber es wurde nicht nur verschickt, sondern auch in Trier zu Kleidungsstücken verarbeitet. So erwähnt beispielsweise das bekannte Preisedikt des Kaisers Diokletian vom Jahre 301, das Höchstpreise für Waren festsetzte, einen bestimmten Mantel, der in Trier hergestellt wurde (»fibulatorium Trivericum«).
Um einen solchen treverischen Mantel zu erstehen, mußte ein Facharbeiter in der damaligen Zeit 160 Tage arbeiten. Ein Privatlehrer für ABC-Schützen konnte sich ihn in der gleichen Ar-

beitsspanne nur leisten, wenn er monatlich 30 Schüler unterrichtete (denn er wurde monatlich und pro Schüler bezahlt).
Zum Anfertigen der Kleider benötigte man natürlich Nähnadeln, die vollkommen den unsrigen heutzutage gleichen (s. Kat. 145). Nicht allein die Nähte an den Seiten und an den Schultern der gewebten Tücher mußten zusammengenäht werden, sondern auch Borten befestigt und Stickreien ausgeführt werden.

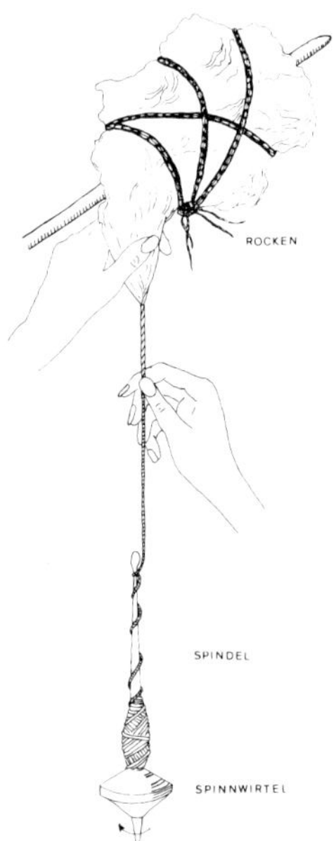

zu 141 und 142.

Im 4. Jahrhundert n.Chr. wurde die Tuchherstellung in der Kaiserstadt Trier in großem Stil betrieben, da offenbar durch die Anwesenheit des kaiserlichen Hofes eine große Nachfrage nach Tuch bestand. Trier besaß in dieser Zeit eine staatlich beaufsichtigte Tuchfabrik, ein gynaeceum, in der Frauen und Mädchen beschäftigt waren. Dies erfahren wir aus einem Verzeichnis aller zivilen und militärischen Ämter des römischen Reiches (»notitia dignitatum«). Aus dieser Zeit sind uns Kleidungsstücke und Stoffe bekannt, denn die Verstorbenen wurden vollständig bekleidet in die Sarkophage gebettet. So trug beispielsweise ein Toter, der in einem 1920 geöffneten Sarkophag in Trittenheim (Krs. Bernkastel-Wittlich) lag, einen kapeartigen Umhang. Dieser reichte bis zur Mitte der Oberschenkel und bestand aus dickem Wollstoff. Ein dünneres Tuch war offenbar um seine Schultern gelegt. Ein Gewand, das mit Goldfäden durchwirkt war, ließ sich ebenfalls feststellen (Bonner Jahrb. 127, 1922, 310). Mit Goldfäden durchzogene Kleider waren gerade im 4. Jahrhundert n.Chr. in Mode. Auch der Bischof Paulinus war in ein solches Gewand gehüllt (s. Hettner, Ill. Führer 41. – De Jonghe – M. Tavenier, Trierer Zeitschr. 40/41, 1977/78, 145ff.). Die jüngst bei Grabungen in der Trierer Kirche St. Maximin gehobenen Sarkophage des 4. Jahrhunderts zeigen die Verstorbenen ebenfalls in vollständiger Kleidung.

Lit. zum Tuchhandel der Treverer: Polaschek, Kurtrier. Jahrb. 14, 1974, 213–223. – Heinen, Trierer Zeitschr. 39, 1976, 98–104. – Drinkwater, Trierer Zeitschr. 40/41, 1977/78, 107–125.

Lit. allgemein: H. Blümner, Technologie und Terminologie der Gewerbe und Künste bei Griechen und Römern I (2. Aufl. Leipzig/Berlin 1912) 97ff. – J. P. Wild, Textile manufacture in the northern Roman provinces (Cambridge 1970). – G. Zimmer, Römische Berufsdarstellungen. Archäolog. Forschungen 12, 1982, 25–29. 120–132.

Goe.

140 Schurscheren

Schurscheren wurden nach altem treverischen Brauch auch noch in frührömischer Zeit, d.h. im 1. Jahrhundert n.Chr., Männern wie Frauen (vgl. z.B. Trierer Zeitschr. 12, 1937, 58 Abb. 10, 21. – Schindler, Führer Abb. 82) sehr häufig ins Grab gelegt. Auf dem Lande hielt man an dieser Sitte selbstverständlich stärker fest als in der Stadt Trier. Hier findet man Schurscheren nur selten als Grabbeigaben (z.B. nördliches Gräberfeld: Bonner Jahrb. 69, 1880, 19. – Südliches Gräberfeld: Inv. 11,1 115c 2. Hälfte 1. Jahrhundert n.Chr.).
Die Form ist bei allen Stücken stets die gleiche, lediglich in den Größen unterscheiden sie sich. Bei der Schur werden die Bügel des Griffes zusammengepreßt; läßt der Druck nach, federn sie wieder auseinander. Noch im Mittelalter verwandte man solche Scheren.

140

a. FO. Lautenbach (Krs. Ottweiler), 1908, Grab 5.
1. H. 1. Jh. n. Chr.
Der U-förmig gebogene Griffteil geht in zwei spitz auslaufende Blätter über.
Eisen. – L. 26,7 cm.
RLM. Trier, Inv. 09, 259 i.
Lit.: Trierer Jahresber. 3, 1910, 21 Taf. 4, 2 i.

b. FO. Minden (Krs. Trier-Saarburg), 1912, Grab 37.
Ende 1. Jh. n. Chr.
Schere en miniature der gleichen Art wie a.
Eisen. – L. 11,2 cm.
RLM. Trier, Inv. 12, 245 l.
Lit.: Kat. Gläser Trier 286 Grab 87. Goe.

141 Spinnrocken *(colus)*

FO. Trier, St. Matthias (südliches Gräberfeld), 1905, Skelettgrab N 237
4. Jh. n. Chr.

Der sich nach oben verjüngende Schaft hat gekerbte Kanten. Sein viereckiger Sockel, dessen Kanten bogenförmig geschnitten sind, wird oben und unten durch je zwei Rillen eingefaßt. Der Schaft wird von einem zweihenkligen Gefäß mit abgesetztem Fuß und ausbiegender Mündung bekrönt. In den Gefäßkörper ist ein Rautenmuster eingetieft.
Im Vergleich mit anderen römischen Spinnrocken hat dieser Stab keine mittlere Unterteilung zur Abgrenzung der Handhabe (vgl. Pirling, in: Festschrift für W. Haberey, Mainz 1976, 104 ff.). Die zierliche Form spricht dafür, daß der Spinnrocken nicht zu praktischem Gebrauch bestimmt war. R. Pirling nahm an, daß solche Spinnrocken aus wertvollem Material als Anspielung auf den Kult der Schicksalsgöttinnen, Parzen, zu verstehen seien (der Rocken ist Attribut der Parze Klotho).
Gagat. – L. 19,6 cm.
RLM. Trier, Inv. 04, 492 b.
Lit.: Hagen, Bonner Jahrb. 142, 1937, 135 Nr. 12 Taf. 34. – Kat. Gläser Trier 321 f. Grab 270. Goe.

142 Spindel (fusus) und Spinnwirtel *(verticillus oder turbo)*

Spinnwirtel sind in der Stadt Trier vielfach im spätantiken Einfüllschutt gefunden worden (z. B. in den Barbarathermen), in den Gräbern der städtischen Nekropolen ist jedoch bisher erst ein Exemplar entdeckt worden (s. unten h). Hingegen sind sie

141, 142 a, b, 143

als Grabbeigaben im Trierer Land – im Gegensatz zu anderen provinzialrömischen Gebieten – nicht ungewöhnlich (vgl. Gräber von Neidenbach, Krs. Bitburg-Prüm: Trierer Zeitschr. 1, 1926, 37 Abb. 2. – Sehr häufig in den Gräbern der Nekropole von Wederath-Belginum im Hunsrück). In dieser Sitte spiegelt sich offenbar alter treverischer Brauch wider, denn auch in Spätlatène-Gräbern begegnen häufig Spinnwirtel. Sie bestehen meistens aus Ton, seltener aus Stein, in spätantiker Zeit häufig aus Bein und Gagat. Ihre Form hat sich im Laufe der Jahrhunderte kaum verändert: die Trierer Stücke sind meistens stumpfkegelartig, bikonisch, halbwalzenförmig oder linsenartig. Eine

142 g, h, e, f im Uhrzeigersinn um c

zeitliche Einordnung der einzelnen Stücke ist daher sehr erschwert und kann nur gegeben werden, wenn sie in datierbaren Grabkomplexen gefunden worden sind. Spätantike Exemplare sind des öfteren mit eingeritzten ornamentalen Mustern verziert (s. unten e, g und h).
Das Trierer Museum besitzt zahllose Spinnwirtel, während Spindeln und Spinnrocken nur in geringer Anzahl vertreten sind. Goe.

Spindel mit Spinnwirtel

a) FO. Trier, Brotstr., 1902/03.
Das spitze untere Ende und der leicht verdickte obere Teil der schlecht geglätteten Spindel fehlen. Die obere Verdickung soll das Abgleiten des Fadens verhindern, der hier mit einer einfachen Schlinge befestigt wurde (vgl. Abb. S. 196).
Bein. – L. noch 20 cm.
RLM. Trier, Inv. ST. 5037.

b) FO. Trier, Barbarathermen, 1878.
Der flache walzenförmige Wirtel, der nicht ursprünglich zu der obigen Spindel gehört, zeigt an Ober- und Unterseite sorgfältig gedrechselte Ringe.
Bein. – H. 1 cm, Dm. 3,1 cm.
RLM. Trier, Inv. 1075.

c) FO. Wederath (Krs. Bernkastel-Wittlich), 1955, Grab 419.
ca. Mitte 1. Jh. n. Chr.
Annähernd zylindrischer Wirtel.
Grauer grob gemagerter Ton. – Dm. 2,8 cm.
RLM. Trier, Inv. 55,1169e.
Lit.: Haffner, Wederath 1 Taf. 103,4.

d) FO. Wederath (Krs. Bernkastel-Wittlich), 1956, Grab 595.
Ende 1. Jh. n. Chr.
Annähernd linsenförmiger Wirtel.
Im Leichenbrand lag eine Münze Domitians.
Graubrauner Ton. – Dm. 4,5 cm.
RLM. Trier, Inv. 56,222h.
Lit.: Haffner, Wederath 2 Taf. 163,11.

e) FO. Trier, Barbarathermen, 1883, in der Gangeinfüllung.
Bikonischer Wirtel, in den oben und unten eine Zickzacklinie eingeritzt ist.
Grauer Ton. – Dm. 3,3 cm.
RLM. Trier, Inv. 8322.

f) FO. Trier, Barbarathermen, 1883, in der Einfüllung des Schwimmbassins.
Stumpfkegelförmiger Wirtel.
Grauer Ton. – H. 1,3 cm, Dm. 2,6 cm.
RLM. Trier, Inv. 8422.

g) FO. Trier, Altbachtal, 1928, bei der Eponakapelle.
Halbwalzenförmiger Wirtel, der auf der glatten Oberseite mit sechs eingeritzten lanzettförmigen Blättern und nahe dem Rand mit zwei konzentrischen Kreisen verziert ist.
Bein. – H. 1,3 cm, Dm. 3,3 cm.
RLM. Trier, Inv. ST. 11535.

h) FO. Trier, St. Matthias (südliches Gräberfeld), 1906, Grab 126.
Bikonischer Wirtel, der auf der Oberseite mit sechs lanzettförmigen Blättern geschmückt ist. In die Zwischenräume sind doppelt gerahmte Halbkreise und Pünktchen eingeritzt, in die abgeschrägte Wandung sich überschneidende Halbkreise.
Bein. – H. 1,6 cm. Dm. 4,5 cm.
RLM. Trier, Inv. 05,479g. Goe.

143a, b Webgewichte

a) FO. Trier, Brotstr., 1902/1903.
Kegelförmiges Gewicht mit runder Durchbohrung im oberen Teil; oben und unten abgeflacht.
Ziegelroter Ton. – H. 11,4 cm, unterer Dm. 6,3 cm.
RLM. Trier, Inv. ST. 5019b.

b) FO. Trier, nahe der Eisenbahn, 1906.
Pyramidenförmiges Gewicht mit runder Durchbohrung im oberen Teil; oben und unten nur flüchtig abgeflacht.
Ziegelroter Ton. – H. 10,4 cm, unterer Dm. 5,8 cm.
RLM. Trier, Inv. 06,468. Goe.

143c, d, e Drei Webgewichte

3. Jh. n. Chr.
FO. Schwarzenacker b. Homburg/Saar
3. Jh. nach Chr.

Die Gewichte beschwerten die Kettfäden eines primitiven Webstuhls.
Ton. – H. 12, 16, 16 cm.
Römisches Freilichtmuseum Schwarzenacker.
Unveröffentlicht. Ko.

144

144 Wollkamm

Aus altem Bestand.
Die an einer Seite halbrund geformte Platte weist zum Rand hin in der Mitte ein Loch auf, durch das wohl ein Stab gezogen wurde. Die gerade geschnittene Seite ist mit kurzen engstehenden Zähnen versehen. Der Kamm wurde vielleicht in der Walkerei zum Aufrauhen der Tücher benutzt, damit sich nach der Verfilzung des Gewebes die Wollhaare wieder aufrichteten (vgl. etwa W. Gaitzsch, Eiserne römische Werkzeuge. British Archaeological Reports, Int. Serie 78, 1980 I 210. II Taf. 74i. – Anders dagegen Wild a. O. 83 Abb. 75). Möglich wäre auch, daß man mit diesem Instrument die gezupfte Wolle gekratzt bzw. gestrichen hat, damit sie sich zum Spinnen besser eignete.
Eisen. – L. 8,8 cm.
RLM. Trier, Inv. 83,5.
Lit.: Kurtrier. Jahrb. 14, 1974, 217 Abb. 5. Goe.

145 Nähnadeln

Die Nähnadeln der römischen Zeit unterscheiden sich nicht von denen heutzutage. Die Öse ist bei den meisten Stücken länglich, selten rund (s. unten a, h), die Nadel in der Regel unverziert.
Die meisten Stücke wurden im Siedlungsschutt der Augusta Treverorum gefunden; aus Gräbern römischer Zeit ist mir kein Exemplar bekannt (zuweilen findet man sie in latènezeitlichen Gräbern; s. Haffner, Wederath 3 Taf. 292, 12). Die zeitlose Form läßt keine Datierungen zu.
Die feinen dünnen Nadeln (hier a–b, d–e) sind sicherlich zum Nähen von Tuch benutzt worden, während sich die kräftigeren Nadeln zum Durchziehen von Bändern, Nähen von Kissen oder Polstern eignen (hier c, f–h).
In der Trierer Sammlung befindet sich eine große Anzahl an bronzenen und beinernen Nähnadeln.

a) FO. Trier, Zuckerberg/Böhmerstr., 1902.
Nadel mit runder Öse; darunter vierfache Einschnürung.
Bronze. – L. 6,2 cm.
RLM. Trier, Inv. ST. 2892d.

b) FO. Trier, Frauenstr., 1902.
Glatte Nadel mit länglicher Öse.
Bronze. – L. 12,3 cm.
RLM. Trier, Inv. ST. 4586f.

c) FO. Trier, Brückenstr., 1901.
Breite, kräftige Nadel mit großer länglicher Öse.
Bronze. – L. 15,2 cm.
RLM. Trier, Inv. ST. 3299.

d) FO. Trier, Barbarathermen, beim Schwimmbassin, 1882.
Dünne Nadel mit länglicher Öse.
Bronze. – L. 6,9 cm.
RLM. Trier, Inv. 8190.

e) FO. Trier-Süd, nahe der Mosel, 1894.
Sehr dünne Nadel mit länglicher Öse.
Bronze. – L. 7 cm.
RLM. Trier, Inv. 19889.

f) FO. Trier, Wallramsneustr., 1901.
Die runde Nadel verbreitert sich stark zur großen länglichen Öse hin und läuft flach aus.
Bein. – L. 13,4 cm.
RLM. Trier, Inv. ST. 2475.

g) FO. Trier, Simeonstr., 1902.
Die im unteren Teil runde Nadel verbreitert sich zur 8-förmigen Öse und ist in diesem Bereich abgeflacht.
Bein. – L. 17,1 cm.
RLM. Trier, Inv. ST. 5137.

h) FO. wohl Trier, 1883 angekauft.
Die im oberen Teil vierkantig geformte Nadel mit runder Öse ist mit einem eingeritzten Gittermuster verziert.
Bein. – L. 12 cm.
RLM. Trier, Inv. 8269. Goe.

146 Filetnadeln

Die zweizinkigen Bronzenadeln werden allgemein als Filetnadeln zur Herstellung von Netzen angesprochen. J. P. Wild (a. a. O. 73 Abb. 65) möchte in ihnen dagegen eher eine Art von Weberschiffchen beim Weben von Bändern und Streifen sehen.

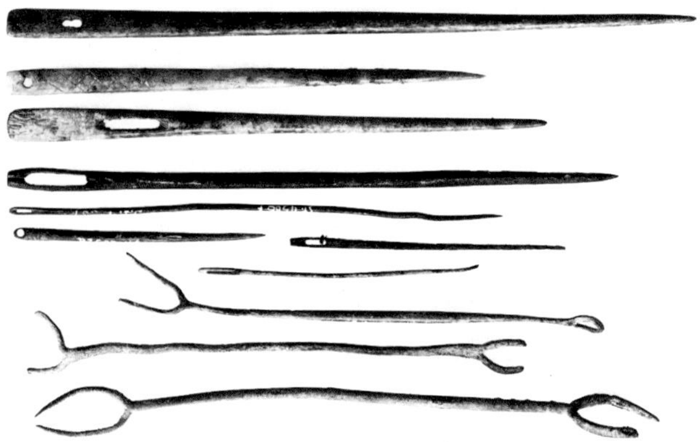

Von oben: 145 g, h, f, c, b, a, d, e – 146 b, a, c

Netze sind von zahlreichen antiken Darstellungen her bekannt: vornehme Frauen tragen goldene Haarnetze (vgl. die pompejanischen Wandmalereien: Pompeji. Leben und Kunst in den Vesuvstädten. Ausstellungskatalog Essen 1973, 59. 81); der Retiarier, der Netzkämpfer im Amphitheater, benötigte selbstverständlich ein Netz, um seinen Gegner zu fangen; Fischer werden auf Mosaiken mit ihren Netzen wiedergegeben, ebenso Jäger bei der Treibjagd. Ein feines Vogelstellernetz wurde in Israel gefunden (Y. Yadin, Bar Kochba, New York 1971, 195f.).
Für die Fundsituation der Stücke gilt das bereits zu den Nähnadeln Gesagte.

a) FO. Trier, Eulenpfütz, 1903.
Nadel mit zwei Zinken an jeder Seite.
Bronze. – L. 12,3 cm.
RLM. Trier, Inv. ST. 7087.

b) FO. Trier, Tempelbezirk des Altbachtales, 1927.
Die Nadel ist auf einer Seite mit zwei Zinken versehen, am anderen Ende ist sie umgebogen.
Bronze. – L. 12,2 cm.
RLM. Trier, Inv. ST. 10656.

c) FO. Trier, Ziegelstr., 1908.
Nadel mit zwei langen Zinken an jeder Seite.
Bronze. – L. 15,6 cm.
RLM. Trier, Inv. 07, 566.

Goe.

147 Grabmalrelief mit der Darstellung einer Tuchprobe

FO. Hirzweiler, Gem. Illingen (Krs. Neunkirchen), 1839
2. H. 1./1. H. 3. Jh. n. Chr.

Zwei Jünglinge in keltischem Gewand straffen ein Tuch zwischen sich und überprüfen es auf Webfehler. Dahinter hängt ein geraffter Vorhang, der zwei kleine Stapel Stoffballen sichtbar werden läßt, die auf einem Tablar liegen.
Dieselbe Szene ist an der Vorderseite des großen Grabmals »Igeler Säule« dargestellt. Schafzucht und Wollindustrie waren ein Wirtschaftsfaktor in Gallien. Grobe Mäntel freilich webte man aus Ziegenhaar. Von Pola ist der Grabstein eines Kleiderhändlers aus Gallien bekannt.
Am Hirzweiler Tuch hängen lange Fransen. Sicherlich waren Muster ins Tuch gewebt. Leider ist die farbige Fassung des Bildes, die die Buntheit des Musters vor Augen führte, gänzlich ausgewaschen.
Rotsandstein. – H. 76 cm, Br. 85 cm.
RLM. Trier, Inv. ST. W. 120.
Lit.: F. Hettner, Die römischen Steindenkmäler des Provinzialmuseums zu Trier (Trier 1893) Nr. 247. – Espérandieu 5123.

Ko.

147

148–149 Schuhmacherhandwerk

Zeugnisse des Schuhmacherhandwerks sind im Trierer Gebiet in verschiedener Form überliefert.
Die Aschenkiste eines Schusters wurde 1888 in Trier ausgegraben (s. Kat. 148).
Unter den zahlreichen eisernen Werkzeugen des Trierer Museums befanden und befinden sich auch verschiedene Stücke, die ein Schuster benutzt haben wird. Etliche Werkzeuge ließen sich trotz restauratorischer Bemühungen nicht mehr retten, da sie zu stark korrodiert waren. Einige Neufunde gleichen diese Verluste wieder aus.
Der römische Schuster verfügte gewiß über eine ebenso große Anzahl Werkzeuge wie sein Berufskollege des 19. und 20. Jahrhunderts (erst in neuerer Zeit werden diese Werkzeuge durch die zunehmende Mechanisierung aus dem Handwerksleben verdrängt).
Nachdem der Schuster beim Kunden Maß genommen hatte, schnitt er das Leder zurecht. Das Schustermesser (scalprum oder culter crepidarius) hatte in der Regel ein halbmondförmiges Schneideblatt (vgl. Gaitzsch, Werkz. 122f.). Auch weniger stark gerundete Klingen kommen vor, wie Beispiele aus Pompeji zeigen (Gaitzsch, Werkz. Taf. 23, 124). Diesen ähnelt ein Trierer Messer mit sehr scharfer Klinge (Abb. unten), das deshalb auch als Ledermesser angesprochen wurde. Der asymmetrische Zuschnitt der Seiten ist jedoch für Schustermesser ungewöhnlich. Vielleicht fand es in einer Gerberei Verwendung. Zum Lederschneiden konnte man auch Messer benutzen, deren Blatt einen Viertelmond bildete, oder deren Klinge gerundet und deren Rücken S-förmig geschwungen war (vgl. Gaitzsch, Werkz. 123 Abb. 13).
Durch Einlegen in Wasser machte der Schuster das Leder weich und reckte es. Die Schuhe arbeitete er über einem hölzernen Leisten (forma calcei; Kat. 148), auf dem er das Leder auch glättete. Die Anfertigung des Schuhs glich weitgehend dem heutigen Arbeitsvorgang und soll daher hier nur angedeutet werden. Das Oberleder – man nahm hierfür vorzugsweise Ziegen- oder Schafshaut – wurde nach dem Heften mit Hilfe von Nagelstiften an die Brandsohle genäht.
Dicke Sohlen legte man – wie heutzutage – in Wasser und bearbeitete sie nach leichtem Antrocknen. So war das Leder geschmeidiger. Die Nahtlinie konnte man vorritzen und mit dem Spitzknochen, einem abgeplatteten länglichen, spitz zulaufenden Beinstück (s. unten a), vertiefen. Dieser eignete sich auch vorzüglich zum Glätten der Nähte und Ränder.
Mit der Ahle* (subula oder fistula sutoria) bereitete der Schuster die Löcher vor, die zum Nähen notwendig waren. Diese Eisenstifte, die im oberen Teil meistens verdickt sind und einen knopfartigen Griff oder Abschluß haben können (s. unten b–c), sind in der Trierer Sammlung gut vertreten. Einige Stücke können auch in einem hölzernen Griff gesessen haben. Ein Stichel, ein spitz zulaufender Eisenstift, eignet sich auch zum Löcherstechen (s. unten d).
Zum Nähen verwandte man Tiersehnen, wie uns berichtet wird. Eisen- und Bronzenadeln von unterschiedlicher Stärke mit langem Öhr, die für eine solche Arbeit und für feinere Näharbeiten am Schuh benutzt werden konnten, sind in der Trierer Sammlung zahlreich vorhanden (s. unten e–g).
Zwischensohlen wurden anschließend hinzugefügt und die Laufsohlen aufgenagelt, indem der Schuster den Schuh auf den Pinnenfuß, einen amboßähnlichen Arbeitsständer, legte (s. Saalburg Jahrbuch 22, 1965, 170 Abb. 5). Der römische Schusterhammer (Kat. 148 Mitte) gleicht vollkommen dem modernen. Seine Form hat sich ebensowenig geändert wie die der Raspel (Kat. 148 oben), mit deren Hilfe man kleine überstehende Ränder wegarbeiten konnte. Eine Schusterzange, mit der man Nägel entfernen oder auch beim Heftvorgang in das Leder schlagen kann, ist in der Trierer Sammlung bisher nicht nachweisbar.
Reste von Schuhen und andere Lederstücke sind beim Bau der Moseleisenbahnstrecke 1879 östlich der Trierer Kaiserthermen gefunden worden. Brandsohlen mit eingeritzten Mustern (Abb. oben links), Oberlederstücke, Laufsohlenfragmente und Lederstücke mit eingepreßten Zierrosetten sind erhalten (Abb. unten links). Die einzeln gefundenen Rosettenscheiben mit eingepreßten Ornamenten, die unter den Abfällen sehr zahlreich vorkommen, werden sicherlich nicht als Schmuck für Schuhwerk gedient haben, vielmehr werden sie wohl als Zierat auf eine Klei-

*) Ahle und Pfriem stehen im deutschen Sprachgebrauch gleichwertig nebeneinander. Das Wort Ahle kommt hauptsächlich am Oberrhein vor, das Wort Pfriem im mitteldeutschen Raum (vgl. W. König, Dtv-Atlas zur deutschen Sprache, 4. Auflage München 1981, 218f. mit Verbreitungskarte).

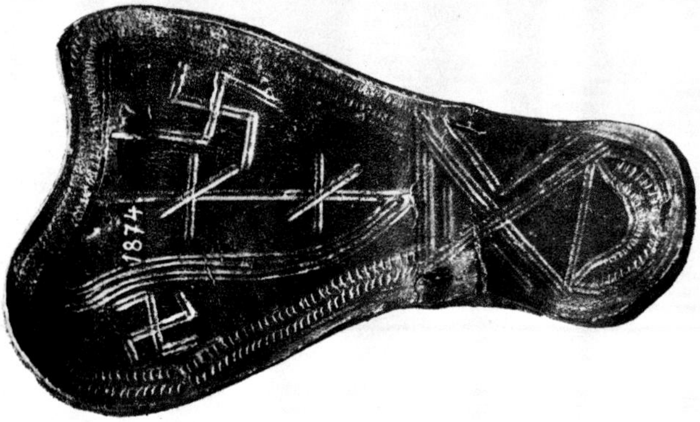

dung aufgenäht gewesen sein. Die gleiche Fundstelle wurde noch einmal 1969 und Anfang der 70er Jahre angeschnitten. Wieder kamen zahlreiche Lederfragmente zu Tage, darunter auch ein kleines Bruchstück mit aufgelegter Goldfolie (Abb. oben rechts). Aufgrund der zahlreichen Funde darf man vermuten, daß in der Nähe ein größerer lederverarbeitender Betrieb gelegen hat, der auch Schuhe hergestellt hat.
Eine mit Nägeln beschlagene Schuhsohle (Abb. unten rechts) entdeckte man 1937/38 bei der Freilegung des römischen Gutshofes von Irsch/Zerf (jetzt Vierherrenborn, Krs. Trier-Saarburg). Abdrücke solcher benagelter Sohlen waren auf der Oberseite eines Kanalgewölbes der Trierer Kaiserthermen (Gang 29) erhalten. Offensichtlich konnten einige eilige Arbeiter beim Bau der Kaiserthermen nicht abwarten, bis die zementartige Masse getrocknet war; ihre Schuhabdrücke füllte man 1939 mit Gips aus (Abb. unten links).
Als man jüngst in der Trierer Kirche St. Maximin eine Anzahl Sarkophage des 4. Jahrhunderts öffnete, stellte man fest, daß die in Kleider gehüllten Toten auch Schuhwerk trugen, das jedoch noch nicht näher untersucht werden konnte. In dem Bleisarkophag eines kleinen Kindes lagen noch die 13 cm langen Brandsohlen, in die ein Fuß mit einem Rankenornament eingetieft ist.
Welche Schuhe im 2. und 3. Jahrhundert n. Chr. im Treverergebiet getragen wurden, zeigen in anschaulicher Weise die Reliefs der Neumagener Grabmonumente.
Hielten sich die Frauen im Hause auf, so machten sie es sich bequem und zogen Wollsöckchen und leichtes Schuhwerk an. Die Dienerin schlupfte in Pantoffel (Abb. S. 203, 3), die Haus-

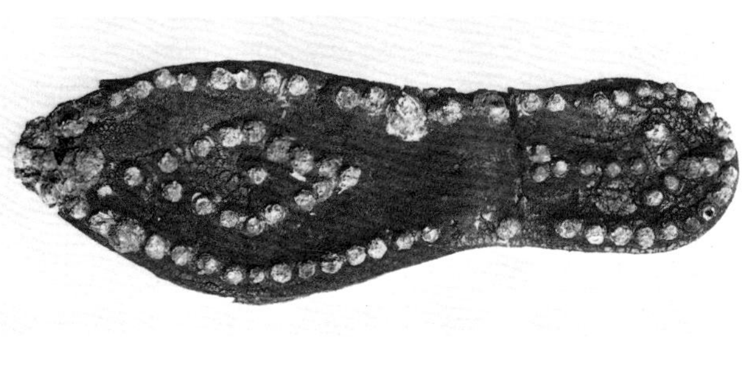

herrin in Sandalen (Abb. S. 203, 5), deren beide Lederbänder über den Spann liefen und zwischen der großen Zehe und der 2. Zehe mit der Sohle verbunden waren.
Ging der Mann im Hause oder außerhalb des Hauses einer Beschäftigung nach, so trug er einen knöchelhohen Schuh, dessen Blatt über dem Spann ausgeschnitten war. Kreuzweis geführte Riemchen füllten diese Partie bis zum Knöchel aus und gaben dem Fuß den notwendigen Halt (Abb. S. 203, 1). Diese Schuhform wurde auch variiert: Oberhalb der Zehen stand eine Ristspange mit horizontal verlaufenden Lederriemchen in Verbindung (Abb. S. 203, 7), oder zwei horizontale Riemen füllten das weit ausgeschnittene Blatt aus (Abb. S. 203, 4). Ritt der Gutsbesitzer aus, zog er einen glatten knöchelhohen Schuh an (Abb. S. 203, 6). Eine Schnürung, die zum Öffnen und Schließen der Stiefelette notwendig war, hat der Bildhauer wohl durch Farbe verdeutlicht. Den gleichen Schuh trägt auch der Kassierer auf dem Zirkusdenkmal (Schindler, Führer Abb. 342).
Auf dem Lande war offenbar auch der Holzschuh nicht unbekannt. Ähnlich den holländischen Holzschuhen war seine Spitze emporgebogen (Abb. S. 203, 2). Benötigte man bei einer Arbeit einen besonderen Halt, so bevorzugte man mit Nägeln beschlagene Schuhe, wie etwa die Arbeiter beim Treideln eines Schiffes (Abb. S. 203, 8. Vgl. Schindler, Führer Abb. 127). Fundstücke solcher benagelten Sohlen haben wir oben schon angeführt.
Diejenigen Treverer, denen aufgrund irgendwelcher Verdienste das römische Bürgerrecht verliehen worden war, bekunden dies durch das Anlegen der Toga, jenem unbequemen römischen Nationalgewand, zu dem auch ein bestimmter Stiefel (calceus) aus feinem weichen Leder getragen wurde (Abb. S. 203, 9).
Als Schuhfarben werden in der Literatur Rot, Purpur, Weiß und Coccus genannt. Auch vergoldete und mit Edelsteinen besetzte Schuhe wurden getragen.

Lit. zum Trierer Schuhhandwerk: Polaschek, Kurtrier. Jahrb. 14, 1974, 218–223.

Lit. zum Schuster und Schuhwerk allgemein: H. Blümner, Technologie und Terminologie der Gewerbe und Künste bei Griechen und Römern I (2. Aufl. Leipzig/Berlin 1912) 278 ff. – A. Gansser-Burckhardt, Das Leder und seine Verarbeitung im römischen Legionslager Vindonissa (Basel 1942). – Busch, Saalburg Jahrbuch 22, 1965, 158–210. – O. Lau, Schuster und Schusterhandwerk in der griechisch-römischen Literatur und Kunst (Dissertation Bonn 1967). – W. Gaitzsch, Eiserne römische Werkzeuge. British Archaeological Reports, Internat. Ser. 78, 1980 (I) 61 f. (Raspel), 120–126 (Ledermesser) (hier abgekürzt: Gaitzsch, Werkz.). – G. Zimmer, Römische Berufsdarstellungen. Archäologische Forschungen 12, 1982, 29–31. 132–139. Goe.

148 Aschenkiste eines Schusters

FO. Trier, Petrusstr., 1888
2. Jh. n. Chr.

Im Bereich des nördlichen Gräberfeldes der Augusta Treverorum hat einst die rechteckige Steinkiste gestanden, die die Asche des Verstorbenen und die Beigaben, eine gläserne Henkelflasche, ein kleines henkelloses Gläschen mit Streifen und ein weiteres Glas, aufnahm. Ein jetzt verloren gegangener steinerner Deckel bildete den oberen Abschluß. Auf der Vorderseite sind anstelle einer Inschrift jene Werkzeuge in flachem Relief herausgemeißelt, die der Verstorbene zu seinen Lebzeiten benutzt hat: Links ein Leisten (forma calcei), in der Mitte ein typischer Schusterhammer und rechts eine Raspel. Diese Werkzeuge bezeugen eindeutig, daß der Verstorbene das Schusterhandwerk ausgeübt hat. Die ascia (Dechsel vgl. Kat. 176) in der unteren Bildhälfte, die häufig auf provinzialrömischen Grabdenkmälern vorkommt, steht in keinem Sinnzusammenhang mit der oberen Reliefhälfte.
Sandstein. – H. 55 cm, Br. 51 cm, T. 61 cm.
RLM. Trier, Inv. 16919.
Lit.: F. Hettner, Die römischen Steindenkmäler des Provinzialmuseums zu Trier (Trier 1893) Nr. 192. – Espérandieu 5015. – W. Gaitzsch, Römische Werkzeuge. Limesmuseum Aalen. Kleine Schriften zur Kenntnis der röm. Besetzungsgeschichte Südwestdeutschlands Nr. 19, 1978, Abb. 18. – W. Gaitzsch, Eiserne römische Werkzeuge. British Archaeological Reports, Internat. Ser. 78, 1980, 48 Taf. 67, 312. S. 74. 78. Goe.

148

149 a Werkzeuge

a) FO. Trier, Olewigerweg, 1907.
Abgeflachtes Beinstück, das spitz zuläuft und im oberen Teil abgerundet und im Querschnitt oval ist. Es gleicht den Spitzknochen, die der Schuster zum Glätten der Nähte zu benutzen pflegt. Im Trierer Museum befinden sich zahlreiche solcher spitz zulaufenden Beinstücke, die vielleicht in ähnlicher Funktion angewandt worden sind. Die meisten Stücke sind jedoch im Querschnitt rund.
Bein. – L. 8 cm.
RLM. Trier, Inv. ST. 8820 b.

149 b–d Ahlen und Stichel

b) FO. Trier, Kaiserstr., 1880.
Spitz zulaufende Schusterahle, deren oberer Teil verdickt und vierkantig gestaltet ist.
Eisen. – L. 10 cm.
RLM. Trier, Inv. 2888.
Lit.: Polaschek a. O. 219 Abb. 8 r.

c) FO. Newel (Kreis Trier-Saarburg), im römischen Gutshof, 1962.
Die spitz zulaufende Ahle ist im oberen Teil kräftig verdickt und vierkantig gestaltet, verschmälert sich dann wieder zu dem knopfartigen Aufsatz. Ähnliche Ahlen wurden in Niederbieber gefunden (Gaitzsch, Werkz. Taf. 47, 240–241). Spitze abgebrochen.
Eisen. – L. 20,4 cm.
RLM. Trier, EV. 62, 38 FNr. 2.
Lit.: Cüppers, Trierer Zeitschr. 34, 1971, 185 Abb. 24, 12.

d) FO. Trier, wohl Kaiserstr., 1880.
Spitz zulaufender vierkantiger Stichel, der durch Korrosion etwas deformiert ist. Das eine Ende fehlt.
Eisen. – L. noch 13,1 cm.
RLM. Trier, Inv. 2788.
Lit.: Polaschek a. O. 219 Abb. 8 oben.

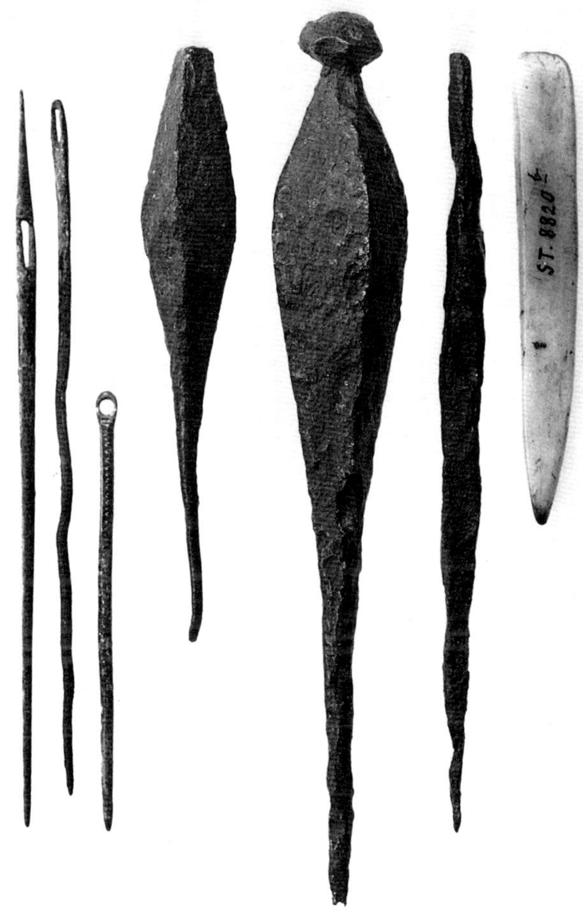

149

149 e–g Nähnadeln

e) FO. Trier, Gilbertstr., 1903.
Die kleine Nadel mit annähernd runder Öse ist im oberen Teil mit Zickzacklinien verziert.
Bronze. – L. 7,5 cm.
RLM. Trier, Inv. ST. 6950.

f) FO. Trier, Tempelbezirk des Altbachtales, beim Theater, 1928.
Lange Nadel mit langgezogener ovaler Öhre.
Bronze. – L. 11,7 cm.
RLM. Trier, Inv. ST. 11731.

g) FO. Trier, Saarstr., 1896.
Die Nadel läuft sehr spitz an beiden Enden aus. Sie verbreitert sich zur länglichen Öhre im oberen Teil.
Bronze. – L. 12,5 cm.
RLM. Trier, Inv. 21124.

Goe.

150 a–c

150–164 Töpferei und Keramikproduktion

150 Belgische Ware

Unter dem Begriff »Belgische Ware« werden jene Keramiktypen zusammengefaßt, die vorwiegend in der 1. Hälfte bzw. der Mitte des 1. Jahrhunderts n. Chr. in Anlehnung an spätlatènezeitliche Formen oder in Nachahmung römischer Gefäßtypen in einheimischer Technik hergestellt wurden. Weit verbreitet in

150d–f

150g–i

150j–n

den gallischen und germanischen Provinzen ist die schwarze und graue belgische Ware, die sog. Terra nigra. Sie hat einen gut geschlämmten, meist hellgrauen bis grauschwarzen Ton, der, nachdem er häufig zumindest partiell mit einer weißen Engobe versehen worden war, durch Zufuhr von Rauch in den Töpferofen grau bis glänzend schwarz geschmaucht wurde. Der Ton ist oft geglättet oder gar poliert. Die Schauseiten der größeren Gefäße sind sorgfältig behandelt und weisen vielfältige Verzierungen auf, wie mittels eines Rollrädchens hergestellte Zierstreifen, unterschiedliche in der sog. Barbotinetechnik aufgelegte Ornamente (Blätter, Tiere, Rosetten, Perlreihen) oder auch geglättete Linien. Die kleineren Gefäße, wie Teller oder Tassen, tragen häufiger Töpferstempel. Wesentlich seltener ist die rote belgische Ware (Terra rubra), die sich durch einen gut gebrannten, rötlichen Ton auszeichnet, der meist von einer glänzenden, orangeroten Engobe überzogen ist. Sie beschränkt sich weitgehend auf Teller und Tassen, Formen, die der römischen Terra Sigillata entlehnt sind. Gi.

a) Bauchiger Topf mit Glättstrichen.
FO. Trier, 1880.
1. Viertel 1. Jh. n. Chr.
Der gerade Hals mit dem auswärts gebogenen Rand ist vom bauchigen Körper, der bis dicht über den Boden nahezu senkrechte Glättstriche aufweist, durch einen Wandknick deutlich abgesetzt. Die Standfläche ist leicht nach innen gewölbt. Beliebte Form in der 1. Hälfte des 1. Jahrhunderts. Vgl. Gose 350.
Grauer Ton, unteres Viertel grau geschmaucht, Glättstriche dunkler als die Wandung. – H. 14,2 cm, Dm. der Mündung: 12,7 cm.
RLM. Trier, Inv. 4054.

b) Bauchiger Topf mit Zickzacklinien.
FO. Trier, Paulinstr. (nördliches Gräberfeld), 1880.
Mitte 1. Jh. n. Chr.
Der Schrägrand ist wie der Standring durch eine Einschnürung von der bauchigen Wandung abgesetzt, die im oberen Teil durch Zierrillen und einen breiteren Zierstreifen, mit einem Rollrädchen hergestellte Zickzacklinien aus kurzen Schrägstrichen, gegliedert ist. Boden leicht nach innen gewölbt. In der Mitte des 1. Jahrhunderts verbreitete Form. Vgl. Gose 342/3.
Glatter, hellgrauer Ton, bis auf das untere Viertel grau geschmaucht. – H. 11,9 cm, Dm. der Mündung: 11,6 cm.
RLM. Trier, Inv. 3032.

c) Topf mit Schachbrettmuster.
FO. Trier, Paulinstr. (nördliches Gräberfeld), 1880.
Mitte/2. H. 1. Jh. n. Chr.
Weniger bauchiger Topf mit steilerem Schrägrand und kaum abgesetztem Standring. Die Wandung weist zwischen zwei Rillen vier Streifen eines mittels eines Rollrädchens hergestellten Schachbrettmusters auf. Beliebte Form der Mitte und der 2. Hälfte des 1. Jahrhunderts. Vgl. Gose 344/5.

Glatter, hellgrauer Ton, grau geschmaucht. – H. 11,6 cm, Dm. der Mündung: 9,3 cm.
RLM. Trier, Inv. 3655.

d) Bauchiger Topf mit Perlbändern, sog. Stachelbecher.
FO. Trier, Paulinstr. (nördliches Gräberfeld), 1879.
Mitte/2. H. 1. Jh. n. Chr.
Der Schrägrand ist wie die nach innen gewölbte Standfläche durch Rillen vom bauchigen Körper abgesetzt, der bis auf das untere Drittel mit in Barbotinetechnik grätenförmig aufgelegten Perlbändern versehen ist. Beliebte Form der Mitte des 1. Jahrhunderts, die in der 2. Hälfte des 1. Jahrhunderts einem abwechslungsreicheren Dekor weicht. Vgl. Gose 332.
Glatter, hellgrauer Ton, bis auf schmalen Streifen an der Standfläche grau geschmaucht. – H. 15,2 cm, Dm. der Mündung: 11,9 cm.
RLM. Trier, Inv. 2016.

e) Bauchiger Topf mit Barbotineverzierung.
FO. Trier, Euchariusstr. (südliches Gräberfeld), 1902.
Mitte/2. H. 1. Jh. n. Chr.
Die Schulter ist scharf abgesetzt, der Rand leicht ausladend. Auf der Wandung zwischen zwei horizontalen Perlreihen in Barbotinetechnik aufgelegte, lanzettförmige Blätter. Standfläche flach. Vgl. Hofheim 81 A.
Glatter, hellgrauer Ton, bis auf schmalen Streifen an der Standfläche grau geschmaucht. – H. 8,8 cm, Dm. der Mündung: 7,3 cm.
RLM. Trier, Inv. 02, 212.

f) Bauchiger Topf mit reicherer Barbotineverzierung.
FO. Trier, Maar (nördliches Gräberfeld), 1879.
2. H./Ende 1. Jh. n. Chr.
Die Schulter ist abgesetzt, der Schrägrand steil. In der oberen Hälfte der Wandung zwischen Schulterknick und Zierrille reichere, in Barbotinetechnik aufgelegte Verzierung, zwei springende Tiere und ein Vogel zwischen lanzettförmigen Blättern und größerem Schuppenmuster. Standfläche leicht abgesetzt und nach innen schwach gewölbt.
Glatter, hellgrauer Ton, mit Ausnahme des unteren Viertels grau geschmaucht. – H. 11,5 cm, Dm. der Mündung: 9,1 cm.
RLM. Trier, Inv. 2904.

g) Doppelkonischer Napf.
FO. Trier, St. Paulin (nördliches Gräberfeld), 1887.
2. Viertel 1. Jh. n. Chr.
Der zum Fuß weniger als zum Rand ausladende, doppelkonische Napf hat einen niedrigen, scharf abgesetzten Standring und einen profilierten, kegelförmigen Boden. Weniger häufigere Form der 1. Hälfte des 1. Jahrhunderts n. Chr. Vgl. Gose 311/2.
Glatter, grauer Ton, glänzend schwarz geschmaucht. – H. 13,2 cm, Dm. 21,7 cm.
RLM. Trier, Inv. 14579.

h) Terra nigra-Tasse.
FO. Trier, St. Matthias (südliches Gräberfeld), 1905.
2. Viertel/Mitte 1. Jh. n. Chr.
Tasse mit konischer, glockenförmig geschweifter Wandung, nahezu senkrechter Lippe und abgesetztem Standring. Der Boden ist leicht nach innen gewölbt und trägt auf der Innenseite den Stempel COTTOS. Größerer Typ der beiden in der 1. Hälfte des 1. Jahrhunderts beliebten Tassenformen, allerdings in der selteneren Terra nigra-Ausführung. Vgl. Gose 301.
Glatter, grauer Ton, grau geschmaucht. – H. 7 cm, Dm. der Mündung: 13,3 cm.
RLM. Trier, Inv. 05, 178.

i) Terra rubra-Tasse.
FO. Trier, St. Matthias (südliches Gräberfeld), 1906.
Mitte 1. Jh. n. Chr.
Wie h. Der flache Boden zeigt auf der Innenseite den beschädigten Stempelrest ƎAΛ. Kleinerer Tassentyp in Terra rubra-Ausführung. Vgl. Gose 302.
Roter Ton mit Resten einer roten Engobe. – H. 4 cm, Dm. der Mündung: 10,4 cm.
RLM. Trier, Inv. 06, 193.

j) Terra nigra-Teller.
FO. Trier, Maar (nördliches Gräberfeld), 1891.
2. Viertel/Mitte 1. Jh. n. Chr.
Der Steilrand des Tellers ist stark unterkehlt und wulstartig verdickt. Niedriger Standring unter dem leicht nach innen gewölbten Boden. Auf der Innenseite des Bodens in einem durch kleine Kerben gebildeten Kranz der Stempel »BOVDV«. Vgl. Gose 296/7.
Glatter, grauer Ton, Rand und Innenseite grau geschmaucht. – H. 2,4 cm, Dm. 16,7 cm.
RLM. Trier, Inv. 18207.

k) Terra rubra-Teller.
FO. Trier, nördliches Gräberfeld (?).
2. Viertel/Mitte 1. Jh. n. Chr.
Wie j. Auf dem Boden zweizeiliger Stempel CVAD/RATO. Vgl. Gose 296/7.
Glatter, roter Ton, Rand und Innenseite mit Engobe. – H. 2,6 cm, Dm. 16,9 cm.
RLM. Trier.

l) Terra rubra-Teller (Platte).
FO. Trier, St. Matthias (nördliches Gräberfeld), 1904.
1. Viertel 1. Jh. n. Chr.
Plattenartiger Teller mit schräger, innen getreppter Wand und überhängender verdickter Lippe. Die flache Standfläche ist nur in der Mitte schwach gewölbt. Auf der Innenseite in einem von Kerben gebildeten Kranz Stempel »IЯOIII«. Der Teller gehörte mit zu den ältesten Formen der sog. Belgischen Ware. Vgl. Gose 291.

151

Rötlich-weißer Ton mit roter Engobe. – H. 1,9 cm, Dm. 20,3 cm.
RLM. Trier, Inv. 04,43.

m) Gurtbecher.
FO. Trier, St. Matthias (südliches Gräberfeld), 1907.
1. Drittel 1. Jh. n. Chr.
Die untere Hälfte des Gefäßes ist glatt und verbreitert sich von einem schmalen schwach abgesetzten Fuß. Die obere Hälfte ist beinahe zylindrisch und durch verschiedene Gurtbänder gegliedert, die Lippe unterkehlt und schräg ausladend. Zwischen den Gurten ein breiterer Streifen, der metopenartig durch Gruppen von parallelen Vertikallinien verziert ist. Vorwiegend auf das Treverergebiet beschränkter Gefäßtyp der 1. Hälfte des 1. Jahrhunderts. Vgl. Gose 338/9.
Fein geschlämmter, roter, geglätteter und polierter Ton, obere zwei Drittel der Außenwand und Rand braun geschmaucht. – H. 15,4 cm, Dm. 12,8 cm.
RLM. Trier, Inv. 07,855.

n) Grätenbecher
FO. Trier (?), 1885.
2. Viertel 1. Jh. n. Chr.
Schlanker, steilwandiger Topf mit Schrägrand und schwach gewölbter Bodenfläche. An der Außenwand im mittleren Drittel horizontales Grätenmuster in Barbotinetechnik. Die Verbreitung des in der 1. Hälfte des 1. Jahrhunderts auftretenden Gefäßtypes bleibt wie die Gurtbecher weitgehend auf das Treverergebiet beschränkt. Vgl. Gose 336/7.
Glatter, gelblich-weißer Ton, oberes Viertel und Lippe mit bräunlicher Engobe mit Goldschimmer überzogen. – H. 13,2 cm, Dm. der Mündung: 9,8 cm.
RLM. Trier, Inv. 11057. Gi.

151 Belgische Ware (Ensemble)

(FO. Dalheim (Luxemburg)
Mitte 1. Jh. n. Chr.

Bei den Ausgrabungen des Luxemburger Staatsmuseums im vicus von Dalheim konnte im Sommer 1979 eine große früh kaiserzeitliche Vorratsgrube entdeckt werden, die die Bruchstücke von rund sechzig verschiedenen Tongefäßen aus der ersten Hälfte des 1. Jahrhunderts n. Chr. enthielt. Es handelt sich dabei in erster Linie um sogenannte Terra Belgica, jene feine Keramik aus rötlichem oder grauem Ton mit polierter Oberfläche, die eine Art Terra Sigillata-Imitation darstellt. Die Belgische Ware macht die Masse der Gebrauchskeramik in Dalheim in der frühen Kaiserzeit aus und wurde z. T. sicher auch an Ort und Stelle produziert. Eine Auswahl der Gefäße aus der erwähnten Vorratsgrube zeigt die Vielfalt der Formen und des Dekors dieser Ware.
Ton.
Staatsmuseum Luxemburg, Inv. 1979-100.
Lit.: J. Krier, Zu den Anfängen der römischen Besiedlung auf »Pëtzel« bei Dalheim. In: Publ. Sect. Hist. 94, 1980, 139 ff. Kr.

152 a–c Belgische Keramik

1. Jahrh. n. Chr.

Zwei große, in grauem Ton gebrannte Gefäße einheimischer Form, hochoval mit Schrägrand und Rädchendekor, die aus der Werkstätte des CASICOS stammen, die sich in Metz befand.

a) FO. Metz, St. Pierre aux Nonnains.
Grauer Ton, sehr hart gebrannt. – H. 32 cm.
Museum Metz, Inv. 9655.

b) FO. wie vor.
Grauer Ton. – H. 35 cm.
Museum Metz, Inv. 9652.

c) Schlauchförmiges Gefäß, Flasche
FO. Metz, Visitation.
1. Jahrh.
Rötlich matter Ton (Terra rubra). – H. 17 cm.
Museum Metz, Inv. 9262. Co.

153

153 Reliefbecher

FO. Tossenberg (Luxemburg)
2. Jh. n. Chr.

Der steilwandige, halslose Becher mit Karniesrand und schmalem Fuß, der in der ersten Hälfte des 19. Jahrhunderts im Bereich der östlichen Nekropole des vicus von Mamer auf dem Tossenberg gefunden wurde, stellt ein Mischprodukt verschiedener römischer Keramiktechniken dar. Während der Ton für eine Verwandtschaft mit der Terra Belgica-Produktion des 1. Jahrhunderts n. Chr. spricht und die Form an das rheinische Trinkgeschirr mit Firnisüberzug erinnert, schließt der Dekor eindeutig an die ostgallische Terra Sigillata-Produktion des 2. Jahrhunderts n. Chr. an. Der Reliefbecher wurde in einem mit Punzen hergestellten Modell vorgeformt, der obere glatte Teil mit dem Rand nachträglich angedreht. Zwischen einem oberen Kranz aus Palmetten und einem unteren Kranz aus stilisierten Rosetten sind in vier metopenartigen Feldern ohne System Jäger, Hunde und wilde Tiere dargestellt. Die einzelnen Felder werden jeweils durch vier große Zierscheiben, bestehend aus zwei konzentrischen Perlkreisen und einer Mittelknospe, begrenzt.
Ton. – H. 22 cm, Dm. 20 cm.
Staatsmuseum Luxemburg, Inv. KS 2563.
Lit.: Publ. Sect. Hist. 1, 1845/46, Abb. III, 6. – G. Thill, Vor- und Frühgeschichte Luxemburgs (2. Auflage, Luxemburg 1977) 64. Kr.

154 Töpferofen

Schwarzenacker b. Homburg/Saar
Mitte 1. Jh. n. Chr.

Die Töpferei hatte am Gewerbeleben des Vicus Schwarzenacker starken Anteil, in der frühen Kaiserzeit und auch noch im späteren 3. Jahrhundert. Guten Töpferton gab es wenige hundert Meter oberhalb der Ortslage. Das Foto zeigt den Unterbau eines Ofens, in dem sogenannte graubelgische Tonware gebrannt wurde. Das ist ein mäßig hartes, graues Geschirr, meistens Teller, Töpfe, schlauchförmige Gefäße und bauchige Flaschen. Die Flaschen und schlauchförmigen Gefäße sind verziert. Man drückte mittels Schablonenrädchen ein Muster ein.
Der Boden der kuppelförmigen Brennkammer war durchlöchert. Durch die Löcher stieg die Hitze aus der Feuerung hoch und strich an den Geschirrstapeln vorbei. Bei übermäßiger Hitze gab es Fehlbrand. Die Scherben des mißratenen Geschirrs finden sich haufenweise im Umkreis des Ofens.
Stark gemagerter Ton. – Dm. 2 m.
Lit.: Unpubliziert. Ko.

154

155 Funde aus der Terra-Sigillata-Töpferei Blickweiler

FO. Blickweiler (Saarpfalzkreis)
1. H. 2. Jh. n. Chr.

a) ein Stapel Fehlbrand (Teller), b) drei Scherben von Formschüsseln, c) Heizungsrohr, d) ein Batzen Töpferton. »Terra Sigillata« wird das bessere römische Tafelgeschirr genannt. Ursprünglich gab es dieses in Arezzo, es ging von dort in die ganze römische Welt. In frührömischer Zeit wurde Sigillata auch in Südgallien fabriziert und vom frühen 2. Jahrhundert an im Norden der Provinz. Die Blickweiler Offizin erlag um die Mitte des 2. Jahrhunderts der starken Konkurrenz in Rheinzabern. Teller und Tassen waren nicht oder nur wenig verziert. Die Schüsseln zeigen jedoch schönes Relief, pflanzliche Muster, Götterbilder, Jagd- und Liebesdarstellungen.
Die Brennkuppel einer Sigillatatöpferei wurde durch ein System senkrecht stehender Tonrohre erhitzt, die von der Feuerung her ventiliert waren. Zwischen den Rohrsträngen stand das Geschirr in Stapeln. Trotz der guten Brenntechnik konnte es vorkommen, daß ein Stapel einmal durch Überhitze zusammenschmolz.
Ton. – Heizungsrohr H. 26 cm.
LM. Saarbrücken.
Lit.: R. Knorr – Fr. Sprater, Die westpfälzischen Sigillata-Töpfereien von Blickweiler und Eschweiler Hof (1927). Ko.

156

156 Terra-Sigillata-Bilderschüssel

FO. Blieskastel-Lautzkirchen (Saarpfalzkreis)
1. H. 2. Jh. n. Chr.

Fehlbrand aus der Töpferei Blickweiler, gefunden in einem Grab auf der Anhöhe über Lautzkirchen. Es handelt sich um satt rotbraunes, matt glänzendes Tafelgeschirr. Zwischen einem Eierstab (oben) und einer Girlandenborte (unten) erscheint in zartem Relief ein Figurenfries. Sich wiederholend sind dargestellt: Frau mit überkreuzten Beinen, Amor ein Körbchen schwingend, stehender Amor mit fliegendem Lendenschurz, jeweils drei Figurenkästchen sind von einem vegetabilischen Motiv gefolgt.
Ton. – Dm. 25,5 cm.
LM. Saarbrücken.
Unveröffentlicht. Ko.

157 Siedlungskeramik

FO. Schwarzenacker b. Homburg/Saar
2. und 3. Jh. n. Chr.

Terra-Sigillata-Geschirr unterschiedlicher Ziertechniken.
Prägung mittels einer Formschüssel: Bilderschüssel aus der Töpferei von Blickweiler.
Barbotineverzierung (freihändiger Schlickauftrag): Schüssel mit der Darstellung von springenden Hasen, Platte mit vegetabilischem Muster. Kerbschnittverzierung: Kumpf mit eingetieftem, flächigem Muster.
Ton. – Dm. 25 cm, H. 16 cm, Dm. 33,5 cm, Dm. 12 cm.
LM. Saarbrücken und Römisches Freilichtmuseum Schwarzenacker.

158 a) Modell einer Töpferei
b) Vase

FO. Schwarzenacker – Schwarzenbach b. Homburg/Saar
3. Jh. n. Chr.

Das Modell wurde nach einem Grabungsbefund des Jahres 1960 angefertigt. Man produzierte durchweg Gebrauchsgeschirr. Etwas aus dem Rahmen fällt die Form der Vase. Scherben von solchen ungewöhnlichen Gefäßen fanden sich in größerer Zahl im Schutt der verunglückten Ware. Die Töpferei arbeitete in der Nachfolge von früheren Betrieben in Schwarzenacker, die ausgesiedelt worden waren, weil sie dem Wohnungsbau im Wege standen.

△ 157 ▽ Terra-Sigillata-Geschirr.

Ton. – H. 26 cm (Vase).
Römisches Freilichtmuseum Schwarzenacker.
Lit.: R. Schindler, Eine römische Töpferei in Homburg-Schwarzenbach, Ber. Denkmalpf. Saarland 8, 1961, 54–65. Ko.

159 Formschüsseln und Töpferscheibe

Das weit verbreitete und unter der (nicht antiken) Bezeichnung Terra Sigillata bekannte römische Tongeschirr, das sich durch seinen glatten, matten bis hochglänzenden Überzug auszeichnet, war vor allem wegen seines gefälligen Aussehens als Tafelgeschirr sehr beliebt. Die Oberfläche der Gefäße war häufig verziert, teils mit reichen Reliefs, teils mit in Barbotinetechnik aufgelegten Ornamenten oder auch in Kerbschnittmanier.
In Trier setzte um 130 n. Chr. eine umfangreiche Terra Sigillata-Produktion ein, die in den Wirren der ersten verheerenden Germaneneinfälle um 275/6 n. Chr. ihr Ende fand.
Zur Fabrikation der auch in Trier zahlreich hergestellten reliefverzierten Sigillatagefäße benötigte man ebenfalls aus Ton gefertigte Formschüsseln, in deren Innenwand nach Belieben Verzierungen eingedrückt wurden. Die dafür verwendeten Punzen waren aus Holz, Metall oder Ton (vgl. Kat. 161).
Zur Herstellung reliefverzierter Gefäße setzte man die Formschüssel auf die Töpferscheibe (159 d) und drückte den Ton in die Verzierung der rotierenden Schüssel. Anschließend wurde über den Rand der Formschüssel hinaus ein breiter, glatter Rand mit Lippe angedreht. Den Standring klebte man erst, nachdem das luftgetrocknete Gefäß aus der Form herausgelöst werden konnte, an seinen Boden an. Gi.

a) Formschüssel des Dexter.
FO. Trier, Töpfereibezirk, 1935.
Letztes Drittel 2. Jh. n. Chr.
Am Rand der Formschüssel der bei reliefverzierten Sigillaten weit verbreitete Eierstab mit tordiertem Seitenstab. Darunter zwischen Säulen große Doppelhalbbögen, in denen abwechselnd ein Bär und ein Reh erscheinen. Den unteren Abschluß bildet ein Perlstab. Im Boden Stempel »DEXTRI« und Graffito »DEXTRI IIII«.
Rotbrauner Ton. – H. 7,1 cm, Dm. 20,2 cm.
RLM. Trier, Inv. 35,193.

b) Formschüssel des Dexter.
FO. Trier, Töpfereibezirk, 1935 (?).
Letztes Drittel 2. Jh. n. Chr.
Am Rand der Formschüssel Vaseneierstab, darunter zwischen Säulen und vertikal stehendem Stempel »DEXTRI« in Medaillons springende Löwen, Eber, Rehe und Hunde. Den unteren Abschluß bildet wiederum ein Perlstab. Im Boden Graffito »DEXTRI III«.
Rotbrauner Ton. – H. 6,9 cm, Dm. 22,5 cm.
RLM. Trier.

159 a–c

c) Formschüssel.
FO. Trier, Töpfereibezirk, 1935.
Letztes Drittel 2. Jh. n. Chr.
Am Rand der Formschüssel der übliche Eierstab, darunter in einem von einer Linie begrenzten und von Säulen quergeteilten Feld Netzfechter (Retiarius) und Gladiator (Secutor), Löwe, gefesselter Bär, Schwein, Eule auf Postament, Tanne und Blätter.
Rotbrauner Ton. – H. 6,5 cm, Dm. 19,6 cm.
RLM. Trier, Inv. 35, 272.

d) Töpferscheibe.
FO. Trier, Töpfereibezirk, 1935.
2. H. 2./1. h. 3. Jh. n. Chr.
Ringförmige, konische Scheibe, deren Innenrand nach oben leicht vorkragt. Der Kragen gab der auf die Töpferscheibe aufgesetzten Formschüssel wie vier kleine, in tiefen Löchern verankerte Stützen bei der Herstellung der reliefverzierten Sigillatagefäße den notwendigen Halt. Auf dem oberen Rand der Scheibe eingeritzte, girlandenartige Verzierung.
Rotbrauner Ton. – H. 6,2 cm, Dm. 29,8 cm.
RLM. Trier. Gi.

160 Töpferbesteck (Hortfund)

FO. Titelberg (Luxemburg)
1. Jh. n. Chr.

Das in einer Grube auf dem Titelberg gefundene Ensemble umfaßt über zwanzig einzelne Geräte, die der Töpfer beim Formen und Verzieren der auf der Scheibe gedrehten Gefäße benutzen konnte. Einige lassen sich durch Einstecken verlängern. Da der Hort allem Anschein nach in die frühe Kaiserzeit gehört, fanden die Geräte möglicherweise bei der Herstellung von Terra Belgica-Gefäßen auf dem Titelberg Verwendung.
Eisen.
Staatsmuseum Luxemburg, Inv. 1965-12.

Lit.: G. Thill, Vor- und Frühgeschichte Luxemburgs (2. Auflage, Luxemburg 1977) 66. Kr.

160

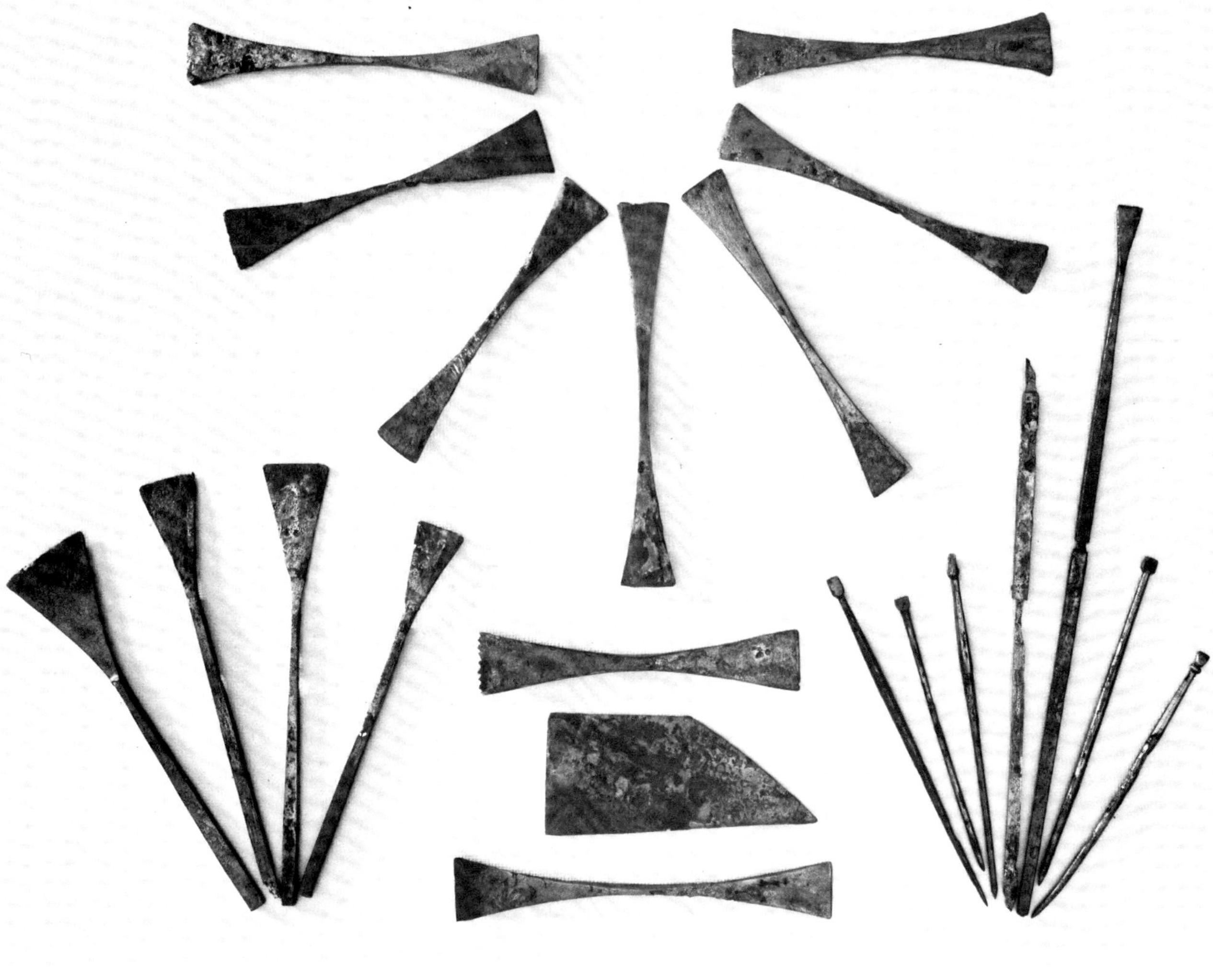

161 Punzen und Stempel

FO. Trier, Töpfereibezirk, 1933 bzw. 1936.
2. H. 2. Jh. n. Chr.

a) Doppelter Handstempel mit Bildern von Iphigenie und Orest.
Rotbrauner Ton. – L. 8 cm, Br. der Figuren: 5,6 cm.
RLM. Trier, Inv. ST. 15115.
Lit.: Trierer Zeitschr. 12, 1937, 280.

b) Fragmentierter Bildstempel mit Griffzapfen. Jäger (?) mit Speer.
Rotbrauner Ton mit Sigillataüberzug. – L. 6,1, H. der Figur: 3,8 cm.
RLM. Trier, Inv. 33,522.
Lit.: Trierer Zeitschr. 9, 1934, 171.

c) Griffzapfen eines Bildstempels (Bild abgebrochen) mit Graffito L·CENSORIN.
Rotbrauner Ton. – L. 7 cm.
RLM. Trier, Inv. 33,518.
Lit.: Trierer Zeitschr. 9, 1934, 171. Gi.

162–164 Töpfereibezirk Speicher-Herforst

Der ausgedehnte römische Töpfereibezirk zwischen Speicher und Herforst (Krs. Bitburg-Prüm) verdankt seine Entstehung umfangreichen tertiären Tonlagern. Seit 1876/77 konnten hier bei mehreren Museumsgrabungen bis 1977/78 zahlreiche Überreste einer florierenden römischen Tonindustrie untersucht werden. Insgesamt wurden bisher im Speicherer Wald an zehn verschiedenen Fundstellen mehr oder weniger große Töpfereizentren mit Gruppen von Öfen festgestellt. Die Produkte der Speicherer Töpfereien erreichten im Trevererland und selbst in Trier, das eigene große Töpfereibetriebe hatte, eine weite Verbreitung und wurden erst im Laufe des 4. Jahrhunderts von den Erzeugnissen der Mayener Töpfereien allmählich vom Markt verdrängt. Beginn und Ende der Produktion lassen sich derzeit noch nicht genau feststellen, obgleich das aus den Grabungen vorliegende Fundmaterial in das 2. bis späte 4. Jahrhundert datiert. Einzelne Gefäße, meist Reibschüsseln und Kannen des 2. Jahrhunderts n. Chr., tragen Töpferstempel, so daß bislang sechs Töpfernamen überliefert sind (vgl. Kat. 163d). Neben zahlreichen Töpfer- und Ziegelöfen wurden bei den Grabungen auch verschiedene Arbeitsräume aufgedeckt, von denen einer noch das Schwungrad einer Töpferscheibe aus Basaltlava barg.
Lit.: Führer Eifel 200ff.

162 Töpferöfen

Von den Töpferöfen sind wie bei den Ziegelöfen stets nur die bei ihrer Anlage bereits unter der Terrainhöhe errichteten Teile, also der Unterbau erhalten, insbesondere die Feuerung und der vor ihr liegende kleine Bedienungsraum. Der freistehende Oberbau der Öfen, in den die Gefäße bis unter die Decke aufgetürmt waren, blieb allenfalls nur im Maueransatz erhalten. Ein anschauliches Bild vom Erhaltungszustand der Öfen wie von ihrer Konstruktion und Funktion vermittelt ein nach einem Grabungsbefund aus dem Jahre 1876/77 angefertigtes Tonmodell im Maßstab 1:20.
Zwei beinahe quadratische Öfen liegen unmittelbar nebeneinander. Durch die gewölbte Schüröffnung, die beim linken Ofen nur noch im Ansatz erhalten ist, wurde vom Bedienungsraum das Holz in den Heizraum geschoben. Von diesem stieg die Hitze durch den im darüberliegenden Boden angebrachten Löchern in den Brennraum, in dem die Gefäße abgestellt und hochgestapelt waren und dessen Öffnung nach der Bestückung dicht verschmiert wurde. Die Seitenlängen der in Speicher stets quadratischen oder rechteckigen Brennräume schwankt zwischen 1,60 und 3 m. Damit ihr Boden nicht unter der Last der Gefäße zusammenbrach, waren sie meist in der Mitte des Heizraumes durch eine Mauer gestützt. Das vordere Ende einer solchen Stützmauer ist beim rechten Ofen in der Schüröffnung und beim linken Ofen auf der ganzen Länge erkennbar, da hier die rechte Hälfte des Ofenbodens ausgebrochen ist und Einblick bis zur Rückwand des Heizraumes gewährt.
RLM. Trier, Inv. 6234.
Lit.: Trierische Heimatblätter 1, 1922, 5ff. Gi.

162

163

163–164 Speicherer Keramik

Bei Ausgrabungen im Jahre 1917/18 konnte das Rheinische Landesmuseum Trier im Speicherer Wald »Auf der Zweibach« insgesamt fünf Töpferöfen unterschiedlicher Zeitstellung untersuchen. Aus dem mitgefundenen, zerschlagenen Abfall ließen sich 32 Gefäßtypen der Mitte des 2. Jahrhunderts und 52 Formen der 2. Hälfte des 3. Jahrhunderts wiedergewinnen. Aus der Vielzahl dieser Formen sollen hier die charakteristischen Typen beider Zeitstufen (Speicher I, II) herausgegriffen werden.

163 Speicher I

a) Henkelkrug.
FO. Speicher, Töpfereibezirk (»Auf der Zweibach«).
Mitte 2. Jh. n. Chr.
Der Hals mit der flachen linsenförmigen Lippe ist vom birnenförmigen Gefäßkörper abgesetzt, der Boden zur Mitte leicht gewölbt. Vgl. Trierer Jahresber. 12, 1923, Beil. Taf. 3,20.
Glatter, gelb- bis rotbrauner Ton. – H. 28,5 cm, Dm. der Mündung: 6,2 cm.
RLM. Trier, Inv. 19,250.

b) Doppelhenkelkrug.
FO. Speicher, Töpfereibezirk (»Auf der Zweibach«).
Mitte 2. Jh. n. Chr.
Charakteristisch ist die scharfkantige Abplattung eines vertikalen Mittelstreifens sowie der Trichterhals mit der kräftig gerillten Lippe. Vgl. Trierer Jahresber. 12, 1923, Beil. Taf. 3, 25.
Brauner, geglätteter Ton. – H. 25,7 cm, Dm. der Mündung: 7,3 cm.
RLM. Trier.

c) Reibschüssel.
FO. Speicher, Töpfereibezirk (»Auf der Zweibach«).
Mitte 2. Jh. n. Chr.
Der hohe, leicht nach innen geneigte Vertikalrand ist auf der Außenseite unterkehlt. Vgl. Trierer Jahresber. 12, 1923, Beil. Taf. 3, 10.
Grober, gelblichweißer bis graubrauner Ton, im Gefäßinnern Quarzsteinchen. – H. 9,9 cm, Dm. 34,1 cm.
RLM. Trier, Inv. 19, 217.

d) Randscherbe einer Reibschüssel.
FO. Herforst, Töpfereibezirk.
2. H. 2. Jh. n. Chr.
Der horizontale Rand ist nach außen wulstartig umgeschlagen. Auf der Innenkante kräftige, vorspringende Leiste. Auf dem Wulstrand Töpferstempel IVSTINVS F(ecit).
Grober, gelblichweißer bis brauner Ton, im Gefäßinnern Quarzsteinchen. – Stempelfeld 4,1 × 0,75 cm.
RLM. Trier, Inv. 5778.

e) Schüssel mit einwärts gebogenem Rand.
FO. Speicher, Töpfereibezirk (»Auf der Zweibach«).
Mitte 2. Jh. n. Chr.
Der Rand ist geknickt und schräg einwärts emporgebogen, die Wandung straff und der Boden leicht nach innen gewölbt. Vgl. Trierer Jahresber. 12, 1923, Beil. Taf. 3, 9.
Gröberer, gelblichweißer Ton. – H. 14,4 cm, Dm. 23,3 cm.
RLM. Trier, Inv. 19, 212.

f) Topf mit Horizontalrand.
FO. Speicher, Töpfereibezirk (»Auf der Zweibach«).
Mitte 2. Jh. n. Chr.
Der Horizontalrand ist wie die bauchige Wandung gerillt. Vgl. Trierer Jahresber. 12, 1923, Beil. Taf. 3, 14.
Gröberer, gelblichweißer Ton. – H. 14,3 cm, Dm. 15,4 cm.
RLM. Trier, Inv. 19, 236.

g) Schüssel mit Wulstrand.
FO. Speicher, Töpfereibezirk (»Auf der Zweibach«).
Mitte 2. Jh. n. Chr.
Der Rand ist nach innen umgebogen und verdickt, außen gerillt. Vgl. Trierer Jahresber. 12, 1923, Beil. Taf. 3, 4.
Gröberer, gelblichweißer Ton. – H. 10,3 cm, Dm. 20,6 cm.
RLM. Trier, Inv. 19, 202.

h) Schüssel mit gekehltem Rand.
FO. Speicher, Töpfereibezirk (»Auf der Zweibach«).
Mitte 2. Jh. n. Chr.
Die Lippe ist innen leicht vorspringend, gleichzeitig in leichter Rundung nach außen aufwärts gebogen. Häufige Randbildung auch bei Töpfen. Vgl. Trierer Jahresber. 12, 1923, Beil. Taf. 3, 7 und 3, 15.
Gröberer, gelblichweißer Ton. – H. 12,8 cm, Dm. 22,2 cm.
RLM. Trier, Inv. 19, 209 Gi.

163d

164 Speicher II

a) Einhenkelkrug.
FO. Speicher, Töpfereibezirk (»Auf der Zweibach«).
2. H. 3. Jh. n. Chr.
Der Rand des bauchigen Kruges wird durch eine leicht nach innen geneigte, ringförmige Lippe gebildet. Vgl. Trierer Jahresber. 13, 1923, Taf. 10, 19.
Gelblichweißer bis -brauner Ton. – H. 20,6 cm, Dm. der Mündung: 5,1 cm.
RLM. Trier, Inv. 20, 391.

b) Doppelhenkelkrug.
FO. Speicher (?).
2. H. 3. Jh. n. Chr.
Der Krug zeigt den typischen scheibenförmigen Halsring und ein hohes stöpselartiges Mundstück. Auf dem Bauch Horizon-

164

talrillen. Bisweilen haben die Krüge auch drei oder vier Henkel. Vgl. Trierer Jahresber. 13, 1923, Taf. 10, 22.
Gelblicher bis brauner Ton. – H. 20,7 cm, Dm. der Mündung: 4,8 cm.
RLM. Trier, Inv. 16, 133.

c) Sog. Honigtopf.
FO. Speicher, Töpfereibezirk (»Auf der Zweibach«).
2. H. 3. Jh. n. Chr.
Typisch für die sog. Honigtöpfe der 2. Hälfte des 3. Jahrhunderts, die auch mit zwei Henkeln versehen sein konnten, ist die schmale Standfläche, der schlanke Gefäßkörper und die dicke, rechteckige Lippe. Vgl. Trierer Jahresber. 13, 1923, Taf. 10, 27.
Gelblichweißer bis -brauner Ton. – H. 13,5 cm, Dm. der Mündung: 7 cm.
RLM. Trier, Inv. 20, 439.

d) Teller.
FO. Speicher, Töpfereibezirk (»Auf der Zweibach«).
2. H. 3. Jh. n. Chr.
Der flache, fußlose Teller hat einen leicht einwärts gebogenen Rand. Vgl. Trierer Jahresber. 13, 1923, Taf. 10, 31–32.
Gröberer, gelblichweißer Ton, grau gefleckt. – H. 4,2 cm, Dm. 23,7 cm.
RLM. Trier, Inv. 20, 403 c.

e) Teller.
FO. Speicher, Töpfereibezirk, 1881.
2. H. 3. Jh. n.Chr.
Die auswärts geneigte Wand ist zum Rand keulenartig verdickt. Vgl. Trierer Jahresber. 13, 1923, Taf. 10, 33.
Gröberer, gelblichbrauner Ton. – H. 4,2 cm, Dm. 15,4 cm.
RLM. Trier, Inv. 5532.

f) Schüssel mit einwärts gebogenem Rand.
FO. Speicher, Töpfereibezirk.
2. H. 3. Jh. n.Chr.
Der Rand der in Fortsetzung von Speicher I e stehenden Schüssel ist horizontal umgebogen, schwach vertieft und nach innen hochgebogen. Vgl. Trierer Jahresber. 13, 1923, Taf. 10, 43.
Gröberer, gelblichweißer bis -brauner Ton, grau gefleckt. – H. 12,9 cm, Dm. 15,1 cm.
RLM. Trier, Inv. 17, 30.

g) Schüssel mit einwärts-auswärts gebogenem Rand.
FO. Speicher, Töpfereibezirk (»Auf der Zweibach«).
2. H. 3. Jh. n.Chr.
Der einziehende Rand ist nach außen wulstartig verdickt. Die Schulter ist durch Rillen gegliedert. Vgl. Trierer Jahresber. 13, 1923, Taf. 10, 38.
Gröberer, gelblichweißer Ton, grau gefleckt. – H. 10,2 cm, Dm. 20,8 cm.
RLM. Trier, Inv. 20, 410a.

h) Schüssel mit Wulstrand.
FO. Speicher, Töpfereibezirk (»Auf der Zweibach«).
2. H. 3. Jh. n.Chr.
Der einziehende Rand ist nach innen wulstartig verdickt, in Fortsetzung von Speicher I g. Weit verbreitete Schüsselform. Vgl. Trierer Jahresber. 13, 1923, Taf. 10, 42.
Gröberer, gelblichweißer bis -brauner Ton. – H. 13,2 cm, Dm. 26,4 cm.
RLM. Trier, Inv. 20, 443a.

i) Topf mit gekehltem Rand.
FO. Speicher, Töpfereibezirk (»Auf der Zweibach«).
2. H. 3. Jh. n.Chr.
Der Rand des bauchigen Topfes springt nach innen mehr oder weniger vor, um dann derart nach außen umzubiegen, daß innen eine Kehle (Deckelfalz) zur Auflage eines Deckels entsteht. Der Rand erscheint im Profil herzförmig und findet auch bei Schüsselformen eine weite Verbreitung (vgl. Speicher I h). Vgl. Trierer Jahresber. 13, 1923, Taf. 10, 47.
Gröberer, gelblichweißer bis -grauer Ton, grau gefleckt. – H. 19,8 cm, Dm. der Mündung: 15,4 cm.
RLM. Trier, Inv. 20, 420. Gi.

165–169 Nahrungsmittel

165a Metzgerbeil

FO. Le Herapel (Moselle).
Eisen.– L. 24,3 cm.
Museum Metz, Inv. 6821.

165b Metzgerhaken

FO. Buding (Moselle).
Eisen. – L. 24 cm.
Museum Metz, Inv. 9200. Co.

166 Grabdenkmal mit Metzgerladen

FO. Trier, St. Maximin.
3. Jahrh.

Bei den Grabungen in dem frühchristlichen Gräberfeld und der spätantiken Kirchenanlage von St. Maximin wurde ein Sarkophag entdeckt, der aus Quadern in zweiter Verwendung zusam-

166

mengesetzt war. Von einem pfeilerartigen Aufbau stammt das Relief, an dessen oberem Rand noch die Reste einer längeren Inschrift in zwei stark zerstörten Zeilen erhalten sind. Das Relief, an den Rändern durch einfache Leisten gefaßt, am unteren Ende stark bestoßen und abgebrochen, zeigt einen Metzgerladen. Links auf einem Hackklotz ein großes Rippenstück mit eingeschlagenem Beil. In der Mitte erscheint ein größerer Auslegetisch, an dessen Seitenleiste ein weiteres Hackmesser mit geschwungenem Rücken und eine lange Spicknadel eingesteckt sind. Auf der Tischplatte liegen ein Rippenstück, ein Braten mit dicker Schwarte und ein Wiege- und Schabmesser mit breitem Griff.
Am oberen Rand des eingetieften Relieffeldes ist eine Leiste mit Haken montiert, an denen rechts eine Keule oder ein Schinken und ein langes Filetstück, mit Speckwürfeln gespickt, aufgehängt sind. Links zwischen Hackklotz und Tisch ist der Balken einer Schnellwaage zu erkennen. Am unteren Reliefrand ist ein schräg stehendes Rundholz als Griff einer großen Axt oder eines Schlachterbeiles zu deuten.
Weißer Sandstein. – H. 52 cm, Br. 68 cm.
RLM. Trier.
Lit.: H. Cüppers, Ein Metzger im römischen Trier. In: Trierer Zeitschr. 45, 1982, 289–292. Cü.

167 Austern und Austernmesser

FO. Trier, Brotstraße, aus einer Abfallgrube.

Die heute noch beliebte und teure Delikatesse war in der Antike weit verbreitet und wurde in Salzlake und großen Bottichen von der Atlantikküste frisch zu den Verbrauchern des Binnenlandes vermittelt.

167

Den blühenden Wohlstand der Kaiserzeit vermag die Tatsache zu illustrieren, daß selbst in den abgelegensten und kleinsten Landvillen der Rheinlande Austernschalen und Deckel gefunden werden. Aus einer Abfallgrube im Stadtgebiet (Baustelle Horten) stammen die hier gezeigten Austernschalen, zwischen denen ein Messer mit starkem Blatt und kräftigem beinverziertem Griff gefunden wurde. In seiner soliden Ausführung war es sicher zum Aufbrechen der Austern bestimmt.
a. Austernschalen verschiedener Größe aus dem Stadtgebiet.
b. Messer mit beinernem Griff, schwarz verfärbt. Messerblatt aus Eisen. – L. 18 cm.
RLM. Trier.
Unpubliziert. Cü.

168

168 Jagdrelief

FO. Neumagen, Krs. Bernkastel-Wittlich.
1. H. 3. Jh. n. Chr.

Zwischen zwei Pilastern sieht man einen Reiter und einen Jagdhelfer, der einen Hund an der Leine hält. Der Reiter trägt Jägerkleidung: über einem kurzen Unterkleid einen Umhang mit Kapuze, an den Beinen Gamaschen. In der Rechten hält er vor sich einen Hasen und zeigt ihn dem Hunde, der ihn erjagt und apportiert hat. Nach dem Schriftsteller Arrian spüren die Gallier nämlich bei der Jagd den Hasen in seinem Lager auf, »lassen die Hunde los und folgen selbst zu Pferd«, um die Verfolgung zu beobachten. Arrian beschreibt auch die Rasse des dargestellten Hundes, den gallischen Vertragus, eine Art Windhund: »Langgestreckt, mit spitzer Schnauze, langem Hals, breiter Brust,

169

langem und schön gebogenem Schweif«. Noch im Jahre 396 lesen wir von »Hasentreibjagden« vornehmer Trierer (Symmachus Brief 4, 18).
Sandstein. – H. 119 cm, Br. 141 cm.
RLM. Trier, Inv. 9933.
Lit.: Espérandieu 5142. – W. v. Massow, Die Grabdenkmäler von Neumagen (Berlin/Leipzig 1932) Nr. 184. – G. Rodenwaldt, Jahrb. d. dtsch. Arch. Inst. 48, 1933, 208 ff. mit Abb. 3/4. – Schindler, Führer Abb. 335. Bi.

169 Weihrelief an Diana

FO. Freybousse bei Forbach (Moselle).

Das nur in einfachen Rillen gegliederte Gewand wird durch einen Gürtel mit zwei bogenförmig herabhängenden Riemen zusammengehalten. In der ausgestreckten rechten Hand hält sie einen Bogen, mit der angehobenen linken Hand greift sie einen Pfeil aus dem Köcher, den sie an einem Riemen über der Schulter trägt.
Roter Sandstein. – H. 42 cm. Br. 43 cm.
Museum Metz.
Lit.: Espérandieu 4482. Co.

170–177 Holzbearbeitung

170 Relief eines Mannes mit Säge

s. Kat. 184.

171 Schreiner beim Hobeln

FO. Kastel-Staadt (Krs. Trier-Saarburg)
3. Jh. n. Chr.

Ein Mann mit kurzem Arbeitskittel steht vor einer Werkbank und bearbeitet ein darauf liegendes Brett mit einem großen

171

172

zweigriffigen Hobel. Rechts davon erkennt man noch den Unterarm einer weiteren Figur.
Auf der links rechtwinklig ansetzenden Seite des Quaders sitzt eine Frau mit einem Fruchtkorb auf einem Sessel, hinter ihr steht eine Dienerin. Die Darstellung ist Teil eines typischen Totenmahls, daher gehört der Stein zu einem Grabmal.
Der verstorbene Schreiner wird Bürger des größeren Ortes gewesen sein, der schon in vorrömischer Zeit bei Kastel-Staadt an der Saar existierte.
Rotsandstein. – H. 61 cm, Br. noch 38 cm.
RLM. Trier, Inv. 17237.
Lit.: Espérandieu 5118. – W. Gaitzsch/H. Matthäus, Bonner Jahrb. 181, 1981, 209 mit Abb. 7. Bi.

172 Axt, Hobel und zwei Löffelbohrer

FO. Schwarzenacker b. Homburg/Saar
3. Jh. n. Chr.

Hobel, sog. Zahnhobel zum Glätten von Unebenheiten (beigefügt eine komplettierte Nachbildung), und Löffelbohrer fanden sich in einem Hausanwesen einer Gewerbestraße des römischen Vicus von Schwarzenacker. Die Löffelbohrer dienten zum Bohren von hölzernen Wasserleitungen. In gleicher Technik wurden noch in den 60er Jahren im Bayerischen Wald von Hand Stämme ausgehöhlt. Die Messer des modernen Zahnhobels sind dem römerzeitlichen Hobelmesser im Prinzip gleich und stehen ähnlich steil. Axtformen erreichten in römischer Zeit eine große Vielfalt.
Eisen. – Axt: H. 19 cm, Hobel: L. 37 cm, Bohrer: L. 129, 117 u. 16 cm.
Römisches Freilichtmuseum Schwarzenacker.
Unveröffentlicht. Ko.

173 Axt

FO. Ludweiler (Stadtverband Saarbrücken)
Frühe römische Kaiserzeit

Die Breitaxt ist mit Schmiedemarken versehen.
Eisen. – H. 18,5 cm.
LM. Saarbrücken.
Unveröffentlicht. Ko.

174 Sägefeile

FO. Bliesransbach (Saarpfalzkreis)
Frühe römische Kaiserzeit

Die Auskerbung dient zum Schränken der Sägezähne.
Eisen. – L. 36,5 cm.
LM. Saarbrücken.
Unveröffentlicht. Ko.

175 Werkzeuge zur Holzbearbeitung (Hortfund)

FO. Herborn (Luxemburg)
4. Jh. n. Chr.

Der Hortfund kam 1981 bei Ausgrabungen des Luxemburger Staatsmuseums in der Bäderanlage eines reichen Villenkom-

175

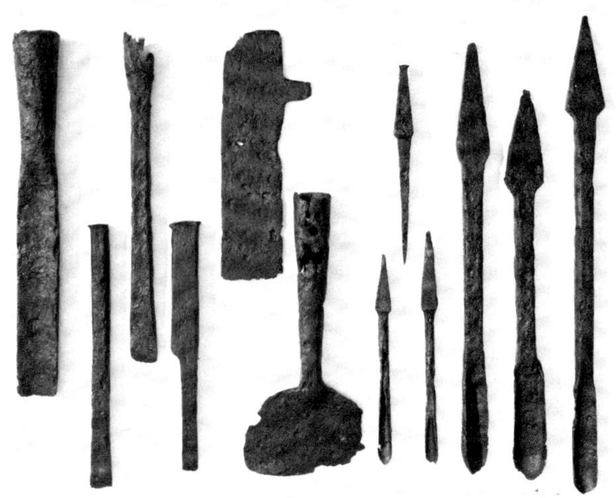

plexes bei Herborn in einem spätantiken Fundzusammenhang zutage. Das Ensemble umfaßt folgende Werkzeuge:
a) Hohleisen L. 25 cm, b) Flachmeißel L. 18,5 cm, c) Tüllenmeißel L. 23 cm, d) Flachmeißel L. 17 cm, e) Hobeleisen L. 18 cm, f) Flachdechsel L. 20 cm, g) Punze L. 14 cm, h–l) Löffelbohrer L. 15–33,5 cm.
Eisen. –
Staatsmuseum Luxemburg, Inv. 1981-31/3.
Lit.: G. Thill, Rapport du Conservateur 1981. In: Publ. Sect. Hist. 96, 1982, 138 mit Abb. 5, 143. – Zur Verwendung s. G. Jacobi, Werkzeug und Gerät aus dem Oppidum von Manching, Ausgrabungen in Manching 5 (Wiesbaden 1974) 28 ff. Kr.

176

176 Dechsel

FO. Trier, aus der Mosel bei der Römerbrücke
2. Jahrh.

Die Dechsel – das Querbeil – ist bis in die Neuzeit ein Vielzweckgerät, das für die verschiedenen Materialien und Bearbeitungs- und Anwendungsformen auch in seiner technischen Ausführung variiert wird.
Der meist hammerförmige Kopf ist glatt, im Querschnitt rechteckig oder gerundet profiliert mit gewölbter Schlagfläche.
Die querstehenden Flächen des Beiles sind mitunter extrem schmal und lang oder kurz und breit und sehr unterschiedlich in der Abwinklung zur Stielachse ausgeführt.
Steinbearbeitung, Holzbearbeitung, vom Grobstück bis zur profilierten Leiste, oder bildhauerisches Zurichten lassen die Anwendung der Dechsel zu. So erscheint das Gerät vereinzelt in Steinbrüchen, öfter auf Quadern von Grabkisten und Sarkophagen.
a) Dechsel mit langem querstehendem Blatt.
Eisen. – L. 24 cm, Br. der Schneide 5 cm.
b) Dechsel, querstehendes Blatt stark abgewinkelt.
Eisen. – L. 20 cm, Br. der Schneide 7 cm.
c) Hammer, Kopf rechteckig, kurzes querstehendes Blatt.
Eisen. – L. 12 cm.
RLM. Trier. Cü.

177 Gesimsbalken eines Quellheiligtums

FO. Trier-Feyen, »Römersprudel«
Bauperiode vom Jahre 81 n. Chr.

Der profilierte Gesimsbalken ist durch das kohlensaure Wasser des sog. »Römersprudels« auf natürliche Weise konserviert. Er gehörte zum Dachgebälk des römischen Quellheiligtums, das im Jahre 81 n. Chr. über frühlatènezeitlichen Quellfassungen neu konzipiert und in den Jahren 111 und 141 n. Chr. um zwei neue Quellfassungen erweitert wurde. Alle Daten sind mit Hilfe der Dendrochronologie entdeckt worden (vergleiche das Kapitel »Dendrochronologie«). Dieser Balken gehört zu den ganz seltenen Bauhölzern aus Tannenholz, die von römerzeitlichen Dachkonstruktionen überhaupt erhalten sind. Es ist eine ungeklärte

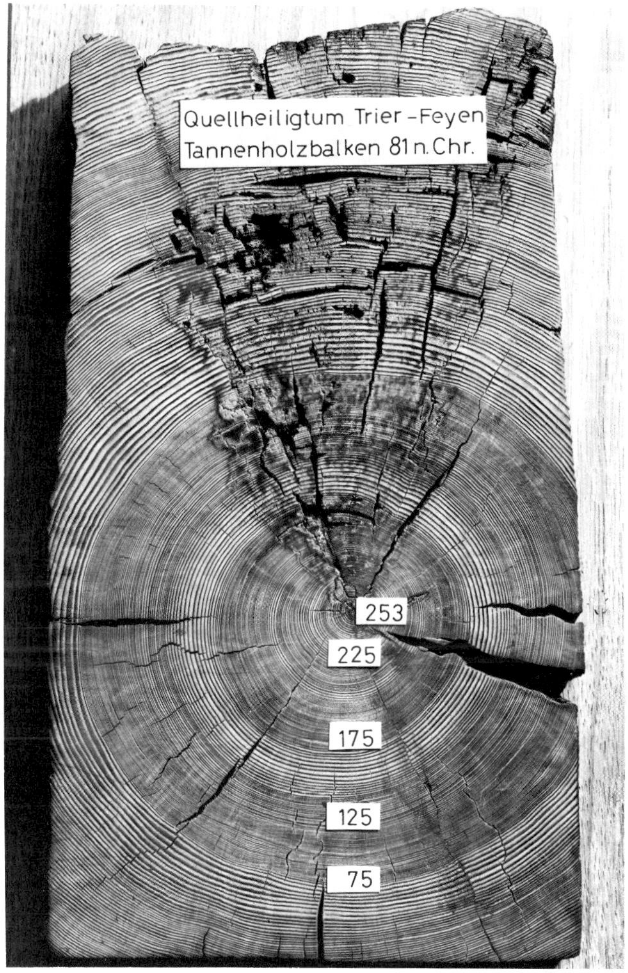

177

Frage, warum und auf welchen Wegen die Römer Tannenbauhölzer in das waldreiche Trierer Land importiert haben, so zum Beispiel auch für die Spundwände der Trierer Moselbrücke im Jahre 144 n. Chr. oder für die Bühnenmaschinerie des Trierer Amphitheaters im Jahre 294 n. Chr.

Tannenholz (abies sp.). – H. 30 cm, Br. 17 cm, L. >80 cm.
RLM. Trier, Holzarchiv.

Lit.: E. Gose, Der Trierer »Römersprudel«, eine Heilquelle aus römischer Zeit. In: Trierer Zeitschr. 20, 1951, 85–95. – E. Hollstein, Mitteleuropäische Eichenchronologie (Mainz 1980) 131–132, 135–155. Ho.

178–196 Weinbau

Die intensive Nutzung der Steilhänge an Mosel, Saar, Ruwer und den kleineren Nebenflüssen für den Weinbau wird durch zahllose Urkunden der großen Klöster und Kirchen, aber auch durch Denkmäler bis in das frühe Mittelalter bezeugt.

Die älteste Urkunde des Raumes, das Testament des Adalgisel Grimo vom Jahre 634 n. Chr., erwähnt Weinbesitz bei Montmedy und an der Mittelmosel bei Lieser, und auch die Urkunden des Trierer Klosters St. Maximin bestätigen umfangreiche Besitzübertragungen für die Zeit Dagoberts um 633 n. Chr., mit Weinbergen bei Detzem, Kenn, Kirsch, Longuich, Riol, Fell, Pölich und Leiwen, die kontinuierlich bis heute dieser Nutzung unterliegen.

Nimmt man die archäologischen Funde in Friedhöfen des Moseltales hinzu,ist der Fortbestand eines großen Teiles der romanisierten Trevererbevölkerung unter wenigen fränkischen Herren als Hinweis dafür zu werten, daß dieser Bevölkerungsschicht auch die kontinuierliche Pflege des Weinbaues verdankt wird.

So kann auch Venantius Fortunatus in der 2. Hälfte des 6. Jahrh. von der traubenreichen Mosel sprechen, auch wenn die Völkerwanderung erhebliche Schädigungen bewirkt haben wird.

In geradezu überschwenglichen Worten preist Ausonius in seinem Loblied auf die Mosel (Mosella 150–180) den blühenden Wohlstand und den Fleiß der Weinbauern, zugleich Hinweis auf die wiederhergestellte Ordnung und Sicherheit an der so bedrohten Reichsgrenze: »Nun sei es genug, die fließenden Wege wie auch der Fische schlüpfrigen Schwarm betrachtet zu haben, genug, soweit ich aufgezählt die mannigfachen Scharen. Jetzt möge das rebenumpflanzte Theater uns einen anderen Festzug bieten, und Bacchus' Gaben sollen die schweifenden Blicke ergötzen, dort wo eine erhabene Kuppe in langem Zug über steilem Hang, wo Felsen und sonniges Hochland und Biegungen, Windungen rebenumwachsen hochstreben und eine natürliche Schauburg bilden . . .

Bis dort, wo der Hügel hoch oben am Joch schon himmelwärts strebt, bis dorthin ist der Uferrand mit grünem Wein bepflanzt.

Das Volk, das froh hier bei der Arbeit ist, und die geschäftigen Winzer sind flink bald oben am Gipfel, bald dort wo sich der Abhang neigt, wetteifernd mit albernen Juchzern. Von dort ruft der Wanderer, der unten am Ufer des Weges zieht, von hier der Schiffer: im gleitenden Kahn den säumigen Winzern manch schmähendes Wort: laut hallt es ihnen wider von den Felsen, aus dem Wald, der weithin dröhnt, und auch vom Fluß in der hohlen Tiefe« (Übertragung von W. John, Mosella, Trier 1932).

Diesen Blick in eine gesegnete, von der Natur durch besondere Schönheit des Flusses und des Bergpanoramas ausgezeichnete Landschaft lokalisiert man nach Niederemmel-Piesport, wo die Mosel unverändert in einer weiten Schlinge den Abstieg der

Römerstraße vom Hunsrück umschließt und mit den Steilhängen das weite majestätische Rund eines »Amphitheaters« darbietet.
Nicht minder lebendig schildern uns die Reliefdarstellungen der Grabdenkmäler des gesamten Moselraumes von Metz bis Trier die Vielfalt der mit dem Weinbau verbundenen Tätigkeiten und Freuden.
Erst mit dem Weinbau, der Reberziehung und systematischen Pflanzung wurden jene Flächen wirtschaftlicher Nutzung zugeführt, die zu keiner anderen Bepflanzung oder Nutzung, wenn nicht dem Schieferabbau in sehr begrenztem Umfange, dienlich waren.
Die Weinrebe, spätestens durch griechische Kolonisten im 6. Jahrh. v. Chr. nach Marseille und dem Rhonetal vermittelt, wird im Laufe von 6 Jahrhunderten durch Assimilation und natürliche Verbreitung den Weg ins Moseltal gefunden haben und als Pflanzgut bekannt und vermittelt worden sein.
Zwar hielt auch in römischer Zeit der Import südländischer Weine an, doch bezeugen die Denkmäler, daß spätestens seit dem 2. Jahrh. die örtliche Produktion so stark angewachsen war, daß das Produkt in Fässern transportiert und in Geschäften und Kneipen gehandelt wird.
Die Dekoration der Pilaster und Reliefrahmen ist nicht nur ornamentaler Schmuck, sondern in der naturgetreuen Wiedergabe von Reben, Trauben, Schädlingen der direkten Anschauung der Umgebung entnommen.
Bütten- und Faßmacher, Korbflechter, Werkzeug- und Gerätemacher bis hin zu Großhändlern, Detailhändlern und den Gastwirtschaften zogen aus dieser neuen Nutzung gewinnreichen Ertrag, der sich nicht zuletzt im Stolz der Selbstdarstellung auf den Denkmälern deutlich mitteilt.
Soweit die Farbreste der ursprünglichen Bemalung erkennen lassen, wurden damals wie heute bevorzugt »Weißweine« an- und ausgebaut.

Lit.: S. Loeschcke, Denkmäler vom Weinbau aus der Zeit der Römerherrschaft an Mosel, Saar und Ruwer. In: Trierer Zeitschr. 7, 1932, 1ff. – H. Cüppers, Wein- und Weinbau zur Römerzeit im Rheinland. In: Germania Romana III (Gymnasium, Beiheft 7, Heidelberg 1970) 138–145. Cü.

178 Weinschiff *(Farbabb. s. Umschlag)*

FO. Neumagen (Krs. Bernkastel-Wittlich)
3. Jh. n. Chr.

Abweichend von den herkömmlichen Denkmalformen, die aus der einfachen Stele oder dem Altar, architektonischen Turm- und Pfeilerbauten abgeleitet werden können, sind in Neumagen Reliefs und Gesimsabdeckungen gefunden worden, die zu einem Monument ergänzt werden können, das bei rechteckiger Grundform an der Frontseite mit Pilastern versehen ist, die eine Circus-Rennszene flankierend mit Pferdeführern verzieren. Dieser Anordnung entsprechen weit vorkragende Deckgesimse mit Delphinen und Tritonen. Einarbeitungen an der Oberseite lassen auf figürliche, bzw. bekrönende Aufbauten schließen.
Solchen Unterbauten, deren absolute Höhe leider aus den Fragmenten nicht mehr ermittelt werden können, sind Schiffsdarstellungen zuzuordnen, von denen ein Einzelquader minderer Qualität und ein Schiffspaar von z. T. vorzüglicher Erhaltung als die »Neumagener Weinschiffe« bekannt geworden sind. Je eine Langseite dieses Schiffspaares ist als Ansichtseite mit Vorder- und Hintersteven auf schematisch wiedergegebener Wasserfläche detailreich skulptiert, während die für den Betrachter nicht sichtbare Gegenseite nur in rohen Bossen und knapper Konturierung ausgeführt ist, war hier doch zusätzlich ein weiteres Element aufgestellt, eine in einem Gitterrahmen aufgetürmte Pyramide von mit Strohbändern umwickelten Amphoren.
Mit vier großen Fässern beladen, ist am Vordersteven des Schiffes ein Rammsporn angebracht, über dem Delphinaugen als Gefahr abwehrende Zeichen erscheinen. Zweiundzwanzig Ruder sind als verkürzte Darstellung einer Rudermannschaft zu verstehen. Der Riemenkasten ist durch Stege angedeutet, darüber folgt ein Gitter. Vor dem Rund der vier Fässer sind sechs Ruderer mit bärtigen Gesichtern und strähnigem Haar dargestellt, die in Fahrtrichtung sehen. In schwungvoller Aufwölbung laufen Vorder- und Hintersteven in Drachenköpfe aus, die sowohl Zierrat wie Unheil abwehrendes Zeichen sind. Während vor dem ersten Faß zwei Leute nebeneinander sitzen und an den Faßrand greifen, ist unter dem Kajütendach am Hintersteven ein Steuermann zu erkennen.
Dieses Denkmal bezeugt nicht nur die unternehmerischen Aktivitäten des Auftraggebers, seine Beteiligung an der Fluß- und Seeschiffahrt, sondern neben dem Import südländischer Weine in Amphoren auch den Export der lokalen Produkte in andere Provinzen.
Weißer Sandstein. – L. 281 cm, H. 111 cm, Br. 63 cm.
RLM. Trier, Inv. 767.
Lit.: Espérandieu 5193, 5184 (zweites Schiff), 5407. – W. v. Massow, Die Grabmäler von Neumagen (Berlin/Leipzig 1932) Nr. 287a. Cü.

179 Weinrebe an einem Stock aufgebunden

FO. Trier und Neumagen (Krs. Bernkastel-Wittlich)
3. Jh. n. Chr.

Die Seitenreliefs von zwei Grabmonumenten aus Trier (Unterteil) und Neumagen (Oberteil) passen zufällig in der Darstellung

der Rebe genau aneinander. Dies beweist die Entstehung beider Denkmäler in einem gemeinsamen Atelier, das dem Wunsch der Auftraggeber entsprechend das gleiche Motiv auf zwei verschiedenen Denkmälern ausführte. Dieser Fund ist neben anderen Beobachtungen auch Beleg dafür, daß die so kunstvollen und lebensnahen »Neumagener Denkmäler« ursprünglich auf den Gräberfeldern der Augusta Treverorum aufgestellt waren und erst zur Zweitverwendung im Fundament der Festung Neumagen in constantinischer Zeit vertransportiert worden sind.
An einem starken Stock oder Pfahl als Mittelstütze ist die Weinrebe mit ihren kräftigen Trieben achterförmig oder doppelherzförmig so aufgebunden, daß das Blattwerk und die Früchte auf bestmögliche Weise der Sonnenbestrahlung ausgesetzt werden und einen günstigen Reifeprozeß durchmachen können. Neben dem ornamental wirkenden Blattkelch, aus dem die Rebe herauswächst, sind zwei Kinder-Putten dargestellt, die Rebschädlinge abwehren und jagen: Hase und Rabe. Als weitere Rebschädlinge im Weinstock erscheinen Schlange und Vögel, die die reifen, süßen Beeren fressen und die Qualität des Mostes unter Umständen erheblich mindern.
In den Tiefen des Reliefs erhaltene Farbreste zeigen blauen Hintergrund, vor dem sich Blattwerk und Trauben in herbstlich goldgelber Färbung gefällig und vielversprechend abheben.
Sandstein feinkörnig, hellgrün. – Unterteil Trier: Br. 98 cm.
Sandstein feinkörnig, hellgrün. – Oberteil aus Neumagen: Br. 98 cm, H. 68 cm.
RLM. Trier, Inv. G. 37h, NM. 11572.
Lit.: Espérandieu 5033. – Oberteil: W. v. Massow a. a. O. (s. Kat. 178) 123 Nr. 175a. – Schindler, Führer Abb. 215. Cü.

180

180 Mundschenk

FO. Neumagen (Krs. Bernkastel-Wittlich)
Ende 2. Jh. n. Chr.

Relieffragment einer Gastmahlszene, die als Fries zu einem größeren Grabpfeiler gehörte.
Vor einen Speisetisch mit schräg stehender Platte, die von einem Löwen getragen wird, dessen Kopf noch erhalten ist, und auf der ein zweihenkliger Becher, eine schlauchförmige Kanne, ein Handspiegel, eine weitere Kanne und ein Sieb oder Kasserole stehen, tritt ein Mann in langem Ärmelgewand und Unterkleid, die Serviette des Dieners und Speiseträgers über den Arm gelegt, in der linken Hand einen zylindrischen Becher haltend. Das porträthaft in den Details der Augen, des Bart- und Haupthaares wiedergegebene Gesicht zeigt mit wachsam beobachtenden Augen und sorgenvoll gefalteter Stirn einen leicht griesgrämigen, bitteren Zug um Mund und Wangen, ein Meisterwerk naturgetreuer Zustandsschilderung.
Grünlicher heller Sandstein. – 68 × 68 cm.
RLM. Trier, Inv. 9940.
Lit.: W. v. Massow, a. a. O. (s. Kat. 178) 136 Nr. 180b. – Espérandieu 5149a. – Schindler, Führer Abb. Cü.

181 Sucellus

FO. Kinheim (Krs. Bernkastel-Wittlich)
3. Jh. n. Chr.

Das Hochrelief des Gottes mit geschultertem Schlegel wurde 1976 in einer römischen Villa gefunden. Es zeigt den Gott in einem aufgeschürzten Kittel, gallischer Hose und Schuhen. Im Bausch seines auf der rechten Schulter zusammengehefteten Mantels trägt er, gestützt von der Linken, Weintrauben und Weinlaub. Hinter ihm sind zwei Daubenfässer gestapelt.
Der Schlegelgott wurde weithin im gallischen Lande verehrt. Sein Name ist, wie wir von einem Relief im Museum Metz wissen, Sucellus. Nach allgemeiner Auffassung bedeutet der Name »der gut zuschlägt«, doch wohl mit dem Schlegel, der

noch heute vom Faßmacher zum Auftreiben der Reifen auf die Dauben benutzt wird. Der Bezug des Gottes speziell zum Wein ist durch dieses Relief zum ersten Mal eindeutig nachweisbar. Nicht nur der Gott Sucellus ist Gallier, auch das Faß, sein Attribut, ist eine gallische Erfindung.
Sandstein. – H. 81 cm, Br. 39 cm.
RLM. Trier, Inv. EV. 76,46.
Lit.: W. Binsfeld, Festschr. 100 Jahre Rheinisches Landesmuseum Trier (Mainz 1979) 263ff. mit Abb. 2–4. Bi.

181 Sucellus.

182

182 Weintransport und Kaufladen

Trier, St. Maximin
2./3. Jh. n. Chr.

Vorderseite eines kleinen Grabpfeilers, dessen Sockelplatte separat gearbeitet war, wie auch der eine Aschenkiste abdeckende Abschlußquader, der wahrscheinlich die Grabinschrift trug und von einem Pyramidendach bekrönt wurde.
Die rechteckige Fläche ist durch einfache Leisten eingefaßt und unterteilt.
Das untere Bildfeld zeigt einen schweren, vierrädrigen Wagen, der gerade aus dem Tor eines Bauernhofes fährt und von einem Ochsen gezogen wird. Ein Mann in einheimischer Tracht treibt

das Tier mit einem zugespitzten Stock an. Auf dem Wagen ist ein großes Faß mit starken Reifen und gleichmäßiger Bauchung aufgeladen, das seines kostbaren Inhaltes wegen durch eine Kette festgehalten wird. Im oberen Bild wird eine weitere Tätigkeit des Grabinhabers illustriert. Die Ausstattung eines Lebensmittel- und Kolonialwarenladens ist durch einen hohen Verkaufstisch gekennzeichnet, der mit Gittern verziert einen Aufbau trägt, in den ein Trichter zum Abfüllen von Flüssigkeiten montiert ist. Am oberen Rand sind an einer Leiste mit Haken fünf Hohlmaße verschiedener Größe aufgehängt. Vor der Theke steht eine kugelige Amphore und daneben eine offene Tonne, aus der der Stiel eines Schöpflöffels vorsteht. Nach der rechten Seite hin folgt eine figürliche Szene: An einem truhenartigen Kastentisch sind zwei Personen mit der Begleichung der Rechnung beschäftigt und stehend und sitzend miteinander gestikulierend festgehalten. Ist der Rechnungsbetrag zu hoch? Im Hintergrund sind auf schräg stehender Tischplatte fünf Vögel, wahrscheinlich Fasanen, in ihrem Federkleid zu erkennen, die auf Geflügel- und Wildbrethandel deuten.
Zum Detailverkauf »über die Straße« wird auch der Inhalt des eingekauften Weins bestimmt sein, der im unteren Bild vom Erzeuger weg zum Laden geführt wird.
Weißer, feinkörniger Kalkstein, in zweiter Verwendung zu einem Sarkophag umgearbeitet. – H. 120, Br. 74.
RLM. Trier.
Unveröffentlicht. Cü.

183

183 Seitenteil eines Grabmals mit Wagen und Weinbottich

FO. Metz, Ilot St. Jacques

Auf die geglättete, nach dem Hieb mit einem Zahneisen (heute Stockhammer) bearbeitete Fläche wurde in ganz flachem Relief, mehr geritzt als gemeißelt, eine Transportszene dargestellt. Ein Pferd oder Maulesel zieht einen zweirädrigen Wagen mit flacher Ladefläche, auf der der Pferdeführer und Fuhrmann steht. Hinter ihm ein nach oben konisch verengter Bottich, wie er noch bis in die Neuzeit zum Transport des gelesenen Traubengutes zur Kelter Verwendung findet. Der faßartige Bottich ist mit Eisenreifen versehen.
Kalkstein/Kopie in Kunststein. – H. 32,5 cm, Br. 35 cm.
Museum Metz, Inv. 75-38-34. Co.

184

185 Teil des Frieses eines monumentalen Grabpfeilers aus Remerschen, Mitte 2. Jh. n. Chr.

184 Seitenreliefs eines Grabsteines Holzsäger und Weinumfüller

(Farbabb. s. S. 54).

FO. Metz, Ilot St. Jacques

Die Seitenfläche eines Grabsteines ist über dem Sockelprofil durch Leisten in zwei tiefe Nischen geteilt.
Im unteren Bildfeld stehen zwei Männer an einem Bock mit aufgelegtem Balken oder Rundholz, das sie mit einer großen Trummsäge zersägen. Das Sägeblatt wird aus Eisen gewesen sein und wurde an den Enden an hochstehenden holzverkleideten Griffzapfen geführt. Bei der geringen Dicke solcher Sägeblätter ist das Eisen meist vollkommen vergangen, doch wurden verschiedentlich größere Fragmente solcher Sägen beobachtet.
Im oberen Bildteil ist eine Kellerszene festgehalten. Ein Mann schöpft mit einer hölzernen oder metallenen Handkelle Wein aus einem offenen Mostbottich in ein kleines Faß, in dessen Spundloch ein Trichter eingesteckt ist.
Kalkstein/Kopie aus Kunststein. – H. 100 cm, Br. 60 cm.
Museum Metz, Inv. 75-38-55.
Lit.: Gallia 1976, 2, 365–366. Co.

185 Vitis

FO. Remerschen/Emeringen (Luxemburg)
Mitte 2. Jh. n. Chr.

Bei dem Relief handelt es sich um einen Teil des Frieses eines monumentalen Grabpfeilers, der um die Mitte des 2. Jh. n. Chr. für einen Großwinzer und Weinhändler am Moselufer bei Remerschen errichtet wurde. Vitis, die Verkörperung der Rebe, ist als nackte junge Frau dargestellt, aus deren Knien die rankenden Reben sprießen, die von den Händen der Mutter wieder umspannt werden. In dem so gebildeten Weingarten mit seinen zahlreichen vollreifen Trauben sind zwei nackte Kinder zu sehen, von denen das rechte über einen mit Trauben gefüllten, geflochteten Korb gebeugt ist, während das linke in aufrechter Stellung an einer Traube nascht. Am rechten Rand des Blocks ist ein nach links gewendeter Fischreiher zu erkennen. Der Block wurde in fränkischer Zeit ausgehöhlt und im benachbarten Emeringen als Sarkophag wiederverwendet.

186

Korallenkalkstein. – L. 242 cm, H. 75 cm.
Staatsmuseum Luxemburg, Inv. 102.
Lit.: Espérandieu 4203. – G. Thill, Das Grabdenkmal eines gallo-römischen Großwinzers und Weinhändlers bei Remerschen (Rekonstruktionsversuch). In: Hémecht 24, 1972, 209 ff. – E. Wilhelm, Pierres sculptées et inscriptions de l'époque romaine. Musée d'Histoire et d'Art (Luxemburg 1974, 41 Nr. 286 (mit weiterer Literatur). Kr.

186 Kelteranlage

Maring-Noviand, Krs. Bernkastel-Wittlich

Nahe der Einmündung der Lieser in die Mosel wurde im Jahre 1977 eine auffallende Gruppe von gemauerten Becken freigelegt. Das Hauptbecken ist innen sorgfältig verputzt und mißt im Lichten etwa 6 × 2,50 m. Ein Ziegelmäuerchen trennt es in zwei ungleich große Teile; in den unteren Ecken an der Trennmauer hat jedes Teilbecken auf dem Boden einen Ablauf. Diese Abläufe treffen sich und führen gemeinsam in ein vorgelagertes kleines Becken, dessen Sohle einen Meter tiefer liegt.
Hierin erkannte man eine doppelte Kelteranlage: In jedem der beiden Teilbecken wurden die Weintrauben durch Treten (lateinisch: Calcatura, daraus deutsch: Kelter und lothringisch: chauchoir) gepreßt; der Most floß in das kleine Becken und konnte hier entnommen werden. Durch die Teilung des Hauptbeckens wurde bei wechselnder Benutzung ein ununterbrochener Keltervorgang ermöglicht.
Infolge der Entdekung dieses Beckens konnten auch ähnliche, aber nicht unterteilte Anlagen an der Mosel bei Neumagen-Dhron und bei Lösnich als Tretkeltern gedeutet werden.
Lit.: A. Neyses, Archäologisches Korrbl. 7, 1977, 217 ff. und Antike Welt 10, 1979, Heft 2, 56 ff. Bi.

187 Moselschleife bei Niederemmel-Piesport

Dem ausgedehnten »Fruchtland« des sanft ansteigenden Geländes nach Osten, dem Zug der Römerstraße entsprechend, steht schroff und majestätisch das weite Rund des Steilhanges gegenüber, das von den himmelan steigenden Weinbergen bedeckt ist. Auf diesen Landschaftsteil ist die von Ausonius in der Mosella gegebene Schilderung zu beziehen, vgl. S. 223. Cü.

188 Terra nigra-Topf mit Barbotine-Verzierung

FO. Trier, Paulinstr. (nördliches Gräberfeld), 1885.
2. H. 1. Jh. n. Chr.

Kleiner, bauchiger Topf mit scharf abgesetzter Schulter und kurzem, steilem, durch eine Rille gegliedertem Rand (vgl. Gose 330). Unterhalb des Schulterknicks in Barbotinetechnik (vgl. Kat. 150 e–f) aufgelegte Halbbögen, von denen abwechselnd stilisierte Trauben und Blätter bis über eine Zierrille in der Gefäßmitte herabhängen. Da das Gefäß in der 2. Hälfte des 1. Jahrhunderts vermutlich in Trier oder dessen näherer Umgebung hergestellt wurde, könnte hier eine der ältesten Traubendarstellungen des Mosellandes vorliegen.
Glatter, hellgrauer Ton, mit Spuren einer Schmauchung. – H. 9,6 cm, Dm. der Mündung: 8 cm.
RLM. Trier, Inv. 10892. Gi.

188

Götterbecher,
Kat. 189 a–b
(s. S. 232f.).

Grabpfeiler der Secundinier in Igel bei Trier, Kat. 118 *(s. S. 178)*.

Gallo-römische Mähmaschine aus Bouzenol (Belgien) Kat. 136 *(s. S. 194)*.

189 a

189 a–b Weinkeramik, Firnis- und Barbotineware aus den Trierer Töpfereien

Für die allgemeine Verbreitung des Weingenusses und mehr noch für das Bedürfnis, den Genuß zu kultivieren, den Konsum zu verschönen, spricht, daß die Trierer Töpfer seit dem 2. Jahrh. eine besondere Keramik entwickelten. Daß diese Ware ausschließlich für den Weingenuß bestimmt ist, verraten nicht nur die Gefäßformen sondern die Aufschriften, die die Gefäße tragen. Es handelt sich um sehr dünnwandige Tonware, deren Überzug im reduzierenden Brand des Ofens silbrig schwarz bis tiefschwarz ausfällt. In den verschiedenen Formen der zum Trinken erforderlichen Gefäße – dem kleinen Becher, dem weit

189 b

geöffneten, auch mit eingedrückten Falten verzierten Becher, dem größeren, für mehrere Trinker bestimmten Gefäß – der Kanne zum Anservieren oder der Flasche sind in unterschiedlicher Größe die Tischgefäße zu erkennen, die in den Kneipen, aber auch im privaten Haushalt bereit gehalten wurden.
Diesen schon recht gefällig wirkenden Gefäßen wurde in einem zweiten Arbeitsgang ein Dekor mit Spritzhörnchen und Pinsel reliefartig aufgelegt, der aus Rosetten, Girlanden, Punkten und großen Blütensternen besteht und beim Brand weiß ausfällt. Zusätzlich wurden auf diese Tonpasten ockerbrennende Farben aufgelegt und Reliefs appliziert oder in brennfähigen Farben

189 c

figürliche Malereien, so bei dem prachtvollen Götterbecher, zugefügt *(Farbabb. S. 230)*. Die sprechenden Inschriften (daher auch Spruchbecher) spiegeln etwas die Stimmung, die mit und beim Weintrinken aufkommen konnte, deutet die Gesellschaft des Trinkers an oder läßt seine Sorgen und Nöte um Qualität und Reinheit des Getränkes erspüren.
a) Becher: H. 8,5 cm, Dm. 4,8 cm (Inv. 16793). – Becher: H. 9 cm, Dm. 5,5 cm (Inv. ST. 3908). – Becher mit Karniesrand und Bewurf, Fehlbrand: H. 9,4 cm, Dm. 7,5 cm (Inv. 20605). – Kleiner Faltenbecher: H. 8,5 cm, Dm. 5,5 cm (Inv. 98, 115). – Becher mit konischem Hals und gestauchtem Bauch: H. 12,5 cm, Dm. 6,5 cm (Inv. 630).

b) Barbotine-Becher mit Aufschrift VIVAS und VITA und Dekor: H. 14,5 cm, Dm. 6 cm und H. 14,2 cm, Dm. 5 cm (aus einem Grab in Trier, St. Matthias, Inv. 08,223 a–b). – Flasche mit Blüten und Ornamentdekor: H. 17 cm, Dm. 6,2 cm (Inv. 8866). – Kanne mit Aufschrift VITA: H. 22 cm (Inv. 02,131). – Kleiner Becher mit Punktinschrift AMA(S ME) und aufgemalten Girlanden mit Trauben: H. 10 cm, Dm. 6 cm (Inv. ST. 8562).
RLM. Trier. Cü.

189 c Speicherer Krüge mit kopfförmigem Ausguß

FO. Trier.
4. Jahrh.

Die Speicherer Töpfereien lieferten neben Produkten mit aufgemalten, rot brennenden Streifen und geometrischen Mustern auch Krüge, die mit burlesken Köpfen von Menschen und Tieren verziert sind. Die plastische, handgefertigte Gestaltung wird durch eine bunte Bemalung noch zusätzlich in ihrer Wirkung verstärkt.
Ob dabei die Motivwahl auf die Wirkungen des Gefäßinhaltes anspielt oder nur Dekoration ist, entzieht sich unserer Kenntnis.
a) Ausgußmündung eines Henkelkruges, in sog. Speicherer geflammter Ware, in Gestalt eines Affenkopfes. Brauen und Barthaare in dunkelbraun brennender Farbe aufgetragen, Gesicht helltonig, weiß.
Ton. – H. 13 cm.
RLM. Trier, Inv. 19621.
b) Ausgußmündung als Menschenkopf, Zeichnung mit ockerroter Farbe, zusammengedrückt.
Ton. – H. 10 cm.
RLM. Trier, Inv. 19162 (?) Cü.

190 Trichterflaschen und Becher aus Glas

Trier
4. Jh. n. Chr.

Neben Gefäßen aus Silber, Bronze, Ton und Holz waren zum Weingenuß besonders Glasgefäße zeitweise bevorzugt. So sind aus spätantiken Gräbern zahlreiche Trichterflaschen und Trinkgläser erhalten geblieben, die in den steinernen Sarkophagen vor Erddruck geschützt waren.

a) Kugeltrichterflasche mit Standring.
FO. Trier, Euren
In dem Gefäß lag eine Münze Constantins (324–330 geprägt).
Gelblich-grünes Glas. – H. 20 cm, Dm. der Mündung 7 cm.
RLM. Trier, Inv. 10976 a.
Lit.: Kat. Gläser Trier 161 Nr. 963.

b) Kugeltrichterflasche ohne Standring.
FO. Trier, aus dem Kunsthandel.
Schwach-grünliches Glas. – H. 14 cm, Dm. an der Mündung 5,5 cm.
RLM. Trier, Inv. 28,580.
Lit.: Kat. Gläser Trier 176 Nr. 1067.

c) Kugeltrichterflache mit Standring.
FO. Trier, Zurmaienerstraße.
Als Beigabe in einem Sarkophag gefunden.
Hellgrünl. Glas. – H. 16,9 cm, Dm. an der Mündung 5,5 cm.
RLM. Trier, Inv. 39,1109 b.
Lit.: Kat. Gläser Trier 158 Nr. 941 Taf. 60.

d) Trichterflasche ohne Standring.
FO. Feyen bei Trier.
In einem späten Sandsteinsarkophag als Beigabe aufgefunden.
Grünl. Glas. – H. 17,9–18,6 cm, Dm. an der Mündung 6,7 cm.
RLM. Trier, Inv. 38,3328 a.
Lit.: Kat. Gläser Trier 171 Nr. 1029.

e) Halbkugeliger Becher.
FO. Trier, Ehrang, Grab O.
Grünl. Glas. – H. 6,5 cm, oberer Dm. 9,6 cm.
RLM. Trier, Inv. 1538 b.
Lit.: Kat. Gläser Trier 50 Nr. 156.

190

◁ Schlangenfadenglas, Kat. 277 *(s. S. 318)*.

Echternach, St. Peter und Paul, Kat. 294 *(s. S. 334)*.

Römerbrücke in Trier, Kat. 254–255 *(s. S. 291 ff.)*.

Caldarium der Kaiserthermen, Kat. 280 *(s. S. 320 f.)*.

f) Konischer Becher.
FO. Medardstraße Trier, Sarkophag 6
Grünl. Glas. – H. 13,3 cm, oberer Dm. 9,8 cm.
RLM. Trier, Inv. 54,57 a.
Lit.: Kat. Gläser Trier 64 Nr. 247 Taf. 41.

g) Becher mit Standring.
FO. Gusenburg (Krs. Trier-Saarburg)
Hellgrünl. Glas. – H. 9 cm, oberer Dm. 6,6 cm.
RLM. Trier, Inv. 18745.
Lit.: Kat. Gläser Trier 81 Nr. 353 Taf. 45. Cü.

191 Stechheber aus Ton mit schwarzem Überzug

FO. Trier
3. Jh. n. Chr.

Das keulenförmige Gefäß mit zylindrischem, relativ dickwandigem Hals ist am Gefäßboden mit einem Loch versehen. Es wird sowohl zum Proben des Weines aus dem Eimer oder Mischkrug wie auch zum Füllen kleinerer Trinkgefäße benutzt worden sein.
Ton mit schwarzem Überzug. – H. 14 cm.
RLM. Trier, T 48. Cü.

191

192 b, c

192 a Weinlese, Sigillata-Reliefgefäß

Reliefschale aus Chemery (Moselle)
2. Jh.

Szene mit Darstellung einer Weinlese.
Terra Sigillata. – H. 20,5 cm.
Museum Metz, Inv. 11 320. Co.

192 b–c Kasserolle und Siebgefäß

FO. Le Herapel (Moselle)

Der zusammengehörende Gefäßsatz zeigt die gleiche Ausbildung im Gefäßkörper und in der Form der bandförmigen Henkel.
Beim Sieb bilden die Durchbohrungen an der Bodenplatte eine große Blattrosette über der umlaufend zwei Lochkreise folgen und darüber ein Wellenband. Beide Gefäße werden beim Weinkonsum benutzt zum Schöpfen des Weines aus einem Krater in die Becher und vor dem Genuß beim Filtern des Weines von Rückständen, die beim Gärprozeß nicht ausgeschieden worden sind.
Bronze. – L. 28,2 cm.
Museum Metz, Inv. 3055. Co.

193 Terrakotten des Sucellus-Silvanus

Bislang liegen aus dem Trierer Land drei Terrakottenfragmente des mit dem römischen Silvanus gleichgesetzten keltischen Sucellus (vgl. Kat. 181) vor, zwei aus Heiligtümern und ein drittes aus dem Töpfereibezirk in Trier (vgl. Trierer Zeitschr. 9, 1934, 165; hier Abb. Mitte.

a) FO. Dhronecken (Krs. Bernkastel-Wittlich) 1899.
2./3. Jh. n. Chr.

Stehender Sucellus mit geschürztem Chiton und Mantel bekleidet, welcher auf der Rückseite bis zum Boden herabhängt. Ein Zipfel desselben ist über den linken Unterarm, der auf einem Baumstumpf ruht, geschlagen. Um den Baumstumpf windet sich eine Rebe. In der rechten, herabhängenden Hand hält die Gottheit ein Rebmesser, dessen Schneide nach außen zeigt.
Roter Ton. Kopf fehlt, Füße und Postament teilweise ergänzt. – Erh. H. 13,6 cm.
RLM. Trier, Inv. 99, 1054.
Lit.: Hettner, Drei Tempelbezirke 60f. und Taf. 8, 20.

b) FO. Hochscheid (Krs. Bernkastel-Wittlich) 1939.
2./3. Jh. n. Chr.

Stehender Sucellus wie a mit dem Unterschied, daß das Rebmesser besser ausgebildet ist und seine Schneide nach innen zeigt.
Weißer Ton. Kopf, Füße und Vorderteil des Sockels fehlen. – Erh. H. 15,8 cm.
RLM. Trier, Inv. EV. 1939, 207, 152.
Lit.: G. Weisgerber, Das Pilgerheiligtum des Apollo und der Sirona von Hochscheid im Hunsrück (Bonn 1975) 150 und Taf. 46,1. Gi.

193

194

194 Römisches Rebmesser

FO. Frauenberg (Krs. Birkenfeld), Nahekopf, 1976.
3./4. Jh. n. Chr.

Charakteristisch für die römischen Rebmesser (falx vinatoria) sind die nahezu winklig umknickende Schneide sowie auf deren Rücken eine zweite, schmale, beilartige Schneide (securis). Die Form ist auf griechische Vorbilder zurückzuführen. Der Holzgriff, der noch in Resten erhalten ist, war auf eine Griffangel gesteckt und mit einer Manschette festgezogen. Am Übergang vom Rücken zur securis erkennen wir den Rest einer unleserlichen, rechteckigen Herstellermarke.
Eisen, Holz.– L. 19,5 cm, größte Br. 18,3 cm.
RLM. Trier, Inv. 76, 48.
Lit.: Trierer Zeitschr. 7, 1932, 12ff. Gi.

◁ Deckenmalerei aus dem Wohnhaus unter dem Dom, Kat. 288 *(s. S. 329)*.

Gallo-römischer Kultplatz von Bliesbrücken (Lothringen), Kat. 87 *(s. S. 150ff.)*.

Schacht vom Kultplatz Bliesbrücken, Kat. 87 *(s. S. 151f.)*.

Villa rustica mit Münzprägestätte von Saareinsming (Lothringen), Kat. 261 *(s. S. 298f.)*.

195 a

195 a Schildbuckel mit einer Darstellung des Ganymed

FO. Schwarzenacker b. Homburg/Saar
2. Drittel 3. Jh. n. Chr.

Der Schildbuckel stammt von einer Paraderüstung. Es ist die Entführung des göttlichen allerschönsten Knaben dargestellt. Die Szene symbolisiert die Himmelfahrt der Seele. Der Zeusadler ergreift den Göttermundschenk unter den Armen und entschwebt in die Wolken. Die Hand hält den Hirtenstab. Zurück bleiben Hütehund und Syrinx. Köpfe von Windgöttern, oben neben den Adlerschwingen zu sehen, verkörpern das luftige Element. Hoch erhebt Ganymed die Hand dem Olymp entgegen. Mit großen Augen des Erstaunens fügt sich der Jüngling dem göttlichen Ratschluß.

Treibarbeit in Bronzeblech. – Dm. 23,0 cm.
Historisches Museum der Pfalz in Speyer.
Lit.: H. Menzel, Die römischen Bronzen in Deutschland I. Speyer (1960) Nr. 15. – H. Klumbach, Der Ganymed von Schwarzenacker, Mitteilungen des Historischen Vereins der Pfalz 58, 1960, 82–91. Ko.

195 b Kopf eines Kentauren

FO. Schwarzenacker b. Homburg/Saar
2. H. 1. Jh. n. Chr.

Römische Replik einer hellenistischen Statuette der Zeit um 200 v. Chr. Der abgebrochene Kopf wurde als Gewicht für eine Schnellwaage verwendet und zu diesem Zweck mit Blei gefüllt. Von dem Archäologen Adolf Furtwängler (Vater des Dirigenten) erstmals beschrieben, gilt die Plastik als eine der schönsten, nördlich der Alpen gefundenen antiken Bronzen. Erst vor zwei Jahren konnte verläßlich die Fundgeschichte ermittelt werden. Danach fand sich der Kopf um 1860 im Garten des sog. Edelhauses. Dieser liegt innerhalb der Wüstung des römischen Vicus. Bronze, Zähne und Augen in Silber eingelegt. – H. 14 cm.
Historisches Museum der Pfalz in Speyer.
Lit.: H. Menzel, Die römischen Bronzen in Deutschland I. Speyer (1960) Nr. 14. Ko.

195 b

196 a, b

196 a, b Kelle und Sieb mit langem Griff

FO. Schwarzenacker bei Homburg/Saar
Etwa 2. Jh. n. Chr.

Der Wein, und zumal der einheimische, schmeckte etwas fade. Mit allerlei Ingredienzien und so auch Kräutern wurde er gewürzt und verbessert. Vor dem Trunk mußte das ausgelaugte Kraut abgesiebt werden. Geschöpft und gesiebt wurde gleichzeitig. Das Sieb paßte nämlich in die Kelle. Wenn das Sieb samt Kraut aus der Kelle gehoben war, gab es klaren Wein und diesen in den Krug.
Bronze. – Dm. 16,4 cm (beide Stücke).
Historisches Museum der Pfalz in Speyer.
Lit.: A. Kolling, Funde aus der Römerstadt Schwarzenacker und ihrer nahen Umgebung (1971) Taf. 90. Ko.

197–255 Siedlungen, Städte und Wohnkultur

197 a) Luftaufnahme des Grabungsgeländes im Vicus Schwarzenacker
b) Ansicht des Freilichtmuseums Schwarzenacker *(Farbabb. s. S. 127)*

Besiedlungsbild der Zeit um 275 n. Chr.
Homburg-Schwarzenacker, Saarpfalzkreis

Schwarzenacker liegt auf der Mitte zwischen Mosel und Rhein im Bliestal. Der Vicus breitete sich an einer Talenge auf sanftem Abhang aus und wurde vom Wörschweiler Klosterberg und vom Ohligberg überragt. Ein Gräberfeld unter der römerzeitlichen Bebauung enthielt Bestattungen aus vorgeschichtlicher Zeit, von denen die früheste in die Bronzezeitstufe D (1100 v. Chr.), die späteste in die cäsarische Zeit gehört. Auch Siedlungsfunde bekunden eine vorrömische Besiedlung. Offenbar existierte der Ort bereits in der Zeit des freien Keltentums als regionaler Marktflecken. In römischer Zeit wichen die alten Holzlehmbauten einer stadtartigen Ansiedlung aus Stein.

197 a

Schachbrettförmig schlossen sich von Portiken umsäumte und kreuz und quer verlaufenden, wohlausgebauten Straßen berührten Wohnviertel *(insulae)* zu einer kompakten Siedlung. Säulengänge gab es viele und ein vorzüglich eingerichtetes System von Trink- und Abwasserleitungen, daneben auch steinerne Schachtbrunnen. Im Gewerbeleben spielte vor allem die Töpferei eine Rolle. Einrichtungen einer Tuchwalkerei wurden entdeckt. Wolle, Holz und Eisen bestimmten die Gewerbe. Das Fuhrwerkswesen stand in Blüte, der Pferdegöttin Epona galt die Verehrung, Göttervater Jovi vor allem. In einem Saalbau fanden sich bronzene Statuetten von Merkur, Apollo, Mars und Neptun. Es gehören ein Genius des römischen Volkes und eine Viktoria dazu (Kat. 69).
Über Jahrhunderte hindurch erwachsen zu dem, was der Ort zuletzt bedeutete, nämlich regionaler Stammesvorort, ging er in der 2. Hälfte des 3. Jahrhunderts zugrunde. Zeichen germanischer Verwüstungen entdeckt der Archäologe. Man hieb den steinernen Göttern die Köpfe ab, plünderte und brandschatzte. Was übrig blieb, erschreckte den Fremden als Geisterstadt. Weil der Ort keine strategische Bedeutung besaß, blieben ihm Mauer und Kastell versagt, wohl ein Grund dafür, daß der Wiederaufbauwille des Bürgertums erlahmte und erlosch. Der Untergang des römischen Schwarzenackers bedeutete Verlust für die mittelalterliche Landeskultur – der Ort hatte durchaus stadtartiges Gepräge! Eine Stadt in ihrer Blüte versank in Schutt und eine Brandkappe bedeckte die Mauern. Die Zisterzienser vom nahen Klosterberg machten die Wüstung zu Ackerland. Wenn der Bauer pflügte, kam Asche hervor. Daher der Name Schwarzenacker. Der antike Name ist unbekannt. Er fehlt auch in der römischen Reisekarte *Tabula Peutingeriana,* vielleicht, weil zu der Zeit, als die Tabula die vorliegende Fassung erhielt, der Ort nicht mehr existierte (*vici* von geringerer Bedeutung sind vermerkt). Es steht zu hoffen, daß ein Fundstück, ein Weihestein oder Meilenstein, einmal den Namen verrät. Ein gewisses Areal ist als Grabungsreserve unter Denkmalschutz gestellt. Bei weitem die größte Fläche der Römerstadt ist seit dem Zweiten Weltkrieg überbaut und für die Forschung unzugänglich. Die seit dem Jahre 1965 durchgeführten Grabungen haben einen Plan für eineinhalb Hektar Besiedlungsfläche erbracht. Diese Fläche liegt abseits der Stadtmitte. Ein vermutlich vorhanden gewesenes Forum bleibt wohl für immer verborgen. Es kann nur noch in den Außenbezirken gegraben werden.
Als museale Institution des erstrangigen archäologischen Baudenkmals einer gallorömischen Landschaft wurde im Jahre 1966 die Stiftung Römerstadt Schwarzenacker in Homburg/Saar gegründet. Die Stiftung erbaute ein Freilichtmuseum. Träger sind die Stadt Homburg/Saar, der Saarpfalzkreis und die Karlsbergbrauerei in Homburg.
Römisches Freilichtmuseum Schwarzenacker.
Lit.: A. Kolling, in: Ausgrabungen in Deutschland 1 (1975) Teil I, 434–445. – Ders., Funde aus der Römerstadt Schwarzenacker (1971). – Ders., Führer durch das Freilichtmuseum Römerhaus Schwarzenacker in Homburg/Saar (o. J.). Ko.

198

198 Modell des Vicus Saarbrücken

Saarbrücken
Römische Kaiserzeit

Darstellung der bürgerlichen und militärischen Ansiedlung Vicus Saravi (Saarbrücken). Der Ort existierte bereits im frühen 1. Jahrhundert n. Chr. Er wurde von der Straße Metz–Worms durchlaufen. Am Halberg führte diese über die Saar (Saravus) und ließ den Bürgern jenen Verdienst zukommen, den eine Fernstraße mit sich bringt: durch das Herbergswesen, durch Post und Versorgung von Mann, Pferd und Wagen. Das bäuerliche Umland profitierte an dem Verkehr. Man schickte manche Ware via Markt zum fernen Limes. Wohl aus der Kaufmannschaft erwuchs eine Mithrasgemeinde, die ihren Tempel in einer Grotte des Berges anlegte. Durch einen unterirdisch in den Fels gehauenen Stollen wurde das für die Pferdetränke nötige Wasser beigeleitet. Der Ort hatte dörflichen Charakter (im Gegensatz zu dem größeren Ort Schwarzenacker, der sich ganz und gar städtisch darbot). Es gab wiederholte Verheerungen seitens der Germanen. Im 4. Jahrhundert n. Chr. entstand für eine kohortenstarke Besatzung ein kleines Brückenkopfkastell (das jedoch nie fertig wurde). Der Ort verfiel. Eine Restbevölkerung gab es anscheinend noch im 7. Jahrhundert n. Chr. Man beerdigte die Toten in den Trümmern. Seither war der ehedem so lebendige Verkehrsflecken nur noch Wüstung.
LM. Saarbrücken.
Lit.: C. Klein, Das spätrömische Kastell Saarbrücken. In: Ber. Denkmalpf. Saarland 2, 1927, 56–62. – R. Schindler, Neues vom Kastell und Vicus Saarbrücken. In: Ber. Denkmalpf. Saarland 9, 1962, 12–22. – A. Kolling, Das römische Saarbrücken, Führungsblatt 3 des Staatl. Konservatoramtes Saarbrücken (1964). Ko.

199–212 Belginum – Vicus und Gräberfeld

Vicus 1.–4. Jh. n. Chr., Gräberfeld 7. Jh. v.–4. Jh. n. Chr.
Wederath und Hinzerath, Gem. Morbach, Krs. Bernkastel-Wittlich

Eine antike Weltstraßenkarte (vgl. Kat. 199) nennt an der Fernstraße von Trier nach Mainz zwischen Noviomagus (Neumagen) und Dumnissus (Kirchberg) den Ort Belginum. Er ist identisch mit einer seit dem 18. Jahrhundert in der archäologischen Literatur wohlbekannten römischen Ruinenstätte. Sie liegt an der Gemarkungsgrenze der Hunsrückdörfer Wederath und Hinzerath beiderseits der Hunsrück-Höhenstraße (B 327) zwischen der Abzweigung der B 52 nach Bernkastel-Cues und dem sog. Stumpfen Turm von Hinzerath, einem zur nahen Burg Baldenau gehörigen mittelalterlichen Wachturm. Wie heute war hier auch in antiker Zeit ein wichtiger Verkehrsknotenpunkt. Unter der Trasse der Hunsrück-Höhenstraße verläuft die 4–6 m breite, gut ausgebaute römische Hauptstraße, nach 2 km zweigt von ihr eine Nebenlinie in Richtung Koblenz ab. Von Belginum führte eine Straße nach Südosten über den Idarwald zum Nahetal, eine zweite nach Nordwesten zum Moseltal, eine dritte nach Nord-

Belginum. Weiheinschrift an den Gott Creto. Ergänzte Umschrift: In honorem domus divinae Deo Cretoni et Genio pagi Ac... Publius Capitonius ad excolendam memoriam Capitonii Catuli? patroni proscaenium dono dedit. Zu Ehren des göttlichen Kaiserhauses macht dem Gott Creto und dem Schutzgeist des Gaues Ac... Publius Capitonius ... zur Pflege der Erinnerung an Capitonius Catulus?, seinem Schutzherrn, die Schaubühne zum Geschenk.
(nach J. B. Keune).

Belginum. Weiheinschrift an die Göttin Epona. Umschrift: In honorem domus divinae deae Eponae L. Attucius Vectissus dono dedit. Zu Ehren des göttlichen Kaiserhauses macht L. Attucius Vectissus der Göttin Epona (diesen Weihealtar) zum Geschenk.

osten in Richtung Kleinich. Das im Bereich des antiken Ortes bis 570 m über NN ansteigende Hunsrück-Hochplateau war in vorrömischer und römischer Zeit dicht besiedelt (vgl. Kat. 200), so daß Belginum eine echte Mittelpunktfunktion innehatte. Nur wenige Kilometer östlich lag das für die gesamte Region wichtige Pilgerheiligtum des Apoll und der Sirona (vgl. Kat. 68a) von Hochscheid.
Die schon im 18. Jahrhundert einsetzenden Nachrichten über zahlreiche z.T. wertvolle Funde, eine Beschreibung der teilweise oberirdisch sichtbaren Ruinenstätte von 1828/29 vor ihrer Zerstörung durch Materialgewinnung für den Straßen- und Hausbau als auch die 1969–73 durchgeführten Ausgrabungen des Landesmuseums Trier ermöglichen es uns, eine anschauliche Vorstellung des antiken Ortes zu gewinnen, auch wenn noch viele Fragen offen bleiben. Noch zur Zeit des Augustus um Christi Geburt dürfte im Zuge des vom römischen Staat organisierten Fernstraßenausbaus der Vicus angelegt worden sein. Die Häuser waren noch in der einheimisch keltischen Holzbauweise errichtet. Im 2. und 3. Jahrhundert hatte Belginum seine Blütezeit. Der Vicus hatte jetzt eine West-Ost-Ausdehnung von 600–700 m, die Nord-Süd-Ausdehnung dürfte ca. 300 m betragen haben. Beiderseits der den Ort in Längsrichtung durchquerenden Hauptstraße standen mit den Giebeln zur Straße auf nur ca. 10 m schmalen Parzellen die Häuser, verputzte, meist schiefergedeckte Fachwerkhäuser auf Steinfundamenten, ausgestattet mit mindestens einem Keller und Heizungsanlage, nach hinten in einem ummauerten Hof- und Gartenbezirk endend, in denen sich Zisternen und Brunnen befanden. Die Bebauung hinter diesen Straßenparzellen ist noch ungeklärt, hier könnten Handwerksbetriebe und kleinere landwirtschaftliche Anwesen gestanden haben. Zugänglich waren die Ortsteile durch rechtwinklig von der Hauptstraße abzweigende schmale Gassen, von denen eine durch die Grabungen freigelegt werden konnte. Sie trennte die Wohnhäuser der nördlichen Ortshälfte von einem 120 × 70 m großen Tempelbezirk, der bis nahe an das Westende der Siedlung reichte. Im Westteil des Bezirks standen ein Quadrattempel mit Umgang (vgl. hierzu Kat. 201), ein kleiner zweiter Quadrattempel ohne Umgang sowie ein freistehender Altar. Außer einigen Kultgegenständen wurde hier die Bronzestatuette einer mythischen Amme (vgl. Kat. 203) gefunden. In dem nach Norden vorspringenden Teil des heiligen Bezirks war höchstwahrscheinlich ein Kulttheater eingebaut, dessen Bühne in die Temenosmauer miteinbezogen war. Auf den Bau oder die Wiederherstellung dieser Bühne auf Kosten eines Publius Capitonius weist eine Weiheinschrift (S. 243) hin, die 1924 nördlich des Tempelbezirks gefunden wurde. Sie war dem keltischen Gott Creto sowie dem Genius des Gaues geweiht, zu dem Belginum gehörte. Leider sind von dem Namen des Gaues nur die Anfangsbuchstaben AC erhalten. Beide Gottheiten dürften im westlichen Tempelbezirk verehrt worden sein.
Ein zweiter Tempelbezirk lag am Ostende des Vicus nahe dem Stumpfen Turm. Hier wurde die der Göttin Epona gewidmete Inschrift mit Nennung des Ortsnamens Belginum (vgl. Kat. 202) gefunden, von hier stammt ein gleichfalls der Epona gewidmeter Altar (S. 243), hier wurde schließlich ein Bronzetablett mit einer Weihung an Merkur (vgl. Kat. 205) entdeckt.
Vom Wohlstand der Bürger von Belginum im 2./3. Jahrhundert zeugen zahlreiche weitere, z.T. verschollene Fundstücke. Besonders hervorgehoben seien der feuervergoldete Finger einer lebensgroßen Bronzestatue, wegen ihrer Schönheit die sog. »Venus von Hinzerath« (vgl. Kat. 204), die Bronzestatuette einer Quellgöttin als auch eine qualitätsvolle Elfenbeinstatuette, von der nur noch eine Zeichnung existiert.
275/76 erfolgt im Zuge der weit nach Gallien hineinreichenden Germaneneinfälle die Zerstörung von Belginum. Spätrömische Keramik und Münzen zeigen jedoch an, daß der Straßenvicus zumindest teilweise wiederaufgebaut wurde und bis weit in das 4. Jahrhundert hinein bestanden hat.
Lit.: A. Haffner, Belginum, eine keltisch-römische Siedlung an der Ausoniusstraße. Kurtrier. Jahrb. 10, 1970, 203ff. (hier die ältere Literatur zusammengestellt). – E. Hollstein, Dendrochronologische Datierung von Hölzern aus Wederath (Belginum). In: Trierer Zeitschr. 35, 1972, 123ff. – W. Binsfeld, Der römische Vicus Belginum. Archäologisches Korrbl. 6, 1976, 39ff. – Ders., Ein Heiligtum in Belginum-Wederath. In: Trierer Zeitschr. 39, 1976, 39ff. – Ders., Wederath/Hinzerath-Belginum. Führer Hunsrück 196ff. – K. Schroeder, Über den Brunnen von Belginum bei Wederath im Hunsrück und die darin enthaltenen Sämereien mit einem Vergleich anderer römischer Brunnen. In: Trierer Zeitschr. 42, 1979, 101ff. Ha.

199 Römische Straßenkarte mit Lokalisierung von Belginum (Tabula Peutingeriana)

(Farbabb. s. S. 131)

Der Kartenausschnitt zeigt im linken oberen Drittel das Gebiet der Treverer. An der Straße von Trier (Aug. Tresvirou für Augusta Treverorum) nach Mainz (Mogontiacum) ist etwa in der Mitte (schwarz markiert) der Ort Belginum eingetragen. Die mit 10 gallischen Leugen (= ca. 22 km) angegebene Entfernung von dort nach Neumagen (Noviomagus) entspricht recht genau der tatsächlichen Entfernung.
Die Tabula Peutingeriana, so genannt nach dem Besitzer der Karte im 16. Jahrhundert, ist die mittelalterliche Kopie einer spätrömischen Straßenkarte des 5. Jahrhunderts, die jedoch in wesentlichen Teilen auf Karten des 3. Jahrhunderts basiert. Insbesondere der Nordostgallien wiedergegebene Teil zeigt die Verhältnisse des 2. und 3. Jahrhunderts. Den antiken Kartographen kam es nicht auf eine topographisch-geographisch

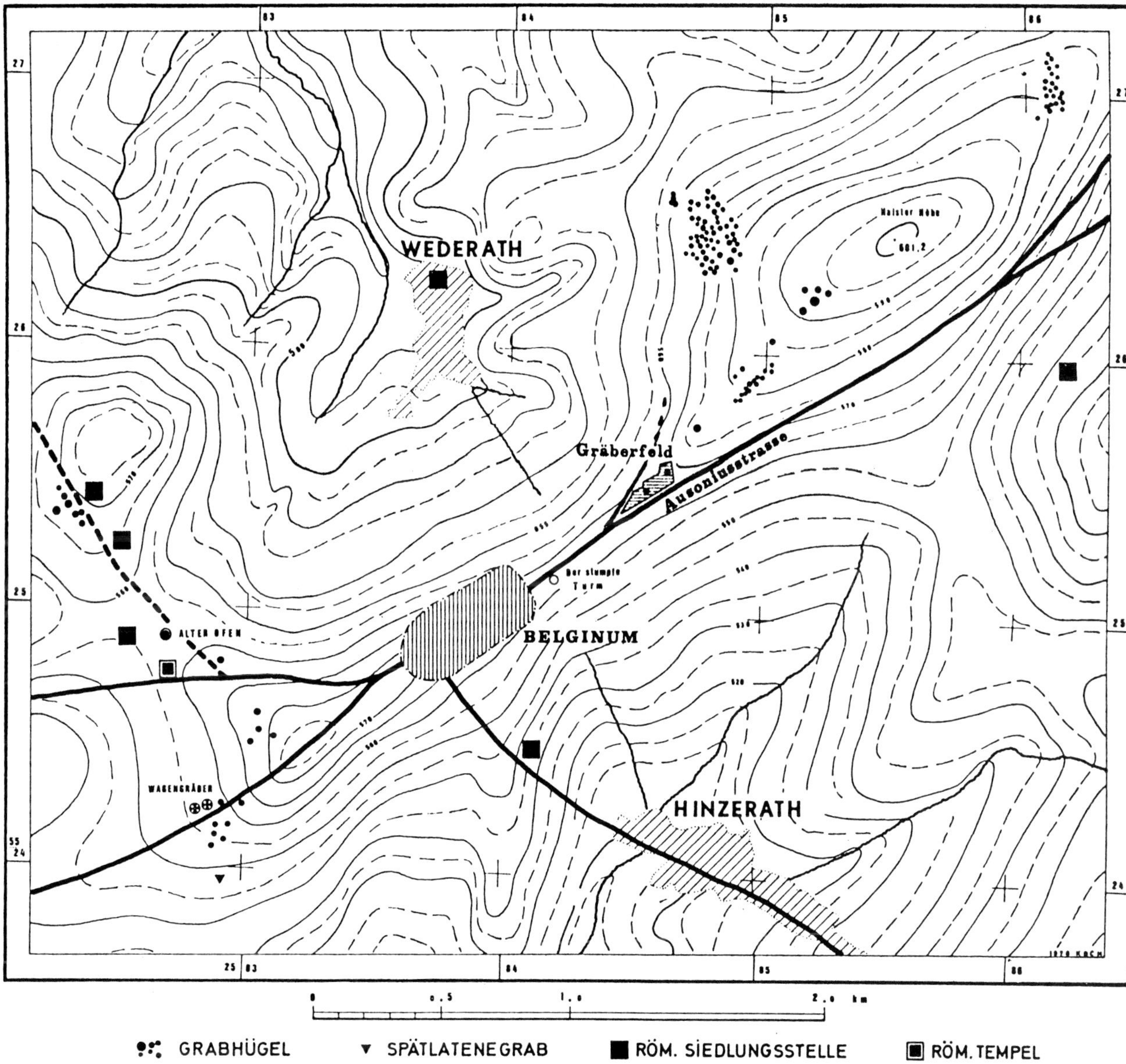

200

exakte Wiedergabe an, vielmehr haben sie versucht, ein Itinerarium, d. h. ein Verzeichnis aller wichtigen Orte und Straßen der gesamten damals bekannten Welt auf möglichst engem Raum graphisch darzustellen. Das Original der Karte wird heute in Wien aufbewahrt.

Lit.: Tabula Peutingeriana. Codex Vindobenensis 324. Vollständige Faksimile-Ausgabe im Originalformat (Graz 1976) mit einem Kommentar von E. Weber. Ha.

200 Archäologische Karte von Belginum und Umgebung

Wederath/Hinzerath/Hontheim, Gem. Morbach (Krs. Bernkastel-Wittlich)

Im Zentrum schraffiert dargestellt die Ausdehnung des antiken Belginum. Klar ersichtlich die Lage des Vicus an einem wichtigen Verkehrsknotenpunkt inmitten weiterer römischer Siedlungsplätze. Ca. 400 m nordöstlich des Ortes das zu Belginum gehörige Gräberfeld, dessen Belegung, rechnet man die bis in die Nekropole reichenden eisenzeitlichen Grabhügel hinzu, bis in das 7. Jahrhundert v. Chr. zurückreicht. Ha.

201 Plan des römischen Vicus Belginum

Wederath/Hinzerath, Gem. Morbach (Krs. Bernkastel-Wittlich)

Der Plan zeigt den Befund der Grabungen 1969–73. Unter der Bundesstraße verläuft die den Vicus durchquerende römische Hauptstraße. Eingetragen sind außer den schmalen Hausparzellen und dem westlichen Tempelbezirk auch die als Geländemulden erkennbaren Keller der noch nicht ausgegrabenen Häuser sowie im südlichen Ortsteil die Fundstelle der »Venus von Hinzerath« (vgl. Kat. 204), im nördlichen nahe der Straße nach Wederath die Fundstelle der dem Gott Creto geweihten Inschrift (Abb. S. 243). Ha.

201

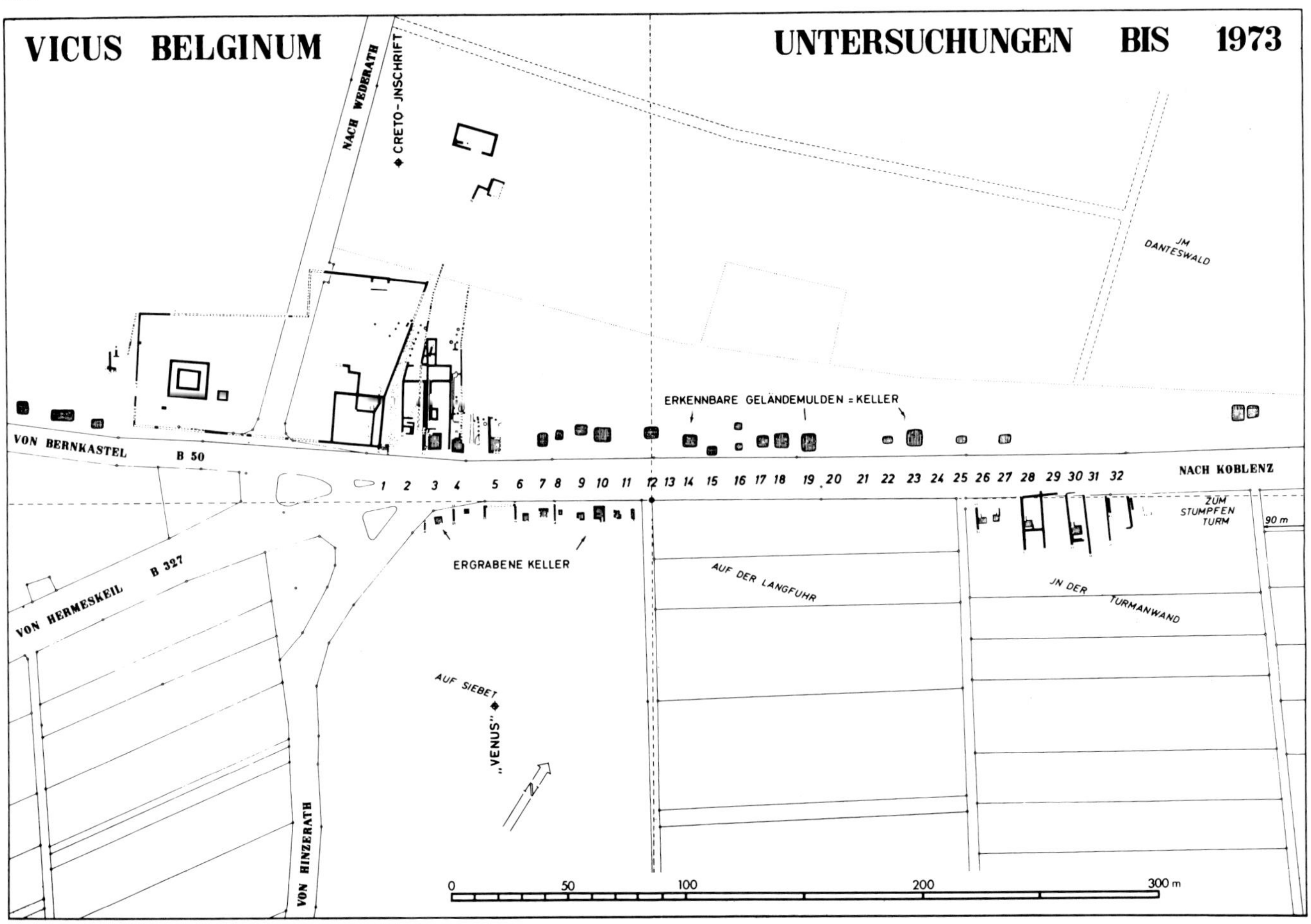

202

202 Weiheinschrift für Epona aus Belginum

FO. Hinzerath/Wederath, Gem. Morbach (Krs. Bernkastel-Wittlich)
2. H. 2. oder 3. Jh. n. Chr.

Der keltischen Pferdegöttin Epona (vgl. Kat. 47–49) ist eine Weiheinschrift gewidmet, die 1840 nahe dem NO-Ende der Siedlung gefunden wurde.

In h(onoren) d(omus) d(ivinae) dea[e] Epone
Vica[n]i Belg(inates) p(osuerunt) curante
G. Velorio Sacrillio q(aestore?).

Zu Ehren des göttlichen Kaiserhauses haben der Göttin Epona die Bewohner des Vicus Belginum [dies Monument] errichtet unter dem Vorsitz des Quaestors (?) G. Velorius Sacrillius.

Die Nennung der Vicani Belginates sichert den antiken Ortsnamen Belginum für die Siedlung am Stumpfen Turm. Wir erfahren darüber hinaus, daß der Ort Größe und Funktion eines Vicus besessen hat, daß hier ein Quaestor (Steuerbeamter) gelebt hat und daß Epona hier ein Heiligtum geweiht gewesen ist.
Sandstein. – H. 70 cm.
RLM. Trier, Inv. G 95.
Lit.: W. Chassot v. Florencourt, Der vicus Belginum am Stumpfen Thurm und die Denkmale der Göttin Epona. In: Bonner Jahrb. 3, 1843, 43ff. – CIL. XIII 7555a. Ha.

203 Bronzestatuette einer alten Frau

(Abb. s. S. 31)

FO. Belginum-Wederath (Krs. Bernkastel-Wittlich)
2./3. Jh. n. Chr.

Der qualitätsvollste Fund aus dem westlichen Tempelbezirk von Belginum ist eine im Bronzehohlguß hergestellte Statuette einer alten Frau in leicht gebeugter Haltung mit beschwörend ausgestreckten Händen (r. Unterarm mit Hand ergänzt). Sie trägt ein faltenreiches, bis zu den Füßen reichendes, von der rechten Schulter abgeglittenes Gewand; über die linke Schulter ist ein Mantel geworfen. Das Haar ist von einem Kopftuch bedeckt. Dargestellt ist der Typus der mythischen Amme. Vorbilder aus der griechischen Mythologie sind die Amme der Medea und die der Phaedra; beide bitten die Eltern um Vergebung und Liebe für ihre inzwischen erwachsenen Ziehkinder. Die Statuette gehörte ursprünglich zu einer Figurengruppe.
Bronze. – H. 8,5 cm.
RLM. Trier, Inv. EV. 69, 30 (FN 55).
Lit.: W. Binsfeld, Ein Heiligtum in Belginum-Wederath. In: Trierer Zeitschr. 39, 1976, 39ff. mit Abb. 2–5. Ha.

204 Bronzestatuette einer Quellgöttin aus Belginum

FO. Hinzerath, Gem. Morbach (Krs. Bernkastel-Wittlich)
2. Jh. n. Chr.

Der schönste Fund aus dem vicus Belginum ist die Bronzestatuette einer jugendlichen Göttin. Mit leicht geneigtem Kopf, locker herabhängendem rechten und erhobenem linken Arm sowie übereinandergeschlagenen Beinen steht sie in anmutig gelöster Haltung. Die rechte Hand hielt ursprünglich einen länglich schmalen Gegenstand, vielleicht eine Schlange, die linke stützte sich wohl auf die Schulter einer Begleitperson. Ein faltenreicher Mantel bedeckt den Unterkörper und ist über den linken Oberarm geworfen, Oberkörper und rechte Hüfte bleiben nackt. Die Haare sind in lockeren Wellen um den Kopf gelegt und in einem viergeteilten Schopf zusammengefaßt. Haarschopf und Brüste werden von feinen, mit Silber ausgelegten Bändern gehalten. Ein versilbertes Diadem ist nachträglich in das Haar eingesetzt; dabei sind die Locken leicht beschädigt worden.
Die Statuette gibt den Typus einer antiken Quellnymphe wieder. Durch die sekundäre Anbringung des Diadems dürfte sie in eine einheimisch treverische Quellgöttin umgewandelt worden

sein. Vielleicht stellt sie die im nahen Hochscheid (vgl. Kat. 68) verehrte Quellgöttin Sirona dar. Die nicht gefundene Begleitperson dürfte dann Apoll gewesen sein.
Bronze. – H. 14,1 cm.
RLM. Trier, Inv. 35,107.
Lit.: W. v. Massow, Bronzestatuette einer Göttin aus Belginum. In: Trierer Zeitschr. 15, 1940, 28ff. Ha.

204

205 Bronzeplatte mit Weiheinschrift aus Belginum-Hinzerath/Wederath

FO. Gem. Morbach (Krs. Bernkastel-Wittlich)
2.–3. Jh. n. Chr.

Im Bereich der Fundstelle zweier Epona-Inschriften nahe der Nordostausfahrt des vicus wurde 1869 eine ovale Bronzeplatte mit reich verzierten Griffen entdeckt. Auf der Rückseite des teilweise ergänzten Serviergefäßes ist die Inschrift D(eo) Mercurio eingepunzt. Der Name des Weihenden ist nicht genannt. Die Bronzeplatte ist Merkur, dem Gott des Handels, als Opfergabe gestiftet worden. Die Auffindung in dem zu postulierenden Tempelbezirk am Nordostende des Ortes ist ein Hinweis darauf, daß hier außer Epona auch Merkur verehrt worden ist, beides Gottheiten, die für eine von Handel und Verkehr lebende Bürgergemeinschaft wichtig gewesen sind.
L. 21 cm.
RLM. Trier, Inv. G. 118.
Lit.: Jahresber. Gesellschaft f. nützl. Forschungen 1869–71, 92. – CIL XIII 10027, 68. Ha.

△ 205 ▽

206–212 Keltisch-römisches Gräberfeld von Wederath-Belginum

(Farbabb. s. S. 123)

Wederath, Gem. Morbach (Krs. Bernkastel-Wittlich)
Zum Plan des Gräberfeldes vgl. Kat. 11–19

400 m nordöstlich von Belginum liegt nordwestlich der römischen Straße Trier – Mainz auf Wederather Gemarkung das Gräberfeld des Vicus und dessen Vorgängersiedlung (vgl. Kat. 200). Seit 1954 führt hier das Rheinische Landesmuseum Trier Ausgrabungen durch. Ziel der archäologischen Untersuchungen ist es, die große Treverernekropole aus vorrömischer und römischer Zeit vollständig auszugraben. Bis Sommer 1983 konnten in 15 Grabungskampagnen ca. 40000 qm freigelegt werden. Es wurden 2200 Brandgräber und 16 Körpergräber entdeckt. Außer den Gräbern wurden zahlreiche mit dem Totenkult zusammenhängende Einrichtungen entdeckt, 250 von Spitzgräben und sechs von Mauern eingefaßte Familiengrabbezirke, die Fundamente von 16 Grabdenkmälern, ca. 250 Aschen- oder Opfergruben, zahlreiche Verbrennungsplätze, Friedhofswege und Friedhofsbegrenzungen in Form von Gräben und Dämmen. Drei der 15 Körpergräber fanden sich unter Hügeln einer großen Grabhügelnekropole (vgl. Kat. 11, 200) der eisenzeitlichen Hunsrück-Eifel-Kultur (7. bis 3. Jh. v. Chr.). Die Untersuchung der Hügel im Bereich des Flachgräberfeldes erbrachte den Beweis, daß die um 250 v. Chr. einsetzende Belegung der Flachbrand- oder Treverernekropole kontinuierlich an die des Hügelgräberfeldes anschließt. Von den 2200 Brandflachgräbern sind ca. 500 der vorrömischen, die restlichen der römischen Belegungsphase zuzuweisen. Das bisher jüngste Grab ist ein Körpergrab der Mitte des 4. Jahrhunderts v. Chr. Am Beispiel geschlossener Grabinventare ist die Belegungsgeschichte unter Kat. 11–19 ausführlich besprochen.
Die Fundausbeute war gewaltig. In Gräbern entdeckt wurden ca. 5000 Tongefäße, Fragmente von weiteren 3000–4000 Tongefäßen liegen aus Aschengruben vor. Es kamen über 100 Glasgefäße, z. T. stark zerschmolzen, hinzu, acht keltische und ca. 560 römische Münzen, über 1000 Fibeln aus Bronze und Eisen, eine aus Gold, weiterhin Schwerter, Lanzenspitzen, Schildbuckel, Messer, Äxte, Beile, Scheren, Meißel, Sägen, Hals-, Arm- und Beinschmuck aus Bronze, Glas und Eisen, Tonlampen, Terrakotten, Spiegel, Amulettkapseln und -anhänger sowie zahlreiche Metallbeschläge von Kästen und Truhen aus Holz, häufig mit Schlüssel. Unter Kat. 206–212 wird eine kleine Auswahl des Fundguts der Wederather Nekropole gezeigt. Die Großfotos 206 a–d sollen eine Vorstellung von der Fundsituation geben.

206 b

206 c

206

a) Brandgrab eines vornehmen Treverers (zw. 250 u. 200 v. Chr.).
Zu erkennen sind mehrere zum Pferdegeschirr gehörige Bronzeschmuckscheiben, darunter eine Tonschüssel mit Leichenbrand, links daneben zwei stark verrostete Pferdetrensen.

b) Brandgrab des 1. Jahrhunderts n. Chr. in quadratischer Grabgrube mit fünf Tongefäßen. Zwischen den weißen kalzinierten Knochenstücken des Leichenbrands sind Münzen und Eisenreste erkennbar.

c) Brandgrab des 2. Jahrhunderts n. Chr. In einer unregelmäßigen Grabgrube steht eine runde Aschenkiste aus hellem Sandstein, darin der Leichenbrand. Der Deckel der Aschenkiste ist abgenommen. Rechts daneben ein schräg sitzender Teller und ein Krug.

d) Ausgrabungsfläche von 1958. Erkennbar ist ein ummauerter Grabbezirk mit Aschengrube. Im Hintergrund werden zwei Steinkistengräber und Spitzgräben von weiteren Grabbezirken untersucht.

207

Die Hauptmasse des Fundguts aus Gräbern stellt die Gefäßkeramik dar. Die Tongefäße werden überwiegend unverbrannt ins Grab gegeben. Sie dienten als Behälter für feste oder flüssige Speisebeigaben, gelegentlich auch als Urne. Die Auswahl zeigt römische Tongefäße des 1. bis 3. Jahrhunderts.

208

Die Technik der Glasgefäßherstellung erlernten die Treverer erst von den Römern. Die ältesten Gläser sind deshalb noch Importware aus Italien. Glasgefäße sind in Wederath charakteristisch für Frauengräber. Die Mehrzahl der Gefäße hatte als Inhalt Kosmetika. Häufig wurden die Glasgefäße auf dem Scheiterhaufen mitverbrannt; es blieben dann nur unförmige Glasklumpen übrig, sog. Glasfluß.

209

An Waffen wurden ins Grab mitgegeben Schwerter (die Klingen aus Eisen, die Scheide gelegentlich aus Bronze), Lanzenspitzen, Schilde (nur die Metallobjekte sind erhalten). Waffen wurden in Wederath überwiegend in vorrömischen Gräbern der freien Treverer gefunden, vereinzelt noch in frührömischen Gräbern. Angriffs- und Verteidigungswaffen wurden vor der Deponierung im Grab absichtlich unbrauchbar gemacht. Die Gründe dieser rituellen Waffenzerstörungen sind unbekannt.

210

In Männergräbern der vorrömischen und frührömischen Zeit werden häufig Werkzeuge gefunden. Äxte, Beile, Sägen, z. T. auch Meißel dienten zur Holzbearbeitung, große Messer zum Zerlegen des Fleisches, Punzen, Feilen und Meißel verschiedenster Form zur Metallbearbeitung. Aus Männer- und Frauengräbern kennen wir große eiserne Scheren zum Schneiden von Stoffen.

206 d

207 Römische Tongefäße des 1. bis 3. Jahrhunderts.

211

Schmuck und schmückende Trachtbestandteile wie Fibeln kennen wir aus Männer- und Frauengräbern, Glasschmuck in Form von Halsketten, Arm- und Beinringen nur aus Frauengräbern. Aus römischer Zeit, vor allem dem 1. und 2. Jahrhundert, stammt eine Vielzahl von Fibelformen, von der hier eine Auswahl gezeigt wird. Da sie dazu dienten, Kleidungsstücke zusammenzuhalten, erhalten wir durch sie wichtige Hinweise auf die Trachtsitten.

212

Meist aus Kindergräbern des 1. Jahrhunderts n. Chr. kennen wir in Wederath Lampen und Terrakotten. Letztere hatten die Funktion heilbringender Amulette. Die Auswahl zeigt außer einer einfachen Öllampe einen Lampenfüller in Form eines bärtigen Gesichts, weiterhin Terrakotten von Fortuna und Minerva, eines Widders, eines Hahns, einer Taube und eines Wasservogels.
Lit.: Haffner, Wederath 1–3. – A. Haffner, Belginum, eine kel-

210 Verschiedene in Gräbern gefundene Werkzeuge.

tisch-römische Siedlung an der Ausoniusstraße. In: Kurtrier. Jahrb. 10, 1970, 203ff. – Ders., Zum Ende der Latènezeit im Mittelrheingebiet. In: Archäologisches Korrbl. 4, 1974, 59ff. – Ders., Drei interessante Grabfunde aus Wederath-Belginum. In: Kurtrier. Jahrb. 15, 1975, 140ff. – Ders., Das keltisch-römische Gräberfeld von Wederath-Belginum. In: Führer Hunsrück 180ff. – Ders., Zur absoluten Chronologie der Mittellatènezeit. In: Archäologisches Korrbl. 9, 1979, 405ff. – Ders., Neue Ausgrabungen im keltisch-römischen Gräberfeld von Wederath-Belginum. In: Kurtrier. Jahrb. 20, 1980, 16ff. – Ders., Zum Stand der Untersuchung des keltisch-römischen Gräberfeldes von Wederath-Belginum. In: Denkmalpflege in Rheinland-Pfalz. Jahresber. 1979–1981, 188f. – E. Hollstein, Mitteleuropäische Eichenchronologie. Trierer Grabungen und Forschungen 11 (1980) 174f. – M. Kunter, Anthropologische Untersuchungen an Leichenbränden aus dem keltisch-römischen Gräberfeld von

211 Fibeln und anderer Schmuck des 1. und 2. Jahrhunderts n. Chr.

Wederath-Belginum. In: Kurtrier. Jahrb. 15, 1975, 149 ff. – Ders., Analyse von Leichenbränden aus Wederath-Belginum. In: Kurtrier. Jahrb. 20, 1980, 41 ff. – K. Goethert-Polaschek, Neue Glasfunde aus Wederath-Belginum. In Trierer Zeitschr. 45, 1982, 279 ff. – H. Polenz, Münzen in latènezeitlichen Gräbern Mitteleuropas aus der Zeit zwischen 300 und 50 v. Chr. Geb. In: Bayerische Vorgeschichtsblätter 47, 1982, 91 ff. – E. Künzl, Medizinische Instrumente aus Sepulkralfunden der römischen Kaiserzeit. In: Bonner Jahrb. 182, 1982, 71 ff. Ha.

212 Öllampen und Terrakotten aus Kindergräbern des 1. Jahrhunderts n. Chr.

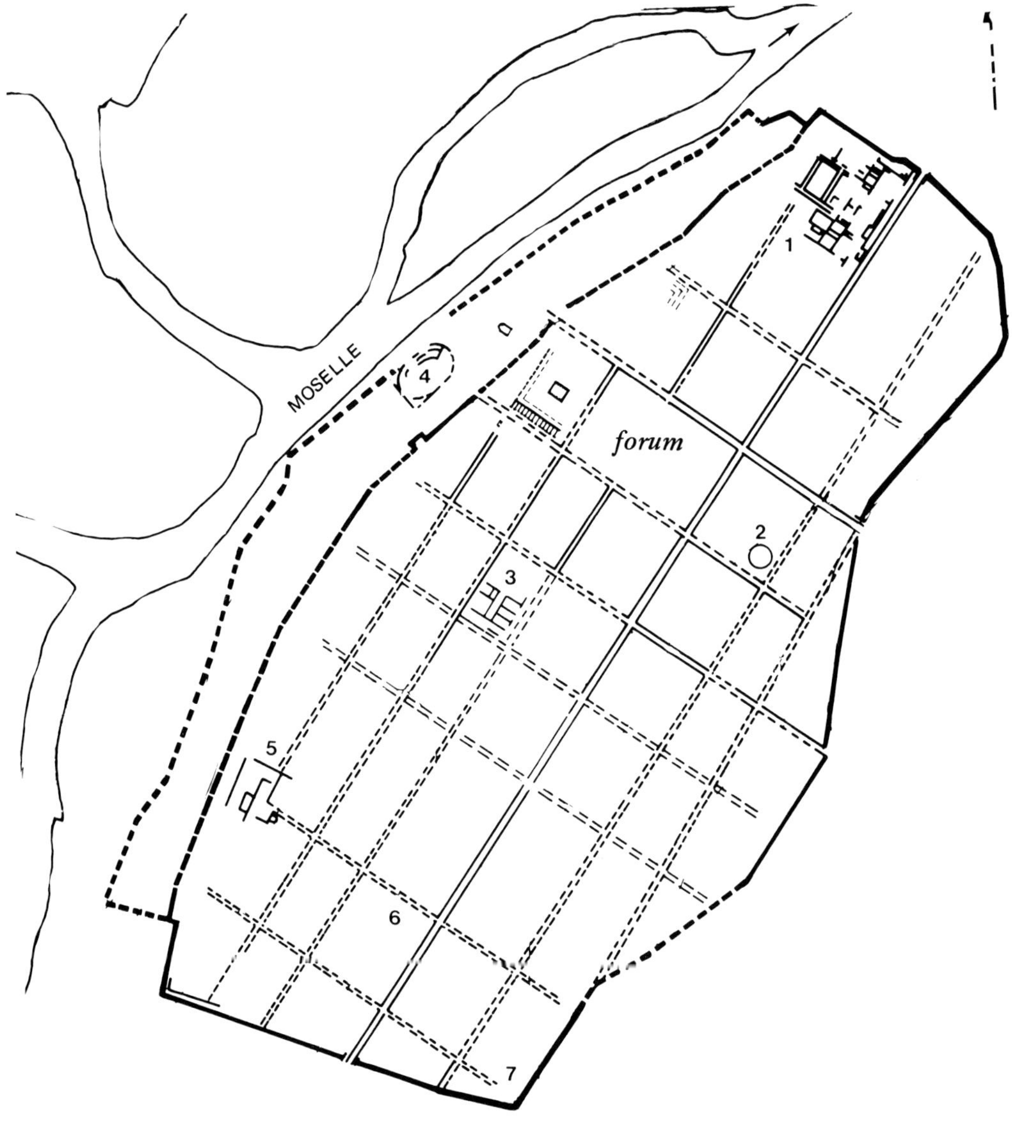

213 b

1. Nordthermen, 2. Thermen beim Kaufzentrum St. Jaques, 3. Thermen in der Rue des Clercs, 4. kleines kombiniertes Theater-Amphitheater, 5. Basilika und röm. Anlage bei St. Pierre aux Nonnains (St. Peter auf der Zitadelle), 6. Isistempel am Platz der Republik, 7. Kryptoportikus beim bischöflichen Palast, 8. Großes Amphitheater.

213a Modell der römischen Stadt Metz im 3. Jh. n. Chr.

In Übereinstimmung mit den Befunden und Beobachtungen zeigt das Modell die Bebauung, das Straßennetz und die Lage der Großbauten innerhalb der Befestigungsmauern des im 3. Jahrhundert reduzierten Stadtgebietes.
25 × 106 × 106 cm.
Museum Metz, Inv. 11321. Co.

213b Stadtplan des römischen Metz

Innerhalb der spätantiken Befestigung, die eine wesentlich kleinere Fläche des ursprünglichen Stadtgebietes umschließt, sind die durch die Straßen abgeteilten Wohnflächen von zum Teil unterschiedlichen Größen. Co.

213c Das kombinierte Theater-Amphitheater an der Mosel, Metz

Grundrißplan der in den Substruktionen der Wohnbebauung beobachteten Mauerreste der Anlage.
Lit.: E. Schramm, Jahrb. der Gesellsch. f. lothringische Geschichte 1902, Taf. 2. Co.

213d Grundrißplan der Basilika und Baureste des Forums

Die westlich des basilikalen Baues beobachteten Reste werden wegen der gleichmäßigen Anordnung der Räume auf die Läden am Forum bezogen. Co.

213c

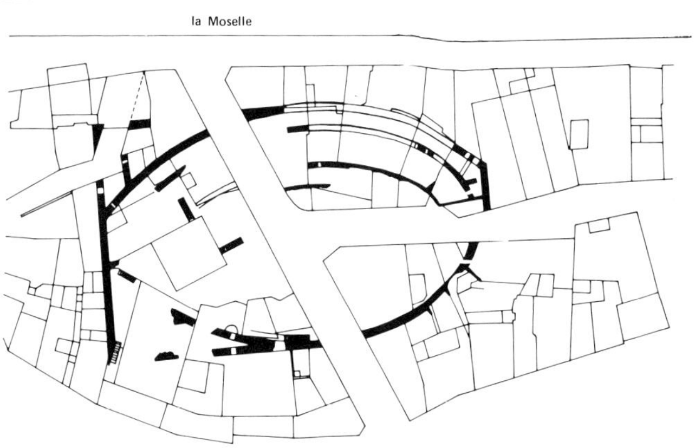

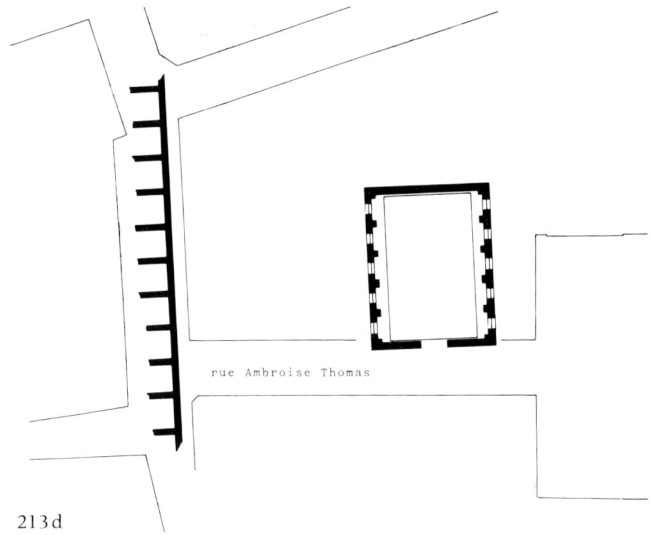

213d

213e Wasserleitung von Gorze nach Metz

(Abb. S. 52)

Die in verlorener Schalung mit sorgfältig hergerichteten Blendsteinen errichteten Pfeiler tragen die weiten Bögen der Leitungskonstruktion. Am Bogenansatz ist eine profilierte Kämpferplatte aus Werkstein eingeschoben, wodurch das Bauwerk harmonisch gegliedert und künstlerisch verschönert wird. Co.

213f Grundriß der Nordthermen

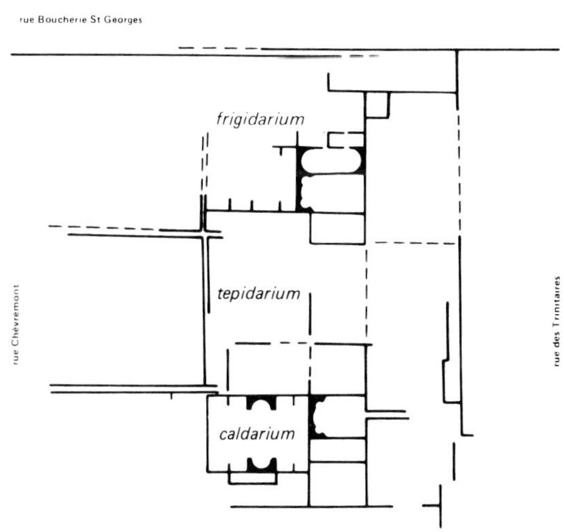

213f

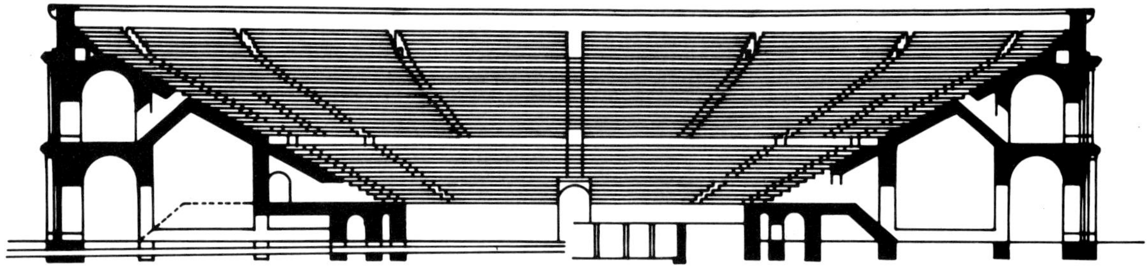

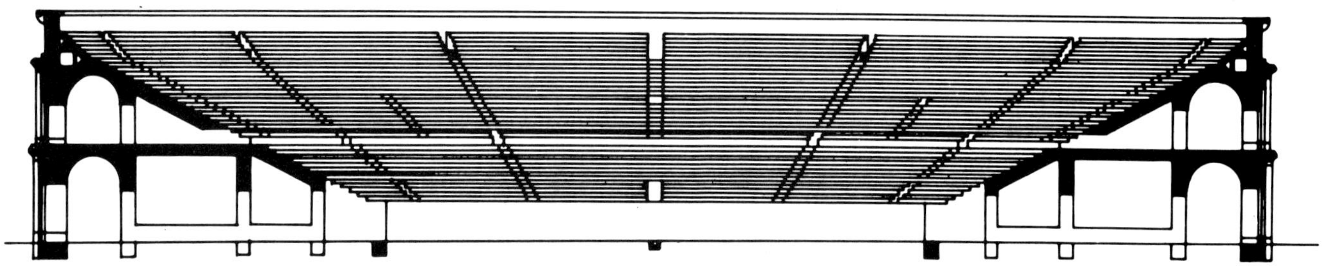

214

214 Großes Amphitheater

Längs- und Querschnitt durch die Anlage mit Darstellung der beobachteten Mauerwerke der Substruktionen, die eine zuverlässige Rekonstruktion der Anlage und eine Berechnung ihres Fassungsvermögens erlauben. Co.

215a Basilika des Forums von Metz

(Abb. s. S. 360)

Nach einem Kupferstich des XVIII. Jahrhunderts
Die eindrucksvolle Ruine mit fünf Fensterjochen und doppelten Fenstergalerien wurde im 18. Jh. zerstört.
Lit.: Gravierung entnommen dem Werk »L'histoire de Metz par des religieux bénédictins«. Co.

215b Kryptoportikus unter dem bischöflichen Palast in Metz

(Abb. s. S. 48)

Die Zeichnung zeigt einen Schnitt durch die ausgedehnte Kelleranlage eines großen Gebäudes, das nach der Form und Ausbildung der Fenster unter der Erde lag und massiv eingewölbt war.
Derartige Kryptoportiken sind in privaten Palästen wie auch in den Forumsanlagen zur Vorratslagerung bestimmt, dienen aber auch, wie in südlichen Ländern, als Wandelgänge in heißer Jahreszeit.
Lit.: E. Schramm, in: Jahrb. der Gesellschaft f. lothring. Geschichte 1903, Taf. XXXV. Co.

215c Stadtmauer der Spätantike im Nordteil von Metz

(Abb. s. S. 359)

Die Gravur zeigt einen Teil der spätantiken Stadtbefestigung, nach der Bildüberschrift als »Mauerwerk von erstaunlicher Struktur nahe der Dreifaltigkeitskirche« zu Metz.
Das Mauerwerk ist aus sorgfältig zugerichteten Werksteinen gebaut und in gleichmäßigen Lagen mit Ziegeldurchschuß versehen. Im Hintergrund ist ein turmartiger Bau zu erkennen.
Lit.: Gravur des Claude de Chastillon, Anfang 17. Jh. Co.

216 Korbmöbel, ein Sofa und zwei Sessel

Rekonstruktion im Museum Schwarzenacker bei Homburg/Saar
Etwa 2. Jh. n. Chr.

Im Rheinland und im nördlichen Gallien waren Korbmöbel sehr verbreitet und gehörten zur Einrichtung eines Wohnzimmers. Zwei Sessel, ein Sofa und ein hölzerner Tisch bildeten eine Art Triklinium. Große Steinnachbildungen von Sesseln stehen in der Grabkammer von Weiden bei Köln. Das Sofa ist unter anderem auf einem Grabmalrelief in Köln zu sehen. Recht anschaulich erscheint ein Sessel auf dem Bild der Frisierszene von Neumagen (s. S. 268).
Der Mann pflegte, gestützt auf den Ellenbogen, auf dem Sofa zu liegen. Der Frau war im allgemeinen der Sessel vorbehalten. Doch konnte selbstverständlich auch der Patron darauf Platz nehmen, wie die in Brüssel und Straßburg befindlichen Bronzestatuetten zeigen. Die Möbel bekunden voll entwickelte Korbflechterkunst.
Korbweiden.
Römisches Freilichtmuseum Schwarzenacker bei Homburg/Saar.
Lit.: F. Fremersdorf, Das Römergrab in Weiden bei Köln (1957). – Espérandieu 6456. – Cahiers d'Archéologie et d'Histoire d'Alsace 26–29, 1935–1938, 229–243. Ko.

217 a–c Drei Herdplatten

FO. Schwarzenacker b. Homburg/Saar
1. und 3. Jh. n. Chr.

Die drei Platten fanden sich gestaffelt innerhalb des Küchenraumes eines Hauses der Gewerbestraße des Vicus, Platte I zuoberst in der jüngsten Belauffläche (Zerstörungshorizont 2. Hälfte 3. Jahrhundert), Platte II tiefer in einer Belauffläche der Zeit um 300 n. Chr., Platte III tiefer als diese in einer Belauffläche der 1. Hälfte des 1. Jahrhunderts n. Chr.
I. Fast quadratisch. Daneben lagen Scherben eines Stöfchens und Henkelkruges. Das Stöfchen hat die Form eines Pyramidenstumpfes auf kurzen Füßen (17 × 17,5 cm, H. 13 cm). In jeder Wand sind zwei Luftlöcher. Der Durchmesser des Einsatzes für den Kochtopf beträgt 15 bis 16 cm. Die durchbrochenen Wände zeigen, eingeritzt, Rautenflächen und Tannenreisornament.
Der eingesetzte Kochtopf (graue, grobe Gebrauchsware; H. 12 cm; Dm. 16,5 cm) stammt aus einem anderen Fundzusammenhang, ebenso der beigesetzte einfache, dreibeinige Feuerbock (L. 72,5 cm), der Glutkratzer (L. 10,7 cm; Br. 15 cm), die federnde Zange (L. 26,5 cm) und die Herdschaufel (L. 95 cm). Der ledergelbe, glattwandige Krug ist 31,5 cm hoch.
II. Rund. Der darauf befindliche Herdzubehör stammt aus anderem Fundzusammenhang: 1. Doppelhenkelkrug (H. 34 cm); 2. Teller, graue grobe Gebrauchsware, darin Schneckenhäuser (Dm. 21 cm); 3. Fleischgabel (L. 31 cm); 4. zwei Stangenglieder einer Kesselkette (L. zusammen 59 cm).
III. Fast quadratisch, eine Rille markiert die Herdfläche. Die daraufliegende Herdschaufel (L. 65 cm) stammt aus anderem Fundzusammenhang, ebenso die drei darauf gestellten Tongefäße: 1. Krug, H. 35 cm; 2. Schlauchgefäß mit Rädchenverzierung (sog. graubelgische Ware), H. 27 cm; 3. schwarzgraue Schüssel, Dm. 26 cm.
Diese Keramik gehört in den Zeithorizont des Herdplatzes, nämlich in die 1. Hälfte des 1. Jahrhunderts n. Chr. Unweit des Hauses, in dem sich die Herdplatten befanden, wurden Töpferöfen entdeckt, in denen eine solche »graue belgische« Ware hergestellt worden ist.
Ton. – I. 86,5 × 91 cm; II. Dm. 83 cm; III. 95,5 × 103 cm.
Römisches Freilichtmuseum Schwarzenacker.
Unveröffentlicht. Ko.

218 Fensterglas

Die Fenster der treverischen Häuser waren, wie es auch in anderen Gebieten des römischen Imperiums üblich war, selbstverständlich verglast. Dies gilt nicht nur für die Häuser der Stadt Trier, sondern auch für die Villen und Bauerngehöfte auf dem Land und die einfachen Häuser in den Dörfern. Fensterscheiben verschlossen alle Öffnungen, nicht nur diejenigen der geheizten Räume, denn das z. T. rauhe Klima machte eine solche Maßnahme notwendig.
Fragmente von Fensterglas werden bei Grabungen stets gefunden, jedoch werden sie kaum einer Erwähnung für würdig befunden, so sehr wird ihre Existenz als Selbstverständlichkeit vorausgesetzt.
Die zahlreichen Bruchstücke im Trierer Museum sind selten länger als 20 cm. Ihre Stärke schwankt zwischen 2–4 mm. Sie bestehen aus grünlichem oder grüngelblichem Glas, das nur bei wenigen Stücken leicht entfärbt ist. Hinsichtlich der Lichtdurchlässigkeit sind solche Scheiben etwa unseren Butzenscheiben zu vergleichen. Die Ecken und der Rand der meisten Fragmente ist gerundet und leicht verdickt. Die glatte, etwas glänzende Oberfläche weist bei vielen Stücken längliche Dellen auf, während die platte Gegenseite mattiert rauh und mit zahlreichen winzigen punktartigen Eindrücken übersät ist. Diese Eigenarten geben Aufschluß über die Herstellungsart der Scheiben. Die Glasmasse wurde folglich auf eine mit feinem Sand bestreute Platte, die mit einem hochgezogenen Rand versehen war, gegossen. Da die zähflüssige Masse nicht immer bis zum Rand und in die Ecken floß, mußte mit Ziehinstrumenten, die die oben beschriebenen Dellen hinterließen, nachgeholfen werden.

218a

218b, c

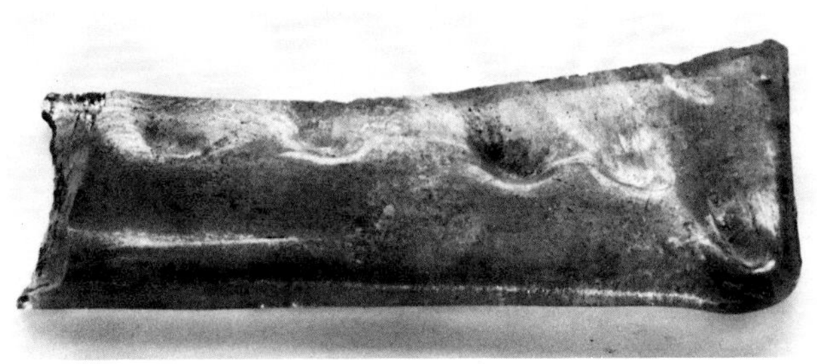

218d

Fragmente aus der im 4. Jahrhundert errichteten Kaiservilla in Konz geben einen Zuschnitt zu erkennen. Sie sind offensichtlich aus einem geblasenen Zylinder, der aufgeschnitten und in einem Ofen ausgerollt wurde, herausgeschnitten.
Die einzelnen Scheiben saßen einst in einem (meistens) wohl hölzernen Gitter, das die Fensteröffnung füllte. Nur bei einem Stück aus der Villa bei Wellen an der Mosel haftete noch ein Stück einer Bleifassung. Einen ungefähren Eindruck vom Aussehen solcher Fenster vermag die Trierer »Basilika« zu vermitteln.
Lit zu den Trierer Stücken: Goethert–Polaschek, Kurtrier. Jahrb. 18, 1978, 185–191.
Lit. allgemein zum Fensterglas: Haevernick–Weinheimer, Saalburg Jahrbuch 14, 1955, 65–73. – Boon, Journal of Glass Studies 8, 1966, 41–45. – Baatz, Archäologisches Korrbl. 8, 1978, 321 f. Goe.

a) FO. Wustweiler (Krs. Ottweiler), 1882, in der römischen Villa.
Eckstück mit Dellen zum Rand und zur Ecke hin.
Grünliches Glas. – L. noch 15,5 cm, Br. noch 9,5 cm, D. 0,5 cm.
RLM. Trier, Inv. 7057.
Lit.: Goethert–Polaschek a.O. 185 Abb. 1.

b–c) FO. Beckingen (Krs. Merzig-Wadern), 1881, in der römischen Villa.
Zwei Fragmente mit gerundetem, leicht welligem Rand.
Olivgrünes Glas. – L. noch 19 cm, Br. noch 10 cm (c), 8 cm (b), D. 0,4 cm.
RLM. Trier, Inv. 5356 (b), 5930 (c).
Lit.: Goethert–Polaschek a.O. 187 Abb. 2.

d) FO Weitersbach (Krs. Birkenfeld), 1953, in der römischen Villa.
Das kleine Eckstück zeigt auf der Oberseite fünf Eindrücke, einen sechsten in der Ecke. Die Unterseite ist sandartig rauh.
Grünliches Glas. – L. noch 7,9 cm, Br. noch 3,5 cm, D. 0,5 cm.
RLM. Trier, Inv. 53,208.
Lit.: Goethert–Polaschek a.O. 190 Abb. 4 oben. Goe.

219 Spieltafel

FO. Trier, St. Matthias, 1888.
Ende 3. bis Anfang 4. Jh. n. Chr.

Spieltafeln sind uns verhältnismäßig seltener als andere Spielutensilien erhalten geblieben. Selbstlinierte Spiele auf Ziegelplatten sind gelegentlich bekannt geworden. Zu den vier oder fünf steinernen Spieltafelresten aus Trier gehört eine vollständig erhaltene Spieltafel, die in zweiter Verwendung eine der ältesten frühchristlichen Grabinschriften getragen hat. In drei Zeilen stehen sechs Worte, wobei die beiden Worte einer jeden Zeile durch Halbkreise oder einen Kreis getrennt sind:

virtus imperi	Die Kraft des Reiches.
hostes vincti	Die Feinde sind gebunden.
ludant Romani	Spielen mögen die Römer.

219

Die Tafel diente für ein 36-Felder-Spiel. Die sechs Worte mußten aus jeweils sechs Buchstaben bestehen, um auf insgesamt 36 gleichverteilte Felder zu kommen. So ist es erklärlich, daß auf das endende i bei *imperii* verzichtet wurde. Eine bekannte Tafel ähnlichen Inhalts fordert nach den Siegen über die Parther und die Britannier 296 die Römer zum Spiel auf. Analog ist der Versuch unternommen worden, die Trierer Spieltafel auf die Siege Constantins über die Franken und Alamannen 306 zu beziehen. Andere Tafeln wenden sich mit ihren Texten dem Circusleben oder, wie am häufigsten, dem eigentlichen Spiel mit Würfeln und Spielsteinen zu. Die Spielregeln gerade dieses Spiels sind nicht bekannt. Ebenso ist kein literarischer Beleg direkt auf die mit Spieltafeln dieser Art verbundenen Spiele zu beziehen. Die Tafeln scheinen in einfachen Kreisen für ein bescheidenes Vergnügen Verwendung gefunden zu haben. In wirklich zweiter Nutzung erst werden sie gelegentlich ebenso wie auch anderes Steinmaterial aus Marmor für frühchristliche Grabinschriften herangezogen. Die vollständig erhaltene Trierer Spieltafel erreicht fast die doppelte Größe anderer 36-Felder-Tafeln. Da bei der begrenzten Felderzahl wohl wenige Spielsteine ausreichten, können die verzierten und mit Graffiti versehenen beinernen Spielsteine hier mit Würfeln Anwendung gefunden haben.

Weißer Marmor. – L./Br. 70 × 42 cm.

Abtei St. Matthias in Trier.

Lit.: E. Gose, Katalog der frühchristlichen Inschriften in Trier. Trierer Grabungen und Forschungen III (Berlin 1958) Nr. 39. – N. Gauthier, Recueil des inscriptions chrétiennes de la Gaule antérieurs à la renaissance carolingienne, publ. sous la direction de H.-I. Marrou. I: Première Belgique (Paris 1975) Nr. I 39.

Schw.

220 Spielsteine und Würfel

Für die Lust am Spielen bei Jung und Alt sprechen die vielen Spielsteine und Würfel aus Trier, z. T. mit mannigfaltigen Formen und Verzierungen. Die kleineren runden Steinchen werden allgemein als Brettsteine angesehen. Sie sind zumeist aus Glas oder Bein, seltener sind sie wie die größeren aus Stein oder Ton. Mehr Sorgfalt ist gerade den kleineren Brettsteinen bei ihrer Ausgestaltung zuteil geworden. Die flachen Steine aus Bein sind vielfach an einer Seite mit konzentrischen Ringen oder einer Delle für die Finger versehen. Mitunter tragen sie auch phantasievolle Ornamente, Zeichen und Worte. Hierfür mögen der Wunsch, das Glück mit bestimmten Symbolen herbeizuzwingen, die Besitzanzeige oder die Regeln eines unbekannten Spieles der Anlaß gewesen sein. Zahlreich sind die kleinen halbkugeligen oder kalottenförmigen Spielsteine, oftmals aus Glas hergestellt. Sie dienten wohl für Spiele auf schachbrettartigen Spieltafeln, darunter wohl für den »ludus latrunculorum«, ein Belagerungsspiel nach Art des heutigen Damespiels, allerdings mit 30 Figuren auf jeder Seite.

Die größeren Spielsteine, bis zu 10 cm Dm., von oft roher Machart, wurden zum Werfen, Schieben oder Rollen genutzt. Häufig sind sie aus Marmor- oder Ziegelplatten bzw. aus Bodenstücken unbrauchbar gewordener Gefäße zurechtgeschlagen und beschliffen. Eingeritzte Motive aus der Rennbahn sowie Pferdenamen auf diesen größeren »Schibbelsteinen« lassen ein Rennspiel nach dem Vorbild des Circus vermuten. Hunderte dieser groben größeren Spielsteine, die allerdings nicht immer eindeutig von Gewichtssteinen oder Gefäßverschlüssen getrennt werden können, belegen einfache, überall anwendbare Spielformen, die auch eine weite Verbreitung gefunden haben.

Würfel entsprechen gewöhnlich in der Gestalt wie in der Anordnung der Seiten mit der Summe von sieben Augen für jeweils zwei gegenüberliegende Flächen modernen Würfeln. Die größeren Würfel haben heute offene oder noch verschlossene Löcher. In diesen Fällen wurden vielfach »Falschspielerwürfel« angenommen, was ohne weiteren Beweis jedoch in Zweifel gezogen werden darf. Die begrenzte Dicke fester Knochenwände bei europäischen Säugetieren machte größere massive Würfel einfach unmöglich.

Lit.: P. Steiner, Saalburg Jahrb. 9, 1939, 34–45 Taf. 19–22.

a) FO. Trier, Olewiger Str., 1907.

Glatter Spielstein mit Graffito. Neben senkrechtem Palmzweig links Sol, rechts Luna (?). Unter Sol Zahl LXX (? 70), unter Luna XX (? 20). Im unteren abgeschrägten Kreissegment zwei gekreuzte Palmwedel.

Bein. – Dm. 2,6 cm, D. 0,5 cm.

RLM. Trier, Inv. ST. 8825.

Lit.: P. Steiner, Saalburg Jahrb. 9, 1939, 42 Taf. 21, 15.

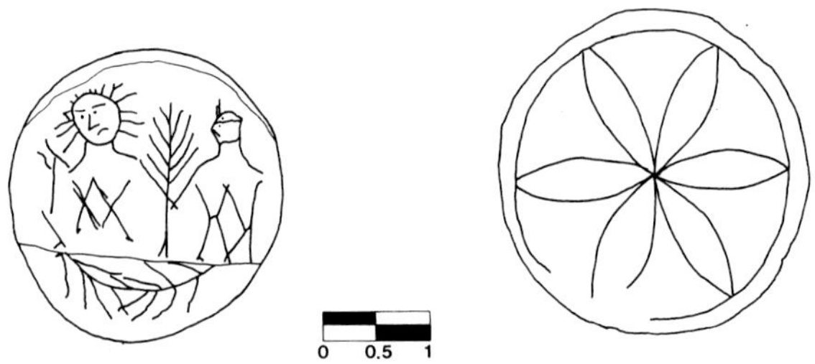

220a, b

b) FO. Trier, Feldstr., 1901.
Glatter Spielstein. Auf der Oberfläche sechsblättrige Rosette im Kreis eingeritzt; Graffito PL auf der Unterseite.
Bein. – Dm. 3,2 cm, D. 0,6 cm.
RLM. Trier, Inv. ST. 2378 b.
Lit.: P. Steiner, Saalburg Jahrb. 9, 1939, 43 Taf. 21, 23 a b.

c) FO. Trier, Domfreihof, 1902.
Hoher Spielstein mit trichterförmiger Delle; an der Unterseite Graffito XX (20).
Bein. – Dm. 2,2 cm, D. 0,75 cm.
RLM. Trier, Inv. ST. 5411 a.
Lit.: P. Steiner, Saalburg Jahr. 9, 1939, 42 Taf. 21, 5.

d) FO. Trier, Altbachtal, 1929.
Spielstein mit sechs konzentrischen Rillen an der Oberseite, die Unterseite ist flach.
Bein. – Dm. 2,4 cm, D. 0,3 cm.
RLM. Trier, F. Nr. 8466 a.

e) FO. Trier, Neustr., 1902.
Kalottenförmiger Spielstein.
Tief dunkelgrünes Glas. – Dm. 2 cm, D. 0,7 cm.
RLM. Trier, Inv. ST. 5246.

f) FO. Trier, Nikolaus-Koch-Platz, 1902.
Kalottenförmiger Spielstein.
Schwarzes Glas. – Dm. 1,6 cm, D. 0,7 cm.
RLM. Trier, Inv. ST. 2869 c.

g) FO. Trier, zwischen Luxemburger und Eurener Str., 1883.
Spielstein aus einem Sigillata-Gefäßboden mit Töpferstempel MARCIA[nus od. -ni] des Töpfers Marcianus; an der Unterseite noch glänzender Überzug; Ränder beschliffen.
Roter Ton. – Dm. 2,2 cm, D. 0,8 cm.
RLM. Trier, Inv. 8878.
Lit.: P. Steiner, Saalburg Jahrb. 9, 1939, 42 Taf. 21, 7.

h) FO. Trier, Altbachtal, zwischen den Sitzsteinen des Theaters, 1931.
Scheibenförmiger Spielstein aus dem Boden eines Sigillata-Tellers mit Überzug an Ober- und Unterseite; Rand abgeschliffen.
Roter Ton. – Dm. 3,2 cm, D. 0,8 cm.
RLM. Trier, Inv. ST. 11771.

i) FO. Trier, südliches Töpfereigelände, 1933.
Quadratischer bis scheibenförmiger Spielstein; aus einem Ziegel geschlagen; der Rand ist z. T. abgeschliffen.
Grober roter Ton. – Dm. 5,9–6,5 cm, D. 2,7 cm.
RLM. Trier, Inv. N.S.B. 10 c.

j) FO. Trier, Altbachtal, 1930.
Großer, fast kubischer Würfel aus einem Röhrenknochen mit Einsatzplättchen in dem Feld mit drei Augen. Die Füllung im gegenüberliegenden Vierer-Feld ist nicht mehr erhalten. Augen aus zwei konzentrischen Kreisen mit Mittelpunkt.
Bein. – Kantenl. 1,9–2,2 cm.
RLM. Trier, Inv. ST. 11945.

k) FO. Trier, Altbachtal, 1930.
Kubischer Würfel; Augen aus zwei konzentrischen Kreisen mit Mittelpunkt, ungleichmäßig eingetieft.
Bein. – Kantenl. 1,4 cm.
RLM. Trier, Inv. ST. 12067 Schw.

221 Schreibgerät

Häufig ist auf den Denkmälern des Trierer Landes der Gebrauch von Wachstafel und Griffel (*stilus* oder *graphium*) dargestellt, vor allem bei Pachtzahlungsszenen in den Händen eines buchführenden Angestellten. Ebenso zahlreich haben sich die Griffel erhalten, deren spitzes Ende in das weiche Wachs eines Holztäfelchens geschrieben wurde. Ein Fehler konnte leicht mit dem breiten schraubenzieherartigen Ende eines umgedrehten Griffels korrigiert werden, indem das weiche Wachs einfach wieder glatt gestrichen wurde. Mit Wachs bestrichene Holztäfelchen haben sich dagegen in unseren Gegenden unter für sie ungünstigen Bedingungen nur höchst selten erhalten. Zu erwarten sind allenfalls die gerahmten Holzbrettchen. Das schwarze Wachs, durch das das helle Holz nach einer Beschriftung hindurchleuchtete, ist zumeist bereits vergangen; vgl. das schwarze wachsbestrichene Holztäfelchen mit hellem Rand und den Stilus in der Hand eines Jugendlichen auf dem Musenmosaik, Kat. 246. Schriftreste blieben erhalten, wenn sie allzu tief in das weiche Holz eingedrückt waren. Diese Schrifttäfelchen, bei denen zwei, drei oder mehrere Täfelchen zu Diptycha, Triptycha oder Polyptycha zusammengeschnürt wurden, bildeten nach Aussage der bildlichen Darstellungen mit den meist bronzenen Griffeln das übliche, relativ billige, aber auch nicht dauerhafte

221 mit nachgebildeter Wachstafel

Schreibmaterial. Daneben konnten auch dünne grundierte Holztäfelchen mit Tinte beschrieben werden.
Schreiben von besonderer Bedeutung dagegen wurden meist auf Pergament oder Papyrus mit schwarzer, aus Ruß und Säure angesetzter, oder roter Tinte festgehalten. Hierzu benutzte man die im Vergleich zu den Griffeln seltenere Schreibfeder (*calamus*). An der Spitze gespalten ähneln sie modernen Federn. Ein löffelartiges Ende mag dazu gedient haben, die Tinte an- oder umzurühren, Verunreinigungen aus der Tinte zu entfernen oder auch dazu, einen Schreibfehler wieder auszukratzen. Tintenfässer hatten neben einem größeren zentralen Loch im Deckel ein seitliches Loch in der Ablaufrille. Durch letzteres konnte die Tinte vom abgeschrägten Deckel wieder in das Gefäß zurückfließen.
Lit.: J. A. Merten, Römisches Schreibgerät aus Trier, Funde und Ausgrabungen im Bezirk Trier H. 14 = Kurtrier. Jahrb. 22, 1982, 14*–19*.

a) FO. wahrscheinlich Trier, 1939.
2. H. 1. Jh. n. Chr.
Terra-Sigillata-Tintenfaß mit Standring und bauchiger Wandung. Der tiefsitzende Deckel hat unter dem 2,8 cm im Dm. großen Einfülloch einen längeren Hängekragen. In der Ablaufrille ein kleines 0,2 cm breites Loch; an der Innenseite des Tintenfasses schwarze Tintenflecken.
Terra sigillata. – H. 6,6 cm, Dm. 9 cm.
RLM. Trier, EV. 39,86.
Lit.: Trierer Zeitschr. 15, 1940, 69.

b) FO. Trier, Zuckerbergstraße, 1902.
Schreibfeder aus röhrenförmig zusammengebogenem Bronzeblech; am oberen Ende ist die Röhre löffelartig ausgebreitet. Leicht verbogen ist die ebenfalls ausgefaltete Spitze der Feder, die 0,4 cm tief eingeschlitzt ist.
Bronze. – L. 10,3 cm.
RLM. Trier, Inv. ST. 4001 a.

c) FO. unbekannt.
Schreibfeder wie b, jedoch mit breiterem Löffelchen. Abgebrochen ist ein Teil der Federspitze.
Bronze. – L. 9 cm.
RLM. Trier.

d) FO. vermutlich Trier, 1879.
Schreibgriffel mit dickem langem, im Querschnitt rechteckigem Stiel. Die ungewöhnlich breite und große Glättfläche ist durch ein umlaufendes Profil vom Stiel abgesetzt.
Bronze. – L. 12,3 cm.
RLM. Trier, Inv. 1234.

e) FO. Trier, Dietrichstraße, 1885.
Schreibgriffel mit langem rundem Stiel, an dessen Ende ein hundeähnlicher Tierkopf die im Ansatz schmale, jedoch breit auslaufende und mit einer Gravur verzierte Glättfläche mit dem Maul hält.
Bronze. – L. 12,2 cm.
RLM. Trier, Inv. 11444.

f) FO. unbekannt, aus altem Museumsbestand.
Schreibgriffel mit in der unteren Hälfte rundem, in der oberen Hälfte tordiertem Stiel und trapezförmiger Glättfläche; würfelförmiger, mit liegenden Kreuzen verzierter Absatz in der Mitte des Stiels.
Bronze. – L. 10,9 cm.
RLM. Trier, Inv. 38,2433.

g) FO. vermutlich Trier, 1880.
Kurzer Schreibgriffel mit rundem, in der oberen Hälfte tordiertem Stiel, der in trapezförmigen Glätter ausläuft.
Bronze. – L. 6,4 cm.
RLM. Trier, Inv. 3177.

Schw.

222 Relief mit Bibliothek

FO. Neumagen (Krs. Bernkastel-Wittlich)
2./3. Jh. n. Chr.

Im 17. Jh. wurde in Neumagen ein Relief gefunden, das bald wieder in Verschollenheit geriet, glücklicherweise aber in dem Werk von Ch. Brower und J. Masen über die Geschichte Triers

222

(1670) abgebildet wurde. Es gewährt einen Blick in eine Privatbibliothek. In den Fächern eines zweiteiligen Regals liegen Buchrollen; die meisten von ihnen sind mit einem trapezförmigen »Titulus« versehen, der Autor und Titel des Werkes nennt. Ein Benutzer nimmt eine der Rollen heraus. Rechts im Bild ist ein Stehpult erkennbar, auf dem ein aufgerolltes Buch lesebereit liegt.

Material und Maße unbekannt.
Verschollen.
Lit.: Espérandieu 5176. – W. von Massow, Die Grabmäler von Neumagen (Berlin/Leipzig 1932) Nr. 445. – W. Binsfeld, Bonner Jahrb. 173, 1973, 203ff. mit Abb. 3. Bi.

223 Schulrelief

FO. Neumagen (Krs. Bernkastel-Wittlich)
Spätes 2. Jh. n. Chr.

Das Relief zwischen zwei kunstvollen Pilastern läßt uns einen Blick auf das Unterrichtswesen werfen. In der Mitte sitzt der Lehrer auf erhöhtem Sessel, links und rechts von ihm zwei Schüler. Beide haben ihre Buchrolle aufgeschlagen und lesen ihre Lektüre, die man sich in vom oberen Rollenrand bis zum unteren verlaufenden Kolumnen oder Spalten geschrieben vorstellen muß. Von rechts tritt grüßend hinzu ein dritter Schüler mit fünf gebündelten Schreibtäfelchen. Sie bestanden aus Holz und waren mit einer Wachsschicht überzogen, in die man mit einem Griffel schrieb (vgl. Kat. 221).
Der Besitzer des Grabmals, zu dem das Relief gehörte, wollte wohl demonstrieren, daß er in einen Privatlehrer Geld inve-

223

stiert hatte, das in einer soliden Ausbildung seiner Sprößlinge Zinsen bringen sollte.
Sandstein. – H. 60 cm, Br. mit Pilastern 193 cm.
RLM. Trier, Inv. 9921.
Lit.: Espérandieu 5149. – W. von Massow, Die Grabmäler von Neumagen (Berlin/Leipzig 1932) Nr. 180. – Schindler, Führer Abb. 141. Bi.

224 Mahl- und Küchenszene

FO. Igel (Krs. Trier-Saarburg)
3. Jh. n. Chr.

Die Igeler Säule (s. Kat. 118) zeigt unter den Szenen aus dem Leben der hier bestatteten Tuchhändlerfamilie zwei, die sich im Inneren des Wohnhauses abspielen. Im Fries der Frontseite sieht man in der Mitte zwei Paare der Familie beim Mahl. Um einen Tisch sitzen die Frauen auf Stühlen, während die Männer nach klassischer Sitte liegen. Es wird getrunken, und an dem Fruchtkorb im Schoß der rechten Frau erkennt man, daß die Familie »bis zum Obst«, wie Horaz sagt, also zum Nachtisch, angekommen ist. Links hinter einer Säule füllen Diener Wein aus, der in Kannen auf und bei einem einbeinigen Tisch steht. In der Kammer am rechten Ende hat man schon auf einem schweren Tisch mit dem Abwasch der großen Platten begonnen.
Der Fries an der rechten Flanke gewährt einen Blick in die Küche. Links kommt durch einen Bogen ein Diener mit einer Eßplatte, ein weiterer steht an einem Tisch und scheint Fleisch zu tranchieren. Daneben bereitet ein Mann in einer Art Reibschüssel, die auf einem Holzbock steht, Speisen (Gewürze?) zu. Ganz rechts wird auf einem gemauerten Herd in einer großen Pfanne gekocht. Das reine Küchenpersonal unterscheidet sich in der Tracht von den mit gallischem Kittel bekleideten und mit Servietten versehenen Personen, die die Herrschaft unmittelbar bedienen.
Sandstein. – H. 70 cm, Br. Front: 360 cm, Flanke: 270 cm.
Zeichnung: L. Dahm, RLM. Trier.
Lit.: H. Dragendorff/E. Krüger, Das Grabmal von Igel (Trier 1924) 73 ff. – E. Zahn, Die Igeler Säule bei Trier (Neuß 1968). – Schindler, Führer Abb. 7. Bi.

225 Ansicht der Barbarathermen

Zeichnung von A. Wiltheim, 17. Jh.

Südlich des Decumanus maximus wurden auf bereits im 1. Jahrh. n. Chr. bebautem Terrain die Barbarathermen als öffent-

224

224

liche Badeanlage auf eine Fläche von 170 m zu 250 m errichtet. Der von weitläufigen Portiken gesäumten Palästra schließt sich südlich das Badegebäude an. Es besteht aus den großen Haupträumen des Frigidariums, Tepidariums und Caldariums, denen jeweils symmetrisch liegende Wannen, Lichthöfe und Nebenräume verschiedenster Nutzung zugeordnet sind. Der Reichtum der Ausstattung wird nicht nur durch marmorne Fuß- und Wannenböden, Marmorsäulen, Wandverkleidungen und muschelverzierte Putzreste der Wölbung angezeigt, sondern auch durch zahlreiche Fragmente von Skulpturen, die als meisterhafte Kopien nach griechischen und hellenistischen Vorbildern gearbeitet sind.
Nicht minder prachtvoll waren Front- und Rückseite des Badegebäudes ausgeführt, säulenverzierte Nischen, Pilaster und hochragende Fensterflächen lösten die mächtigen Mauern auf.
Noch bis in das 17. Jahrh. standen bedeutende Teile der Thermen bis zur Gewölbehöhe, bevor die Ruinen, als stadtnaher Steinbruch mißbraucht, bis zum Erdboden abgetragen und zerstört worden sind. Cü.

226 Amazone

FO. Trier, Barbarathermen
2. Jh. n. Chr.

Die heute sog. Barbarathermen in Trier waren, wie alle Thermen, reich mit Marmorkopien griechischer Meisterwerke geschmückt und somit gleichsam auch Museen.
Dazu gehört der Torso einer Kopie der Amazone, die der klassi-

sche Bildhauer Phidias im 5. Jh. v. Chr. für das Artemis-Heiligtum in Ephesus geschaffen hat. Die Amazone steht da in der typischen Tracht dieser kriegerischen Frauen der Sage mit hochgeschürztem Gewand, das die linke Brust freiläßt; an der linken Seite hängt der Köcher für die Pfeile. Es fehlen zwar Kopf, linker Unterarm, rechter Arm und Beine, aber aus besser erhaltenen Darstellungen wissen wir, daß die Amazone das verwundete linke Bein zur Schonung anzog und mit ihrer Lanze entlastete, die sie mit der rechten Hand aufstemmte. Von den zahlreichen antiken Kopien dieses Meisterwerks ist die aus den Barbarathermen die getreueste.
Weißer Marmor. – H. noch 75 cm.
RLM. Trier, Inv. G. 41.
Lit.: Espérandieu 4975. – D. von Bothmer, Amazons in Greek Art (Oxford 1957) 218 Nr. 62 mit Taf. 89, 5. – H. Manderscheid, Skulpturenausstattung der kaiserzeitlichen Thermenanlagen (Köln 1981) 69 Nr. 12 mit Taf. 14. – Schindler, Führer Abb. 168. Bi.

226

227 Schlafender Amor

FO. Trier, Barbarathermen
2. Jh. n. Chr.

Der schlafende Amor ist in zahlreichen Varianten wohlbekannt in der antiken Kunst, man vermutet ein Vorbild in der hellenistischen Kunst des 3. Jh. v. Chr.
Die Statuette aus den Barbarathermen zeigt den geflügelten Amor in tiefem Schlaf auf einem Löwenfell liegend. Der rechte Arm ist unter den Kopf gebogen, der ermatteten linken Hand sind zwei Mohnkapseln, Sinnbilder des Schlafes, entfallen.
Das Löwenfell ist Attribut des Hercules. Es ist hier – ebenso wie Keule und Köcher, die bei anderen Darstellungen dieser Art vorkommen, hier aber fehlen (der vordere Rand und die Beine von den Knien ab sind nicht erhalten) – in einem dem Knaben angemessenen Miniaturformat wiedergegeben. Ist der zarte Amor vom kriegerischen Hercules-Spiel ermattet eingeschlafen?
Weißer Marmor. – L. noch 37 cm.
RLM. Trier, Inv. 09, 793.
Lit.: Expérandieu 5071. – H. Manderscheid, Skulpturenausstattung der kaiserzeitlichen Thermenanlagen (Köln 1981) 68 Nr. 5 mit Taf. 13. – Schindler, Führer Abb. 173. Bi.

227

228

228 Knabenbildnis

FO. Trier, Weberbachstraße
um 200 n. Chr.

Das Porträt stellt einen etwa sechsjährigen Knaben dar. Der lebendige Gesichtsausdruck mit den vollen Wangen und dem leicht geöffneten kleinen Mund ist dem jugendlichen Alter angemessen. Die steile Stirn und die Wangen werden von einem relativ weit zurückliegenden Lockenhaar gesäumt. Eine schwache Scheitellinie gliedert das strähnige Haar bis zum Hinterhauptwirbel. Auf der Mitte der Schädelkalotte ist ein Eisendorn in Resten erhalten, der das Aufsetzen von Vögel auf die im Freien stehende Skulptur verhindern sollte. Gewisse Ähnlichkeit mit Porträts des jugendlichen Prinzen Caracalla erlauben die allgemeine Zuweisung in die Zeit um 200 n. Chr.
Weißer Marmor. – H. 17,5 cm, Br. 14 cm.
RLM. Trier, Inv. EV. 67,25.
Lit.: H. Cüppers, Trierer Zeitschr. 37, 1974, 175. Cü.

229–242 Körperpflege und Kosmetik

Körperpflege spielte im römischen Alltag eine große Rolle. Nicht nur Frauen sondern auch Männer widmeten ihr viel Zeit.
Nach einem ausgiebigen Bad rieb man den Körper mit Öl ein, das in kleinen farbigen Glasfläschchen aufbewahrt wurde (s. Kat. 230). Mit Pinzetten (s. Kat. 231) entfernte man die als unschön empfundenen Haare an Armen, Beinen, Brust und Achseln; auch jene treverischen Herren, die römischer Sitte nacheiferten, werden sich wohl dieser Prozedur unterzogen haben.
Anschließend wurden noch die Ohren mit einem langen, löffelartigen Instrument gereinigt (s. Kat. 232), der Schmutz unter den Nägeln entfernt und die Haut von den Nägeln geschoben. Die zu dieser Pflege notwendigen Gegenstände konnte man an einem Scharnier befestigt als Necessaire bei sich tragen (s. Kat. 233).
Die unangenehmen Körpergerüche bekämpfte man mit Parfüms, die in kleinen gläsernen Fläschchen verwahrt wurden (s. Kat. 230).
Die schönheitsbewußten Damen widmeten einen großen Teil ihrer Zeit dem Auftragen des make up. Das Schminkpulver oder die Salben entnahmen sie hölzernen oder beinernen Büchschen (s. Kat. 234) oder auch Glasfläschchen (s. Kat. 230) mit Hilfe eines Löffels, der aus Bein, Bronze oder Silber gefertigt war (s. Kat. 236). In einem steinernen Mörser oder in einer dicken Glasschale (vgl. Schindler, Führer Abb. 192) konnte man den Rohstoff mit einem Stößel zerkleinern. Auf einer Steinplatte (s. Kat. 237) vermischte und verteilte man das Pulver mit Hilfe einer Löffel- oder Spatelsonde (s. Kat. 238), um es schließlich mit Speichel zu einem Brei zu verrühren und aufzutragen. Ging die Dame aus, führte sie die gewünschten Schminkutensilien in einem kleinen Salbenkästchen (s. Kat. 235) mit sich. Richtlinien zum richtigen Schminken für Haut, Augen, Brauen und Wimpern hat der Dichter Ovid, der um Christi Geburt lebte, in amüsanten Versen in seiner Ars Amatoria (Liebeskunst) zusammengetragen. So lesen wir z. B., daß die Allzubleiche Rouge auftragen soll, während die Dunkelhäutige ihren Teint durch creta (ein Kreidegemisch) oder cerussa (Bleiweiß) aufhellen soll.
Ein letzter Blick in den Spiegel (s. Kat. 239) zeigte, ob noch Korrekturen notwendig waren.
Die langen Haare half eine Dienerin mit Hilfe eines beinernen Kammes (s. Kat. 240) in die gerade herrschende Modefrisur zu legen (Abb. S. 268). Reichte das eigene Haar für den Frisurenaufbau nicht aus, so nahm man falsche Haarteile zu Hilfe. Bei Haarausfall bedienten sich auch die Herren einer Perücke.
Nadeln aus Bein, Bronze oder Silber mit verzierten Köpfen (s. Kat. 241) hielten die einzelnen Haarpartien zusammen und dienten gleichzeitig als Schmuck, vergleichbar den bunten Haarspangen, die heutzutage modern sind.
Die Frisierszenen, die auf den treverischen Grabdenkmälern im

Gegensatz zu anderen Gebieten des römischen Imperiums recht häufig vorkommen, geben einen lebendigen Eindruck von der allmorgendlichen Toilette einer treverischen Dame (Abb. oben)*.
Toilettengegenstände (z. B. Beinbüchschen, Schminkstäbchen, Salbenlöffel, Reibsteine usw.) gab man im 1. Jahrhundert n. Chr. den treverischen Frauen gern ins Grab, indem man sie in ein schützendes Holzkästchen legte (ein schönes Beispiel ist das Grab 1026 von Wederath-Belginum mit einer Caligula-Münze von 37 n. Chr. Haffner, Wederath 3 Taf. 267, 1026), während man im 4. Jahrhundert n. Chr. sich hauptsächlich auf die Beigabe mehrerer Haarnadeln beschränkte. Goe.

*) Schindler, Führer Abb. 337. – W. von Massow, Die Grabmäler von Neumagen (Berlin/Leipzig 1932) Taf. 34, 184 a; 38, 186 a 12; 60, 314; 64, 462. – M. Baltzer, Die Alltagszenen der treverischen Grabmäler. Trierer Zeitschr. 46, 1983 (im Druck).

229 Kopf einer jungen Frau

FO. Trier, Fleischstr. 1901
2. Viertel des 1. Jh. n. Chr.

Die junge Frau mit den ebenmäßigen glatten Gesichtszügen hat das wellige über der Stirnmitte gescheitelte Haar locker zu den Seiten gekämmt und im Nacken in vier Zöpfe verflochten. Diese sind zu einer Schlaufe umgeschlagen und werden von zwei schmalen Zopfflechten zusammengehalten. Aus der Zopfschlaufe windet sich zu jeder Seite je eine Haarlocke heraus, die gefällig auf die Schulter fällt. Am Vorderkopf wird oberhalb des lockigen Stirnhaares ein Haarband sichtbar.

229

In die durchbohrten Ohrläppchen waren einst metallene Ohrringe gehängt. Der Kopf war zum Einsetzen in eine Gewandstatue bestimmt, wie die zapfenartige Herrichtung an der Unterseite zeigt.
Die junge Frau trägt eine der Haartrachtvarianten, die im 2. Viertel des 1. Jahrhunderts n. Chr. in Mode waren. Erst um die Jahrhundertmitte wird diese schlichte Frisur durch zahllose kleine Löckchen am Vorderkopf bereichert, die dann in der 2. Hälfte des 2. Jahrhunderts bekanntlich zu hohen Toupets aufgetürmt wurden.
Das Bildnis gehört nicht nur zu den frühesten Skulpturen des römischen Trier, sondern auch zu einem der frühesten Marmorporträts des Rheinlandes. Verwunderlich ist die Wahl des Marmors, der im 1. Jahrhundert n. Chr. – anders als im südlichen Gallien – in Trier kaum verwendet wird. Das Porträt gibt folglich eine hochgestellte Persönlichkeit wieder, die in Trier durch Aufstellung einer Statue besonders geehrt wurde.
Carrarischer Marmor. – H. 25 cm, Gesichtsl. 14,5 cm.
RLM. Trier, Inv. ST. 3195.
Lit.: Espérandieu 4983. – Polaschek, Trierer Zeitschr. 35, 1972, 141 ff. Goe.

229

Gräbern des Trierer Landes kommen sie nur vereinzelt vor. Sie sind folglich als ein Zeichen der Romanisierung zu werten und als Ausdruck der verfeinerten römischen Lebensweise. Folgende Formen sind im 1. Jahrhundert n. Chr. in Trier besonders beliebt:

1. Balsamarien mit beutelförmigem Körper, die überwiegend aus blaugrünem oder hellblauem Glas, zuweilen aus farbigem Glas hergestellt sind (s. unten a).
2. Balsamarien mit kugligem oder birnenförmigem Körper, die überwiegend aus farbigem Glas bestehen (s. unten b–g).
3. Stangenartige Balsamarien aus grünblauem oder hellblauem, selten farbigem Glas, deren röhrenförmiger Hals gegen den langgestreckten tropfenartigen Körper durch leichte Einschnürung abgesetzt ist (s. unten h).

Diese Gläser sind frei geblasen. Das bedeutet: der Glasmacher entnahm mit der Glasmacherpfeife einem Tongefäß im Ofen, dem Hafen (s. Kat. 274), etwas Glasmasse (einen Posten) und blies diese auf, wodurch die kuglige Form entstand. Neigte er die Pfeife nach unten, erhielt die Glasblase mehr tropfenförmige Gestalt. Mit einer Auftreibschere wurde der Hals nach Bedarf verlängert.

All diese Gläser wurden nicht im Trierer Gebiet hergestellt, sie sind vielmehr auf dem Handelsweg, wahrscheinlich aus Oberitalien, hierher gelangt. Goe.

*) Haffner, Wederath 3, 26 f. Grab 1026 Taf. 267, 3 Farbtaf. C 3 (mit einer Münze des Caligula, 37 n. Chr.). – Röm. Gläser. Führer Farbtaf. B 15.

230 Gläserne Balsamarien

Die Fläschchen, die einst wohlduftende Salböle, Parfüms oder Schminke enthielten, trugen natürlich ursprünglich einen Verschluß. Da dieser bei keinem einzigen Stück bisher gefunden worden ist, muß er aus einem Material gefertigt gewesen sein, das im Boden vergangen ist (etwa Kork; Glas- oder Tonstöpsel wären auch zu schwer für die leichten Gefäße und würden sie zum Umstürzen bringen). So konnte Erde in die Gläser eindringen und sich mit den dort befindlichen Rückständen vermischen, so daß der Inhalt bei den Trierer Stücken nicht mehr festgestellt werden konnte, zumal er beim Reinigen der Gläser unbeachtet entfernt wurde. Nur bei einem Fläschchen aus einem Grab von der Nekropole Wederath-Belginum im Hunsrück (s. Kat. 206 ff.)*), dessen enge Mündung mit Lehm verschmiert ist (sicherlich nicht ursprünglich), ist noch eine rosafarbene Masse (Rouge?) erhalten.

Die Balsamarien des 1. Jarhunderts n. Chr. wurden überwiegend in den Gräbern der Stadt Trier gefunden – die gleiche Feststellung gilt auch für die Gläser dieser Zeit im allgemeinen. In den

a) Beutelförmiges Fläschchen.
Näherer FO. unbekannt (Trier oder Umgebung), 19. Jh.
2. H. 1. Jh.
Der kurze Hals mit dem aufgetriebenen Mündungsrand ist leicht gegen den beutelförmigen Körper abgesetzt. Boden abgeflacht, Standfläche. Frei geblasen. Blaugrünes dickwandiges Glas. – H. 7,9 cm, Dm. der Mündung: 2 cm.
RLM. Trier, Inv. G. 646.
Lit.: Kat. Gläser Trier 101 Nr. 486 Taf. 49.

b) Birnenförmiges Fläschchen.
FO. Trier, Euchariusstr. (südliches Gräberfeld), 1903
Mitte – 2. H. 1. Jh.
Der kurze, enge Hals geht in einen ungleichmäßig geblasenen birnenförmigen Körper über. Aufgetriebener Mündungsrand; abgeflachter Boden ohne Standfläche. Frei geblasen.
Dunkelblaues durchscheinendes Glas. – H. 3,6 cm, Dm. der Mündung: 1 cm.
RLM. Trier, Inv. 02, 180.
Lit.: Kat. Gläser Trier 109 Nr. 570.

230 von links: i, a, b, f, e, c, h

c) Birnenförmiges Fläschchen.
FO. Trier, Euchariusstr. (südliches Gräberfeld), 1903, Grab 4
ca. Mitte 1. Jh.
Der enge, kurze Hals ist gegen den birnenförmigen Körper durch Einschnürung abgesetzt. Aufgetriebener Mündungsrand; Boden leicht abgeflacht, keine Standfläche. Frei geblasen.
Gelbes durchscheinendes Glas. – H. 5,5 cm, Dm. der Mündung: 1,4 cm.
RLM. Trier, Inv. 02, 334e.
Lit.: Kat. Gläser Trier 106 Nr. 545 Taf. 4,43e.

d) Birnenförmiges Fläschchen.
FO. Trier, St. Matthias (südliches Gräberfeld), 1906, Grab 162
2. H. 1. Jh.
Der kurze, enge Hals ist leicht gegen den birnenförmigen Körper abgesetzt. Aufgetriebener Mündungsrand; abgeflachter Boden, Standfläche.
Dunkelblaues Glas. – H. 5,7 cm, Dm. der Mündung: 1,4 cm.
RLM. Trier, Inv. 05, 514g.
Lit.: Kat. Gläser Trier 110 Nr. 575 Taf. 50.

e) Kugeliges Fläschchen.
FO. Trier, St. Matthias (südliches Gräberfeld), 1910, Grab 859
1. H. 1. Jh.
Der kurze, enge Hals mit dem aufgetriebenen Mündungsrand ist gegen den ungleichmäßig kuglig geblasenen Körper abgesetzt. Boden gering abgeflacht, keine Standfläche.
Gelbes durchscheinendes Glas. – H. 5,8 cm, Dm. der Mündung: 1,5 cm.
RLM. Trier, Inv. 11, 1072c.
Lit.: Kat. Gläser Trier 108 Nr. 558 Taf. 1,5c.

f) Kugliges Fläschchen.
FO. Trier, Paulinstr. (nördliches Gräberfeld), 1913, Grab 6
ca. 50–70 n. Chr.
Der enge Hals mit dem aufgetriebenen Mündungsrand ist gegen den kugligen Gefäßkörper leicht abgesetzt. Schwach abgeflachter Boden, Standfläche. Frei geblasen.
Dunkelblaues durchscheinendes Glas. – H. 5,6 cm, Dm. der Mündung: 1,9 cm.
RLM. Trier, Inv. 14, 145 n. 7.
Lit.: Kat. Gläser Trier 108 Nr. 562 Taf. 49.

g) Birnenförmiges Fläschchen.
FO. Trier, St. Matthias (südliches Gräberfeld), 1928, Grabfund
2. H. 1. Jh.
Der hohe enge Hals ist durch Einschnürung gegen den birnenförmigen Körper abgesetzt. Der Mündungsrand ist mit der Zange zusammengepreßt und horizontal nach außen umgelegt. Abgeflachter Boden, Standfläche. Frei geblasen.
Hellblaues Glas. – H. 9,9 cm, Dm. der Mündung: 2,3 cm.
RLM. Trier, Inv. 28, 583e.
Lit.: Kat. Gläser Trier 112 Nr. 590 Taf. 9, 106e.

h) Stangenförmiges Fläschchen.
FO. Trier, St. Matthias (südliches Gräberfeld), 1903
Mitte – 2. H. 1. Jh.
Der kurze, enge Hals ist durch leichte Einschnürung vom langen tropfenförmigen Körper abgesetzt. Abgeflachter Boden ohne Standfläche; aufgetriebener Mündungsrand. Frei geblasen.
Schwach bläuliches, leicht blasiges Glas. – H. 8,6 cm, Dm. der Mündung: 1,7 cm.
RLM. Trier, Inv. 03, 339.
Lit.: Kat. Gläser Trier 91 Nr. 415 Taf. 47.

i) Kegelförmiges Fläschchen.
FO. Trier, St. Matthias (südliches Gräberfeld), 1905, Grab 136
1. H. 2. Jh.
Der lange röhrenförmige Hals mit dem aufgetriebenen Mündungsrand ist durch Einschnürung vom kurzen, kegelförmigen Körper abgesetzt. Leicht nach innen gewölbter Boden, Standfläche. Frei geblasen.
Die Form kommt im Trierer Gebiet vom Ende des 1. Jahrhunderts bis in die 1. Hälfte des 2. Jahrhunderts vor. In dieser Zeit hat sich auch im Trierer Land die Sitte durchgesetzt, dem Toten Glasfläschchen mit in das Grab zu legen.
Schwach blaugrünes Glas. – H. 9,4 cm, Dm. der Mündung: 2,3 cm.
RLM. Trier, Inv. 04, 994b.
Lit.: Kat. Gläser Trier 119 Nr. 647 Taf. 11, 125b. Goe.

231 Pinzetten

Pinzetten wurden selbstverständlich auch im medizinischen und pharmazeutischen Bereich benutzt. Sie bestehen aus Bronze und können wie heutzutage spitz oder breit auslaufen. Ihr oberes Ende ist bei römischen Stücken sehr häufig profiliert (s. unten a) oder verbreitert sich nach einem Absatz annähernd dreieckig (s. unten b). Eine zeitliche Einordnung der einzelnen Stücke ist nicht möglich, da kein Exemplar in einem datierbaren Grabkomplex gefunden wurde. Das Trierer Museum besitzt zahlreiche Exemplare.

a) FO. bei Wasserbillig (Krs. Trier-Saarburg), 1883; aus einem römischen Grab
Die breit auslaufenden Pinzettenschenkel grenzen an einen kurzen profilierten Griff.
Bronze. – L. 10,5 cm.
RLM. Trier, Inv. 8468.
Lit.: Cüppers, Krankenpflege 29. – Künzl, Medizin. Instr. D 16 Taf. 10.

b) FO. nicht mehr näher bestimmbar (Trier oder Trierer Gebiet), 19. Jh.
Das obere Ende ist annähernd dreieckig verbreitert. Die Schenkel laufen spitz aus. Im oberen und unteren Teil je eine horizontale Kerbe, darunter spitzwinklige Einritzung.
Bronze. – L. 8,5 cm.
RLM. Trier, Inv. G. 1483.
Lit.: Cüppers, Krankenpflege 29 oben. – Künzl, Medizin. Instr. D 4 Taf. 8.

c) FO Trier, beim Bau der Eisenbahn, 1879
Das obere abgerundete und zusammengepreßte Ende ist gegen die Schenkel durch einen Absatz abgegrenzt. Diese verbreitern sich leicht nach unten und sind gegeneinander gebogen.
Bronze. – L. 10,5 cm.
RLM. Trier, Inv. 2106.
Lit.: Cüppers, Krankenpflege 28. – Künzl, Medizin. Instr. D 15 Taf. 10.

d) FO. Trier, Ostallee, 1901
Pinzette einfachster Form. Die beiden Schenkel verbreitern sich im unteren Teil; die Enden sind seitlich abgeschrägt und gerade abgeschnitten.
Bronze. – L. 4,7 cm.
RLM. Trier, Inv. ST. 3588 a.
Lit.: Cüppers, Krankenpflege 29. – Künzl, Medizin. Instr. D 25 Taf. 11.

Goe.

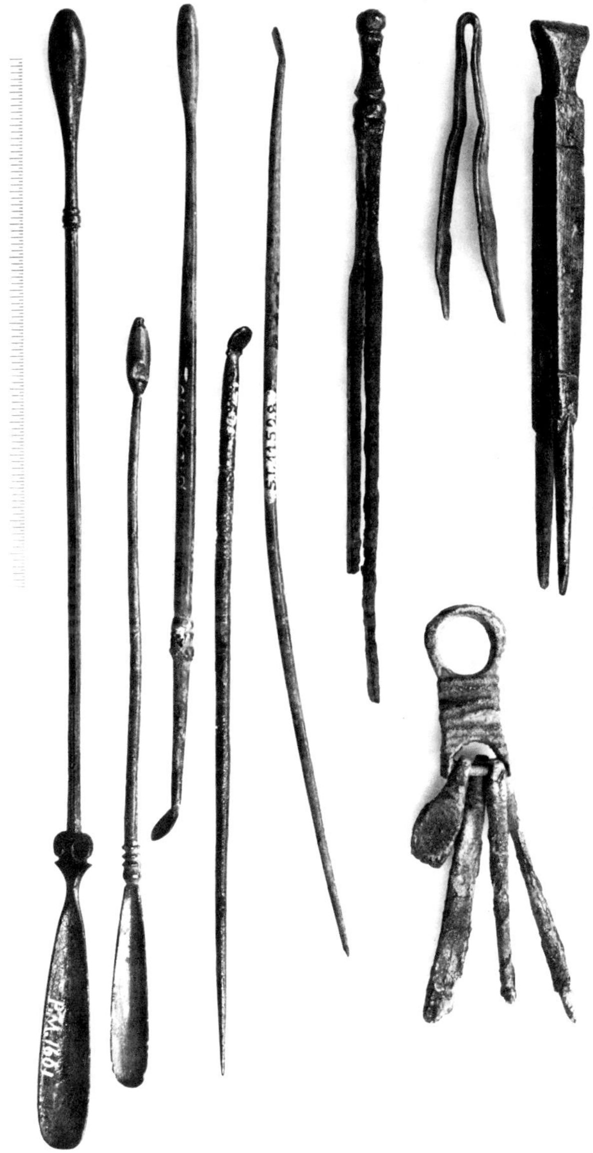

238 a, b; 232 b, d, a; 231 a, d, b; 233 (von links)

232 Ohrlöffel

Der lange Stab aus Bronze oder Bein endet stets in einem sehr kleinen runden Plättchen, das sich vorzüglich zum Reinigen der Ohren eignet. Die andere Seite läuft spitz aus, kann aber auch zuweilen olivenförmig verdickt sein. Die sich schminkende Dame konnte es natürlich auch zweckentfremden und mit dem Stäbchen Schminkpulver aus sehr enghalsigen Fläschchen entnehmen. Die Stäbchen bewahrte man gern in bronzenen Hülsen auf (s. Kat. 235). Ein Exemplar der reichen Trierer Sammlung lag in einem Grab mit zwei Münzen des Kaisers Nero (Inv. 08, 856 h).

a) FO. Trier, Altbachtal, Tempelbezirk, Stierkapelle, 1928/29
Glatter spitz zulaufender Stab.
Bronze. – L. 14,1 cm.
RLM. Trier, Inv. ST. 11528.
Lit.: Künzl, Medizin. Instr. L 101.

b) FO. Trier, Zuckerberg, 1902
Im oberen Teil mit drei Ringen versehener Stab, der unten olivenförmig endet.
Bronze. – L. 12,6 cm.
RLM. Trier, Inv. ST. 2919 d.
Lit.: Künzl, Medizin. Instr. L 102.

c) FO. unbekannt, 1882 angekauft
Der spitz auslaufende Stab ist ungefähr in der Mitte gedreht. Diese Partie ist oben und unten von je drei Plättchen eingefaßt.
Bronze. – L. 14,4 cm.
RLM. Trier, Inv. 8016.
Lit.: Künzl, Medizin. Instr. L. 4 Taf. 23.

d) FO. unbekannt, 1909 angekauft
Der spitz auslaufende Stab ist im oberen Teil durch Querriefelung gegliedert.
Bronze. – L. 11,4 cm.
RLM. Trier, Inv. 09, 162.
Lit.: Künzl, Medizin. Instr. L 30 Taf. 25.

e) FO. Trier, Dom 1913
Glattes unverziertes Stäbchen.
Bein. – L. 7,6 cm.
RLM. Trier, Inv. 13, 430.
Lit.: Künzl, Medizin. Instr. L 63 Taf. 26. Goe.

233 Necessaire

FO. Trier, St. Matthias, 1906, Grab N 41
ca. 50–60 n. Chr.

Das kurze quergeriefelte Griffstück mit Ring schließt unten mit zwei Querbalken ab. An diesen hängen eine Pinzette, ein Ohrlöffelchen, dessen kleiner Löffelteil z. T. abgebrochen ist, ein spitz auslaufender Stab und ein kurzes kolbenförmiges Instrument. Mit letzterem läßt sich die Haut von den Nägeln schieben, mit dem spitzen Stab kann man die Nägel reinigen. Der Tote, dem dieses Utensil ins Grab gelegt wurde, wurde nach den Beifunden zu urteilen nach der Mitte des 1. Jahrhunderts bestattet.
Solche Necessaire, von denen die Trierer Sammlung noch zwei weitere gleichartige Exemplare besitzt (Inv. G. 1529 und 03, 248), sind seit der mittleren Bronzezeit (ca. ab 1200 v. Chr.) in Gräbern keltischer Gebiete häufig zu finden.
Bronze. – L. 6,5 cm.
RLM. Trier, Inv. 06, 589 h. Goe.

234 Beinbüchschen

Die sorgfältig gedrechselten zylindrischen oder leicht konisch gestalteten Büchschen konnten zur Aufbewahrung von Schminkpulver oder Salben benutzt werden. Schmale Leisten oder Rillen setzen den Körper zum Boden hin ab. Der Rand zeigt einen Falz zur Aufnahme des Deckels. Im dritten Viertel des 1. Jahrhunderts n. Chr. sind sie häufig in Trierer Gräbern zu finden.
Lit. zu Büchschen: C. A. Kalee, Een Romeins houten doosje uit Vechten. In: Westerheem Tweemaandelijks orgaan van de Archeologische Werkgemeenschap voor Nederland 30, 1981, 245–248.

a) FO. Trier, St. Matthias, 1907, Grab 6
ca. Mitte 1. Jh. n. Chr.
Büchse mit nach innen geneigtem dreifach gerilltem Rand. Die leicht ansteigende Scheibe des eingefaßten Deckels wird von einem Zapfen bekrönt.
Bein. – H. 8,3 cm (mit Deckel), Dm. des Bodens: 4,7 cm.
RLM. Trier, Inv. 07, 15 g.
Lit.: Kat. Gläser Trier 275 Grab 36 Taf. 3, 36 g.

235, 234 a, b, 230 g, d
237 c, 232 c, 238 c, 232 e, 236 a, 231 c

b) FO. Trier, St. Matthias, 1910, Grab 841
ca. 50–60 n. Chr.
Konisches Büchschen mit Deckelfalz. Der scheibenförmige flache Deckel wird von einem hohen, mehrfach gegliederten Rand eingefaßt.
Bein. – H. 4,9 cm (mit Deckel), Dm. des Bodens: 3,7 cm.
RLM. Trier, Inv. 11, 1054 g.
Lit.: Kat. Gläser Trier 280 Grab 59 Taf. 5, 59 g. Goe.

235 Salbenkästchen

FO. angeblich Trier, St. Matthias, nach anderer Angabe Andernach am Rhein (eher wahrscheinlich)
Auf der Unterseite sitzt in einer Falz ein rechteckiger Salbenstein aus grünem Schiefer mit abgeschrägten Kanten, der herausgezogen werden kann. Auf der Oberseite befindet sich links ein halbkugliger Behälter, in dem Pulver und Salben gemischt oder angerührt werden konnten, wenn man den Salbenstein entfernte. Der Boden ist weggebrochen, so daß der Salbenstein jetzt sichtbar ist. Rechts grenzt ein Kästchen an, das wohl die Pasten aufnahm. Es ist mit einem Medaillon verziert: Eine Dattelpalme wird rechts von dem Kopf des Sonnengotts (Sol) mit Strahlenkrone, links vom Kopf der Mondgöttin (Luna) gerahmt. An der Rückseite befindet sich ein röhrenförmiger Behälter zur Aufnahme von Sonden (das sich jetzt darin befindliche Ohrlöffelchen gehört nicht zur ursprünglichen Ausstattung).
Das Kästchen konnte dem Arzt oder Apotheker ebenso dienlich gewesen sein wie der sich schminkenden Dame.
Bronze. – L. 8 cm, Br. 5,7 cm.
RLM. Trier, Inv. 06, 56.
Lit.: H. Menzel, Die römischen Bronzen aus Deutschland II. Trier (Mainz 1966) 78 Nr. 187. – Cüppers, Krankenpflege 42 Abb. 23. – Künzl, Medizin Instr. J 1 Taf. 16–17. Goe.

236 b–d; 237 a, b

236 Salblöffel

Die Form dieser Löffel ist stets die gleiche: Ein langer Stiel läuft an der Unterseite einer kreisrunden, mehr oder weniger stark konkav gewölbten Laffe aus. Diese kleinen Löffel können bei Tisch aber auch im kosmetischen und pharmazeutischen Bereich benutzt worden sein. Mit ihnen konnte man Pulver oder Salben aus Büchsen oder Mörsern entnehmen und auf einem Reibstein verteilen. Für einen solchen Verwendungszweck spricht die Tatsache, daß ein solcher Löffel zusammen mit einem Salbstein in einem Trierer Grab gefunden worden ist (Inv. 10, 285 d). In den Trierer Gräbern kommen diese Löffel von ca. 40 n. Chr. bis Ende 1. Jahrhundert häufig vor.
Lit.: E. Riha – W. B. Stern, Die römischen Löffel aus Augst und Kaiseraugst. Forschungen in Augst 5, 1982.

a) FO. Trier, Paulin (nördliches Gräberfeld), 1881
Der Stiel weist im oberen und unteren Teil eine leichte Einschnürung auf.
Bronze. – L. 10,8 cm.
RLM. Trier, Inv. 5013.

b) FO. Trier, Brückenstr., 1909
Glatter Stiel; die Laffe zeigt innen unterhalb des Randes einen Absatz.
Bronze. – L. 10 cm.
RLM. Trier, Inv. 09, 247 a.

c) FO. Trier, Maar (nördliches Gräberfeld), 1896
Glatter Stiel; verhältnismäßig flache Laffe.
Bein. – L. 12,8 cm.
RLM. Trier, Inv. 20505.

d) FO. Trier, im unteren Einfüllschutt der Kaiserthermen, 1962
Der lange Stab ist an der Laffenunterseite schmal ausgezogen.
Bein. – L. 11,8 cm.
RLM. Trier, KTh. FNr. 534. Goe.

237 Salbenreibsteine

Die Salbenreibsteine der Trierer Sammlung, die im medizinischen, pharmazeutischen und kosmetischen Bereich in gleicher Weise benötigt wurden, bestehen meistens aus grünem Schiefer, zuweilen aus Marmor und bei einem Exemplar aus Ton (s. unten a). Bei den meisten Stücken sind die Kanten abgeschrägt. In den Trierer Gräbern sind sie von der Mitte des 1. Jahrhunderts n. Chr. bis in das 2. Jahrhundert hinein nachweisbar. In einem Grab lag außerdem ein Salblöffel aus Bronze (Inv. 10, 285 g).

a) FO. Trier, St. Matthias, 1905, Grab 3
ca. 50–70 n. Chr.
Platte mit abgeschrägten Kanten.
Bräunlicher Ton. – L. 12,4 cm, Br. 7,7 cm, D. 1,1 cm.
RLM. Trier, Inv. 23, 4e.

b) FO. Trier, St. Matthias, 1906, Grab 191 (kein einheitlicher Grabfund, z. T. Beigaben des 2. Jahrhunderts n. Chr.)
Einfacher, kantig zugeschnittener Stein.
Weißer grobkristalliner Marmor. – L. 5 cm, Br. 3,6 cm, D. 1,2 cm.
RLM. Trier, Inv. 05, 582g.

c) FO. Schleidweiler (Krs. Trier-Saarburg), 1903
Platte mit abgeschrägten Kanten.
Diabas. – L. 11,9 cm, Br. 7,3 cm, D. 1,1 cm.
RLM. Trier, Inv. 03, 607.
Lit.: Cüppers, Krankenpflege 39. – Künzl, Medizin. Instr. I 7 Taf. 18. Goe.

237 d Weißer Salbenstein

FO. Metz, Kloster Maria Heimsuchung
Marmor. – L. 12,5 cm, Br. 8 cm.
Museum Metz, Inv. 11 323. Co.

238 Löffelsonden

(cyathiscomela) und Spatelsonde (spathomela)

Diese Instrumente waren dem Arzt und Apotheker beim Salbenzubereiten ebenso unentbehrlich wie der römischen Dame beim Zerreiben ihres Schminkpulvers. Mit dem langgezogenen Löffel, der spitz oder rund endet, konnte sie das Pulver aus engen Fläschchen herausholen, um es dann mit dem stets olivenförmig verdickten anderen Ende auf einer Platte zu verreiben oder zu mischen. Mit der Spatelsonde konnt man das Pulver verteilen und auftragen.
Unter den zahlreichen Stücken der Trierer Sammlung sind nur zwei Löffelsonden in datierbaren Grabkomplexen gefunden worden: die erste Sonde stammt aus einem Grab der 2. Hälfte des 1. Jahrhunderts n. Chr. vom südlichen Gräberfeld St. Matthias (Inv. 11, 1221 h; s. Römisch-Germanisches Korrbl. 4, 1911, 27 (Abb. 10); sie gleicht dem unten aufgeführten Stück b weitgehend. Die andere wurde 1980 in einem Arztgrab in Wederath-Belginum geborgen, das nur wenig älter ist und auch eine Spatelsonde enthält (Kurtrier. Jahrb. 20, 1980, 32* Abb. 20. – Künzl, Bonner Jahrb. 182, 1982, 72 Abb. 46, 3–4).
Ein richtiges Schminkstäbchen, dessen oberes Ende schraubenzieherartig gestaltet ist, wurde in dem oben erwähnten Grab 1026 von Wederath-Belginum gefunden (s. S. 269). Es eignet sich vorzüglich zum Nachziehen der Brauen und des Lidstriches. Goe.

a) FO. Trier, Maar (nördliches Gräberfeld), 1879, aus einem Grab
Das olivenförmig verdickte Ende ist gegen den langen Stab durch drei Einschnürungen abgesetzt, der rund auslaufende Löffel durch eine volutenartige Verzierung.
Bronze. – L. 17 cm.
RLM. Trier, Inv. 1601.
Lit.: Cüppers, Krankenpflege 31 Abb. 18, 9. – Künzl, Medizin. Instr. A 3 Taf. 5.

b) FO. nicht näher bekannt, wohl Trier; 1904 angekauft
Der Stab ist gegen die olivenförmige Verdickung nur leicht abgesetzt. Drei Ringe und ein Kügelchen begrenzen ihn zum Löffel hin.
Bronze. – L. 11,7 cm.
RLM. Trier, Inv. 04, 123.
Lit.: Cüppers, Krankenpflege 31 Abb. 18,5. – Künzl, Medizin. Instr. K 5 Taf. 22.

c) FO. Trier, Maar (nördliches Gräberfeld), 1883
Spatelsonde, deren eines Ende olivenförmig verdickt ist, während an dem anderen ein abgeflachtes abgerundetes Plättchen angrenzt.
Bronze. – L. 15,5 cm.
RLM. Trier, Inv. 8470.
Lit.: Cüppers, Krankenpflege 33. – Künzl, Medizin. Instr. J 10 Taf. 20. Goe.

d) FO. Metz, Esplanade
Bronze. – L. 14 cm.
Museum Metz, Inv. 9062. Co.

239 Spiegel

Aus der an Spiegeln reichen Sammlung des Trierer Museums sei hier eine Auswahl vorgestellt. Die verschiedensten Spiegelformen sind vertreten: Runde bronzene Handspiegel mit verzierten Griffen (s. unten a und b), viereckige Taschenspiegel (s. unten c), kleine runde, aufklappbare Taschenspiegel (sog. Dosenspiegel) mit verzierten Deckeln (s. unten d und e) und Spiegelscheiben, die einst wohl eine schützende Hülle umschloß (s. unten f–h). Gerade von dieser letzten Gattung besitzt das Trierer Museum zahlreiche Beispiele. Bleispiegel sind weniger vertreten (s. Kat. 92). Große runde, wohl metallene Handspiegel halten die Dienerinnen auf einigen Reliefs der Neumagener Grabdenkmäler, die Frisierszenen darstellen (s. S. 268). – Schindler,

239

Führer Abb. 337. – W. von Massow, Die Grabmäler von Neumagen, Berlin/Leipzig 1932, Taf. 38, 185 a 12; 60, 314).
Die dünnen Glasspiegel, die an der Rückseite mit einer metallischen Schicht überzogen waren, zerbrachen oder zerfielen vielfach bei der Bergung, so daß sie nur bruchstückhaft oder gar nicht mehr vorhanden sind (vgl. Haffner, Wederath 3, 26 f. Grab 1026: Glasplatte ca. 6×8 cm; ca. 40 n. Chr.).
Handspiegel kommen in Gräbern des Treverergebietes schon in augusteischer Zeit vor (z. B. das Grab von Wincheringen, Krs. Trier-Saarburg, ca. 10 v. Chr.; Trierer Zeitschr. 12, 1937, 58 Abb. 10, 20) und sind während des ganzen 1. Jahrhunderts n. Chr. in den Trierer Gräbern nachweisbar (vgl. Kat. Gläser Trier Taf. 26 oben. – Haffner, Wederath 3 Taf. 286, 4 Grab 1146; 330, 2).
Klappspiegel findet man in Trierer Gräbern von ca. 80 n. Chr. bis Anfang des 2. Jahrhunderts (weitere runde Bronzespiegel vom Ende des 1. Jahrhunderts und des frühen 2. Jahrhunderts: Inv. 11, 1077 d und 14, 86 i; s. Kat. Gläser Trier 296 Grab 140).

Lit. zu Griffspiegeln: Roth-Rubi, Bulletin des Musées Royaux d'Art et d'Histoire 46, 1974, 31 ff. – *Zu Dosenspiegeln:* Garbsch, Bayerische Vorgeschichtsblätter 45, 1980, 225. – *Zu Glasspiegeln:* Revue Arch. de l'Est et du Centre-Est 18, 1967, 146 ff. – Lloyd-Morgan in: British Archaeological Reports 41 (II) 1977, 237. – G. Lloyd-Morgan, The Mirrors. Descript. Coll. Rijksmus. G. M. Kam Nijmegen 9, 1981. Goe.

a) FO. Trier, St. Matthias, 1905, Grab 83 (ca. 50–60 n. Chr.)
Der kleine runde fragmentarisch erhaltene Spiegel war an einem Griff befestigt, der im oberen Teil pflanzlich verziert, im unteren Teil durch Querunterteilungen gegliedert ist.
Spiegel mit Zinnlegierung – Auflage, Griff aus Bronze, versilbert. – Dm. 6,5 cm.
RLM. Trier, Inv. 04, 894 g.
Lit.: Kat. Gläser Trier 281 Grab 67.

b) FO. nicht mehr näher bestimmbar (Trier oder Umgebung)
Der kreisrunde an der Innenseite schwach konvex gewölbte Spiegel ist durch lange Lagerung im Boden blind geworden. An der Rückseite verläuft parallel zu Rand eine Rille in einem Abstand von 0,7 cm. Die hier glatte Rückseite ist bei anderen Spiegeln dieser Art ornamental verziert (vgl. hierzu: Lloyd-Morgan, Bulletin des Musées Royaux d'Art et d'Histoire 46, 1974, 43 ff.).
Bronze. – Dm. 9,2 cm.
RLM. Trier, Inv. GT. 89.

Der dazu gelegte Griff (FO. Trier, Aachener Str. 1888) gehört nicht ursprünglich zu diesem Spiegel. Oben gehen zu beiden Seiten des Griffes zwei kurze gegliederte Griffarme ab, die einst das Spiegelrund stützten. Der Griff selbst läuft oben in einem halbrunden Fortsatz aus – bei vielen anderen Stücken ist er als spitzwinkliges Dreieck gestaltet –, der einst an der Spiegelrückseite anlag. Unten geht der Griff in eine längliche Schlaufe über (sogen. Schlaufengriff), dessen Oberfläche durch Kehlungen und Verdickungen gegliedert ist und offenbar wie bei anderen Beispielen dieser Art einen Ast nachahmen soll. Die Kugel, die einst am unteren Ende angefügt war, ist verloren gegangen. Solche Schlaufengriffe trugen häufig Spiegelscheiben mit gezackten Rändern.
Bronze. – L. 10,1 cm.
RLM. Trier, Inv. 17 133.

c) FO. Minden (Krs. Trier-Saarburg), 1912, Grab 14
ca. 60–70 n. Chr.
Das rechteckige Spiegelblech hat einst gewiß in einem Rahmen gesessen. Ein Futteral, das vergangen ist, wird das empfindliche Spiegelblech vor Kratzern geschützt haben.
Spiegel mit Zinnlegierung – Auflage – L. 7,4 cm, Br. 6,4 cm.
RLM. Trier, Inv. 12, 226 i.

d) FO. Stahl (Krs. Bitburg-Prüm), 1913, Grab 13
Ende 1./Anfang 2. Jahrhundert
Runde Spiegelkapsel, die aus zwei aneinandergepaßten Teilen besteht. Diese nehmen je eine metallene Spiegelplatte auf. Die beiden Hälften waren so aneinandergepaßt, daß sich die Spiegel nicht berühren und folglich nicht zerkratzen konnten. Die Außenseite der einen Hälfte wird von einem schwach ausgeprägten Reliefbild zweier nach rechts sprengender Reiter geziert. Ein doppelter Perlstab faßt das Bild ein. – Aus dem gleichen Grab kommt der Terrakottahund Kat. 123 k.
Kapseln aus Bronze, Spiegel mit Zinnlegierung – Auflage. – Dm. 4,4 cm.
RLM. Trier, Inv. 13, 250 i.
Lit.: H. Menzel, Die römischen Bronzen aus Deutschland II. Trier (Mainz 1966) 52 Nr. 108 Taf. 47.

e) FO. Losheim (Krs. Merzig-Wadern), 1939, Grab 3
ca. 80 n. Chr.

239 d, e

Das über eine Bronzemünze des Kaisers Nero (Sesterz) getriebene Blech weist innen einen gekerbten Rand auf, der eine leicht konvex gewölbte metallene Spiegelplatte aufnimmt. Der hochstehende Rand zeigt an, daß der Spiegel mit einem Deckel zu verschließen war. Dieser war wohl auch mit einem Spiegelblech ausgefüllt ähnlich wie bei dem Klappspiegel von Stahl (d). Auf der Rückseite ist der Triumphbogen auf dem Kapitol dargestellt, der während der Partherkriege errichtet wurde. Rechts und links die Buchstaben S C (Senatus consultum). Die Beigaben, darunter eine Bronzemünze des Vespasian, datieren das Grab in frühflavische Zeit (ca. 70 n. Chr.).
Der Spiegel gehört zu einer Gattung von Klappspiegeln (Münzspiegel), die in der 2. Hälfte des 1. Jahrhunderts in Mode war. Ihre Vorder- und Rückseiten geben stets Münzen des Kaisers Nero wieder (hierzu zuletzt: Garbsch, Bayerische Vorgeschichtsblätter 45, 1980, 225 f.).
Spiegelrückseite aus Bronze, Spiegel mit Zinnlegierung – Auflage. – Dm. 3,5 cm.
RLM. Trier, Inv. 39, 1114 d.
Lit.: Haffner, Ber. Denkmalpfl. Saarland 21, 1974, 72 Abb. 10, 1 Taf. 8, 5.

f) FO. Trier, Glockenstr., 1902
Die Rückseite des kleinen runden Taschenspiegels ist mit mehreren sorgfältig gedrehten Ringen und Kehlen verziert. Der breite gerundete Rand zeigt keine Spuren, die darauf hinweisen, daß er Teil eines Taschenspiegels mit angelötetem Deckel war. Zum Schutz der Spiegelfläche muß er folglich in einem Futteral gesteckt haben.
Bronze. – Dm. 4,5 cm.
RLM. Trier, Inv. ST. 6022 a.

g) FO. Trier, Friedrich-Wilhelm-Str., 1889
Der gerundete Rand des kleinen runden Taschenspiegels steht an der Rückseite etwas hoch und ist gegen ein breites leicht gewölbtes Band abgesetzt. Nach innen folgen zwei Ringe. Sorgfältig gedrehte Arbeit; von der gleichen Art wie e.
Bronze. – Dm. 4,5 cm.
RLM. Trier, Inv. 17980.

h) FO. Trier, Banthusstr., 1904
Die Rückseite des runden Taschenspiegels mit gerundetem Rand ist mit vier sorgfältig gedrehten Ringen versehen. Von der gleichen Art wie e.
Bronze. – Dm. 5,2 cm.
RLM. Trier, Inv. ST. 8473. Goe.

240 Kämme

Kämme sind ebenso wie Haarnadeln in großer Anzahl in den Trierer Barbarathermen ausgegraben worden. Sie gehören alle der letzten Benutzungszeit des Bades, also dem 4. Jahrhundert und z. T. dem 5. Jahrhundert n. Chr. an (s. Binsfeld, Archäologisches Korrbl. 9, 1979, 431 Taf. 76). Als Grabbeigaben kommen sie ebenso wie die Haarnadeln in treverischen Gräbern des 1.–3. Jahrhunderts n. Chr. selten vor. Dies ist nicht etwa ein Zeichen dafür, daß solche Gegenstände den Verstorbenen nicht ins Grab gelegt wurden. Vielmehr sind sie wie die Gebeine im Boden durch chemische Einwirkungen weitgehend zersetzt oder mitverbrannt worden (in dieser Zeit wurde der Tote meistens verbrannt). Ein Kamm lag in einem Grab der Zeit ca. 40 n. Chr. (Haffner, Wederath 3 Taf. 267 Grab 1026 h), ein anderer zusammen mit Beinnadeln in einem Grab des 4. Jahrhunderts n. Chr. (Inv. 05, 442 d Trier, St. Matthias, Grab 120). Goe.

a) FO. Trier, Kaiserthermen, 1962
2. H. 4. Jh. n. Chr.
Die an beiden Langseiten gezahnte Kammplatte ist an den Schmalseiten bogenförmig ausgeschnitten. In der Mitte ist auf beiden Seiten je eine schmale Platte aufgelegt (sog. Dreilagenkamm), die durch fünf eiserne Nieten auf der Kammplatte befestigt ist. Zwischen den Nieten sind senkrechte Linien eingeschnitten. Die Langseiten der Plättchen sind gezahnt.

240

Der Kamm wurde im Einfüllschutt eines Ganges der Kaiserthermen zusammen mit Keramik der 2. Hälfte bis Ende 4. Jahrhundert n. Chr. gefunden.
Kämme ähnlicher Form sind stets in spätantikem Zusammenhang gefunden worden (vgl. Germania 24, 1940, 46 Taf. 13. – J. Werner, Der Lorenzberg bei Epfach. Veröffentlichungen d. Komm. zur archäolog. Erforschung des spätröm. Raetien 2, 1969, 181. – Bonner Jahrb. 170, 1970, 386 f. – Binsfeld, Archäologisches Korrbl. 9, 1979, 431 Taf. 76).
Bein. – L. 12,2 cm, Br. 5,7 cm.
RLM. Trier, KTh. FNr. 114.

b) FO. Trier, St. Matthias, 1906
4. Jh. n. Chr.
Der kreissegmentförmigen Griffplatte, die an der Breitseite gezahnt ist, ist auf jeder Seite eine Platte aufgelegt (Dreilagenkamm) und mit sechs Bronzestiften befestigt. Die Mitte jeder Seite ziert ein Kreis, der von acht kleinen Kreisen gerahmt ist.
Der Typus dieses Kammes ist im germanischen Elbgebiet beheimatet (vgl. Thomas, Arbeits- und Forschungsberichte zur sächsischen Bodendenkmalpflege 8, 1960, 75 ff.). Das Stück bezeugt die Anwesenheit von Germanen, die seit dem Ende des 3. Jahrhunderts im Treverergebiet siedelten.
Bein. – L. 8,9 cm, Br. 5,9 cm.
RLM. Trier, Inv. 0,5,653.
Lit.: Gilles, Archäologisches Korrbl. 11, 1981, 336 ff. Taf. 69, 3.

c) FO. Trier, Saarbrücker Str., 1912
5. Jh. n. Chr.
Die dreieckige Griffplatte ist an den Enden leicht geschweift. Ihr sind auf beiden Seiten je eine Platte aufgelegt (Dreilagenkamm), die mit vier Eisennieten an der mittleren Lage befestigt sind. Kleine eingetiefte Kreise laufen den Rändern parallel. Aus der inneren Platte sind zwei schematisch gebildete Pferdeköpfchen geschnitten. Ihre Augen sind kreisförmig eingetieft. Zu dem Kamm gehört eine die Kammzähne schützende Hülle, die ebenfalls mit Kreisen verziert ist und deren Enden in Tierköpfchen auslaufen.
Diese Kammform mit den Tierprotomen ist ausschließlich linksrheinisch, also innerhalb römischer Reichsgrenzen, verbreitet und nur in germanischen Gräbern zu finden (vgl. hierzu: H. W. Böhme, Germanische Grabfunde des 4. und 5. Jahrhunderts. Münchner Beiträge zur Vor- und Frühgeschichte 19, 1974, 124 ff.).
Bein. – H. 4,6 cm, Br. 8,6 cm, D. 0,7 cm.
RLM. Trier, Inv. 13,568 a, b.
Lit.: Trierer Jahresber. 7/8, 1914/15, 22 Taf. 2, 1–2. – Gilles a. O. 336 ff. Taf. 70, 7. Goe.

241 Haarnadeln
(acus comatoria)

Ihrer Funktion entsprechend sind diese Nadeln aus Gold, Silber, Bronze, Bein und Gagat von einfachster Form. Am stumpfen Ende des spitz zulaufenden Stabes sitzt ein figürlich (z. B. menschlicher Kopf, Hand, Tier) oder ornamental verzierter Kopf auf (Kugel, Würfel). Das Trierer Museum ist überaus reich an Beinnadeln. Haarnadeln werden bereits von dem in augusteischer Zeit lebenden Dichter Ovid erwähnt. Seine Zeitgenossinnen benötigten auch Nadeln, um den Nackenknoten zu festigen, während sie in der Folgezeit (1. Hälfte des 1. Jahrhunderts n. Chr.) diese wohl weniger gebraucht haben, da man das geflochtete Nackenhaar zu einer Schlaufe zusammenfaßte (s. Kat. 229) oder in einem lockeren Bausch vereinigte. Die hochgetürmten Frisuren der 2. Hälfte des 1. Jahrhunderts machten Haarnadeln geradezu unentbehrlich (vgl. auch Martial, ep. II 66, 1). So verwundert es nicht, daß in einem Trierer Grab um 80 n. Chr. eine Beinnadel mit kleinem zierlichem Kugelkopf lag (Inv. 11,1104 g mit einer Münze Domitians). Dieser Fund gehört jedoch zu den seltenen Fällen, da Bein im Boden des Trierer Landes stark zersetzt wird (dies gilt für die Erdbestattungen des 1.–3. Jahrhunderts n. Chr.). Im 4. Jahrhundert n. Chr. war es in Trier Sitte, mehrere Haarnadeln den Frauen und Mädchen in den Sarkophag zu legen. Der Nadelkopf ist in dieser Zeit häufig als Pinienzapfen (s. unten i–l), Würfel mit abgeschrägten Ecken (s. unten p), pyramidal (s. unten m) oder als klobige Kugel gestaltet (s. unten n. Vgl. Kat. Gläser Trier Taf. 24–25). In einer Zerstörungsschicht des Jahres 353 in Traben-Trarbach (Krs. Bernkastel-Wittlich) fand man letztere beiden Formen und den fast ornamental geschnitzten Frauenkopf (s. unten c). Trierer Einzelfunde, die diese Verzierung tragen, dürfen wir deshalb wohl ebenfalls in diese Spätzeit datieren. Ein weiterer Fundplatz, der eine große Menge an Haarnadeln ans Licht brachte, waren die Barbarathermen in Trier. Beim Bad haben ganz offensichtlich viele Frauen ihre Haarnadeln verloren.

Lit. zu Haarnadeln allgemein: v. Gonzenbach, Gesellschaft Pro Vindonissa. Jahresbericht 1950/51, 3ff. – Conimbriga 7, 1968, 67ff. – Britannia 10, 1979, 158ff. Goe.

Figürlich verzierte Haarnadeln (a–h):

a) FO. Trier, Hermesstr., 1909
1. H. 4. Jh. n. Chr.
Der Stab ist oben von zwei Plättchen abgeschlossen, auf denen sich eine sorgfältig geschnitzte Frauenbüste erhebt. Feine Kerben kennzeichnen das Bruststück als bekleidet. Das Köpfchen trägt die Zopfkranzfrisur, wie sie von Bildnissen der Kaiserin Helena (gest. 328/9 n. Chr.) und der Constantia (gest. ca. 330 n. Chr.) bekannt ist (s. Archäolog. Anzeiger 1946/47, 72. – R. Calza, Iconografia Romana Imperiale da Carausio a Guiliano, Rom 1972, Taf. 51ff.). Fein durchgearbeitetes Gesicht; eingetiefte Augen, Bohrungen an den Ohren.
Bein. – L. 12,1 cm.
RLM. Trier, Inv. 09, 809a.

b) FO. Trier, Helenenstr., 1902
1. H. 4. Jh. n. Chr.
Die Haarnadel, deren Spitze fehlt, schließt oben mit einem Plättchen ab. Darauf erhebt sich die bekleidete Büste einer Frau. Ihr Haar ist über der Stirnmitte gescheitelt und die Ohren verdeckend in Wellen zu den Seiten gekämmt. Im Nacken ist die lange Haarmasse aufgenommen, am Hinterkopf emporgeführt und endet am Oberkopf. Die Frisur ähnelt einigen Scheitelzopf-Varianten, die die Kaiserin Helena getragen hat (vgl. Archäolog. Anzeiger 1946/47, 70).
Bein. – L. noch 6,5 cm.
RLM. Trier, Inv. ST. 2732.

c) FO. Wittlich (Krs. Bernkastel-Wittlich), im Südbau der Villa, Raum 44; im Brandschutt, 1904
4. Jh. n. Chr.
Zwei Plättchen grenzen den Schaft ab. Darauf sitzt ein schematisch ausgeführter Frauenkopf. Nase, Mund und Augen sind nur schemenhaft angedeutet. Die oben gerade abgeschnittene Frisur rahmt die Stirn bandartig. Trotz der groben schnitzartigen Ausführung erinnert sie an die Haartracht von b. Die Rückseite ist abgeflacht; drei Kerben sind von der oberen Kante senkrecht eingetieft, so daß diese Seite einer (vierfingrigen) Hand ähnelt.
Das Stück wurde mit Münzen des 4. Jahrhunderts gefunden (vgl. auch die gleichartige Nadel aus der Zerstörungsschicht von 353 n. Chr. Trierer Zeitschr. 36, 1973, 126 Abb. 3, 7).
Bein. – L. 10,3 cm.
RLM. Trier, Inv. 04, 252.

d) FO. Trier, Wallstr., 1903
wohl 4. Jh. n. Chr.
Der Stab geht nach einer waagerechten Abgrenzung in eine Frauenbüste über. Das Gewandstück ist durch zwei schräge Kerben gekennzeichnet. Das Gesicht ist über dem Nasenrücken kantig geschnitten. Augen und Mund sind derb eingetieft. Das Haar, durch derbe Kerben angegeben, rahmt das Gesicht dreieckig. An der Rückseite sind zwei senkrechte Linien eingetieft. Die Frisur ist wohl als reduzierte schematische Form der Scheitelzopffrisur zu verstehen (s. b).
Bein. – L. 13 cm.
RLM. Trier, Inv. ST. 6248a.

e) Aus altem Bestand
Die oben breit auslaufende Nadel wird von einer winzigen bärtigen Männerbüste bekrönt, deren langes gekerbtes Haar tief in den Nacken herabhängt. Sie scheint an Philosophenbildnisse anzuspielen; eine Datierung ist daher sehr erschwert.
Bein. – L. 13,2 cm.
RLM. Trier, Inv. 38, 1119.

f) FO. Trier, Jüdemerstr., 1902.
Zwei eingeritzte waagerechte Linien grenzen den breiten Schaft gegen eine Hand ab, deren Daumen und Zeigefinger aneinandergepreßt sind. Grobe, schematische Ausführung. Zu handverzierten Haarpfeilen s. Gesellschaft Pro Vindonissa. Jahresbericht 1950/51, 14ff.
Bein. – L. 12,8 cm.
RLM. Trier, Inv. ST. 5552.

241

g) FO. Trier, Antoniusstr., 1887
Auf dem grob geschnitzten Querplättchen hockt ein Vogel, dessen Schwanzfedern durch drei waagerechte Kerben unterteilt sind.
Bein. – L. 10,4 cm.
RLM. Trier, Inv. 12616.

h) FO. Trier, St. Matthias, 1910
Auf einem grob geschnitzten Querplättchen hockt ein Vogel mit verhältnismäßig langem Hals. Am Körper zwei waagerecht eingeritzte Linien.
Bein. – L. 10,6 cm.
RLM. Trier, Inv. 10, 338.

Ornamentalverzierte Nadeln (i–p):

Pinienzapfen i–l (zur Datierung vgl. Kat. Gläser Trier Taf. 24–25 mit Gräbern des 4. Jh. n. Chr.).

i) FO. Trier, Kaiserthermen, 1962
4. Jh. n. Chr.
Zwei Pättchen und ein Zwischenstück mit zwei schwachen Reifen grenzen gegen den Zapfen ab. Das Stück wurde zusammen mit Keramik der 2. Hälfte des 4. Jahrhunderts n. Chr. gefunden.
Bein. – L. noch 8,2 cm.
RLM. Trier, KTh. FNr. 1135 a.

j) FO. Trier, Tempelbezirk des Altbachtales, bahndurchschnittener Tempel, 1928
4. Jh. n. Chr.
Eingekerbte schräge, sich kreuzende Linien charakterisieren grob den Zapfen.
Bein. – L. 9,9 cm.
RLM. Trier, Inv. ST. 11823 c.

k) FO. Trier, Tempelbezirk des Altbachtales, Kapelle beim Voriopfeifer, 1930
4. Jh. n. Chr.
Schräge Linien sind in den Zapfen eingetieft.
Bein. – L. 8,8 cm.
RLM. Trier, Inv. ST. 12484.

l) FO. Trier, wohl Dom
4. Jh. n. Chr.
Schräge sich kreuzende Linien sind in den Zapfen eingetieft.
Bein. – L. 7,3 cm.
RLM. Trier, Inv. 13, 429.

m) FO. Trier, Kaiserthermen, 1962
4. Jh. n. Chr.
Sehr kleiner fünfseitiger pyramidaler Kopf. Zur Form vgl. Kat. Gläser Trier Taf. 24, 260 g. Trierer Zeitschr. 36, 1973, 126 Abb.

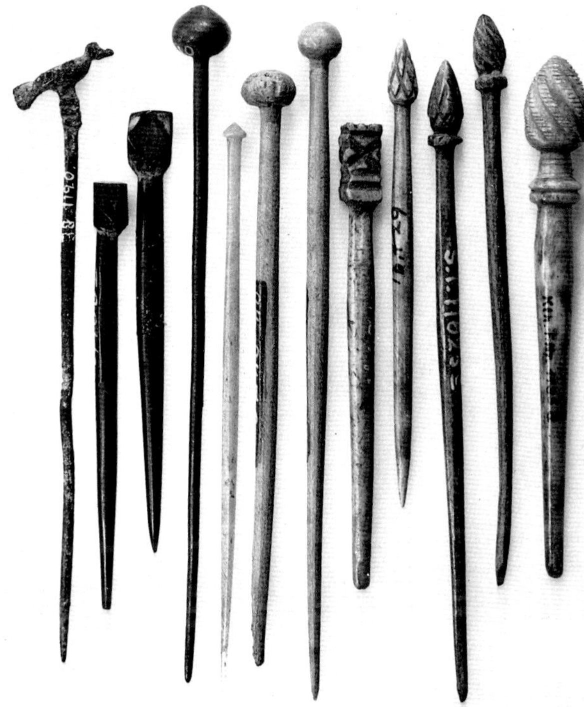

241

3, 5. Zur Fundlage s. hier i.
Bein. – L. 8,9 cm.
RLM. Trier, KTh. FNr. 1135 a.

n) FO. Trier, St. Matthias, 1905, Grab 108
4. Jh. n. Chr.
Die beiden Nadeln sind mit einem annähernd kugligen plumpen Kopf versehen.
Bein. – L. 10,4 und 9,1 cm.
RLM. Trier, Inv. 04, 947 c, e.
Lit.: Kat. Gläser Trier 322 Grab 275 Taf. 25.

o) FO. Trier, Dampfschiffahrtstr., 1901
wohl 4. Jh. n. Chr.
Stark in die Breite gehende Kugel, die sich leicht nach oben zuspitzt. Zur Form vgl. Trierer Zeitschr. 36, 1973, 126 Abb. 3, 6.
Bronze. – L. 10,4 cm.
RLM. Trier, Inv. 01, 113.

p) FO. Trier, St. Matthias, 1906, Grab 79
4. Jh. n. Chr.
Zwei Nadeln mit rechteckigen Köpfen, deren Ecken gebrochen sind.
Gagat. – L. 6,6 und 6,7 cm.
RLM. Trier, Inv. 05, 430 c, d.
Lit.: Kat. Gläser Trier 323 Grab 284 Taf. 25. Goe.

242 a

242 b

242 a Frauenkopf

FO. Metz, Esplanade

Das Fragment eines Grabsteins zeigt einen sehr kräftig wirkenden Frauenkopf, deren Haar gescheitelt, in Strähnen zum Ohr geführt, hier von eingedrehten Locken und Bändern zu Zöpfen frisiert, auf die Schultern fällt.
Kalkstein. – H. 35 cm, Br. 26,5 cm, T. 15 cm.
Museum Metz, Inv. 11 318. Co.

242 b Spiegel

FO. Gebiet von Metz

Die Spiegelplatte ist ornamental gerahmt, der lange Griff läuft in einen Tierkopf aus.
Bronze versilbert (auf der Platte). – L. 27,9 cm.
Museum Metz, Inv. 3493. Co.

243 Dichterporträts des Monnusmosaiks

(Farbabb. s. S. 289)

FO. Trier, Ostallee, am Landesmuseum, 1884
Ende 3./Anfang 4. Jh. n. Chr.

Das nach seinem Mosaizisten benannte Monnusmosaik aus Trier zeigt in einem Kranz von um das zentrale Achteck liegenden acht Quadraten bedeutende Dichter der Antike, von denen wegen ihres guten Erhaltungszustandes Vergil, Hesiod und Ennius hervorzuheben sind. Diese Porträts gehören zum Programm eines Bildteppichs mit Musendarstellungen. Der hohe Rang der Bildung und das geistige Fluidum in Trier mag hier Mosaizisten wie Auftraggeber zu solchen in Gallien einzigartigen Motiven mit Musen- und Poetendarstellungen inspiriert haben.
Die intensive Pflege der antiken Literatur unterstreicht der etwa zeitgleich mit dem Monnusmosaik sprechende Trierer Magister und Panegyriker (Lob- und Prunkredner) Mamertinus in seinen Reden aus den Jahren 289 und 291, in denen er die Benutzung eines Vergilkommentars und auch die Kenntnis der Werke von Ennius und Hesiod unter Beweis stellt. Für die Mosaikporträts mag es plastische Vorbilder in Trier gegeben haben, an denen sich Auftraggeber und Künstler orientierten. Vergil (70–19 v. Chr.) findet so eine Darstellung mit jugendlichen Gesichtszügen. Ennius (239–169 v. Chr.), einer der genialsten Dichter der römischen Frühzeit, trägt einen Kranz aus Blattwerk. Hesiod (um 700 v. Chr.), epischer Dichter im archaischen Griechenland, auf dem Mosaik mit im späteren römischen Trier öfters wegfallendem H-Anlaut genannt, wird im Typus des Homer porträtiert.
Es mag sein, daß der Besitzer des großen Wohnhauses mit dem Apsidenraum für das Monnusmosaik als Mann hoher Bildung die Bilderfolge selbst zusammengestellt hat. Für breiter gefächerte Interessen dieses Mannes spricht ein Rennfahrermosaik in einem benachbarten Raum.
Mosaikausschnitte innerhalb des Flechtbandes. – L./Br. ca. 41 × 41 cm.
RLM. Trier, Inv. 10703–10724.
Lit.: Parlasca, Römische Mosaiken 41 ff. Texttaf. C, Taf. 42 ff. – K. P. Goethert – K. Goethert-Polaschek, Das Gebäude mit dem Monnusmosaik, in: Festschrift 100 Jahre Rheinisches Landesmuseum Trier. Trierer Grabungen und Forschungen XIV (Mainz 1979) 69 ff. – L. Dahm, Die neuen Rekonstruktionen der im Bereich des Landesmuseums Trier gefundenen figürlichen römischen Mosaiken, ebd. 97 ff. und Abb. 5. Schw.

244–246 Mosaik mit Rhetoren und Musen

(Farbabb. s. S. 289, Abb. S. 35)

FO. Trier, Konstantinplatz, an der Basilika, 1907
um 200 n. Chr.

Das älteste der vier Musenmosaiken aus Trier ist das sog. Rhetorenmosaik aus dem Palast des Prokurators, des obersten Finanzbeamten für die Provinz Gallia Belgica wie für die beiden germanischen Provinzen. Das Mosaik, zur Hälfte durch die später errichtete konstantinische Palastaula zerstört, zeigte im quadratischen Mittelteil die neun Musen und in der erhaltenen Rechteckvorlage in sechs Feldern Literaten oder Rhetoren. Die drei vollständig erhaltenen Rhetoren (Kat. Nr. 244, 245) stehen in griechische Tuchmäntel gehüllt, rechte Brustseite und rechten Arm unbedeckt, mit einem Redegestus in der Art bekannter Rednerdarstellungen in je einem Feld da. Während zwei bartlose Redner jünger wirken, ist der dritte mit Bart und bereits schütterem Haar dargestellt.
Im Mittelfeld (Kat. Nr. 246) waren in vier mit Flechtband eingefaßten, geteilten Achtecken um das zentrale Achteck herum die Musen einander wohl paarweise zugeordnet. Erhalten ist ein Musenpaar, im lebhaften, gestenreichen Gespräch beieinander in hellenistischen Sesseln mit weitgeschweifter Lehne sitzend. Bei der rechten Muse in Vorderansicht mit Buchrolle könnte man an Klio, die Muse der Geschichte, denken. In beider Haar stecken als ein seit der Kaiserzeit übliches Attribut Federn, die Siegeszeichen aus einem Wettstreit mit den Sirenen. Das Zentralfeld zeigt noch in Resten Athene, die Schutzgottheit aller höheren Schulen des Altertums, begleitet von Hermes. In den erhaltenen Quadraten zwischen den Feldern mit Musendarstellungen stehen wie die Rhetoren in Mäntel gehüllte Jünglinge. Der eine in Rednerdarstellung mit der erhobenen Rechten hält eine Schriftrolle in der linken Hand, während der andere eine Wachstafel und einen Griffel bei sich hat.
Nach seinem Bildprogramm ist dieses Mosaik einem Raum einer Rhetorenschule, möglicherweise an einer Trierer Hochschule, zugeordnet worden. Der Fundort im Palast des Prokurators bzw. des Praeses der belgischen Provinz ist insofern kein Zufall, als diesem höchsten Amt die Aufsicht über das Bildungswesen zukam. Daneben bot aber auch ein seit dem 2. Jahrhundert zu besonderem Wohlstand gelangtes Bürgertum hervorragende Bedingungen, unter denen Kunst und Bildung aufblühen konnten und in den Musenmosaiken für Gallien und das Rheinland einzigartige Zeugnisse hierfür geschaffen werden konnten.
RLM. Trier, Inv. 07,726.
Lit.: J. Steinhausen, Die Hochschulen im römischen Trier, in: Trier. Ein Zentrum abendländischer Kultur. Rheinischer Verein für Denkmalpflege und Heimatschutz (Neuß 1952) 27 ff. bes. 44 ff. – Parlaska, Römische Mosaiken 27 ff. Taf. 4, 26, 27. – K. Goethert-Polaschek, in: Kölner Römerillustrierte 2 (Köln 1975) 165. Schw.

247

247 Rennfahrermosaik

FO. Trier, Kaiserthermen, 1962
um 250 n. Chr.

In einem vorthermenzeitlichen Haus eines Rennsportbegeisterten unter der Palaestra der Kaiserthermen kam 1962 ein 25,6 qm großes Mosaik zum Vorschein, das zu den illustrativsten Zeugnissen der Unterhaltung im antiken Trier gehört. In einem Zentralbild, eingerahmt von zwei zu einem Stern ineinandergeschachtelten Quadraten und einer verwirrenden Fülle weiterer vorwiegend geometrischer Ornamente ist ein Zirkusrennfahrer mit Wagen und Gespann dargestellt. Der Wagenlenker, aufrecht im Wagen stehend, hält in der erhobenen Rechten Kranz und Peitsche, in der Linken neben den Zügeln einen Palmenzweig. Bekleidet ist er mit einer roten, am Oberkörper und den Armen festgeschnürten Tunika und mit einer helmartigen, die Wangen bedeckenden Kappe. Übelabwehrenden Charakter haben die den Pferden vor die Brust gehängten Glöckchen. Die Schwänze der äußeren Pferde sind aus Sicherheitsgründen hochgebunden und so nicht sichtbar. Mit der Inschrift *Polydus Compressore* – Polydus mit Compressor werden die Namen für Fahrer und Leitpferd als die aktuellen lokalen Größen im Zirkusgeschehen hervorgehoben. Polydus ist dargestellt in einem

247

Moment, in dem er in einer Ehrenrunde den Beifall des Zirkuspublikums entgegennimmt, nachdem er kurz zuvor die nun präsentierten Siegeszeichen erhalten hat. Das Leitpferd, der links gehende Schimmel, von dem Kenner der Rennbahn ebenso geschätzt wie der Wagenlenker, ist durch besonderen Zierat ebenfalls herausgestellt. Sein selbstredender Name *»Compressor«* von lat. *comprimere* deutet dessen Qualitäten im Rennen an: das Pferd, das seine Konkurrenten niederhält und in die Schranken weist, möglicherweise auch in einem taktischen Sinn auf der Rennbahn abzudrängen versteht.

Mit den drei Zirkusmosaiken mit siegreichen Wagenlenkern aus Trier sind uns nach Karthago (5 Zirkusmosaike) die meisten der 28 bekannten Mosaike diese Motivs erhalten geblieben. Die Bedeutung eines intensiven Zirkusbetriebs in Trier wird dadurch unterstrichen, daß es die einzigen Mosaiken dieser Art in der weiteren Umgebung unter Einschluß der großen Römerstädte am Rhein sind. Die frontal zugewandten Gespanne mit Wagenlenker entsprechen dem spätantiken Geschmack der frontalen Ausrichtung der Darstellung mit dem größtmöglichen Eindruck auf den Betrachter. Das Polydusmosaik, durch die Fundsituation auf die Zeit kurz nach 250 n. Chr. zu datieren, ist der früheste Beleg der frontalen Darstellung bei Rennfahrermosaiken.

Br./L. 4,38 × 5,86 m.

RLM. Trier, Inv. 62,412.

Lit.: W. Reusch – L. Dahm – R. Wihr, Trierer Zeitschr. 29, 1966, 187–235 Taf. 32–36 und Taf. B. – K. M. D. Dunbabin, American Journal of Archaeology 86, 1982, 72, 82, 89 Nr. 25, Taf. 6, 8.

Schw.

248

248 Pferdeführer

FO. Neumagen (Kr. Bernkastel-Wittlich) 1884
um 220 n. Chr.

Zu einem in der spätantiken Mauer des Kastells Neumagen (vgl. Kat. 292) verbauten monumentalen Grabdenkmal mit einem nur in den beiden Wendemarken erhaltenen Zirkusrelief auf der Schauseite gehört die Darstellung eines Jünglings, der ein Rennpferd mit kunstvoll aufgebauter Stirnlocke am Zügel heranführt. Mit seinem Gegenüber an der anderen Seite begrenzten sie auf Pilastern das Reliefbild. Der junge Mann mit einem energischen Gesicht und ansetzendem Backenbart trägt über einem Unterhemd eine kurze, am Körper mit Binden umschlungene Tunika, Bestandteil der üblichen Bekleidung des Wagenlenkers. Helm und Gürtel mit Messer fehlen noch, da der Rennfahrer, der hier eines seiner Pferde heranführt, sich erst auf sein Rennen vorbereitet. Mit der Linken hält er die Peitsche, notwendiges Requisit des Wagenlenkers. Neben der üblichen Darstellung von Rennfahrern in ihren Wagen werden auch Wagenlenker, ein oder zwei Pferde am Zügel führend, auf Mosaiken und vor allem auf spätrömischen Geschenkmünzen aufgeführt. Das Siegesmotiv, verkörpert im erfolgreichen Wagenlenker, ist eng mit dem römischen Glücksbegriff verbunden. Wenn auch allgemein etwa die Rennfahrermosaiken als Glücksbringer für Bewohner und Gäste eines Hauses zu deuten sind, die Zirkusszene des Neumagener Grabmals ist eher in einem persönlichen Bezug des Grabmalbesitzers zum trierischen Zirkusgeschehen zu sehen.

Sandstein. – H. 131 cm, Br. 75 cm.

RLM. Trier, Inv. 10014.

Lit.: W. von Massow, Die Grabmäler von Neumagen (Berlin/Leipzig 1932) 143 ff. Nr. 182 Taf. 31. – Schindler, Führer 106 f. Abb. 342 f.

Schw.

249 Amphitheater *(Abb. S. 36)*

Trier
um 100 n. Chr.

Unter geschickter Ausnutzung des Geländes wurde um 100 n. Chr. das Amphitheater weit östlich vom Siedlungsgebiet der Stadt am Fuße des Petersberges angelegt. Für die Wahl dieses Standortes war eine bequeme Erschließung wie auch sparsamer Material- und Kostenaufwand bestimmend. Angebunden an den Decumanus Maximus und die Fernstraße in südöstlicher Richtung nach dem Saarübergang und dem Oberrhein lag das Bauwerk auch weithin sichtbar oberhalb der bebauten Mittelterrasse der Stadt.

Das gestreckte Oval der Arena ist bis auf den Schieferfelsen abgesenkt und in den Achsen 70,56 zu 49 m groß.
Das ausgehobene Erdreich der bergseitigen Cavea, die mit drei Zwischenpodien die Sitzränge aufnimmt, wurde an der westlichen Hangseite aufgeschüttet, nachdem zuvor die Gewölbe der Zugänge und der Nord-Süd gerichteten Hauptzufahrten, Ring- und Rückhaltemauern errichtet worden waren.
Während der ganzen Zeit der Nutzung wurden ergänzende Ein-, Um- und Neubauten vorgenommen, die durch Veränderungen der Zugänge, dem Ausbau eines Kellergeschosses und der nachträglichen Einbeziehung in den Mauerring der Stadtbefestigung bedingt waren.
15 Käfige und Kammern sind der inneren Ringmauer eingefügt. Ein Ringgraben sammelte die Tageswässer und leitet diese zu

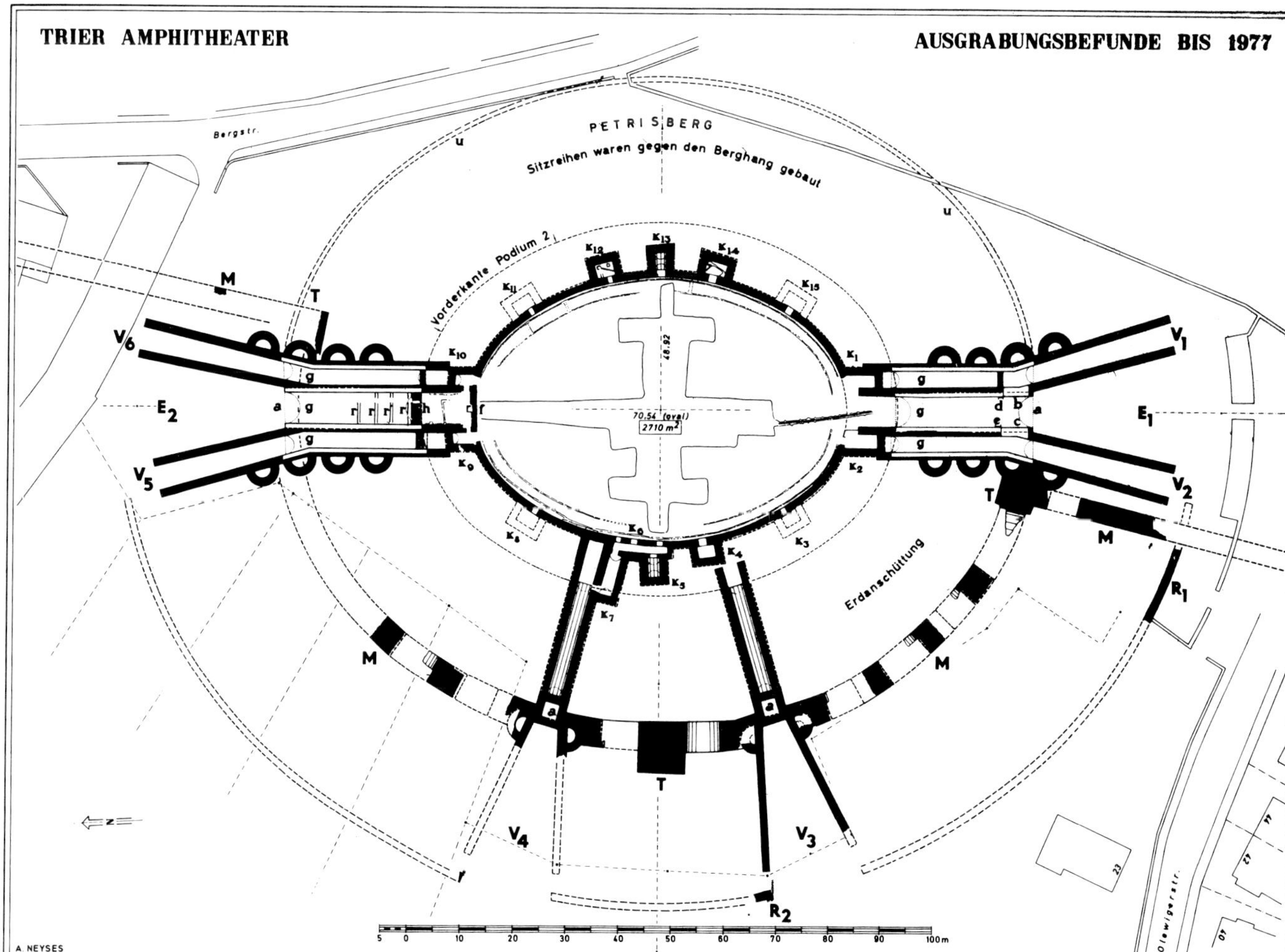

Zu 249: V_1–V_6: Zugänge »Vomitorien«; E_1–E_2: Zufahrten; K_1–K_{15}: Tierkäfige; M: Stadtmauer; R_1–R_2: Ringmauer; T: Türme.

einem in den Fels als Stollen vorgetriebenen Kanalschacht, der durch die südliche Zufahrt geführt ist und in den tiefer gelegenen Olewiger Bach entwässert wird.
Die Zufahrten führen jeweils mit leichtem Gefälle in die Arena während die flankierenden Zugänge fast eben zu dem unteren Umgang der Sitzränge Zugang gewährt. Zusätzlich sind zwei größere Vomitorien an der stadtseitigen Dammschüttung gelegen, die von einer äußeren Ringmauer umschlossen wird.
Alle sichtbaren Mauerwerke waren aus sorgfältig zugerichteten Kalksteinquadern gesetzt, die Fugen mit hellem Kalkmörtel ausgestrichen und mit dem Fugeisen nachgezogen und die eingeritzten Linien mit roter Farbe ausgemalt. Nord- und Südzugang waren über den Tordurchgängen und Gewölben als Stirnmauer gegen das Erdreich mit Blendarkaden und horizontalen Gesimsen verziert, während oberhalb der Dammschüttung eine offene Bogen- und Fenstergalerie vorzustellen ist. Die einzelnen Sitzränge waren aus Quadern des örtlich verfügbaren roten Sandsteines gesetzt.
Mit dem Bau der Stadtmauer wurde das Amphitheater zu Ende des 2. Jahrh. zum südöstlichen Stadttor. Die Stadtmauer wurde an der Nordseite bergseitig neben dem Hauptzugang herangeführt, über den oberen Weg der Dammkrone bis zum südlichen Hauptzugang dem Rund folgend aufgerichtet und verlief dann westlich dieser Zufahrt zum Olewiger Tal und dem Heiligkreuzer Berg. So war der direkte Zugang zur Stadt gesperrt und ein möglicher Angreifer mußte das »äußere Tor« mit langem gewölbtem Durchgang bezwingen, die offene Arena innerhalb der hohen Ringmauern passieren und dann die nördliche Zufahrt bewältigen, bevor er in das Stadtgebiet gelangte. Dergestalt wurde die Anlage zu einer selbständigen Festung und Zwingburg mit Hinterhalt, die im 5. Jahrh. auch der noch verbliebenen Bevölkerung der Stadt als Schutzanlage diente.
Blutige Kämpfe sind für die konstantinische Zeit überliefert. Nach siegreichem Feldzug gegen die Rheinfranken ließ der Caesar die Gefangenen im Amphitheater hinschlachten, eine Form der Unterhaltung, die als *»ludi Francici«* zum Jahre 306 bezeugt werden.
In frommer Erinnerung an das Martyrium von Christen wurde später in der Arena eine christliche Gedächtnisanlage (wohl in einem Teil der Kelleranlage) eingerichtet, aus der uns eine elfenbeinerne Pyxis mit Reliefschmuck und eine beinerne Scheibe des 7. Jahrh. erhalten ist, auf der neben dem *Pater noster* eine *»ancilla Dei Rotsvindta«* genannt wird.
Eine lebendige Vorstellung von den einzelnen, im Amphitheater gebotenen Darbietungen vermitteln die ebenso kunstvollen wie malerischen Szenen des Mosaiks von Nennig, die wie eine Programmfolge auch die Steigerung der Handlung illustrieren (Kat. 250 und 251).
Lit.: E. Krüger, Der Arenakeller des Amphitheaters. In: Röm. German. Korrbl. 2 (1909) 51. – Trierer Jahresber. 3 (1910) 9 und 4 (1911) 17. – H. Cüppers, Trier, Amphitheater. Führer der Verwaltung der Staatlichen Schlösser Rheinland-Pfalz 9 (1978). Cü.

250 Mosaik aus der Villa von Nennig

(Farbabb. s. S. 292f., 296f., 300)

FO. Nennig (Krs. Merzig-Wadern)
um 230/240 n. Chr.

Das Mosaik mißt 10,30:15,65 m und gilt als eines der größten und schönsten nördlich der Alpen. Der Anblick gaukelt die Illusion eines auf Marmorfliesen liegenden Bildteppichs vor. Eingestreute Bilder zeigen Szenen aus dem Amphitheater. Im quadratischen Hauptbild kämpft ein Schwerbewaffneter *(secutor)* gegen einen Netzfechter *(retiarius)*. Sechs Oktogone (eines ist verloren und enthält eine neuzeitliche Beschriftung) zeigen a) Musikanten, nämlich einen Orgelspieler und einen Cornubläser; b) Bestiarier peitschen einen Bären, der einen von ihresgleichen unter sich hat (Farbabb. S. 296); c) mit Stock und Peitsche gehen zwei Kämpfer aufeinander los; d) ein Venator hat dem Panther die Todeswunde beigebracht; e) eine hungrige Tigerkatze hat sich des Eselshengstes bemächtigt; e) der Tierwärter führt den sattgefressenen Löwen in den Stall.
Das teppichhafte Umfeld ist kompakt aus geometrischen Formen, vornehmlich Quadraten, Rhomben, Trapezen und schmalen Rechtecken zusammengesetzt, die ihrerseits mit Flechtornament und pflanzlichen Mustern gefüllt sind. Einzelne Musterfelder erwecken den Eindruck von Pseudoperspektive. Das Auge empfindet ein Auf und Ab in der Fläche. Bilder und Ornament bilden eine Einheit. In dem vorliegenden Kompositionsschema ist Nennig wohl das Beste in der Art.
Der Pracht des Mosaiks förderlich, kommt daraus ein marmorner Brunnen hervor. Es ist der Wasserspeier hinzuzudenken. Ein hierzu üblicher bekrönender Pinienzapfen sprühte das Wasser nach allen Seiten (siehe Kat. 63). Man muß sich die Menschen dazudenken, die beim Feste auf dem bunten Boden wandelten, wo man tanzte und spielte. Von einer Galerie gustierte die Gästeschar das Schauspiel. Palastherrin und Gastgeberin dürfte eine Familie aus dem alten treverischen Adel gewesen sein.
Das Mosaik wurde im Jahre 1852 entdeckt, wurde mitsamt Palast von 1866 bis 1876 ausgegraben. Im Jahre 1874 waren die Restaurierungsarbeiten am Mosaik beendet (mit Hilfe der keramischen Werke Villeroy & Boch im nahen Mettlach, die eigens zu diesem Zweck eine Mosaiksteinchenfabrikation ins Leben rief). Das heutige Schutzgebäude stammt aus damaliger Zeit. Im Jahre 1960 mußte erneut restauriert werden. Das wellig und stellenweise durch Kriegseinwirkungen hohl gewordene Mosaik mußte neu verlegt werden. In einem Vorbau zum Schutzhaus sind seither ein Modell des Palastes (s. Kat. 54) und erläuternde Schautafeln zu sehen. Nennig liegt bei der Moselbrücke nach dem luxemburgischen Remich. Von Trier her braucht man mit dem Auto eine halbe Stunde.
Römermuseum Nennig
Lit.: J. N. v. Wilmowsky, Berichte über die Grabungen in Nennig seit 1853. In: Jahresber. d. Gesellschaft f. nützl. For-

schungen Trier. – Ders., Die römische Villa zu Nennig und ihr Mosaik (1864). – H. Mylius, Die Rekonstruktion der römischen Villen von Nennig und Fließem. In: Bonner Jahrb. 129, 1922, 110ff. – R. Schindler, Restaurierung und Ausgrabung am römischen Mosaik Nennig. In: Ber. Denkmalpf. Saarland 8, 1961, 66–72. – A. Kolling, Der römische Palast von Nennig, Schnell-Kunstführer Nr. 1328 (1982). Ko.

251 a Gladiatorenkampf

(Farbabb. s. S. 292f., 297)

Mosaikbild aus Nennig

Ein Thraker mit Rechteckschild und buschverziertem Helm, in Lendenschurz und Schwert ist in Ausfallstellung gegen einen groß gewachsenen Retiarier gewandt, der mit Lederschutz am rechten Arm *(manica)* und Dreizack in der Linken (Linkshänder-*sinister*), den Angreifer auf Abstand hält. Die Einhaltung der Kampfregeln überwacht der Schieds- und Kampfrichter im Hintergrund (vgl. Kat. 250). Cü.

251 b Musikdarbietung

(Farbabb. s. S. 292f., 300)

Mosaikbild aus Nennig

Die Eröffnung der Spiele wie auch die Überleitung zu den verschiedenen Programmpunkten wurde durch musikalische Darbietungen begleitet. Als technische Besonderheit zeigt das Mosaik der Villa zu Nennig eine Orgel, die auf einen polygonalen Spieltisch montiert ist, an dessen Seiten die Druckzylinder und Bälge erkennbar sind. Auf den Spieltisch, dessen Tastatur verdeckt ist, sind in wachsender Größe die Orgelpfeifen aufgesetzt. Der Organist dürfte, wenn er die Bälge mit den Füßen bedienen mußte, auf einem hohen Schemel vorzustellen sein. Rechts ein Hornbläser. Cü.

252 Plan des römischen Trier

Das Stadtgebiet ist von Beginn der Besiedlung an auf ein vermessenes Raster rechtwinklig sich kreuzender Straßen (Cardines – west-ostgerichteteter, Decumani – nord-südgerichteter Straßen) festgelegt, die entsprechende Wohnflächen erschließen. Im Kreuzungspunkt der Hauptachsen (Cardo und Decumanis maximus) ist das Forum gelegen, das im Laufe des Siedlungsausbaues vergrößert werden mußte und ältere Wohnbebauung, gleichzeitig aber auch die ursprüngliche »Mittelachse« den Decumanus maximus in Anspruch nimmt.

Am Ostrande der Siedlungsfläche entstehen der Tempelbezirk im Altbachtal und der Tempel am Herrenbrünnchen als zunächst isolierte heilige Bezirke, die im Laufe der Zeit durch Kultbauten aufgefüllt werden. Oberhalb der Mittelterrasse werden Amphitheater und Circus angelegt.

Terrainaufhöhungen im Uferbereich beidseits der älteren Furt und den Pfahljoch- und Pfahlrostbrücken (17 v. Chr. und 71 n. Chr.) vergrößern die Siedlungsfläche erheblich, führen aber auch zur »Verkürzung« der Brückenanlagen und Verengung des Flußquerschnitts. Der Kernsiedlung vorgelagert sind im Osten, Süden und Norden Gräberfelder, im Süden und Norden, nahe dem Fluß ausgedehnte Industriebezirke mit Ziegeleien und Töpfereien, Bronzeguß- und Glaswerkstätten. Im 2. Jahrh. n. Chr. werden die Barbarathermen südlich des Decumanus und nahe des Brückenüberganges errichtet. Die Ummauerung der Stadt in der 2. Hälfte des 2. Jahrh. umschließt eine auf erheblichen Bevölkerungszuwachs berechnete Fläche. Eine Torsperre am westlichen Brückenkopf, die Porta Nigra und ein südliches Stadttor gleicher Größe werden errichtet. Um 200 ist die durch die Straßenzüge gegliederte Fläche mit Wohnbebauung aufgefüllt, Verwaltungs- und Wohnpaläste mit z. T. luxuriöser Ausstattung sind bevorzugt entlang der Hauptstraßen angelegt worden. Eine zentrale Versorgung mit Trinkwasser ist durch die Ruwerwasserleitung, die oberhalb des Amphitheaters in einen Wasserverteiler mündet, gesichert, daneben wird die Quelle beim Herrenbrünnchen wohl seit Beginn des 1. Jahrh. genutzt und die Versorgung der Abnehmer mit Bleileitungen und Holzrohrleitungen beibehalten. Cisternen und Verteilerbecken fand man bei den späteren Kaiserthermen.

Nach den Zerstörungen der Alemanneneinfälle des 3. Jahrh. steht für die Residenz des Caesars die Gesamtfläche der Stadt zur Disposition. Östlich des Forums wird die Residenz geplant und ausgeführt und, mit Beibehaltung ausgedehnter Freiflächen, bis zur valentinianischen Zeit bebaut.

Kaiserthermen, Basilika und kaiserliche Privatpaläste im Bereich des Domes bestimmen die S-N-Ausdehnung der Residenz, für deren Ausbau mehrere Straßen aufgelassen werden müssen.

Um 326 n. Chr. wird die constantinische Doppelbasilika als christlicher Kirchenbau erstellt, um 360 werden die Kaiserthermen zu einem repräsentativen Palast umgewandelt, das Frigidarium niedergelegt.

Neben den heidnischen Brandgräberfeldern bilden sich, durch Schenkungen privater Grundstückseigentümer der suburbanen Villen in St. Eucharius-St. Matthias und St. Maximin christliche Gräberfelder aus, die mit Mausoleen und coemeterialen Basiliken ausgestattet werden. Im Laufe des 4. Jahrh. werden bei St. Martin, St. Paulin und am westlichen Moselufer bei Pallien weitere christliche Grabfelder angelegt.

Am Moselufer, wohl in nächster Nähe des noch nicht sicher lokalisierbaren Hafens werden große Speicherhallen erstellt (horrea). Die Industriebezirke sind weiterhin mit Töpfereien und Ziegeleien in Nutzung. Cü.

Dichterporträts, Kat. 243 *(s. S. 281).*
Rhetorendarstellungen, Kat. 244–246 *(s. S. 281).* ▷

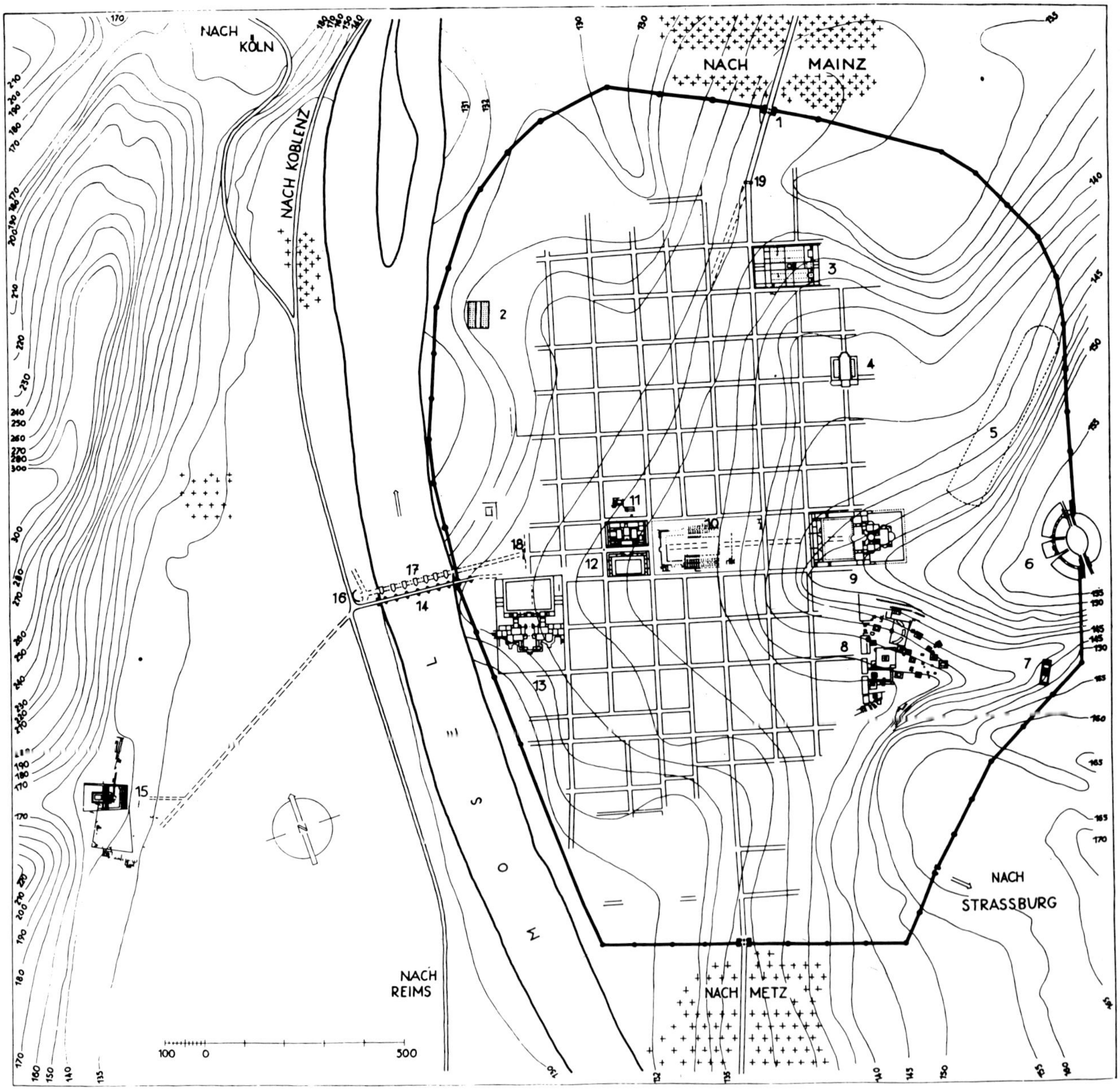

252 Stadtplan des römischen Trier mit Höhenschichtenverlauf. 1 Porta Nigra, 2 Horrea von St. Irminen, 3 Doppelbasilika, Dom und Liebfrauenkirche-St. Laurentius, 4 Aula palatina, 5 Circus, 6 Amphitheater, 7 Tempel am Herrenbrünnchen, 8 Tempelbezirk im Altbachtal, 9 Kaiserthermen, 10 Forum, 11 Palastanlage, 12 Doppelpalastanlage, 13 Barbarathermen, 14 Römerbrücke (jüngere Steinpfeilerbrücke), 15 Tempelbezirk des Lenus Mars am Irrbach, 16 großer Nischenbau (Exedra) am westlichen Brückenkopf der älteren Pfahlrostbrücke, 17 Pfahlrostbrücke, 18 Tor- und Bogenfundament am Bollwerk, 19 Tor- und Bogenfundament an der Simeonstraße.

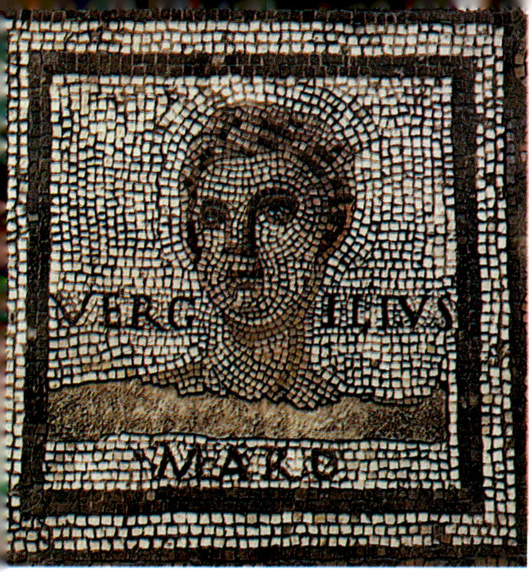
VERG ILIVS
MARO

ENN IVS

ESIO
DVS

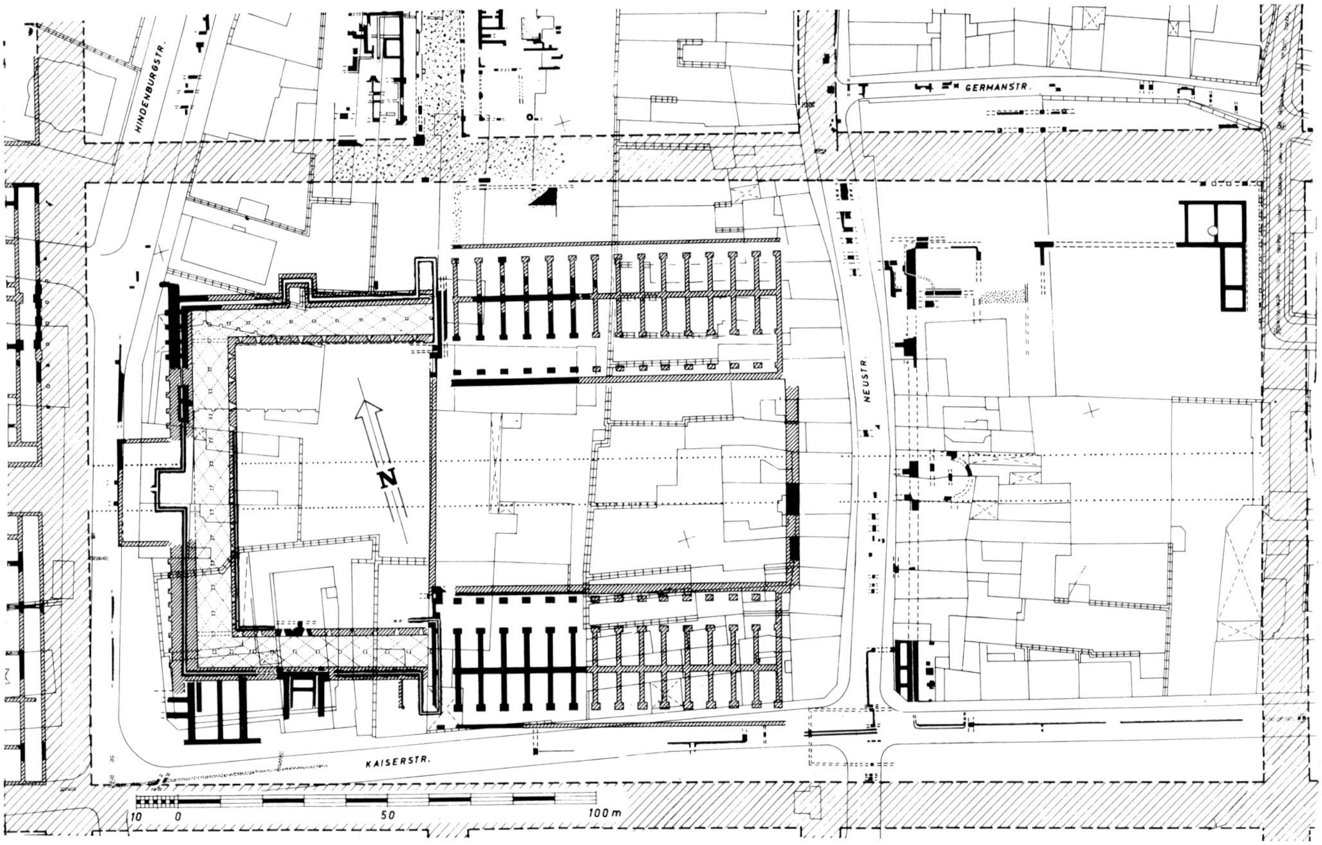

253

253 Plan des Forums der Stadt Trier

Die Siedlung der Gründungszeit hat sicherlich von Beginn an eine im Bebauungs- und Planungskonzept ausgewiesene Fläche für Markt, Basilika und Räume der municipalen Verwaltung gehabt, die vielleicht zunächst nur aus vier langrechteckigen, schmalen Flächen der »Wohnquartiere« westlich des Cardo maximus bestand und achsial vom Decumanus geschnitten wurde.

Eine größere Anlage wurde nach einheitlichem Gesamtplan in der 2. Hälfte des 1. Jahrh. errichtet und zeigt die Inanspruchnahme bisheriger Straßenflächen des Decumanus maximus. West-Ost gerichtet folgen ein basilikaler Bau, die Curia, vor einer von Portiken gesäumten Platzfläche, der zu den Seitenstraßen Geschäftsläden zugeordnet sind. Die Portiken sind gleichzeitig als Kryptoportiken und Stapelkeller für Massengüter zu benutzen. Anschließend folgt ein langrechteckiger Hof, von einer Doppelzeile von Läden und begleitenden Erschließungsgängen gesäumt. Quer hierzu bildet eine Basilika, mit den Nebenräumen an der Schmalseite über 100 m lang, in Nord-Süd-Richtung quergestellt den Abschluß, an der Ostseite von einer Ladenzeile und Pfeilerlaube zur Straße hin begrenzt. Das anschließende östliche Wohnquartier wurde im Laufe des 2. Jahrh. für die Erweiterung des Forums in Anspruch genommen. Eine weitere Platzfläche ist hier an allen Seiten von Läden eingefaßt. Mit dieser zweiten Ausbauphase, die offenbar auch die massive Einwölbung der Kryptoportikus gebracht hatte, beträgt das Forumsareal 140 zu 278 m.

Lit.: Festschrift 100 Jahre Rheinisches Landesmuseum Trier. Trierer Grabungen und Forschungen 14, 1979, 211–262. Cü.

254 Römerbrücke *(Farbabb. s. S. 235)*

Moselübergang in Trier

Hatte bei der Wahl des Standortes der Stadt die natürliche Flußpassage in Gestalt einer Furt bestimmenden Einfluß, so verlangte der zunehmende Ausbau und die Auffüllung der Siedlungsfläche auch einen repräsentativeren Flußübergang. Zu einer umfassenden Neubaumaßnahme mag auch Anlaß gewesen sein, daß am stadtseitigen Ufer große Anlagen neu entstanden waren oder aber von der Planung vorgesehen waren. Hier ist an den großen heiligen Bezirk des Asklepius beim Zollamt, nördlich der Brücke zu denken, an die Barbarathermen südlich des Überganges, aber auch an umfassende Veränderungen im Kernbereich der Stadt, wo der Cardo maximus durch den Bau des Forums überbaut und der Verkehr zwangsläufig auf die Nebenstraßen umgelenkt werden mußte.
Seit Jahrzehnten wurde durch Terrainanschüttungen auch der Siedlungsbereich flußseitig aufgehöht, und auch die hier gelegenen Quais, Lagerplätze des Handels, die Anlegestellen der Schiffahrt und der Hafen, Schiffswerften und Zoll verlangten eine umfassende Neuordnung.
Mit allem technischen Aufwand wurde geplant und schließlich ein Brückenwerk errichtet, das bis in unsere Tage in der soliden Ausführung der Substruktionen und Pfeiler sich bewährt hat.
Nur wenige Meter oberhalb der Pfahlrostbrücke von 71 n. Chr. wurden Spundwände angelegt, der Flußgrund ausgekoffert und aus Basaltlava und Maaskohlenkalksteinen die »Steinpfeilerbrücke« errichtet. Für die unterschiedliche Materialwahl der Pfeiler 1 und 5 von W (hell patinierender Maaskohlenkalkstein) ist bislang keine Erklärung zur Hand.
Die weitere Aufschüttung im Uferbereich bezog schließlich östlichen Brückenkopf und die Pfeiler 9 und 8 in das Stadtgebiet ein. In Verbindung mit dem Bau der Stadtmauer wurde die Siedlungsfläche für die Zukunft endgültig festgelegt. Mit ästhetisch wirksamer Proportionierung sind von den Ufern zum Fluß hin die Pfeilerabstände so gewählt, daß nach zunächst engen Abständen die eigentliche Schiffahrtsrinne weitere Pfeilerabstände aufweist und im Brückenaufbau durch Pylone auch weiterhin sichtbar markiert wurde.

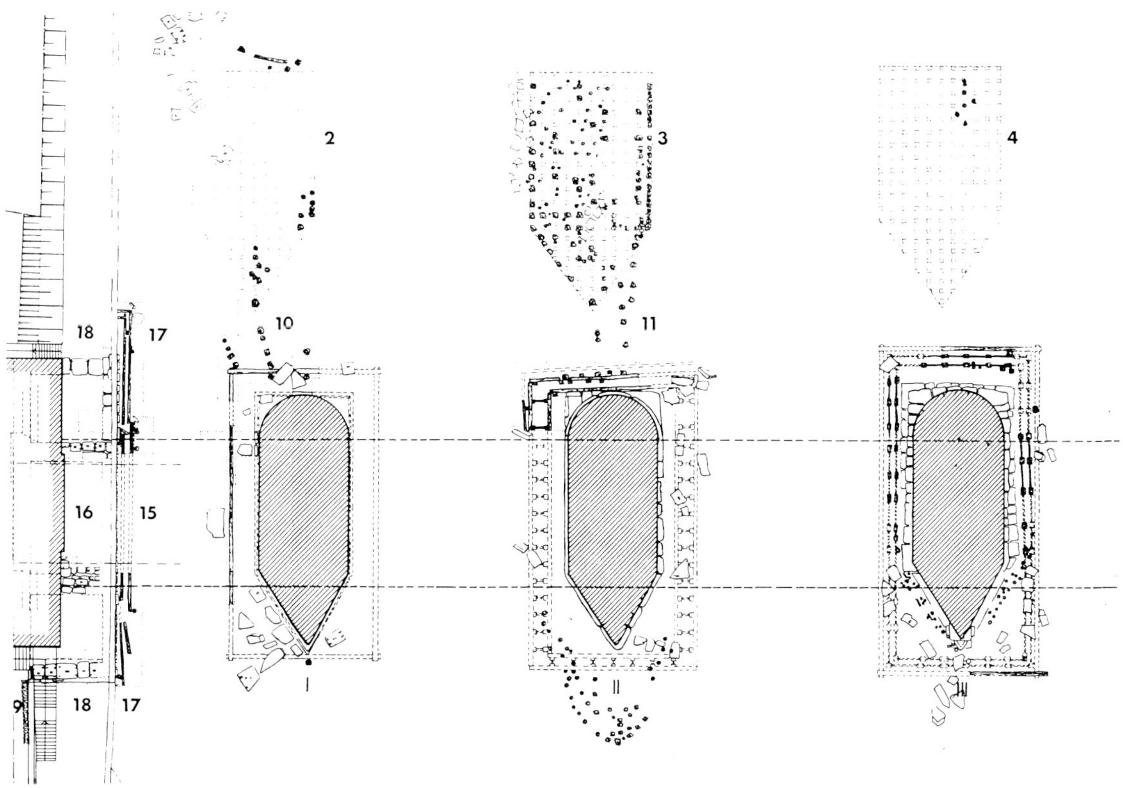

zu 254:
I–III: Pfeiler der Römerbrücke,
2–4: Pfahlroste der älteren Römerbrücke,
10–11: Römische Baugerüsthölzer,
15–16: Zufahrtsrampe,
17: Spundwand,
18: Turmartige Erweiterung.

Mosaik von Nennig,
Kat. 250 *(s. S. 286 f.)*.

Arenaszenen aus dem Mosaik von Nennig,
Kat. 250–251 *(s. S. 286f.)*.

Als letzte sichtbare Baumaßnahme in Stein ist die Aufhöhung der Pfeiler zu erwähnen, die in Verbindung mit dem Mauerbau notwendig geworden war. Die Verengung des Flußbettes erzwang gegen extreme Hochwasserschwellen die Anhebung der Fahrbahn, indem die Pfeiler um zwei Quaderhöhen aufgestockt wurden. Die während der Moselkanalisierung aus dem Fluß geborgenen Hölzer belegen eine Vielzahl von Einzelmaßnahmen, die sowohl auf die großen Bauabschnitte wie auch auf viele ergänzende Unternehmungen weisen, die als Reparaturen, Ergänzungen der Nutzung nach 144 n. Chr. notwendig geworden waren.
Hierzu gehören auch Maßnahmen, die mit Rücksicht auf den Güterverkehr auf der Mosel am westlichen Ufer sich ergaben. Eine Uferanlegestelle datiert mit ihren Hölzern um 231 n. Chr. und wird wegen der großen Schuttschichten an Ziegeln auf den Export aus den Trierer Ziegeleien zu beziehen sein.
Lit.: H. Cüppers, Die Trierer Römerbrücken. Trierer Grabungen und Forschungen 5, 1969. – E. Hollstein, Mitteleuropäische Eichenchronologie. Trierer Grabungen und Forschungen 11, 1980, 133–153. Cü.

254

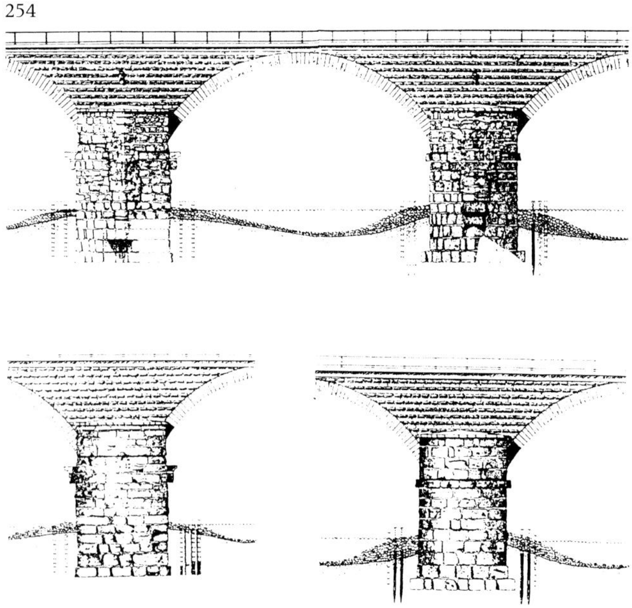

255 a, b Römerbrücke Plan, Ansicht

255 c Spundwandpfahl der Trierer Römerbrücke

FO. Trier, römische Moselbrücke
Bauperiode 144–152 n. Chr.

Die Trierer Römerbrücke ist wohl die älteste Brücke nördlich der Alpen, die heute noch dem Verkehr dient. Solange es keine genauen Datierungsmethoden gab, hat man sie für ein Werk Konstantins gehalten. Erst durch die subtilen und langjährigen Untersuchungen des Rheinischen Landesmuseums Trier wurden die verschiedenen Bauperioden der römischen und nachrömischen Epochen entdeckt.
Hier das Ergebnis in Kurzfassung. Unter römischer Verwaltung wurden nacheinander drei Brücken an derselben günstigen Stelle gegründet, wobei jede Neugründung zugleich einen bedeutenden Fortschritt der Bautechnik, der Verkehrsplanung und der ästhetischen Gestaltung erkennen läßt:

17 v. Chr.	augusteische Pfahljochbrücke: eingerammte Pfähle jochweise geordnet
71 n. Chr.	vespasianische Pfahlrostbrücke: Steinpfeiler auf Pfahlrostsystem
144 n. Chr.	antoninische Steinpfeilerbrücke: Steinpfeilerfundamente im Flußbett.

Zur Fundamentierung der antoninischen Steinpfeiler im Moselgrund versenkten die römischen Brückenbauer mächtige Fangedämme und sicherten sie durch Rammpfähle. Die Gründung dieser »Caissons« begann im Jahre 144 an allen geplanten Pfeilern zugleich und dauerte bis 152 n. Chr. Unsere Pfahlscheibe ist eine von über 200 Holzproben, die jahrgenaue Daten zur Geschichte der antiken Brückenbaukunst ans Licht brachten. Vergleiche auch das Kapitel »Dendrochronologie«.
RLM. Trier, Holzarchiv.
Eichenholz, Querschnittscheibe, in Gießharz gebettet.
Lit.: H. Cüppers, Die Trierer Römerbrücken (Mainz 1969). – E. Hollstein, Mitteleuropäische Eichenchronologie (Mainz 1980) 133–153. Ho.

256–327 Spätantike

256–266 Münzprägung und Geldumlauf

256 a) Münzgußförmchen
b) Schmelztiegel

FO. Dillingen-Pachten, Krs. Saarlouis
2. Hälfte 3. Jh. n. Chr.

Um einen regionalen Mangel an Münzgeld zu beheben, benutzten Behörden in ihrer Not zumal im 3. Jahrhundert n. Chr. Gußformen. Vorhandene (geschlagene) Münzen wurden mit Ton umformt und aus den gewonnenen Förmchen drei miteinander verbundene Säulen gebildet. Diese bekamen einen gemeinsamen Gußtrichter. Nach dem Guß wurde die Form zerschlagen und von den gewonnenen Münzen, jeweils drei auf einer Ebene, brauchte man nur noch den verlängerten Gußzapfen abzuzwicken.
Das Verfahren war umständlich und stellte sich teurer als die normale Prägung mittels Prägestempel und Hammer. Die frühere Annahme, daß man aus den Förmchen Falschmünzen gewonnen habe, ist deswegen nicht zutreffend. Schmelztiegel und Förmchen, hier 189 Stück, kamen in einer Gießerwerkstatt des Vicus Pachten zum Vorschein.
Ton. – H. des Tiegels 10,5 cm.
LM. Saarbrücken.
Lit.: R. Schindler, Bericht über die Forschungsgrabungen im römischen Pachten. In: Ber. Denkmalpf. Saarland 11, 1964, 10–21. – H. Drescher, Beobachtungen und Versuche zur Herstellung römischer Münzgußformen. In: Ber. Denkmalpf. Saarland 21, 1974, 95–99. – M. R. Alföldi, Die »Fälscherförmchen« von Pachten. In: Germania 52, 1974, 426–447. Ko.

256a, b

257 a) Gießerkelle
b) Schlüssel

FO. Schwarzenacker b. Homburg/Saar
3. Jh. n. Chr.

Buntmetallguß konnte zum Teil aus einheimischem Erz bestritten werden (Malachit, Blauerz genannt). Der Schlüssel, Erzeugnis aus dem Vicus und Gewerbeort Schwarzenacker, zeigt noch die Gußnähte.
Eisen und Bronze. – Kelle: L. 58,5, Schlüssel: L. 10,2 cm.
Römisches Freilichtmuseum Schwarzenacker.
Lit.: a) Unveröffentlicht; b) A. Kolling, Funde aus der Römerstadt Schwarzenacker (1971) 46. Ko.

258 Zwei Sparbüchsen

FO. Schwarzenacker b. Homburg/Saar
2. H. 3. Jh. n. Chr.

Die Büchsen fanden sich erbrochen und entleert im Zerstörungsschutt des Vicus Schwarzenacker.
Ton. – H. 13,0 und 18,0 cm.
Römisches Freilichtmuseum Schwarzenacker.
Unveröffentlicht. Ko.

259 14 Münzen eines Verwahrfundes

FO. Schwarzenacker b. Homburg/Saar
68 bis 99 n. Chr.

Gepräge der Kaiser Galba, Vespasian, Titus, Domitian, Nerva und Trajan.
Bronze.
Römisches Freilichtmuseum Schwarzenacker.
Unveröffentlicht. Ko.

Bestiarier, Kat. 250 *(s. S. 286).* ▷

260 Münzschatz

FO. Bliesmengen, Saarpfalzkreis
Späte römische Kaiserzeit

Montiert auf vier Tafeln 896 Münzen (7 Antoniniane, 888 Folles) mit Geprägen von Kaiser Tacitus (275/276 n. Chr.) bis Constantin I. (306–337 n. Chr.). Es sind Caesaren Crispus, Constantinus Junior und Licinius vertreten.
Der Schatz dürfte um 318 n. Chr. im Zusammenhang mit einem Germaneneinfall vergraben worden sein.
Bronze.
LM. Saarbrücken.
Lit.: D. Kienast, Die Fundmünzen der römischen Zeit in Deutschland, Abt. III Saarland (1962) Nr. 1161. Ko.

261 Münzprägestätte Saareinsming

(Farbabb. s. S. 239)

Lage: villa rustica am »Heidenkopf« bei Saareinsming an der Saar, Lothringen
um 275/6

1) Gegenstand: Funde aus einer lokalen Münzprägestätte, welche die Phasen des Prägevorgangs veranschaulichen: gegossene Bronzestifte; davon abgezwickte oder abgeschlagene Schrötlinge; dgl. im bereits flach geschlagenen Zustand vor der Prägung; schließlich mit beidseits aufgeprägten Münzbildern stark »barbarisierter« Art des Tetricus I und II. Es handelt sich um verworfene, weil verprägte oder geplatzte Stücke, die nicht in Umlauf kamen. Münzgewichte: zw. 0,40 und 0,80 g, einzelne zw. 1 und 2 g.
2) Fundumstände: Der Fund stammt aus der Buntmetallwerkstätte einer villa rustica, in der Tradition in der Metallbearbeitung schon seit 1. Jh. durch zahlreiche Funde nachweisbar. Die Werkstatt bestand aus drei sehr großen Räumen. Der größte enthielt zentralen Herd, einen aufgemauerten Ofen (Schmelzofen?) mit kreisrundem Anbau unbekannter Bestimmung, mehrere gedrechselte Steintische auf säulenartigem Fuß. Die ausgestellten Funde, nur ein Teil des Materials, waren verstreut um den Herd und vor dem Ofen zusammen mit reichlich Tropfen von verspritzter Gußbronze, Holzkohle, mehrere kleine Gußbecher, Meißel u. a.; Prägestempel fehlen leider. Der zweite Raum enthielt eine interessante Filtrieranlage für Arbeitswasser – während Trinkwasser in Holzleitungen zugeführt war – und daneben einen Herd. Auf diesem fand sich, vom Einsturz des

261

◁ Gladiatorenkampf, Kat. 251 a *(s. S. 287).*

brennenden Daches zerschlagen, ein großer Tonkessel mit fast 2 kg schon geschmolzenes Blei, das wohl als Zuschlag zum Münzmetall dessen Schmelzpunkt herabsetzen und die Bronze weicher machen sollte für die Prägung. Daneben lag zum Einschmelzen bereitgelegte Altbronze: eine Amorstatuette, verbogene Löffel, Zierelemente, Blechstücke u.a. Die Metallanalyse der Münzen ergab in der Tat sehr geringen Zinn-, aber ungewöhnlich hohen Bleigehalt.
Der Befund in beiden Räumen war versiegelt durch eine Zerstörungsschicht, die durch einen Antoninian des Probus (276–282) datiert ist; sie bedeutet auch das Ende der Prägezeit.
Die Zerstörung ist vielleicht auf die Kämpfe des Probus gegen Germanen und Alemannen seit 276 zurückzuführen, denn 279 brach Probus mit seinen Truppen auf in den Orient gegen Saturninus; in einer Grabung in Aphrodisias (westl. Türkei) wurden neuerdings 65 Tetricus-Münzen gefunden, welche offenbar Legionäre des Probus aus Gallien mitgebracht hatten, davon 63 »barbarisierte« lokaler Herstellung in der Art derer vom »Heidenkopf«.

261 Amorstatuette aus der Münzprägestätte Saareinsming.

3) Bedeutung: Der Fund der lokalen Prägestätte verdient besonderes Interesse, denn »barbarisierte« Prägungen von Tetricus und Claudius II. sind zwar in Massen aus zahlreichen Horten bekannt, die in Ostgallien in der zweiten Hälfte des 3. Jhs. bei drohenden feindlichen Invasionen vergraben worden waren, doch hatte man bisher keine Kenntnis von der Herstellungsweise und vor allem der Prägeorte und war deshalb auch unsicher über den Charakter dieser Art von Geld. Durch den Fund vom »Heidenkopf«, zu dem neuerdings ein gleichartiger Fund in der Villa Hambach 56 (Rheinland) hinzukommt, ist nun sowohl die Fertigungsart exakt rekonstruierbar als auch ein Prägeort erkannt: offenbar ein durchschnittliches Landgut, das aber über die technischen Voraussetzungen für Münzprägung verfügte. Man stellte das inoffizielle Geld gewiß nicht in Fälscherabsicht her, sondern um der völlig ungenügenden Versorgung mit offizieller Kleinmünze in der zweiten Hälfte des 3. Jhs. in Selbsthilfe zu steuern, um Kleingeld für den täglichen Gebrauch zu haben. Produktion und Umlauf blieben beschränkt.
Musée Régional, Saargemünd.
Lit.: Gallia 34, 1976, 368 f. – Ausführlicher: J. Schaub – F. Hiller, Un amor dans l'atelier du monnayage gallo-romain du Heidenkopf. In: Cahiers Sarregueminois Nr. 12, März 1979. – A. Hartmann, V. Zedelius: Ausgrabungen im Rheinland '79 (Sonderheft des Rheinischen Landesmuseums Bonn 1980).

J. Schaub – F. Hiller

262 Münzschatz

FO. Horath (Krs. Bernkastel-Wittlich), 1964
um 290 n. Chr.

Beim Pflügen wurde westlich des Ortes im Bereich einer römischen Ackerterrasse ein schon in früherer Zeit beschädigter Topf mit verschliffenem herzförmigem Profil angeschnitten. Er war mit etwa 3500 zusammengebackenen Münzen gefüllt, die in Rollen in das Gefäß verpackt und mit einem groben, teilweise erhaltenen Leinengewebe zugedeckt waren. Die im Gefäß deponierten Münzen, meist Antoniniane, mit einem schlechten Silbersud überzogene Kupfermünzen, umfaßten Prägungen auf die Kaiser Gallienus (253–268) bis Diocletianus (284–305), wobei die jüngsten um 289 n. Chr. in Lyon geschlagen wurden und somit den Vergrabungstermin etwa auf das Jahr 290 n. Chr. festlegen.
RLM. Trier, Inv. EV. 65,51.
Lit.: H. Cüppers, Archäologische Funde im Landkreis Bernkastel (Zeltingen 1966) 99 u. Taf. 51. Gi.

262

263 Römische Münzstätte Trier

Zwei Inschriften, die einen Vorsteher (CIL VI 1641: *procurator monetae Treverice*) und einen Prüfer der Trierer Münze (CIL XIII 11311: *numularius sacrae monetae Augusti nostri*) nennen, und die Scriptores Historiae Augustae (Trebellius Pollio, Tyr. trig. 31, 4) bezeugen bereits für die Zeit des Gallischen Sonderreiches (260–274) in Trier eine Münzstätte. Aus den Münzen selbst geht wegen fehlender Emissionszeichen jedoch nicht hervor, daß in Trier in den frühen 70er Jahren des 3. Jahrhunderts in einer Offizin (Prägeanstalt) zumindest auf die dort residierenden Usurpatoren Victorinus (269–271) und Tetricus I. (271–274) zahlreiche Gold- und (mit einer schlechten Silberlegierung überzogene) Bronzemünzen, meist Aurei und Antoniniane, geschlagen wurden. Bisher mangelt es an sicheren Kriterien, die einzelnen Gepräge der einen oder anderen gallischen Münzstätte zuzuschreiben. Nur wenige Wochen nach der Niederlage des Tetricus I. und der Rückführung der gallischen Reichsteile wurde das Trierer Münzamt geschlossen und nach Lyon verlegt.

Kurz vor Abschluß der diocletianischen Münzreform wurde im Spätjahr 293 oder Anfang 294, nachdem der zum Caesar der westlichen Reichsteile erhobene Constantius Chlorus Trier zu seiner Residenz gewählt hatte, in Trier die Münzprägung wieder aufgenommen. Schon bald entwickelte sich das neue Münzamt zu einer der Hauptmünzstätten des römischen Reiches, obgleich es meist nur mit zwei Offizinen arbeitete. Während eines Zeitraums von knapp anderthalb Jahrhunderten wurden in Trier insgesamt auf 39 Kaiser bzw. Usurpatoren, Kaiserinnen und Kaisersöhne mehr als 520 Gold-, 310 Silber- und 1250 Bronzemünzen mit verschiedenen Vorder- und Rückseiten geschlagen.

Die Wiedereröffnung des Trierer Münzamtes um 293/4 erfolgte von der Münzstätte Lyon, das die Arbeitskräfte von einer oder gar von zwei Offizinen nach Trier abstellen bzw. abgeben mußte. Bis zu der tiefgreifenden Münzreform des Jahres 294 wurden in Trier noch drei Antoninian-Emissionen und vermutlich eine Aureus-Emission herausgebracht, wobei sie – im Gegensatz zu den Prägungen der Gallischen Kaiser – die ersten Trierer Münzstättenzeichen (PT, PTR) führen (a). Mit der Reform Diocletians wurde der altbewährte Denar und sein Doppelstück, der Antoninian, abgeschafft, deren Feingehalt im Laufe des 3. Jahrhunderts verfallen und deren Gewicht mehr und mehr gesunken war. Statt dessen wurde 294 wieder nahezu reines Silber, der sog. Argenteus (d) zu $^1/_{96}$ des röm. Pfundes = 3,41 g, im 1. Jahrzehnt des 4. Jahrhunderts kurzzeitig auch sein Halbstück (e) geprägt. Ebenso stellte Diocletian die Erzprägung auf eine neue Basis und brachte den sog. Follis mit einem Gewicht von ± 10 g heraus, der in den ersten Jahren häufig noch mit einer Silberhaut überzogen war (b), ab dem 1. Jahrzehnt des 4. Jahrhunderts in Größe und Gewicht bis nach 341 mehrfach reduziert wird (h, i) und letztlich nur noch einer massenhaft ausgeprägten Kleinbronze von ca. 1,3 g (l) entsprach. Die Goldprägung bleibt von der Reform zunächst unberührt. Es wurde weiterhin der Aureus (c) zu 5,45 g ($^1/_{60}$ des röm. Pfundes) geschlagen. 307 senkte Constantin I. das Gewicht der Goldmünzen und gab den Solidus zu $^1/_{72}$ des röm. Pfundes = 4,54 g (f, p, u) heraus, der die zweite Standardgoldmünze der römischen Kaiserzeit wurde und letztlich auch nachhaltig das gesamte frühmittelalterliche Münzwesen beeinflussen sollte. Verschiedentlich wurden auch Vielfache und Teilstücke des Solidus, Multipla (v) und Drittelsolidi (Triens, Tremis vgl. g) geschlagen. Nachdem die Silberprägung im 2. und 3. Jahrzehnt des 4. Jahrhunderts nicht nur in Trier zum Erliegen kam, wurde sie in den 30er Jahren mit der Einführung einer neuen Silbermünze, der sog. Miliarense zu $^1/_{60}$ des röm. Pfundes = 5,45 g (k, q) neu belebt. Gleichzeitig oder wenig später wurde noch eine zweite Silbermünze, die sog. Siliqua (j, s) zu $^1/_{144}$ des röm. Pfundes = 2,27 g herausgebracht. Um 348 wurden im Rahmen einer neuerlichen Reform der Bronzeprägung statt des kleinen, zur Bedeutungslosigkeit herabgesunkenen Follis zwei neue Münzsorten, die Pecunia Maiorina, kurz Maiorina zu $^1/_{60}$ des röm. Pfundes = 5,45 g (n, t), und ihr Halbstück, der Centenionalis zu $^1/_{120}$ des röm Pfundes = 2,72 g (m, r) eingeführt. 353 waren in Trier für einige Monate unter dem Usurpator Magnentius (350–353) sogar $1^1/_2$fache Maiorinen (o) geschlagen worden. Danach blieben die Münzsorten bis in die 80er Jahre des 4. Jahrhunderts nahezu unverändert. Erst nach einer Herabsetzung des Münzfußes wurden die größeren Bronzemünzen allmählich vom Halbcentenionalis (w) verdrängt.

◁ Musikdarbietung in der Arena, Kat. 251 c *(s. S. 287)*.

Wie der überdurchschnittlich hohe Anteil an Trierer Geprägen in den westlichen Provinzen erkennen läßt, ist das Trierer Münzamt bis in die Mitte des 4. Jahrhunderts bei allen Münzsorten führend in der westlichen Reichshälfte. Seine dominierende Stellung verliert es jedoch in der 2. Hälfte des 4. Jahrhunderts trotz der benachbarten Residenz. Zwar hat es weiterhin einen beachtlichen Ausstoß von Gold- und Silbermünzen vorzuweisen, doch bleiben die Ausprägungen in Bronze relativ gering.

Die letzten im ausgehenden 4. Jahrhundert mit Sicherheit in Trier herausgegebenen Münzen tragen den Namen des Usurpators Eugenius (392–394). Nach seinem Tode wurden in Trier – zumindest für ein Jahrzehnt – keine Münzen mehr geprägt. Offen bleibt derzeit noch, ob die mit Trierer Münzstättenzeichen auf die Usurpatoren Constantin III. (407–411), Jovinus (411–413) und Sebastianus (412–413) geschlagenen Solidi und Siliquen tatsächlich in Trier oder in einer »moneta comitatensis«, einer mobilen Münzstätte, hergestellt wurden, wobei der Münzmeister, der zum Gefolge des Kaisers gehörte, je nach Aufenthalt des Kaisers und des Heeres in Nord-, Mittel- oder Südgallien die Zeichen der alten Münzstätten (Trier, Lyon und Arles) verwendet hätte. Offiziell wurde die Prägetätigkeit in den letzten Regierungsjahren des Honorius (393–423) in Trier wieder aufgenommen und beschränkte sich wohl ausschließlich auf untergewichtige Siliquen oder Halbsiliquen. Die letzten in Trier geschlagenen römischen Prägungen, ebenfalls Teilstücke von Siliquen, tragen die Namen der Kaiser Valentinianus III. (425–455) und Theodosius II. (408–450).

a) Diocletianus 284–305.
293/4 in Trier
Vs.: DIOCLETIANVS PF AVG – Drapierte und geharnischte Büste des Kaisers mit Strahlenkrone nach rechts
Rs.: CLARITAS AVGG – Nach links stehender Sol, Rechte erhoben, in der Linken Kugel, rechts im Feld D, im Abschnitt PTR
Antoninian. – RIC V, 2 117.
RLM. Trier, Inv. 55,526.

b) Maximianus 286–305.
296/7 in Trier
Vs.: IMP MAXIMIANVS PF AVG – Kopf des Kaisers mit Lorbeerkranz nach rechts
Rs.: GENIO POPVLI ROMANI – Genius mit Füllhorn und Schale, im Feld AΓ, im Abschnitt TR
Follis. – RIC VI 170b.
RLM. Trier, Inv. 15926.

c) Constantius I. (293–)305–306.
295/305 in Trier
Vs.: CONSTANTIVS NOB C – Kopf des Kaisers mit Lorbeerkranz nach rechts
Rs.: VIRTVS HERCVLI CAESARIS – Kaiser mit Lanze nach rechts reitend, im Abschnitt TR
Aureus. – RIC VI 86.
RLM. Trier.

d) Constantinus I. (305–)307–337.
305/7 in Trier
Vs.: CONSTANTINVS NOB C – Kopf des Kaisers mit Lorbeerkranz nach rechts
Rs.: VIRTVS MILITVM – Viertürmiges Tor, Türen geöffnet, im Abschnitt PTR
Argenteus. – RIC VI 636.
RLM. Trier, Inv. 62,45.

e) Constantinus I. (305–)307–337.
307/8 in Trier
Vs.: IMP CONSTANTINVS PF AVG – Gepanzerte Büste des Kaisers mit Lorbeerkranz nach rechts
Rs.: VIRTVS MILITVM – Viertürmiges Tor, ohne Türen, im Abschnitt TR
Halbargenteus. – RIC VI 758.
RLM. Trier.

f) Licinius I. 308–324.
313/315 in Trier
Vs.: LICINIVS PF AVG – Drapierte und geharnischte Büste des Kaisers mit Lorbeerkranz nach rechts
Rs.: VBIQVE VICTORES – Kaiser in Rüstung mit Speer und Kugel zwischen zwei Gefangenen, im Abschnitt PTR
Solidus. – RIC VII 5.
RLM. Trier.

g) Crispus (317–326).
317 in Trier
Vs.: FL IVL CRISPVS NOB CAES – Drapierte und geharnischte Büste des Kaisers mit Lorbeerkranz nach rechts
Rs.: VBIQVE VICTORES – Prinz in Rüstung mit Speer und Kugel zwischen zwei Gefangenen, im Abschnitt TR
Drittelsolidus. – RIC VII 197.
RLM. Trier.

h) Constantinus II. (317–)337–340.
317/8 in Trier
Vs.: FL CL CONSTANTINVS IVN N C – Drapierte und geharnischte Büste des Kaisers nach rechts
Rs.: CLARITAS REI PVBLICAE – Sol mit erhobener Rechten, Kugel in der Linken und Chlamys über der Schulter. Im Feld F T, im Abschnitt BTR
Follis. – RIC VII 180.
RLM. Trier, Inv. 22,26.

i) Helena (+ 328).
327/8 in Trier

263 Münzen aus der römischen Münzprägestätte Trier.

Vs.: FL HELENA AVGVSTA – Drapierte Büste der Kaiserin mit Perldiadem, Nackenrolle und Halskette nach rechts
Rs.: SECVRITAS REI PVBLICE – Verschleierte Securitas hält Zweig und hebt Mantel. Im Abschnitt STRE
Follis. – RIC VII 515.
RLM. Trier, Inv. 25, 308.

j) Constantius II. (324–)337–361.
337/340 in Trier
Vs.: FL IVL CONSTANTIVS PF AVG – Drapierte und geharnischte Büste des Kaisers mit Rosettendiadem nach rechts
Rs.: PAX AVGVSTORVM – Kaiser in Rüstung mit Labarum. Im Abschnitt TR
Siliqua. – RIC VIII 31 Var.
RLM. Trier, Inv. 62, 51.

k) Constans (333–)337–350.
342/3 in Trier
Vs.: FL IVL CONSTANS PF AVG – Drapierte und geharnischte Büste des Kaisers mit Rosettendiadem nach rechts
Rs.: GAVDIVM ROMANORVM – Feldzeichen, darauf VOT X MVLT XX, darunter zwei Gefangene, im Abschnitt TR
Miliarense. – RIC VIII 158.
RLM. Trier, Inv. 62, 57.

l) Constans (333–)337–350.
347/8 in Trier
Vs.: CONSTANS PF AVG – Drapierte und geharnischte Büste des Kaisers mit Rosettendiadem nach rechts
Rs.: VICTORIAE DD AVGGQ NN – Zwei Viktorien gegenüberstehend mit Kranz und Palme. Im Feld Blatt, im Abschnitt TRS
Follis. – RIC VIII 185.
RLM. Trier, Inv. 55,640.

m) Constantius II. (324–)337–361.
348/350 in Trier
Vs.: D N CONSTANTIVS PF AVG – Drapierte und geharnischte Büste des Kaisers mit Perldiadem nach rechts
Rs.: FEL TEMP REPARATIO – Phönix auf Kugel, im Abschnitt TRP·
Centenionalis. – RIC VIII 233.
RLM. Trier, Inv. 15868a.

n) Constans (333–)337–350.
348/350 in Trier
Vs.: D N CONSTANS PF AVG – Drapierte und geharnischte Büste des Kaisers mit Perldiadem nach rechts
Rs.: FEL TEMP REPARATIO – Kaiser in Rüstung auf Galeere mit Labarum und Phönix, am Heck Victoria das Schiff steuernd, im Abschnitt TRP
Maiorina. – RIC VIII 214.
RLM. Trier, Inv. ST. 9857.

o) Magnentius 350–353.
353 in Trier
Vs.: D N MAGNENTIVS PF AVG – Drapierte und geharnischte Büste des Kaisers nach rechts
Rs.: SALVS DD NN AVG ET CAES – XP zwischen A und ω, im Abschnitt TRS
$1^1/_2$fache Maiorina. – RIC VIII 318.
RLM. Trier, Inv. 10816.

p) Valentinianus I. 364–375.
367/75 in Trier
Vs.: D N VALENTINIANVS PF AVG – Geharnischte Büste des Kaisers mit Helm, Speer und Schild nach links
Rs.: VICTORES AVGVSTI – Valentinian I. und Gratian nebeneinander sitzend, darüber fliegende Viktoria ihnen eine Krone aufsetzend, im Abschnitt TR·OB
Solidus. – RIC IX 16b.
RLM. Trier.

q) Valens 364–378.
367/78 in Trier
Vs.: D N VALENS PF AVG – Drapierte und geharnischte Büste des Kaisers mit Perldiadem nach rechts
Rs.: VIRTVS EXERCITVS – Kaiser mit Schild und Labarum, im Abschnitt TRPS·
Miliarense. – RIC IX 26b/42a.
RLM. Trier, Inv. 62, 68.

r) Gratianus 367–383.
367/75 in Trier
Vs.: D N GRATIANVS PF AVG – Drapierte und geharnischte Büste des Kaisers mit Perldiadem nach rechts
Rs.: GLORIA ROMANORVM – Viktoria mit Kranz und Palme nach links schreitend, im Feld Stern, im Abschnitt TRS
Centenionalis. – RIC IX 31c.
RLM. Trier, Inv. 55, 819.

s) Gratianus 367–383.
375/83 in Trier
Vs.: D N GRATIANVS PF AVG – Drapierte und geharnischte Büste des Kaisers mit Perldiadem nach rechts
Rs.: VRBS ROMA – Roma sitzt auf Rüstung, hält Speer und Viktoria, im Abschnitt TRPS·
Siliqua. – RIC IX 46b/64a.
RLM. Trier.

t) Valentinianus II. 375–392.
378/83 in Trier
Vs.: D N VALENTINIANVS IVN PF AVG – Drapierte und geharnischte Büste des Kaisers mit Perldiadem nach rechts
Rs.: REPARATIO REI PVB – Kaiser in Rüstung nach links, hält Viktoria auf Kugel und erhebt knieende Provincia mit Mauerkrone, im Abschnitt SMTRP

Maiorina. – RIC IX 65 b.
RLM. Trier, Inv. 55,850.

u) Magnus Maximus 383–388.
383/8 in Trier
Vs.: D N MAG MAXIMVS PF AVG – Drapierte und geharnischte Büste des Kaisers mit Rosettendiadem nach rechts
Rs.: RESTITVTOR REI PVBLICAE – Kaiser mit Labarum und Viktoria auf Kugel, im Feld Stern, Im Abschnitt SMTR
Solidus. – RIC IX 76.
RLM. Trier.

v) Eugenius 392–394.
392/4 in Trier
Vs.: D N EVGENIVS PF AVG – Drapierte und geharnischte Büste des Kaisers mit Perldiadem nach rechts
Rs.: GLORIA ROMANORVM – Sitzende Roma mit Viktoria auf Kugel und Zepter und Constantinopolis, ebenfalls mit Viktoria und Füllhorn. Im Feld T R, im Abschnitt COM
Multiplum. – RIC IX 99.
RLM. Trier.

w) Arcadius.
388/92 oder 394/5 in Trier
Vs.: D N ARCADIVS PF AVG – Drapierte und geharnischte Büste des Kaisers mit Perldiadem nach rechts
Rs.: VICTORIA AVGGG – Links schreitende Viktoria mit Kranz und Palme
Halbcentenionalis. – RIC IX 98 c/107 b.
RLM. Trier, ST. 8846 k. Gi.

264 Prägestempel der Trierer Münzstätte

FO. Trier (Römerbrücke), 1963
350 n. Chr.

Prägestempel in Form eines im Querschnitt nahezu quadratischen, sich verjüngenden Eisenbolzens mit leicht abgerundeten Ecken. Das breitere, obere Ende, die Schlagseite, weist einen leicht überquellenden Bart auf. Das zweite Ende, die Prägefläche, ist abgeflacht und abgerundet. Sie zeigt in einem Perlkreis das angegriffene Negativbild einer barhäuptigen, geharnischten und gepanzerten Büste und die Umschrift IM CAE MAGN/ENTIVS AVG. Sie bildete den Prägekopf eines Oberstempels (Obereisen).
Bei der in der Antike üblichen Hammerprägung war der Unterstempel mit einem dornartigen Fortsatz fest in einen Holzblock eingelassen, während der lose Oberstempel mit kräftigen Hammerschlägen in den auf dem Unterstempel liegenden Schrötling (ungeprägtes Metallplättchen) getrieben wurde. Das auf dem Stempel erhaltene Münzbild des Usurpators Magnentius

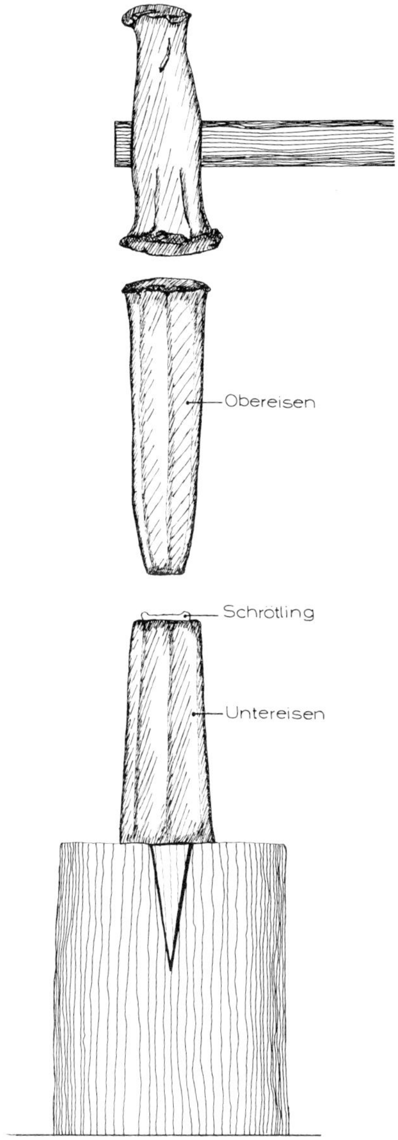

Römische Hammerprägung.

(350/353) fand nur in beiden Trierer Offizinen während der 1. Emission (Jan./Febr. 350) ausschließlich bei der Bronzeprägung Verwendung in Verbindung mit einem vermutlich älteren Rückseitenstempel, mit dem bereits Bronzemünzen auf die Namen der Kaiser Constans (337–350) und Constantius II. (337–361) geschlagen wurden.
Eisen, Prägekopf besonders gehärtet. L. 19 cm, Dm. (Prägekopf) 2,8 cm, Dm. (Schlagseite) 4 cm, 1535 g.
RLM. Trier, Inv. 63,58.
Lit.: Trierer Zeitschr. 31, 1968, 209–221. Gi.

265 Münzschatz von Arras

FO. Beaurains bei Arras (Nordfrankreich)
315 n. Chr.

Obwohl der Fundort des ungewöhnlich reichen spätrömischen Schatzfundes weit außerhalb des Treverer- bzw. Mediomatrikerlandes liegt, berührt sein beklagenswertes Schicksal das römische Trier insofern, als die große Mehrzahl der Goldmünzen Prägungen der Trierer Münzstätte waren. Durch unglückliche Umstände wurden vermutlich größere Teile des aus zahlreichen Gold- und Silbergegenständen bestehenden Schatzes vernichtet. Neben verschiedenen Schmuckgegenständen umfaßte der Schatz etwa 650 Gold- und 170 Silbermünzen, darunter etwa 50 mehrfache Aurei bzw. Solidi, von denen etwa die Hälfte – von zwei in Rom geschlagenen Münzen abgesehen ausnahmslos Trierer Gepräge – überliefert ist. Da zu den verschollenen Münzen auch zwei 100fache Aurei zählen, ist der Schaden, den nicht nur die Trierer Münzforschung durch den Verlust der Münzen erlitten hat, kaum zu ermessen. Dennoch sind etwa 25 10fache und 5fache Aurei erhalten geblieben, darunter jenes Medaillon, das Constantius I. bei seinem Einzug in das zurückgewonnene London im Jahre 297 zeigt. Aus der Zahl der dem Schmelztiegel entgangenen Goldmedaillons konnte das Rhein. Landesmuseum Trier mehrere galvanoplastische Nachbildungen (Inv.-Nr. 27, 164) erwerben, von denen fünf hier Berücksichtigung finden.
Lit.: P. Bastien, C. Metzger, Le trésor de Beaurains (Wetteren 1977).

a) Constantius I. (293–)305–306.
297 in Trier
Vs.: FL VAL CONSTANTIVS NOBIL CAES – Drapierte und geharnischte Büste des Kaisers mit Lorbeerkranz nach rechts
Rs.: REDDITOR LVCIS AETERNAE LON, im Abschnitt PTR – Einzug des Kaisers zu Pferd in London. Vor der befestigten Stadt kniende Britannia mit ausgestreckten Händen. Unter dem Pferd Schiff mit vier Soldaten und Steuermann ähnlich dem Neumagener Weinschiff (vgl. Nr. 178)
10facher Aureus. – RIC VI, 34.

b) Diocletianus 284–305.
303 in Trier
Vs.: DIOCLETIANVS PF AVG COS VIII – Kaiser im Mantel mit Lorbeerkranz und Zepter nach links
Rs.: FELICITAS TEMPORVM, im Abschnitt PTR – Zwei Kaiser opfern am Altar, darüber Felicitas
5facher Aureus. RIC VI, 27.

c) Maximianus 286–305.
303/305 in Trier
Vs.: MAXIMIANVS PIVS F AVG COS VII – Kaiser im Mantel mit Lorbeerkranz und Zepter nach links
Rs.: HERCVLI CONSERVATORI AVGG ET CAESS NN, im Abschnitt PTR – Hercules an Keule gelehnt, über dem linken Arm Löwenfell, in der Linken Äpfel
5facher Aureus. – RIC VI, 28.

d) Constantius I. (293–)305–306.
305 in Trier
Vs.: IMP CONSTANTIVS PIVS F AVG – Kaiser im Mantel mit Lorbeerkranz und Zepter nach links
Rs.: TEMPORVM FELICITAS, im Abschnitt PTR – Zwei Kaiser opfern vor Tempel an Altar, neben und hinter ihnen Diener
5facher Aureus. – RIC VI, 617.

e) Constantinus I. (306–)307–337.
310 in Trier
Vs.: IMP CONSTANTINVS PIVS FELIX AVG – Drapierte und geharnischte Büste des Kaisers mit Lorbeerkranz nach rechts
Rs.: PRINCIPI IVVENTVTIS, im Abschnitt PTR – Constantin in Rüstung mit Speer und Kugel
9facher Solidus. – RIC VI, 801. Gi.

266 Spardosen

a) FO. Trier (Kaiserthermen), 1962
4. Jh. n. Chr.
Bauchige Spardose mit sich verjüngendem Fuß und schwach eingedellter Oberseite, darin breiter Einwurfschlitz. Geläufiger Typ des 4. Jahrhunderts. Vgl. Kaiserthermen Typ I, 58.
Rottonig. – H. 8,9 cm, Dm. 9,8 cm.
RLM. Trier, KTh. 1083.

266

b) FO. Trier (Kaiserthermen), 1962
4. Jh. n. Chr.
Schlanke Spardose mit abgesenktem Fuß und eingedellter Oberseite, darin Einwurfschlitz. Gefunden mit Keramik der Mitte / 2. Hälfte 4. Jahrhundert. Der Typ scheint während des gesamten 4. Jahrhunderts beliebt. Vgl. Kaiserthermen Typ II, 71.
Rottonig. – H. 9,8 cm, Dm. 8 cm.
RLM. Trier, KTh. 1048.
Lit.: Hussong-Cüppers, Trierer Kaiserthermen-Keramik (Mainz 1972)

267–277 Handwerkserzeugnisse

267 Spätrömische Fibeln

Verglichen mit früheren Jahrhunderten nimmt die Vielzahl der Fibelformen bis zum 4. Jahrhundert deutlich ab und beschränkt sich an Saar und Obermosel auf zwei Typen, die Zwiebelknopf- und die Ringfibel, die beide in der Regel zur Männertracht gehören. Typische Frauenfibeln sind für die Spätantike nicht belegt. Der Grund dafür ist vielleicht in der Änderung der Tracht zu suchen. Zur Frauentracht zählen lediglich einige Fibeln germanischer Provenienz (vgl. Archäologisches Korrbl. 11, 1981, 333 ff.), die aber nicht mit der ansässigen Bevölkerung,

267 c, d, b, a (obere Reihe);
h, g, e, f (untere Reihe).

sondern mit seit dem späten 3. Jahrhundert ins Treverergebiet umgesiedelten Germanen, die ihre alte Tracht beibehielten, in Verbindung zu bringen sind. Zur Typologie und Chronologie der Zwiebelknopffibeln vgl. E. Keller, Die spätrömischen Grabfunde in Südbayern (München 1971) 26ff.

a) Zwiebelknopffibel vom Typ Keller 1.
FO. Trier (Bahnbau), 1881
1. Viertel 4. Jh. n. Chr.
Der unverzierte Querarm der gegossenen Fibel ist sechskantig, die beiden Knöpfe facettiert. Zwischen Bügel und Fuß nahezu dreieckiger Aufsatz.
Bronze. – L. 7,4 cm, Br. 5,3 cm.
RLM. Trier, Inv. 5366.

b) Zwiebelknopffibel vom Typ Keller 3.
FO. Trier, Brotstr., 1902
Mitte 4. Jh. n. Chr.
Der Querarm der gegossenen Fibel ist langrechteckig und trägt Aufsätze. Die Knöpfe haben die namengebende Zwiebelform. Der Fuß ist paarweise am Bügelansatz und am Fußende mit Kreisaugen bedeckt.
Bronze. – L. 7,9 cm, Br. 4,5 cm.
RLM. Trier, Inv. ST. 3886 b.

c) Zwiebelknopffibel vom Typ Keller 4.
FO. Trier-West, 1898
3. Viertel 4. Jh. n. Chr.
Der Querarm der gegossenen Fibel hat volutenartige Aufsätze. Die Knöpfe am Querarm haben Zwiebelform, der am Bügel befestigte ist facettiert. Der langgezogene Fuß ist mit drei Volutenpaaren bedeckt.
Bronze. – L. 9 cm, Br. 5,8 cm.
RLM. Trier, Inv. 21510.

d) Zwiebelknopffibel vom Typ Keller 4.
FO. Trier
3. Viertel 4. Jh. n. Chr.
Der Querarm der gegossenen Fibel ist rechteckig und hat durchbrochene Aufsätze. Die Knöpfe haben Zwiebelform und zeigen Reste einer Vergoldung. Der langgezogene Fuß ist paarweise am Bügelansatz und am Fußende mit Kreisaugen bedeckt. Der Bügel trägt eine mäanderartige Verzierung. Durch das Fußende steckt ein Bronzestift mit Resten einer Kette, durch die die Fibel mit einer zweiten, ähnlichen Zwiebelknopffibel verbunden war. Nach der qualitätvolleren Ausführung der Fibel gehörte sie einem höher gestellten Beamten oder Militär.
Bronze, vergoldet. – L. 9,3 cm, Br. 5,3 cm.
RLM. Trier, Inv. G. 1364.

e) Ringfibel.
FO. Trier (?)
4. Jh. n. Chr.
Der ringförmige Rahmen der gegossenen Fibel hat einen rechteckigen Querschnitt und eingerollte Enden. Die Schauseite trägt ein unregelmäßiges Strichmuster.
Bronze. – Dm. 4,5 cm. L. der Nadel: 5,2 cm.
RLM. Trier, Inv.-Nr. verloren.

f) Bügelknopffibel.
FO. Neumagen, Krs. Bernkastel-Wittlich, Kastell, 1885
4. Jh. n. Chr.
Die Bügelknopffibel bildet das germanische Pendant zu den römischen Zwiebelknopffibeln, wobei der bei jenen mitgegossene Querarm durch eine (hier fehlende) Spiralkonstruktion ersetzt wird. Fuß und Bügel tragen lineare Muster. Der leicht facettierte Bügelknopf ist doppelkonisch.
Bronze. L. 8,9 cm.
RLM. Trier, Inv. 11254.
Lit.: Archäologisches Korrbl. 11, 1981, 334 Abb. 1,6.

g) Armbrustfibel.
FO. Trier, westlich der Römerbrücke, 1886
2. H. 3. Jh./Anf. 4. Jh. n. Chr.
Die aus dünnem Bronzeblech hergestellte Fibel zeigt die bei germanischen Fibeln typische Spiralkonstruktion. Der Nadelhalter (Fuß) der nur mit Kerbenmuster versehenen Fibel ist von zwei Seiten umgeklappt.
Bronze. – L. 3,8 cm, Br. 2,1 cm.
RLM. Trier, Inv. 12545.
Lit.: Archäologisches Korrbl. 11, 1981, 335 Abb. 2,5.

h) Stützarmfibel.
FO. Trier oder Umgebung
2. H. 4. Jh. n. Chr.
Die gegossene Stützarmfibel mit ihrem ungewöhnlichen, in schmalen Zipfeln endenden Fuß ist ein Hauptbestandteil der germanischen Frauentracht. Bügel, Fuß und Stützarm sind durch Hohlkehlen und Querrillen gegliedert. Der zusätzlich durch Facetten verzierte Stützarm ist Lager für die Achse der Spirale. Die Achse selbst schließt an beiden Enden mit profilierten Zierknöpfen ab.
Bronze. – L. 3,8 cm, Br. 3,7 cm.
RLM. Trier, Inv. G. 1392.
Lit.: Archäologisches Korrbl. 11, 1981, 333f. Abb. 1,3. Gi.

i–l Fibeln aus Metz

i) FO. Gebiet von Metz und Umgebung
Bronze versilbert. – L. 7,3 cm, Br. 3,4 cm.
Museum Metz, Inv. 3211.

k) FO. Sablon (Metz)
Bronze. – L. 7,2 cm, Br. 4,3 cm.
Museum Metz, Inv. 3026.

267 l

l) FO. Gebiet von Metz und Umgebung
Durchbrochenes Blattwerk auf dem Steg der Nadelhalterung.
Bronze. – L. 9,4 cm, Br. 5 cm.
Museum Metz, Inv. 3034. Co.

268 Marmorierte und geflammte Ware

Bei der sog. »marmorierten« und »geflammten« Keramik unterscheiden wir eine frühe, verhältnismäßig seltene Gruppe des späten 1. und frühen 2. Jahrhunderts n. Chr. sowie eine spätere Gruppe, die während des 3. und 4. Jahrhunderts in den Trierer und Speicherer Töpfereien hergestellt wurde und hier ausschließlich berücksichtigt werden soll. Anders als die schwarz oder rot »gefirnißte« bzw. engobierte Keramik, die in die Engobe eingetaucht wurde, waren die unter dem Begriff »Marmorierte oder Geflammte Keramik« zusammengefaßten Keramiktypen unregelmäßig in einer Art Tupfverfahren bemalt. Die ältere, weitgehend auf das 3. Jahrhundert beschränkte »Marmorierte Ware« wurde oft auf einer gelbbraunen Grundierung mittels eines Schwammes betupft. Die jüngere »Geflammte Ware« wurde mit dem Ende eines breiten Pinsels bestrichen, wobei auch eine Art Marmorierung erreicht werden konnte. Meist zeigt sie aber derb aufgetragene, fleckige rot- bis dunkelbraune Pinselstriche. Als lokale Erscheinung, die sich in Trier und Speicher aus der »Marmorierten Keramik« entwickelt hat, wird die »Geflammte Ware« in beiden Töpfereibezirken noch bis in die 2. Hälfte des 4. Jahrhunderts hergestellt. Sowohl die »Marmorierte« als auch die »Geflammte Ware« umfassen fast ausschließlich Trinkgeschirr, Tassen, Krüge und Kannen.
Lit.: Hussong-Cüppers, Trierer Kaiserthermen-Keramik (Mainz 1972) 17 ff., 51 ff. Gi.

a) Doppelhenklige Tasse.
FO. Trier, St. Matthias (südliches Gräberfeld), 1904
3. Jh. n. Chr.
Der hohe Standfuß ist deutlich abgesetzt, der profilierte Rand trichterförmig ausladend. Seltenere Form des 3. Jahrhunderts. Roter Ton mit weißer Grundierung, darauf orangerote Marmorierung. – H. 4,9 cm, Dm. 8,6 cm.
RLM. Trier, Inv. 04, 626.

b) Doppelhenklige Tasse.
2. H. 3. Jh. n. Chr.
FO. Trier, St. Matthias (südliches Gräberfeld), Grab 94, 1905
Wie a, nur größer. Aus Grab der 2. Hälfte des 3. Jahrhunderts.
Roter, gröberer Ton mit weißer Engobe, die innen auf den oberen, ausladenden Rand beschränkt bleibt; Außenwand mit orangeroter Marmorierung. – H. 6,9 cm, Dm. 12,8 cm.
RLM. Trier, Inv. 05, 230 d.

c) Birnenförmiger Einhenkelkrug.
3. Jh. n. Chr.
FO. Trier (?), 1880
Die stöpselartig ausgebildete Mündung wird durch einen Halsring betont. Vgl. Gose 270.
Gelbbrauner Ton mit orangeroter Marmorierung. – H. 20,8 cm, Dm. der Mündung: 4,1 cm.
RLM. Trier, Inv. 3991.

d) Kugelbauchiger Einhenkelkrug.
3. Jh. n. Chr.
FO. Trier, St. Matthias (südliches Gräberfeld), 1903
Wie c, Bauch und Mündung gestreckter. Vgl. Gose 271.
Gelblichweißer Ton mit orangeroter Marmorierung. – H. 24,4 cm, Dm. der Mündung: 4,3 cm.
RLM. Trier, Inv. 03, 481.

268 d, f, g

e) Kleine Kanne.
2. H. 3. Jh. n. Chr.
FO. Trier, St. Matthias (südliches Gräberfeld), 1905
Der hohe Standfuß ist wie die Schulter deutlich vom bauchigen Gefäßkörper abgesetzt. An der Mündung eingekniffene Schnauze. Vgl. Gose 277.
Rötlicher Ton mit heller Engobe, darauf orangerote Marmorierung. – H. 11,4 cm, Dm. der Mündung: 4,8 cm.
RLM. Trier, Inv. 05,407.

f) Kanne.
1. H. 4. Jh. n. Chr.
FO. Speicher, Töpferei
Wie e, Schulter und Fuß schwach abgesetzt. Vgl. Gose 280.
Gelblichweißer Ton mit derber, rotbraun geflammter Engobe. – H. 15,3 cm, Dm. der Mündung: 6,3 cm.
RLM. Trier, Inv. 5445.

g) Kanne.
4. Jh. n. Chr.
FO. Gräberfeld Trier-Pallien, 1889
Wie f, jedoch größer.
Gelblichweißer Ton mit derber, rotbraun geflammter Engobe. – H. 21,4 cm, Dm. der Mündung: 6,7 cm.
RLM. Trier, Inv. 17419. Gi.

269 g, f, e; c, d, b, a

269 Spätrömische Keramik

Verglichen mit dem 2. und 3. Jahrhundert (Kat. 163–164) nimmt in spätrömischer Zeit die Vielfalt der Keramikgattungen wie ihrer Gefäßformen deutlich ab. So sind in der 2. Hälfte des 4. Jahrhunderts die gegen Ende des 3. Jahrhunderts wieder aufgetauchte, späte Schmauchware (Terra nigra) und das glattwandige Geschirr, von einigen Reibschüsseln abgesehen, gänzlich verschwunden. Nur noch schwach vertreten sind die schwarz und rot engobierte, wie die geflammte Ware (Kat. 268). Das Geschirr beschränkt sich weitgehend auf Terra sigillata aus den Argonnen und auf wenige rauhwandig-tongrundige Gefäßtypen, die in den Manufakturen der Eifel, nun vornehmlich in Mayen hergestellt wurden. Aus einem Fundkomplex, der 1922 bei einer Grabung im Bereich des Palais Kesselstatt in Trier gehoben wurde und der dem letzten Viertel des 4. Jahrhunderts angehört, seien hier einige Haupttypen herausgegriffen (vgl. Hussong–Cüppers, Trierer Kaiserthermen-Keramik, 83f. und Taf. 23–25 = Exkurs 1: Keramik Kesselstatt).

a) Halbkugelige Terra sigillata-Schüssel mit wulstartig verdicktem Rand. Vgl. Keramik Kesselstatt Taf. 23, 8b.
Terra sigillata. – H. 9,5 cm, Dm. 18,6 cm.

b) Terra sigillata-Schüssel mit spitz ausgezogenem Kragen. Vgl. Keramik Kesselstatt Taf. 23, 9b.
Terra sigillata. – H. 7,5 cm, Dm. 17,8 cm.

c) Flacher Teller mit einwärts gebogenem, leicht verdicktem Rand. Vgl. Keramik Kesselstatt Taf. 24, 24c.
Gröberer, gelblichbrauner Ton. – H. 5,4 cm, Dm. 21,1 cm.

d) Schüssel mit innen verdicktem Wulstrand, der auch nach außen leicht vorkragt. Vgl. Keramik Kesselstatt Taf. 24, 26.
Grober, gelbbrauner Ton, grau gefleckt. – H. 7,7 cm, Dm. 18,6 cm.

e) Topf mit sichelförmigem Profil. Vgl. Keramik Kesselstatt Taf. 24, 27.
Grober, graubrauner Ton, violett gefleckt. – H. 25,3 cm, Dm. der Mündung: 16,3 cm.

f) Bauchige Henkelkanne mit abgesetztem Hals und kleeblattförmiger Mündung. Vgl. Keramik Kesselstatt Taf. 24, 30b.
Grober, graubrauner Ton, dunkelrotbraun gefleckt. – H. 26,4 cm, Dm. der Mündung: 7 cm.

g) Zweihenkeltopf mit hohem, innen leicht gekehltem Hals und außen wulstartig verdicktem Rand. Vgl. Keramik Kesselstatt Taf. 25, 34a.
Grober, graubrauner Ton, violett bis dunkelrotbraun gefleckt. – H. 19,4 cm, Dm. 13,5 cm. Gi.

270 Lampenfabrikation

Die Trierer Töpfer, die seit ca. 20 n. Chr. Gebrauchsgeschirr für die städtische Bevölkerung herstellten, brachten auch um die Mitte des 1. Jahrhunderts n. Chr. Öllampen auf den Markt. Diese sind im eingesenkten Rund der Oberseite, dem Spiegel, mit einer figürlichen Szene verziert (sog. Bildlampen). Gegen Ende des 1. Jahrhunderts werden sie von einfachen schmucklosen Lampen abgelöst, die mit einer kleinen halbrunden Schnauze versehen sind. Nach der Mitte des 2. Jahrhunderts scheinen solche Lampen nicht mehr in Mode gewesen zu sein; Stücke aus der Folgezeit sind zumindest nicht bekannt. Ungefähr gleichzeitig beginnen die Trierer Töpfer schmucklose Lampen abzuformen, die am Boden Stempel anderer Fabriken und Hersteller tragen (sog. Firmalampen). Außerdem fertigen sie zahlreiche Sonderformen und auch Talglampen an.
Im 4. Jahrhundert n. Chr. erlebt die Lampentöpferei einen großen Aufschwung. Die vielen Zugezogenen, die der kaiserliche Hof in Trier anlockte, verlangten selbstverständlich nach einer größeren Auswahl und Anzahl Beleuchtungsgegenständen. Da nordafrikanische Lampen im westlichen Imperium sehr gefragt waren, stellten die Trierer Töpfer Lampen dieser Art her, ferner auch Kerzenständer und einige Sonderformen.
Museumsgrabungen im Süden der Stadt Trier haben 1933 einen Teil des Töpfereiviertels aufgedeckt. Im Schutt eines antiken Kellers lagen neben vielen anderen Fragmenten (Terrakotten, Hohlformen aller Art) auch zahlreiche Lampenformen, ausgeformte Lampen und Modelle. Der Keller selbst ist nach Ausweis der Münzen 353 n. Chr. verfüllt worden (s. Binsfeld, Trierer Zeitschr. 36, 1973, 131).
Die Fundstücke zeigen deutlich, wie die Trierer Lampentöpfer gearbeitet haben. Zunächst stellten sie Modelle aus Ton her (s. unten a). Sie gleiche den zum Verkauf angebotenen fertigen Lampen, jedoch sind Öl- und Dochtloch nicht ausgeschnitten. Von der Ober- und Unterseite nahm man nun einen Abdruck in Ton. Diese Teile waren zur besseren Handhabung außen gerundet, abgeflacht und sehr dickwandig. Zapfen an der Oberseite erleichterten das richtige Aneinanderpassen der Teile. Die beiden Negativformen oder Model (s. unten b, c) konnte man jetzt zur Serienherstellung von Lampen benutzen. Die ausgerückten Teile wurden übereinander gepaßt und überstehende Ränder mit einem Stäbchen verstrichen.
Eine andere Machart geben Lampen zu erkennen, die im 4. Jahrhundert n. Chr. in den Töpfereien bei Speicher in der Eifel angefertigt wurden (s. unten e, f). Diese einfachen unverzierten rauhwandigen Stücke wurden in einer Form gedreht. Die Drehrillen sind innen gut sichtbar. Am Boden ist die Tonmasse oft schlecht abgedreht. Frei geformt sind Zapfengriff und Schnauze, die gesondert angesetzt sind. Die Ansätze der Schnauze sind meistens unsorgfältig verschmiert.

Lit. zu den Trierer Werkstätten: Loeschcke, Trierer Zeitschr. 9, 1934, 169f.

Lit. zu den Speicherer Töpfereien: Ders., Trierische Heimatblätter 1, 1922, 5ff., 138ff. Goe.

a) FO. Trier, Töpfereiviertel, 1933, im Schutt des Kellers neben dem Wohnhaus.
1. H. 4. Jh. n. Chr.
Modell einer Lampe mit hohem Zapfengriff und herzförmigen Blättern auf der Schulter und im Kanal. Das Ölloch ist durch einen Ring markiert, das Dochtloch ist nicht angegeben. Boden mit breitem hohem Standring, nach innen folgt ein weiterer konzentrischer Ring.
Das Stück diente zur Herstellung von Lampenhohlformen. Die Form b wurde jedoch nicht von diesem Modell genommen, wie ein Vergleich deutlich macht (andere Verzierung und Maße).
Rotbrauner Ton. – H. 4,7 cm, L. 12,4 cm, gr. Br. 9,5 cm.
RLM. Trier, Inv. ST. 14804.
Lit.: Loeschcke, Trierer Zeitschr. 9, 1934, 169 Abb. 36, a.

b) FO. Trier, Töpfereiviertel, 1933, im Einfüllschutt des Kellers neben dem Wohnhaus
1. H. 4. Jh. n. Chr.
Zweiteilige Form, deren Oberseite mit zwei kleinen Zapfen in die untere Hälfte greift. Zusätzlich sind fünf Linien in die Außenseiten eingetieft, um das richtige Aufeinanderpassen der beiden Teile zu erleichtern.
In der oberen Formhälfte sind Zapfengriff, Öl- und Dochtloch und eine eingetiefte Schulterverzierung, die aus hintereinandergesetzten herzförmigen Blättchen besteht, vorgegeben. Die untere Partie sieht einen Boden mit Standring und zwei weiteren konzentrischen Ringen vor.
Rotbrauner Ton. – H. 7 cm, L. 14,3 cm, gr. Br. 10,4 cm.
RLM. Trier, Inv. ST. 14940.

270a, b

c) FO. Trier, Töpfereiviertel, 1933, im Schutt des Kellers neben dem Wohnhaus
1. H. 4. Jh. n. Chr.
Zweiteilige Form mit zwei Zapfen an der Oberseite und vier senkrechten Ritzmarken an den Außenseiten. Ferner sind über beide Formhälften in weitem Abstand die Buchstaben SERI eingetieft. Diese Herstellermarke ist auch in die Oberseite eingetieft.
Die obere Formhälfte sieht eine Lampe mit Zapfengriff und palmblattverzierter Schulter vor. Das Ölloch ist vorgegeben, während das Dochtloch nur durch schwache Ritzung angedeutet ist.
Die untere Hälfte zeigt einen Boden mit Standring.
Rotbrauner Ton. – H. 6,6 cm, L. 13 cm, gr. Br. 10,2 cm.
RLM. Trier, Inv. ST. 14795.

270c, d

270e, f

d) FO. läßt sich nicht mehr ermitteln (wohl Trier)
1. H. 4. Jh. n. Chr.
Lampe mit Zapfengriff und palmblattverzierter Schulter. Großes geschwärztes Dochtloch auf der Schnauze. Am Boden Standring.
Die Lampe paßt nicht in die Form c, da sie größer ist. Der SERI signierende Töpfer hat Formen verschiedener Größen hergestellt, die palmblattverzierte Schultern vorsehen (vgl. Trierer Zeitschr. 9, 1934, 170 Abb. 36f, n).
Das Stück wird sicherlich aus einer seiner Formen stammen.
Rotbrauner Ton mit Resten eines dünnen braunroten Überzuges auf der Oberseite. – H. 3,6 cm, L. 10 cm, gr. Br. 7,8 cm.
RLM. Trier, Inv. G. 927.

e) FO. Speicher (Krs. Bitburg-Prüm), 1881, Ofen Zweibach
4. Jh. n. Chr.
Rauhwandige unverzierte Lampe mit schlecht geformtem Zapfengriff. Abgeflachte Deckplatte mit großem zentralem Ölloch. Niedriger Fuß.
Heller, grob gemagerter Speicherer Ton. – H. 3,4 cm, L. 10 cm, Dm. 8,4 cm.
RLM. Trier, Inv. 5641.

f) FO. Speicher (Krs. Bitburg-Prüm), 1881, Ofen Zweibach
4. Jh. n. Chr.
Rauhwandige unverzierte Lampe mit niedrigem Zapfengriff und abgeflachter Deckplatte, in deren Mitte das große Ölloch eingetieft ist.

271 und 161

Von gleicher Machart wie e.
Heller, grob gemagerter Speicherer Ton. – H. 4,2 cm, L. 10,6 cm, Dm. 8,6 cm.
RLM. Trier, Inv. 5645. Goe.

271 Terrakottenmodel

FO. Trier, Töpfereibezirk, 1935
3. Jh. n. Chr. (?)

Beide Hohlformen einer Vogelterrakotte. Der auf einem niedrigen Sockel stehende Vogel trägt auf dem Kopf eine kleine Haube. Auf einer der Oberseiten Graffito OPTATΓ. An den Seiten der beiden Formen braunrot aufgemalte Markierungsstriche.
Rotbrauner Ton. – H. 9 cm.
RLM. Trier, Inv. ST. 14984.
Lit.: Trierer Zeitschr. 11, 1936, 224. Gi.

272 a Ziegelofen aus dem Töpfereibezirk Speicher

Das nach einem Grabungsbefund aus dem Jahre 1881 angefertigte Modell eines Ziegelofens zeigt seinem Zweck entsprechend eine stabilere Bauweise als die dortigen bei Töpferöfen (vgl. 162). Die Brennkammer mißt etwa 2,80 m im Quadrat. Anstelle der mittleren Stützmauer verläuft hier unter dem Zwischenboden ein 80 cm breiter Feuerkanal mit einem Spitzbogengewölbe, das vor der Brennkammer in einem bis zu 2,50 m langen Schürhals seine Fortsetzung findet. Im Bereich unter der Brennkammer gehen vom Feuerkanal in einer Höhe von 50 cm über der Kanalsohle symmetrisch nach beiden Seiten fünf gemauerte Züge schräg bis zur Außenwand des Ofens. Von diesen etwa 20 cm breiten Schlitzen führen in der Regel vier Löcher durch den Boden zur darüberliegenden Brennkammer. Zwischen den schmalen Zügen liegen 40 cm breite, aus Ziegelplatten gemauerte Rippen, die dem Boden, wie das starke Gewölbe, große Stabilität verleihen, so daß er dem Druck der schweren Ziegel jederzeit standhalten konnte. An der dem Schürhals entgegengesetzten Seite lag auf Terrainhöhe eine Türöffnung mit einer Stufe zur Brennkammer, über die der Ofen bestückt wurde. Die Öffnung war während des Brennvorgangs vermauert.
RLM. Trier, Inv. 6233.
Lit.: Trierer Zeitschr. 6, 1931, 1 ff. Gi.

272 b–d Dachziegel mit Randleisten und Inschrift

FO. Montenach (Moselle)

Die Inschrift ist ein Rechnungsbeleg aus einer Ziegelei und wurde vor dem Brand in kursiver Handschrift mit einem Stilus eingeritzt, nach dem Brand als unzerstörbarer Beleg erhalten.
Cum Anailli dies ...
Cum Tertio dies I
imbrices dies III
inbricem baiolandam mortari VI dies III
tegul(a)e in campo Rassure dies I
(P)atercli dies I
Gearbeitet mit Anaillus Tage ...
Mit Tertius einen Tag,
Drei Tage halbrunde Deckziegel
Halbrunde Deckziegel 6 Ofenfüllungen = 3 Tage
einen Tag Transport von Flachziegeln zum Gelände des Rassura
einen Tag Transport zu Paterclus
Lehmziegel. – 33,2 × 30,3 cm.
Museum Metz, Inv. 104.

Dachziegel mit Stempel CONCORDVS
FO. Metz
Lehmziegel. – 42,4 × 35 cm.
Museum Metz, Inv. 7840.

Dachziegel mit Stempel PARIATOR
FO. Basse Yutz
30 × 34,2 cm.
Museum Metz, Inv. 7853. Co.

272 b

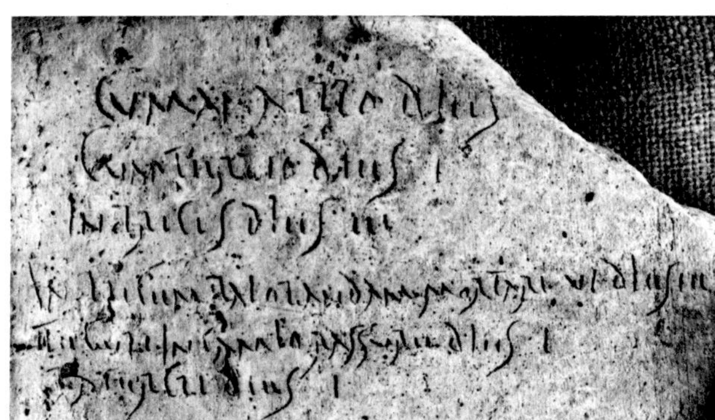

273 Ziegel mit Stempel

Die Stempelung römischer Ziegel erfolgte nach unterschiedlichen Grundsätzen. Die Stempel dienten vornehmlich als Zählmarkierung, wobei die Zählweise und somit das Verhältnis von gestempelten und ungestempelten Ziegeln stark (1:1 bis 1:80) variieren konnte. Private Hersteller haben offensichtlich eher als militärische auf Stempel verzichtet. Der Buchstabenstempel war zugleich auch eine Art Firmenmarke, die den Hersteller und den Herstellungsort kennzeichnete und somit dem Archäologen oft datierende Hinweise liefert. Mit Ziegelstempel versehen wurden insbesondere Leistenziegel für die Dachdeckung (tegulae), Verblendziegel mit unregelmäßigem Putzrauhungsmuster und quadratische Platten (laterculi), die vornehmlich beim Hypokaustbau Verwendung fanden, seltener die halbrunden Deckziegel (imbrices) oder die rechteckigen Heizkacheln oder Kastenziegel (tubuli). In der Regel tragen die Ziegel nur einen Stempel. Mehrfachstempelungen sind teils als verbesserte Wiederholung mißlungener Stempelungen, teils auch als zusätzliche Zählmarkierung zu sehen. Häufiger begegnen uns noch Abdrücke von Menschenfüßen oder Tierpfoten bzw. -hufen. Allgemein wird angenommen, daß diese auf natürliche Weise durch Unachtsamkeit oder herumlaufende Tiere während des sich über einen längeren Zeitraum erstreckenden Prozesses des Ziegeltrocknens zustande kamen. Bisweilen könnten diese Abdrücke auch auf einen abergläubischen Brauch oder ein kultisches Verfahren zurückgehen (vgl. Saalburg Jahrb. 25, 1968, 88).
Die Masse der in Trier und im Moselland auftretenden Ziegelstempel nennt »private« Hersteller. Aufgrund ihrer häufigen Verwendung in den öffentlichen Bauten Triers wie bei militärischen Anlagen ist es jedoch möglich, daß sie in einer staatlichen Ziegelei vermutlich in Trier oder dessen näherer Umgebung – wie ihre Verbreitung erkennen läßt – gebrannt wurden (vgl. Trierer Zeitschr. 10, 1935, 61). Eine Auswahl solcher Ziegelstempel von der Trierer Basilika bzw. den Kaiserthermen ist nachstehend vorgelegt.

a) Bruchstück einer quadratischen Platte mit Stempel »ADIVTICE«. Vgl. CIL. XIII 12621,2.
RLM. Trier, Inv. KTh. 60.

b) Bruchstück einer quadratischen Platte mit Stempel »CAPI«, daneben Trittspur eines Rehes. Vgl. CIL. XIII 12684,3.
RLM. Trier, Inv. 14,643.

c) Bruchstück einer quadratischen Platte mit breiterem Stempel »CAPI«, daneben Abdruck einer Schuhsohle. Der Stempel zählt wie Nr. b zu den in zahlreichen Varianten vorliegenden Stempeln der Capionaci-Gruppe, die mit den der Adiutex-Gruppe die größte Verbreitung fanden.
RLM. Trier, Inv. KTh. 185.

273c, b

d) Bruchstück eines Dachziegels mit Stempel des Lupicinus »ΓVPICIИVƧ«. Die Buchstaben sind teilweise seitenverkehrt oder kopfstehend. Vgl. CIL. XIII 12871,2.
RLM. Trier, Inv. 21477.

e) Bruchstück eines Dachziegels mit Stempel »MAGNENTI«. Vgl. CIL. XIII 12878.
RLM. Trier, Inv. KTh. o. Nr.

f) Kleine quadratische Platte für Hypokaustpfeiler mit Stempel »REIPVB«. Dieser Ziegel wurde, wie der Stempel »Rei publicae« nahelegt, in einer staatlichen Ziegelei gebrannt, die offenbar (vgl. Trierer Zeitschr. 10, 1935, 60) von der Stadt Trier unterhalten wurde. Vgl. CIL. XIII 12603,2.
RLM. Trier, Inv. KTh. 212.

Gi.

274 Glasfabrikation

Ab der 1. Hälfte des 4. Jahrhunderts n. Chr. arbeiteten im Süden Triers, im Industrieviertel, längs des Moselufers (Töpfereigelände) Glasbläsereien. Glasgefäße waren offensichtlich in dieser Zeit ein preiswertes Gebrauchsgeschirr (s. auch Kat. 190), denn man findet sie in Siedlungen und Gräbern in großer Anzahl. Die Nachfrage war dementsprechend groß, so daß auch überall im Treverer Gebiet kleinere Glashütten entstanden (s. Kat. 276).
Bei Grabungen in den Jahren 1893/94, 1907 und 1920 wurden Fragmente von tönernen Schmelztiegeln, Häfen, geborgen (s. unten a–c), die innen mit einer Glasschicht überzogen sind. Diese nimmt stets zum Boden an Dicke zu. Die Häfen standen einst im Ofen, indem sie in eine feuerfeste Tonmasse gebettet waren, von der jetzt noch Reste an der Außenwand haften. Aus ihnen entnahm der Glasbläser mit der Pfeife etwas Glasmasse (den Glasposten), um sie zu der gewünschten Form aufzublasen. Dabei rannen oftmals Tropfen an der Gefäßaußenwand entlang, die sich als jetzt noch sichtbare Schicht zwischen Gefäß und Tonmasse festgesetzt haben. Näpfe der gleichen Art benutzte die Hausfrau in der 1. Hälfte des 4. Jahrhunderts, so daß wir die Glashäfen auch datieren können.
Die Trierer Gläser des 4. Jahrhunderts weisen so viele Besonderheiten auf, daß die Annahme, die Gefäße seien hier auch zum größten Teil hergestellt worden, berechtigt erscheint. Dies gilt auch für die feineren Gefäße mit Schliffverzierungen, mit besonders geformten Auflagen, für die Kopfgefäße und Diatrete (Gefäße mit herausgeschliffener Netzverzierung). Die Trierer Glasbläser waren offensichtlich bemüht, den gehobenen Ansprüchen des kaiserlichen Hofstaates gerecht zu werden.

Lit. zu Trierer Glasfabrikation: Loeschcke, Römisch-Germanisches Korrbl. 8, 1915, 55ff. – Kat. Gläser Trier 6ff. – Röm. Gläser, Führer 20f.

a) FO. Trier, Töpferstr. (Töpfereiviertel), 1893/94
1. H. 4. Jh. n. Chr.
Randstück eines Napfes mit einwärts verdicktem Rand und außen umlaufender Drehrille. Rand und Wandung sind innen mit einer grünlichen Glasschicht überzogen. An der Außenwand ist ebenfalls Glasmasse herabgeflossen und hat sich unterhalb des Randes in einer 0,5 cm starken Schicht festgesetzt. Der Napf war in eine dünne Schieferschicht eingebettet, an die sich eine zu Ziegel verbrannte Tonschicht anschloß. Reste dieser Teile haften noch an der Außenwand.
Gelbbrauner Ton. – Dm. ca. 28–30 cm.
RLM. Trier, Inv. 19619.
Lit.: Loeschcke, Römisch-Germanisches Korrbl. 8, 1915, 56 Nr. 2 Abb. 27. – Kat. Gläser Trier 6 Anm. 45.

b) FO. Trier, Töpfereiviertel, 1907, aus dem Schutt des Nebenofens am Kinderofen
1. H. 4. Jh. n. Chr.
Randstück eines Napfes wie a. Die Wandung ist innen und außen mit einer dünnen schwach grünlichen Schicht überzogen.
Gelbbrauner Ton. – Dm. 33 cm, gr. L. 11 cm, gr. H. 5 cm.
RLM. Trier, Inv. 07, 1059.
Lit.: Kat. Gläser Trier 7 Anm. 47.

c) FO. Trier, Töpfereiviertel, 1907, aus dem Schutt des Nebenofens am Kinderofen
1. H. 4. Jh. n. Chr.
Wandstück eines großen Hafens, innen mit einer grünen Glasschicht bedeckt. Glastropfen sind auch an der Außenwand herabgeflossen und haben sich in einer 0,3 cm starken Schicht zwischen Gefäß und anschließender zu Ziegel verbrannter Tonschicht festgesetzt.
Gelbbrauner Ton. – Gr. L. 11,5 cm, gr. B. 9 cm, Wandungsstärke: 0,9 cm.
RLM. Trier, Inv. 07, 1060.
Lit.: Kat. Gläser Trier 7 Anm. 47. Goe.

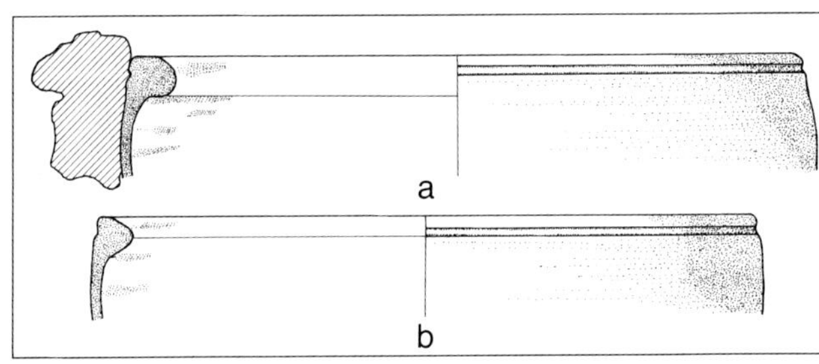

274a, b

275 Glasrohlinge

Als man 1878/79 bei Leudersdorf (nordöstlich von Hillesheim in der Eifel, Krs. Daun) eine große römische Villa freilegte, fand man am Eingang in den Keller 43 Fragmente von einst runden Scheiben, die aus undurchsichtigem grünem, blauem, türkisfarbenem und rotbraunem Glas bestehen (Inv. 1289–1332). Durchschnittlich sind sie 1–2 cm stark. Schon der Ausgräber, F. Hettner, vermutete, daß diese Rohlinge zur Anfertigung von Mosaiksteinchen bestimmt waren.
Die beiden Stücke aus rotbraunem leicht gemasertem Glas (Inv. 1327–1328; s. hier f) verdienen besonderes Interesse. Denn Mosaiksteinchen, die aus einer solchen Glasmasse hergestellt worden waren, wurden in den Trierer Barbarathermen neben anderen farbigen Glasstiften zum Schmuck der Wände verwandt (Inv. 264–267, 8723–8740; 9390–9392). Plättchen aus rotbraunem Glas wurden in der Doppelkirche des 4. Jahrhunderts (jetzt Dom) als Wandbelag benutzt. Dort wurden auch zahlreiche Abfälle solcher Stücke gefunden (Inv. 2940).

Der Fund eines Glashafens (Inv. 10610) in den Barbarathermen wirft ein Licht auf die Herstellungsart dieser Mosaiksteinchen. In dem Tiegel wurde offenbar an Ort und Stelle die dunkelrote Glasmasse geschmolzen, die dann später zu den Steinchen zurechtgeschnitten wurde. Die opake dunkelrote Glasmasse bedeckt jetzt noch den Hafenboden.
Diese Glasmasse war im 4. Jahrhundert in Trier so beliebt, daß man aus ihr auch Gefäße hergestellt hat (vgl. z. B. das Kännchen: Kat. Gläser Trier 221 Kat. 1334 Taf. III. 72. Röm Gläser. Führer Farbtaf. D 3. – Weitere Stücke: Haberey, Germania 39, 1961, 136 f. – Kat. Gläser Trier 8 Anm. 62). Diese Stücke und die Funde aus dem Dom zeigen deutlich, daß die Verwendung von rotbraunem Glas im 4. Jahrhundert erfolgte. Sie geben uns folglich auch einen zeitlichen Hinweis für die Leudersdorfer Rohlinge.
Wandmosaikschmuck aus Glassteinchen in Wohnräumen und öffentlichen Gebäuden ist in Trier erst gegen Ende des 3. Jahrhunderts nachweisbar. Als weiteres Beispiel seien die Wandmosaiken aus jenem Saal erwähnt, der sich unter dem RLM. Trier befindet und dessen Fußboden mit dem Monnus-Mosaik (s. Kat. 243) geschmückt ist.
Ab der 2. Hälfte des 3. Jahrhunderts verwenden die Mosaiksetzer auch für die Böden vermehrt Glassteinchen.
Ob die Glaskuchen der Villa von Leudersdorf zum Zuschnitt von Wand- oder Bodenmosaiken bestimmt waren, läßt sich nicht mehr entscheiden.

Lit. zu Leudersdorf: Hettner, Jahresber. der Gesellschaft für nützl. Forschungen zu Trier 1878–1881 (1882) 57. – Kat. Gläser Trier 7 Anm. 51.
Lit. zu den Trierer Wandmosaiken: Loeschcke, Römisch-Germanisches Korrbl. 7, 1914, 85 ff. Abb. 35. – Ders., Röm.-German. Korrbl. 8, 1915, 56. – Parlasca, Römische Mosaiken 63 f. (Dom). 67 f. (zu weiteren Trierer Wandmosaiken). – Festschrift 100 Jahre Rhein. Landesmuseum Trier (Mainz 1979) 74 (Monnus-Raum). Goe.

a–f) FO. Leudersdorf (heute Gemeinde Üxheim, Krs. Daun), 1878/79, im Keller der Villa
4. Jh. n. Chr.

a) Ca. 1,5 cm dickes Stück aus opakem türkis-grünem Glas mit unregelmäßiger Oberfläche und z. T. verschmolzenen Rändern. – 6,5 × 8,1 cm.
RLM. Trier, Inv. 1316.

b) Ca. 1,4 cm dickes Fragment aus opakem türkis-grünem Glas mit z. T. abgeschlagenen Rändern, eine gerundete Kante erhalten. – 7 × 7,5 cm.
RLM. Trier, Inv. 1315.

c) Ca. 1 cm dickes Bruchstück mit gerundetem Rand an der einen Seite, an den beiden übrigen Bruchränder. Eindruck an der Oberfläche, wohl von einer Zange.

275

Dunkelblaues undurchsichtiges Glas. – 10,5 × 5,9 cm.
RLM. Trier, Inv. 1293.

d) Dunkelblaues opakes Fragment mit gerundetem Rand und verschmolzener Oberfläche. – 10,3 × 7,1 cm.
RLM. Trier, Inv. 1303.

e) Ca. 1,8 cm starkes Bruchstück mit gerundetem Rand aus dunkelgrünem opakem Glas. – 8,2 × 4,1 cm.
RLM. Trier, Inv. 1325.

f) Ca. 1,5 cm dickes Fragment aus dunkelgrünem Glas, in dessen Oberfläche eine braunrot gemaserte Glasmasse eingeschmolzen ist. – 4,5 × 5,1 cm.
RLM. Trier, Inv. 1328.
Lit.: Vgl. Germania 39, 1961, 137 d. Goe.

276 Glasherstellung

FO. Titelberg (Luxemburg)
3./4. Jh. n. Chr.

Nachdem bereits zu Beginn der dreißiger Jahre am Rande des Titelbergplateaus der Standort eines römischen Glasateliers festgestellt worden war, ließ das Luxemburger Staatsmuseum im Jahre 1968 an dieser Stelle Nachgrabungen durchführen. Die aufgefundenen Überreste der Glasproduktion, wie Reste eines Schmelzofens, Fragmente verschiedener Schmelztiegel, Glasfritten, Schlacken, Glastränen und -tröpfchen der verschiedensten Formen, zum Einschmelzen bestimmtes Altmaterial, usw.,

erbrachten den endgültigen Beweis, daß auf dem Titelberg im 3. und im frühen 4. Jh. geblasenes und gegossenes Glas hergestellt wurde. Die Produktion dieser kleinen Glashütte war ohne Zweifel in erster Linie für den lokalen Markt bestimmt. Die Lage des Ateliers am Rande der römischen Siedlung erklärt sich aus der ständigen Feuergefahr, die ein solcher Betrieb mit sich bringt.
In der Ausstellung wird nur eine kleine Auswahl der Zeugnisse der Glasproduktion auf dem Titelberg gezeigt.
Staatsmuseum Luxemburg.
Lit.: R. Kremer, Un établissement verrier gallo-romain sur le Titelberg. In: Ons Hémecht 40, 1934, 309ff. – G. Thill, Une verrerie gallo-romaine au Titelberg. In: Hémecht 20, 1968, 521ff. – E. Wilhelm, Verrerie de l'époque romaine. Musée d'Histoire et d'Art (2. Auflage, Luxemburg 1979) 7. 42f. Anm. 35. Kr.

277 Schlangenfadenglas

(Farbabb. s. S. 234)

FO. Junglinster (Luxemburg)
4. Jh. n. Chr.

Der kelchförmige Pokal wurde 1936 zusammen mit drei weiteren Gläsern sowie acht Tongefäßen und einer bronzenen Gürtelschnalle in einem Körpergrab des 4. Jh. bei Junglinster (L) gefunden. Der tulpenförmige Glaskörper sitzt auf einem konischen Fuß mit wultiger Lippe auf. Das hellolivfarbene, durchsichtige Glas ist mit vier sorgfältig aufgelegten, alternierend braunen und dunkelgrünen Schlangenfäden verziert. Unter dem Rand ist ein teils brauner, teils dunkelgrüner Zickzackfaden aufgelegt, der von zwei parallelen Fäden von brauner Farbe umrahmt wird. Fragmente von ähnlichen Gläsern wurden in Luxemburg im Tempelbezirk von Steinsel-Rëlent sowie in der Villa von Goeblingen-Miécher gefunden. Schlangenfadengläser wurden im 4. Jh. n. Chr. vor allem in Köln hergestellt.
Glas. – H. 20,3 cm.
Staatsmuseum Luxemburg, Inv. 105.
Lit.: E. Wilhelm, Verrerie de l'époque romaine. Musée d'Histoire et d'Art (2. Auflage, Luxemburg 1979) 27 Nr. 105 (mit weiterer Literatur). Kr.

278–289 Stadt und Kaiserresidenz Trier

278 Stadtgebiet von Basilika bis Dom, 1980

Im heutigen Stadtbild von Trier nehmen Basilika und Domgruppe eine die Silhouette bestimmende Rolle ein. Als nach den Zerstörungen des Alamanneneinfalles und der folgenden Wirren die Stadtansiedlung weitgehend zerstört war, konnte für die Residenz über die beste Fläche planerisch verfügt werden.
Die Repräsentationshalle der Basilika wurde das Herzstück der kaiserlichen Residenz. Soweit erkennbar, wurden aber, wo immer angängig und sinnvoll, Teile älterer Bauten auf den neuen Bedarf hin umgebaut, so daß das mächtige Bauwerk nicht isoliert stand, sondern in eine relativ dichte Bebauung von Wohnanlagen und Verwaltungsgebäuden eingebunden war.
Lediglich an der Süd-Front und Haupteingangsseite wurde eine von Portiken gesäumte Freifläche als Hoheitsraum hergerichtet.
Die kreisförmige Kontur der mittelalterlichen Domimmunität ist aus dem Verlauf der Straßen ablesbar und verdeutlicht die zentrale Lage der constantinischen Doppelkirchenanlage innerhalb dieses Bezirkes. Cü.

279 Grundrißplan der Residenz in spätconstantinischer Zeit

Dem großen Bauprogramm des Ausbaues der Residenz und der Reichsverwaltung gehören die heute noch als romantische Ruinen eindrucksvollen Kaiserthermen an wie auch die kontinuierlich genutzten Großbauten Basilika und Domgruppe.
Der Plan verdeutlicht die außerhalb der Großbauten nachweisbare dichte Bebauung, besonders an der Westseite, zum Stadtgebiet hin. Östlich sind großflächige Villen gelegen, die mit ausgedehnten Gartenflächen zum Teil erst in der 2. Hälfte des 4. Jahrh. für die Residenz mit beansprucht werden, so vor allem die erst 1982 beim Bau einer Tiefgarage untersuchten Flächen östlich des kurfürstlichen Palastes. Cü.

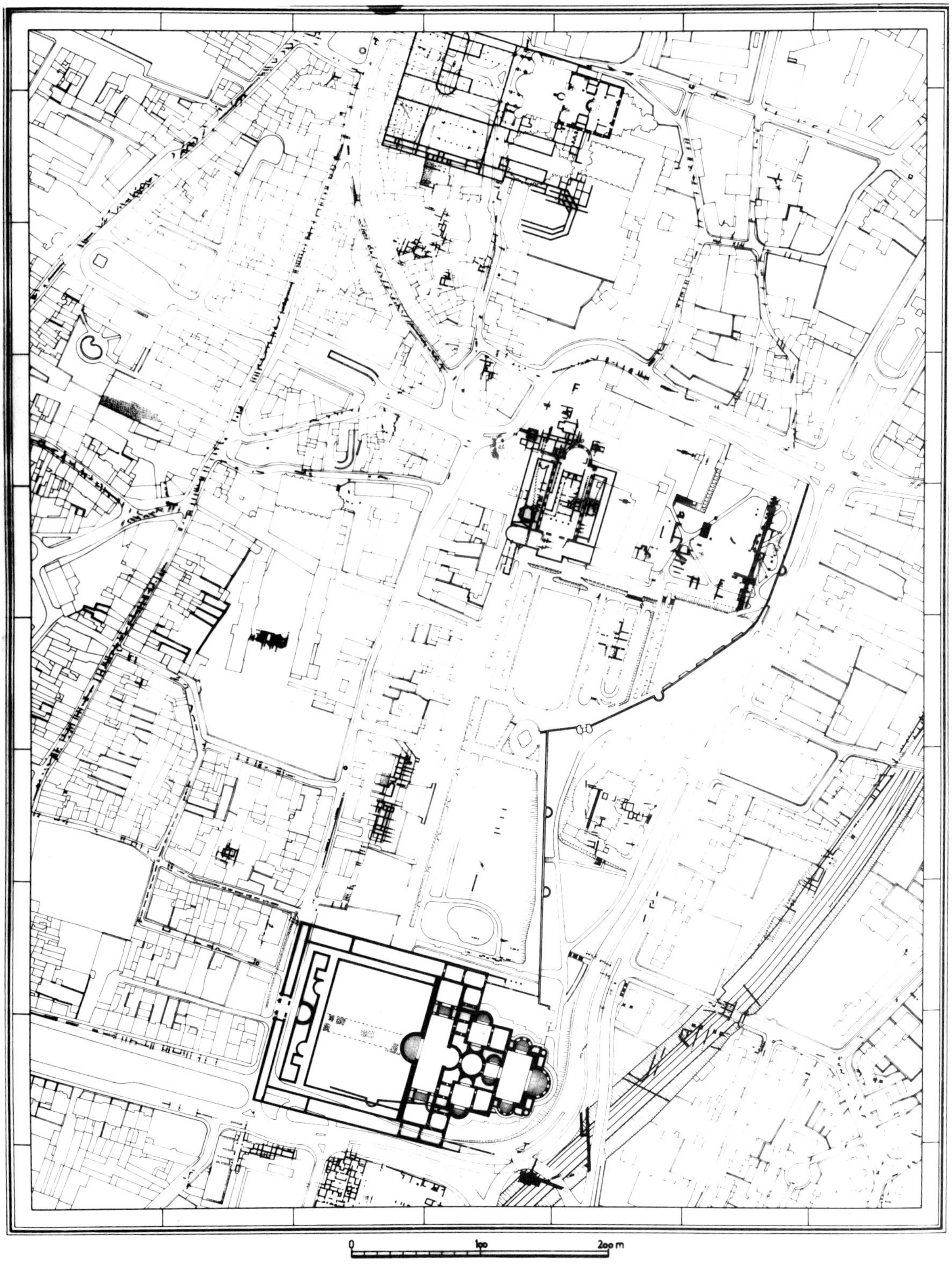

0
100
200 m

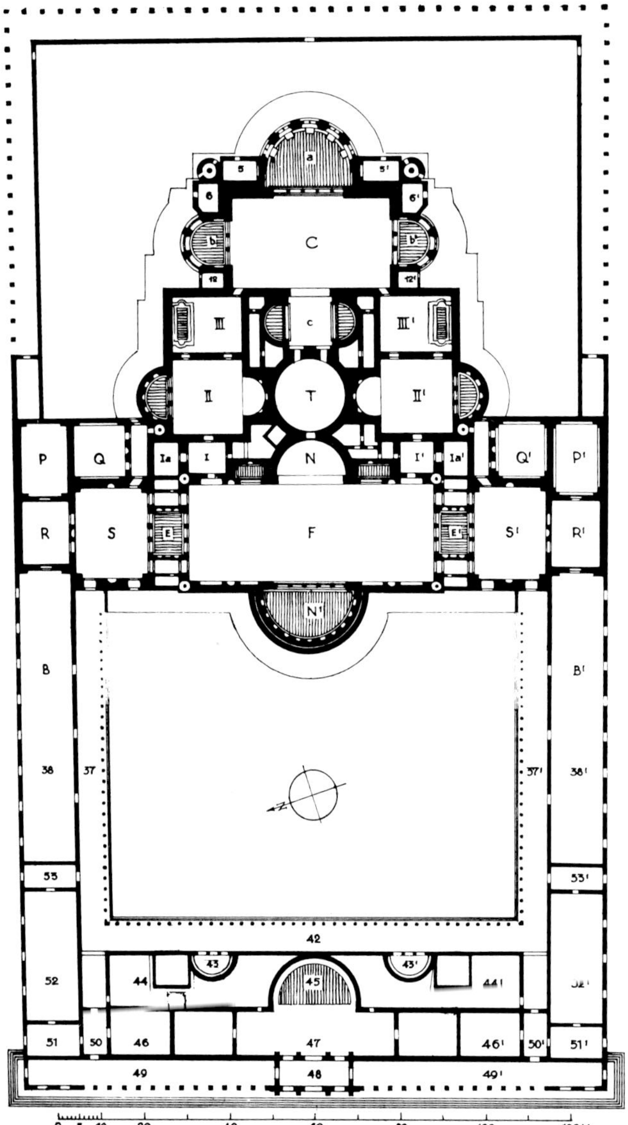

279 Trier: Grundrißplan der Residenz in spätconstantinischer Zeit.

280 a–c Ansicht der Kaiserthermen

(Farbabb. s. S. 235)

a) Für die Thermenanlagen wurden vier Wohnquartiere der Stadtsiedlung verplant und bebaut, die in den Jahren 1912–14 und nach den Zerstörungen des 2. Weltkrieges z. T. systematisch ausgegraben und untersucht werden konnten (1959–1971).

In der achsialen Reihung von Westen nach Osten sind Eingangshalle, Nymphäum und Palästra mit Portiken gesäumt, heute in den Fundament- und Umfassungsmauern z. T. noch sichtbar.

Das eigentliche Badegebäude, in der Planentwicklung dem »großen Kaisertyp« folgend, sind z. T. noch mit aufrecht ragenden Teilen des Mauerwerks, der Bodenbenutzungshöhen, der Kanalisation und dem Gesamtgeschoß der unterirdischen Be-

281

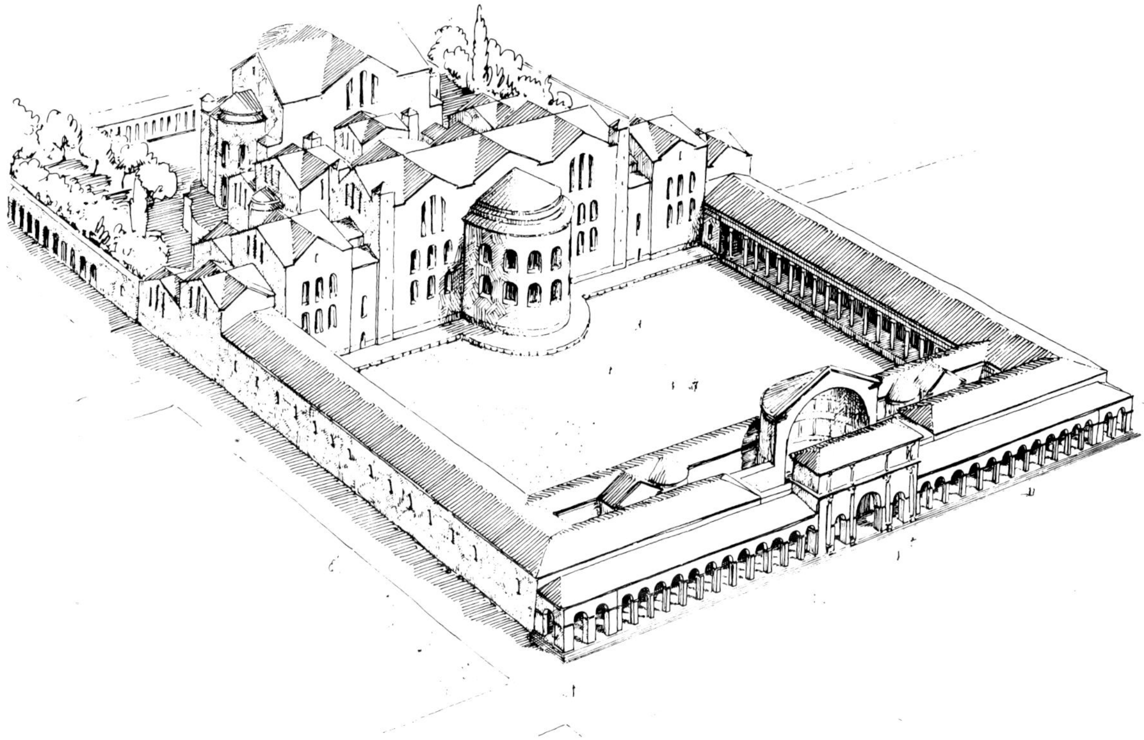

280 b

dienungsgänge und Substruktionen erhalten. Als Haupträume sind Frigidarium, Tepidarium und Caldarium mit ihren Wannenräumen, Nebengelassen und Teilen der Heizungsausstattung durch die Grabungen 1912–14 freigelegt und konserviert worden. Von der östlichen Umfassungsmauer des Caldariums standen die Mauern noch bis zum 18. Jahrh. eingebunden in die mittelalterliche Stadtbefestigung bis zu 24 m Höhe und sind, trotz mancher Zerstörungen noch heute eindrucksvolles Zeugnis der einst prachtvollen Anlage.
In der 2. Hälfte des 4. Jahrh. wurde die Benutzung als Badeanlage aufgegeben und, offenbar als Ersatz für die beim Bau der constantinischen Doppelbasilika verlorenen Palastbauten, zu einem neuen Palast umgewandelt, für dessen Bewohner ein kleineres Bad an der Nordostseite des Tepidariums errichtet worden ist.

b) Rekonstruktionsansicht der Kaiserthermen um 320 n. Chr. (erster Ausbauzustand)
c) Rekonstruktionsansicht der Kaiserthermen um 360 n. Chr. (zweiter Bauzustand)

Lit.: E. Krüger, D. Krencker, Die Trierer Kaiserthermen. Trierer Grabungen und Forschungen 1 (1929). Cü.

281 Spätantikes Porträt

FO. Trier
2. H. 4. Jh. n. Chr.

Der lebensgroße männliche Porträtkopf trägt das Haar, ähnlich wie beim Kopf des Gratian (Kat. 282), wie eine Kappe anliegend und von der Schädelmitte her in leicht gewellten Strähnen in die Stirn, zu den Wangen (mit kurzen Koteletten vor dem Ohr) und in den Nacken gekämmt. Das sehr lebendig gearbeitete Gesicht – leider an Nase und Kinn bestoßen – weist mit den Fettpölsterchen auf den Wangen und dem unübersehbaren Ansatz eines Doppelkinns auf einen wohlhabenden Mann, dem der Luxus nicht fremd ist. Da kaiserliche Insignien fehlen, denkt man an das Porträt eines Privatmannes und hat sogar darauf hingewiesen, daß der Dichter und hohe Trierer Staatsbeamte Ausonius so ausgesehen haben könnte. Der Kopf war in eine Statue eingesetzt.
Weißer Marmor (Kopie). – H. 36 cm.
RLM. Trier, Inv. ST. 2309.
Lit.: Espérandieu 5050. – H. Wrede, die spätantike Hermengalerie von Welschbillig (Berlin 1972) 99 mit Taf. 62, 4. – Schindler, Führer Abb. 211. Bi.

282 Kaiserkopf

(s. a. Abb. S. 39)

FO. Trier, an der Basilika
2. H. 4. Jh. n. Chr.

In oder doch dicht bei der Basilika, dem Zentrum der Kaiserresidenz und Reichsverwaltung, stand das überlebensgroße Kaiserporträt mit Perlendiadem. Die Frisur mit den streng nach vorn gekämmten Strähnen ist bezeichnend für die 2. Hälfte des 4. Jahrhunderts. Um die übermenschliche Majestät des spätantiken Kaisers den Untertanen vor Augen zu führen, sind außer dem Bartflaum um das Kinn und über der Oberlippe alle Züge individueller Ähnlichkeit als unwesentlich fortgelassen. Es gibt aber genügend Argumente, in dem Porträt den Kaiser Gratian zu erkennen, der in Trier als Sohn Valentinians I. von Ausonius erzogen wurde und 375 als 16jähriger die Herrschaft antrat. Als er 381 nach Mailand übersiedelte, war für Trier das Ende der offiziellen Kaiserresidenz gekommen und das Ende des Verwaltungsmittelpunkts abzusehen.
Weißer Marmor (Kopie). – H. 38 cm.
RLM. Trier, Inv. 98, 306.
Lit.: Espérandieu 4981. – H. Wrede, die spätantike Hermengalerie von Welschbillig (Berlin 1972) 93 f. mit Taf. 60. – R. H. W. Stichel, Die römischen Kaiserstatuen am Ausgang der Antike (Rom 1982) 49 ff. mit Taf. 13 f. (andere Deutung). – Schindler, Führer Abb. 210. Bi.

282

283 Horrea-Getreidespeicher von St. Irminen

Nahe der Mosel wurden für die Bedürfnisse der spätantiken Stadt, der Versorgung des Hofes und der am Limes stationierten Truppen zwei große Lagerhallen und Speicher errichtet, die gleichzeitig auch als Depots der für Trier bezeugten Waffenfabriken gedient haben werden.
70 m lang und 20 m breit sind die Magazinbauten an den Außenflächen mit großen Blendarkaden in zwei Etagen gegliedert und wurden durch schmale Fensterschlitze, die aus Sicherheitsgründen mit starken Eisendralgen gesperrt waren, beleuchtet und belüftet. Die zwischen den Hallen gelegene Zufahrt war durch eine Mauer zu einem geschlossenen Innenhof mit Zufahrt an Nord- und Südseite geworden, offene Lauben an den Giebelseiten boten den Zulieferern Schutz gegen Hitze und Regen und gaben dem reinen Zweckbau einen wirkungsvollen Schmuck.
Nach dem Übergang der Rheinlande in den fränkischen Herrschaftsbereich wurden die Horrea als römischer Staatsbesitz dem merowingischen König als Eigentum und Pfalz zuerkannt, gelangten dann durch Schenkung und Gütertausch in die Hand des Trierer Bischofs Modoald (622–640), der hier ein Kloster adliger Damen einrichtete. Vor 697 wurde Irmina von Ören Äbtissin des Klosters, dotierte die Einrichtung aus eigenem Güterbesitz und förderte die Einrichtung einer Kirche, zu deren Weihe sie den Heiligen Willibrord gewann.
Lit.: H. Eiden, Untersuchungen an den spätrömischen Horrea von St. Irminen. In: Trierer Zeitschr. 18, 1949, 73–106. – Führer Trier 128. – Die Vereinigten Hospitien in Trier (Trier 1980) 13–29. Cü.

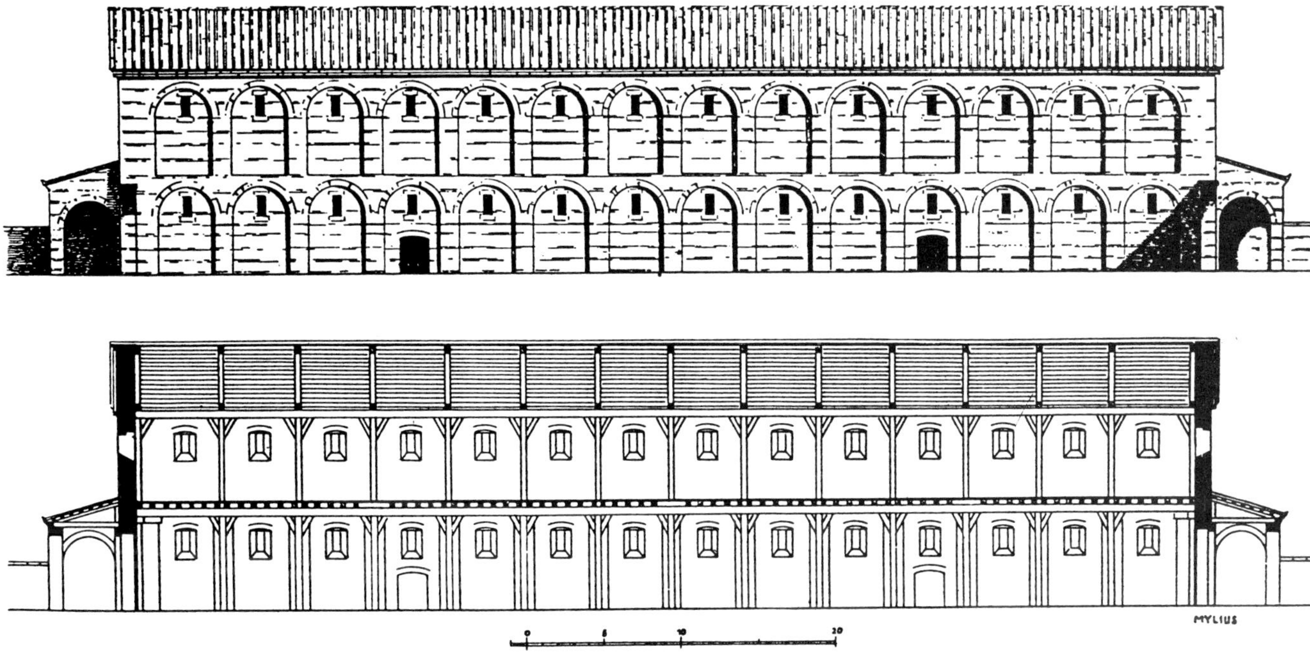

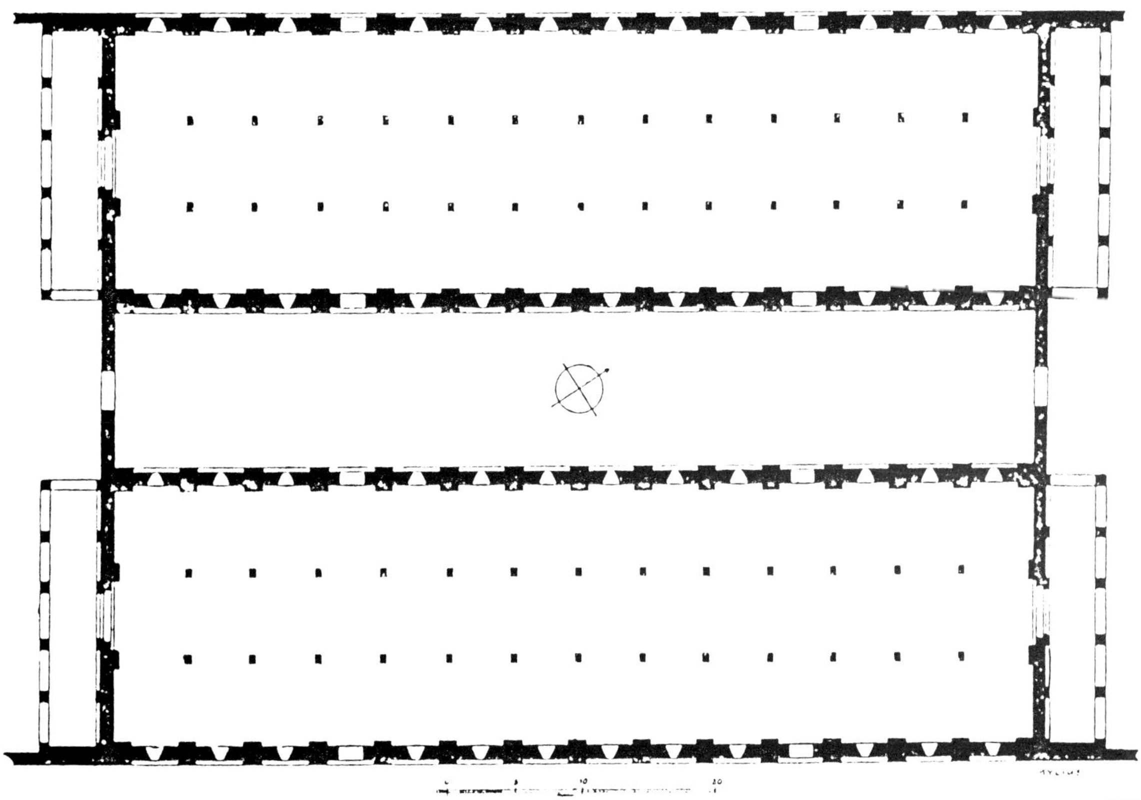

283

284

284 Stadtsilhouette des spätantiken Trier

Anfang 4. Jh. n. Chr.

In dieser rekonstruierten Ansicht blickt der Betrachter von der Anhöhe südlich des großen Tempelbezirks im Altbachtal, den Blick nach Norden gerichtet, über das spätantike Trier hin. Der Besucher, der die Stadt so zu Beginn des 4. Jahrhunderts erblicken konnte, hatte soeben erst die Stadt betreten und die südöstliche Ecke der Stadtmauer gerade im Rücken gelassen. Er erblickt zuvorderst den großen Tempelbezirk, den jetzt zu Beginn des 4. Jahrhunderts eine Vielzahl von Tempeln und Kapellen bis zu Bildnischen hin bevölkern (vgl. Kat. 109). Dahinter trifft das Auge auf die großen Bauten des kaiserlichen Palastbereiches, angefangen mit den Kaiserthermen, die sich hier in der von Constantin konzipierten Gestalt präsentieren. Daran schließt sich die mächtige Palastaula mit ihren Anbauten an. Einen Abschluß findet dieser Regierungs-, Verwaltungs- und Repräsentationszwecken vorbehaltene Bereich mit den Vorgängerbauten des heutigen Domes, der constantinischen Doppelkirchenanlage. An der großen, an den Kaiserthermen vorbeiführenden und zur Mosel hin verlaufenden Verkehrsachse liegt das weitgestreckte Forum. Das dichtgedrängte Häusermeer wird eingefaßt von der nun schon fast 150 Jahre alten, von Türmen bewehrten Stadtmauer mit der Porta Nigra im Norden.

Die bedeutende römerzeitliche Siedlung mit großstädtischem Charakter im 4. Jahrhundert, zu einer Zeit, als Trier politischer und administrativer Mittelpunkt der westlichen Reichshälfte war, ist auf einem in mehreren hochwasserfreien Terrassen zur Mosel hin vom östlichen Petrisberg abfallenden Gelände angelegt. Im Westen wird die Stadt von der Verkehrsader der Mosel umflossen, bevor sich daran anschließend die ersten Eifelberge schützend vor die Talweite legen. Die Gestalt des spätantiken Trier ist trotz aller günstigen natürlichen Voraussetzungen nicht ohne die Bautätigkeit gerade Constantins denkbar, die im Jahre 310 ein Prunkredner zum Geburtstag der Stadt vor dem Kaiser gebührend würdigte: »Ich sehe den riesigen Circus, der meiner Überzeugung nach mit dem Roms wetteifert, ich sehe weiterhin Basiliken und dieses Forum, Bauwerke von königlicher Pracht, und den Sitz der Gerechtigkeit, die sich zu solcher Höhe erheben, daß sie den Sternen und dem Himmel würdig und ähnlich zu werden versprechen. Das alles ist offensichtlich ein Geschenk Deiner Gegenwart.«

Rekonstruktionszeichnung von M. Schwemer 1974.

Lit.: R. Schindler, Erläuterungen zu zwei Schaubildern des antiken Trier (Trier 1975).

Schw.

285 Heiligtum des Lenus Mars

Anf. 2. Jh. n. Chr.

An der westlichen Moselseite, außerhalb des ummauerten römischen Trier, liegt der wohl bedeutendste Tempel des Trevererlandes. Ausgangspunkt für die Anlage eines Kultbezirks an diesem Platz war eine heilkräftige Quelle. Das Wasser des »Heidenborn«, das in den Tempelbezirk hineingeleitet wurde, genoß noch im gegenwärtigen Jahrhundert als besonders heilkräftiges Mittel bei der Therapie von Augenleiden Beachtung.
Aus der kultischen Verehrung in einem frühen Bezirk wuchs zu Beginn des 2. Jahrhunderts ein gewaltiger Tempelbau heraus, der in unmittelbarer Nachbarschaft zu den früheren Kultstätten liegt. Der monumentale Tempel stand inmitten eines von Mauern umschlossenen heiligen Hofes, mit der Eingangsfront zur Mosel und zur Stadt hin ausgerichtet. In einer zweiten Periode wurde die 60 m lange moselseitige, mit Nischen ausgestaltete Terrassen- und Umfassungsmauer in eine 7 m tiefe Prachttreppe umgestaltet. Durch eine daran anschließende Säulenhalle führte der Weg in den Hof, vorbei an einem in der zweiten Periode höher gelegten Brandopferaltar, ursprünglich 9 × 6 m groß. Mit seiner Frontseite, über eine weitere 10,60 m breite Treppe erreichbar, und in seiner Gesamtanlage erinnert

285

der Tempel an die Form römischer Tempel im Mittelmeerraum. Gleichzeitig zeigt er aber in dem dreiseitigen, niedrig gedeckten Umgang eine Verbindung zu den einheimischen Umgangstempeln.
Zum Tempel hin führte eine Feststraße, an der die Exedren (U-förmige Steinbänke) der *Pagi* (Gaue) mit Weihinschriften und Altären als Versammlungsstätte der Abordnungen der Gaue standen. Wie bei Quellheiligtümern häufiger, liegen auch hier in unmittelbarer Nähe Badeanlagen und wohl auch Pilgerherbergen für den Heilungsuchenden. Ebenso ist mit dem an größeren keltischen Heiligtümern üblichen Kulttheater zu rechnen.
Verehrung fanden in dem Kultbezirk verschiedene Heilgötter, die *Xulsigiae* (Quellnymphen?), *Ancamna* (eine wohl örtliche Quellgöttin und Begleiterin des Mars) und *Mars Iovantucarus* (der »Freund der Jugend«). Der große Tempel wird dem sog. treverischen Hauptgott *Lenus Mars* zugeschrieben.
Weihegaben aus einer kleinen Kapelle des frühen Tempelbezirkes, Knaben- und Mädchenstatuetten aus Stein neben Terrakotten und Weihinschriften unterstreichen das Bemühen besorgter Eltern, hier bei den Göttern Schutz für ihre Kinder zu erflehen.
Lit.: Gose, Lenus Mars. – Führer, Trier 218–223. – H. Merten, Der Kult des Mars im Trevererraum (noch ungedruckte Diss. Trier 1983). Schw.

gefundene Gesims- und Architekturfragmente sowie 10 Kalksteinquader einer dreiteiligen Bogenkonstruktion mit reichem Reliefschmuck, die entweder in einem Einbau in der Cella oder in einem Porticus im Umfeld des Tempels zu suchen sind. Im Grundriß wie in der kunstvollen Ausgestaltung der Architekturteile ist dieser Tempel ganz geprägt vom klassischen Baustil nach mediterranem Vorbild. Im Gegensatz dazu stehen die gallorömischen Tempelformen des benachbarten Tempelbezirks im Altbachtal.
Die im Tempel verehrte Gottheit ist nicht bekannt. Ein Zusammenhang mit einer Quellgottheit nach einer nahe gelegenen Brunnenstube, die in späterer Zeit Beachtung genoß, mag, wie auch bei anderen treverischen Tempeln in der Nähe von Wasser, bestanden haben. Aus der Nähe des Tempels stammen drei Weihesteine, eine Inschrift für *Mars Victor Augustus*, ein später Gedenkstein der öffentlichen *Haruspices der Civitas Treverorum* und die große Namensliste von über 60 Personen, möglicherweise von einem Votivdenkmal aus dem Bezirk dieses Tempels.
Ursprünglich außerhalb des städtischen Siedlungsbereiches gelegen, wurde der Tempel wie das an der anderen Talseite gegenüberliegende Amphitheater durch die Stadtmauer, die um ihn herumgeführt wurde, in die Stadt einbezogen.
Lit.: E. Gose, Trierer Zeitschr. 30, 1967, 82–100. – Führer, Trier 7f. 197f. Schw.

286 Tempel am Herrenbrünnchen

Ende 1./Anf. 2. Jh. n.Chr. errichtet

Von einem monumentalen Bauwerk wurde in antiker Zeit in Trier das Olewiger Tal, an dessen Eingang der große Tempelbezirk liegt, beherrscht. Über dem Altbach, dem jenes Tal sein Bett gibt, lag dieser Tempelbau von imposanter Größe. Er war auf ein in den südlichen, zum Bach hin abfallenden Hang gebautes Podium gesetzt und ruhte auf einem 66 × 23 m großen Fundamentrost, dessen mächtige Mauerreste von 3–13 m Stärke über dem anstehenden Schiefer untersucht werden konnten. 10 m Niveauunterschied wurden wohl über eine große Freitreppe bewältigt. Auf einem Treppenpodest vor der Eingangsfront des Tempels nimmt die Rekonstruktion nach dem Vorbild des Tempels für Lenus Mars (Kat. 285) einen Altar an. Es liegt nahe, daß die schmale prostyle Halle an der Frontseite von sechs Säulen gegliedert wurde.
Zur architektonischen Ausgestaltung des Tempels gehören dort

287 Grundrißentwicklung der constantinischen Doppelbasilika

Die nördlichen Wohnquartiere der Residenz, bereits seit dem 2. Jahrhundert n.Chr. mit größeren Hausanlagen belegt, wurden offenbar nach der Katastrophe des Alamanneneinfalles von 275 n.Chr., gegen Ende des 3. Jahrhunderts mit privaten Wohnpalästen der Residenz besetzt. Für die constantinische Zeit überliefert die trierische Kirchengeschichte für diesen Bereich das Haus der Helena, der Mutter des Kaisers Constantin.
Langjährige Grabungen im Dom und dem engeren Bereich führten zur Entdeckung ausgedehnter Bauanlagen, von denen im Dom selbst ein großer Raum mit einer kunstvollen Deckenmalerei ausgestattet worden war. Nach der Deutung des Ausgräbers, Th. K. Kempf, handelt es sich um die porträthafte Wiedergabe von Mitgliedern der kaiserlichen Familie, die in einem Kassettensystem der Deckenmalerei mit Flügelgenien wechseln, die »Hochzeitsgeschenke« heranbringen. Die kunstvolle Ausschmückung wird in Verbindung gebracht mit der Hochzeit des

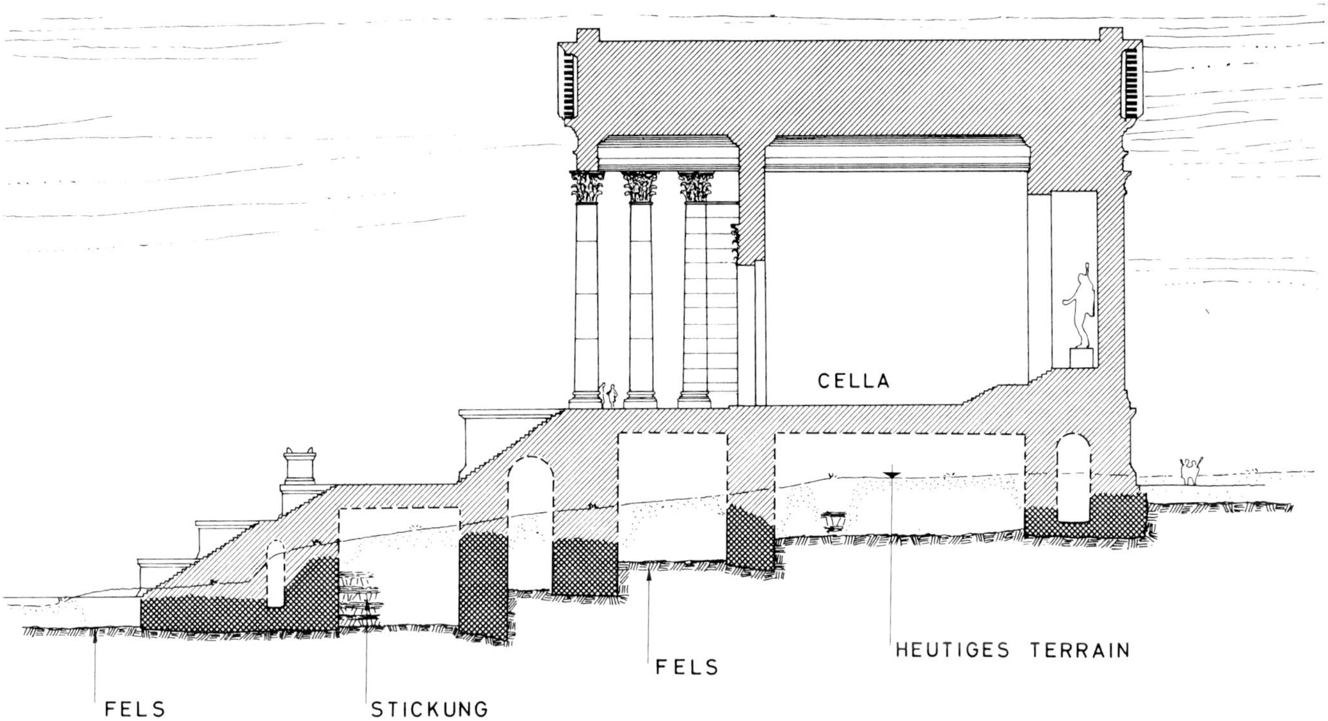

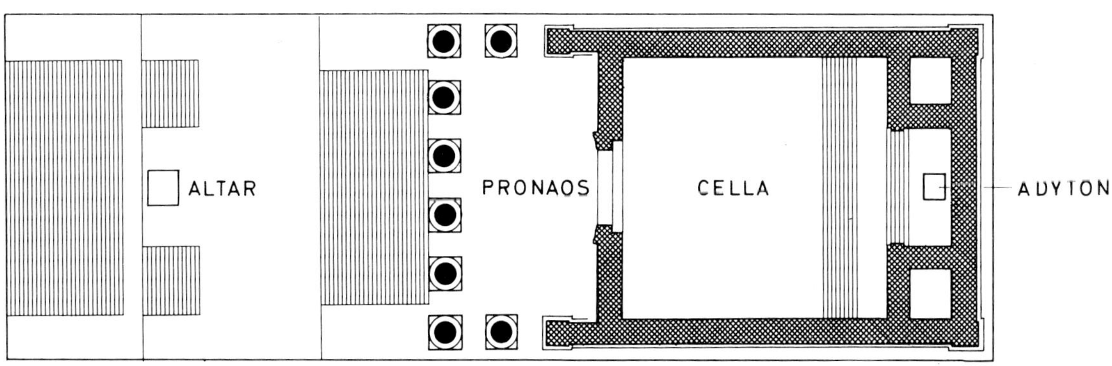

286 Tempel am Herrenbrünnchen.

Crispus, des ältesten Sohnes des Kaisers, und der Helena II, einer Frau, die aus dem Trierer Raum stammen soll und hier auch begütert war.
Nachdem durch Hofintrige veranlaßt, Crispus und Fausta, die Frau des Kaisers, umgebracht worden waren und ihr Gedächtnis allerorts gewaltsam unterdrückt, ihre Bilder zerstört worden waren, wurde auch im Palast zu Trier der Festsaal mit den Porträts befehlsgemäß niedergelegt.
Zur Sühne des Geschehenen und sicherlich unter starker Einflußnahme der Helena wurde um 326 mit dem Bau einer Doppelbasilika begonnen, die zwei Wohnquartiere überdeckte.
Neben saalartigen Räumlichkeiten des Palastberinges sind, wie

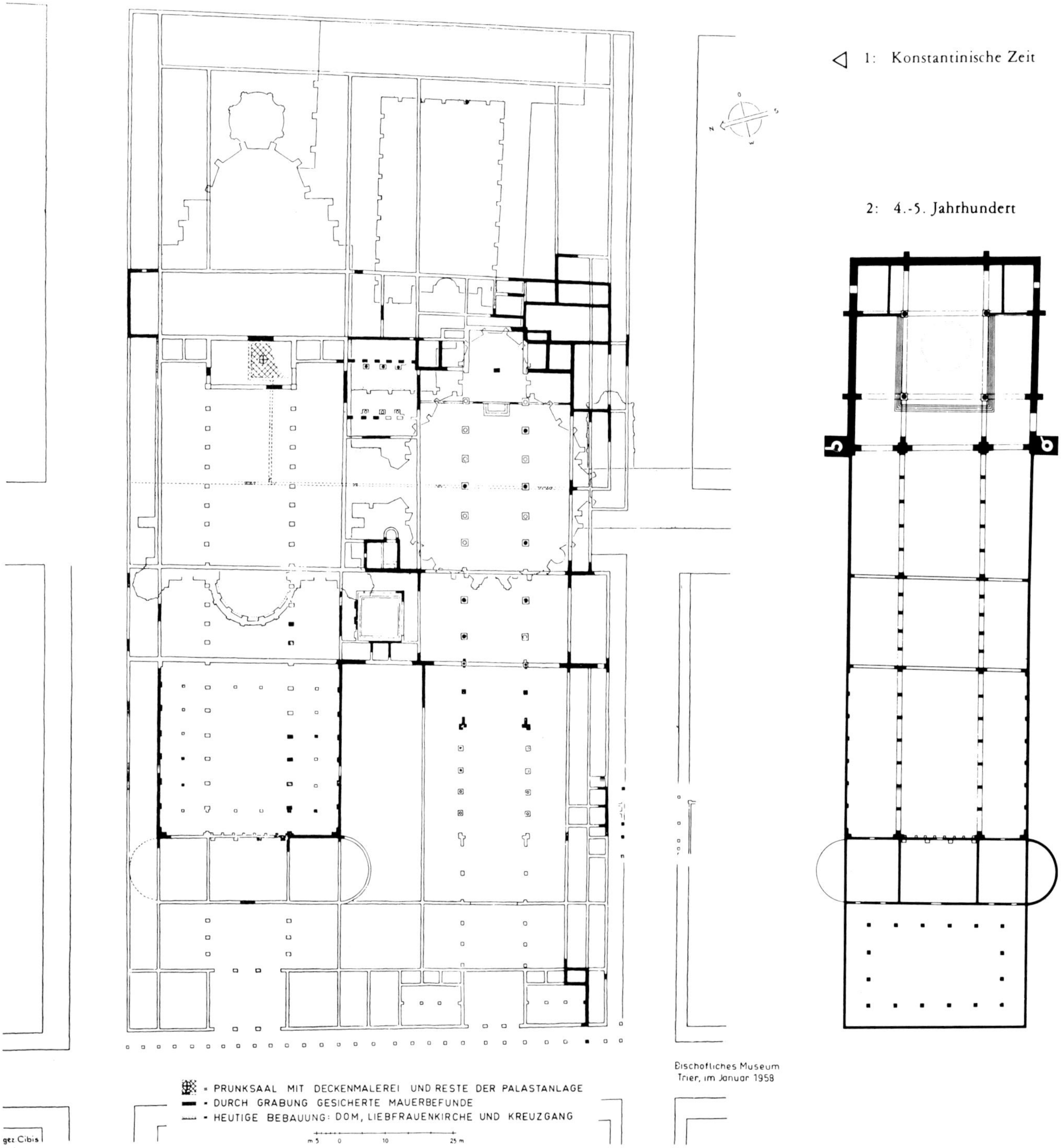

287 Grundrißentwicklung der constantinischen Doppelbasilika.

neuere Grabungen erweisen, auch im westlich anschließenden Wohnviertel Baureste entdeckt worden, die auf frühchristliche Nutzung hinweisen und, in Übereinstimmung zu Befunden auf den christlichen Gräberfeldern (vgl. Kat. 300, 321 und 325) schon für die vorconstantinische Zeit nicht nur eine große Christengemeinde belegen, sondern auch einen christlichen Kultbau verlangen. In der Tat sind ältere Bauteile in der späteren Doppelkirche inkorporiert, die noch im 3. Jahrhundert erstellt und den liturgischen Bedürfnissen entsprechend umgestaltet worden waren.
Die Südbasilika mit nachgewiesenem Standort eines Altares und Chorschranken dient als Meßopferkirche, die Nordbasilika ist von Beginn an als Memorialanlage konzipiert und offenbar für die Tunica Christi bestimmt.
Zwischen beiden Anlagen befindet sich ein Baptisterium. Cü.

288 Deckenmalerei aus dem Dom

(Farbabb. s. S. 238)

a) Aus vielen Malereibruchstücken zusammengesetztes Bild einer Dame mit Nimbus und reichem Schmuck.
Kassette aus einem Raum im Bereich der kaiserlichen Privatpaläste.
b) Kassette mit Flügelgenien, die kostbare Geschenke tragen.
Lit.: Frühchristliche Zeugnisse im Einzugsgebiet von Rhein und Mosel (Trier 1965) 236 Nr. 39. S. 240ff. Nr. 40. Cü.

289 Die römische Kaiservilla von Konz

Decimus Magnus Ausonius (ca. 310–395), aus Bordeaux gebürtiger Professor der Grammatik und Rhetorik, Prinzenerzieher in Trier, beschreibt in seiner »Mosella« die Saar und erwähnt Vers 367–369 deren Einmündung in die Mosel: sub augustis muris (unterhalb der kaiserlichen Mauern). Es ist unbestritten: diese dichterische Formulierung kann nur besagen, daß oberhalb der Saarmündung eine kaiserliche Villa lag. Tatsächlich wurden an dieser Stelle, 8 km moselaufwärts von Trier, im Kern der heutigen Stadt Konz, beim Bau einer neuen Pfarrkirche 1959 umfangreiche Reste einer römischen Villa freigelegt. Man machte keinen unerwarteten Fund, denn die Badeanlage des Gebäudes war bereits 1867 im Zuge einer Friedhofserweiterung erforscht worden. Ferner sind einige der im 17. Jahrhundert noch hochragenden Mauern vom Luxemburger Jesuit A. Wiltheim gezeichnet worden (Luciliburgensia sive Luxemburgum Romanum, Fig. 481, 482 Neyen-Ausgabe). Die neuen Grabungen haben ergeben, daß das Gebäude in der ersten Hälfte des 4. Jahrhunderts errichtet wurde und mindestens bis 388 in Benutzung blieb.
Das von Ausonius erwähnte Gebäude ist ferner sicher mit dem Aufenthaltsort »Contionacum« des Valentinian I. zu identifizieren, an dem dieser am 29. Juni, 12. Juli, 29. Juli und am 16. August des Jahres 371 vier Erlasse unterzeichnete. Dieser Ort muß in unmittelbarer Nähe Triers liegen, weil zwei andere Erlasse des Kaisers am 28. Juni dort gegeben wurden. Der Ortsname Konz läßt sich über die mittelalterliche Form Kuntzige, Kontzige von Contionacum herleiten, so daß an der Gleichsetzung kaum zu zweifeln ist, zumal in der Nachbarschaft der Saarmündung keine weiteren römischen Baureste zutage gekommen sind.
Das Zentrum des Gebäudes, das eine Fläche von 84 m × 38 m bedeckt, bildet ein rechteckiger Saal mit halbrundem Abschluß (Apsidensaal); an diesen schließen sich rechts und links Räume an, die jeweils einen Hof umgeben. An den vier Ecken liegen Raumgruppen, die über die Fluchten vorspringen. Diese Eckrisalite sind durch Portiken (Säulenhallen), die dem Komplex beidseitig vorgelagert sind, miteinander verbunden. Das Bauwerk vertritt also den Typus der Portikus-Villa mit Eckrisaliten. Dieser Grundtypus ist hier in der bereicherten, gleichsam verdoppelten Ausführung verwendet: vorn und hinten liegen Portiken und Flügelbauten. Die Portiken waren wahrscheinlich nicht wie üblich durch eine Säulenstellung geöffnet, sondern durch eine Pfeilerarchitektur.
Dem Gefälle des Geländes, auf dem die Villa liegt, trägt ihre Planung Rechnung. Im Gegensatz zur üblichen Bauweise befindet sich der Zugang zum Gebäude nicht dem Eingang des Hauptraumes gegenüber, sondern an der Rückseite des Apsidensaales, dessen Tür den Blick zur Saarmündung freigibt. Dort, wo sich gewöhnlich bei anderen Villen die Eingangstreppe befindet, liegt hier am Steilhang eine Terrasse. Um den hangabwärts gelegenen Mauern der Südfront eine größere Festigkeit zu geben, hat man diese dossiert, d.h. sie nehmen zum Fundament hin wesentlich an Stärke zu.
Die Portiken 1 und 1′ springen in der Mitte vor und münden im Osten und im Westen in den Eckrisaliten, die als Wohntrakte ausgebaut sind. Während die beiden nördlichen Risalite symmetrisch gebildet sind (27, 27′, 26, 26′, 11, 11′), enthalten die südlichen Risalite und die Verbindung zu den nördlichen keine sich entsprechenden Raumgruppen, denn im Südwestflügel ist die umfangreiche Badeanlage der Villa untergebracht. Raum 23 in der Südecke mit den Apsiden a und b war das Frigidarium (Kaltbad), Raum 24 das Caldarium (Warmbad), zwischen den beiden (unbeziffert) ist das Tepidarium (lauwarmes Bad) zu vermuten. Raum 19 ist als Ankleideraum anzusehen.
Leider haben sich nur geringe Reste der Ausstattung erhalten. Von der Wandmalerei sind besonders einige Fragmente des Außenputzes erwähnenswert: roter Sockelstreifen, darüber

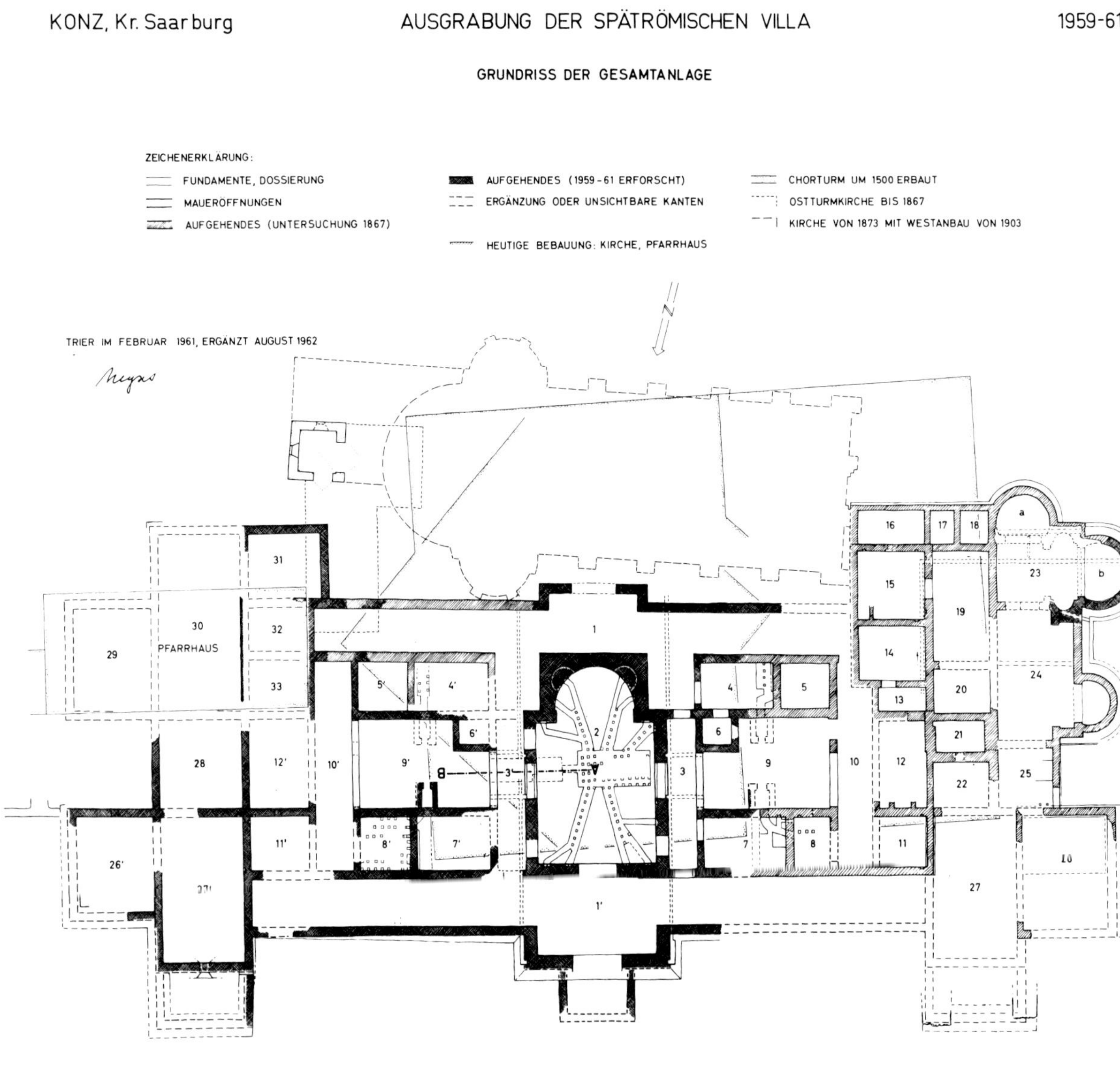

289

durch rote, gelbe und grüne Streifen eingefaßte weiße Felder; sowie Reste des Innenputzes: rote und blaue Blütenmotive auf gelbem Grund, von grauen Streifen eingefaßt. Auch Teile des Deckenputzes, der am Abdruck der Holzlattung auf der Rückseite erkennbar ist, sind gefunden worden: violettrote und grüne Streifen rahmen grauweiße Felder; eine andere Decke war mit Blütenmotiven auf rotem Grund dekoriert. Alle Malereien sind sehr flüchtig ausgeführt. Ferner seien Bruchstücke der Wandverkleidung aus Marmor und Architekturtrümmer aus Kalkstein genannt. Auch einige Fußböden waren mit verschiedenfarbigem Marmor, hauptsächlich schwarzen und weißen Platten belegt. All dies reicht jedoch leider nicht aus, um sich ein gutes Bild von der Innen- und Außenarchitektur der Villa zu machen.

Hingewiesen sei auch noch auf die Glasfunde, unter denen besonders sorgfältig gearbeitete Schliffglasfragmente und ein Bruchstück eines Diatretglases hervorragen.

Lit.: Führer Hunsrück 260–268 (mit weiterer Literatur). Goe.

289 Rekonstruktionszeichnung der römischen Kaiservilla von Konz.

290–299 Befestigte Siedlungen

290–293 Spätantike Befestigungsanlagen

Nach dem Fall des obergermanischen Limes, des befestigten Grenzwalles zwischen dem Römischen Reich und dem Freien Germanien, und dem daraus resultierenden Rückzug der Römer auf die leichter zu verteidigende Rheinlinie, ist das linksrheinische Hinterland für Jahrzehnte nahezu schutzlos germanischen Überfällen ausgeliefert. Zwar werden von den zeitweise in Trier residierenden Kaisern des Gallischen Sonderreiches Schutzmaßnahmen getroffen, doch erweisen sie sich wie die aus privater Initiative errichteten Refugien auf entlegeneren oder leichter zu verteidigenden Bergen während des verheerenden Germaneneinfalls von 275/6 n. Chr., bei dem selbst die befestigte Augusta Treverorum in Mitleidenschaft gezogen wurde, als unwirksam. Obwohl Kaiser Probus bis 278 die eingedrungenen Alamannen und Franken aus Gallien und Raetien vertreiben kann und schließlich die Rheingrenze wieder herstellt, lassen sich erst mit der Verlegung der Residenz nach Trier im Jahre 293, spätestens unter Constantin I. zu Beginn des 4. Jahrhunderts n. Chr., umfangreichere Verteidigungsanstrengungen, insbesondere der Ausbau der Wehranlagen, beobachten. Damals entstehen im Rahmen einer tief gestaffelten Verteidigung an den Hauptzugangsstraßen zur Residenzstadt Trier befestigte Straßenposten (Bitburg, Jünkerath, Neumagen) und auf Höhen über der in der Spätantike als Wasserstraße stark frequentierten Mosel wie über die ganze Eifel und Hunsrück verstreut mehr als 40 Bergbefestigungen. Stellvertretend für die Gruppe der spätrömischen Bergbefestigungen soll hier die neuerdings vom Rhein. Landesmuseum Trier untersuchte Entersburg bei Hontheim (Krs. Bernkastel-Wittlich) berücksichtigt werden. Gi.

290 Kastell Bitburg (Krs. Bitburg-Prüm)

Das an der Fernstraße Trier–Köln gelegene Kastell Bitburg wurde Anfang des 4. Jahrhunderts auf einer weithin sichtbaren Erhebung an der Stelle eines größeren, nach 275/6 n. Chr. zerstörten Vicus errichtet, der durch antike Straßenverzeichnisse und Inschriften als »Beda« überliefert ist. Die im Grundriß ovale Umwehrung, ein mit Kalkstein-Handquadern verblendetes, 3,80 m starkes Gußmauerwerk, hatte 13 Rundtürme mit einem Durchmesser zwischen 9 und 10 m. Die Form der beiden Toranlagen ist nicht gesichert, könnte jedoch nahezu quadratischen Tortürmen mit breiteren Torwangen entsprochen haben. Die Innenfläche des Kastells (Nord-Süd-Achse 160 m, Ost-West-Achse 130 m) umfaßte rund 2 ha. Ein Kastellgraben wurde bisher nur vor der Westflanke im Abstand von 22–28 m festgestellt. Kastellzeitliche Bauspuren im Innern der Befestigung sind nicht nachgewiesen, doch reicht das geborgene Fundmaterial zumindest bis in die Mitte des 5. Jahrhunderts. Eine vermutlich schon in spätrömischer Zeit an der Westmauer errichtete Marienkirche sowie ein sich nordwestlich des Kastells erstreckendes Gräberfeld, das offenbar vom 4. bis zum 7. Jahrhundert belegt wurde, lassen eine kontinuierliche Besiedlung des Kastells bis ins frühe Mittelalter vermuten.
Lit.: Führer Eifel 119–124. – Trierer Zeitschr. 45, 1982, 293–300. Gi.

291 Kastell Jünkerath (Krs. Daun)

Das Kastell Jünkerath wurde zu Beginn des 4. Jahrhunderts an der Fernstraße Trier–Köln im Bereich eines in antiken Straßenverzeichnissen als »Icorigium« überlieferten Vicus errichtet, der nach 275/6 n. Chr. Opfer brandschatzender Germanen geworden war. Die rundovale Umwehrung (Durchmesser 135–145 m) mit einer Innenfläche von fast 1,52 ha bestand aus 3,70 m breitem Gußmauerwerk, das mit Handquadern verblendet war und vor allem im Bereich der Türme zahlreiche Spolien, insbesondere Grabmalquader, aufwies. Das Kastell hatte 13 Rundtürme mit einem Durchmesser von rund 10 m, davon drei mit einer Schlupf- oder Ausfallpforte, sowie zwei Toranlagen, vermutlich in Form quadratischer Tortürme. Ein Graben wurde bisher nicht festgestellt. Dürftig sind auch die Beobachtungen zu kastellzeitlichen Innenbauten. Das geborgene Fundmaterial legt nahe, daß das Kastell bei den verheerenden Germaneneinfällen nach 406 unterging, zumal das spätere Jünkerath – anders als Bitburg oder Neumagen – weder den antiken Namen bewahrt hat noch genau an der Stelle des römische Icorigium liegt.
Lit.: Führer Eifel 300–304. Gi.

292 Kastell Neumagen (Krs. Bernkastel-Wittlich)

An der Fernstraße Trier–Bingen–Mainz ließ Constantin I. Anfang des 4. Jahrhunderts im Bereich des nach 275/6 n. Chr. im Zuge einer Germaneninvasion zerstörten Vicus »Noviomagus«, ein Kastell mit nahezu ovalem Grundriß errichten. Das 3,65 m starke, verblendete Gußmauerwerk ruhte auf einem rund 4 m breiten Fundament, in dem zahlreiche Spolien, meist Bruchstücke größerer Steinpfeiler oder Grabaltäre, verbaut waren. Letztere wurden auf den Gräberfeldern der ebenfalls von den Vorgängen nach 275/6 betroffenen Augusta Treverorum abgebrochen und gelangten mit dem Schiff moselabwärts nach Neumagen. Heute bilden sie einen wesentlichen Bestandteil der Sammlung des RLM. Trier. Die Umwehrung hatte 12 oder 13, im Durchmesser 9–10 m messende Rundtürme und zwei Toranlagen, vielleicht in Form rechteckiger Tortürme mit breiteren Torwangen. (Der hier vorgelegte, von älteren Publikationen abweichende Grundriß beruht auf einer kritischen Wertung der Ausgrabungen von 1877–1885 und bedarf noch einer gesonderten Besprechung in der Trierer Zeitschrift) Die Innenfläche des Kastells (Nord-Süd-Achse 112 m, Ost-West-Achse 131 m) umfaßte rund 1,28 ha. Kastellzeitliche Innenbauten sind, von einem älteren nahezu quadratischen Haus und wenigen zusammenhanglosen Mauerresten abgesehen, ebensowenig wie ein Graben nachgewiesen. Das Fundmaterial, darunter eine frühchristliche Grabinschrift, eine möglicherweise bis in spätrömische Zeit zurückreichende Marienkirche im Südwesten des Kastells und ein südlich des Kastells gelegenes Gräberfeld mit spätrömischen und merowingischen Grabfunden, legen eine kontinuierliche Besiedlung des Kastells bis ins frühe Mittelalter nahe.

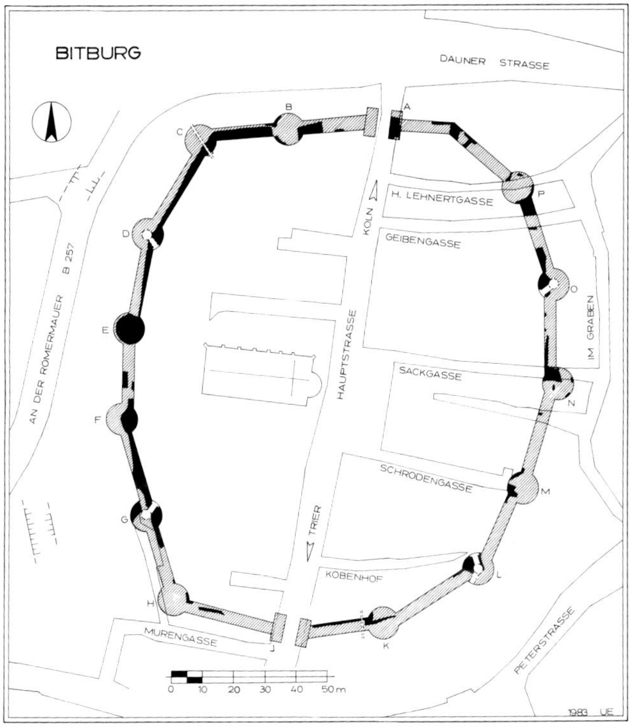

290 Kastell Bitburg.

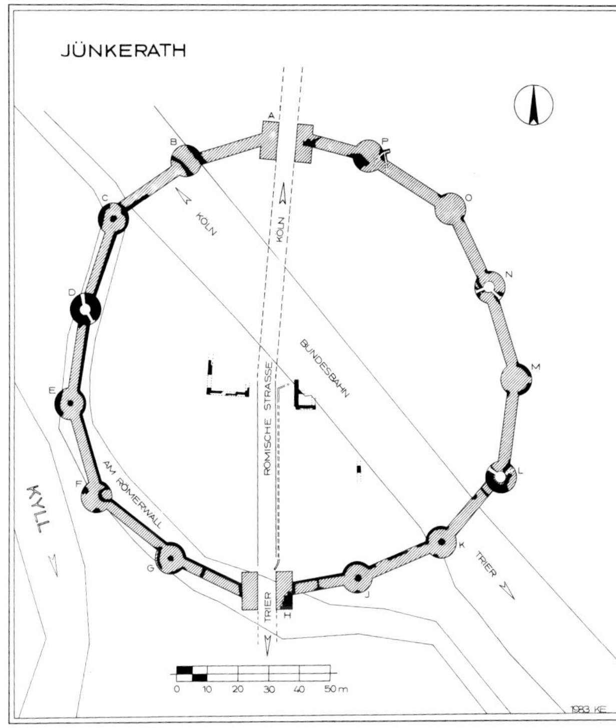

291 Kastell Jünkerath.

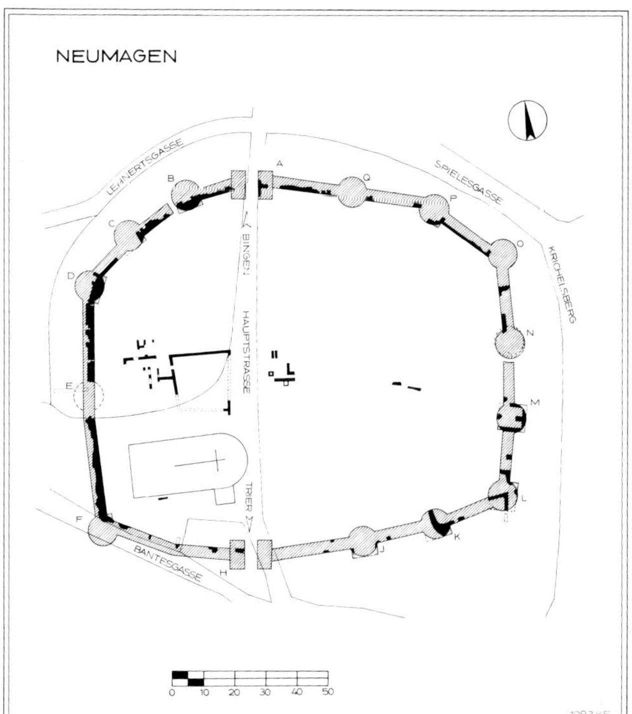

292 Kastell Neumagen.

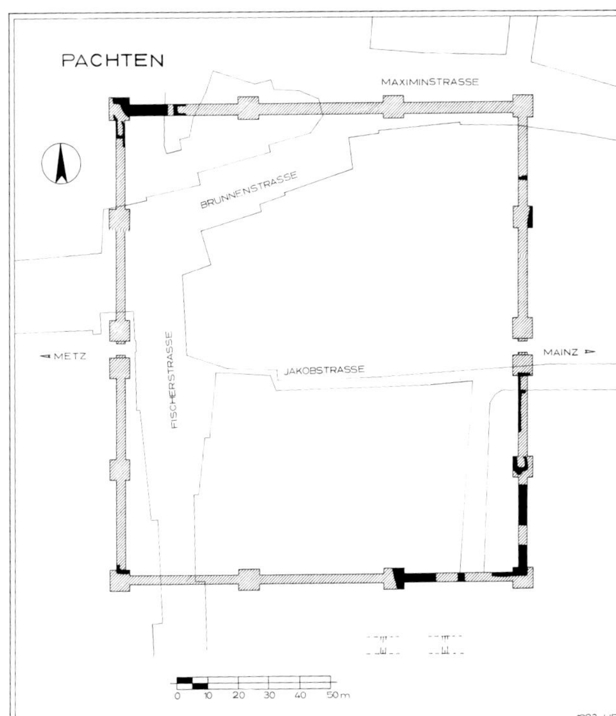

293 Kastell Pachten.

Lit.: W. von Massow, Die Grabmäler von Neumagen (Berlin und Leipzig 1932). – Führer Hunsrück 246–259. – Trierer Zeitschr. 45, 1982, 301–305. Gi.

293 Pachten (Krs. Saarlouis)

Das unweit eines Saarübergangs an der Fernstraße Metz – Mainz gelegene Kastell Pachten wurde im frühen 4. Jahrhundert im Westteil eines nach 275/6 n. Chr. zerstörten Vicus errichtet. Die rechteckige, 133×152 m große Befestigungsanlage mit einer Innenfläche von rund 1,9 ha war mit 12 (bzw. 16) nahezu quadratischen Türmen mit einer Breite von knapp 7 m bewehrt und hatte zwei, vielleicht von je zwei, ebenfalls quadratischen Türmen flankierte Toranlagen. Das mit Handquadern verblendete Gußmauerwerk hatte eine Stärke von fast 2,50 m und ruhte auf einem wenig breiteren Fundament, in dem zahlreiche Spolien, meist Göttersteine und beschriftete Sitzsteine eines Kulttheaters, verbaut waren. Rund 16 m südlich des Kastells wurde ein 5,5 m breiter Graben mit U-förmigem Querschnitt festgestellt. Kastellzeitliche Innenbauten sind bislang nicht beobachtet. Nach dem aus dem Kastellareal, das erst in den letzten 50 Jahren wieder baulich erschlossen wurde, vorliegenden Fundmaterial wurde die Befestigung zu Beginn des 5. Jahrhunderts aufgegeben. Dennoch lassen ein westlich des Kastells gelegenes Gräberfeld mit spätrömischen und merowingischen Grabfunden, eine frühchristliche Grabinschrift sowie eine frühe Kirche mit Maximinuspatrozinium eine örtliche Kontinuität annehmen.
Lit.: Führer Saarland 164–169. Gi.

294 Spätrömische Bergbefestigung bei Echternach.

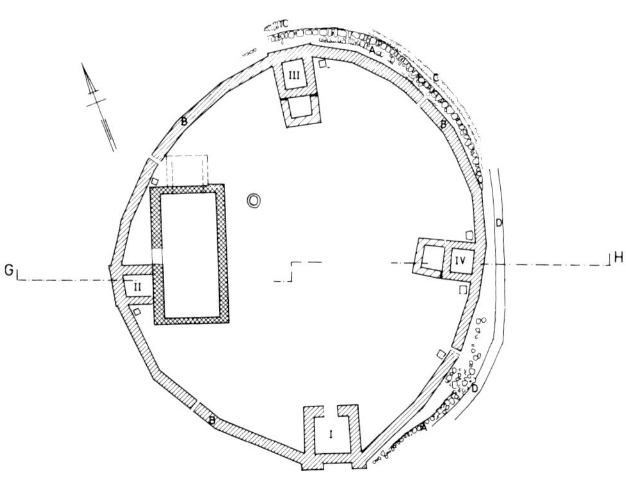

294 Echternach – St. Peter und Paul, eine spätrömische Bergbefestigung

(Farbabb. s. S. 235 oben)

(Luftbild und Plan)

Auf einem natürlichen Hügel, der offenbar seit dem späten 1. Jh. n. Chr. einen monumentalen Grabrundbau trug, wurde in den unruhigen Zeiten der zweiten Hälfte des 3. Jh., z. T. aus Spolien verschiedener römischer Denkmäler, eine ringförmige Befestigung von rund 53 m Durchmesser (A) errichtet, die ohne Zweifel den Bewohnern der Prunkvilla in der »Schwarzuecht« (vgl. Kat. 55) in Gefahrenzeiten als Refugium dienen sollte. In der zweiten Hälfte des 4. Jh. wurde diese Anlage durch eine neue Rundbefestigung von 49 m Durchmesser (B) mit vier quadratischen Innentürmen (I–IV), darunter der Torturm (I), sowie vier Schlupfpforten ersetzt. Dieses Kleinkastell, das über einen fast 15 m tiefen Brunnen verfügte, war allem Anschein nach bis in die Mitte des 5. Jh. n. Chr. militärisch belegt und diente der Überwachung der Sauerbrücke, über welche die Römerstraße zum Kastell Bitburg führte. Nach dem definitiven Zusammenbruch der Römerherrschaft wurde der befestigte Hügel zum Kern des frühmittelalterlichen Echternach.
Lit.: J. Metzler – J. Zimmer – L. Bakker, Ausgrabungen in Echternach (Luxemburg 1981). Kr.

295 Entersburg bei Hontheim (Krs. Bernkastel-Wittlich)

Steile, felsige, im Üßbachtal gelegene Bergzunge unweit der römischen Fernstraße Trier – Andernach, die von der Höhe der Entersburg auf längere Strecke überblickt werden konnte. Nachdem der Bergsporn bereits im 2. und 1. Jahrhundert v. Chr. eine Befestigungsanlage trug, wurde sein höher gelegener Südteil im 3. Viertel des 3. Jahrhunderts n. Chr. kurzfristig als Refugium aufgesucht und wenig später während des Germaneneinfalles von 275/6 zerstört. Gegen Ende des 3. Jahrhunderts wurde die Kuppe erneut durch eine meist einschalige, bis zu 1,20 m starke, trocken gesetzte Bruchsteinmauer (wenige Spolien) befestigt. Mit einer Länge von 100 m und einer größten Breite von 40 m umfaßte die Wehranlage eine Fläche von 0,2 ha. Vor der Befestigungsmauer an der Zugangsseite im Norden lagen zwei etwa 20 m lange aus dem Fels geschlagene U-förmige Abschnittsgräben. Der Zugang mündete an der Ostspitze der Umwehrung neben einem offenbar turmartigen Gebäude in die befestigte Höhensiedlung, deren Innenfläche trotz des steilen und felsigen Geländes relativ dicht bebaut war, wie künstlich angelegte Terrassen oder mehr als zehn teilweise stufenförmig aus dem Fels gebrochene, mitunter mehrgeschossige Kammern mit sorgfältig abgeschroteten Wänden erkennen lassen. Wohl zum zusätzlichen Schutz der Befestigung wurde im 2. Viertel

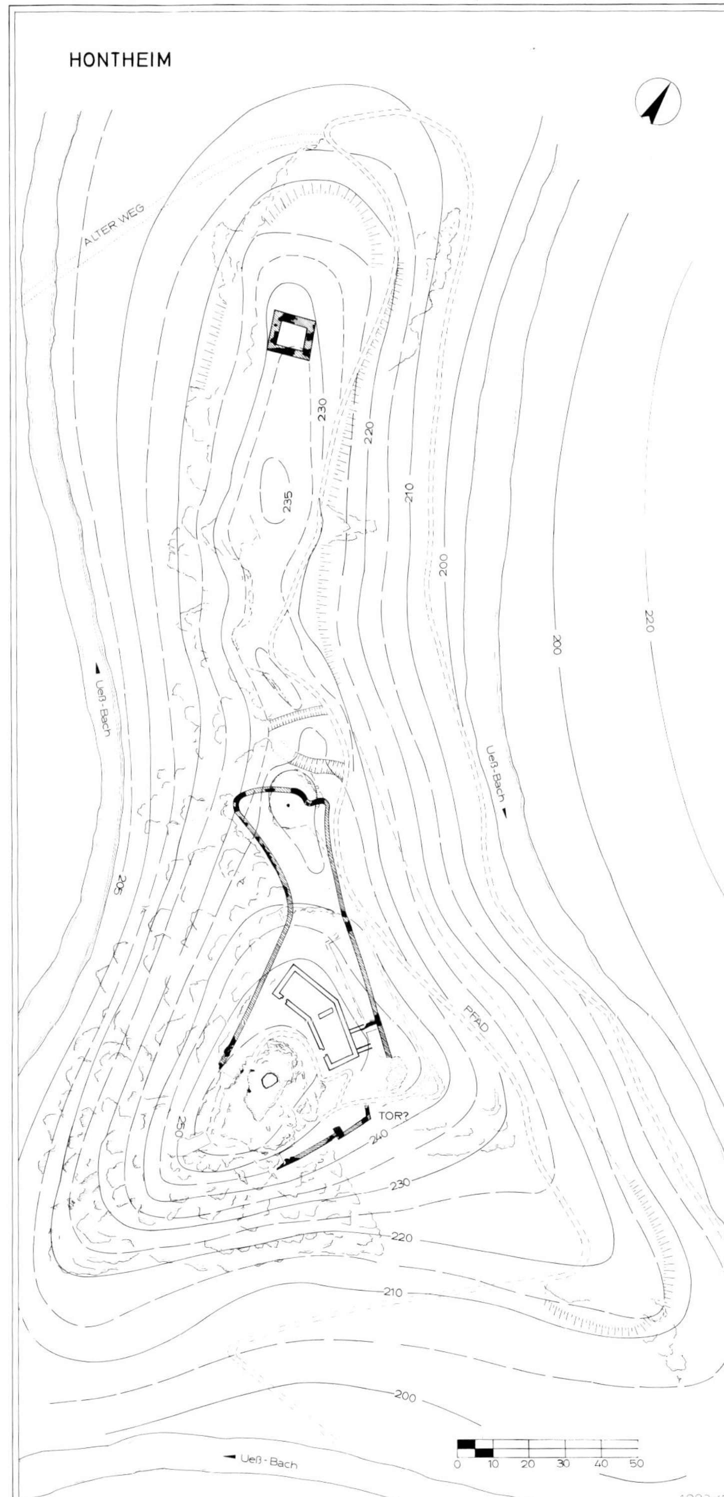

295 Wehranlage Entersburg bei Hontheim.

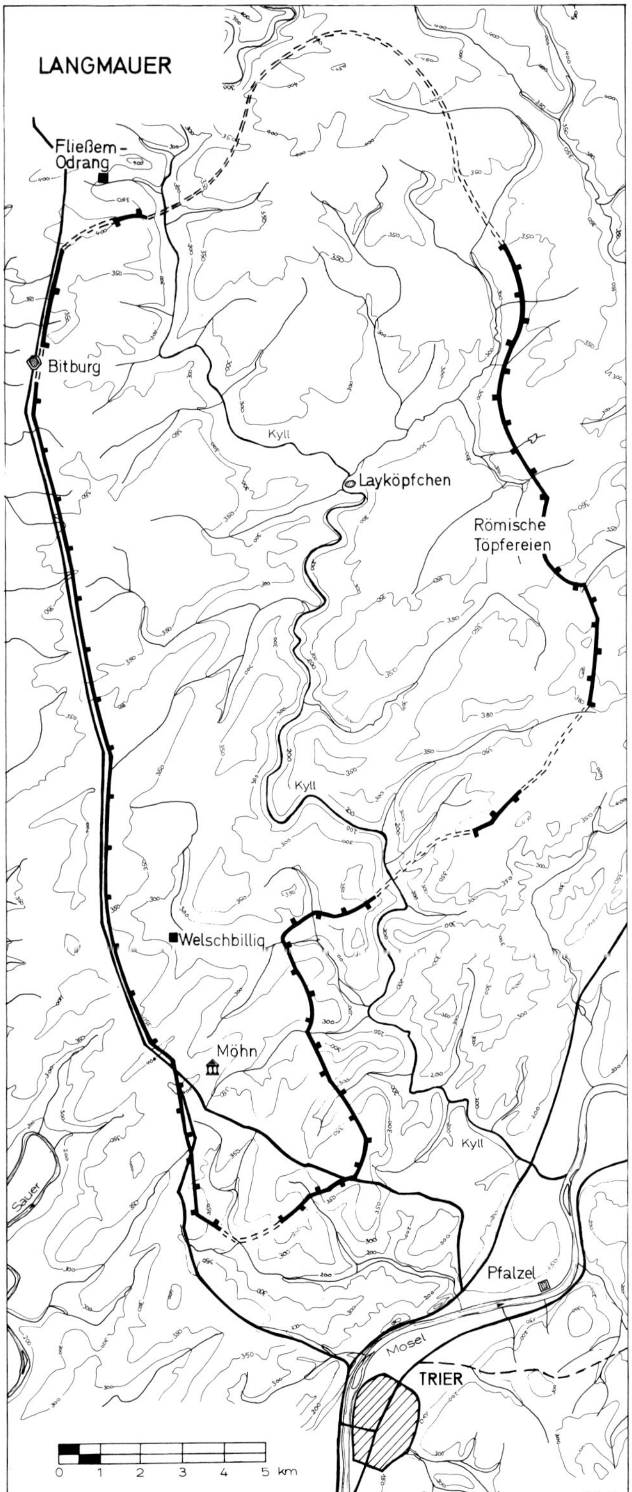

des 4. Jahrhunderts an der Nordspitze oberhalb des Zugangs ein etwa 10×10 m großer Turm (Burgus) mit etwa 2 m starken Fundamentmauern errichtet, so daß nun auch die Nordseite des Üßbachtales einzusehen und drohende Gefahren früher zu begegnen war. Die bei Ausgrabungen in den Jahren 1978 und 1979 zahlreich geborgenen Kleinfunde belegen u. a. eine kleine Glasschmelze, eine Beinschnitzerei wie eine Buntmetall- und Eisenverarbeitung. Propellerförmige Gürtelbeschläge und eine silbervergoldete Riemenzunge zeigen, daß zumindest vorübergehend auch kleinere militärische Detachements innerhalb der befestigten Höhensiedlung Aufnahme fanden, die nach Aussage einer umfangreichen Münzreihe bereits während der Germaneneinfälle um 353/355 unterging.
Danach wird der Platz erst wieder im 11. und 12. Jahrhundert aufgesucht, als die Brüder von Nantirsburch auf einer dem Gipfelplateau vorgelagerten Terrasse einen 15×10 m großen Wohnturm errichten ließen, der allerdings schon 1138 vom Trierer Erzbischof Albero zerstört wurde. Teile eines um 1689 vergrabenen Münzschatzes belegen, daß die Burgruine noch einmal gegen Ende des 17. Jahrhunderts von der verängstigten Landbevölkerung im Zuge der Reunionskriege Ludwigs XIV. kurzfristig aufgesucht wurde.
Lit.: Denkmalpflege in Rheinland-Pfalz 1979–1981, 190–192.
Gi.

◁ 296 Langmauer

Die sog. Langmauer (oder Landmauer) umschließt wenig nördlich von Trier in der Südeifel beiderseits der Kyll ein rd. 220 km² großes Areal, das sich in Nord-Süd-Richtung über 28 km, in Ost-West-Richtung bis zu 12 km erstreckt. Die Mauer selbst erreicht eine Länge von 72 km. Nur noch selten hat sie sich als kleinerer Damm oder Steinwall, insbesondere an der Ostseite und im Südwesten, erhalten. Ihre Auffindungsbedingungen haben sich seit Beginn ihrer Erforschung in den 40er Jahren des vorigen Jahrhunderts bedingt durch Straßenbau und landwirtschaftliche Nutzung des Geländes erheblich verschlechtert.
Das zwischen 65 und 90 cm breite, ursprünglich vielleicht 2 m hohe, in der Regel auf einer Trockensteinpackung ruhende Mauerwerk war gemörtelt und bestand meist aus anstehendem Gestein, Kalk oder Buntsandstein, bisweilen auch aus Brocken abgebrochener Denkmäler oder Siedlungen (»Spolien«). In regelmäßigen Abständen war die Mauer durch schmale Lisenen, rd. 40 cm langen, pfeilerartigen Vorlagen von rd. 55 cm Breite verstärkt, die in alternierender Folge angebracht waren. An der Südwestflanke betrugen die Abstände zwischen den einzelnen Pfeilern rd. 3,50 m, zwischen den Pfeilern einer Seite durchschnittlich 7 m. An der Südostflanke war die Entfernung zwi-

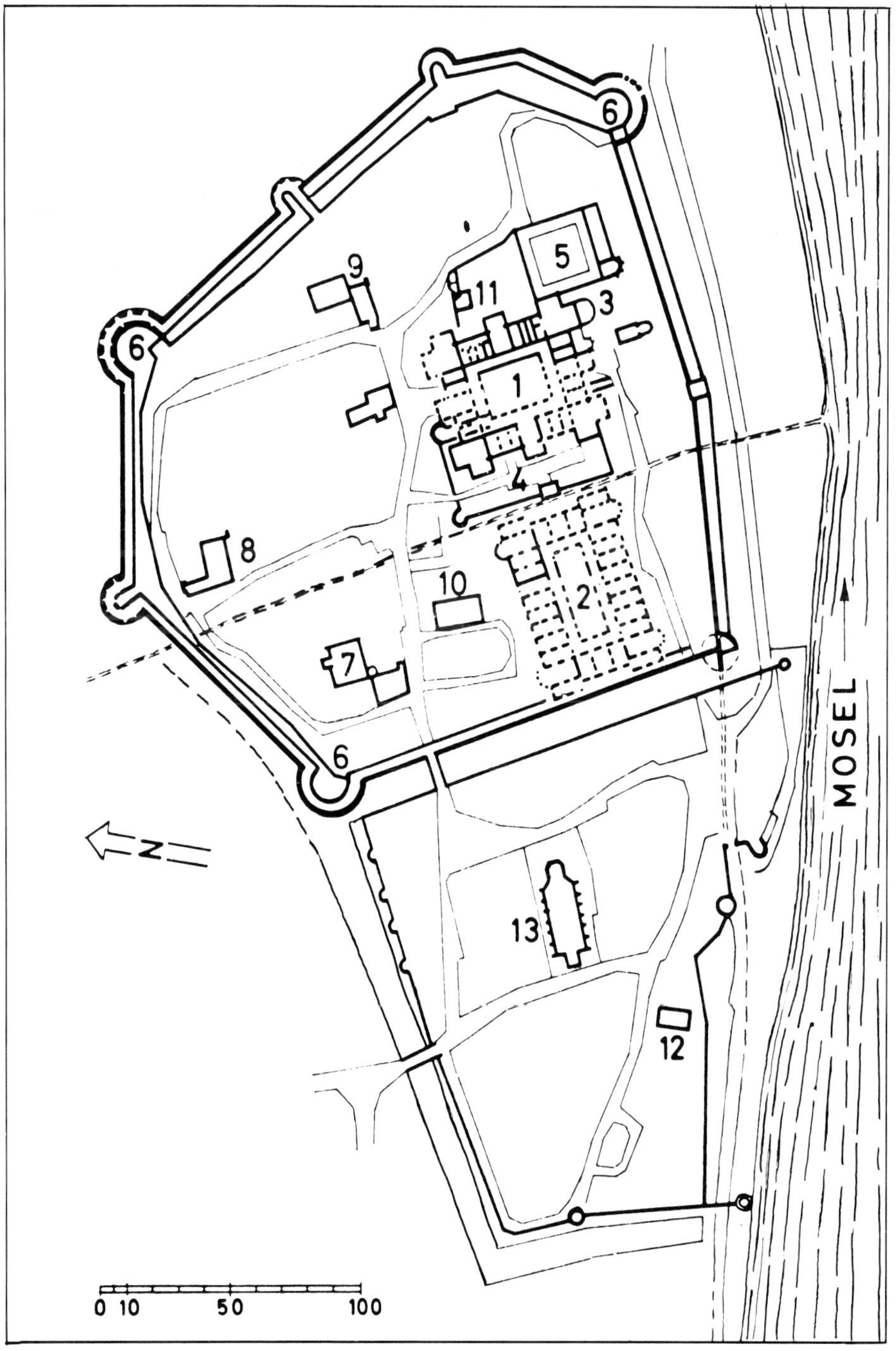

297 Grundrißplan von Palatiolum-Pfalzel.

schen den Pfeilern genau doppelt so groß und erreichte etwa 7 bzw. 14 m.
Die Mauerführung mied weitgehend Taleinschnitte und überquerte die Kyll im Norden und Süden im Bereich von zwei gegenüberliegenden, gratartigen Berghängen. Die Mauer umschloß vornehmlich fruchtbare und waldarme Muschelkalk-

PFALZEL (PALATIOLUM), KREIS TRIER-LAND 1964

ERGEBNISSE DER UNTERSUCHUNGEN BIS 1964
UNTER BENUTZUNG DER AUFNAHMEN KUTZBACH-NAGEL (1928-34)

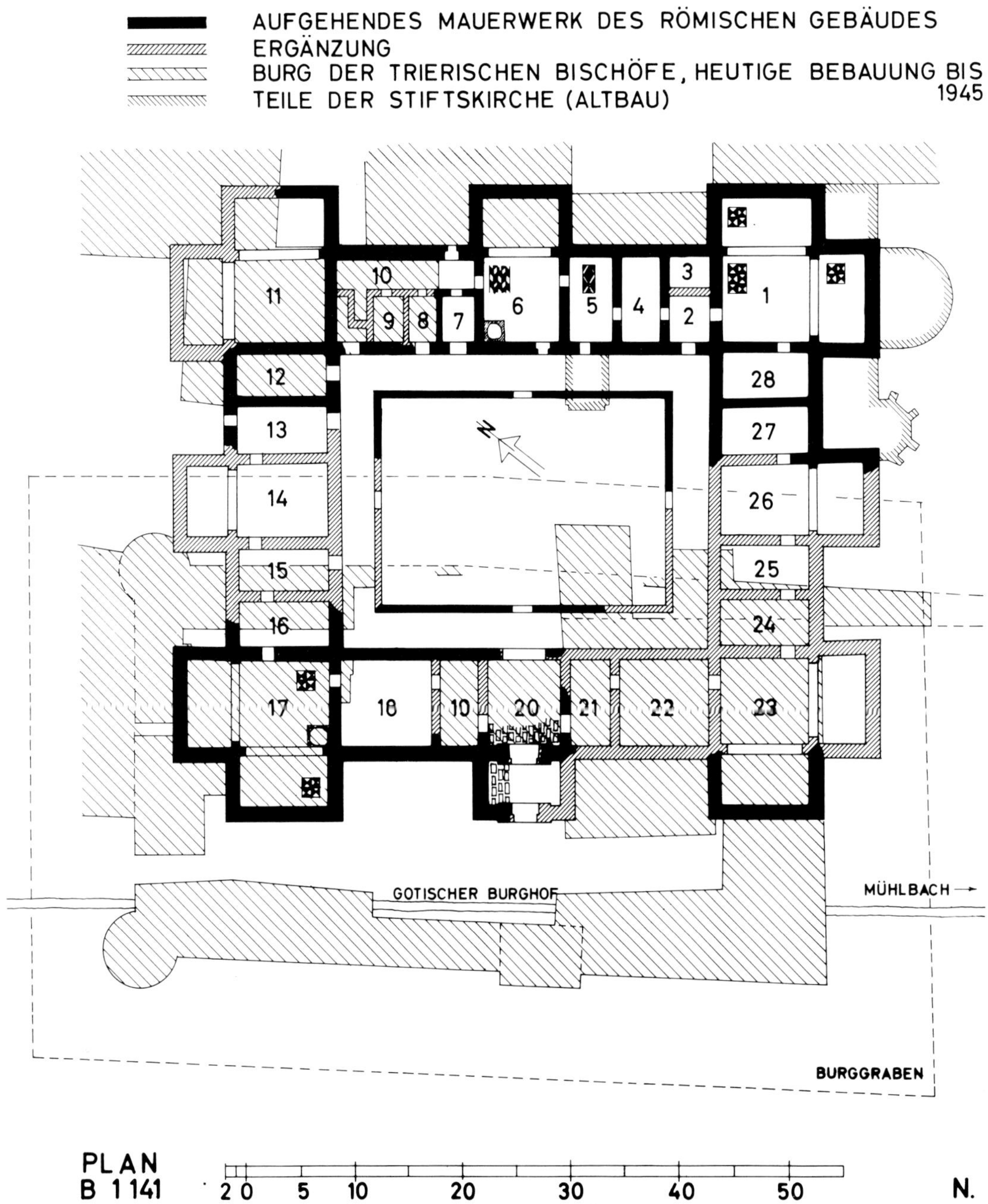

297

gebiete und umging, wie die unregelmäßige Einbuchtung im Südosten erkennen läßt, weitgehend die ausgedehnten, waldfreundlichen Buntsandsteingebiete.
Hinweise auf die Erbauungszeit liefern zwei etwa gleichlautende Bauinschriften, die an der Ostflanke bei Herforst gefunden wurden und die glückliche Fertigstellung eines 500 Fuß (= 150 m) langen Bauabschnittes dokumentieren: PEDATVRA FELICITER / FINIT PRIMANORVM / D (quingenti) P(edes). Die beiden Inschriften gehören offensichtlich der 2. Hälfte des 4. Jahrhunderts an und legen, wie eine nach der Mitte des 4. Jahrhunderts bei Newel von der Mauer überbaute römische Siedlung, eine Errichtung der Langmauer in valentinianischer Zeit nahe. Die in beiden Inschriften als Erbauer genannten Primani lassen sich vielleicht mit einer von Germanen durchsetzten, pseudokomitatensischen Truppe in Verbindung bringen, die in der Provinz Belgica I mit verschiedenen Aufgaben betraut war, in Krisenzeiten kurzfristig auch das bewegliche kaiserliche Feldheer verstärkte. Germanische und militärische Funde wurden neuerdings in einigen innerhalb des südwestlichen Langmauerbezirks gelegenen Villen nachgewiesen (Archäolog. Korrbl. 11, 1981, 337). Dennoch scheidet die Langmauer als Wehranlage aus, da sich die kaum 80 cm breite und 2 m hohe Mauer für eine Befestigung als zu schwach erweist und sie zudem typische fortifikatorische Elemente, wie Türme oder Gräben entbehrte und auch nicht das Kastell Bitburg integrierte. Unbestritten diente das Langmauerareal als kaiserlicher Gutsbezirk, wobei die Muschelkalkböden, die zu den fruchtbarsten des Trierer Landes zählen und die Grundlage für eine recht wohlhabende Landwirtschaft bilden, am ehesten an einen intensiven Ackerbau denken lassen. Der durch die Langmauer gegen Wild(schäden) begrenzte Bezirk hätte also die Versorgung des nahegelegenen Kaiserhofes und vielleicht auch des kaiserlichen Heeres sicherstellen können. Darin wäre auch der Grund zu sehen, weshalb die innerhalb des Langmauerareals gelegenen Bauernhöfe in ihrer Mehrzahl bis ins späte 4. oder frühe 5. Jahrhundert existierten, die außerhalb gelegenen nach den Germaneneinfällen in der Mitte des 4. Jahrhunderts häufig aufgegeben wurden. Germanische Förderaten errichteten nicht nur die Mauer, sondern bestellten auch zumindest in Teilbereichen als Wehrbauern mit ihren Familien die Äcker, gewährleisteten den Schutz des Bezirkes und konnten zudem in Krisenzeiten noch das kaiserliche Feldheer verstärken.
Der kaiserliche Verwalter des ausgedehnten Domänenbezirkes residierte vielleicht in der großen und aufwendigen Villenanlage von Welschbillig (vgl. Nr. 298). Nicht auszuschließen ist, daß auch eine Beziehung zu der befestigten, palastartigen Anlage von Pfalzel (Palaciolum) bestand, wobei letztere wie die spätrömische Befestigung auf dem Layköpfchen bei Speicher, von dem ebenfalls militärische Kleinfunde vorliegen, vornehmlich dem Schutz des kaiserlichen Gutsbezirkes galten.
Lit.: Führer, Eifel 196ff. – Ortsakten Newel und Butzweiler im RLM. Trier (unpublizierte Grabungen 1979 und 1982). Gi.

297 Palatiolum-Pfalzel

In nächster Nähe zur Stadt waren außerhalb der Mauer und der entlang den Römerstraßen gelegenen Friedhöfe zahlreiche suburbane Villen und palastartige Bauten vorhanden, aus deren Funktion und Nutzung die Anlage zu Pfalzel von Beginn an herausfällt. Dem Bauwerk kommt die Doppelfunktion von Festung und luxuriös ausgestattetem Wohnpalast zu.
Auf hochwassserfreier alluvialer Sandterrasse in einem Moselbogen angelegt, mit direkter Sichtverbindung nach Trier, entwickelt sich der Bau nach allen Seiten mit einer reich gegliederten Fassade, die auf die Höhe von wenigstens zwei Obergeschossen Fluß und Uferzone und die hier vorbeiziehenden Hauptstraßen beherrschte. Um einen rechteckigen Innenhof sind vier paarweise gleichlange Baukörper als »Flügelbauten« errichtet worden, die von einem »kreuzgangartigen« Innenumgang aus auf allen Geschoßebenen erschlossen werden.
Die Außenseiten sind jeweils mit drei turmartig vorspringenden Risaliten versehen, von denen der mittlere der südwestlichen Langfront zugleich Tor- und Eingangsturm ist. Diese Anordnung ergibt an den Ecken der Kurz- und Langflügel des Gebäudes winklig aneinanderstoßende Türme, die den wehrhaften Charakter verdeutlichen. Der Baubefund zeigt, daß im Sockelgeschoß ebenerdig außer der Torzufahrt und zwei kleinen, leicht zu sperrenden Fluchtpforten, keine Öffnungen, Fenster und Türen bestanden.
Das erste Obergeschoß ist rundum mit einer durchgehenden Galerie von Bogenfenstern versehen. Im zweiten Obergeschoß sind rechteckige, oder auch mit Bogen versehene Fenster in den Turmrisaliten, während die Zwischenturmflächen durch eine Pfeiler-Säulenstellung loggienartig gegliedert waren und dem Bauwerk eine noble und sehr wirkungsvolle Fassade verliehen.
Daß es sich nicht um einen Burgus herkömmlicher Art handelt, verrät die Ausstattung mit Mosaikböden, Marmorverkleidung und Glasmosaik an den Wandflächen bis hinauf zum zweiten Obergeschoß. Bei einer Länge von etwa 65 m zu 56 m der Hauptflügel (Turmecke bis Turmecke) zeigt der Grundriß 28 Räume, die auch in den Obergeschossen in gleichem Grundriß angeordnet waren.
Nach der Jahrhundertmitte erfuhr das Bauwerk eine Umänderung des Innenschmuckes. Die Mosaikböden wurden planmäßig zerstört, figürliche Bildfelder ausgebrochen und alle Flächen mit einem Marmorplattenboden geometrischer Musterung ausgelegt.
Gleichzeitig wurde an der westlichen Zugangsseite ein 70 zu 50 m großes Kasernengebäude errichtet, das Zugangsstraße flankiert und den Hauptzugang zu dem Festungspalast absperrt.
Nach der Völkerwanderung wird der Besitz, der auch in Zusammenhang mit der kaiserlichen Sommeranlage zu Welschbillig und dem sog. Langmauerbezirk stand (vgl. Kat. 269) fränkisches

Königsgut. Um 700 erwirbt Adula, aus dem Geschlecht der Arnulfinger, durch Gütertausch das Anwesen und richtet ein Damenstift ein. Der Trierer Erzbischof Poppo erkennt die strategisch günstige Lage der Örtlichkeit und richtet im westlichen Teil der römischen Anlage eine Burg ein, während im östlichen Teil ein Kanonikerstift eingerichtet wird, das bis zur Säkularisation bestand.
Nach Zerstörungen im letzten Weltkrieg ist die Palastanlage mit bedeutenden Resten in der Pfarrkirche und der Bebauung des Ortskernes von Pfalzel noch in großen Teilen erhalten und konserviert.
Lit.: Frühchristliche Zeugnisse im Einzugsgebiet von Rhein und Mosel (Trier 1965) 152. – Führer Trier 278. Cü.

298 Hermenweiher

FO. Welschbillig (Krs. Trier-Saarburg)
um 375 n. Chr.

In Welschbillig, innerhalb der Langmauer (s. Kat. 296), wurde um 375 eine große, aufwendige Villa erbaut, von der nur mehr der in der Achse davor gelegene Hermenweiher erhalten und rekonstruierbar ist. Er ist ein 60 × 18 m großes gemauertes Wasserbassin mit je drei Nischen an den Langseiten. In der Längsachse des Beckens verläuft eine Mittelmauer, an deren Enden jeweils ein Springbrunnen installiert war. Die Beckenbrüstung mit den Nischen war umstanden von einem steinernen »Zaun«, der durch Hermen, also von Köpfen bekrönte Schäfte, gehalten wurde. Diese Hermen wurden zum größten Teil auf der Sohle des Beckens in Fall-Lage wiedergefunden. Sie zeigen Köpfe von Göttern, Griechen, Römern, Barbaren und erfundene Porträts (s. Kat. 299).
RLM. Trier: Modell.
Lit.: H. Wrede, Die spätantike Hermengalerie von Welschbillig (Berlin 1972). Bi.

299a

299 Hermen

FO. Welschbillig (Krs. Trier-Saarburg)
um 375 n. Chr.

Unter den Hermen des großen Bassins von Welschbillig (Kat. 298) wurden sieben Originale ausgewählt.

a) Kopf eines Knaben mit einem Blütenkranz im Haar. Es wird Amor gemeint sein.

298

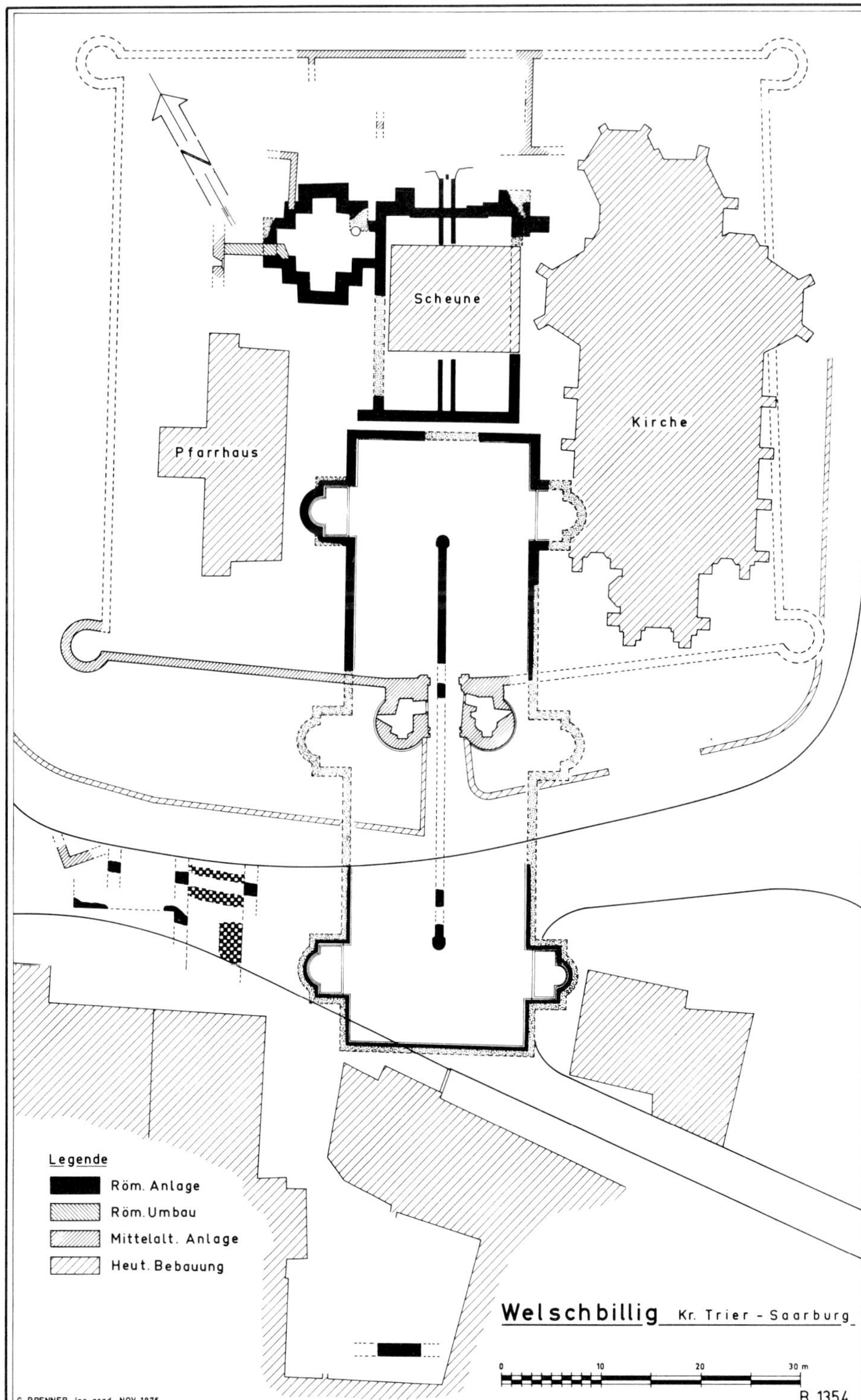

298 Grundrißplan der römischen Villa in Welschbillig mit Hermenweiher.

299 f

299 g

b) Kopf eines jungen Griechen oder Römers.
c) Kopf eines Mannes mit kurzem, zurückgekämmtem Haar, wohl nach einem römischen Porträt des späteren 1. Jahrhunderts geschaffen.
d) Kopf eines jungen Mannes mit vorn in die Stirn gekämmtem, auf Schulter und Nacken lang herabfallendem Haar, wohl ein Germane.
e) Kopf eines Mannes mit nach vorn gekämmtem Haupthaar und spitzem Kinnbart, wohl ein Germane.
f) Kopf eines Mannes mit einer Frisur ähnlich der vorigen und flaumartigen Koteletten, vielleicht ein Germane.
g) Kopf eines jungen Mannes mit einer Frisur ähnlich den beiden vorigen.

Kalkstein. – Schaft: Br. 28–30 cm.

RLM. Trier, Inv. G. 12. – 18876. – G. 16d. – 19136. – 19151. – 18865. – G. 16k.

Lit.: H. Wrede, Die spätantike Hermengalerie von Welschbillig (Berlin 1972) Nr. 60, 80, 92, 34, 33, 82, 90. Bi.

300–327 Frühes Christentum

300–311 Frühchristliche Grabschriften

Über 900 frühchristliche Grabinschriften aus Trier, vornehmlich aus dem südlichen Gräberfeld von St. Matthias und aus dem nördlichen von St. Paulin bis St. Maximin, sind bisher bekannt geworden. Mit dieser Zahl rangiert Trier in weitem Abstand vor den anderen frühchristlichen Gemeinden des Rheinlandes und Galliens. Die hohe Zahl frühchristlicher Grabtituli mag ein Indiz für eine bedeutende christliche Gemeinde im antiken Trier sein, ist jedoch neben der tief verwurzelten antiken Kultur auch vor dem Hintergrund zu sehen, daß in Trier zeitweilig Kaiser residieren, die dem Christentum gewogen sind. Ganz anders sieht das umliegende, ländlich strukturierte Gebiet aus, aus dem frühchristliche Inschriften durchweg fehlen. Dessen Bevölkerung ist noch den heidnischen Traditionen verpflichtet und sucht heidnische Tempel im Civitasbereich gerade im 4. Jahrhundert noch mit Vorliebe auf, wie die Münzreihen verschiedener Tempel belegen.

Durch Symbolik, Formular, Namenmaterial wie auch äußere Gestalt unterscheiden sich deutlich die bescheidenen frühchristlichen Grabtituli von ihren Vorgängern oft aufwendiger Grabdenkmäler in früheren Jahrhunderten. Auf viele Fragen gibt gerade das breite Trierer Material Antworten: zu den Anhängern der neuen Religion und zu deren religiöser Haltung, zur Organisation der Christengemeinde, zu den ethnischen und kulturellen Verhältnissen des Mosellandes, zu den Lebensbedingungen und zur sprachlichen Entwicklung am Ende intensiver römischer Einflüsse in diesem Raum. Weit auseinander divergieren die Lebensdaten. Viele sind im Kindesalter verstorben, und etwa die Hälfte der Bevölkerung erreichte das 21. Lebensjahr nicht. Daneben sind jedoch auch Grabinschriften für ehrwürdige Greise von über 80 Jahren anzutreffen. Im spätantiken und frühchristlichen Trier sind weitaus stärker als in früheren Jahrhunderten Bevölkerungsgruppen aus dem lateinisch-griechischsprachigen Mittelmeerbereich, sogar Orientalen, neben der einheimischen keltischen Bevölkerung vertreten. Eine lateinisch sprechende romanische Bevölkerung bleibt auch nach Abzug der römischen Staatsverwaltung (Praefektur) und des kaiserlichen Hofes kurz vor 400 bis weit über das 5. Jahrhundert hinaus erhalten, wie auch die späteren frühchristlichen Grabinschriften zeigen.

Lit.: E. Gose, Katalog der frühchristlichen Inschriften in Trier. Trierer Grabungen und Forschungen Bd. 3 (Berlin 1958). – K. Krämer, Die frühchristlichen Grabinschriften Triers. Trierer Grabungen und Forschungen Bd. VIII (Mainz 1974). – N. Gauthier, Recueil des inscriptions chrétiennes de la Gaule antérieures à la Renaissance carolingienne, publié sous la direction de H. J. Marrou. I: Première Belgique (Paris 1975). – H. Heinen, Rhein. Vierteljahrsbl. 40, 1976, 243–254. Schw.

301

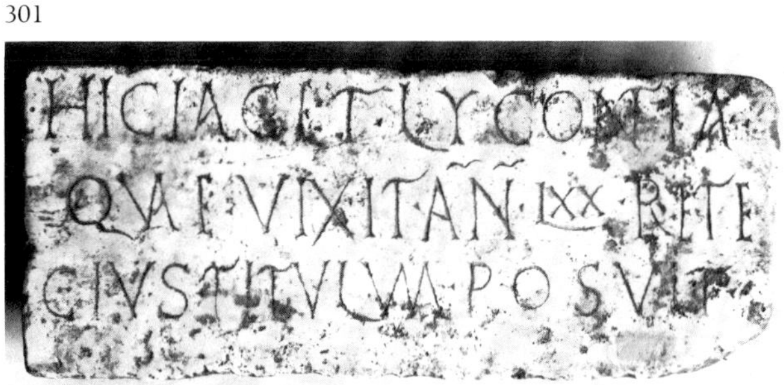

300 Grabschrift des Kaufmanns Silvanus

FO. Trier, St. Matthias, 1902
2. H. 4. Jh. n. Chr.

Silvanus negoti[ator]	Der Kaufmann Silvanus
hic pausat in pace.	ruht hier in Frieden.

Bemerkenswert kurz im Formular und ohne jedes christliche Symbol, für das genügend Platz gewesen wäre, ist diese erst während des Krieges beschädigte Inschrift. Silvanus ist ein im keltischen Bereich außerordentlich beliebter Name. Es spricht nichts dagegen, daß auch der hier Genannte als ein später Vertreter zur Gruppe einheimischer Kaufleute gehörte, die das treverische Land mit zu besonderer Blüte gebracht und daran auch selbst partizipiert haben. Die Nennung des Berufes, wie sie auf den folgenden frühchristlichen Inschriften kaum mehr wiederkehrt, erinnert stark an die Berufsangaben von früheren heidnischen Grabsteinen, unter denen häufiger negotiatores anzutreffen sind.

Weißer Marmor. – H. urspr. 21 cm, Br. urspr. 53 cm, D. 3,2 cm.
RLM. Trier, Inv. 01, 384.
Lit.: Gose Nr. 57. – Gautier Nr. I 56. Schw.

301 Grabschrift der Lycontia

FO. Trier, St. Matthias, 1909
2. H. 4. Jh. n. Chr.

Hic iacet Lycontia,	Hier liegt Lycontia,
quae vixit an(nos) LXX. Rete-	die 70 Jahre gelebt hat.
cius titulum posuit.	Retecius hat die Grabinschrift gesetzt.

Das kurze Formular gehört zu den einfachsten der Trierer Grabinschriften. Die Buchstaben sind von ausgesprochener Eleganz. Lycontia ist ein aus dem Griechischen abgeleiteter Name, der in verwandter Form noch zweimal aus Trier bekannt ist. Eine verwandtschaftliche Beziehung zwischen der im hohen Alter von 70 Jahren verstorbenen Lycontia und dem die Inschrift gebenden Retecius wird bei diesem kurzen Formular nicht ausgedrückt, kann jedoch in Erwägung gezogen werden.

Feinchristalliner weißer Marmor. – H. 17 cm, Br. 44 cm, D. 5–6 cm.
RLM. Trier, Inv. 09, 184.
Lit.: Gose Nr. 30. – Gauthier Nr. I 31. Schw.

302 Grabschrift des Probatius

FO. Trier, St. Maximin, 1953
4. Jh. n. Chr.

In hoc [sepul]-	In diesem Grab
cro i[acet]	liegt
Proba[tius]	Probatius,
palati[nus	der Palatinus,
v(ir) p(erfectissimus)?].	vir perfectissimus.

Das Formular, in der Eingangsformel singulär, ohne Lebensaltersangabe bzw. ohne die oft erwähnten Dedikanten, weicht von den üblichen Trierer Texten ab und läßt schon von daher einen Verstorbenen fremder Herkunft erwarten. Die auffallend schöne Grabplatte mit sauber ausgeführter Schrift in vorgerissener Lineatur deutet weiterhin auf eine Person, die zu Lebzeiten wohl eine besondere Position eingenommen hatte. Eher als zu einem Doppelnamen (Nomen Gentile und Cognomen) gehörig, wird Palati[nus] einen Beamten am Hof, möglicherweise einen Finanzbeamten, bezeichnen. Die Symmetrie der Inschrift läßt nur den zu ergänzenden Namen Probatius möglich erscheinen, wie sie für die letzte Zeile eine weitere Ehrentitulatur nach der Amtsbezeichnung Palatinus erfordert. In Betracht zu ziehen ist der Titel *vir perfectissimus* (ein Mann von außerordentlicher Tüchtigkeit) oder ein *vir devotissimus* (ein Mann von ergebener Treue).
Reich mit altchristlicher Symbolik versehen ist das untere Feld der Marmorplatte, auf dem neben einem Christogramm in der Mitte links davon Taube, Alpha, Sterne und ein vom Christogramm ausgehendes Band (?) zu sehen bzw. rechts davon mit Omega zu ergänzen sind. Die symmetrische Anordnung der Symbole verweist auf eine ursprüngliche Breite dieser damit ungewöhnlich großen Grabplatte.
Weißer Marmor. – H. 58 cm, Br. 59 cm, urspr. ca. 95 cm, D. 2,5 cm.
RLM. Trier, Inv. 53, 167.
Lit.: Gose Nr. 454. – Gauthier Nr. I. 148. – K. Krämer, Kurtrier. Jahrb. 18, 1978, 18. Schw.

302

303 Griechische Grabschrift

FO. Trier, St. Matthias, 1915
Ende 4. bis Anf. 5. Jh. n. Chr.

– – –	Ergänzungen nach G. Klaffenbach bei Gose.
... Δομ[ιτιανὸς ? ἐποι-	Ich, Domitianos, habe
ησὰ]μην τὸ [μνημεῖον τὸ	das Grabmal
τῷ κ]άτω γῆς θ[---	dem unter der Erde (ruhenden) Th...
... ονος Συκαμ[ινίτῳ	Sohn des ...¯on, dem Sykaminiter,
συν] τῷ παντὶ κ̣[όσμῳ̣].	mitsamt dem ganzen Schmuck errichtet.

Das untere Bruchstück einer Inschriftplatte mit sehr fragmentarischem Text in griechischer Sprache läßt christliches Symbolgut wie eindeutig frühchristliche Topoi im Formular vermissen. Fundort, Material wie auch die griechische Sprache legen einen christlichen Ursprung nahe. Eine gesicherte Ergänzung des Textes bleibt unmöglich; bemerkenswert ist die Nennung eines Phöniziers aus der Stadt Sykaminos (Συκαμ[ινίτης]), wenig südlich des mittelalterlich bedeutsamen Akkon.
Die einzigen bis heute aus dem Rhein- und Moselland bekannt gewordenen Inschriften in griechischer Sprache, die ebenso wie die griechischen Graffiti von den Schranken unter der Liebfrauenkirche dem frühen Christentum zugeordnet werden, stammen aus der Materialfülle der Trierer Inschriften. Ihr Formular ist unabhängig von den zahlreichen lateinischen Inschriften und vielmehr vom Osten bestimmt, wie es auch bei Orientalen in Rom anzutreffen ist. Alle Personen griechischsprachiger Inschriften in Trier geben im Gegensatz zu den lateinischsprachigen ihre Herkunft sowie gewöhnlich den Namen des Vaters an, scheinen also weniger integriert in die spätantike trierische Bevölkerung als Zugewanderte aus dem lateinischen Sprachraum. Möglicherweise handelt es sich bei einigen inschriftlich Nachgewiesenen um Angehörige einer geschlossenen syrischen Gruppe, die im Trier des ausgehenden 4. bzw. beginnenden 5. Jahrhunderts anzutreffen ist.
Weißer Marmor. – H. noch 33,5 cm, Br. noch 32 cm, D. 3 cm.
RLM. Trier, Inv. 19, 275.
Lit.: Gose Nr. 401. – Gauthier I 92. Schw.

304 Grabschrift des Nunechius

FO. Trier, St. Matthias, 1827
2. Hälfte 4. bis Anf. 5. Jh.

Hic quiescet Nunechius in pa-
ce, qui vixit annos pl(us) me(nus) LXXX.
Florentina filia carissima
ti⟨t⟩ulum posuit.

Hier ruht in Frieden Nunechius,
der etwa 80 Jahre gelebt hat.
Florentina, seine liebste Tochter,
hat die Grabschrift gesetzt.

In ihrer äußeren Form mit dem freien Feld unter dem Inschrifttext ohne christliche Symbolik ist die Inschriftplatte vergleichbar mit Kat. 300. Der Name des hochbetagt verstorbenen Nunechius ist ein griechischer Name, abgeleitet von dem auch im Neuen Testament häufiger gebrauchten nunechos – - (νουνεχῶς) – verständig, klug. Solche Namen, die moralische Qualitäten ausdrücken, sind in der Spätantike beliebt und auch im Trierer Namensrepertoire häufiger anzutreffen. In eine ähnliche Richtung mag auch der in Trier mehrfach belegte Name der die Inschrift setzenden Tochter Florentina deuten.
Die Marmorplatte war in einen Sarkophagdeckel eingelassen. Offensichtliche Fehler wie das T bei *titulum* und auch die Verwirrung zwischen i und e wie bei *quiescet* und *menus* sind bereits im 4. Jahrhundert gewöhnliche Erscheinungen.
Grauer Marmor. – H. 30 cm, Br. 68 cm, D. 3 cm.
RLM. Trier, Inv. G. 114.
Lit.: Gose Nr. 46. – Gauthier Nr. I 46. Schw.

304

305 Grabschrift des Kindes Marus

FO. Trier, St. Matthias, 1844/45
2. H. 4. bis Anf. 5. Jh. n. Chr.

Marus (h)ic quiẹṣcet in
pace, qui vixit aṇ(nos) III, me(nses) III,
die(s) XV. Patris pieṇ[ti]ssi-
mi titulum po[su]-
er u[nt].

Marus ruht hier in
Frieden, der 4 Jahre, 3 Monate und
15 Tage gelebt hat. Die Eltern haben in innigster Treue
die Grabschrift gesetzt.

Die Inschrift zeigt mehrere vulgärlateinische Erscheinungsformen entsprechend einer allgemeinen Ausdrucksweise im spätantiken Trier wie im gesamten Imperium. Ebenso mag auch Marus eine vulgarisierte Form der in Trier belegten Namen Maurus bzw. Maura sein. Das altchristliche Symbol des Baumes zwischen zwei Tauben auf der Inschriftplatte ist nur für das südliche Gräberfeld um St. Matthias belegt und hier auf die früheste Inschriftengruppe zu präzisieren.
Weißer Marmor. – H. 25 cm, Br. 25 cm, D. 5 cm.
RLM. Trier, Inv. G. 115 und Reg. 163.
Lit.: Gose Nr. 36. – Gauthier Nr. I 36. Schw.

306 Grabschrift des kleinen Barbario

FO. Trier, St. Paulin, 1823
5. Jh. n. Chr.

[Hic] iacet Batbario,
qui vixit mensis
VIII et dies XXIII, in pace.

Hier liegt Barbario,
der 8 Monate
und 24 Tage gelebt hat,
in Frieden.

Der Inschrifttext für den nach kurzer Lebenszeit verstorbenen Barbario ist von bemerkenswerter Kürze. Hier ist eine bis auf den Tag genaue Lebensalterangabe eher möglich als bei Personen, die im hohen Alter verstarben. Die Namensendung -io bei Barbario, abgeleitet von Barbarus, ist im keltischen Sprachraum äußerst beliebt und hält sich bis in die Tage der Spätantike. Älteres constantinisches Christogramm, Alpha und Omega sowie die beiden Tauben unterstreichen auch hier den christlichen Charakter der Bestattung.
Weißer Marmor. – H. 22 cm, Br. 31 cm, urspr. 33 cm, D. 2,5 cm.
RLM. Trier, Inv. G. 125.
Lit.: Gose Nr. 412. – Gauthier Nr. I 108. Schw.

307 Grabinschrift für das Mädchen Suricula

FO. Trier, Palmatiusstr. bei St. Paulin, 1920
5. Jh. n. Chr.

Suricula filia iace-	Suricula, die Tochter, ruht
t in pace, qui vixi-	in Frieden, die
t annos sex. Pa-	sechs Jahre gelebt hat.
ter et mater	Vater und Mutter
titulum posuer(u)nt.	haben die Grabschrift gesetzt.

Die Inschrift ist auf der Rückseite einer Marmorplatte, die in früherer Verwendung als Wandverkleidung ein einfaches, flach profiliertes Pilasterkapitell zeigte, angebracht. Neben dem wohl nachträglich verbesserten L im Namen weist der Text weitere nicht ungewöhnliche Unregelmäßigkeiten mit *qui* (der) statt *quae* (die) in Zeile 2 und in *posuer(u)nt* (Zeile 5) auf.
In dem viermaligen Zeilenanfang mit T mag eine Spielerei des Lapidarius (Steinmetzen) oder die Betonung dieses Buchstabens als Kreuzsymbol gesehen werden. Amüsant ist die Herleitung des Namens Suricula, sollte er eine Verkleinerungsform von *sura* – die Wade – sein. Daneben steht jedoch die Möglichkeit einer Herkunftsangabe im Namen von *Syra/Sura* (die Syrerin), zumal orientalische Beziehungen zum Orient in Trier vielfach festzustellen sind und sich auch zuweilen im Namen ausdrücken.
Weißer Marmor. – H. 18 cm, Br. 26 cm, D. 3,5 cm.
RLM. Trier, Inv. 20, 78.
Lit.: Gose Nr. 461. – Gauthier Nr. I 157. Schw.

308 Grabschrift des Kindes Arablia

FO. Trier, St. Maximin, 1818
5. Jh. n. Chr.

Hic iacet in pace infas
[d]ulcissima filia Arabli
[a], que vixit [a]nnos VII et
[menses . . . e]t dies X. Titu-
[lum posuit P]osidonius
[infelix? pa]ter; en pace.

Hier ruht in Frieden das Kind,
die allerliebste Tochter Arablia,
die 7 Jahre,
? Monate und 10 Tage gelebt hat. Die Grabschrift hat Posidonius,
der unglückliche Vater gesetzt. In Frieden!

Die angeführten christlichen Symbole mit älterem Christogramm, apokalyptischen Buchstaben, Tauben und Zweigen teilen die Inschrift horizontal in zwei gleichgroße Hälften und heben sich in dieser Anordnung besonders hervor. Die beiden ersten Zeilen des Textes sind nach Silben interpunktiert. Eine Herleitung des Namens von einer heidnischen Gottheit wie Posidonius von Poseidon ist auch noch in der frühchristlichen Spätantike möglich.
Weißer Marmor. – H. 30 cm, Br. 41 cm, D. 3 cm.
RLM. Trier, Inv. Reg. 92.
Lit.: Gose Nr. 408. – Gauthier Nr. I 103. Schw.

309 Grabschrift für einen Knaben

FO. Trier, St. Maximin, 1953
Ende 5. bis 6. Jh.

––– pater et
[––– mater] dulcissim-
[a? Gaud?] entio dulcissi-
[mo filio t]itulum posuer-
[unt, qui vix]it annos quat-
[tuor et me]nssis septem et di-
es XXVII.

(. . . Name), der Vater und
(. . . Name), die liebste Mutter
haben Gaudentius (od. ähnl. Name), dem
teuersten Sohne, die Grabschrift gesetzt,
der gelebt hat vier Jahre,
sieben Monate und
27 Tage.

Das Formular, beginnend mit den Namen der die Inschrift setzenden Eltern, ist ebenso ungewöhnlich wie das stereotype Charakteristikum *dulcissimus/-a* für den verstorbenen Sohn und gleichzeitig für die trauernde Mutter. Für den vierjährigen Knaben ist ein durch die frühchristlichen Inschriften aus Trier erwähnter Name wie Faventius, Fidentius, Gaudentius, Innocentius oder Valentius zu ergänzen. Ebenso wie das Formular weisen auch die unregelmäßigen, an der Kursive orientierten Buchstaben auf einen größeren zeitlichen Abstand zu den älteren frühchristlichen Grabtituli hin. Auch die Palmzweige, ein Symbol des Sieges, gehören in eine späte Zeit.
Weißer Marmor, – H. 28 cm, Br. 34,5 cm, D. 3,5 cm.
RLM. Trier, Inv. 53, 159.
Lit.: Gose Nr. 483. – Gauthier Nr. I 178. Schw.

310 Grabschrift der Ursula

FO. Trier, St. Matthias, vor 1842
6. Jh. oder noch später

Hic quiescit in p-	Hier ruht in
ace Ursu⟨l⟩a, qui	Frieden Ursula, die
vix(it) annos XXI.	21 Jahre gelebt hat.
Artula ka⟨r⟩a	Artula, ihre liebe
matir titi-	Mutter, hat die Grab-
u⟨l⟩um ⟨p⟩o(suit).	schrift gesetzt.

Die Inschrift, auf einer wiederverwendeten Marmorplatte angebracht, hebt sich von den Inschriften des 4. und beginnenden 5. Jahrhunderts durch die rohe, an die Kursive anknüpfende Schrift und den fehlerhaften Text ab. Wie sich römische Traditionen auch in anderen Zeugnissen der Völkerwanderungszeit weiter halten, so zeigt auch das Namensgut dieser Inschrift alte Gepflogenheiten. Beliebt waren in vorchristlicher Zeit gerade im Treverergebiet die Namensbildung von lat. *ursus* (Bär) bzw. vom keltischen Stamm *arto-* (ebenfalls Bär); es scheint, daß die Bedeutung dieser althergebrachten Namen gerade nach ihrer Kombination auf dieser Inschrift auch unter den veränderten Bedingungen in der fränkischen Epoche bei der alteingesessenen Bevölkerung noch nicht vergessen waren.
Weißer Marmor. – H. 18 cm, Br. 23 cm, D. 4,5 cm.
RLM. Trier, Inv. G. 119.
Lit.: Gose Nr. 68. – Gauthier Nr. 175. – H. Heinen, Rhein. Vierteljahrsbl. 40, 1976, 246f. Schw.

311 Darstellung eines Betenden

Trier, Thebäerstr. bei St. Paulin, 1922
6. Jh. n. Chr.

Zu einer frühchristlichen Grabinschrift gehörte das Fragment mit einem besonderen Dekor. Unter der Inschrift, von der Reste zweier Zeilen erhalten sind, ist eine säulengetragene Arkadenarchitektur mit Spitzgiebel, flankiert von je einem Rundgiebel, dargestellt. Das dreiseitig abgegrenzte mittlere Giebelfeld trägt ein älteres Christogramm. Darunter zwischen den beiden noch sichtbaren mittleren Säulen steht mit ausgebreiteten Armen ein *Orans* (Betender). Dieser mittlere Raum ist mit beiderseits gerafften Vorhängen versehen; eine ähnliche Ausstattung mit Vorhängen kann auch für die beiden danebenliegenden Räume nach den angedeuteten Linien angenommen werden. Die seitlichen Rundgiebel zeigten nach dem z. T. noch erhaltenen rechten einen achtstrahligen Stern. Mit einer paenula über einer langen Tunica trägt der Orans möglicherweise die Kleidung eines Klerikers (nach E. Gose und Th. K. Kempf).
Die stehende Haltung des Betenden mit erhobenem Haupt und ausgestreckten Händen symbolisiert über die allgemeine antike Gebetshaltung hinaus nach frühchristlicher Vorstellung ein »Streben des Geistes in die geistige Welt«. Die von Säulen getragenen Giebel versinnbildlichen die Kirche. Während Oranten viermal von Trierer Grabsteinen bekannt sind, kennen wir acht Belege mit Arkadenarchitektur, zum Teil nur mit Rundgiebel oder im Wechsel mit Spitzgiebel. Drei vollständig erhaltene Inschriften aus Trier mit architektonischem Dekor (Gose Nr. 411, 457, 739), die allesamt in das 6. oder sogar 7. Jahrhundert zu datieren sind, legen ebenso wie das stilisierte Rankenmuster der Rahmung einen späten zeitlichen Ansatz des Fragmentes mit Orantendarstellung nahe. Eine größere Gruppe mit vergleichbaren, jedoch älteren Arkadenmotiven ist aus dem kleinasiatischen Dorla *(Isaura nova)* bekannt.
Marmor. – H. 15,5 cm, Br. 10 cm, D. 3 cm.
RLM. Trier, Inv. ST. 3160z.
Lit.: Gose Nr. 688. – Th. K. Kempf – W. Reusch (hrsg.), Frühchristliche Zeugnisse im Einzugsgebiet von Rhein und Mosel (Trier 1965) 48 Nr. 41, 202ff. Nr. 19 Abb. Schw.

311

312 Spielsteine mit Christogramm

FO. Trier, aus der Mosel bei der Römerbrücke
4. Jh. n. Chr.

Neben Spielsteinen, die für die Brettspiele oder auf kleinen Tafeln aufgetragenen Mühle, Backgammon und Ähnliches verwendet wurden, werden oftmals größere, aus Marmor oder Ziegel gearbeitete Spielsteine gefunden, die zu Spielen auf Plätzen und im Freien gebraucht worden sind. Für welche Spielart die mit christlichen Symbolen gekennzeichneten Steine Verwendung fanden, ist uns leider nicht bekannt, da entsprechende Spieltafeln bislang nicht gefunden worden sind.
Die in Betracht gezogene Benutzung als Rechenstein wird sowohl durch das Christogramm wie auch die Umschrift VICTOR auf einem Stein ausgeschlossen.

a) Spielstein mit grob eingeritztem XP, auf der gerundeten Seitenfläche Umschrift: VICTOR
Weißer Marmor. – Dm. 4,3 cm.
RLM. Trier, EV. 71, 50.

b) Spielstein mit grob eingeritztem X und linksgerichtetem P, auf der Rückseite P mit horizontalem Kreuzbalken und X.
Aus einem Ziegel abgedreht. – Dm. 4,7 cm.
RLM. Trier.

c) Spielstein mit sorgfältig eingeritztem XP
Weißer Marmor. – Dm. 5,5 cm.
RLM. Trier.

313

d) Spielstein mit reliefartig vorstehendem und kreuzförmig gebildeten XP in Reliefrahmen. Die Buchstabenenden mit verbreiterten Hasten.
Weißer Marmor. – Dm. 5,2 cm.
RLM. Trier, EV. 65, 28.
Lit.: H. Cüppers, Ausgewählte Moselfunde. Trierer Zeitschr. 37, 1974, 172 Abb. 16. Cü.

313 Lunula mit Christogramm

FO. Trier, aus der Mosel bei der Römerbrücke
4. Jh. n. Chr.

Anhänger in Form einer Lunula mit flacher Aufhängeröse. Auf der Vorderseite ist der leicht aufgestauchte Rand von einem Kerbmuster begleitet, auf der Innenfläche der Lunula zwei sechsstrahlige Sterne mit kugelförmig verdickten Enden. Unter der Aufhängeröse und in der Mitte der Fläche befindet sich ein Christogramm. Dessen horizontaler Kreuzbalken besteht aus zwei Linien, während der senkrechte Kreuzarm drei Linien hat, von denen die linke mit dem Bogen des P nach links gerichtet ist. Auf der Rückseite XP in Kreuzform wie auf der Vorderseite, das P jedoch nach rechts gerichtet.
Blei. – H. 3,5 cm, Br. 2,8 cm.
RLM. Trier.
Lit.: Kurtrier. Jahrb. 21, 1981, 24–28. Cü.

314 Bleiplomben mit Christogramm

FO. Trier, aus der Mosel bei der Römerbrücke
4. Jh. n. Chr.

Die relativ kleinen und flachen Plomben sind bislang nur vereinzelt gefunden worden und sind demnach weniger als Zollplomben für Waren benutzt worden als vielmehr für Briefsendungen. Wahrscheinlich als offizielle Sendung kirchlicher Amtsstellen mochte ein solches Bleisiegel die Berechtigung zum Transport mit der Staatspost bewirkt haben, wie dies auch für Siegel mit dem Kaiserbild vorstellbar ist.
a) Plombe mit Christogramm, auf der Rückseite reliefartig Inschrift: PMC (?)
Blei. – Dm. 1,5 cm.
b) Plombe mit Christogramm, die Buchstabenenden verbreitert. Auf der Rückseite senkrecht stehend (P)MC
Blei. – Dm. 1,7 cm.
RLM. Trier.
Unpubliziert. Cü.

315 Frühchristliche Lampe

FO. Trier, Kaiserthermen, 1962
4. Jh. n. Chr.

Der runde Lampenkörper mit Zapfengriff geht ohne Absatz in eine längliche gerundete Schnauze, die das Dochtloch umfaßt, über. Dieses zeigt Rußspuren von der Benutzung. Die gerundete Schulter ist mit einem breiten Kerbband geschmückt, der leicht eingesenkte Spiegel mit dem Christogramm, das von einem gekerbten Kranz eingefaßt wird. Zwei Öllöcher im Spiegel. Die Standfläche wird von einer geritzten Linie umrissen, die zum Henkel emporgeführt ist.
In der Form folgt die Lampe einem Typus, der im 4. Jahrhundert von Nordafrika ausgehend im westlichen Imperium Romanum große Verbreitung fand (sogen. nordafrikanischer Typus; vgl. E. Ennabli, Lampes chrétiennes de Tunisie, Paris 1976. – A. Leibundgut, Die römischen Lampen in der Schweiz, Bern 1977, 55 f.). Weitere Trierer Stücke vgl.: S. Loeschcke, Frühchristliche Denkmäler aus Trier. In: Rheinischer Verein für Denkmalpflege und Heimatschutz 29, 1936, 114.
Rotbrauner Ton. – gr. L. 9,75 cm, Dm. ca. 7 cm.
RLM. Trier, Inv. KTh. FNr. 1119. Goe.

315

△ 314a, b ▽

316 Glasschale

FO. Trier, Auf der Steinrausch, Sarkophag 4, 1956
1. Viertel 4. Jh. n. Chr.

In die Außenseite der flachen halbkugligen Schale (Kugelabschnittschale) ist der Kampf des Hercules mit Antaeus (König von Libyen, Sohn des Meergottes Poseidon und der Erdmutter Gaia) eingraviert. Gemäß ihrem Gebrauch wird die Trinkschale von der Innenseite betrachtet. Rechts steht in breiter Schrittstellung Minerva mit Helm und Schild. Hinter ihr erhebt sich ein Pfeiler mit Bekrönung, auf dem ein Tympanum mit Trinkhorn liegt. Links neben dem Pfeiler stemmt der nackte Hercules im Ringergriff den Antaeus empor. Zu seinen Füßen liegen seine Keule und sein Köcher. Über einen Pfeiler links am Rande hat er sein Löwenfell gelegt. Unterhalb des Randes liest man den Trinkspruch (GAVDIAS CVM TVIS PIE Z(eses); es folgt ein kleiner Zweig (freu dich mit den Deinen, trink und lebe).

316 Glasschale aus Trier mit Minerva, Hercules und Antaeus.

317 Christliche Glasschale mit Abraham und Isaak.

Die Schale lag in einem reich ausgestatteten Sarkophag oberhalb der linken Schulter des Toten. Neben zwei Keramiktellern und drei tönernen Töpfen sind dem Verstorbenen noch sieben weitere Glasgefäße – darunter drei kuglige Flaschen, ein Becher und ein Trinkhorn – und eine fast stempelfrische Münze des Crispus, die zwischen 320 und 324 in Trier geprägt wurde, beigegeben worden.
Entfärbtes dickwandiges Glas. – H. 6 cm, Dm. 19 cm.
RLM. Trier, Inv. 56, 8 n.
Lit.: Kat. Gläser Trier 28f. Nr. 67 Taf. 17, 180 n. 32. – Röm. Gläser Führer Abb. 27. 32. – Gallien in der Spätantike (Mainz 1980) 90 Nr. 102. Goe.

317 Christliche Glasschale

FO. Trier-Pallien, 1870, in einem Sarkophag; das Stück lag auf der Brust des Toten
1. H. 4. Jh. n. Chr.

In die Außenseite der flachen halbkugligen Schale (sog. Kugelabschnittschale) ist die Opferung Isaaks eingeritzt. Betrachtet man die Schale von innen, so liest man unterhalb des Randes die Worte VIVAS V IN DEO Z(eses); es folgt ein Grasbüschel (du sollst leben in Gott). In der Mitte des Bildes erhebt sich ein Altar, dahinter ein Schrein mit dreieckigem Giebel. Rechts steht Isaak mit auf den Rücken gebundenen Händen. Er ist nur mit einem Mantel (Chlamys) bekleidet. Links vom Altar hält Abraham, der ein kurzes Gewand (Exomis) und Mantel (Chlamys) trägt, das Messer in den Händen. Hinter ihm befindet sich ein Widder. Der Boden ist durch wellige Linien angegeben. Stilisierte Pflanzen füllen die Zwischenräume. Über der Szene ragt aus einem länglichen Rechteck, das den Himmel kennzeichnet, die Hand Jahwe heraus.
Gelblich-grünliches dickwandiges Glas. – H. 6,1 cm, Dm. 18,4 cm.
RLM. Trier, Inv. G. 696.
Lit.: Kat. Gläser Trier 29 Nr. 68 Taf. 31. – Röm. Gläser. Führer Abb. 31, 1.
Beide Gefäße gehören zu einer Gruppe gleichartiger Kugelabschnittschalen, bei denen die Umrisse innen stets von kurzen, schraffurartigen Schrägstrichen begleitet sind. Drei Themen werden von der Werkstatt bevorzugt, die diese Gläser hervorbrachte: Jagdszenen, heidnische mythologische Bilder und christliche Szenen. Da die meisten Stücke im Rheinland gefunden worden sind, darf man vermuten, daß sich die Werkstatt in diesem Gebiet befunden hat. Für die Lokalisierung ist Köln vorgeschlagen worden.
Lit. zu Werkstattgruppe: Harden, Journal of Glass Studies 2, 1960, 45–81. – Fischer, Kuml. Årbog for Jysk Arkæologisk Selskab 1981, 165–182. Goe.

318 Elfenbeinpyxis

FO. Trier, Amphitheater, 1908
5. Jh. n. Chr.

Auf der Pyxis, deren Boden und zugehöriger Deckel fehlen, sind drei im frühen Christentum besonders beliebte alttestamentliche Rettungsszenen ausgeführt. Stark beschädigt ist die Darstellung, in der Abraham seinen Sohn Isaak zu opfern beabsichtigt. Die nur fragmentarisch erhaltene Gestalt Isaaks scheint vor dem mit dem Messer zustoßenden Abraham zu knien. Der Widder, das spätere Opfertier, erscheint unter dem Gewächs Sabeck, während die Hand Gottes am Pyxidenrand Abrahams Tun Einhalt gebietet; an der Hand (später?) eingeritzt Ma[nus D]e[i?] (Hand Gottes). Ein Räuchergefäß in der Form eines alexandrinischen Hörneraltares auf spiralförmig kannelierter Säule rechts daneben trennt das Bild von der folgenden Szene, der Speisung Daniels. Dieser erwartet in Orantenhaltung, flankiert von zwei Löwen in einem Bogen stehend, den das Brot bringenden Habakuk, von einem Engel begleitet. Wie Daniel in phrygischer Tracht mit Mütze, engen Hosen und Tunika und in Orantenhaltung stehen die drei Jünglinge im Feuerofen zwischen den

318

auflodernden Flammen, die von einem von links herannahenden Engel mit Stab gelöscht werden.
Während die meisten elfenbeinernen Kunstwerke aus alten Sammlungen ohne genauere Fundortangabe stammen, ist die Existenz dieser Pyxis einem Grabungsfund zu verdanken. Das

319 Elfenbeintafel mit Darstellung des *adventus*-Zeremoniells, Mitte 5. Jh. n. Chr.

bedeutet, daß die Pyxis im frühchristlichen Trier kultische Verwendung fand, auch wenn die Werkstattfrage, ob nun Import aus dem östlichen Mittelmeerraum oder Erzeugnis einer Trierer Schule, in der Forschung bisher nicht geklärt ist. Gefunden wurde dieses Zeugnis frühchristlichen Kultes in einem Einbau des Trierer Amphitheaterkellers, der, durch andere Objekte frühchristlicher Kleinkunst als Andachts- und Memorialstätte ausgewiesen, bis ins 9. Jahrhundert bestand.
Elfenbein. – H. 7,8 cm, urspr. Dm. 12,7 cm.
RLM. Trier, Inv. 09, 866.
Lit.: W. F. Volbach, Elfenbeinarbeiten der Spätantike und des frühen Mittelalters (Mainz[3] 1976) Nr. 162 Taf. 82. – W. Sanderson, Trierer Elfenbeinarbeiten vom 4. Jahrhundert bis zum Ende der Karolingischen Renaissance. In: Festschr. 100 Jahre Rhein. Landesmuseum Trier. Trierer Grabungen und Forschungen Bd. 14 (Mainz 1979) 324 f. Abb. 7–8. – Katalog, Gallien in der Spätantike (Mainz 1980) Nr. 381. Abb. Schw.

319 Elfenbeintafel

angeblich aus dem alten Domschatz
Mitte 5. Jh. n. Chr.

In eine Platte von einem Mantelstück eines großen Elefantenzahns, nach allen vier Seiten hin gekrümmt, ist ein mit 2 cm außerordentlich hohes Relief eingeschnitten. Nur die Köpfe verschiedener, zur Szene gehörender Personen sind angestückt. Dargestellt ist die feierliche Ankunft *(adventus)*, deren Zeremoniell für Herrscher, Bischhöfe und andere Würdenträger wie auch für Reliquienüberführungen bekannt ist. Zwei hohe Würdenträger, nach ihrem kirchlichen Gewand mit Pänula und Omophorion Bischöfe, ziehen auf einem verzierten vierrädrigen Wagen von links her vor einer großen Zuschauermenge, die aus einer dreistöckigen Arkadenarchitektur blickt, ein. Sie führen in einem kleinen hausförmigen Kästchen Reliquien auf dem Schoße haltend mit sich. Begleitet wird der Wagen von vier kerzenhaltenden Männern in knielanger, gegürteter Tunika und Chlamys. Der erste, ihr Anführer mit Diadem und besonderem Gewandschmuck, ist ein Kaiser. Erwartet wird der Zug von einer Dame, die ihrem reichgeschmückten, perlenumsäumten Pallium und dem Diadem nach eine Kaiserin sein muß. Die Rechte streckt sie vor, um die Reliquien in Empfang zu nehmen, während sie in der Linken ein Kreuz hält.
Sie ist wohl Urheber der Reliquienüberführung und Gründerin des Kirchenbaus, vor dem sie steht und in den die Reliquien überbracht werden. Die kleine basilikale Kirche mit vorspringender Apsis steht kurz vor der Vollendung; vier Handwerker auf dem Dach, einer mit Hammer im Gürtel, legen letzte Hand an. Vor und in der dreistöckigen Hintergrundarchitektur nehmen gleichförmige männliche Gestalten an der Prozession Anteil; die mittlere Reihe scheint singend mit Weihrauchfäßchen in der Rechten ihre Akklamation zu geben.
Für diese Elfenbeinplatte, eine künstlerische Einzigartigkeit und wohl Tafel zur Verzierung eines Reliquienkästchens, mangelt es an Vergleichen in der frühen byzantinischen Kunst. Ihre Herkunft wird im östlichen Mittelmeergebiet, in der Mehrheit der Meinungen im Constantinopel des 5. Jahrhunderts lokalisiert. Die Darstellung einer Reliquientranslation ist offensichtlich, auch wenn die Zuordnung zu einer konkreten bis heute offen ist. Denkbar ist die jüngste, wenn auch schon wieder in Zweifel gezogene Deutung einer Überführung einer Armreliquie des Erzmärtyrers Stephan in den oströmischen Kaiserpalast, überbracht von den Bischöfen Atticas von Constantinopel und St. Passarion; die kaiserlichen Personen wären demnach mit Theodosius II. und dessen Schwester Pulcheria vor der von ihr 421 begründeten Kirche zu identifizieren. Das Tor an der linken Seite mit dem Christusbild wurde öfters als die berühmte Chalke, das Portalgebäude zum Kaiserpalast in Constantinopel, angesprochen, die dreistöckige Arkade als Palastarchitektur betrachtet.
Elfenbein. – H. 13,1 cm, Br. 26,1 cm, D. 2,3 cm.
Schatz der Hohen Domkirche zu Trier.
Lit.: W. F. Volbach, Elfenbeinarbeiten der Spätantike und des frühen Mittelalters (Mainz[3] 1976) Nr. 143 Taf. 76. – W. Weber, Trierer Zeitschr. 42, 1979, 135–151. – K. Holum – G. Vikan, Dumbarton Oaks Papers 33, 1979, 115–133. – Katalog, Gallien in der Spätantike (Mainz 1980) Nr. 384 Abb. S. 235. – J. Worthley, Greek, Roman and Byzantine Studies 21, 1980, 381–394.
Schw.

320 Glasschmuck

Mitte 3. Jh. bis Ende 4. Jh.

Von einer Häuserinsel vor dem heutigen Trierer Dom, die an einer der beiden Hauptverkehrsstraßen, dem Cardo, lag, sind verschiedentlich Nachweise für frühchristliche Werkstätten für Glasschmuck in Trier erbracht worden. Neben Schmelztiegeln mit Glasfuß fanden sich auch Fertigprodukte, die einen Herstellungsort für aus dem Trierer Land bekannten Glasschmuck wie auch von ebensolchen weiter verhandelten Erzeugnissen lokalisieren. Zum Repertoire der Werkstätten gehören vielgestaltige und reich verzierte Perlen, Anhänger, Armreife und Fingerringe in bemerkenswerten Formen. Von verschiedenfarbigem Altglas wurde der Rohstoff wiederverwendet, mit Vorliebe von dunkelblauem und schwarzem Glas, letzteres in Konkurrenz zur auflebenden Gagatindustrie stehend. So wie Schwarz zur vorherrschenden Modefarbe wurde, bekannt auch von den Schwarzfirnisgefäßen mit weißer Barbotineverzierung (vgl. Kat. 189) aus den Trierer Töpfereien, zeigt sich gerade bei den Fingerringen ein neuer Trend in der Form. Beliebt werden Ringe mit Rundscheibenplatten, die oftmals beziehungsreichen Bildschmuck tragen und mit den besten Wünschen zur Erinnerung verschenkt werden.

a) FO. Trier, Nagelstraße?, 1882
Bruchstück eines besonders breiten Armreifs, zu einer Bruchkante hin stark anschwellend; Querrippen mit einem Rädchen eingedrückt.
Schwarzes Glas. – Dm. außen ca. 7 cm, Br. 1,7–2,5 cm.
RLM. Trier, Inv. 6686.

b) FO. Möhn? (Kr. Trier-Saarburg) 1884
Armreif mit dicht aneinanderliegenden Spiralwindungen.
Schwarzes Glas. – Dm. außen ca. 7 cm, D. 0,6 cm.
RLM. Trier, Inv. 9234.

c) FO. Trier, Nordallee, 1886
Schwarze Perle mit gelben Punkten in gelben Wellenmaschen.
Schwarzes Glas. – Dm. 2,4 cm, D. 1,5 cm.
RLM. Trier, Inv. 12087.

320 Glasschmuck: Armreife, Perle, Anhänger, Fingerringe.

d) FO. Trier?
Anhänger in der Form eines Kännchens mit spiralförmig gedrehtem Hals und opakweißem Zickzackfaden als Auflage.
Schwarzes Glas. – H. 3 cm.
RLM. Trier, Inv. unbekannt.

e) FO. Trier, Petrusstraße, 1889
Anhänger aus einer doppelkonischen durchbohrten Stabperle, in der Form an ein längliches Fäßchen erinnernd und in dieser Form auch als Gefäß bekannt, mit aufgesetzter Öse; beidseitig der Öse mit hellblauem Glasfaden spiralförmig umwickelt.
Schwarzes Glas. – Br. 4,7 cm, H. 1,7 cm.
RLM. Trier, Inv. 17840.

f) FO. Trier, Palais Kesselstatt (frühchristliche Werkstatt für Glasschmuck in der Nähe des Domes), 1922
Fingerring mit Christusmonogramm auf einer kleinen, aus dem Reifende herausgedrückten Schmuckplatte.
Farbloses Glas mit silberweißem Schimmer. – Dm. außen 2,2 cm.
RLM. Trier, Inv. 38,2556.

g) FO. Trier, Palais Kesselstatt, 1922
Großer Fingerring mit drei Schmuckplatten und Buchstabenmonogramm auf jedem Ringplättchen: Vivas – Du mögest leben. Die mittlere Scheibe ist aufgesetzt, während die seitlichen aus dem Ring herausgedrückt sind.
Rötlich-gelbes durchsichtiges Glas mit Perlmuttschimmer. –Dm. außen 2,6 cm.
RLM. Trier, Inv. 38,2552.

h) FO. Trier, Palais Kesselstatt, 1922
Fingerring mit zwei einander zugewandten Brustbildern, dessen Schmuckplatte aus dem gedrehten Ende des Reifs herausgedrückt ist.
Schwarzes Glas. – Dm. außen 2,1 cm.
RLM. Trier, Inv. 38,2554.
Lit.: S. Loeschcke, Frühchristliche Werkstätte für Glasschmuck in Trier, in: Trierer Heimatbuch. Festschrift zur Rheinischen Jahrtausendfeier 1925 (Trier 1925) 337–360 und Abb. – Th. K. Kempf – W. Reusch (hrsg.), Frühchristliche Zeugnisse im Einzugsgebiet von Rhein und Mosel (Trier 1965) 80–82 Nr. 64 und Abb. Schw.

321 Grabungsareal im Innern der Kirche St. Maximin Trier

4.–9. Jh. n.Chr.

Im Zuge umfangreicher Umbaumaßnahmen wird die seit der Säkularisation als Kaserne und Schulgebäude genutzte Anlage archäologisch untersucht.

Seit Beginn der Grabungen wurden im östlichen Teil der um 1700 nach totaler Zerstörung wieder aufgebauten Kirche Mauerzüge einer palastartigen suburbanen Villa freigelegt, die der Überlieferung nach von Kaiser Constantin der Christengemeinde überlassen worden war.
Bauliche Veränderungen und neuerrichtete Mauerzüge lassen, in Übereinstimmung mit den verschiedenen Benutzungshöhen, Estrichen und Zerstörungshorizonten eine kontinuierliche Entwicklung der Wohnanlage zu einer Coemeterialbasilika erkennen, von der größere Mauerstrecken und Säulenbasen freigelegt werden konnten. Über 300 Sarkophage, z. T. in drei Schichten übereinander liegend und vereinzelt mit marmornen Grabtituli gekennzeichnet, werden von fränkischen, trapezförmigen Kalksteinsärgen und schließlich von gemauerten Gräbern karolingischer Zeit überlagert, bevor in ottonischer Zeit die ältere Kirchenanlage (im Normannensturm von 882 zerstört) durch einen Neubau ersetzt wird, der den Grundriß der heutigen Kirche festlegte.
Soweit erkennbar, wurden die meisten Sarkophage sowohl bei den verschiedenen Baumaßnahmen der Frühzeit wie auch des Mittelalters, besonders aber durch Suchstollen des 19. Jahrhunderts angegraben und ihres Beigabeninventars beraubt.
Unpubliziert. Cü.

322 Sarkophag mit Skelett

FO. Trier, St. Maximin
4. Jh. n. Chr.

Die ältesten Sarkophage im Bereich der bisher durchgeführten Ausgrabungen sind einheitlich von äußerst grober Ausführung. In ihrer sehr tiefen Lage fast durch das Erdreich versiegelt, haben sich im Inneren der Höhlung die Gebeine relativ gut erhalten. Bei einigen Bestattungen waren die Skelette noch durch größere Teile der Gewandung bedeckt, deren Untersuchung neben gröberen Leinenstoffen auch gazeartige Seiden und gemusterte Zierbesätze erkennen ließ.
In mehreren Sarkophagen hatte man den Toten mit Hobelspänen überschüttet, die durch günstige Bedingungen noch in ihrem ursprünglichen Zustand angetroffen wurden. Diese Beigabe mag symbolisch auf die Vergänglichkeit des Menschen hindeuten, dessen Leib, wie ein Hobelspan des Schreiners, wertlos ist.
Unpubliziert. Cü.

323 Plan der Stadt Trier mit frühchristlichen Gräberfeldern und Kirchenanlagen

Nach der Verlegung der Residenz und der Präfektur sind große Teile der Bevölkerung ebenfalls nach Süden, in sicherere Landschaften abgewandert. Die große Befestigungsmauer war durch die Restbevölkerung nicht mehr zu verteidigen, so daß der Nachricht zum Jahre 406/7 durchaus Glauben zu schenken ist, daß man sich bei einem Überfall der Alemannen in das Amphitheater zurückgezogen und den Angriff hier überstanden habe.
Bis zur endgültigen Besetzung durch die Franken um 475 n. Chr. war Trier mehrmals von Alemannen, Franken und Hunnen heimgesucht worden, und man richtete sich in der Trümmerstätte so ein, daß in den großen öffentlichen Bauten, die keiner praktischen Nutzung mehr dienten, kleinere Wohn- und Festungsquartiere der Restbevölkerung entstanden. Diese Verminderung von Bevölkerung und Siedlungsfläche sollte die frühmittelalterliche Entwicklung bis zur Festlegung der mittelalterlichen Stadtmauer im Jahre 1142 n. Chr. bestimmen.
Es ist davon auszugehen, daß das später durch die sog. Helenamauer umgrenzte Gebiet der Domimmunität bereits im 5. Jahrh. provisorisch mit Graben und aus Trümmern errichteter Wallmauer oder Palisade befestigt worden war. Erst nach der Verlegung der Residenz zieht der Bischof in den Dombering, während die Überlieferung ihn vorher im Vorstadtbereich bei einer suburbanen Villa in St. Marien ansiedelt.
Von Interesse ist, daß auf den frühchristlichen Gräberfeldern in St. Matthias-Eucharius und St. Maximin frühzeitig Andachtsstätten, Grabbasiliken und Wohnanlagen von Klerikern entstanden waren, die sowohl durch die Existenz älterer »Villen« und »Palastbauten« wie auch durch Neubauten auf eine kontinuierliche Benutzung und Betreuung weisen. Dies wird für St. Eucharius-Matthias ausdrücklich bezeugt. Hier waren die Gräber der ersten Trierer Bischöfe Eucharius und Valerius unter Bischof Cyrillus im Jahre 454 n. Chr. in eine neue Grabkapelle, die im Bereich der heutigen Kirchenanlage gelegen ist, transferiert worden. Die alte ursprüngliche Grabstätte aber wurde aus frommer Tradition restauriert (Cyrillus cellam Eucharii desertam restauravit). Neben den nach Ausweis der Keramikfunde fortbestehenden »Kleinsiedlungen« im Dombereich, bei der Basilika, in den Kaiserthermen, im Amphitheater und im Tempelbezirk am Altbachtal wurden entlang des Moselufers von der Restbevölkerung Siedlungskerne in Ruinen oder an Traditionsstätten der frühchristlichen Gemeinde begründet, die in Klöstern und frühmittelalterlichen Ufersiedlungen als eigene Rechts- und Hoheitsgebiete weiterlebten.
Hier sind St. Medart, St. Eucharius, St. Barbara (in den Barbarathermen), St. Irminen-Horrea, St. Martin und St. Marien, sowie St. Maximin und St. Paulin zu erwähnen. Große Villen und

palastartige Anlagen wie Konz, Euren und Pfalzel werden ebenfalls weiterhin bewohnt und als Kleinfestungen genutzt.
Hatte im Umland und an der Mosel die Bevölkerung z.T. die vorgeschichtlichen Höhenburgen und Wallanlagen im Kriegsfalle und bei drohender Gefahr wieder aufgesucht, so wird man auch für das Stadtgebiet annehmen dürfen, daß zahlreiche Bewohner noch in den alten Wohnquartieren lebten und bei Gefahr sich in die Burgi, die zu Festungen umgebauten Monumente, zurückzogen.

Lit.: E. Ewig, Trier im Merowingerreich. Civitas, Stadt, Bistum (Trier 1954). – J. Steinhausen, Das Trierer Land unter der römischen Herrschaft. In: Geschichte des Trierer Landes I. Hrsg. von R. Laufner (Trier 1964) 98–221; ebendort: E. Ewig, Das Trierer Land zur Merowinger- und Karolingerreich 222–302; ebendort: K. Böhner, Das Trierer Land zur Merowingerzeit nach dem Zeugnis der Bodenfunde 303–337. – Frühchristliche Zeugnisse im Einzugsgebiet von Rhein und Mosel (Trier 1965). – Führer Trier. Cü.

324 Frühchristliche Transenna

FO. Wasserbillig (Luxemburg)
4./5. Jh. n. Chr.

Das (heute ergänzte) Fragment der frühchristlichen Chorschranke wurde 1885 im Innern der Substruktionen der alten Kirche von Wasserbillig, am Zufluß von Sauer und Mosel gefunden. Die Platte besteht aus aufeinandergesetzten, durchbrochenen Bögen. Den äußeren Rahmen bilden glatte Stege, von denen der obere eine aus dem Alten Testament entlehnte Inschrift trägt:

[D]OCEBO VOS
Ich werde euch lehren ...

Es handelt sich dabei um ein Zitat entweder aus Samuel I 12, 23; *et docebo vos viam bonam et rectam,* oder aus Job. 27, 11: *docebo vos per manum Dei quae Omnipotens habet,* oder aber aus Psalm 33, 12: *audite me: timorem Dei docebo vos.*
Ob das Wasserbilliger Fragment als Hinweis auf einen frühchristlichen Kultbau am Fundort zu werten ist, konnte bei den 1953 an gleicher Stelle durchgeführten Grabungen nicht eindeutig nachgewiesen werden. In ihrem Aufbau entspricht die Platte den Gittern der Hermenbalustrade von Welschbillig (Kat. 298–299).
Korallenkalkstein. – H. 32, L. 28, D. 8,5 cm.
Trier, Inv. 11 067.
Lit.: E. Förster. In: T. K. Kempf – W. Reusch (Hrgb.), Frühchristliche Zeugnisse im Einzugsgebiet von Rhein und Mosel (Trier 1965) 19f. Nr. 4. – Ch. M. Ternes, Les inscriptions antiques du Luxembourg. In: Hémecht 17, 1965, 442f. Nr. 150. – N. Gauthier, Belgique Première. Recueil des inscriptions chrétiennes de la Gaule I (Paris 1975) 559f. Nr. I, 240. – Zur Fundstelle siehe: J. Krier, Ein römischer Architravblock mit Waffenfries aus Wasserbillig. In: Hémecht 33, 1981, 95ff. Kr.

324 Frühchristliche Chorschranke aus Wasserbillig (Luxemburg).

325 Albanagruft unter der Quirinus-Kapelle

(Farbabb. s. S. 11)

FO. Friedhof St. Matthias, Trier

325

Dem südlichen Stadttor und der Stadtmauer ist an der Moselseite ein ausgedehntes Industriegelände vorgelagert, das vom 1. Jh. bis zum Ende des 4. Jh. neben Gebrauchskeramik auch feinere Sigillata und schwarz gefirnißte Tonwaren, Terrakotten und Reliefs gefertigt hat. Der von Metz kommenden Fernstraße entlang erstreckt sich ein Brandgräberfeld bis hin zum sog. Aulbach, der ehemals das Friedhofsgebiet begrenzte, wie St. Eucharius-Matthias späterhin das Territorium der Abtei vom Stadtgebiet trennte.

Der Römerstraße entlang zieht sich eine alte Mauer des klösterlichen Besitztums, und weiter südlich zum Estricher Hof hin folgen Reste eines kleineren römischen Friedhofes, der einer römischen Ansiedlung zuzuweisen ist.

Literarische Überlieferung und die seit dem 19. Jahrh. gemachten Funde und Beobachtungen bezeugen für das Klosterareal die Existenz einer größeren Villa suburbana, die schon im Ende des 3. Jahrh. durch die Witwe Albana der frühchristlichen Gemeinde übereignet worden ist.

Auf das Gelände der Abteikirche und des nördlich vorgelagerten und östlich anschließenden Friedhofes konzentrieren sich die Funde von Sarkophagen und unterirdischen Grabkellern, die auch noch im westlichen Teil des Abteivorplatzes zu beobachten waren. Über 500 frühchristliche Inschriften und Fragmente, Sarkophage, die z. T. im frühen Mittelalter wiederbenutzt worden sind, weisen auf einen ausschließlich christlichen Bestattungen dienenden Friedhof, während das heidnische Gräberfeld entlang der Matthiasstraße noch in Benutzung war.

Ausgedehnte Mauerreste auf dem Friedhof sind, nach den Grabungsuntersuchungen 1914, einer Villa suburbana zuzuweisen, deren Anfänge bis ins 2. Jh. n. Chr. zurückreichen. Im 3. Jh. wurde an der Südostseite ein Bauwerk errichtet, das, als Grabgebäude konzipiert, basilikalen Grundriß hat und mit einer unterirdischen Kammer ausgestattet ist, die aus der Mittelachse über eine Treppe begehbar war und einen Teil des rechteckigen Raumes sowie die ganze Apsis als überwölbte »Krypta« einnimmt.

Der Erstausstattung und Erstbenutzung dieser Krypta ist ein an allen Seiten mit Reliefschmuck versehener Sarkophag zuzuweisen, der, soweit die Reliefoberflächen erhalten sind, noch die ursprüngliche farbige Bemalung zeigt (Abb. S. 11).

Bei der Freilegung und Untersuchung der Gruft wurde dieser Sarg an die südliche Wand verschoben angetroffen, doch zeigen Reliefs und Bemalung, daß er ursprünglich in der Mitte des Kryptengewölbes aufgestellt gewesen sein muß.

Der Sargtrog ist an den Schmalseiten mit Blattrosetten und Andreaskreuzen verziert, die in den Farben gelbocker, weiß, rot und grün ausgelegt sind. An den Langseiten halten geflügelte Eroten die Tabula ansata, die mit einfachen Profilen abgesetzt, leider ohne Inschrift geblieben ist und nur weiß grundiert erscheint. Die Figuren sind auf grünem Grund weiß bemalt, Flügel und Haare goldgelb.

Besondere ikonographische Eigenheiten zeigt der Deckel, dessen abgeschrägte Dachflächen mit Schieferplatten gedeckt erscheinen, die Schmalseiten zu Giebeln geformt. In der Mitte der Länge wird ein breiter Quersteg, der zugleich auch eine Verstärkung für die Deckelhöhlung bildet, als zusätzliche Reliefflàche gewonnen. An der nördlichen Langseite ist dieser »Bossen« mit einem rechteckigen Bildfeld gefüllt, das die Büsten eines Ehepaares zeigt. Auf der Gegenseite ist das Figurenpaar auf einen Rundschild, clipeus, gearbeitet und von Rosetten in den Zwickeln des Überganges vom Rund zum viereckigen Bossen verziert.

Unter Dachschräge und Figurenfeldern verläuft ein schmaler Fries, der an der Nordseite ein Vogelpaar zeigt, zwischen denen eine Blütengirlande gespannt ist. Nach rechts hin zwei Putten, die zu einem Blockaltar treten und Opfergaben bringen, links ist ein Putto, der mit ausgebreitetem Tuch ein Eichhörnchen zu fangen sucht. Amazonenschilde schließen beidseits den Fries ab.

Auf der stärker bestoßenen Südseite sind Delphine, als Seelenführer der Toten, ausgearbeitet und mit roten Konturen bemalt.

In der Mitte, unter dem Rundschild eine Säulenstütze, die von zueinandergerichteten Vögeln flankiert wird.
Die Giebelfelder zeigen ein Gastmahl auf der Westseite. An einem Tisch, mit rotgefaßter Noppendecke und einem Brot und einem Fisch auf der Platte, sitzt ein Ehepaar, die Hände zum Zeichen der ehelichen Verbindung ineinander gelegt. Rechts und links Diener, die Speisen richten oder heranbringen.
Auf der Gegenseite ein Reiter auf Pferd, von Dienern begleitet. Die Figuren heben sich mit weißen Gewändern bekleidet von dem grün hinterlegten Grund deutlich ab.
Die Doppelbestattung im Innern des Sarges bestätigt den früheren Tod des Ehemannes, der in der Überlieferung anonym bleibt.
Die hinterbliebene Witwe »Albana« wird ebenfalls in dem Sarkophag bestattet. Die Verlagerung des Sarges aus der Mitte an die Südwand ist in Verbindung zu bringen mit der Beisetzung der ersten Trierer Bischöfe, Eucharius und Valerius, die in dieser »Familiengruft« erfolgte. Ihre Translatio in den Bereich der heutigen Matthiasbasilika ist 454 n.Chr. unter dem Bischof Cyrillus bezeugt, der eine neue Andachtsstätte errichtet, die alte Grablege aber ihres hohen Alters wegen restauriert hatte (Cyrillus cellam Eucharii desertam restauravit).
Diese »cella Eucharii« ist als die älteste Bischofsgrabstätte des Trierer Raumes und der Rheinlande zu betrachten und datiert in die Zeit um 270 n.Chr.
Seit dem 10. Jh. wurde die »cella Eucharii« als Karner und Gebeinhaus benutzt und schließlich 1287 eine neue Kapelle, die dem Heiligen Quirinus geweiht ist, über dem »Kryptengewölbe« so errichtet, daß das antike Gebäude an keiner Stelle in seinem Bestand gestört, vielmehr wie mit einem kunstvollen Schrein und Schutzgehäuse überspannt wurde.
Lit.: Cüppers, Trierer Zeitschr. 32, 1969, 269–293. – Führer Trier 227ff. Cü.

326 Noah-Sarkophag

FO. Trier, St. Matthias, um 1780
300–310 n.Chr.

Der Sarkophag, dessen Deckel nicht erhalten ist, hat auf der vorderen Langseite ein Relief, das durch zwei korinthische Säulen in drei Bildfelder aufgeteilt ist. In den beiden äußeren Feldern sitzen zwei dem mittleren Bild zugewandte nackte, girlandenflechtende Knaben. Die zu ihrer Beschäftigung notwendigen Blumen haben sie in Körben jeweils vor sich stehen.
Das Hauptbild in der Mitte zeigt die nach links ausgerichtete kastenförmige Arche. In der Arche ist Noah, der die mit einem Ölzweig wiederkehrende Taube mit der erhobenen Rechten begrüßt, hervorgehoben. In dieser ungewöhnlich figurenreichen Darstellung werden die weiteren Familienmitglieder, Noahs Frau, die drei Söhne und die Schwiegertöchter, sowie als begleitende Tiere Storch, Eule, Pferd, Löwe, Schaf, Hund, Eber und drei weitere Vögel vorgeführt. Vor der Arche blickt der zuerst von Noah ausgesandte Rabe empor.

326

Die Gliederung der einzig reliefierten Seite nach dem Vorbild älterer, rheinisch-moselländischer Sarkophagseiten, die durch eine von Eroten gehaltene Inschrifttafel aufgeteilt werden, sowie durch das Motiv von Girlanden und Eroten, etwa von den Neumagener Grabmälern her bekannt, ist auf heimische Traditionen, verbunden mit solchen des Mittelmeerraumes, zurückzuführen. Damit verknüpft wird hier das frühchristliche Noahmotiv, ikonographisch gedeutet als Bußsymbol nach Bußstreitigkeiten des 3. Jahrhunderts bzw. als Taufsymbol in Noe als Bild des in der Taufe Geretteten und damit als Symbol der Rettung in der Heilsgemeinschaft der Kirche als Arche. Derartige figürlich geschmückte frühchristliche Sarkophage sind im Rhein- und Moselland eine ausgesprochene Seltenheit. Aus dem Trierer Raum ist ihm noch der Sarkophag mit dem guten Hirten, der auch das Rettungsmotiv der Jünglinge im Feuerofen aufzuweisen hat, an die Seite zu stellen. Dies legt die Vermutung einer frühchristlichen Steinmetzwerkstatt in Trier auch für solche Sarkophage näher.

Sandstein. – H. 70 cm, Br. 80 cm, L. 218 cm.

RLM. Trier, Inv. 67, 20.

Lit.: Th. K. Kempf – W. Reusch (hrsg.), Frühchristliche Zeugnisse im Einzugsggebiet von Rhein und Mosel (Trier 1965) 18 Nr. 2, Abb. – R. Schindler, Führer 86 Abb. 258. Schw.

327 Porphyrwanne *(Farbabb. s. S. 55)*

In der Kathedrale Metz
4. Jh. n. Chr. (?)

Die große, breit ausladende Wanne ist mit einem Wulstrand versehen und auf der Fläche mit einem Löwenkopf in flachem Relief verziert. Zu den Seiten je eine Hand mit einem Kranz.

Porphyr ist ein in der Antike außerordentlich hochgeschätztes Steinmaterial, das nur am Mons porphyrites, am östlichen Wüstenrand Oberägyptens aus staatlich betriebenen Steinbrüchen zu gewinnen war.

Neben der Verwendung zu plastischen Bildwerken, Kaiserbildern, Säulen, Marmorinkrustationen, Mosaikböden und prachtvollen Vasen sind vereinzelt Wasserschalen und Wannen der Bäder römischer Zeit in diesem Material ausgeführt worden.

Die Wanne in Metz, die wahrscheinlich aus den Nordthermen der Stadt stammt, wurde ihres besonderen Materials wegen in christlicher Zeit als Taufbecken benutzt.

Sie ist ein seltenes Beispiel der Verwendung des Porphyrs im westlichen Teil des römischen Imperiums und illustriert die einst prächtige Ausstattung der öffentlichen Thermen in der Stadt der Mediomatriker.

Lit.: R. Delbrueck, Antike Porphyrwerke (Berlin/Leipzig 1932) 165 mit Abb. 72. Co.

215 c Stadtmauer der Spätantike im Nordteil von Metz, Kat. 215 c *(s. S. 258).*

215 a   Ansicht der Basilika in Metz, Kat. 215 a *(s. S. 258)*

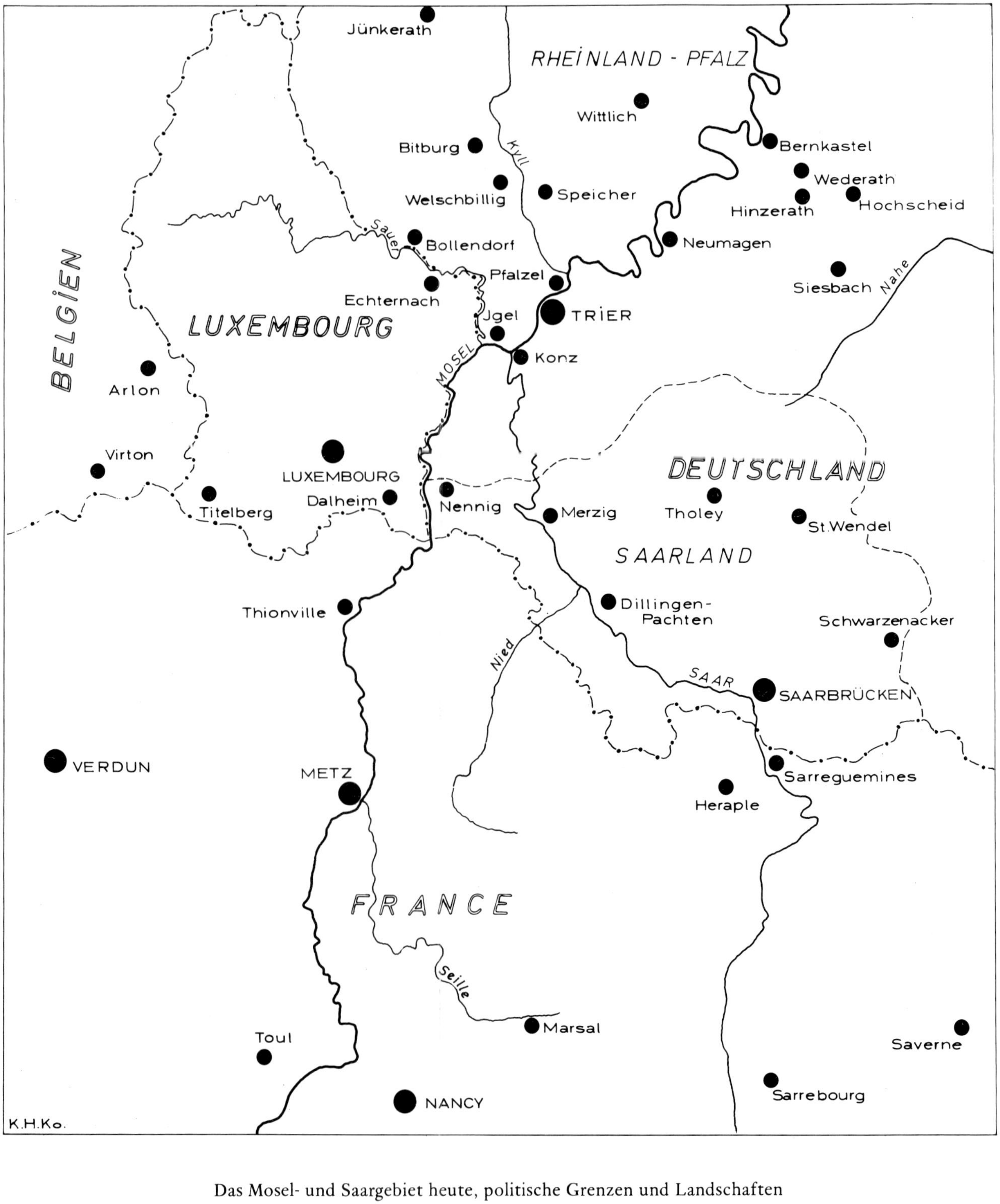

Das Mosel- und Saargebiet heute, politische Grenzen und Landschaften

Nachwort

Das Buch ist der überarbeitete Katalog einer deutsch-französisch-luxemburgischen Ausstellung, die im September 1983 auf Initiative der Bevollmächtigten der Länder Rheinland-Pfalz und Saarland, Staatsminister Johann-Wilhelm GADDUM und Staatssekretär Diethardt v. PREUSCHEN und den Botschaftern von Frankreich und Luxemburg, Jacques MORIZET und Adrien MEISCH, im historischen Bahnhof Rolandseck bei Bonn gezeigt werden konnte. Dort haben die archäologischen Museen in Luxemburg, Metz, Saarbrücken und Trier unter der Federführung von Heinz CÜPPERS, Trier, die gemeinsame gallo-römische Vergangenheit der Landschaften an Mosel und Saar zum ersten Mal und umfassend dargestellt. Die Ausstellung wurde anschließend in Paris auf Einladung des Präsidenten des Senats, Alain POHER, im Musée du Luxembourg gezeigt und hat auch dort große Aufmerksamkeit gefunden.

Der Verlag

Museen mit gallo-römischen Funden

LUXEMBOURG

Musée de l'Etat
Marché-aux-Poissons, Tel. 00352/478-1

geöffnet: Täglich außer Montag
10.00–12.00, 14.00–18.00 Uhr
geschlossen: 1. Januar, 1. Mai, Himmelfahrt, 23. Juni, 15. August, 1./2. November, 24. bis 26. Dezember, vom 1. November bis 1. April Samstag Vormittag

METZ

Musée d'Art et d'Histoire
2, Rue du Haut-Poirier, Tel. 0033/8-7751018

geöffnet: Täglich außer Dienstag
10.00–12.00, 14.00–18.00 Uhr
vom 1. November bis 1. April
10.00–17.00 Uhr
geschlossen: 1. Januar, Karfreitag, Himmelfahrt, 1. Mai, 8. Mai, 14. Juli, 15. August, 1. November, 11. November, 25. Dezember

SAARBRÜCKEN

Museum für Vor- und Frühgeschichte
Am Ludwigsplatz 15, Tel. 0681/5006187

geöffnet: Dienstag bis Freitag 10.00–16.00 Uhr
Samstag 10.00–13.00 Uhr
Sonntag 10.00–18.00 Uhr
geschlossen: Ostersonntag, Pfingstsonntag und 25. Dezember

SARREGUEMINES (Saargemünd)

Musée de Sarreguemines
15–17, Rue Poincaré, Tel. 0033/87985232

geöffnet: Täglich außer Dienstag
14.00–18.00 Uhr
geschlossen: 1. Januar, Ostersonntag, 1. Mai, Pfingstsonntag, 14. Juli, 25. Dezember

SCHWARZENACKER, 6650 Homburg/Saar

Römermuseum
Homburger Straße 38, Tel. 06848/875

geöffnet: Montag bis Samstag 9.30–12.00, 13.15–17.30 Uhr
Sonntag bis 18.00 Uhr
1. Dezember bis 31. März
nur Mittwoch 9.30–16.30 Uhr
Samstag/Sonntag 12.00–16.30 Uhr
– Änderungen für 1985 wahrscheinlich –

TRIER

Bischöfliches Dom- und Diözesanmuseum
Banthusstraße 6, Tel. 0651/7105255

geöffnet: Montag bis Freitag 10.00–12.00 Uhr, 15.00–17.00 Uhr
Samstag 10.00–12.00 Uhr
Sonn- und Feiertag 10.00–13.00 Uhr
geschlossen: 1. Januar, Fronleichnam, 24. bis 26. Dezember

Rheinisches Landesmuseum Trier
Ostallee 44, Tel. 0651/48368

geöffnet: Montag bis Samstag 9.30–16.00 Uhr
Sonntag 9.00–13.00 Uhr
geschlossen: 1. Januar, 1. Mai, 24. bis 26. und 31. Dezember

in-situ-Sehenswürdigkeiten mit beschränkten Öffnungszeiten:

– Kaiserthermen, Trier

– vom 1. 4. bis 30. 9. 9.00–13.00, 14.00–18.00 Uhr
vom 1. 10. bis 31. 3. 10.00–13.00, 14.00–17.00 Uhr
letzter Einlaß 30 Minuten vor Schließung

– Fußbodenmosaik einer Römischen Villa in Nennig/Mosel, Tel. 06866/279

geöffnet: Täglich außer Montag
8.30–11.30, 13.00–17.30 Uhr
vom 1. Oktober bis 30. März
9.00–11.30, 13.00–16.00 Uhr
geschlossen: Osterdienstag und Pfingstdienstag, 1. bis 31. Dezember
– Alle Angaben ohne Gewähr –
Stand 1984

360 Seiten mit 46 Farb- und
346 Schwarzweiß-Abbildungen

Umschlag Vorderseite: Neumagener Weinschiff, Kat. 178 *(s. S. 224).*
Umschlag Rückseite: Wandmalerei aus Mechern bei Merzig *(s. S. 60).*
Vor- und Nachsatz: Nenniger Mosaik, Kat. 250 *(s. S. 286).*
Frontispiz: Situla, Kat. 24a.

Ausstellung:
Bahnhof Rolandseck bei Bonn · 12. bis 28. September 1983
Musée du Luxembourg, Paris · 6. bis 31. Oktober 1983

Band 8 der Schriftenreihe der Regionalkommission
Lothringen · Luxemburg · Rheinland-Pfalz · Saarland

Selbstverlag der Museen
Musée de l'Etat, Luxembourg
Musée d'Art et d'Histoire de Metz
Museum für Vor- und Frühgeschichte, Saarbrücken
Rheinisches Landesmuseum Trier

2. korrigierte Auflage

ISBN 3-8053-0767-5
Satz: Hagedornsatz, Berlin-Lankwitz
Lithos: Gerhard Müller, Eppertshausen
Papier: Papierfabrik Scheufelen, Lenningen
Bindearbeiten: Klemme & Bleimund, Bielefeld
Printed in Germany/Imprimé en Allemagne
Gesamtherstellung: Verlag Philipp von Zabern, Mainz am Rhein.

VORBEREITENDER AUSSCHUSS UND REDAKTION DES KATALOGS:
Dr. Heinz Cüppers
Gérald Collot
Prof. Dr. Alfons Kolling
Dr. Gérard Thill

ARBEITSAUSSCHUSS:
Prof. Dr. Wolfgang Binsfeld, Trier
Magdelaine Clermont-Joly, Metz
Jean Louis Coudrot, Metz
Dr. Karl-Josef Gilles, Trier
Dr. Alfred Haffner, Trier
Dr. Karin Goethert-Polaschek, Trier
Ernst Hollstein, Trier
Dr. Jean Krier, Luxemburg
Lothar Schwinden, Trier
Raymond Weiller, Luxemburg

FOTOS:
Gerhard Heisler, Saarbrücken
Robert Mischke, Bonn
Hans Dieter Morche, Wadgassen
Musée d'Etat, Luxembourg
Musées de Metz
Musée de Sarreguemines
Staatliche Landesbildstelle Saarland
Hermann Thörnig, Trier
Foto Winkler GmbH, Saarbrücken

ZEICHNUNGEN UND PLÄNE:
Heinz Steinmetz, Trier
Franz-Josef Dewald, Trier
Karl-Heinz Koch, Trier

REDAKTIONSARBEITEN:
Jürgen A. Merten, Trier
Franziska Schmitz, Trier

ABGÜSSE UND RESTAURIERUNGEN:
Franz Adams, Trier
Rainer Baldes, Saarbrücken
Ulrich Bidinger, Trier
Ludwig Eiden, Trier
Karl-Erwin Fechteler, Trier
Alois Gehlen, Trier
Wolf Jacobs, Trier
Annette Lerch, Trier
Egon Lutz, Trier
Arthur Meuren, Trier
Léonie Reißmann, Trier
Joseph Seiwert, Saarbrücken

AUSSTELLUNGSEINRICHTUNG:
Paul Roth, Trier